心理统计学

（第四版）

邵志芳 著

中国轻工业出版社

图书在版编目（CIP）数据

心理统计学/邵志芳著.—4版.—北京：中国轻工业出版社，2024.2
ISBN 978-7-5184-4502-8

Ⅰ.①心… Ⅱ.①邵… Ⅲ.①心理统计－高等学校－教材 Ⅳ.①B841.2

中国国家版本馆CIP数据核字（2023）第142798号

保留所有权利。非经中国轻工业出版社"万千心理"书面授权，任何人不得以任何方式（包括但不限于电子、机械、手工或其他尚未被发明或应用的技术手段）复印、拍照、扫描、录音、朗读、存储、发表本书中任何部分或本书全部内容，以及其他附带的所有资料（包括但不限于光盘、音频、视频等）。中国轻工业出版社"万千心理"未授权任何机构提供源自本书内容的电子文件阅览、收听或下载服务。如有此类非法行为，查实必究。

责任编辑：孙蔚雯　　责任终审：张乃柬
策划编辑：孙蔚雯　　责任校对：刘志颖　　责任监印：吴维斌

出版发行：中国轻工业出版社（北京鲁谷东街5号，邮编：100040）
印　　刷：三河市双升印务有限公司
经　　销：各地新华书店
版　　次：2024年2月第4版第1次印刷
开　　本：787×1092　1/16　印张：36.75
字　　数：400千字
书　　号：ISBN 978-7-5184-4502-8　定价：118.00元
读者热线：010-65181109
发行电话：010-85119832　　010-85119912
网　　址：http://www.chlip.com.cn　http://www.wqedu.com
电子信箱：1012305542@qq.com
版权所有　侵权必究
如发现图书残缺请拨打读者热线联系调换
221142Y2X401ZBW

致 读 者

2009年，中国轻工业出版社"万千心理"出版了拙作《心理统计学》。在不到3年的时间里，这本书受到了广泛欢迎，许多师生给了我热情的鼓励和有益的建议。2012年，在"万千心理"的支持下，本书第二版问世。在第二版的修订过程中，我又从多位长期从事心理统计学教学的老师那里获得了许多教益，他们分别是南京师范大学的邓铸老师、东北师范大学的王景英老师、首都师范大学的方平老师和曾在西南大学教授本课程的凤四海老师。在这里，再次向他们表示感谢！

2016年上半年，本书入选了华东师范大学精品教材建设专项项目，这意味着要对本书进行一次新的修订，也意味着本书又向着精品教材的目标迈进了一步。2017年1月，本书第三版出版发行。如今，本书迎来了第四版。

其实，这本书还有一个前身——《心理与教育统计学》，于2004年由上海科学普及出版社出版。当时的教材源于我从事心理统计学教学的需要，是根据执教学校的教学要求和学生特点编写的。所以算下来，我编写心理统计学教材的时间也有近20年了。

本书的特色

教材与其他书籍的根本区别在于是否以学生为中心，是否顺应学习的规律。面对尚未掌握相关知识的学生，教师应该根据学生的特点设置明确具体的学习目标、脉络清楚的内容体系和灵活多变的实践情境，而教材为教学双方提供基本教学材料，理应具备这三大要素。

第一，明确具体的学习目标——在学习每一章的具体内容之前，要为学习者构建一个目标系统。为此，本书每一章的开头都列出了该章的学习目标。描述学习目标的关键词主要有三个：了解、理解和掌握。了解是最浅层的学习，只要知道和记住书上是怎么讲的；理解是深层的学习，要求明白知识的来龙去脉，学到统计学的思想方法；掌握则是实践层面的学习，要求学生在面对多变的问题时能给出合理的解答。

正是为了"掌握"这个学习目标，本书第 5—14 章的"导读问题"分别展现了各章知识能解决什么样的实际问题。读者看到这些问题，就可以知道，对于搜集到的数据，统计学家会提出什么样的问题。学完每一章，再回过头来看这一章开头的这些问题，想想自己能否回答它们。如果读者看到这些问题就能说出应当采取何种方法解答，知道运用这些方法时需要注意些什么，学习的目标基本上就达到了。

第二，脉络清楚的内容体系——教学需要脉络清楚、循序渐进地呈现内容。本书对课程内容的编排以理清心理统计学的内容体系为原则，着重体现知识之间的联系，并将它们与在现实生活中的统计性思考对照。这样做的根本目的在于帮助学生弄清何种问题适合用何种统计学方法来求解。为了帮助读者更顺畅地阅读和使用本书，在各章开头都有"本章提要"，告知这一章的主旨和重点内容，说明该章能解决什么样的问题；各章最后又将重要知识点和公式等整理成知识导图。本书还特意在一些重点、难点处增加了一些方块贴士，它们有的是解释性的（帮助理解原理），有的是提示性的（联系前后内容，帮助记忆和思考），有的是警示性的（避免粗心造成的忽视和混淆），还有的是启发性的（阐述统计思想）。

第三，灵活多变的实践情境——帮助学习者掌握各种变式。心理统计学的实践性很强，只有不断地运用，才能熟练而灵活地掌握。为此，本书收录了大量例题和习题，并为绝大多数习题提供了参考答案（以方便自学者）。熟悉了这些例题和习题，今后遇到实际问题时，即使一时不能准确地选择统计分析方法，至少也可以凭借对题目的熟悉感选出可能找到介绍解法的大致章节。

当然，这不是在鼓励读者做大量的习题。相反，在认真完成了适量的习题后，读者更需要自身的统计实践。其实，无论是在生活还是工作中，只要你是一个有心人，就可以搜集到各种数据。针对这些数据，选用合适的统计方法加以分析，并与老师、同学、同事和朋友们分享分析结果。假以时日，你就会喜欢上统计学这门学科，并且逐渐能够灵活运用它。

本书的使用方法

教学的主要环节无非是课前预习、课堂讲练和课后复习。作为作者，我力求编写一本课前便于自学、课上便于讲练、课后便于检索的教材。

预习是学生锻炼自学能力的重要环节，更是学习心理统计学这一课程的必要环节。很多学生总是以为（或希望）上课听教师讲授一遍，就能掌握学科内容，可惜至少在统计学这门课上，这是难以实现的。本书力求便于自学理解，希望让学生在预习时相对轻松地了解自己将要面对的知识。

进行了较好的预习，教师在课堂上的讲解就可以多考虑激发学生的深层次学习，使得教学聚焦于重点、难点和学生容易忽视的要点，聚焦于知识间的联系，聚焦于知识和实践情境的关联。各章最后的知识导图是第四版的新元素，我期待它能帮助学生更清晰地整理和复习统计学的思路和知识体系，帮助学生在未来的统计实践中更迅速地找到合适的分析方法。

教学应兼顾不同类型和学习能力的学生，本书的编写原则之一就是兼顾读者的不同需要（初学、复习、考研准备、了解新方法、使用 SPSS[①]等软件、毕业论文数据处理等），引入丰富的教学性特征。各章的内容提要、导读问题、复杂概念辨析、易错之处提醒、各种方法之间的联系、例（习）题、知识导图以及附录中的自测试卷等，都是为有不同需要的学生准备的。只要你不是"学神"，这些特征就终有其用。

本书将教学内容分为基础部分和拓展部分（带"★"号的章节）。在课时紧张的情况下，除了可精简带"★"号的章节，还可以精简部分内容，例如条件概率、功效函数、关于总体比例的假设检验、多列相关、品质相关、偏相关分析、虚拟变量、科克伦 Q 检验、单样本游程检验、柯尔莫哥洛夫–斯米尔诺夫检验等。但是，建议不要整章或大范围地删减。例如，如果完全略去"非参数检验"，学生将来遇到计量水平低的数据时，可能连思考的方向都没有，或者用错了统计方法也意识不到。

本书不少地方提到，统计学者对某些问题的观点是有分歧的。例如，有些统计学者认为，不同数据水平的数字之间可以自由进行任何数学运算，而不是像多数统计学者所认为的——不同水平对应不同的数学运算。对于这样一些分歧，学生只需作为拓展内容加以了解，无须记忆和掌握，而且在做作业和考试时，还是要严格按照教材表述作答，不宜各行其是。

关于统计软件，特别提醒一下初学者：在完整掌握统计学基本理论体系之前，最好不要对软件形成依赖，否则很容易在复杂的数据面前选错统计方法。其实，在扎实地掌握基本原理、了解相关术语的英文表述之后，学习统计软件的效率极高，几乎可以无师自通。

教师如需其他教辅材料，请与"万千心理"编辑部联系，邮箱是 wanqianpsy@163.com。

---

① 是英文 Statistical Package for the Social Sciences 的缩写，中文为"社会科学统计软件包"。

关于数据实验

数据实验是本书第四版的新元素。本书在第1—14章的末尾都增加了"数据实验"这一小节，其目的是指导学习者开展第1章所言的"积极参加统计实践"。

数据实验和理科类实验一样，可以用来验证甚至拓展学科知识。完成本书的数据实验，可以看到改变数据特征后会产生什么结果，进而比较各种统计分析方法的适用条件，了解统计学可以从这些数据中萃取哪些信息，获得什么结论。期待这一实践能帮助学生更深刻地认识统计学原理。

当然，数据实验不是规定的学习内容，它是为了帮助读者深刻地理解统计学的数据处理方法而设计的，可以选学选做。而且，本书设计的数据实验涉及大量 SPSS 操作，但是限于篇幅，书中仅给出与这些操作相对应的代码，学习者执行这些代码可获得完全相同的效果。如果在教师的指导下使用软件进行数据实验，效果可能更好。

第四版的其他变动

前几版中每一章开头的"本章主旨"和"本章要点"在第四版中合并为"本章提要"，紧随其后的就是前面提到的"学习目标"。

在前14章中，在作者认为读者可以停下来复习前段内容时，设置了"回顾"以及"练习与思考"环节，要求读者回顾重要概念，并完成与上述内容相对应的习题。这样或许多少有助于掌握进度节奏，避免某些心急的读者囫囵吞枣，不得要领，事倍功半。

各章原来的附录有较大变动："知识导图"取代了前几版中的"本章术语"。知识导图重在展现整个知识体系，让读者加深对各个知识点之间关系的认识。

全书最后放了一幅总览图，它体现了不同应用情境下对应的主要统计分析方法，以及相应内容所在的章节，可供读者复习和检索。

本书第15、16章为选学内容。第15章由前几版中的第6章第6.1节扩展而来，比较系统地介绍了抽样的基本概念、方法和必要样本容量（最小样本量）的计算等内容。第三版中的第15章，在第四版中排在第16章，标题改为"高阶心理统计学简介"。这一章不仅概括地介绍了常见的多元分析方法，还简单说明了与传统假设检验相反相成的贝叶斯检验的基本思想。这两章为选学内容，不设导读问题、习题和数据实验等。

前几版中的习题只给出了部分参考答案，这一版几乎给出了所有习题的答案，以便自学；只有少数可以对照书本内容回答的习题未给出答案。部分章节的习题数量也有大幅增加。

本次修订对文字表达也做了许多处修改，力求严谨、简洁、顺畅。

致谢

在本书第四版面世之际，我要感谢各位读者多年来对本书的支持和关注。读者的需要是我编写和修订本书的力量源头。

我还要感谢本书第一版的编辑高小菁、徐玥，尤其要感谢从第二版至第四版的编辑孙蔚雯。她们的支持和努力帮助本书日趋完善。

最后，感谢我的学生陆静、王健、赵娟、余岚、程陶、杜逸旻、徐笑含、张盈琤和彭晓琴等人在本书成书过程中的细致纠错，以及在写作过程中来自家人的支持。

邵志芳

2023 年 2 月 9 日

于华东师范大学

目 录

第1章　统计学是一种思想方法 ·· 001
　　1.1　心理现象是随机现象 ·· 002
　　1.2　描述统计学与推断统计学 ··· 006
　　1.3　统计学的基本概念 ··· 008
　　1.4　心理统计学的基本内容和学习方法 ·· 010
　　知识导图 ·· 015
　　数据实验 ·· 016
　　习题 ·· 017

第2章　数据和数据展示 ·· 019
　　2.1　数据与数据的水平 ··· 020
　　2.2　次数分布表 ·· 025
　　2.3　次数分布图 ·· 031
　　2.4　多变量图示法 ·· 036
　　知识导图 ·· 041
　　数据实验 ·· 042
　　习题 ·· 044

第3章　常用特征量 ··· 047
　　3.1　集中量 ··· 048
　　3.2　差异量 ··· 058
　　3.3　地位量 ··· 064

3.4 偏态量和峰态量	068
知识导图	071
数据实验	072
习题	075

第4章 概率基础 — 077

4.1 概率	078
4.2 概率的运算	085
4.3 条件概率及其应用	090
知识导图	096
数据实验	096
习题	100

第5章 概率分布 — 103

5.1 二项分布	105
5.2 正态分布	114
5.3 其他常用分布	126
知识导图	135
数据实验	136
习题	141

第6章 样本平均数的抽样分布 — 143

6.1 单样本平均数的抽样分布	144
6.2 两个样本平均数之差的抽样分布	153
6.3 不放回抽样与有限总体修正系数	158
知识导图	162
数据实验	163
习题	166

第7章 平均数的参数估计 — 169

7.1 参数估计	170
7.2 总体平均数的参数估计	175
7.3 两总体平均数之差的参数估计	180

知识导图	185
数据实验	186
习题	189

第8章 平均数的假设检验 … 191

- 8.1 假设检验 … 193
- 8.2 总体平均数的假设检验 … 201
- 8.3 两总体平均数之差的假设检验 … 208
- 8.4 相关样本平均数差异的假设检验 … 214
- 8.5 功效函数和效应量 … 217
- 知识导图 … 223
- 数据实验 … 224
- 习题 … 227

第9章 总体方差与总体比例的统计推断 … 231

- 9.1 总体方差的统计推断 … 233
- 9.2 总体比例的统计推断 … 241
- 知识导图 … 248
- 数据实验 … 248
- 习题 … 252

第10章 方差分析 … 255

- 10.1 方差分析的基本原理 … 257
- 10.2 单因素方差分析（完全随机设计） … 263
- 10.3 多因素方差分析 … 273
- 知识导图 … 289
- 数据实验 … 290
- 习题 … 295

第11章 相关分析 … 299

- 11.1 相关与相关系数 … 301
- 11.2 积差相关 … 304
- 11.3 等级相关 … 314

11.4 质量相关与品质相关 ... 321
11.5 复相关分析与偏相关分析* ... 332
知识导图 ... 336
数据实验 ... 337
习题 ... 341

第12章 回归分析 ... 345

12.1 一元线性回归模型 ... 346
12.2 一元线性回归方程的检验 ... 353
12.3 一元线性回归方程的应用 ... 362
12.4 二元与多元线性回归模型 ... 366
12.5 曲线回归模型* ... 374
12.6 含定性自变量的回归分析* ... 377
知识导图 ... 382
数据实验 ... 383
习题 ... 387

第13章 χ^2 检验 ... 389

13.1 χ^2 检验的基本概念 ... 391
13.2 单向 χ^2 检验 ... 394
13.3 双向 χ^2 检验 ... 400
13.4 相关样本的 χ^2 检验 ... 408
知识导图 ... 414
数据实验 ... 415
习题 ... 418

第14章 非参数检验 ... 421

14.1 单样本游程检验 ... 423
14.2 两个独立样本的非参数检验 ... 425
14.3 两个相关样本的非参数检验 ... 431
14.4 秩次方差分析 ... 436
14.5 随机化检验和自助抽样法* ... 441
知识导图 ... 445

　　　　数据实验 ·· 446
　　　　习题 ·· 448

第 15 章　抽样技术* ·· 451
　　15.1　抽样调查及其评价指标 ·· 452
　　15.2　抽样方法 ··· 454
　　15.3　必要样本容量 ·· 457
　　　　知识导图 ·· 462

第 16 章　高阶心理统计学简介* ··· 463
　　16.1　基本知识 ··· 464
　　16.2　聚类分析 ··· 468
　　16.3　判别分析 ··· 473
　　16.4　探索性因素分析 ··· 476
　　16.5　结构方程建模 ·· 481
　　16.6　贝叶斯检验 ··· 486
　　　　知识导图 ·· 493

附录一　自测试卷 ·· 495
　　A 卷 ··· 495
　　B 卷 ··· 502
　　C 卷 ··· 510

附录二　习题答案 ·· 519

附录三　统计用表 ·· 533

附录四　统计软件与论文写作 ·· 567

参考文献 ·· 573

本书主要统计方法总览图 ·· 574

第 1 章
统计学是一种思想方法

本章提要

- 心理现象是一种随机现象，须运用统计学方法总结其数量规律性，所以统计学是心理学定量研究的根基。
- 大数据时代的心理学研究者更需要掌握高阶的统计分析方法。
- 统计学分为描述统计学和推断统计学，前者研究各种特征量和概率分布，后者研究如何根据样本信息推断总体情况。
- 统计学的最基本概念：随机变量、观察值、个体、总体、样本、统计量和参数。
- 心理统计学不仅为心理学中不同类型的问题提供对应的统计分析方法，也是训练科学思维和方法的重要途径。

学习目标

- 能区分确定现象和随机现象，理解事物变化是确定性和随机性的统一。
- 了解随机现象的数量规律性体现在哪些方面，理解"用概率说话"和"用事实说话"相辅相成的关系。
- 了解数理统计学、应用统计学和心理统计学的关系。
- 了解描述统计学和推断统计学分别能完成哪些统计工作。
- 理解随机变量、观察值、个体、总体、样本、统计量和参数等概念的定义，并能通过实际例子区分个体 – 样本 – 总体以及对应的观察值 – 统计量 – 参数。
- 理解"学习心理统计学也是训练科学思维"这一说法。
- 根据本书要求的学习方法，制订一个操作性强的学习计划。

导读问题

- 为什么说统计学是心理学研究的根基?
- 一位教师用生动的事例向学生说明"有志者事竟成"的道理,如果要利用统计学思维,还需要进一步说明什么?
- 大数据时代对心理学研究者提出了怎样的要求?
- "统计一下来宾人数"中的"统计"是不是现代统计学研究的主要内容?
- 从统计学的角度说明,为什么人们往往对同一个人有不同的评价?
- 学习心理统计学课程有望得到哪些收获?
- 要学好心理统计学,需要做哪些事情?

1.1 心理现象是随机现象

1.1.1 确定现象与随机现象

我们平时遇到的各种现象可以分为确定现象和随机现象。下面列出这两种现象的一些例子,读者可以加以比较,体会一下两者的差别。

确定现象:

- 在1个标准大气压下,纯水温度降到0℃时会结冰;
- 定量的氢气在氧气中燃烧生成定量的水;
- 种豆得豆,种瓜得瓜;
- 匀速直线运动的物体在相同时间内经过的距离相同;
- 生命体受到刺激后一定有反应;
- 对正常人而言,大运动量的锻炼会导致大量出汗;
- 在计件工资制度下,员工可以精确地计算自己的收入;
- ……

随机现象:

- 上海市每年7月7日的气温（有的年份高，有的年份低）；
- 每年长江汇入大海的总水量（有的年份多，有的年份少）；
- 播种等量的种子所得的收成（有时丰收，有时歉收，甚至绝收）；
- 上班路上花的时间（有时长，有时短）；
- 同样难度卷子的考分（有的高，有的低）；
- 妇产科医院每天的新生儿性别比例（有时男婴多于女婴，有时女婴多于男婴）；
- 工厂每天产出的次品数（有时多，有时少）；

……

可以看到，确定现象的特点是只要知道一些必要的已知条件（例如，"在1个标准大气压下""纯水""0℃"），总可以得出确定的结果（"结冰"）。随机现象则不同，每一次观察的结果都可能不同，例如，虽然都是上海市的7月7日，但是每年这一天的气温都是不一样的。

在因果关系十分复杂的科学领域，即使在基本条件相同的情况下，每做一次观察或试验，都可能得到不同的结果。这意味着，我们往往无法根据已知的有限条件精确地预测结果；每做一次预测，也都可能出现偏差。我们将这种无法精确预测的现象称为**随机现象**。它的定义可以表述为：**在一定条件下，可能出现也可能不出现，或者可能这样出现也可能那样出现的现象**。

随机现象之所以存在，是因为人类在预测此类现象时，无法穷尽影响它发生和发展的全部原因（或因素）。从这个意义上讲，任何现象都多多少少带有一定的随机性，完全确定的现象是很少的。就算是确定现象，如果进一步预测其具体情况，也可能变成随机现象。例如，"有志者事竟成"可以算确定现象：凡有远大志向者，多少都会努力有所成就；但是在"有志"之下，能成多大的事，获得多大的成就，就不确定了，成了随机现象。可以说，随机现象遍及自然与社会。

> 回顾：确定现象 随机现象
> 练习与思考：完成习题 1.1

1.1.2 随机现象的数量规律性

这样一来，随机现象岂不成了"听天由命"的代名词？从表面上看，随机现象如此变化无常，似乎是没有规律可循的。但是，在数学家看来，它们不仅有规律可循，而且有着数量上的规律性。统计学就是研究随机现象的数量规律性的应用数学分支，它是人类认识随机现象的思想方法。

要总结随机现象的数量规律性，就需要大量试验和观察。不论是自然界中的随机现象，还是社会生活中的随机现象，都有一个共同特点：个别试验或观察的结果总是不确定的，杂乱无章的，但是将大量个别结果综合起来，可以得到比较稳定的数量规律性。例如，医院每天都有婴儿出生，而且每天的新生儿性别比例都不同，但通过长期的观察和计算发现，新生儿的男女比例大约是106∶100。这个比例就是数量规律性的体现。还有，虽然每天上下班在路上用的时间都不一样，但是可以计算一个平均数；虽然我们不知道某个勤奋的学生下一次的考试成绩，但是可以断言，在其他条件相同的前提下，他取得好成绩的可能性（概率）比懒惰者大。这里的平均数和概率也是数量规律性的指标。

此外，概率的分布也是数量规律性的表现形式。例如，学生的考试成绩往往呈两头少、中间多、左右对称的正态分布，即高分和低分者少，中等分数者众多（见图1.1.1）。

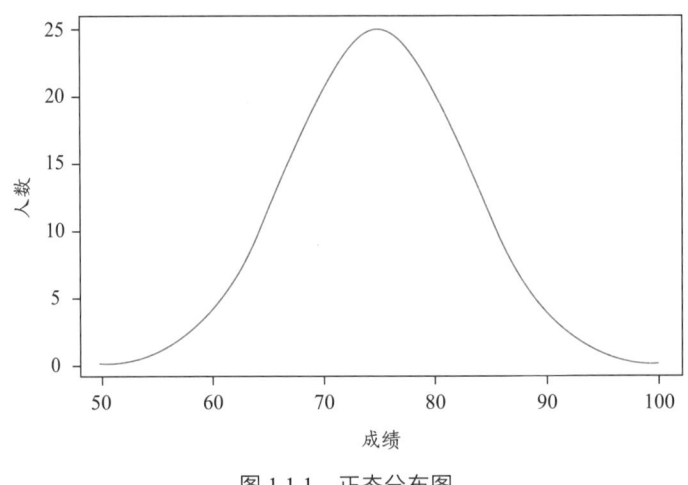

图1.1.1　正态分布图

统计学建立在大量试验和观察的基础上，这就是大数定理的由来。大数定理又称大数法则：虽然每次的观察结果可能不同（偶然性），但是大量重复观察的结果可以形成稳定的数量特征（必然性）。大数定理对认识随机现象具有普遍的指导意义，是统计学的理论基石。

1.1.3　心理学为什么需要统计学

心理现象在很大程度上就是随机现象。

当你与一位老朋友久别重逢时，你的第一句话会表达怎样的情感？你也许会表示惊呀（"怎么是你？"），也许会表示高兴（"我们终于又见面了！"），也许会表示抱怨（"怎么这么多年杳无音讯？"），等等。究竟先说哪一句，恐怕是随机的。

如果请你随口说出一种水果的名称，你会说哪一种？很多人会说"苹果"，因为它是水果中最典型、最常被人提到的样例。但是，不是每个人都会说"苹果"，有些人会说"梨"，有些人会说"葡萄""橘子"等，这也是一种随机现象。

如果一个心理学实验要求你在看到红灯亮时尽快按下一个按钮，并用计算机设备记录你从灯亮到按下按钮之间的反应时间。你每一次的反应时间肯定都是不同的——有时快，有时慢，是随机的。

如果对一个人进行多次智力测验，尽管这个人的各方面情况在短期内没有发生显著变化，但是每次测得的智商也可能不同。所以心理测验的结果也有很大的随机性。

诸如此类的例子还可以举出很多。对于随机性很强的心理现象，虽然无法精确预测其结果，但是我们可以通过计算，判断它出现的概率有多大，不出现的概率有多大；或者这样出现的概率有多大，那样出现的概率有多大。如果说"用事实说话"是我们已经熟悉的说明问题的方式，那么"用概率说话"就是统计学家思考和说明问题的方式。对于一位合格的心理学工作者来说，这两种"说话"方式是相辅相成的，必须熟练掌握，灵活运用。

总之，心理现象是一种随机现象，要定量地研究随机现象，就需要运用统计学方法来总结其数量规律性（例如，反应时间的平均数和标准差，智商的概率分布特点等）。可见，开展心理学的定量研究，其根基就是统计学。

统计学在其发展过程中逐步形成了数理统计学和应用统计学两大分支。数理统计学以概率论为基础，阐明统计学的数学原理，推导和证明有关的数学公式，从而为各个学科的研究者提供适用的数学工具和方法。应用统计学是数理统计学理论在各个学科领域的应用。现在，应用统计学已经在物理学、天文学、生物学、医学、社会学等众多学科领域广泛"落户"，这其中也包括心理学领域的应用统计学分支——心理统计学。

当今世界已经进入了大数据时代，很多学者也开始利用大数据研究心理学，这对研究者的统计分析能力提出了更高的要求。大数据广泛储存于无处不在的海量数据库中，研究者可以通过网络汇集和加工大量信息，浪里淘沙，从众多不起眼的数据中挖掘有用的信息，发现有趣的关系。可见，大数据的特点是体量巨大，类型繁多，价值密度低，而且需要使用计算机进行高速处理。但是，大数据时代数据挖掘的主要方法不外乎统计学中的关联、回归、分类、聚类、预测、诊断等多元分析方法（周英，卓金武，卞月青，2020），所以本书最后一章将介绍在心理学研究中经常用到的多元分析方法。

> 回顾：统计学　大数定理　数理统计学　应用统计学　心理统计学
> 练习与思考：完成习题 1.2

1.2 描述统计学与推断统计学

1.2.1 描述统计学

人类最早的"结绳记事"就是一种原始的统计活动。后来，统计学带上了很强的国家特征，因为要维护对国家的统治，统治者就必须通过统计了解和掌握本国自然资源、人力和物力等要素的情况。

统计学在我国更是有着悠久的历史，距今 4000 多年前的夏朝就开始进行人口统计了。我国古代政治家商鞅在《商君书·去强》中写道："强国知十三数：竟内仓、口之数，壮男、壮女之数，老、弱之数，官、士之数，以言说取食者之数，利民之数，马、牛、刍藁之数。"这里说的"十三数"分别指全国粮食储存数、人口数、壮年男子数、壮年女子数、老年人数、儿童人数、官吏人数、士兵人数、靠游荡混饭吃的人数、商贩人数、马的匹数、牛的头数和牲口草料数。商鞅将这些数据看作反映基本国情的数量指标。可见，这时已经有了全国规模的人口调查制度，而且已经对人口按照年龄和职业等进行分组统计，甚至有了国民经济各种数量的对比分析。

人类一开始的统计活动主要是描述性质的，就是将搜集到的统计数据所包含的信息用一些描述性的特征量尽可能简洁而充分地反映出来。例如，一个国家的人口总数就是最简单的特征量。如果细分，还可以分别计算男性与女性人口数、各年龄阶段人口数、各行业从业者人数等。描述统计学阐述的就是搜集数据以及提炼和描述这些数据的方法，它也是推断统计学的基础。

描述统计学常用的特征量有集中量、差异量、地位量、相关量、偏态量和峰态量等。

- 集中量描述数据的典型水平或集中趋势，包括算术平均数、加权平均数、几何平均数、中位数和众数等。
- 差异量描述数据分散（参差不齐）的程度，包括全距、平均差、方差、标准差和差异系数等。
- 地位量描述数据在全体数据中所处的地位，包括百分位数和百分等级（百分位）等。

- 相关量描述两个或多个变量之间的关联程度，包括积差相关系数、等级相关系数、质与量的相关系数和品质相关系数等。
- 偏态量和峰态量用来描述数据的分布特征——偏离正态的程度和高低宽窄的程度。

1.2.2 推断统计学

大约在 20 世纪 20 年代之前，统计学的主要内容还是描述统计学。后来，推断统计学逐渐发展起来，不仅其地位越来越重要，而且在内容上也占有越来越大的比重，成为统计学的主干部分。推断统计学运用概率论研究如何根据样本信息推断样本所来自总体的相应信息，它包括参数估计和假设检验这两种形式。

描述统计学中提到的所有特征量都可以分为样本的和总体的。参数估计就是根据样本的特征量（统计量）来估计总体的相应特征量（参数）。例如，在编制智力测验时，需要了解各年龄阶段男女参试者的平均成绩，以此作为今后计算智商的标准（又称"常模"）。但是，我们不太可能对全国所有人实施测验，于是随机抽取一部分参试者（例如，在每个年龄段抽取 800 名男女参试者）作为样本，然后根据这些参试者完成智力测验的平均成绩（样本统计量）来估计各年龄段的全国男女人口的平均成绩（总体参数）。

假设检验则是对关于总体参数或分布形态的假设做出保留或拒绝的决策。例如，我们要考察 A、B 两种条件对参试者的反应时间有无显著影响，但是不可能让全世界的人都来参加实验。这时，我们可以抽取两组参试者作为样本，一组在 A 条件下进行操作，另一组在 B 条件下完成相同的任务，然后比较两组参试者的平均反应时间有没有显著差异。虽然只有很少一部分人参加了我们的实验，但是其结论是针对所有人的。比较的步骤是，先假设两种条件下的参试者的反应时间没有显著差异，再进行相应的统计运算，根据得到的概率，最终确定是否保留这个假设。

本书讲到平均数的参数估计和假设检验时，将分别阐述统计学关于"参数估计"和"假设检验"的正规定义。

将描述统计学与推断统计学结合起来，就可以清晰地看到，统计学体现了我们对于随机现象数量规律性的研究过程：以系统的方式搜集和整理数据，进而根据这些数据做出与总体相关的决策。

> **回顾**：描述统计学　推断统计学
> **练习与思考**：完成习题 1.3

1.3 统计学的基本概念

1.3.1 随机变量

统计学研究的是随机现象的数量规律性。为了数学表述的方便，我们将表示随机现象的各种可能结果的变量称为随机变量。这里说的"各种可能结果"是随机变量的可能取值。随机现象和随机变量只是对同一对象的不同表述方式：如果说随机现象"可以这样发生，也可以那样发生"，随机变量就"可以取这个值，也可以取那个值"。

随机变量的不同取值可以是质的差别，也可以是量的差别。掷出的一枚硬币在落地后是正面朝上还是反面朝上，就是两个不同的取值，且两者间可以有质的差别；新生儿的性别，可以是男性，也可以是女性，这也是不同质的取值。但是，考试的得分、心理测验的分数、完成一项任务的用时以及正确率等，则是量的差别。

量的差别本身就是用数字表示的，例如，不同的考试成绩；质的差别既可以用文字符号表示，也可以用数字表示，例如，用"H"表示正面朝上，用"T"表示反面朝上，或者用 5, 4, 3, 2, 1 分别表示优、良、中、及格、不及格等。

引入随机变量的概念，是为了更好地对随机现象进行定量的研究。因为单是知道随机变量可以取哪些值是不够的，还要研究它取各个值的可能性（概率）。

1.3.2 个体、总体和样本

统计分析处理的对象是各种各样的数据。每一个数据都是我们通过观察个体在某个变量上的取值获得的，又称为观察值。观察值及其派生资料可以统称为数据。

个体是数据的源头。想象一下这样一个情况：为了研究人的智力，研究者编制了一个能够比较有效地测定智力的量表，然后对参试者进行测验，于是研究者从每名参试者那里都得到了一个（或一系列）观察值。在这里，每一个接受测验的人（参试者）就是一个"个体"，他们都有一个共同特性——智力水平，也就是说，他们身上共有"智力水平"这个随机变量。如果能测定世界上每一个人的智力，就知道了全人类这个总体的智力情况。不过，限于人力、物力、经费和时间，对全世界每个个体都进行测定是不可能的，只能抽取一部分个体来测定，这一部分个体就组成了一个样本。我们可根据样本的情况来推断总体的情况。

根据上述描述，我们可以为个体、总体与样本分别下一个定义。个体是被研究的随机现象的载体，具有我们感兴趣的某种共同特性，是组成总体的基本单位。总体是具有某（些）共同特性的个体的总和。样本是从总体中抽取的作为观察对象的一部分个体。

总体有无限总体和有限总体之分。如果一个总体包含的个体数目是无限的，就称为无限总体；如果一个总体包含的个体数目是有限的，就称为有限总体。例如，我们要研究今年某市小学一年级男生的身高，这时，该市今年入学的所有小学一年级男生就构成了一个有限总体。可是，当我们更笼统地说要研究小学一年级男生的身高时，从理论上讲，古今中外的小学一年级男生都应该成为研究对象，这就没有一个明确的数目了，因而是一个无限总体。另外，就算只对一名学生进行测量，如果我们对他进行无数次测量（至少从理论上可以这样假设），则测量得到的一切可能结果也可形成一个无限总体，只不过这时的个体不是学生本人，而是测量所得的值——观察值。总体是有限总体还是无限总体，可能会影响应该选择何种统计运算方法。

样本对推断统计学有特殊的意义。统计推断就是根据样本信息来推断总体的情况。由于各种客观条件的限制，我们无法将总体中的所有个体都观察一遍，这时更是必须抽取样本。不仅如此，在保证一定的研究精度的前提下，抽样的个体数总是越少越好。

样本中包含的个体数称为样本容量，一般用 n 表示。样本容量越大，样本的数字特征就越接近总体，从而能更精确地反映总体的情况。但是，容量过大则没有必要，那样反而会失去降低研究成本的意义。一般来说，$n \geq 30$ 的样本称为大样本，$n < 30$ 的样本称为小样本。大样本和小样本所用的统计方法不一定相同。

在生活中，广义的总体–样本关系无处不在。例如，我们通常会根据一个人的行为表现来判断其人品。可是，我们只能观察到其一部分行为（相当于样本），以此来估计其人品（相当于总体）。由于观察到的样本不同，我们就可能对同一个人做出不同的评价。

1.3.3 参数和统计量

总体和样本有很多共同点：都是由一定数量的个体构成的，都可以计算出各种数量指标（例如，平均数、标准差、比例和相关系数等）。但它们之间毕竟存在整体和部分的关系。为了方便区别这两类指标，统计学家将总体和样本的数量指标分别称为参数和统计量。根据对总体中所有个体的观察值计算出来的数量指标（总体平均数、总体标准差、总体比例和总体相关系数等）被称为参数，它们是总体上的数字特征；根据对样本中所有个体的观察值计算出来的数量指标（样本平均数、样本标准差、样本比例和样本相关系数等）被称为统计量，它们是样本上的数字特征。参数一般用希腊字母表示，统计量一般用拉丁字母表示。统计推断就是根据样本统计量来推断相应的总体参数。例如，我们可以根据样本平均数 $\bar{x}$ 来推断总体平均数 μ，根据样本标准差 S 来推断总体标准差 σ，

根据样本相关系数 r 来推断总体的相关系数 ρ，等等。

> **回顾：** 随机变量　观察值　个体　总体　样本　样本容量　参数　统计量
> **练习与思考：** 完成习题 1.4—1.7

1.4　心理统计学的基本内容和学习方法

1.4.1　心理统计学的基本内容和重要意义

心理统计学是将统计学运用于心理学领域所产生的一个应用统计学分支，它既有严密的逻辑体系，又针对应用上的实际需要选择和编排内容。本书的主要对象是心理学专业初学心理统计学的本科生，故以统计学的基础知识和基本统计分析方法为主要内容。

- **数据的整理和展现**。这是统计工作的第一步。内容包括如何判断统计数据的水平，如何将统计数据整理成次数分布，如何制作次数分布表和次数分布图，以及如何形象化地呈现整理过的数据（数据视觉化）等。

- **特征量**。为了描述统计数据的数量规律性，一个很重要的任务就是计算各种特征量。本书将介绍一些基本的特征量，包括集中量、差异量、地位量、偏态量和峰态量等，在相关分析一章中还将介绍相关量，阐述各种相关系数的计算方法及其意义。以上内容构成了基本的描述统计学。

- **概率与概率分布**。统计学以概率论为基础，要理解推断统计学就要懂得一点概率论。本书将简明扼要地介绍概率论的基础知识，包括概率的定义和性质、加法定理、乘法定理、条件概率、全概率公式和贝叶斯公式等内容；另外，本书将介绍各种概率分布，其中将详细阐述常用的概率分布——二项分布和正态分布的特点及其应用。

- **抽样分布、参数估计和假设检验**。推断统计的两个基本任务是进行参数估计和假设检验，而两者的数学基础是抽样分布。本书将深入讲解关于总体平均数、两总体平均数之差、总体比例、两总体比例之差和总体方差等的抽样分布、参数估计与假设检验。其中重点讲解两总体平均数之差的假设检验，因为这里有在心理学实验和调查中广泛使用的比较两个平均数有无显著差异的 t 检验。

- **方差分析**。方差分析是根据多个样本对多个平均数间差异进行显著性检验的方法。方差分析不能简单地用重复几次 t 检验来代替。本书将介绍单因素方差分析和多因素方差分析。

- **相关分析与回归分析**。相关分析或回归分析方法用于研究变量间的相互联系。例如，数学和语文成绩之间有无相关？能否建立一个回归方程，根据一个人的智商来估计他在某项任务中的反应时间？本书将介绍心理学研究中常用的积差相关、等级相关、质量相关、品质相关、一元线性回归和多元线性回归等内容。
- **非参数检验**。非参数检验是近几十年来发展起来的新成果，可以在数据水平较低、总体分布情况不明等情况下进行统计检验。本书将介绍各种常用的非参数检验方法，其中既包括最常用的 χ^2 检验，也包括近年来得到广泛应用的随机化检验和自助抽样方法。
- **多元分析和贝叶斯假设检验**。以上统计分析方法多为单一因变量的情形。初学心理统计的一、二年级本科生要想掌握上述内容，已经很需要下一番功夫了。而在当代心理学研究中，人们越来越多地分析多个自变量与多个因变量之间的关系，还提出了显变量和隐（潜）变量的概念。为了让初学者对心理统计学的全貌有所认识，本书还将简要地介绍一些常用的多元分析方法，如聚类分析、判别分析、探索性因素分析、验证性因素分析和结构方程建模等。本书在末尾还简单介绍了与传统假设检验相反相成的贝叶斯假设检验。

心理统计学既然有如此丰富的内容，学习这门学科的意义就不言而喻了。心理学研究者面对的心理现象是随机现象，难以根据若干已知条件精准地预测将要发生的结果，也难以根据结果确凿地回溯造成这些结果的原因，这就需要强有力的统计分析手段来处理得到的数据。这种"需要"有两方面的含义：一方面，这些统计分析手段可以帮助我们更清楚、更透彻地揭示心理现象的特点和本质；另一方面，在设计一项心理学研究方案的时候，要事先考虑好用什么统计方法分析将来得到的数据。如果事先没有统计思想的指导，盲目搜集的数据往往没有合适的统计方法加以处理，就回答不了当初想研究的问题。所以，我们学习统计学其实也是在训练自己的科学思维方法。

研究方法总是为适应科学研究的需要而不断发展的。可以说，统计学就是在各应用学科的推动下发展起来的。许多统计分析方法甚至不是数学家发明的。例如，多元分析中有一种重要的方法——因素分析，它就是由心理学家首先提出来的，现在已被广泛地应用于心理学、教育学、社会学、医学等学科领域。因此，心理学者的一项重要任务就是不断发展和完善统计分析方法，既为本学科服务，又为共同建设统计学大厦做出自己的贡献。

1.4.2 心理统计学的学习方法

学习心理统计学应注意以下几方面。

第一，破除畏难心理。学习统计学需要一定的数学基础。很多学生，尤其是文科生，在初学统计学的时候，会感到莫大的恐惧。其实，本书介绍的都是应用统计学的内容。虽然其中的公式名目繁多，有些复杂得有些"恐怖"，但是细看下来，绝大多数公式中的运算符号无非是加减乘除和根号之类，涉及的数学知识并不高深，读者只需初中数学水平，经过努力就完全可以掌握。再看这些公式中的变量，几乎都离不开平均数和方差。单是细细品味公式中平均数和方差的作用，就能让你对心理统计学的方法体系有一个比较深刻的理解，甚至能够轻而易举地记住不少貌似"恐怖"的公式。

第二，设定合理的学习目标，掌握知识体系。学习统计学不能死记硬背，不要妄想背熟要点就能应付考试。学习统计学最重要的目标是要全面、完整地掌握其内容体系，弄明白各类问题与它合适的统计方法的对应关系，即了解各种统计方法的适用条件。这样，见到实际问题或数据时，就能够想到可以采用何种方法加以分析处理。本书最后放了一幅统计方法总览图，它呈现了在不同应用情境下主要的统计分析方法及相应章节，展现了本书大部分内容的内在联系，可供理解、复习和检索。

第三，培养良好的学习和阅读习惯。如果学习者用本书自学心理统计学，可以注意利用本书丰富的"教学元素"。每学一章，都可以先浏览"本章提要"，对本章内容有一个概括的了解，然后逐一对照"学习目标"，结合"导读问题"阅读相关章节内容。阅读一部分内容后，你会发现一个方块贴士，此时可以按照其中的要求，回顾这部分内容中的重要概念，并完成规定的习题。最后，根据章末的"知识导图"，回顾本章关键内容，加深理解知识体系。

如果学习者修读了心理统计学课程，除了在上课时认真领会教师的讲解外，在课前课后也应像自学者那样仔细研读教材，抓住关键内容和知识体系，弄懂例题和习题。

只要做到上述要求，学习者大概率能逐步学会"根据问题的已知条件找到合适的统计分析方法"。

第四，学习统计学还要注意循序渐进，多次复习，不能急于求成。学习一次不可能记住所有知识，解决所有问题，可以多看几轮教材。你会发现，随着反复阅读，自己对于原来难懂难记的内容渐渐能做到了然于胸。本书附录一提供了三份自测试卷，供学习者检验学习效果。读者可以在初步学习整本教材之后进行第一次自测，了解自己基本掌握了哪些内容，以鼓舞自己的信心；在完成第二遍学习之后进行第二次自测，这时可以发现自己进步了很多，重点是要检查自己在哪些内容和环节上比较薄弱，以便在后面的第三遍学习（复习）中有的放矢地加以弥补。在前两次自测的基础上，第三次自测大致可以提示你将来是否适合报考研究生或从事科学研究。

第五，积极参加统计实践。心理统计学属于方法类课程，实践性极强。统计实践的方式有三种。

- 第一种方式是通过解答教材中的习题来加深对学习内容的认识。这是每一名学生从小都熟悉的办法。但是，对于大学生来说，单是做题还不够。
- 第二种方式是利用各种来源的公开数据，提出自己感兴趣的问题，运用所学方法加以处理。经济合作与发展组织（Organization for Economic Co-operation and Development，OECD）有一个著名的 PISA[①] 测试，每次测试的数据都在网上公开，供全世界学者下载使用。许多学者的论文就是利用这些公开的数据完成的。不过，这些数据都是他人采集的，你对于这些数据的来源可能一无所知，也就很难体会前文中所说的"在设计一项心理学研究方案的时候，要事先考虑好用什么统计方法分析将来得到的数据"。
- 第三种方式是积极运用学到的知识，亲自采集数据（也可以利用软件产生符合要求的数据），进行系统的统计实践。本书增加了一个新的教学元素——"数据实验"——来帮助学习者加深理解各种分析方法，比较这些方法的适用条件，拓展对统计方法的认识。如果完成了本书规定的数据实验，学习者应该能够更深刻地认识统计学原理，更清楚地了解统计学可以从这些数据中萃取哪些信息，获得什么结论。

第六，学习常用的统计软件。心理学、教育学和社会学等领域的学者比较喜欢用 SPSS 软件。该软件功能强大，包括了心理学学者常用的各种统计分析方法，采用方便直观的菜单式操作，容易上手，对初学者十分友好。

在学会 SPSS 后，可以考虑学习 R[②] 软件。R 本身是一种编程语言，统计学家为它编写了大量函数，初学者调用这些函数不仅能完成各种各样的统计分析，还能从中领悟统计方法的基本原理。R 受到广泛欢迎的原因还在于可以免费使用。当然，使用 R 时须费一点脑筋编写代码，但是这些代码可以重复利用，频繁使用相同方法处理数据的使用者

---

① 是英文 Program for International Student Assessment 的缩写，中文为"国际学生评估项目"。
② 一种用于统计计算与绘图的编程语言。它是由新西兰奥克兰大学的统计学家罗斯·伊哈卡（Ross Ihaka）和罗伯特·杰特曼（Robert Gentleman）发明的。

反而会觉得更方便。

除了 SPSS 和 R 以外，Python[①] 和 JASP[②] 软件也值得一用。Python 是非常有利于学习统计的编程语言；JASP 也属于菜单式操作软件，尽管功能尚不及 SPSS，但它加入了贝叶斯检验，可供感兴趣的学习者使用。

> **练习与思考**：完成习题 1.8

[①] 一种编程语言，是 ABC 语言的替代品。它的创始人是荷兰数学和计算机科学研究学会的吉多·范罗苏姆（Guido van Rossum）。其名称取自英国 20 世纪 70 年代初的电视喜剧《蒙蒂巨蟒的飞行马戏团》（*Monty Python's Flying Circus*）中的巨蟒（Python）。

[②] 是英文 Jeffreys's Amazing Statistics Program 的缩写，中文为"杰弗里斯了不起的统计程序"，为纪念贝叶斯统计的先驱哈罗德·杰弗里斯爵士（Sir Harold Jeffreys）而命名。

知识导图

- **绪论**
  - **随机现象**：在一定条件下，可能出现也可能不出现，或者可能这样出现也可能那样出现的现象
    - **统计学**：研究随机现象的数量规律性的应用数学分支
    - **随机变量**：表示随机现象的各种可能结果的变量
    - **大数定理**：虽然每次的观察结果可能不同（偶然性），但是大量重复观察的结果可以形成稳定的数量特征（必然性）
  - **统计学的分支**
    - **数理统计学**：以概率论为基础，阐明统计学的数学原理，推导和证明有关数学公式的数学分支
    - **应用统计学**：将数理统计学理论应用于各个学科领域而产生的统计学分支
      - **心理统计学**：用于心理学研究的应用统计学，以统计学方法总结心理现象的数量规律性
    - **描述统计学**：阐述搜集、提炼和描述数据的方法，是推断统计学的基础
    - **推断统计学**：运用概率论研究如何根据样本信息推断样本所来自总体的相应信息
      - **参数估计**：根据样本的特征量（统计量）来估计总体的相应特征量（参数）
      - **假设检验**：对关于总体参数或分布形态的假设做出保留或拒绝的决策
  - **基本概念**
    - **个体**：被研究的随机现象的载体，具有某种共同特性，是组成总体的基本单位
      - **观察值**：从个体那里取得的某个受关注的随机变量的取值。观察值及其派生资料构成数据
    - **总体**：具有某（些）共同特性的个体的总和
      - **参数**：根据总体中所有个体的观察值计算出来的数量指标，即总体上的数字特征
    - **样本**：从总体中抽取的作为观察对象的一部分个体
      - **统计量**：根据样本中所有个体的观察值计算出来的数量指标，即样本上的数字特征
      - **样本容量**：样本中包含的个体数n；$n \geq 30$的样本称为大样本，$n < 30$的样本称为小样本

数据实验

为了帮助读者深刻地理解统计学的数据处理方法,本书加入了一项新的教学元素——数据实验。数据实验和其他实验一样,都是通过操纵自变量(数据的某些特点),考察它对因变量(分析结果)的变化。例如,我们假设有一所学校,其中有1000名学生(总体),从中随机抽取一个大样本($n=50$)和一个小样本($n=5$),计算某个变量(如数学成绩)的平均数和方差,如此反复多次。结果发现,大样本的平均数的波动幅度比小样本小很多。在这里,样本容量 n 就是数据实验的自变量,样本的平均数就是因变量。实验的目的就是考察样本容量对样本平均数波动程度(抽样误差)的影响。

本章还没有开始讲解具体的统计分析方法,但可以先做一些准备工作:为总体建立一个数据文件。我们使用 SPSS,先输入 1000 个人的部分模拟数据,如图 1.A 所示。

ID	专业	性别
1	1	1
2	1	1
3	1	0
4	1	1
5	1	1
6	1	0
7	1	1
-	-	-

图 1.A

变量依次为参试者编号(ID)、专业(1代表中文,2代表外语,3代表数学,4代表心理,各250人)和性别(0代表女,1代表男,尽量各占一半)。把这1000个人当作将来要研究的目标总体,数据文件名为"01-虚拟总体.sav"("sav"是 SPSS 数据文件的专有后缀)。开展数据实验时,还可以随时加入新变量,例如,智商(IQ)、言语智商(IQv)和操作智商(IQp),等等。

本书提到的 SPSS 数据文件和 SPSS 代码可以扫描前勒口处的二维码来进行下载。

习题

1.1 以下哪些是随机现象？哪些是确定现象？

（1）每年的消费价格指数

（2）书中一页的印刷错误数

（3）光在真空中的传播速度

（4）世界各国国名按汉字笔画排序的结果

（5）城市每天的空气质量评级

（6）水蒸气遇冷凝结

（7）员工的月度工作绩效

（8）氧气的分子式

（9）人吸入大量一氧化碳会导致中毒

（10）一氧化碳中毒对吸入者健康的损害程度

1.2 什么是统计学？什么是心理统计学？学习心理统计学有什么意义？

1.3 描述统计学和推断统计学有什么联系？

1.4 什么是总体、样本、统计量和参数？它们之间有什么关系？

1.5 说出以下统计学符号表示什么：$n, \bar{X}, S, r, \mu, \sigma, \rho$。

1.6 一位心理学研究者想知道农村高中生对自己未来职业的预期。他广泛调查了全国各省市自治区共 6521 名农村高中生，得出了在这些学生中被预期从事得最多的 5 种职业。这个研究针对的总体是什么？样本是什么？研究者所做的是描述统计还是推断统计？

1.7 以下各小题中带下画线的数字表示的是观察值、参数还是统计量？

（1）某男生进行 250 次反应的平均反应时间为 630 毫秒。

（2）根据对 1029 名大学新生的调查，估计全国有 15.6% 的大学新生一开始不适应大学生活。

（3）某女生立定跳远，三次试跳的成绩分别是 2.1 米、2.0 米和 2.15 米。

（4）某国股市去年收于 1245.67 点。

（5）根据抽样调查，我们相信今晚本市约有 215 万人收看了奥运会开幕式，占本市人口的 2/3。

（6）本次全区统一考试，我班最高分与最低分相差 25 分。

1.8 选择一种统计软件（首选 SPSS 和 R），熟悉其界面，了解其主要功能。

第 2 章
数据和数据展示

本章提要

- 数据可以分为不同的水平,不同水平的数据有相应的数学运算方法。
- 随机变量可以分为间断变量和连续变量,也可以分为称名量表、顺序量表、等距量表和比率量表。
- 随机现象数量规律性的重要方面是次数分布。
- 次数分布可以用简单次数分布表及其派生的相对次数分布表、累积次数分布表、累积相对次数分布表和累积百分数分布表等表示。
- 次数分布还可以用次数分布图表示,从而更直观地表达次数分布的结构形态和特征。
- 次数分布图的两种主要形式是直方图和多边图。茎叶图能同时呈现观察值及其次数分布特征。
- 对于多个随机变量的情形,可以用多变量图示法来展示个体的数据。
- 比较常见的多变量图示法是轮廓图、雷达图和脸谱图等。

学习目标

- 能区分间断变量和连续变量,能区分称名量表、顺序量表、等距量表和比率量表;理解不同评分制考试成绩的数据水平。
- 了解次数分布的分组方法,掌握组距、组数的确定方法。
- 了解简单次数、相对次数、累积次数、累积相对次数等概念,以及各种次数分布表的画法。
- 掌握直方图、直条图、多边图的画法,能用办公软件或统计软件画次数分布图。
- 掌握茎叶图的画法,理解茎叶图的突出优点。
- 掌握散点图、轮廓图、雷达图等多变量图示法,能用软件画图。

> **导读问题**
> - 同样是数据，"第 1 名"与"1 千克"中的两个"1"是一回事吗？
> - 个数（例如，在考试中做对的题目个数）总是被看作间断变量吗？
> - 怎样理解"数据不记得自己的来历"这句话？
> - 累积相对次数分布表有什么用途？
> - 直方图和多边图各有哪些优缺点？
> - 如何制作各种表和图？

2.1 数据与数据的水平

2.1.1 数据

对于随机现象来说，每一次观察的结果都可能不同。换句话说，随机变量的每一次取值都可能不同。如果调查一个班级学生的身高，每名学生测得的身高数据就是一次观察获得的随机变量的取值，即观察值；这个班所有学生的身高观察值就是调查者搜集到的数据。就本书而言，"数据"与"观察值"在大多数情况下是同义词，只不过数据的含义更广，还包括观察值的派生结果。例如，在问卷调查中，受访者对某个建议表达的态度（赞成、反对、无所谓）是最原始的观察值，也可以称为数据；而调查结束后汇总资料时，各种态度的人数往往不再称为观察值，但是仍可以称为数据。

许多统计处理软件以个体为单位组织数据，如表 2.1.1 所示。

表 2.1.1　某班级学生的学号和身高数据

序号	学号	性别	身高 / 厘米
1	10060101	男	150
2	10060103	男	169
3	10060104	女	153
4	10060105	男	161
5	10060107	女	149
⋮	⋮	⋮	⋮

注：表中的每一行表示一名学生（个体）的情况；学号、性别和身高均被作为变量。

在搜集到数据之后，就要对它们进行统计整理和分析。不过，在此之前，我们必须懂得，数据可以分为不同类别或水平，它们有不同的数学特性，因此所能运用的处理方法也是不同的，使用时应注意区分。

2.1.2 间断变量与连续变量

根据随机变量的取值是否连续，可以将变量分为间断变量和连续变量。

2.1.2.1 间断变量

间断变量的可能取值在数轴上是不连续的，相邻的两个可能取值之间的中间值没有意义。间断变量的值往往为整数，取值的数目往往是有限的，可以一一列举。这种变量又称为离散型随机变量。

"人数"是最常见的间断变量。它的取值可以是 1 个人、2 个人、3 个人、100 个人……但不可以是 1.5 个人（1 和 2 之间的中间取值没有意义），也不可以是 5.34 个人……

用名次或等级表示的成绩，也是间断变量。比赛中获得的名次可以是第 1 名、第 2 名、第 3 名……但没有第 2.5 名，第 3.45 名……

性别变量的取值可以为：1（男）或 0（女）。态度变量的取值可以为：1（不喜欢）、2（无所谓）或 3（喜欢）。这些变量都可以被看作间断变量。

2.1.2.2 连续变量

连续变量的特点是，其可能取值在数轴上连续地充满某一区间。连续变量的任意两个取值之间都可以有它们的中间值，因而其可能取值的数目是无限的，不能一一列举。例如，长度、重量、温度和时间等都是连续变量。

数学上对上述两种变量的定义是十分严格的。但是有时在实际应用中也要灵活处理。例如，心理测验或教育考试中有五分制和百分制。五分制一共只能取"优""良""中""及格"和"不及格"这 5 个值（分别相当于数轴上的 5, 4, 3, 2, 1），虽然有时加上"优 −"或"良 ＋"之类的取值，但是取值个数毕竟太少，毫无疑问应该是间断变量。百分制得分可以取 0—100 的整数，共 101 个值，个数也是有限的，如果用上 0.5 分，充其量也只有 201 个可能取值，严格来说还是间断变量。但是，百分制对成绩的区分毕竟比五分制细致得多，相对来说更接近连续变量。因此，我们往往将它近似地看作连续变量，以便运用连续变量的统计分析方法。

> 回顾：间断变量　连续变量
> 练习与思考：完成习题 2.1

2.1.3 四种不同水平的量表

根据随机变量能够进行的数学运算的水平，我们还可以将它们分为称名型、顺序型、等距型和比率型，分别称为称名量表、顺序量表（又称等级量表）、等距量表和比率量表（又称等比量表）。

2.1.3.1 称名量表

称名量表的数据表示的是质别，起到名称的作用。例如，身份证号码、学号、房间号、电话号码、邮政编码以及各种代号等，都属于称名量表。称名量表的取值可以用文字表示（例如，性别用"男""女"表示），也可以用数字表示（例如，用 0 表示"女"，用 1 表示"男"）。又如，态度可以用"赞成""反对"和"无所谓"表示，也可以用数字分别表示为 1, 2, 3。

称名水平的数据没有大小之分。以学号为例，1 号和 2 号仅仅是两名学生的代号，仿佛是他们的别名，并不表示 1 号比 2 号聪明。这里的数字没有数量上的意义，是最"低级"的数据，数据之间不可以进行任何数学运算。

2.1.3.2 顺序量表

顺序量表的数据表示的是个体某方面特征所对应的名次或等级。比赛的时候，参赛者可以分出第 1 名、第 2 名、第 3 名……等级考试可以将成绩分为 1 级、2 级、3 级……原本用其他符号表示的等级也可以用数字表示，例如，教育考试中常用的五分制，常常用"优""良""中""及格"和"不及格"表示成绩，或用字母 A、B、C、D 和 E 表示，当然也可以用 5, 4, 3, 2, 1 表示（倒过来也完全可以）。

顺序量表的数字已经有了大小或高低之分：第 1 名应该强于第 2 名，第 2 名应该强于第 3 名；在五分制中，得 5 分的应该强于得 4 分的，得 4 分的应该强于得 3 分的。可见，顺序量表水平的数据之间可以进行比较运算。

但是，顺序量表的数据之间不能进行加减法运算。因为加减法运算有一个前提：参加运算的数据有相同的单位。10 厘米不能直接和 10 毫米相加，因为 1 厘米和 1 毫米表达的长度差异是不等的。同理，1 个苹果和 1 个橘子也不能简单相加。虽然在作为顺序量表的数据 1, 2, 3, 4, 5 之间，相邻数据的差异都是 1，但是这些标为"1"的差异并不意味着这些差异是相等的。例如，就比赛名次而言，第 1 名和第 2 名之间的差距不一定等于第 2 名和第 3 名之间的差距。因此，名次、等级之间均不能进行加减法运算。我们观看过各种比赛，没见过计算各参赛队总名次或平均名次的，因为总名次和平均名次都需要对各个名次进行累加计算。

2.1.3.3 等距量表

等距量表的**数据表示测量上具有相等单位的观察值，而且有一个相对零点**。等距量表继承了顺序量表的特征，即数据之间可以进行比较运算（以温度为例，10℃一定比9℃高，9℃一定比8℃高）；它又比顺序量表高级，因为它的数据具有相等的单位，是等距的。等距量表的数据之间可以进行加减法运算。"今天的温度比昨天高2℃"，就是用减法算出来的。"近3天的平均最高气温是18℃"，就是先把3天的最高气温相加，再除以天数而得到的。

但是，等距量表的数据之间不能进行乘除法运算。如果昨天最高温度是5℃，今天是10℃，能不能说"今天的最高温度是昨天的2倍"呢？不能！因为乘除法运算的前提是有绝对零点。绝对的零意味着"根本没有"。但是，众所周知，零度不是没有温度，0℃不是一个绝对零点，它只是一个人为规定的相对零点，是"一个标准大气压下纯水结冰的温度"。如果将"一个标准大气压下煤油结冰的温度"定为0℃，则水结冰时的温度就不是0℃，而是高于0℃了。因此温度之间没有倍数之说。

> **注意**
> 有读者会觉得奇怪，在平均气温的计算中不是用了除法了吗？不错，计算平均气温，一定要用到除法。但是，说等距量表之间不能进行乘除法运算，指的是任意两个观察值之间不能进行这样的运算。在平均气温的计算中所用的除法不是在温度数据之间进行的，而是温度除以天数，这是可以的。

2.1.3.4 比率量表

比率量表的**数据表示测量上具有相等单位的观察值，而且有一个绝对零点**。长度、质量和花费的时间等，就是比率量表。说到绝对零点，就距离而言，0米就是在始发地，没有走出一步路；就质量而言，0克就是没有这个物体；就某件事花费的时间而言，0秒就是还不曾做过这件事。这些0就是绝对零点。比率量表继承了顺序量表和等距量表的特征，数据之间可以做比较运算和加减运算，还具有了新特征：数据之间可以进行乘除运算。这样一来，我们就可以说，一个身高1.8米的人比一个身高0.9米的人高（比较运算），高0.9米（减法运算），高1倍（除法运算）。

表2.1.2 列出了四种水平的量表的特点。

表 2.1.2　四种量表的比较

量表水平	性质和作用	可以进行的运算
称名量表	表示观察值的质别或名称	无
顺序量表	表示名次或等级	比较
等距量表	表示测量上具有相等单位的观察值，其零点是相对的	比较、加减
比率量表	表示测量上具有相等单位的观察值，其零点是绝对的	比较、加减、乘除

现在来思考一个非常重要的问题：心理测验的得分属于哪一种量表？

不同的测验往往采用不同的分数体系。有的用五分制，有的用满分分别为 10 分、20 分、30 分乃至 100 分（百分制）的分数体系。

五分制只能算作顺序量表，因为 5 分和 4 分的差异几乎肯定不等于 4 分和 3 分之间的差异，4 分和 3 分之间的差异也几乎肯定不等于 3 分和 2 分之间的差异。所以，它们之间不能进行加减法运算。

几十分制和百分制就需要灵活对待了。其实，即使是百分制，我们也无法保证 100 分与 99 分之间的差异等于 99 分和 98 分之间的差异，更无法保证 90 分和 80 分之间的差异等于 80 分和 70 分之间的差异。因此，严格地说，百分制仍应该算作顺序量表。但是，如果测验设计得比较合理，每 1 分之间基本相等，也可以将百分制分数近似地当作等距量表。如果将总分取 10, 20, 30, ⋯ 的计分体系当作等距量表，则更勉强一些；不过在应用统计中，为了统计上的方便，在很多情况下还是会将它们当作等距量表。

> **回顾**：称名量表　顺序量表　等距量表　比率量表
>
> **练习与思考**：完成习题 2.2—2.3

> **数据水平的关键在于意义解释**
>
> 如果大家浏览一下本书中的公式，尤其是非参数检验中的公式，就可以发现，很多统计分析方法都对名次（数学上叫"秩次"）进行了加法运算。按照本节介绍的规则，这种加法是不受支持的。但是为什么在统计学上还是做了加法运算呢？
>
> 其实，统计学者在很多问题上的看法也是有分歧的。对于本节提到的数据四水平的区分，有些统计学者根本不予理睬（Howell, 2021）。有位统计学者洛德（Lord, 1953）甚至声称"数字不记得自己的来历"。在他看来，只要是数字，就可以进行各种数学运算，不需要顾忌其"水平"。事实上，无视本节所述规则的运算比

比皆是。例如,在奥运会奖牌榜上,我们可以看到金牌数、银牌数、铜牌数和奖牌数。如果说前三个数是相同单位数字相加所得,还算比较合理,但是奖牌数就离谱了:3 块金牌和 3 块铜牌能一样吗?但是这种运算还是发生了。

从统计实践来看,学者们对于数据运算方法的使用往往比较宽松,而对计算结果的解释则比较严格。换言之,数据可以不记得自己的来历,加减乘除可以自由地做,但在解释结果时,务必"想起数据的来历"。在奥运会排行榜上可以写奖牌数,但是在解释各国竞技水平时,要记得这些奖牌体现的是名次,是顺序量表。可以说 10 块奖牌是 5 块奖牌的 2 倍,但不能说获得 10 块奖牌的国家体育运动水平是获得 5 块奖牌的国家的 2 倍。

同样地,在一次考试中,甲同学做对了 40 题,乙同学做对了 80 题。每题 1 分的话,可以说甲同学比乙同学少得了 40 分,也可以说甲同学的得分仅为乙同学的一半,但是不能说甲同学的知识量只有乙同学的一半,甚至推论说甲同学只要加 1 倍的努力,就可以表现得和乙同学一样好。总之,解释计算结果的意义时,要慎之又慎,不能随意发挥。

2.2 次数分布表

通过观察或测量取得了大量观察资料以后,就要对它们分门别类地加以整理。其中最初步的整理就是编制次数分布。次数分布就是按照一定的标准将观察值分组后,各组观察值的个数所体现的分布情况。这里,"次数"指的就是观察值的个数。例如,要搞清楚某学校男生和女生的比例,就要对全校学生进行调查,这时的随机变量为性别,它可以有两个取值:男性和女性。按性别归类就是根据性别取值对所有学生个体进行分组,结果可能如表 2.2.1 所示。

表 2.2.1 某学校学生人数按性别分类

性别	人数
男	2500
女	3100
合计	5600

这就是一个最简单的次数分布。在统计工作中，我们调查的对象可能是人，也可能是动物、工农业产品、企事业单位等，为了指称的方便，统计学上往往将人数、只数、个数、头数等统一称为"次数"，许多人称之为"频数"或"频次"（其实它们都是英语单词"frequency"的汉语翻译），用字母 f 表示。表 2.2.1 中的次数分布可以这样理解，在对该校 5600 名学生的观察中，有 2500 次看到的是男生，有 3100 次看到的是女生。

从表 2.2.1 可以看出，次数分布由两个部分构成。第一部分是分组，第二部分是与各组相对应的次数。分组的标志可以是品质的（例如，表 2.2.1 中的性别），也可以是具体数值或数值范围（见表 2.2.2）。

表 2.2.2 某校一年级学生言语能力测验得分次数分布表

分数	次数
低于 20 分	10
20~39	20
40~59	40
60~69	51
70~79	70
80~89	44
90~99	30
100	5
合计	270

2.2.1 简单次数分布表

将次数分布制作成表格，就是次数分布表。表 2.2.1 和表 2.2.2 中的次数都没有经过转换（计算比例或累加等），称为简单次数。这两个表都是简单次数分布表。

相对来说，编制类似于表 2.2.2 的次数分布表比较复杂，因为它是按照数量特征的具体取值或一定的数值范围来分组的，于是如何确定具体取值或数值范围就成了问题的关键。我们用例题 2.2.1 来说明在这种情况下编制次数分布表的方法。

【例题 2.2.1】假设某班级 30 名学生的智商测验结果如表 2.2.3 所示，其中学号、性别和智商是随机变量，学号和性别是称名量表，智商是等距量表。问：如何制作一个关于智商的次数分布表？

表 2.2.3　某班级 30 名学生的智力测验结果

序号	学号	性别	智商（IQ）
1	10060101	女	103
2	10060102	男	114
3	10060103	女	129
4	10060104	女	105
5	10060105	女	103
6	10060106	男	97
7	10060107	女	102
8	10060108	男	108
9	10060109	男	102
10	10060110	男	87
11	10060111	男	107
12	10060112	男	85
13	10060113	女	110
14	10060114	男	94
15	10060115	男	108
16	10060116	男	92
17	10060117	女	113
18	10060118	男	108
19	10060119	男	122
20	10060120	男	107
21	10060121	女	119
22	10060122	男	98
23	10060123	女	95
24	10060124	男	118
25	10060125	女	88
26	10060126	女	94
27	10060127	女	105
28	10060128	男	102
29	10060129	女	97
30	10060130	女	108

次数分布表的制作步骤如下所示。

步骤 1：求全距（R）

全距指的是全部观察值中最大值与最小值之差。

表 2.2.3 中智商的最大值是 129，最小值是 85，全距就是 $R = 129 - 85 = 44$。

步骤2：决定组数和组距

组数不宜太少也不宜太多，太少会将许多不同的数据归在一起，误差较大；太多则计算麻烦，而且不容易显示分布情况。一般来说，若数据个数较多，组数可以适当地多一些；一般不少于5组，也不要超过15组。组距指的是每个组的终点值和起点值之差（用 i 表示）。一般来说，组距与组数存在相反的关系，组距越大，能分的组数就越少，反之则越多。

H. A. 斯特奇斯（H. A. Sturges）提出过一个计算组距（i）的经验公式：

$$i = \frac{\max - \min}{1 + 3.322 \lg N} \quad （公式 2.2.1）$$

式中，N 表示总次数（观察值或数据个数）；max 表示最大观察值；min 表示最小观察值。

本例将 $N=30$ 代入，得 $i=7.45$。但是这仅仅提供了一个参考。为了后续计算上的方便，也为了符合人们的阅读习惯，可以将组距调节为 $i=10$，即每10分为一个组。

确定了组距之后，组数也就相应地确定了。组数应该是全距除以组距得到的商。

在这里是 44/10 = 4.4，所以应该分5组。

步骤3：决定组限

组限是每一组的起点值和终点值。起点值为下限，终点值为上限。第一组的下限可以适当低于原始观察值的最小值，最后一组的上限也可以适当高于原始观察值的最大值。

根据前面确定的组距（$i=10$），参考最低分，可以设置第一组的下限为80分。这样，将全部数据划分为5组，取值区间分别为 [80, 90), [90, 100), [100, 110), [110, 120), [120, 130)。同时，还可以计算出各组上限与下限的中间值作为各组的组值（或称为"组中值"），这5个组的组值分别是 85, 95, 105, 115, 125。

步骤4：登记次数

分组确定以后，就可以将观察值按组别计数，登记在次数分布表内（见表2.2.4）。表中可以列出组值，也可以不列。

表 2.2.4 某班级智力测验结果的简单次数分布表

得分	组值	次数
80~89	85	3
90~99	95	7
100~109	105	13
110~119	115	5
120~129	125	2
合计		30

在实际工作中，组限的表示方法比较灵活。关键是保证每一个观察值都只能归入一个组：既不会无组可归，也不会因为有多个组可去而无法确定分在哪一组。

组距有等组距和不等组距之分。表 2.2.4 是等组距的次数分布表，各组组距都是 10。但是有时也需要采用不等组距，例如，在研究人口的年龄构成时，我们往往根据年龄将个体分为 0—6 岁组、7—17 岁组、18—59 岁组和 60 岁以上组。最后一个"60 岁以上组"因为没有上限，又被称为开口组（没有下限的也称为开口组）。虽然一般来说应尽量避免不等组距和开口组，但有时也要根据数据的特点来灵活地设置组距和组限。

> **回顾**：次数分布　组距　斯特奇斯组距经验公式
> **练习与思考**：完成习题 2.4 中的（1）和（2）

2.2.2　相对次数分布表和累积次数分布表

对次数稍作处理，就可以将简单次数分布表转换成相对次数分布表、累积次数分布表、累积相对次数分布表和累积百分数分布表等。

2.2.2.1　相对次数分布表

相对次数指的是各组的次数 f 与总次数 N 的比值（f/N）。它可以反映各组数据的比例结构。各组次数在总次数中占的百分比（$f/N \times 100\%$）也是相对次数。利用相对次数可以编制相对次数分布表，它往往和简单次数分布表组合在一起呈现，见表 2.2.5。

表 2.2.5　某班级智力测验结果的简单次数分布表和相对次数分布表

得分	组值	次数	相对次数	比例 /%
80~89	85	3	0.10	10
90~99	95	7	0.23	23
100~109	105	13	0.43	43
110~119	115	5	0.17	17
120~129	125	2	0.07	7
合计			1.00	100

2.2.2.2　累积次数分布表

有时我们会问：智商为 120 及 120 以上的有多少人？智商为 110 及 110 以上的有多少人？智商为 90 以下的有多少人？智商为 110 以下的有多少人？等等。IQ ≥ 100 同时包括了上方各组（IQ ≥ 110 和 IQ ≥ 120 的组），为此就要对次数进行累加，从而得出累积次数分布。所谓累积次数，就是各个组限以上或以下的各组次数总和。根据累积次数编制的次数分布表就是累积次数分布表，通过它可以了解位于某个组限以上或以下的数据的个数。

累积次数分布表分为大于制和小于制两种。大于制计算的是大于或等于各组下限的累积次数。根据表 2.2.4，可以计算出 IQ ≥ 120 的有 2 人，IQ ≥ 110 的有 2 + 5 = 7 人，IQ ≥ 100 的有 2 + 5 + 13 = 7 + 13 = 20 人……最终可以得到大于制累积次数分布表（见表 2.2.6，第 3 列）。

小于制计算的是小于或等于各组上限的累积次数。根据表 2.2.4，可以计算出 IQ ≤ 89 的有 3 人，IQ ≤ 99 的有 3 + 7 = 10 人，IQ ≤ 109 的有 3 + 7 + 13 = 10 + 13 = 23 人……最终可以得到小于制累积次数分布表（见表 2.2.6，第 4 列）。

表 2.2.6　某班级智力测验结果的简单次数分布表和累积次数分布表

得分	次数	累积次数（大于制）	累积次数（小于制）
80~89	3	30	3
90~99	7	27	10
100~109	13	20	23
110~119	5	7	28
120~129	2	2	30
合计	30		

如果再计算出各组的累积次数与总次数 N 的比值或百分比，就可以编制出累积相对

次数分布表和累积百分数分布表，见表 2.2.7。

表 2.2.7 某班级智力测验结果次数分布表

得分	次数	相对次数	累积次数（大于制）	累积相对次数	累积百分数 /%
80~89	3	0.10	30	1.00	100
90~99	7	0.23	27	0.90	90
100~109	13	0.43	20	0.67	67
110~119	5	0.17	7	0.23	23
120~129	2	0.07	2	0.07	7
合计	30	1.00			

根据累积百分数分布表，可以判断某个数据在整个数据范围中的大概位置。例如，根据表 2.2.7，可以估计 IQ = 111 的人大概位于第 7 名，如果有 1000 人参加测验，这个成绩大概位于第 230 名（23% × 1000 = 230）。

> **回顾**：相对次数 累积次数 相对次数分布表 累积次数分布表 累积相对次数分布表
> **练习与思考**：完成习题 2.4 中的（3）

2.3 次数分布图

根据次数分布表可以进一步绘制相应的次数分布图，从而更直观地表达次数分布的结构形态和特征。计算机软件的广泛使用大大提高了图的绘制质量和效率，在许多办公软件中，只要输入组值和次数等内容，就可以直接画出次数分布图。本章中的很多图就是用 Word[①] 等办公软件绘制的，其绘制方法请参考相关的软件教程。

次数分布图有很多种，例如，直方（直条）图、折线图、多边图、饼形图和茎叶图等，本章介绍的三种主要类型是直方（直条）图、多边图和茎叶图。

---

① 即 Microsoft Office Word（微软办公文字）——美国微软公司开发的一种文字处理应用程序。

2.3.1 直方图和直条图

2.3.1.1 直方图

直方图由若干直方条排列在横坐标上构成,直方条的高度(或长度)表示次数 f。图 2.3.1 就是根据表 2.2.4 所示的简单次数分布表绘制成的简单次数分布图。

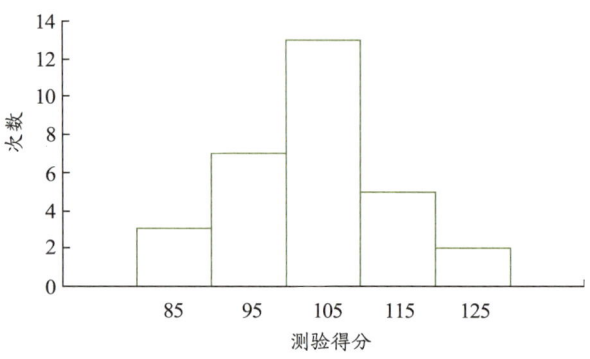

图 2.3.1 某班级智力测验结果简单次数分布直方图

2.3.1.2 直条图

直条图是直方图的变式,是称名量表的次数分布图,横坐标上的取值是质性的。例如,性别(男、女)、群体编号(一班、二班、三班……)和态度(赞成,反对,不置可否)等。直条图的各个直方条之间总是空开一定的距离,其高度(或长度)仍表示次数 f。

图 2.3.2 是根据表 2.2.1 绘制的直条图。

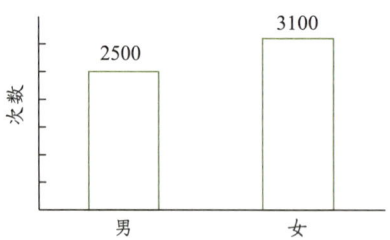

图 2.3.2 某校男生和女生的人数

2.3.2 多边图

多边图以一条连续的折线表示各组的次数 f,又称为次数多边图。多边图的绘制方法与直方图基本相同。不同之处在于,它不以直方条的高度代表各组的次数,而是以各组组值为横坐标，以相应组的次数为纵坐标画点，然后将这些点连接成折线。通常，折线的两端应延伸至外侧一组（空组，$f=0$）的中点与横轴相接（见图2.3.3），形成一个封闭的多边图。

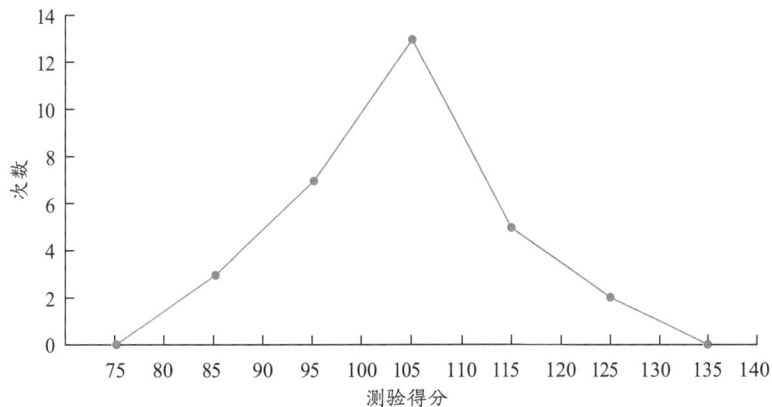

图2.3.3　某班级智力测验结果的次数分布多边图

将简单次数转换为相对次数，就可以画出相对次数多边图。它的一个突出的优点是可以在一个图上比较多个群体的次数分布（见图2.3.4）。

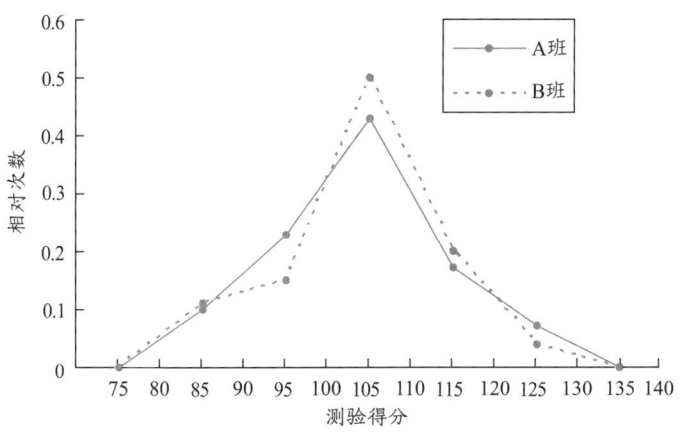

图2.3.4　两个班级智力测验结果的相对次数分布多边图

根据累积次数分布表，同样可以绘制累积次数分布多边图和累积相对次数分布多边图。累积次数分布有小于制和大于制，累积次数分布多边图也有相应的区别：绘制小于制图形时，每个组的坐标点由该组上限与相应的累积次数确定，最低组的折线要延伸到0；绘制大于制图形时，每个组的坐标点则由该组下限与相应的累积次数确定，且最高组的折线要延伸到 0。小于制的累积次数分布图比较常见。图 2.3.5 是根据表 2.2.6 绘制的累积次数分布多边图（小于制）。

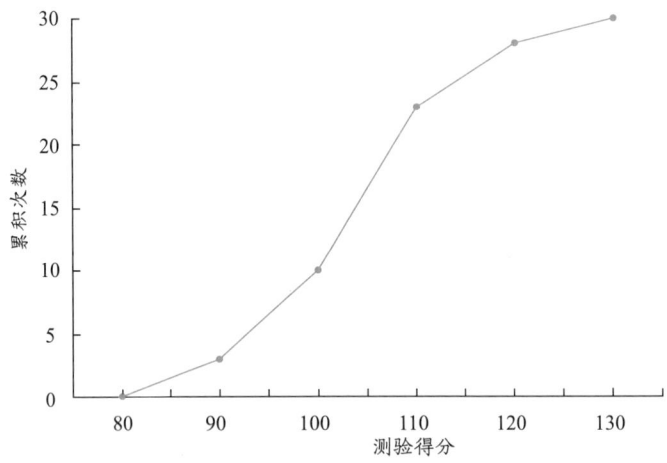

图 2.3.5　某班级智力测验结果的累积次数分布多边图

前文提到，根据累积百分数分布表，可以判断某个数据在整个数据范围中的大概位置。而在累积相对次数分布图上，可以方便地通过作图法大致地回答大于或小于某值的比例有多少。反过来，也可以根据累积相对次数或累积百分数来得到相应的变量值。图 2.3.6 就通过作图的方式估计出了测验得分为 115 以下的人占多少百分比（约为 85%）。在心理测量中，常常用累积百分数分布为标准化测验建立原始分数和百分等级的对照表，以此说明某个原始分数在群体中的相对地位。

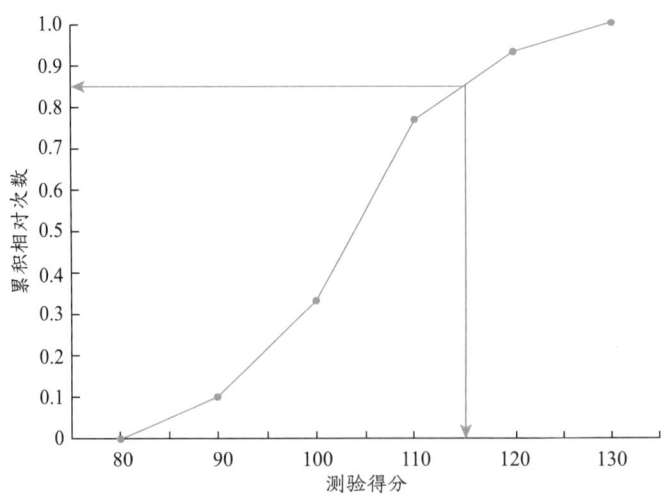

图 2.3.6　用作图法实现分数及其百分位置的互查

> 回顾：直方图　直条图　多边图
> 练习与思考：完成习题 2.5—2.6

2.3.3 茎叶图

茎叶图是一种既能表现次数分布，又能保留原始观察值的数据呈现方式。它是探索数据规律的非常有用的方式。图 2.3.7 就是依据表 2.2.3 中 30 名学生的智力测验得分编制的茎叶图。

	人数
08 | 578	3
09 | 2445778	7
10 | 2223355778888	13
11 | 03489	5
12 | 29	2
	$N=30$

图 2.3.7　茎叶图（依据表 2.2.3 中 30 名学生的智力测验得分编制）

图 2.3.7 体现了茎叶图的基本编制方法。图中的"茎"就是得分中的十位数和百位数（08~12），"叶"就是得分中的个位数。所以，09 \| 2445778 表示有 7 个人的得分介于 90~99，分别是 92, 94, 94, 95, 97, 97, 98。还可以看到，茎和叶上的数字都由小到大排序。

如果将"茎"看作横轴，将"叶"的长度（每一行个位数的个数）看作次数，上述茎叶图就可被看作一幅次数分布直方图。它与普通直方图的区别在于，里面列出了每一个原始观察值。

实际编制茎叶图时，"茎"不一定是十位数和百位数，也可以是千位数乃至万位数；还可以用数字加某种符号表示一个数值区间（组距不一定是 10 或其倍数）。例如，用"8*"表示 80~84，用"8."表示 85~89，这时，两个组的组距都是 5。

同样，"叶"也不一定是个位数，也可以是百位数或十位数，都可以根据数据的特点灵活处理。

如果将两个群体的数据按左右两个方向绘制茎叶图，就得到了双向茎叶图。它与相对次数分布多边图相似，也可以直观地比较两个群体的数据。

【例题 2.3.1】有两个班级的考试成绩如下所示（可下载数据文件"02-双向茎叶

图 .sav"）：

甲班：85, 89, 85, 89, 86, 82, 93, 86, 86, 88, 73, 61, 93, 96, 89, 75, 80, 108, 78, 80

乙班：101, 100, 79, 108, 95, 83, 89, 101, 100, 69, 107, 86, 95, 89, 76, 99, 85, 81, 70, 98

绘制两个班级成绩的双向茎叶图，要求每组组距为 5（区分 80~84 和 85~89）。

解：根据上述数据和要求绘制的双向茎叶图见图 2.3.8。从茎叶图可以看出，乙班得高分（90 分以上）的人数多于甲班。

甲班人数				乙班人数
1	1	|6*|		0
0		|6.|	9	1
1	3	|7*|	0	1
2	85	|7.|	69	2
3	200	|8*|	13	2
9	999866655	|8.|	5699	4
2	33	|9*|		0
1	6	|9.|	5589	4
0		|10*|	0011	4
1	8	|10.|	78	2
$n = 20$				$n = 20$

图 2.3.8 双向茎叶图

回顾：茎叶图

练习与思考：完成习题 2.7

2.4 多变量图示法

在心理学研究中，常常遇到有多个随机变量的情况。例如，对同一个体，同时测量其言语能力和数学运算能力；在人格测验中，需要考察的随机变量可能多达十几个甚至几十个。对于这样的情形，需要采用多变量图示法来展示数据。

2.4.1 双变量图示法——散点图

如果我们要研究两个变量之间的关系，例如，研究数学能力和言语能力的关系、身高和体重的关系、智力和学业成绩的关系,可以使用散点图来直观地加以展示。

散点图是在直角坐标系中,以个体在两个变量上的观察值为点的坐标而绘制的图,常常用于观察两个变量间有无相关。横坐标和纵坐标分别表示两个随机变量,每一个被观察的个体在这两个变量上的观察值就是一个点的坐标,有多少个个体,就有多少个点。

例如,表 2.4.1 中的数据是某班级学生数学能力测验和言语能力测验的成绩,图 2.4.1 就是根据该表绘制的散点图。从图中可以看到,在数学能力和言语能力的测验成绩之间,存在一种近乎线性(且斜率为正)的关系:数学能力得分高的,言语能力得分往往也比较高;反之亦然。这种关系称为正相关(此外还有负相关和零相关),本书将在第 11 章"相关分析"里详细介绍相关系数的种类和计算方法。

表 2.4.1　某班级学生数学能力测验和言语能力测验的成绩

学号	数学	言语	学号	数学	言语	学号	数学	言语
1	125	130	11	94	89	21	60	68
2	104	109	12	92	96	22	58	60
3	109	115	13	86	89	23	92	88
4	118	120	14	89	97	24	96	100
5	115	110	15	88	99	25	85	92
6	107	105	16	81	85	26	84	93
7	102	100	17	79	78	27	71	70
8	96	99	18	75	90	28	102	96
9	94	96	19	71	80	29	112	116
10	99	98	20	65	75	30	130	129

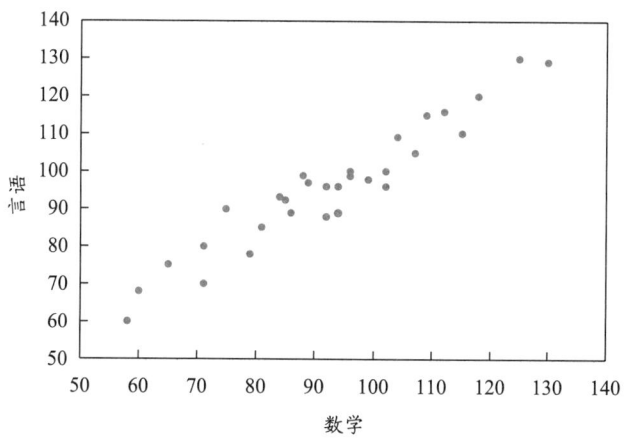

图 2.4.1　某班级学生数学能力测验和言语能力测验得分的散点图

> 回顾：散点图
>
> 练习与思考：完成习题 2.8

2.4.2 多变量图示法——轮廓图、雷达图和脸谱图

统计学家提出了多种多变量的图示法，主要有轮廓图、雷达图、星座图、脸谱图、三角多项式图、连接向量图等，以及一些降维作图法。这里简单介绍三种比较常见的图示法：轮廓图、雷达图和脸谱图。

2.4.2.1 轮廓图

轮廓图是心理学中最常见的表示多变量的图示法。许多著名的心理测验用它表示多个分测验的得分情况。

==轮廓图==是以若干个平行的纵坐标代表各个变量，以个体各变量观察值在坐标上的点的==连线表示数据的图==，又称剖面图。多个个体的连线可以画在同一个轮廓图上。

例如，卡特尔 16 种人格特质测验有 16 个分测验，每个分测验测量一个特质，其得分就是一个随机变量（A, B, C, …, Q4）。现在假设表 2.4.2 是两位参试者在 16 个分测验中的得分（在心理测量学上称为"量表分"），可以画出相应的轮廓图（见图 2.4.2）。其中多个纵坐标可以简化成一个，画在最左侧。

表 2.4.2　两位参试者在卡特尔 16 种人格特质测验中的量表分

参试者	特质分测验得分															
	A	B	C	E	F	G	H	I	L	M	N	O	Q1	Q2	Q3	Q4
甲	7	6	4	7	7	4	9	3	2	8	6	7	4	8	6	5
乙	3	8	5	5	6	3	6	1	8	6	2	5	4	5	6	7	5

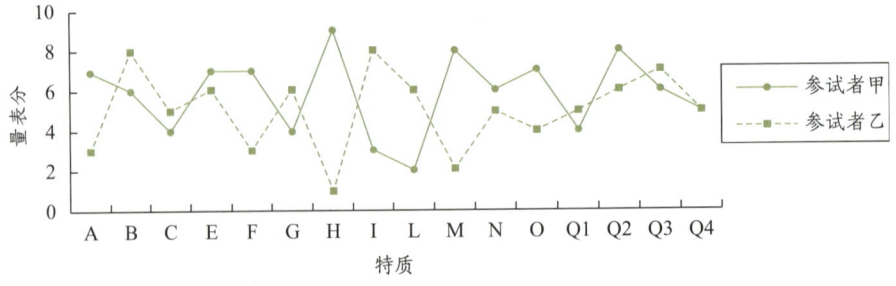

图 2.4.2　两位参试者在卡特尔 16 种人格特质测验中的量表分的轮廓图

2.4.2.2 雷达图

雷达图也称为星图或蜘蛛网图,是以一个圆中的若干个半径作为变量的坐标轴,并以个体各变量观察值在坐标上的点的连线表示数据的图。多个个体的连线可以画在同一个雷达图上。

雷达图的画法:假设有 p 个变量,先画一个圆,用 p 个点将圆周等分,从圆心到这 p 个点的连线就是 p 个变量的坐标轴。根据各变量的取值范围在坐标轴上标出刻度,然后根据个体各变量的观察值在各个轴上画点,最后将这些点依次连接起来,得到一个 p 边形。根据表 2.4.2 中的数据可以画出一个雷达图(见图 2.4.3)。

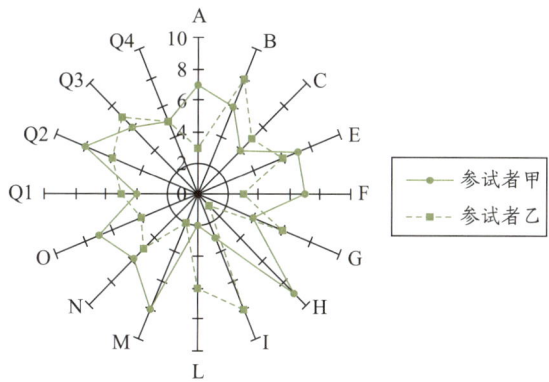

图 2.4.3 两位参试者在卡特尔 16 种人格特质测验中的量表分的雷达图

2.4.2.3 脸谱图*

脸谱图用人脸各部位的数量和形状特征来表示多个变量的数据。人脸的各个部位有许多特征,例如,脸的大小和形状,鼻子的长度,嘴的位置、宽度和微笑的曲线,眼的分离程度、形状和宽度等,瞳孔的大小,等等。这些特征取不同的值,就出现不同的脸。如果我们开展研究时运用上述面部特征来描述不同个体在多个变量上的观察值,例如,用发型表示性别,用脸的长度表示智商,用脸的宽度表示好奇心强度……每个个体就呈现出了不同的脸谱图。

一般的左右对称的脸谱图可以描述 18 个变量,如果允许左右不对称,一张脸谱图就可以描述 36 个变量。目前有统计软件可以绘制脸谱图,使用者只需输入各个变量的观察值即可。图 2.4.4 就是用 R 软件画出的 4 名参试者的脸谱图(需安装程序包 aplpack),它们表示的变量为性别、年龄、智商和好奇心强度等。

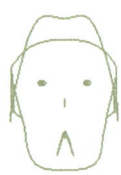   

图 2.4.4 脸谱图

回顾： 轮廓图　雷达图　脸谱图

练习与思考： 完成习题 2.9

知识导图

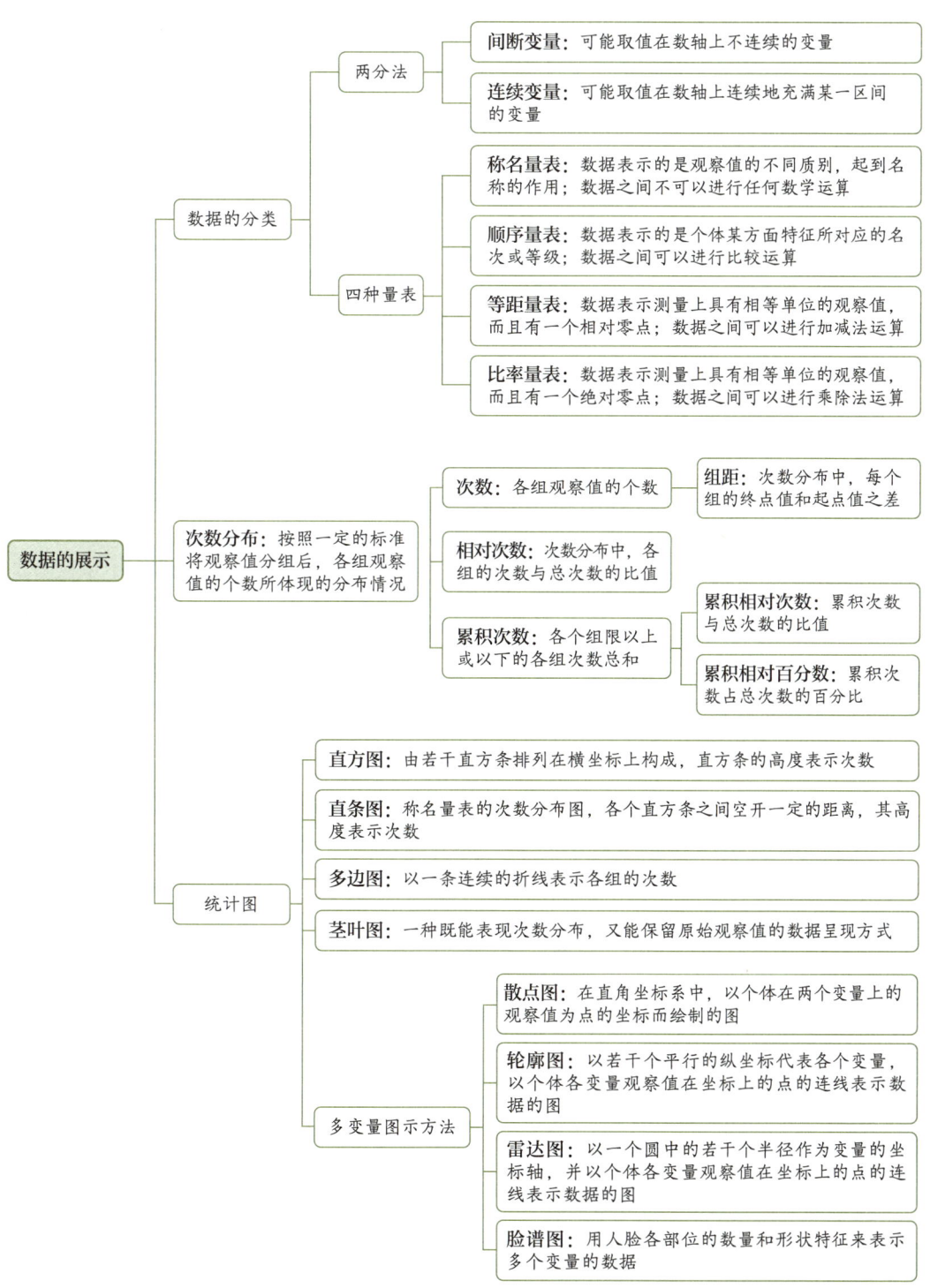

数据实验

本章的数据实验旨在继续完成数据准备，并了解部分 SPSS 语句的功能。

打开在第 1 章 "数据实验"中建立（或下载）的数据文件 "01-虚拟总体.sav"，点击菜单 File（文件）→ New（新建）→ Syntax（句法），在打开的句法窗口中输入以下代码，运行后观察结果。

```
COMPUTE ID=$CASENUM.
EXECUTE.
COMPUTE ID= 专业 * 1000000 + ID.
EXECUTE.
COMPUTE 性别 =RV.BINOM(1,0.5).
EXECUTE.
```

可以看到，前两行代码把个体编号由小到大重新编码。由于表中有 1000 个个体，重写的编号为 1~1000。

中间两行代码将专业编码乘以 1 000 000，加上原来的 ID，使编号统一成 7 位数，而且其首位数字就代表个体所在的专业。

后两行代码可以为每个个体随机指定性别，其中 "RV.BINOM(1,0.5)" 是 SPSS 中的一个产生随机数的函数，以参数 (1, 0.5) 调用 RV.BINOM 函数，就相当于抛出硬币后得到正面朝上或反面朝上的随机结果。这样就可以使得男性和女性的人数接近 1∶1。

接着，通过句法窗口执行以下代码，可以看到 SPSS 输出的两性人数表和对应的简单次数分布图（直条图）。

```
FREQUENCIES VARIABLES= 性别
  /BARCHART FREQ
  /ORDER=ANALYSIS.
```

如果将 "/BARCHART" 后面的 FREQ 改为 PERCENT 重新执行，就可以得到两性人数表和对应的相对次数（百分数）分布图。

由于使用了 RV.BINOM 函数,每个个体的性别值都是随机的,因此每次执行前面的代码产生的个体性别值、两性人数和百分数可能都会有些许变化。

接着,在句法窗口中输入以下代码(去掉 # 后的说明文字),运行后观察结果。

以下代码可以生成个体的言语智商(IQv)和操作智商(IQp),RND 为取整函数
其中前两个专业(1 代表中文,2 代表外语)个体的言语智商服从平均数为 115、标准差为 15 的正态分布 [RV.NORMAL(115,15)],操作智商服从平均数为 105、标准差为 15 的正态分布 [RV.NORMAL(105,15)];
后两个专业(3 代表数学,4 代表心理)个体的言语智商服从平均数为 105、标准差为 15 的正态分布 [RV.NORMAL(105,15)],操作智商服从平均数为 115、标准差为 15 的正态分布 [RV.NORMAL(115,15)]

IF ((专业 =1) | (专业 =2)) IQv=RND(RV.NORMAL(115,15)).
EXECUTE.
IF ((专业 =3) | (专业 =4)) IQv=RND(RV.NORMAL(105,15)).
EXECUTE.
IF ((专业 =1) | (专业 =2)) IQp=RND(RV.NORMAL(105,15)).
EXECUTE.
IF ((专业 =3) | (专业 =4)) IQp=RND(RV.NORMAL(115,15)).
EXECUTE.

以下代码在计算言语智商和操作智商的平均数后取整数作为智商(IQ)
COMPUTE IQ=RND((IQv+IQp)/2).
EXECUTE.

以下代码输出智商的描述统计结果,同时将 IQ 转换为 Z 分数(ZIQ)
DESCRIPTIVES VARIABLES=IQ
 /SAVE
 /STATISTICS=MEAN STDDEV MIN MAX.

以下代码将 IQ 转换为平均数为 110,标准差为 15 的分数
COMPUTE IQ=110+RND(ZIQ*15).

EXECUTE.

最后,在数据界面将过渡变量 ZIQ 删除,将数据文件改名保存为"02-虚拟总体.sav"。

习题

2.1 判断以下数据(带下画线的部分)属于间断变量还是连续变量。

(1)本班级共有 45 名学生

(2)某学生的体重是 58 千克

(3)某职员的月工资是 2500 元

(4)某参试者做了 90 次正确选择

(5)某人的工作证号码为 19850150

(6)某教师今年 30 岁

(7)某学生参加知识竞赛获得第 1 名

(8)某学生的 100 米短跑用了 13 秒

(9)某学生的珠算测验成绩为 78 分

(10)某学生通过了计算机水平二级考试

(11)某举重运动员可以举起 120 公斤的杠铃

(12)咨询机构将某银行的信用水平评为 B 级

2.2 判断以下观察值(带下画线的部分)属于称名量表、顺序量表、等距量表还是比率量表。

(1)从家里到工作场所的距离是 240 米

(2)某企业入选世界 500 强,列第 498 名

(3)某篮球运动员的身高为 2.20 米

(4)这位球员无论在哪个球队都穿 10 号球衣

(5)某学生只用 30 分钟就做完了全部试题

(6)某商场今天完成销售额 12.5 万元

(7)某人的职业是工人

(8)珠穆朗玛峰的海拔高度为 8848 米

(9)根据《精神障碍诊断与统计手册》(第五版)的标准,这是场所恐怖症的典型症状

（10）某学生通过了英语六级考试

（11）昨天的最高气温为 27℃

（12）在本次测验中，女生成绩略高于男生

（13）某职员对工作流程改革的态度是不置可否

（14）动物发现天敌时的第一反应就是逃跑或伪装

（15）某职员晚上 6:30 下班

（16）学生甲的气质类型被评定为多血质

2.3 百分制得分为什么不能被看作比率量表？

2.4 以下是 50 名学生的测验成绩（带有下画线的 98 和 56 分别为其中的最大值和最小值）：

$$76, 96, 65, 90, 76, 70, 86, 84, 83, 62,$$
$$82, 71, 80, 79, 67, 78, 67, 78, 77, \underline{56},$$
$$72, \underline{98}, 90, 76, 83, 75, 69, 61, 74, 73,$$
$$72, 77, 72, 82, 67, 71, 87, 70, 75, 69,$$
$$68, 78, 78, 71, 92, 74, 76, 62, 64, 77$$

（1）根据斯特奇斯经验公式并结合分组原则，这些数据的次数分布组距以多大为宜？

（2）根据在本题（1）中得出的组距和组数，编制简单次数分布表。

（3）根据在本题（2）中得到的简单次数分布表，编制对应的相对次数分布表、累积次数分布表（小于制）和累积相对次数分布表（小于制）。

2.5 设组距为 10，为习题 2.4 中的数据绘制简单次数分布图和累积相对次数分布图。

2.6 A 班、B 班和 C 班的阅读测验成绩的各等级人数如下所示。

班级	优	良	中	及格	不及格
A	10	15	12	5	0
B	7	16	15	6	1
C	9	18	20	11	5

请编制合适的次数分布图，以便比较三个班级的成绩。

2.7 请根据以下观察值绘制茎叶图：

$$85, 89, 85, 89, 86, 73, 61, 93, 96, 89, 83, 89, 101,$$
$$100, 69, 107, 86, 95, 89, 76, 99, 85, 81, 70, 98$$

2.8 编制某智力测验时,为获得测验的信度,让同一组参试者进行了两次测验,得到第一次测验得分(X)和第二次测验得分(Y),请将这些数据绘制成散点图。

X	Y
77	89
76	75
80	87
88	89
67	77
70	80
67	81
75	84
72	80
74	89

2.9 自行采集一组数据,建议变量数不少于5,样本容量为60,数据可能的取值范围为50~150。尽可能用多种统计图表表示这些数据。可以使用统计软件。

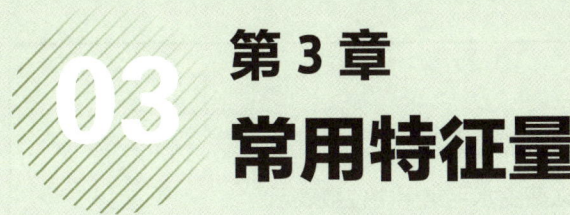

第 3 章
常用特征量

本章提要

- 统计学的基本任务之一是对数据资料加以描述。描述统计学采用了许多特征量,主要有集中量、差异量、地位量、相关量、偏态量和峰态量等。本章介绍除了相关量之外的常用特征量。
- 集中量描述数据的集中趋势或典型水平,包括算术平均数、加权平均数、几何平均数、中位数、众数和切尾平均数等。
- 差异量描述数据的离中趋势或离散程度,包括全距、平均差、方差、标准差和差异系数等。
- 地位量描述特定数据在全体数据中所处的地位,包括百分位数和百分等级。百分位数的特例是中位数和四分位数。
- 偏态量描述次数分布的偏态方向和程度,峰态量描述次数分布的陡峭程度;两者共同反映数据的分布特征。

学习目标

- 了解常见特征量的种类,各种特征量分别表示数据的哪方面特征。
- 理解算术平均数、中位数、众数、切尾平均数、加权平均数和几何平均数的定义,掌握其计算方法;能说明算术平均数、中位数和众数的优缺点,以及如何弥补其缺点。
- 理解全距、离差、平均差、方差、标准差和差异系数等概念的定义,掌握其计算方法,理解样本方差与总体方差计算方法的差异;说明方差为何优于其他差异量。理解温氏转换的作用。
- 理解百分位数和百分等级的定义,掌握用次数分布表计算百分位数和百分等级的方法;了解箱线图和小提琴图的含义和读图方法。
- 了解各种偏态量和峰态量的计算方法,理解动差与离差、方差、偏态量和峰态量的关系。

> **导读问题**
> - 为什么有人说统计学就是"平均数和方差的故事"?
> - 特征量为何有"优缺点"之说?为什么薪资水平常用中位数表示?
> - 汇总离差时,为什么要将离差平方之后计算总和?
> - 差异量有何用途?为什么比较差异量时常常运用差异系数?
> - 偏态量和峰态量各有什么用处?

3.1 集中量

经过对数据的初步整理,得到次数分布表和次数分布图,我们就可以看到数据分布的面貌和特征了。为了更好地描述获得的数据,还要计算一些数量指标。特征量就是描述一组数据的数量特征的指标。

特征量分成几大类,其中最常用的就是集中量,它是描述一组数据的集中趋势或典型水平的指标。

在考察集中量之前,先思考一个问题:如果让你描述一下你所在班级同学的年龄情况,你会怎样报告?

一种方式是,把全班每一个同学的年龄都报出来。这种方法不会导致任何信息损失,但是听的人会如坠云雾,没有一个概括的印象。

另一种方式就是报一个典型的、有代表性的年龄。但是哪个年龄最能够代表全班呢?我们首先想到的就是平均年龄,例如 20.12 岁。虽然你班上没有哪位同学的年龄刚好是 20.12 岁,但是因为很多同学的年龄集中在这个数字附近,大家都会觉得它是全班同学年龄的集中体现,是最典型、最有代表性的。这就是我们在描述一个群体的数据时,总要报告平均数的原因。而平均数就是一种集中量。

集中量不仅包括平均数,还有中位数、众数等,它们都是描述数据的集中趋势或典型水平的指标。如果事先把数据整理成次数分布(往往呈正态分布),就会发现大量数据集中在分布的中心或重心附近,同时又与之保持远近不等的距离,而且距离中心或重心越远,数据越少。这体现了数据之间既有集中趋势,又有离中趋势。集中趋势体现数据的重心,数据总是围绕这个重心上下波动的;离中趋势体现数据的波动性或离散程度,反映了数据参差不齐的特性。

本节将介绍一些主要的集中量指标,包括算术平均数、加权平均数、几何平均数、中位数、众数和切尾平均数等。

3.1.1 算术平均数

3.1.1.1 算术平均数的定义

算术平均数是**所有观察值 X_i 的总和除以总次数(N 或 n)所得之商**,简称为平均数或均数。计算公式为

$$\mu = \frac{\sum_{i=1}^{N} X_i}{N} \qquad \text{(公式 3.1.1a)}$$

或

$$\bar{X} = \frac{\sum_{i=1}^{n} X_i}{n} \qquad \text{(公式 3.1.1b)}$$

这两个公式分别表示总体平均数和样本平均数的计算方法,虽然所用符号略有不同(总体平均数为 μ,其数据个数为 N;样本平均数为 $\bar{X}$,其数据个数为 n),但是就计算本身而言,没有什么区别。以后介绍各种特征量时,为简洁起见,一般只列出样本特征量的计算公式。

算术平均数是一组观察值的代表值,它可以消除偶然性造成的随机误差,揭示必然因素的作用,从而使我们得以对不同的总体或同一总体在不同时间的情况进行比较,判断它们之间的差异。

3.1.1.2 算术平均数的特性

算术平均数具有一些有趣的特性(仅用样本方式表示)。

- 各观察值与算术平均数之差(离差)的总和等于零。即

$$\sum_{i=1}^{n} (X_i - \bar{X}) = 0 \qquad \text{(公式 3.1.2)}$$

离差有着极其重要的含义。试想,全班的平均年龄如果是 20 岁,某同学的年龄是 21 岁,离差 (21 − 20) = +1 就表示该同学年龄较大。所以,离差体现的是个体差异,它

在后面计算平均差、方差和标准差时将起到关键作用。

- 各观察值与算术平均数之差（离差）的平方和最小，即设 X_0 为非 $\bar{X}$ 的任意值，则

$$\sum_{i=1}^{n}(X_i - X_0)^2 > \sum_{i=1}^{n}(X_i - \bar{X})^2 \qquad \text{（公式 3.1.3）}$$

这也是离差的一个重要数学特性，在统计学中被广泛运用。

3.1.1.3 算术平均数的优缺点

算术平均数的优缺点是针对它是否具备一个良好的集中量所需的条件而言的。算术平均数的优点有很多。

- **反应灵敏**。算术平均数的计算利用了所有数据，其中任何一个数据发生任何微小的变化都会影响计算结果。因此，算术平均数能够非常灵敏地反映数据的变动。当然，反应灵敏在某些情况下也会成为缺点，因为一些极端数值（极大值或极小值）很容易影响算术平均数，使它失去典型性。
- **严密确定**。同一组数据不可能算出不同的结果。
- **适合进一步进行代数运算**。例如，可以通过几个平均数求它们的总平均数。
- **受抽样变动的影响小**。如果我们从一个总体中随机抽取样本，样本平均数的抽样误差最小，而中位数和众数的抽样误差较大。所以，样本平均数是总体平均数的最好估计值。

算术平均数的上述优点保证了它在绝大多数情况下是一个良好的集中量。但算术平均数也有缺点。除了前面讲的容易受极端数值的影响以外，当一组数据中某个数值的大小不够确切时，就无法计算其算术平均数。

> **回顾**：特征量　集中量　算术平均数
> **练习与思考**：完成习题 3.1

3.1.2 中位数

3.1.2.1 中位数的定义

所有观察值按照大小排列后，位于中间位置的数值就是中位数。因为居于中间位置，所以如果以中位数为界，就可以把一组观察值分为两半：一半比它大，一半比它小。因此，也有人称之为位置平均数。中位数一般用 Md 表示。

3.1.2.2 中位数的计算方法

中位数的计算分为两个步骤。

步骤 1

将所有的观察值按大小顺序排列。因为中位数位于排序后的中间位置，所以排序采用的是升序（由小到大）还是降序（由大到小）不影响结果。

步骤 2

根据总次数（观察值个数 n）为奇数还是偶数，决定中位数所在的位次。如果总次数是奇数，则第 $(n+1)/2$ 个观察值就是中位数；如果总次数为偶数，则将第 $n/2$ 和第 $(n/2+1)$ 个观察值之间的中间值（这两个观察值的算术平均数）作为中位数。

【例题 3.1.1】根据表 2.2.3 中的观察值计算其中位数。

解：将所有观察值排序（本题采用降序），如下所示：

129, 122, 119, 118, 114, 113, 110, 108, 108, 108, 108, 107, 107, 105, 105, 103, 103, 102, 102, 102, 98, 97, 97, 95, 94, 94, 92, 88, 87, 85

因为 $n=30$ 是偶数，所以中位数应该位于第 15 个数和第 16 个数之间。第 15 个数是 105，第 16 个数是 103，故 $Md = (105 + 103)/2 = 104$。

3.1.2.3 中位数的应用及其优缺点

中位数也具备了一个良好的集中量所需的某些优点。与算术平均数一样，中位数也严密确定，简明易懂，计算简便，且受抽样变动影响较小（但大于算术平均数所受影响）。

中位数的一个重要优点是它不易受极端数值影响。在介绍算术平均数的优缺点时，我们曾提到，算术平均数容易受到极端数值的影响，从而可能影响它的典型性。

【例题 3.1.2】某班学生月消费支出（元）如下：

1200, 1270, 1308, 1315, 1325, 1325, 1359, 1375, 1380, 1395, 1400, 1470, 1480, 1490, 1560, 1580, 1610, 3250, 4800, 6600, 7800

请算出该班级学生月消费支出的算术平均数并评价其典型性。

解：根据上述观察值，其算术平均数为

$$\bar{X} = \frac{\sum_{i=1}^{n} X_i}{n} = \frac{1200 + 1270 + \cdots + 7800}{21} = 2204.38$$

但是，在所有 21 位被调查的学生中，超过 2204.38 元的只有 4 人，可见在有极端数值的情况下，算术平均数可能丧失其典型性。从中位数的定义和计算方法可以看出，在所有观察值中，只有位于最中间的 1 个或 2 个观察值参加运算，因此，极端数值不会对中位数造成任何影响。如果例题 3.1.2 采用中位数［因为 $n = 21$ 是奇数，所以取第 $(n+1)/2 = 11$ 位次上的 1400］，典型性就比较强了。

中位数的缺点是不适合进一步的代数运算。因此，它比较适用于一组数据中有极端数值或有个别数据不确切的情况。另外，当数据属于顺序量表水平时，不能用算术平均数，只能用中位数。

3.1.2.4　介于平均数与中位数之间的切尾平均数*

有些统计学家觉得，中位数将大于和小于自己的观察值全都去掉，固然可以排除极端数值的影响，但是去掉的观察值也太多了，这样会损失大量信息。因此，统计学家提出了一个既能尽量排除极端数值，又能保留更多信息的方法，即切尾平均数。**切尾平均数就是将观察值排序并剔除两端一定比例的观察值之后，其余观察值的算术平均数**。如果切尾比例为 10%，就是去掉 10% 的最大观察值和 10% 的最小观察值。如果按照这个比例算出的被剔除观察值个数不是整数，就取小于该数的整数。至于这个剔除比例究竟取多少为好，没有一致的意见，可以根据数据的差异程度决定（Howell，2021）。在一般情况下，20% 的切尾比例足以去掉极端数值。需要注意的是，有些软件在计算切尾平均数时，切尾比例是两端剔除的数据比例之和，即切尾比例 10% 意味着剔除 5% 的最大观察值和 5% 的最小观察值。

从某种意义上讲，中位数也是切尾平均数，只是切掉的观察值太多了，只剩下一两个观察值来计算切尾平均数。

【例题 3.1.3】用例题 3.1.2 的数据计算其 5% 和 10% 切尾平均数。

解：在例题 3.1.2 中共有 21 个观察值，计算 5% 切尾平均数，意味着在完成数据排序后，在首尾应各剔除 21 × 5% = 1.05 个数值，舍去小数部分，应剔除 1 个最大值和 1 个最小值；计算 10% 切尾平均数，意味着首尾各剔除 $21 \times 10\% = 2.1$ 个数值，舍去小数部分，应剔除 2 个最大值和 2 个最小值。

计算其余数据的算术平均数，得 5% 切尾平均数为

$$\bar{X} = \frac{\sum_{i=2}^{n-1} X_i}{n-2} = \frac{1207+1308+\cdots+6600}{19} = 1962.74$$

10% 切尾平均数为

$$\bar{X} = \frac{\sum_{i=3}^{n-2} X_i}{n-4} = \frac{1308+1315+\cdots+4800}{17} = 1730.31$$

可见，切尾百分比越大，切尾平均数越接近中位数。

【例题 3.1.4】利用第 2 章 "数据实验"生成的 IQ 数据，计算其算术平均数、5% 切尾平均数和中位数。

解：由于模拟数据是随机数，每次生成的数据都不一样。这里根据本书作者得到的数据，用 SPSS 代码进行计算。代码如下所示。

```
EXAMINE VARIABLES=IQ
 /PLOT NONE
 /STATISTICS DESCRIPTIVES
 /CINTERVAL 95
 /MISSING LISTWISE
 /NOTOTAL.
```

结果是：平均数（Mean）为 110.02，5% 切尾平均数（5% Trimmed Mean）为 110.07，中位数（Median）为 109。

如果要计算 10% 切尾平均数，将代码中 "/CINTERVAL 95" 改为 "/CINTERVAL 90" 即可。

回顾：中位数　切尾平均数
练习与思考：完成习题 3.2

3.1.3 众数

3.1.3.1 众数的定义

众数是**在观察值中出现次数最多的数值**。它也可以用来描述集中趋势，用 Mo 表示。在次数分布图中，众数就是与次数分布曲线最高点相对应的横坐标的取值。

3.1.3.2 众数的计算方法

众数的计算方法有两种。

- 在观察值不多的情况下，可以用观察法直接找到出现次数最多的那个数值；先将所有观察值排序，更便于找出众数。
- 如果观察值较多，可以先列出次数分布表，表中次数最多那一组的组值可以作为众数。

要注意的是，用以上两种方法得出的众数可能是不同的。

【例题 3.1.5】根据表 2.2.3 中的数据计算其众数。

解法一：将所有数据排序。

85, 87, 88, 92, 94, 94, 95, 97, 97, 98, 102, 102, 102, 103, 103, 105, 105, 107, 107, 108, 108, 108, 108, 110, 113, 114, 118, 119, 122, 129

可以发现 108 出现的次数最多，共 4 次，故众数 $Mo = 108$。

解法二：在第 2 章中，我们曾为表 2.2.3 的数据列出次数分布表（表 2.2.4）。可以发现，100~109 这一组的次数最多（13），故取该组的组值 105 为众数。

3.1.3.3 众数的优缺点

众数的优点是简明易懂，也不受极端数值影响。但是除此之外乏善可陈。第一，众数不是一种严密确定的指标，有时可能出现 2 个乃至更多的众数；如果通过次数分布表寻找众数，组距的不同还会造成众数数值的变化。第二，它不适合进一步的代数运算。第三，受抽样变动的影响比较大。这些缺点大大限制了它的适用范围。

> **回顾**：众数
> **练习与思考**：完成习题 3.3

3.1.3.4 算术平均数、中位数和众数之间的关系

算术平均数、中位数和众数的大小与次数分布的形态有关。

- 如果次数分布是左右对称的,则三者相等,在图形上重合为一个点。
- 如果次数分布是偏斜的,由于极端数值的影响,三者分离(见图 3.1.1)。

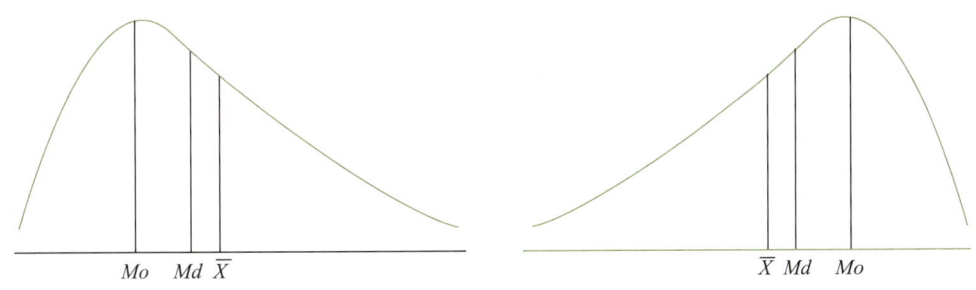

图 3.1.1 算术平均数、中位数和众数在偏态分布中的相对位置

根据经验,如果观察值足够多,次数分布偏斜适度(接近正态分布),则算术平均数、中位数和众数之间具有如下近似的数量关系:

$$\bar{X} - Mo \approx 3(\bar{X} - Md) \qquad (公式 3.1.4)$$

如果次数分布偏斜程度太大,上述关系就不再存在。根据上述比例关系,反过来也可以判断一个分布是否接近正态分布。

偏态程度较大时,众数和平均数往往会失去典型性,此时中位数介于众数和平均数之间,典型性较好。以薪资收入为例,中位数比平均数更能代表大多数普通工作者的收入情况,这就是媒体在发布行业平均薪资时,经常报告薪资中位数的原因。国家统计局(2022)在公布居民收入时,同时公布了中位数和平均数。据公开数据,2021 年,我国居民可支配收入的中位数为 29 975 元,平均数为 35 128 元,中位数是平均数的 85.3%。

3.1.4 其他平均数

3.1.4.1 加权平均数

在计算平均数时,有时不仅要考虑观察值本身的大小,还要考虑各个值所起作用的大小,这时就要计算加权平均数。数学上体现"作用大小"的办法就是将每个观察值乘以不同大小的数值,即权重,用 W 表示。例如,教师在计算学生的总评成绩时,将期中考试成绩以 40% 计入总分,将期末考试成绩以 60% 计入总分,就体现了两次考试的不同

权重。加权平均数就是**具有不同权重的数据的平均数**。设有 n 个数据 X_i，其权重分别为 W_i，则加权平均数（$\bar{X}_w$）的计算公式为

$$\bar{X}_w = \frac{\sum_{i=1}^{n} W_i X_i}{\sum_{i=1}^{n} W_i} \qquad \text{（公式 3.1.5）}$$

我们知道，在计算几个组的总平均数时，不能直接将各组平均数相加后除以组数，而要在每个组的算术平均数之前乘以该组的次数 n_i，然后计算总和，最后再除以总次数。在这里，n_i 实际上就是第 i 组平均数的权重。可见，根据组平均数计算的总平均数也是一个加权平均数。

$$\bar{X}_t = \frac{\sum_{i=1}^{K} n_i \bar{X}_i}{\sum_{i=1}^{K} n_i} \qquad \text{（公式 3.1.6）}$$

式中，$\bar{X}_t$ 为总平均数；K 为组数；n_i 为各组次数；$\bar{X}_i$ 为各组平均数。

【例题 3.1.6】假设某学校在计算总评成绩时，将期中考试成绩和期末考试成绩按照 4∶6 的比例计入总分，现有一名学生的期中考试成绩为 80，期末考试成绩为 90。问：该生的总评成绩应该是多少？

解：4∶6 的比例显示出两个成绩不同的重要程度，应当计算加权平均数。

$$\bar{X}_w = \frac{\sum_{i=1}^{n} W_i X_i}{\sum_{i=1}^{n} W_i} = \frac{4 \times 80 + 6 \times 90}{4 + 6} = 86$$

【例题 3.1.7】有 3 个班级参加言语能力测验：A 班 30 人，平均分为 82.6；B 班 40 人，平均分为 90.2；C 班 35 人，平均分为 85。问：总平均分是多少？

解：计算加权平均数。

$$\bar{X}_t = \frac{\sum_{i=1}^{K} n_i \bar{X}_i}{\sum_{i=1}^{K} n_i} = \frac{30 \times 82.6 + 40 \times 90.2 + 35 \times 85}{30 + 40 + 35} = 86.30$$

3.1.4.2 几何平均数

几何平均数是呈几何级数增长的变量值的平均数，适用于计算平均发展速度、平均增长率等。它是 n 个数值连乘积的 n 次方根。计算公式为

$$\bar{X}_g = \sqrt[n]{X_1 X_2 \cdots X_n} \qquad \text{（公式 3.1.7）}$$

当一个数列的后一个数据以前一个数据为基础成比例增长时，就要用几何平均数求其平均增长率。

【例题 3.1.8】 某城市居民用于心理咨询服务的支出逐年上升。4 年来的增长率分别是 10%、20%、25%、30%。问：4 年来的年平均增长率是多少？

解：计算几何平均数。

$$\bar{X}_g = \sqrt[n]{X_1 X_2 \cdots X_n} = \sqrt[4]{110\% \times 120\% \times 125\% \times 130\%} = 121.02\%$$

4 年来的年平均增长率为 121.02% − 100% = 21.02%

如果观察值比较大，且个数多，直接计算连乘积就十分麻烦，这时往往运用对数方法加以变换计算，故几何平均数又被称为对数平均数。变换过程如下所示：

对公式 $\bar{X}_g = \sqrt[n]{X_1 X_2 \cdots X_n}$ 的两边取对数，则有

$$\log \bar{X}_g = \frac{1}{n} \sum_{i=1}^{n} \log X_i \qquad \text{（公式 3.1.8）}$$

可见，计算几何平均数时，可以先对各个观察值求对数，接着计算对数的算术平均数，最后求出这个算术平均数的反对数。

例如，对于例题 3.1.8，可以先将 4 个比率（1.10, 1.20, 1.25, 1.30）的对数查出来（分别是 0.04139, 0.07918, 0.09691, 0.11394），再算出它们的平均数为 0.082855，最后查出其反对数，结果为 1.2102（121.02%）。两种解法结果相同。

> **回顾：** 加权平均数　几何平均数
> **练习与思考：** 完成习题 3.4

3.2 差异量

假设有以下两组观察值。甲组：81, 83, 85, 87, 89；乙组：75, 80, 85, 90, 95。两组观察值的平均数都是85，但甲组观察值之间的离散程度小，或者说比较"整齐"；乙组的离散程度大，参差不齐。差异量就是描述一组数据的离中趋势或离散程度的指标。常见的差异量有全距、平均差、方差、标准差和差异系数等。

3.2.1 全距

在日常工作中，常常会遇到需要报告数据之间差异程度的情况，这时的一个常用的办法就是报告其中的最大值和最小值。例如，在报告一个班级考试的情况时，除了报告此次考试的平均数外，还可以报出最高分和最低分。得到这两个分数后，我们自然会做一下减法，获得该班级成绩的变化范围，从而在一定程度上判断学生成绩是整齐集中的，还是参差不齐的。其实，这就是有意无意地使用了全距这个指标。

全距（R）是观察值中最大值（max）与最小值（min）之差，即

$$R = \max - \min \qquad \text{（公式 3.2.1）}$$

全距越大，说明观察值分布得越分散；反之就越集中、越整齐。

由于计算方法十分简单，仅有两个极端观察值参加运算，故全距不仅容易受极端数值影响，而且是最粗略的差异量，有很大的局限性，一般只在编制次数分布表的时候使用。

3.2.2 平均差

平均差（AD）指的是所有观察值与算术平均数之差的绝对值的算术平均数。计算公式为

$$AD = \frac{\sum_{i=1}^{n}|X_i - \bar{X}|}{n} \qquad \text{（公式 3.2.2）}$$

平均差也可以是所有观察值与中位数之差的绝对值的算术平均数。即

$$AD = \frac{\sum_{i=1}^{n}|X_i - Md|}{n} \qquad \text{（公式 3.2.3）}$$

显然，平均差越大，观察值的差异程度越大。

【例题 3.2.1】根据表 2.2.3 中的数据计算平均差。

解：先计算算术平均数。

$$\bar{X} = \frac{\sum_{i=1}^{n} X_i}{n} = \frac{103 + 114 + \cdots + 108}{30} = 104$$

再计算平均差。

$$AD = \frac{\sum_{i=1}^{n} |X_i - \bar{X}|}{n} = \frac{|103-104| + |114-104| + \cdots + |108-104|}{30} = 8.067$$

> **平均差体现了什么？**
>
> 在第 3.1.1.2 节中，我们曾提到离差的概念。所谓离差，就是各观察值与算术平均数之差。离差是个体差异的体现，是观察值相对于平均数的误差。但是离差有正负之分，相加时会抵消，其总和永远是零。将离差取绝对值以后，相加时就不会相互抵消了。这样，平均差的分子 $\sum_{i=1}^{n} |X_i - \bar{X}|$ 就有了一个重要的含义，它代表了某组观察值的个体差异的总和；而平均差就是该组观察值的平均个体差异。

从平均差的计算公式可知，所有原始观察值都参加了运算，因此平均差反应灵敏，即任何数据的任何变化都可以在平均差上体现出来。另外，平均差的意义明确，计算方法也比较简单，这些都是它的优点。平均差的缺点是和中位数一样，也不适合进一步的代数运算。这就大大限制了它的应用范围。

3.2.3 方差和标准差

3.2.3.1 方差和标准差的定义

方差是离差平方的算术平均数。如果把这个定义中的所有要素一一对应地在公式中体现出来，就可以得到"定义公式"。总体方差 σ^2 和样本方差 S_n^2 的定义公式分别是

$$\sigma^2 = \frac{\sum_{i=1}^{N}(X_i - \mu)^2}{N} \qquad \text{（公式 3.2.4）}$$

$$S_n^2 = \frac{\sum_{i=1}^{n}(X_i - \bar{X})^2}{n} \qquad \text{（公式 3.2.5）}$$

可以发现，方差和平均差的区别在于对离差的处理。计算平均差时，先取其绝对值，再计算其平均数；计算方差时，先取其平方，再计算其平均数。两种做法都是为了避免离差之和等于零。

在推断统计学中，常常要根据样本的方差估计总体的方差 σ^2，但 S_n^2 并不是 σ^2 的最好的估计量，它是一个有偏估计量，而对数据做如下处理的 S^2（也记作 S_{n-1}^2）则是 σ^2 的无偏估计量，也是最好的估计量。

$$S^2 \text{ 或 } S_{n-1}^2 = \frac{\sum_{i=1}^{n}(X_i - \bar{X})^2}{n-1}$$ （公式 3.2.6）

在多数情况下，σ^2 是未知的，这时需要用样本方差作为其估计值，故将 S_{n-1}^2 当作样本的方差。当然，在大样本的情况下，S_{n-1}^2 和 S_n^2 趋近相等，两者可以相互代替。统计软件计算的样本方差多为 S_{n-1}^2。

标准差是**方差的正平方根**。总体标准差 σ 和样本标准差 S 的定义公式分别为

$$\sigma = \sqrt{\frac{\sum_{i=1}^{N}(X_i - \mu)^2}{N}}$$ （公式 3.2.7）

$$S = \sqrt{\frac{\sum_{i=1}^{n}(X_i - \bar{X})^2}{n-1}}$$ （公式 3.2.8）

3.2.3.2 方差和标准差的计算方法

定义公式完全可以计算方差和标准差，但是在手工计算的年代，这种计算十分麻烦，因为使用定义公式要先计算算术平均数，而算术平均数常常带有小数，于是有人将公式略加推导，将算术平均数去掉，公式里只剩下原始数据，成为适合计算的公式，S^2 和 S 的计算公式分别为

$$S^2 = \frac{\sum_{i=1}^{n} X_i^2}{n-1} - \frac{\left(\sum_{i=1}^{n} X_i\right)^2}{n(n-1)}$$ （公式 3.2.9）

$$S = \sqrt{\frac{\sum_{i=1}^{n} X_i^2}{n-1} - \frac{\left(\sum_{i=1}^{n} X_i\right)^2}{n(n-1)}}$$ （公式 3.2.10）

> **离差平方和的含义和应用**
>
> 前文提到，在计算平均差时，分子是 $\sum_{i=1}^{n}|X_i-\bar{X}|$，代表了某组观察值的个体差异（误差）的总和，而平均差就是该组观察值的平均个体差异。与平均差相似，方差的分子，即离差平方和——$\sum_{i=1}^{n}(X_i-\bar{X})^2$——也是个体差异的总和，只不过以平方代替了绝对值，因而方差也是该组观察值的平均个体差异。离差平方和在统计学中有非常重要的价值。如果读者有兴趣，可以先试着找一找，在本书后面的章节中，有几处用到了 $\sum_{i=1}^{n}(X_i-\bar{X})^2$、$\sum_{i=1}^{n}X_i^2 - \dfrac{\left(\sum_{i=1}^{n}X_i\right)^2}{n}$ 或 $(n-1)S^2$（这三个式子是等价的）。

【例题 3.2.2】根据表 2.2.3 中的数据计算方差和标准差。

解：根据定义公式进行计算，在例题 3.2.1 中已知算术平均数为 104，因为 $n = 30$ 为大样本，故将其代入公式 3.2.5。

$$S_n^2 = \frac{\sum_{i=1}^{n}(X_i-\bar{X})^2}{n} = \frac{(103-104)^2+(114-104)^2+\cdots+(108-104)^2}{30} = 105$$

对方差开平方根，就得到标准差 10.247。

也可以代入公式 3.2.6。

$$S^2 = \frac{\sum_{i=1}^{n}(X_i-\bar{X})^2}{n-1} = \frac{(103-104)^2+(114-104)^2+\cdots+(108-104)^2}{30-1} = 108.621$$

对方差开平方根，就得到了标准差 10.422。

由于是大样本，两种样本方差的计算结果差别不大。

3.2.3.3 方差和标准差的优缺点

计算方差和标准差时，所有观察值无一遗漏地加入运算。这使它们具备了良好特征量的基本条件——反应灵敏。当然，这同时也带来了一个缺点——易受极端数值影响。此外，方差和标准差的意义明确，计算起来也不太复杂，更重要的是，它们适合进一步的代数运算，这是平均差不具备的优点。最后，在样本上计算得到的方差 S^2 和标准差 S 是总体差异情况的最好估计量。后文提到的"总体方差的估计值"就是 S^2，"总体标准差的估计值"就是 S。

3.2.3.4 温氏方差和温氏标准差*

为了避免极端数值对计算结果的影响,在计算算术平均数时,可以计算切尾平均数;而在计算方差和标准差时,理论上也可以先将一定比例的最大和最小的观察值剔除,然后用其余观察值进行计算。但是统计学家认为,对样本中的极端数值做温氏转换后计算所得的方差和标准差更合理。

所谓温氏转换,是先将观察值排序,并将高端一定比例的观察值改为其余观察值的最大值,将低端一定比例的观察值改为其余观察值的最小值。经过温氏转换,数据个数没有减少,但是原来的极大数值相对变小,极小数值相对变大,它们对计算结果的影响就不那么严重了。

【例题 3.2.3】对例题 3.1.2 中的数据做 10% 的温氏转换,并计算温氏方差和温氏标准差。

解:例题 3.1.2 中的数据是 1200, 1270, 1308, 1315, 1325, 1325, 1359, 1375, 1380, 1395, 1400, 1470, 1480, 1490, 1560, 1580, 1610, 3250, 4800, 6600, 7800

上述数据的方差是 3480148.348,标准差是 1865.516。

按照 10% 的比例,应该将最大和最小各 10% 的观察值(2 个)与其余 17 个观察值分开,并将最大的 2 个观察值改为 4800,最小的 2 个观察值改为 1308。温氏转换后的数据就是:1308, 1308, 1308, 1315, 1325, 1325, 1359, 1375, 1380, 1395, 1400, 1470, 1480, 1490, 1560, 1580, 1610, 3250, 4800, 4800, 4800

根据上述数据计算的温氏方差是 1 556 937.89,温氏标准差是 1247.773。

> **回顾:**差异量 全距 平均差 离差平方和 方差 标准差 温氏转换
> **练习与思考:**完成习题 3.5—3.6

3.2.4 差异系数

在比较两组数据的离散程度时,我们在很多情况下会直接比较两者的方差或标准差。但是,如果想研究这样一个问题——身高与体重相比,哪个差异大?——就不能直接比较了。例如,一个班级的男生身高的平均数是 1.75 米,标准差是 0.10 米;体重的平均数是 60 千克,标准差是 5 千克。我们显然不能因为 5 大于 0.10 就说体重的差异大。如果把身高的单位换成厘米，标准差不就变成 10 且比体重的标准差大了吗？可见，两种单位不同的数据无法直接比较差异的大小。

有时候，两组单位相同而平均数差异较大的数据也不能直接比较差异的大小。例如，同样是跳远，假设大学生的平均成绩是 4 米，标准差是 0.3 米；一年级小学生的平均成绩是 1 米，标准差也是 0.3 米。这两个差异一样大吗？显然不是，因为大学生的成绩相对于平均数而言差别比较小，而小学生成绩的相对差别比较大。

为了比较单位不同，或单位相同而平均数相差较大的两组数据的离散程度，我们引入差异系数这个概念。最常用的差异系数（CV）是标准差与其算术平均数的百分比率，其计算公式为

$$CV = \frac{S}{\bar{X}} \times 100\%$$

（公式 3.2.11）

现在计算前面所说的男生身高和体重的差异系数。身高：$CV = 0.10/1.75 \times 100\% = 5.71\%$，体重：$CV = 5/60 \times 100\% = 8.33\%$，可见是体重的差异大。同样，对于大学生和小学生的跳远成绩，计算它们的差异系数分别为：大学生 7.50%，小学生 30%。可见，小学生跳远成绩的差异大。

使用差异系数的前提

根据公式 3.2.11，如果平均数等于零，差异系数就失去了意义。测量理论认为，只有比率量表的平均数不可能等于零（因为它的测量起点是绝对零，测得的任何一个观察值都大于零），因此只有比率量表的数据才能计算差异系数。不过，对于接近等距量表水平、平均数不可能为零的数据，例如百分制考试成绩等，也可以使用差异系数进行比较。

回顾：差异系数
练习与思考：完成习题 3.7

3.3 地位量

地位量是描述特定的观察值在整个次数分布中所占等级位置的指标。前面提到的中位数就是在按大小排序的数字序列中位于中间（50%处）的那个数字。因此，中位数也可被看作一个具有特殊地位的数字。

有了地位量的概念后，对于任何一组观察值，只要任意指定一个等级位置，就可以求出这个等级位置的数应该是多少；相反，如果给出一个数，也可以求出它应该在哪个等级位置。

常见的地位量有两种：百分位数和百分等级（百分位）。

3.3.1 百分位数和四分位数

百分位数是指在以一定顺序排列的一组观察值中，某个百分位置所对应的数值。百分位数用 P_p 表示，其中作为下标的 p 表示百分位置。例如，P_{80} 表示第 80 百分位数，它的含义是：在一组观察值中，小于这个数值的观察值的个数占 80%，大于它的占 20%。依此类推，第 50 百分位数（P_{50}）就是中位数，大于和小于它的数都占 50%。

统计学还经常提到四分位数，它们是将一组已排序的观察值按个数四等分的百分位数，分别是位于 25%、50% 和 75% 百分位置的百分位数，故第一四分位数（Q_1）为 P_{25}，第二四分位数（Q_2）为 P_{50}（中位数），第三四分位数（Q_3）为 P_{75}。

百分位数一般在编制次数分布表的基础上用以下公式求得：

$$P_p = L_p + (p/100 \times N - F_b) i / f_p \qquad \text{（公式 3.3.1）}$$

或

$$P_p = U_p - [N(1 - p/100) - F_a] i / f_p \qquad \text{（公式 3.3.2）}$$

式中，N 为总次数；L_p 为百分位数所在组的下限；U_p 为百分位数所在组的上限；F_b 为小于 L_p 的累积次数；F_a 为大于 U_p 的累积次数；i 为组距；f_p 为百分位数所在组的次数。

初学者也许会觉得上述公式十分复杂，其实它们的指导思想都是先找到百分位数应该位于哪一组，然后在这个组的上下组限之间按照比例找到一个点，就得到了百分位数的值。下面通过一个例题来理解这一点。

【例题 3.3.1】根据表 2.2.7 的数据计算 P_{40}。

解：本题要求计算的是第 40 百分位数。因为表 2.2.7 显示一共有 30 人，所以从最小值开始计算的 40% 的位置就是第 12 个人，不难看出，这个人应该在 100~109 这一组。

注意，严格地讲，100~109 这一组的上下限应该是 [100, 110)。由于在它前面 2 组已经有了 10 个人，所以，再数过来 2 个人就是第 40 百分位了。这个组有 13 人，这样第 40 百分位后面就应该有 11 人。也就是说，第 40 百分位数将这个组的 13 个人排序后分割成前 2 人和后 11 人。现在根据 2∶11 的比例分割组距 10，得到 1.538∶8.462。所以，P_{40} 应该等于 $100 + 1.538 = 101.538$。用公式 3.3.1 计算就应该是：

$$P_{40} = L_p + (p/100 \times N - F_b) i / f_p = 100 + (40/100 \times 30 - 10) \times 10/13 = 101.538$$

用公式 3.3.2 计算可以得到相同的结果。

3.3.2 百分等级

百分等级（PR）就是"百分位数"中的"百分位"，它是<mark>某个数值在以一定顺序排列的一组观察值中所对应的百分位置</mark>。

百分等级也可以在编制次数分布表的基础上用以下公式求得：

$$PR = \frac{F_b + (X - L_p) f / i}{N} \times 100 \quad \text{（公式 3.3.3）}$$

或

$$PR = \left[1 - \frac{F_a + (U_p - X) f / i}{N}\right] \times 100 \quad \text{（公式 3.3.4）}$$

式中，X 为需要求出其百分等级的数值；其他符号的意义与百分位数公式中的相同。

【例题 3.3.2】根据表 2.2.7 的数据计算 $X = 102$ 所对应的百分等级。

解：根据表 2.2.7，可知 102 位于 100~110 组，运用公式 3.3.3 或公式 3.3.4 均可计算其百分等级：

$$PR = \frac{F_b + (X - L_p) f / i}{N} \times 100 = \frac{10 + (102 - 100) \times 13/10}{30} \times 100 = 42$$

或

$$PR = \left[1 - \frac{F_a + (U_p - X)f/i}{N}\right] \times 100 = \left[1 - \frac{7 + (110 - 102) \times 13/10}{30}\right] \times 100 = 42$$

因此，与 102 对应的百分等级是 42，即在 42% 处。

百分位数和百分等级的相互推算不局限于计算法，也可以直接从原始数据中通过计数直接获得；或在绘制第 2 章介绍的累积相对次数分布图时，运用作图法（见图 2.3.6）通过度量粗略地获得。

> **回顾**：地位量　百分位数　百分等级　四分位数
> **练习与思考**：完成习题 3.8

3.3.3　体现地位量的图示法

3.3.3.1　箱线图

箱线图（Box-and-Whisker plot 或 Boxplot）可以将一组数据的最大值、最小值和 3 个四分位数同时呈现出来。作图时，用一个矩形的上面一条边表示 Q_3；用其下面一条边表示 Q_1；用矩形中的一条粗横线表示 Q_2，即中位数；在矩形上方画出一条线，延伸至最大值；在矩形下方也画出一条线，延伸至最小值。有时，最大值远高于 Q_3，或最小值远低于 Q_1，令人怀疑它为极端数值，可以用单独的圆圈或其他符号标在图上，然后根据其余数据画出箱线图。

箱线图尤其便于比较两组或更多组数据的差异。以图 3.3.1 为例，图中的两个箱线图分别表示两组学生的成绩情况。第 1 组学生的最低分为 70，$Q_1 = 80$，$Q_2 = 85$，$Q_3 = 88$，最高分为 95；第 2 组学生的最低分为 78，$Q_1 = 80$，$Q_2 = 85$，$Q_3 = 87.75$，最高分为 90。（但是第 39 号学生的分数更低，为 60 分，远低于 $Q_1 = 80$，疑似极端数值。）

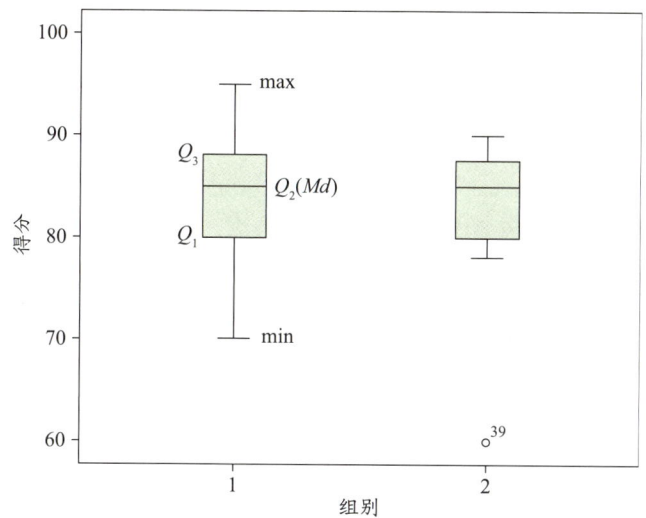

图 3.3.1　两组学生测验得分的箱线图

3.3.3.2　小提琴图

如果在箱线图上叠加数据的分布特征,可以画出带分布的箱线图,状似小提琴。图 3.3.2 中的两个小提琴图中各有一个箱线图,小提琴从上到下的宽度变化体现数据的分布特征:中间数据多,两端数据少。另外,图中的小圆圈表示数据点。本来这些点都应该画在"小提琴"中间的竖轴线上,但这样一来,数据越密集就越容易重合。如果把这些点"抖动"一下,使之随机地略微偏离原来的位置,就可以让重合的点分开,从而更直观地体现各处点的密集程度。最终,图 3.3.2 就成了男女学生测验得分的带抖动点的小提琴图。比较这两个图可以看到,女性成绩略高于男性,其分散程度则略小于男性。

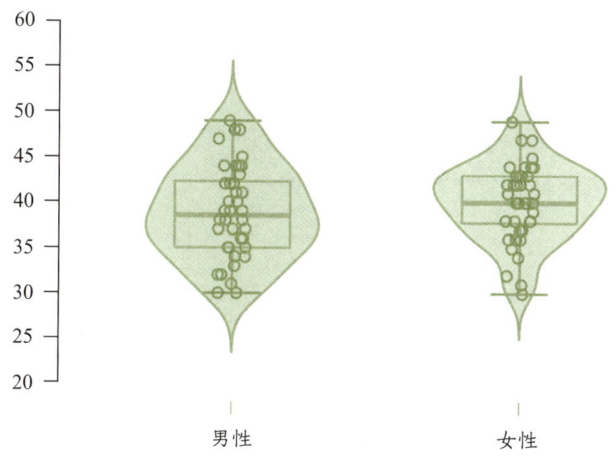

图 3.3.2　男女学生测验得分的带抖动点的小提琴图

3.4 偏态量和峰态量

3.4.1 偏态量

偏态量是描述次数分布的偏态方向和程度的指标。图 3.4.1 中间的那条曲线是左右对称、不偏不倚的对称分布曲线,而它旁边的两条曲线就是偏态分布曲线。

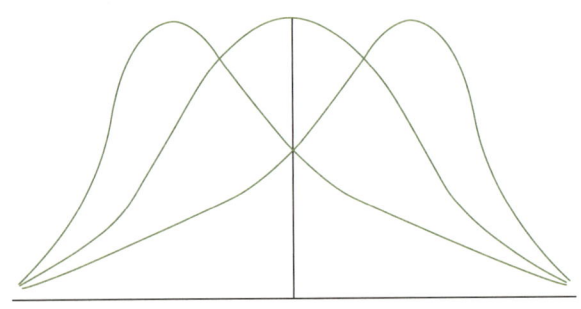

图 3.4.1 对称分布与偏态分布

偏态分布可以往左偏,也可以往右偏。需要注意的是,这里说的"左"和"右"指的是曲线发生左右偏倚时,算术平均数所在的方向。从图 3.1.1 可以看出,如果曲线向读者的左侧偏斜,平均数在众数和中位数的右侧,这就是右偏或正偏;如果曲线向读者的右侧偏斜,平均数在众数和中位数的左侧,这就是左偏或负偏。

更直观的判定左偏和右偏的方法是看曲线左右两尾的长短,以长尾所指的方向为判定依据。曲线向读者的左侧偏斜时,长尾指向读者的右侧,故为右偏、正偏,反之则为左偏、负偏。

偏态指标的计算方法有很多,最常用的是偏度系数法和三级动差法。

3.4.1.1 偏度系数法

偏度系数法利用算术平均数、中位数和众数的关系来测定偏度,一般以算术平均数与众数之差除以标准差来计算偏度系数(SK),即

$$SK = \frac{\bar{X} - Mo}{S}$$ （公式 3.4.1）

式中,Mo 是众数;S 是标准差。

当 $SK > 0$ 时,$\bar{X} > Mo$,说明 $\bar{X}$ 在右边,是右偏或正偏;相反,当 $SK < 0$ 时,$\bar{X} < Mo$,说明 $\bar{X}$ 在左边,是左偏或负偏。SK 的绝对值越大,说明偏态程度越大。有时,研究

者也将公式 3.4.1 中的众数 Mo 换成中位数 Md 来计算 SK。

3.4.1.2 三级动差法

统计学利用中心动差的概念表达次数分布的离散程度。中心动差指的是离差的 k 次方的算术平均数，即

$$\alpha_k = \frac{\sum_{i=1}^{n}(X_i - \bar{X})^k}{n}$$

（公式 3.4.2）

式中，$k = 1, 2, 3, 4$。

根据 k 的值，中心动差可以分为一级动差、二级动差、三级动差和四级动差。

一级动差的分子就是离差和，因正负相抵消，结果为零。二级动差就是方差。三级动差可正可负，用来计算次数分布的偏度。公式为

$$\gamma_3 = \frac{\frac{\sum_{i=1}^{n}(X_i - \bar{X})^3}{n}}{S^3}$$

（公式 3.4.3）

当 $\gamma_3 = 0$ 时，分布为对称型；当 $\gamma_3 > 0$ 时，分布为正偏；当 $\gamma_3 < 0$ 时，分布为负偏。

> **回顾**：偏态量　偏度系数　中心动差　三级动差
> **练习与思考**：完成习题 3.9

3.4.2 峰态量

峰态量是描述次数分布的陡峭程度（高低宽窄特征）的指标。有的次数分布曲线高而窄，称为高狭峰或尖顶峰，说明观察值之间差异小，比较整齐；有的低而宽，称为低阔峰或平顶峰，说明观察值之间差异大，参差不齐（见图 3.4.2）。

峰态量的计算有两种方法：百分位数法和四级动差法。

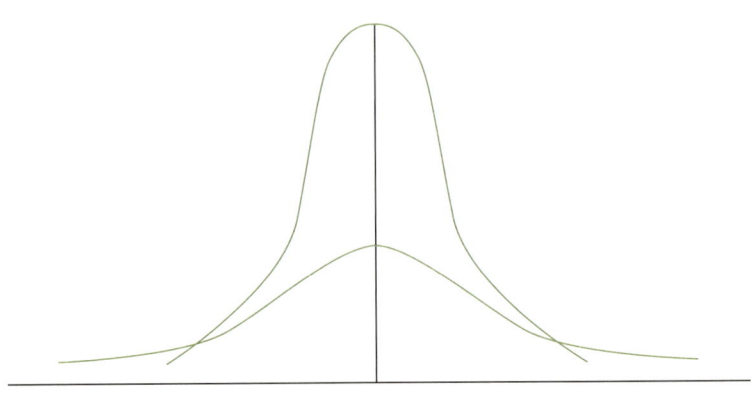

图 3.4.2　高狭峰和低阔峰

3.4.2.1　百分位数法

百分位数法是一种常用的峰态量计算法，它利用第 75、第 25、第 90 和第 10 百分位数来计算峰态量：

$$Ku = \frac{P_{75} - P_{25}}{2(P_{90} - P_{10})}$$

（公式 3.4.4）

当 $Ku < 0.263$ 时，分布呈高狭峰；当 $Ku > 0.263$ 时，分布呈低阔峰；当 $Ku = 0.263$ 时，分布为常态峰度。

3.4.2.2　四级动差法

峰态量还可以用**四级动差**来计算，公式为

$$\gamma_4 = \frac{\sum_{i=1}^{n}(X_i - \bar{X})^4}{n \cdot S^4} - 3$$

（公式 3.4.5）

当 $\gamma_4 = 0$ 时，分布为常态峰度；当 $\gamma_4 > 0$ 时，分布为高狭峰；当 $\gamma_4 < 0$ 时，分布为低阔峰；当 $\gamma_4 = -1.2$ 时，次数分布曲线为一条直线；当 $\gamma_4 < -1.2$ 时，次数分布曲线呈 U 形（刁明碧 等，1998）。在有的书里，上述公式中不减 3，这时把判断常态峰度的标准从 0 改为 3 就可以了。

> **回顾**：峰态量　百分位数法　四级动差
> **练习与思考**：完成习题 3.10

知识导图

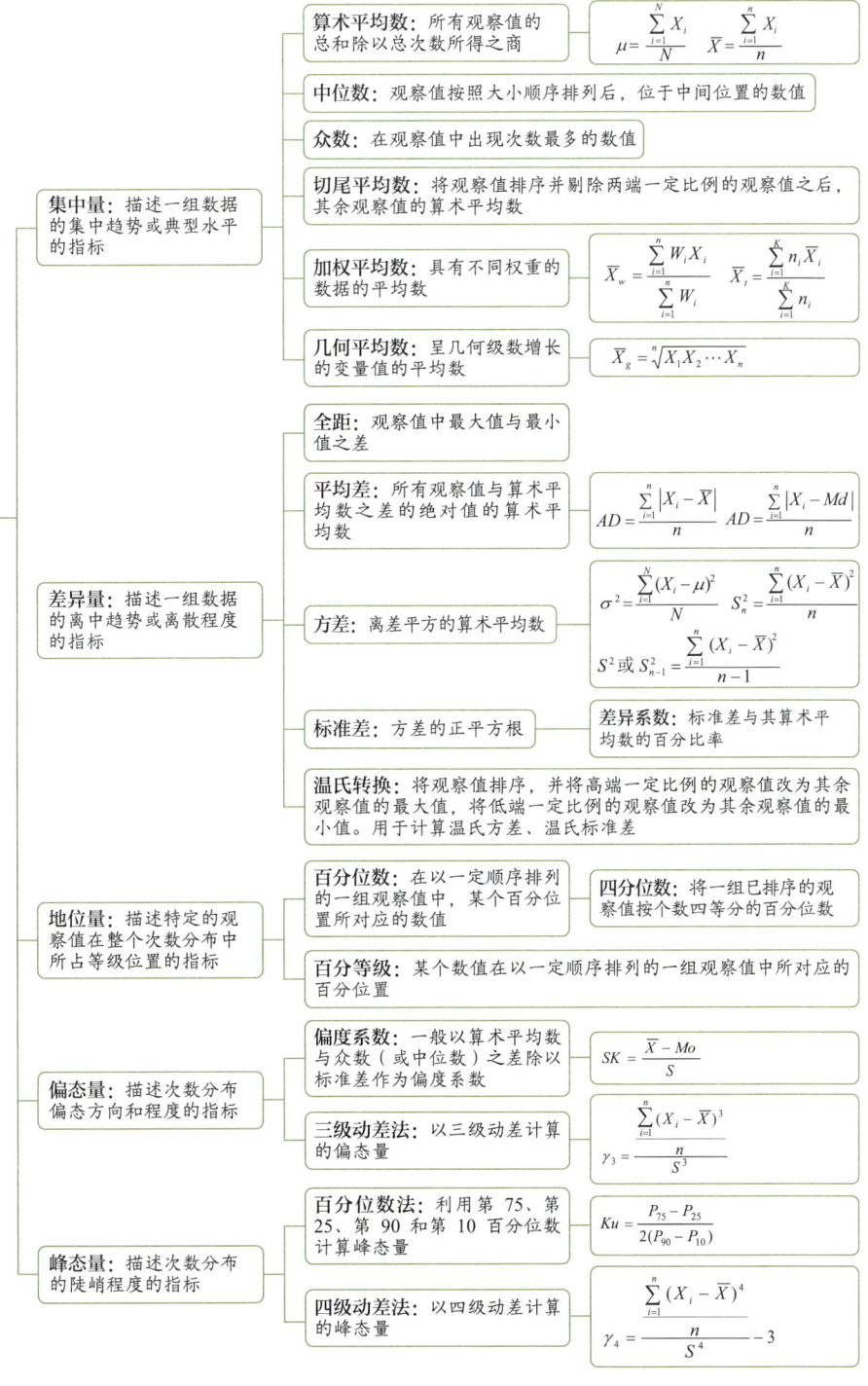

数据实验

目的

本实验旨在考察：（a）次数分布发生正偏和负偏的原因；（b）峰态量发生变化的原因。

方法

本实验分六步进行，前三步从第 2 章"数据实验"生成的数据中抽取一个容量为 50 的样本，后三步在原样本数据的基础上加入一定个数的数据，观察 SPSS 计算结果的变化。（这里要注意的是，SPSS 采用的某些计算公式与本书不尽相同，读者如有兴趣，可以查阅 SPSS 的技术手册。）

步骤 1

打开第 2 章"数据实验"保存的数据文件"02–虚拟总体 .sav"，点击菜单 File（文件）→ New（新建）→ Syntax（句法），在打开的句法窗口中输入和运行以下代码。

```
DATASET ACTIVATE DataSet1.
DATASET COPY Newdata.
DATASET ACTIVATE Newdata.
FILTER OFF.
USE ALL.
SAMPLE 50 from 1000.
EXECUTE.
DATASET ACTIVATE DataSet1.
```

执行代码后，点击 Windows 菜单项，可以发现一个新出现的数据表（Newdata），其中有 50 个个体的数据，它们是从 1000 个个体组成的总体中随机抽取出来的。

如果觉得抽样不够随机，可以重复运行上述代码。表 3.A 是上述代码经多次运行后得到的样本数据［可下载数据文件"03–样本 (n = 50).sav"］。

表 3.A

ID	专业	性别	IQ	ID	专业	性别	IQ
1000004	1	1	122	3000511	3	1	100
1000013	1	0	109	3000535	3	0	115
1000016	1	0	104	3000550	3	1	100
1000045	1	0	124	3000591	3	1	88
1000055	1	0	105	3000592	3	1	125
1000136	1	0	138	3000597	3	0	109
1000171	1	1	101	3000606	3	0	92
1000180	1	1	109	3000614	3	1	108
1000186	1	0	91	3000623	3	0	126
1000201	1	1	95	3000647	3	0	90
1000217	1	1	115	3000715	3	0	104
2000259	2	1	131	3000727	3	0	108
2000302	2	0	107	3000733	3	0	102
2000320	2	0	131	3000735	3	0	97
2000344	2	0	91	4000791	4	0	90
2000359	2	0	104	4000795	4	0	102
2000363	2	0	74	4000799	4	1	90
2000408	2	1	101	4000865	4	1	111
2000413	2	1	114	4000884	4	1	92
2000414	2	1	122	4000910	4	0	108
2000418	2	0	124	4000911	4	1	88
2000419	2	0	131	4000937	4	0	128
2000423	2	1	119	4000939	4	0	112
2000453	2	0	108	4000957	4	0	109
2000479	2	1	125	4000970	4	1	111

步骤 2

计算这个样本 IQ 得分的平均数、中位数、众数、偏态系数[1]和峰态系数，代码如下所示。

```
FREQUENCIES VARIABLES=IQ
  /STATISTICS=MEAN MEDIAN MODE SKEWNESS SESKEW KURTOSIS SEKURT
  /HISTOGRAM NORMAL
  /ORDER=ANALYSIS.
```

结果如下所示（摘自 SPSS 的输出结果）：平均数是 108，中位数是 108，众数（存

---

[1] SPSS 在计算时使用的是偏态系数，公式与偏度系数有所不同。

在多个众数，此处仅显示最小众数）是 108，偏态系数是 0.05，峰态系数是 –0.433。

步骤 3

将样本中的个体按 IQ 得分排序（升序），代码如下所示。

```
DATASET ACTIVATE Newdata.
SORT CASES BY IQ(A).
```

可以看到，最低的 10 个 IQ 得分为 74, 88, 88, 90, 90, 90, 91, 91, 92, 92。最中间的 10 个 IQ 得分为 104, 105, 107, 108, 108, 108, 108, 109, 109, 109。最高的 10 个 IQ 得分为 124, 124, 125, 125, 126, 128, 131, 131, 131, 138。

步骤 4

将最低的 10 个 IQ 得分复制粘贴到 IQ 变量下的空白单元格中，当作 10 个新个体的数据。用相同的代码计算这 60 个 IQ 数据的 IQ 得分的平均数、众数、偏态系数和峰态系数，记录结果。

步骤 5

删除在步骤 4 中加入的 10 个个体的 IQ 得分，将最高的 10 个 IQ 得分复制粘贴（覆盖）到 IQ 变量下的空白单元格中。用相同的代码计算这 60 个 IQ 得分的平均数、众数、偏态系数和峰态系数，记录结果。

步骤 6

将最低的 10 个 IQ 得分复制粘贴到 IQ 变量下的空白单元格中，当作 10 个新个体的数据。用相同的代码计算这 70 个 IQ 得分的平均数、众数、偏态系数和峰态系数，记录结果。

步骤 3—6 的结果如表 3.B 所示。

表 3.B

步骤	加入的新数据	平均数	众数	偏态系数	峰态系数
3	无	108	108	0.05	–0.433
4	10 个较小值	104.77	90	0.236	–0.602
5	10 个较大值	111.38	131	–0.183	–0.78
6	20 个较小和较大值	108.13	90	0.015	–1.009

可以看到，步骤 4 使偏态系数从 0.05 增大到 0.236。这说明，当增加的观察值较小时，次数分布更加正偏。步骤 5 使偏态系数转为负值（–0.183）。这说明，当增加的观察值较

大时，次数分布更加负偏。步骤 6 使偏态系数转为接近 0（左右对称）。

同时可以看到，从步骤 3 到步骤 6，峰态系数均为负值，说明次数分布呈低阔峰；而峰态系数的绝对值逐渐变大，说明次数分布越来越低而阔。

讨论

步骤 4 使偏态系数从 0.05 增大到 0.236，这是因为较小观察值的加入使得平均数（104.77）大于众数（90），且两者的距离比步骤 3 时大。步骤 5 的结果是偏态系数从 0.236 转为负值（–0.183），这是因为较大观察值的加入使得平均数（111.38）小于众数（131），且两者距离同样比步骤 3 时大。步骤 6 同时增加了 10 个较小值和 10 个较大值，引起正偏和负偏的因素相互抵消，故偏态系数回到 0 附近。

从步骤 3 到步骤 6，次数分布越来越低而阔。这是因为新加入的数据加在两端而非中部区间，使得次数分布的两端抬高。

思考题

怎样加新数据能让步骤 3 的次数分布变成高狭峰？

习题

3.1 现有原始数据：

$$96, 81, 87, 70, 93, 77, 84, 69, 89, 78$$

（1）计算它们的算术平均数。
（2）对每个数加 5，再计算它们的算术平均数。
（3）对每个数乘以 5，再计算它们的算术平均数。
（4）根据以上各小题的计算结果，可以得出什么规律？

3.2 求以下两组数据的中位数：
（1）14, 2, 17, 9, 22, 13, 1, 7, 11
（2）1, 26, 11, 9, 14, 13, 7, 17, 22, 2

3.3 求以下两组数据的众数，并说明两组数据的结果表现出了众数的何种缺点：
（1）25, 37, 45, 50, 50, 50, 61, 68
（2）25, 37, 37, 45, 50, 50, 61, 68

3.4 下表是某城市心理咨询师5年来的从业人数，求其年平均增长率。

年份	人数
第一年	35
第二年	85
第三年	126
第四年	235
第五年	561

3.5 现有一个样本的观察值为3, 5, 8, 9, 10。求：

（1）该样本的标准差 S_n；

（2）计算 S，并与 S_n 做比较。

3.6 某班有40名学生，英语测验分数的标准差 S 为9，求其离差平方和。

3.7 假设在某反应时实验中，男生的平均反应时为200毫秒，标准差为20毫秒；女生的平均反应时为240毫秒，标准差为22毫秒。比较男女学生反应时的离散程度。

3.8 某高校学生绘画能力抽样测验结果如下表所示，求其四分位数 Q_1、Q_2 和 Q_3。

成绩	学生人数
30~40	10
40~50	40
50~60	100
60~70	300
70~80	60
80~90	55
90~100	35
合计	600

3.9 假设统计某学区小学三年级学生的操作能力测验成绩，得出：$\bar{X}=33.8$，$Mo=36$，$S=8$。问：相应的次数分布是正偏还是负偏？偏度系数 SK 是多少？

3.10 假设某区九年级学生在动作能力测验中得分的四分位距 (Q_3-Q_1)、第90和第10百分位数分别为20, 95, 33。问：相应的次数分布峰态量 Ku 是多少？

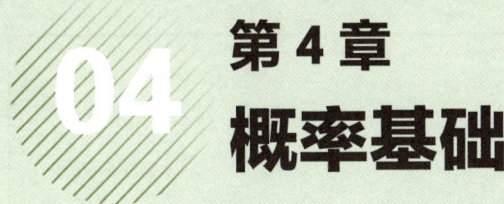

第 4 章 概率基础

本章提要

- 概率论是统计学的数理基础。本章介绍概率的定义、性质和运算等概率论基本原理。
- 概率的定义主要有统计定义、古典定义和公理化定义。不同的定义有其优点和局限性。
- 了解概率的公理化定义。
- 在实际应用中，常常用到主观概率、条件概率和小概率事件等概念。
- 概率之间可以进行运算。事件和的概率用加法定理，事件积的概率用乘法定理。
- 小概率事件是在一次试验中实际上几乎不可能发生的事件，在统计学决断中有重要意义。
- 条件概率是在一定前提条件下某事件的概率，用于全概率公式和贝叶斯公式等复杂事件概率的计算。
- 全概率公式计算在各种原因性事件发生的条件下，某结果性事件发生的总概率。
- 贝叶斯公式计算在结果性事件已经发生的情况下，各种原因性事件发生的概率。

学习目标

- 理解用于确定概率数值的统计定义和古典定义，理解这两种定义的优点和局限性；掌握两种定义的计算方法。
- 了解主观概率的含义和应用范围。
- 理解条件概率和小概率事件等概念。
- 理解并掌握概率运算的加法定理和乘法定理。
- 理解并掌握全概率公式。
- 理解并掌握贝叶斯公式。

> **导读问题**
>
> - 概率是如何获得的?
> - 获得概率的不同方法各有什么优缺点?
> - 概率的加法定理和乘法定理分别适用于何种情形?
> - 什么时候会用到主观概率?
> - 人类的决策与"小概率事件"有何关系?
> - 条件概率有何作用?
> - 全概率公式和贝叶斯公式有何联系?

4.1 概率

概率是某事件出现的可能性的大小。但是,这个解释中没有包含确定概率数值的具体方法。而概率数值的寻求方法有多种,因而产生了多种不同的定义。本书将介绍其中最基本的两种:统计定义和古典定义。

4.1.1 概率的统计定义

4.1.1.1 随机试验和随机事件

第 1 章提到,统计学研究的是随机现象的数量规律性。为了数学表述的方便,我们引入随机变量来表示随机现象的各种可能结果。

要研究随机现象或随机变量的规律性,就要对它们进行观察。随机试验就是对随机现象(或随机变量)的观察,每一次观察就是一次随机试验。注意,这种试验是在相同的条件下重复进行的,每一次随机试验都可能观察到不同的结果,而究竟会产生何种结果是不能事先确定的。

随机试验的每一个可能结果就是一个随机事件。随机事件往往用大写拉丁字母 A, B, C, …表示。由所有可能发生的试验结果构成的集合称为基本空间,记为 Ω。

例如,硬币抛出以后会正面朝上或反面朝上,这是一个随机现象。如果我们在相同的条件下反复抛硬币,由于只知道试验的结果是要么正面朝上,要么反面朝上,但是不能事先确定哪一面朝上,所以可以判定,这就是随机试验。而"正面朝上"和"反面朝

上"这两个可能结果就是随机事件。这时,基本空间就是:

$$\Omega = \{\text{正面朝上}, \text{反面朝上}\}$$

如果对学生进行一次数学测验,卷面满分为 100,用整数打分。这样,考试成绩的可能结果就是 0 分、1 分、2 分……100 分。总共有 101 个可能结果。基本空间表示如下:

$$\Omega = \{0, 1, 2, \cdots, 99, 100\}$$

4.1.1.2 统计定义

一枚质地均匀的硬币被抛出以后,它正面朝上的概率有多大?在这里,"正面朝上"是一个随机事件,它的概率可以通过进行反复多次的随机试验来统计其发生率而获得。

现在假设,在 n 次抛掷(随机试验)中,硬币正面朝上的次数为 m,则正面朝上所占的比率就是 m/n。但是,这个比率还不是概率。因为试验总有随机误差。在这 n 次试验中,可能碰巧正面朝上的情况多一些;在另外 n 次试验中,也许反面朝上的情况会多一些。为了减少这种误差,要加大试验的次数。用数学术语来讲,试验次数 n 最好达到无穷大。当然,我们无法真正做无穷次试验,但可以在理论上想象达到了做无穷次试验的状态。

概率的统计定义就是在大量试验的基础上建立起来的。假设用 A 表示一个随机事件,那么在大量试验中,随机事件 A 出现次数的稳定比率就可作为事件 A 的概率的估计值。具体来说就是:在同一条件组下,如果试验次数 n 很大,随机事件 A 出现的次数 m 在总次数中所占的比率(或称频率)稳定于某一数值 p 附近,这个数值 p 就是随机事件 A 发生的概率的估计值,即

$$P(A) = \lim_{n \to \infty} \frac{m}{n} = p \qquad \text{(公式 4.1.1)}$$

这种取得概率估计值的方式称为概率的统计定义。由于它利用随机事件发生的频率,也被称为频率观下的概率。

注意,不要将频率 m/n 和概率混淆。频率是经过多次试验得到的实际计算结果,其值可以随着试验次数的变化而变化,而概率则是一个稳定的、确定的数值。

在历史上,曾经有人通过大量随机试验来模拟上述得到概率估计值的过程,硬币朝向试验就是一个例子。试验者发现,随着抛掷次数的不断增加,硬币正面朝上的次数与抛掷总次数的比率越来越趋于稳定在 0.5 附近(见表 4.1.1)。于是 0.5 就被认定是正面朝上的概率。

表 4.1.1　硬币朝向试验

试验者	抛掷次数	正面朝上次数	正面朝上比率
德·摩尔根（De Morgan）	2048	1061	0.5181
布丰（Buffon）	4040	2048	0.5069
皮尔逊（Pearson）	12 000	6019	0.5016
皮尔逊（Pearson）	24 000	12 012	0.5005

4.1.2　概率的古典定义

不做试验能不能确定随机事件的概率呢？在某些条件下是可以的。人们最初研究概率问题的时候，就是希望无须进行大量试验，仅用分析和推算就能得到概率。在所谓"古典概型"的情况下，这是能够做到的。如果随机试验符合以下 2 个条件，其概率问题就属于古典概型：

- **随机试验可能结果的数目有限**。以抛硬币为例，只有正面朝上和反面朝上两种结果（落地后立住不倒的可能性微乎其微，可忽略不计）；而掷一个普通的六面体骰子，也只能出现 6 种结果。总之，基本空间只包含有限个元素。
- **各个结果出现的可能性被认为相等**。以抛硬币为例，正面朝上的可能性和反面朝上的可能性被认为是相等的；而掷骰子时，出现 1, 2, 3, 4, 5, 6 的可能性也被认为是相等的。

通过古典概型取得概率的方式就是概率的**古典定义**。**在古典概型的情况下，可以定义某一随机事件 A 的概率为该事件所包含的可能结果的个数 m 与所有可能结果的总数 n 的比值**，即

$$P(A) = \frac{m}{n}$$

（公式 4.1.2）

古典定义只需分析随机试验的结果就能得出概率，也被称为分析观下的概率。

注意，这里提到的结果都是不能再细分的结果。我们介绍随机事件的概念时曾经提到，随机试验的每一个可能结果就是一个随机事件，这种事件是不能再细分的随机事件，即基本事件。所有基本事件构成的集合称为基本空间。如果将基本事件组合起来，还能组成复合事件。例如，掷骰子的结果"数字大于 4"就是一个复合事件，它包括了数字为 5 和 6 这两个基本事件。在用古典定义确定概率之前，先要将复合事件分解成基本事件。

概率的古典定义建立在等可能性的基础上，即认为所有结果或基本事件发生的可能

性相等。但是，如何认定等可能性呢？有人提出了"不充分理由原理"。这一思想最早是由瑞士数学家雅各布·伯努利（Jakob Bernoulli）正式提出来的。他认为，在列出一个试验的全部有限个结果后，如果没有理由认为任何一个结果发生的可能性大于其他结果，就假设所有结果发生的可能性相等。

【例题 4.1.1】一个箱子里有 100 个单色球，其中 97 个是白色的，3 个是红色的。问：从箱子中任意抽取一个球，这个球是红色的概率是多少？

解：令 A 表示事件"抽出红色球"。若将箱子里的球依次编号，白色球编号为 1~97，红色球编号为 98、99 和 100。事件 A 有 3 个可能结果：A = {98, 99, 100}，而全部可能结果，即基本空间为 Ω = {1, 2, 3, ⋯, 98, 99, 100}，共 100 个基本事件。所以，事件 A 发生的概率为

$$P(A) = \frac{m}{n} = \frac{3}{100} = 0.03$$

【例题 4.1.2】抛掷硬币 3 次。问：其中有 2 次正面朝上的概率是多大？

解：抛掷硬币 3 次，正反面的不同排列数 $n = 2^3 = 8$。若用 H 代表正面朝上，T 代表反面朝上，则基本空间 Ω = {HHH, HHT, HTH, THH, HTT, THT, TTH, TTT}，也可得到 $n = 8$。令事件 A 表示"2 次正面朝上"，那么事件 A 包括 3 种可能结果：A = {HHT, HTH, THH}，即 $m = 3$。故事件 A 发生的概率为

$$P(A) = \frac{m}{n} = \frac{3}{8} = 0.375$$

【例题 4.1.3】一个商场规定，收款时的零钱（分）部分四舍五入，并声称总体上不损害顾客利益。请做出评价。

解：这种做法粗看起来有舍有入，相互抵消，但其实商场进多出少。需要进行舍入处理的货款零头可以是 1~9，且可以认为出现的可能性相等。令需要舍的情况为随机事件 A，需要入的情况为随机事件 B，则

$$A = \{1, 2, 3, 4\}$$
$$B = \{5, 6, 7, 8, 9\}$$

根据古典概型，

$$P(A) = \frac{m_A}{n} = \frac{4}{9}$$

$$P(B) = \frac{m_B}{n} = \frac{5}{9}$$

再看每一种情况下顾客舍入的金额：

$$A' = \{1, 2, 3, 4\}$$

$$B' = \{-5, -4, -3, -2, -1\}$$

将舍入值相互抵消后，顾客多付钱的概率高，且在每9次有舍入的情况中，平均多付出5分钱。因此，商场损害了顾客利益。

更严密的四舍五入法

从例题4.1.3可以看出，简单的四舍五入必然造成舍少入多的误差。如果需舍入处理的数字刚好是5（后面无任何尾数），那么只有采取一半舍、一半入的方法，才能刚好解决这一问题。因此，数学上另有一种更严密的四舍五入法，对于要舍入的数字刚好是5的情况附加了这样一个规定：如果要舍入的数字刚好是5，则根据前面那一位数字的奇偶来决定是舍还是入。若是奇数就入，若是偶数或0就舍。

例如，假设保留1位小数，8.45应该是舍去5，结果为8.4，因为5之前是偶数4；而8.35应该是入，结果为8.4，因为5之前是奇数3。从理论上讲，5之前是奇数还是偶数的概率是相等的，这样，就有一半的5被舍去，舍少入多的问题就解决了。

在其他情况下，还是按照原来四舍五入的规则。例如，8.4501经过舍入后应为8.5，因为需要舍入的部分为 $0.0501 > 0.0500$；8.4499舍入后为8.4，因为需要舍入的部分为 $0.0499 < 0.0500$。

为什么从来没见过"好号码"中奖？

运用概率的古典定义，还可以解释为什么一个"88888888"的电话号码可以卖到几百万元，却没有人喜欢类似"88888888"这样的彩票号码。事实上，我们好像也确实没见过这样的号码中奖。其实，任何一个号码中奖的概率都是相等的。如果编号从00000000到99999999的彩票只有1张能中奖，则每张彩票都可能中奖，且中奖的概率相等，都是 $1/10^8$。但是，在这1亿种可能性中，类似88888888这样

> 好看好记的彩票毕竟是少数,就算有 10 万张,它们中奖的总概率也不过是 1/1000,其余 999/1000 的概率都给了那些不起眼的编号。这就是我们几乎没有见过"好号码"中奖的原因。
>
> 同样,虽然名人也有买彩票的,但是似乎没见过有哪位名人中大奖。在我们的经验中,中奖的人都是普通人,因为买彩票的普通人远远多于名人。

计算概率时,基本事件的数目有时会引发争议,例如下面这个例题所示。

【例题4.1.4】A、B 两人约定:将一枚硬币连续投掷 2 次,如果其中有 1 次或 1 次以上正面朝上,则 A 胜;否则为 B 胜。问:A 胜的概率是多大?

解:法国数学家皮埃尔·德·费马(Pierre de Fermat)曾提出这样一个解法:如果用 H 代表正面朝上,T 代表反面朝上,则基本空间 Ω = {HH, HT, TH, TT},即两次投掷的结果必然包括 4 种情况,其中 3 种结果属于"有 1 次或 1 次以上正面朝上"的情况,故 A 胜的概率为 3/4。

但是,另一位数学家罗贝瓦尔(Roberval)提出异议:如果第一次正面朝上,则甲已经获胜,无须再掷第二次。因此只会产生 3 种结果:Ω = {H, TH, TT},故 n = 3,m = 2,因而 A 胜的概率为 2/3。

对于这一类比较简单的问题,数学家之间尚会产生争论,可见对于实际生活中的复杂问题,要做出正确的判断,就更要细心分析和考察了。

古典定义是通过理论分析得出概率的,而统计定义是通过大量试验估计出来的。随着试验次数的增加,两种定义得到的概率会越来越接近。

概率的统计定义和古典定义有各自的优点和缺点。古典定义的优点在于可以不用试验就推知事件的概率;其缺点是,等可能性这个前提未必总能成立。统计定义的优点是,只要经过足够多的试验,总能得到事件的概率的估计值,除非事件的真实概率发生变化;其缺点是,在实际应用中,我们无法知道 n 应该取多大才够,也没有理由认为 n 次试验得到的比率一定比 $n-1$ 次试验更逼近真正的概率。

除了统计定义和古典定义,还有几何定义等多种取得概率值的方法,本书不做讨论。

回顾:概率 统计定义 古典定义
练习与思考:完成习题 4.1—4.3

4.1.3 概率的性质

概率有以下性质。

- 任何随机事件 A 的概率都介于 0 和 1 之间，即 $0 \leq P(A) \leq 1$。
- 不可能事件的概率等于 0。集合论中有所谓空集 $\varnothing$，它对应在一定条件下必然不会发生的事件，即不可能事件。例如，硬币抛出后两面同时朝上的概率为 0。
- 必然事件的概率等于 1。例如，硬币抛出后有一面朝上的概率为 1。由于基本空间（全集）包括了随机试验的所有可能结果，如果我们假设"基本空间中任意一个基本事件发生"为一个新事件，这个新事件在进行随机试验时必然发生，它就是一个必然事件，即在一定条件下必然发生的事件。
- 概率的可加性：多个两两互斥的随机事件之和的概率等于它们概率的和，即

$$P(A_1 + A_2 + \cdots + A_n) = P(A_1) + P(A_2) + \cdots + P(A_n)$$

如果上述事件 $A_1, A_2, \cdots, A_n$ 构成基本空间，则 $P(A_1 + A_2 + \cdots + A_n) = \sum P(A_i) = 1$。

以上性质合起来，就是柯尔莫哥洛夫（Kolmogorov）提出的概率的公理化定义。这个定义不是用来求概率值的，而是解释了什么样的量度可以被称为"概率"。

4.1.4 主观概率

前面提到的概率，无论是频率观的统计定义还是分析观的古典定义，都是针对全部随机试验结果而言的。如果随机试验是抛硬币后看正面还是反面朝上，那么上述两种定义都可以告诉我们，硬币正面朝上的概率应该是 0.5；不过它们也只是说，就全部试验而言，硬币正面朝上出现的比率应该是 0.5。但是，我们在实际生活中往往需要判断单一的特定事件的概率。

例如，一位中学心理健康教师接待一位自称抑郁的学生。这位教师虽然知道当地抑郁症的发病率（假设是 1.52%），但是这个发病率是整个人群中患抑郁症个体的比率，并不能用到他接待的这位来访学生身上。换言之，对于这个特定的来访学生而言，发病率有那么点"精准而无用"。教师此时需要估计这位特定的来访学生患抑郁症的概率。一开始，教师将来访学生看作正常人；随着得知该学生平时精神萎靡，从不与旁人交谈，还流露出轻生的想法，甚至在了解自杀的方法，教师关于该生可能患抑郁症的主观信念就在不断增强。在这里，教师心目中的信念就是主观概率：个体对特定事件发生的可能性的

主观信念。

主观概率是针对个体的，而在实际应用情境下，我们往往要针对个体估计其概率，所以主观概率在我们的决策中无处不在。不过，主观概率往往是因人而异的粗略估计值，反而不如前面说的统计定义和古典定义给出的概率精准。

> **回顾**：概率的性质　主观概率
> **练习与思考**：完成习题 4.4

4.2 概率的运算

4.2.1 事件的关系与运算

4.2.1.1 集合与事件

基本空间可被看作一个全集 Ω，而其中的每个基本事件可被看作这个全集中的一个元素。如果将基本事件组合起来，还能组成复合事件，它们也是全集的子集。

4.2.1.2 事件的关系与运算

事件的包含

集合之间可以存在包含关系。如果集合 A 中的任意一个元素同时又是集合 B 中的元素，则称 A 是 B 的子集，记作 $A \subset B$（或 $B \supset A$）。相应地，如果事件 A 出现时，事件 B 必然出现，则称事件 B 包含事件 A，同样记作 $A \subset B$（或 $B \supset A$）。

事件的相等

集合之间可以存在相等关系。当集合 A 和集合 B 包含相同的元素时，则称这两个集合相等，记作 $A = B$。相应地，如果事件 A 出现时，事件 B 必然出现，且事件 B 出现时，事件 A 必然出现，即 $A \subset B$ 与 $B \supset A$ 同时成立，则称事件 A 与 B 相等，记作 $A = B$。

事件的和（并）

集合之间可以合并成一个新的集合（并集），该并集中的所有元素或者属于集合 A，或者属于集合 B，或者同时属于集合 A 和集合 B。这样两个集合中的任何一个元素都属于这个并集（$A \cup B$）。相应地，也有**事件的和（并）**：如果事件 A 和事件 B 至少有一个发生就算发生了一个事件 C，则称事件 C 为事件 A 和事件 B 的和或并。两个事件的和（并）同样可以表示为 $A \cup B$ 或 $A + B$。

事件的积（交）

集合 A 和集合 B 可以交叉成为一个新的集合（交集，$A \cap B$），该交集中的所有元素同时属于集合 A 和集合 B。相应地，也有事件的积（交）：如果将事件 A 和事件 B 同时发生看作事件 C，则称事件 C 为事件 A 和事件 B 的积或交。两个事件的积（交）同样可以表示为 $A \cap B$ 或 $A \times B$。

对立事件

当集合 A 为全集 Ω 的一个子集时，全集就是集合 A 与它的补集（$\bar{A}$）相加。故全集中的任何一个元素要么属于集合 A，要么属于集合 A 的补集（$\bar{A}$）。相应地，如果在试验中要么出现事件 A，要么出现事件 B，即两者必有一个发生且仅有一个发生，则称这两个事件为对立事件。

互斥事件

当全集中有若干个互不重叠的子集时，没有一个元素可以同时属于这些子集。相应地，在一次试验中不可能同时出现的若干事件，就是互斥事件，或称它们互不相容，表示为 $A \cap B = \emptyset$。

4.2.2 概率的加法定理

4.2.2.1 概率的加法定理

概率的加法定理可用于计算事件的和（并）的概率。它的完整表述是：设有限多个随机事件 $A_1, A_2, \cdots, A_n$ 两两互斥，那么它们的和的概率等于它们概率的和，即

$$P(A_1 + A_2 + \cdots + A_n) = P(A_1) + P(A_2) + \cdots + P(A_n) \qquad \text{（公式 4.2.1）}$$

所谓"两两互斥"，就是在一次试验中，若干个事件不可能同时出现。例如，掷骰子时，骰子上 6 个数字中的任意一个都不会与其他数字同时朝上，所以它们是两两互斥的。

【例题 4.2.1】掷出一个骰子，计算骰子数字大于 2 的概率。

解：令"骰子数字大于 2"为随机事件 A，这个事件是由 4 个两两互斥的事件组成的，即数字分别为 3, 4, 5, 6。这 4 个事件只要有一个发生，随机事件 A 就发生。所以，这里计算的是这 4 个两两互斥事件的和的概率。设 X 为掷出的结果，则

$$P(X > 2) = P(X = 3) + P(X = 4) + P(X = 5) + P(X = 6) = 1/6 + 1/6 + 1/6 + 1/6 = 2/3 = 0.6667$$

4.2.2.2 概率的广义加法定理

概率的广义加法定理用于计算任意两个随机事件（它们不一定是互斥事件）的和（并）的概率。它的完整表述是：设 A、B 为任意两个随机事件，则它们的和的概率等于事件 A 的概率加上事件 B 的概率再减去 A 与 B 同时发生的概率，即

$$P(A+B) = P(A) + P(B) - P(A \times B) \qquad \text{（公式 4.2.2）}$$

【例题 4.2.2】某大学有 50% 的学生喜欢看足球比赛，40% 的学生喜欢看篮球比赛，30% 的学生两者都喜欢。问：现从该校任意抽取一名学生，他爱看足球比赛或篮球比赛的概率是多少？

解：令"爱看足球比赛"为事件 A，"爱看篮球比赛"为事件 B，"同时喜欢两者"为 $A \cap B$。根据已知条件，有

$$P(A) = 0.50，P(B) = 0.40，P(A \times B) = 0.30$$

由于事件 A 和事件 B 不是互斥事件，因此，事件"爱看足球比赛或篮球比赛的概率"应该用广义加法定理来计算，即

$$P(A+B) = P(A) + P(B) - P(A \times B) = 0.50 + 0.40 - 0.30 = 0.60$$

> 回顾：概率的加法定理
>
> 练习与思考：完成习题 4.5

4.2.3 概率的乘法定理

概率的乘法定理用于计算事件的积（交）的概率，它的完整表述是：设有限多个随机事件 $A_1, A_2, \cdots, A_n$ 之间相互独立，那么它们的积的概率等于它们概率的积，即

$$P(A_1 \times A_2 \times \cdots \times A_n) = P(A_1) \times P(A_2) \times \cdots \times P(A_n) \qquad \text{（公式 4.2.3）}$$

运用乘法定理的前提是，参加运算的事件是独立事件。如果一个事件是否发生不会影响另一事件，它们就是相互独立的，称为独立事件。例如，抛硬币时，第一次抛掷得到的结果无论是正面朝上还是反面朝上，都不会影响第二次抛掷时正面朝上和反面朝上的概率。

【例题4.2.3】连续抛出2枚硬币，计算两次都是正面朝上的概率。

解：令第一次硬币正面朝上为随机事件A，第二次硬币正面朝上为随机事件B。这两个事件没有相互影响，是独立事件。两次都正面朝上，即事件A和事件B同时发生，是事件的积，其概率应该等于两个事件概率之积，即

$$P(A \times B) = P(A) \times P(B) = 0.5 \times 0.5 = 0.25$$

初学者很容易混淆互斥事件和独立事件。所谓互斥事件，就是如果A出现，则B不能出现。可见B出现的概率与A是否出现有密切的关系。而独立事件的实质是A出现与否不影响B出现的概率。

【例题4.2.4】假设某种心理障碍的发病率为4‰。问：在一个由100人组成的群体中（假设每个人患该障碍的概率是相互独立的），出现这种心理障碍的概率是多少？

解：设每个人"患该障碍"为事件A_i（$i = 1, 2, \cdots, 100$）。而"群体中出现这种心理障碍"意味着可能有1人，也可能同时有2人、3人……100人患该障碍。因此所求的概率为$P(A_1 \cup A_2 \cup \cdots \cup A_{100})$或$P(A_1 + A_2 + \cdots + A_{100})$。

需要注意的是，虽然要求计算的是事件和的概率，但是"群体中出现这种心理障碍"共有100种可能的情况，而且它们之间并非互斥事件，可能会产生同时有多人患有这种心理障碍的情况。因此，不能简单地套用加法定理：

$$P(A_1 + A_2 + \cdots + A_{100}) = P(A_1) + P(A_2) + \cdots + P(A_{100}) = 0.4$$

这仅仅是100人中出现1个人患该障碍的概率，但没有计入多人患有这种心理障碍的情况。

由于每个人患该障碍的概率是相互独立的，因此可以先用乘法定理计算群体中不出现这种心理障碍的概率：

$$P(B_1 \times B_2 \times \cdots \times B_{100}) = P(B_1) \times P(B_2) \times \cdots \times P(B_{100}) = (1 - 0.004)^{100} \approx 0.6698$$

其中，$B_i = 1 - A_i$。

这样，群体中出现这种心理障碍的概率就是$1 - P(B_1 \times B_2 \times \cdots \times B_{100}) = 0.3302$。

回顾：概率的乘法定理

练习与思考：完成习题4.6—4.8

4.2.4 小概率事件

统计学将发生概率非常小的事件，称为小概率事件。小概率事件被认为是在一次试验中实际上几乎不可能发生的事件。它有两个标准：概率分别为 0.05 和 0.01。概率小于 0.05 而大于 0.01 的小概率事件，是"几乎不可能发生"的事件；概率小于 0.01 的小概率事件，是"几乎完全不可能发生"的事件。

【例题 4.2.5】一个没有任何相关知识的人做 10 道是非题，结果全部做对。问：这是不是小概率事件？

解：一个没有任何相关知识的人做是非题，做对任何一题的概率都是 0.5。令做对任何一题都是一个随机事件（$A_1, A_2, \cdots, A_{10}$），则"全部做对"就是 10 个这样的随机事件的积。由于每做对或做错任意一题都不会影响其他题目的对错，因此 $A_1, A_2, \cdots, A_{10}$ 之间都是独立事件，它们的积的概率为它们概率的积，即

$$P = 0.5^{10} = 1/1024 = 0.001$$

由于 $P < 0.01$，因此可以认为这是一个几乎完全不可能发生的小概率事件。

小概率事件的概念源于实际生活，在统计学中成了一个非常重要的概念。我们都有这样的经验：如果觉得某个事件发生的可能性极小，往往就当它不会发生。例如，骑车带人出交通事故的可能性虽然存在，但是毕竟概率很小，许多人就当它是不可能发生的，从而违反交通法规。这就是小概率事件对我们的日常生活决策的影响。其实，概率再小，这样的交通事故总有一天都会发生。回过头来看例题 4.2.5，一个没有任何相关知识的人做 10 道是非题，全部做对的概率不到 0.001，我们据此就会认为，一窍不通的人完全不可能做对 10 题。这样一来，当我们真的看到一个人把 10 题全部做对时，就会觉得他一定已经具备了相关知识。统计学也是这样，当一个事件发生的概率很小时（一窍不通的人做对 10 道是非题），就认为它不可能发生，不合理，不成立，转而认为它的对立面（只有具备了相关知识的人才能做对 10 道是非题）更合理，更能成立。

4.3 条件概率及其应用

4.3.1 条件概率

如果有人问你：在大街上遇到教授的概率大，还是在大学里遇到教授的概率大？答案一定是，在大学里遇到教授的概率大。同样是"遇到教授"，发生在大街上和发生在大学里的概率是不一样的。在概率论中，这种受一定条件制约的概率叫作条件概率。

我们还可以根据表 4.3.1 来理解条件概率。假设有一所学校调查学生玩网络游戏的情况，接受调查的学生总数是 1000 人。表 4.3.1 中列出了男生和女生的人数以及每日玩网络游戏时间超过 2 小时的人数。

表 4.3.1 某学校学生网络游戏情况调查结果（人数）

网络游戏时长	性别		合计
	男	女	
超过 2 小时	100	60	160
不超过（含）2 小时	300	540	840
合计	400	600	1000

从表 4.3.1 可以看出，如果不考虑学生的性别，玩网络游戏超过 2 小时的学生占 16%。就是说，如果你在这所学校随机抽取一名学生，该生玩网络游戏超过 2 小时的概率就是 0.16。但是如果你了解到这是一名男生，就会认为他玩网络游戏超过 2 小时的概率不止 0.16，因为在 400 名男生中，游戏时间超过 2 小时的有 100 人，相应的概率就是 0.25。同样，女生玩游戏时间超过 2 小时的概率是 60/600 = 0.10。像这样在一个事件（例如，"抽到男生"）已经发生的条件下，另一事件（例如，"游戏时间超过 2 小时"）的概率就是条件概率。比较严密的数学语言是这样表述的：如果 A 和 B 是一定条件组下的两个随机事件，且 $P(B) \neq 0$，则称在 B 发生的前提下 A 发生的概率为条件概率，记作 $P(A|B)$。条件概率 $P(A|B)$ 的计算公式是：

$$P(A|B) = \frac{P(A \cap B)}{P(B)} \quad [P(B) > 0] \quad \text{（公式 4.3.1）}$$

$P(A|B)$ 读作"给定 B 时，A 的条件概率"。反过来，在 A 发生的前提下，B 发生的概率 $P(B|A)$ 也是条件概率，计算公式是

$$P(B|A) = \frac{P(A \cap B)}{P(A)} \quad [P(A) > 0] \quad \text{（公式 4.3.2）}$$

A 和 B 之间的关系可以用集合图表示（图 4.3.1）。

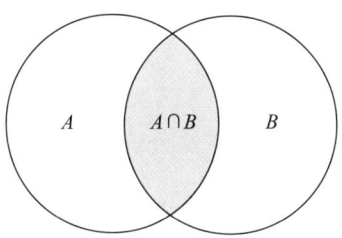

图 4.3.1 条件概率示意图

仍以表 4.3.1 为例，假设"从该校随机抽取到一名男生"的概率为 $P(B)$，"游戏时间超过 2 小时"的概率为 $P(A)$，则 $P(B) = 0.40$，"抽到男生且游戏时间超过 2 小时"的概率就是 $P(A \cap B) = 100/1000 = 0.1$。在这种情况下，如果已知抽到的是男生，则"该男生玩游戏时间超过 2 小时"的概率，就是条件概率 $P(A|B) = 0.10/0.40 = 0.25$，它实际上就是游戏时间超过 2 小时的男生在全体男生中的比例。

【例题 4.3.1】某大学的女生占学生总数的 70%，该校四年级女生占全校学生总数的 10%。现在有一名女生。问：她是四年级学生的概率是多大？

注意，这里问的不是"抽出一名学生是四年级女生的概率"，而是已经确知是女生，问她是四年级学生的概率。在这里要计算的是，在一个事件（"抽到女生"）已经发生的条件下，另一个事件（"抽到四年级学生"）的概率。实际上就是计算四年级女生占全体女生的比例，是条件概率。

解：令随机事件 A 为"抽到四年级学生"，随机事件 B 为"抽到女生"，则 $A \cap B$ 表示"抽到四年级女生"，且 $P(A \cap B) = 0.10$。现在 B 已经发生，则在事件 B 发生的条件下，事件 A 的条件概率为

$$P(A|B) = \frac{P(A \cap B)}{P(B)} = \frac{0.1}{0.7} = 0.1429$$

如果将公式 4.3.1 和公式 4.3.2 转化成以下形式，就可以通过条件概率计算两个事件

的积的概率：

$$P(A \times B) = P(A) \times P(B|A) \qquad \text{（公式 4.3.3）}$$

或

$$P(A \times B) = P(B) \times P(A|B) \qquad \text{（公式 4.3.4）}$$

公式 4.3.3 和公式 4.3.4 也是概率的乘法公式，但与上一节的乘法公式不同，它们可以计算在事件之间会相互影响概率的情况下，事件概率的积。而上一节涉及的是相互独立的事件概率的积。

回忆一下第 4.1.4 节提到的主观概率。不难看出，主观概率很符合条件概率的特征。主观概率往往是在我们观察到了一些已经发生的事件后，基于这些事件（或条件）对关注中的另一事件的可能性产生的新的主观估计。仍以心理健康教师接待自称抑郁的来访学生为例。这位教师了解到的当地抑郁症的发病率（1.52%）只是一个"无条件"概率，而教师了解到的该学生"精神萎靡""不与旁人交谈""流露出轻生的想法"，甚至在"了解自杀的方法"等情况，其实都是本节讲的作为条件的事件。在这些事件发生的前提下，该生患抑郁症的条件概率——$P\{$抑郁症$|($精神萎靡$\cap$不与旁人交谈$\cap$流露出轻生的想法$\cap$了解自杀的方法等$)\}$ 显然远远高于 1.52%，只是具体概率值仍为教师的主观估计而已。总之，主观概率可以说是主观估计的条件概率。

4.3.2 全概率公式

条件概率的一个重要应用就是全概率公式。先看以下例题。

【例题 4.3.2】某位心理医生将他遇到的心理障碍患者分为情绪障碍和认知障碍两大类，并统计了这两类障碍患者的比例：情绪障碍者占 85%，认知障碍者占 15%。在对病例记录进行统计分析后发现，在两类障碍患者中，主动求诊的比率分别占该类患者总数的 5% 和 4%。现任意抽取一名患者。问：他主动求诊的概率是多少？

这个问题要求计算一个比较复杂的事件的概率：这位患者可能是情绪障碍者，也可能是认知障碍者，而两类障碍的患者比例又不同。遇到这样的问题，就需要把复杂的事件分解为几个互斥的简单事件之和，并在计算出各个简单事件的概率的基础上，求出该复杂事件的概率。就例题 4.3.2 而言，"一名患者主动求诊"这一事件应该分解为：

（a）患者是情绪障碍者且主动求诊，（b）患者是认知障碍者且主动求诊。将这两个事件的概率算出来，再求总和即可得到"患者主动求诊"的概率。

解：用 A_1 表示抽到的患者是情绪障碍者，用 A_2 表示抽到的患者是认知障碍者，用 B 表示"患者主动求诊"。A_1 和 A_2 分别占 85% 和 15%，显然是互斥事件，且 $A_1+A_2=\Omega$。若用 $B\cap A_1$ 和 $B\cap A_2$ 分别表示"患者是情绪障碍者且主动求诊"和"患者是认知障碍者且主动求诊"，则 $B\cap A_1$、$B\cap A_2$ 也是互斥事件，且 $B\cap A_1+B\cap A_2=B$。根据题意可知：$P(A_1)=0.85$，$P(B|A_1)=0.05$，$P(A_2)=0.15$，$P(B|A_2)=0.04$。

利用公式 4.3.3 得

$$P(B\times A_1)=P(A_1)\times P(B|A_1)=0.85\times 0.05=0.0425$$
$$P(B\times A_2)=P(A_2)\times P(B|A_2)=0.15\times 0.04=0.0060$$

因此，任意抽取一名患者，他主动求诊的概率为

$$P(B)=P(B\times A_1)+P(B\times A_2)=0.0425+0.0060=0.0485$$

以上计算公式可以推广到一般情况，即全概率公式：如果事件组 $A_1,A_2,\cdots,A_n$ 为一完备事件组（两两互斥，且组成基本空间 Ω），则对于任一事件 B 都有

$$P(B)=\sum_{i=1}^{n}P(A_i)\times P(B|A_i) \qquad (公式4.3.5)$$

如果我们想到 $\sum_{i=1}^{n}P(A_i)=1$，那么 $P(B)=\dfrac{\sum_{i=1}^{n}P(A_i)\times P(B|A_i)}{\sum_{i=1}^{n}P(A_i)}$。由此可以看到，全概率公式计算的是整个基本空间内某事件 B 的概率，它其实是基本空间内各个条件概率 $P(B|A_i)$ 的加权和，权重就是各个条件发生的概率 $P(A_i)$。在例题 4.3.2 中，情绪障碍者主动求诊的比率为 5%，认知障碍者主动求诊的比率为 4%，全概率公式计算的全体患者主动求诊的概率就是两类患者主动求诊概率的加权平均数，权重分别是两类障碍患者占该类患者总数的比例（85% 和 15%）。

回顾：条件概率　全概率公式
练习与思考：完成习题 4.9

4.3.3 贝叶斯公式

全概率公式计算的是在各种原因性事件（$A_1, A_2, \cdots, A_n$）发生的条件下，某结果性事件 B 发生的总概率。现在反过来问：已知该事件 B 已经发生，各种"原因"发生的概率有多大？这就要用贝叶斯公式，也称逆概率公式。

如果事件组 $A_1, A_2, \cdots, A_n$ 为一完备事件组（两两互斥，且组成基本空间 Ω），则对于任一事件 $B\,[P(B) \neq 0]$，有

$$P(A_i|B) = \frac{P(A_i) \times P(B|A_i)}{\sum_{i=1}^{n} P(A_i) \times P(B|A_i)} \quad \text{（公式 4.3.6）}$$

可以看到，贝叶斯公式中的分母就是全概率公式。这样算出来的概率就是以事件 B 为全集，各事件 $A_i \cap B$ 的发生率。换言之，贝叶斯公式的第 i 项计算结果 $[P(A_i|B)]$ 就是全概率公式中第 i 个组成部分 $[P(A_i) \times P(B|A_i)]$ 占全概率的比例。

【例题 4.3.3】 在例题 4.3.2 中，若已知从患者中抽出一人，发现他是主动求诊的。问：他患情绪障碍的概率是多少？

解：本题要求的概率是主动求诊的情绪障碍患者占所有主动求诊患者的比例。

已知患者患情绪障碍和认知障碍的概率分别为 $P(A_1) = 0.85$ 和 $P(A_2) = 0.15$，根据贝叶斯公式，有

$$P(A_1|B) = \frac{P(A_1) \times P(B|A_1)}{\sum_{i=1}^{2} P(A_i) \times P(B|A_i)} = \frac{0.85 \times 0.05}{0.85 \times 0.05 + 0.15 \times 0.04} = 0.8763$$

【例题 4.3.4】 有甲、乙、丙 3 名参试者参加一个心理学测验。这个测验要求他们制作一批纸品。结果，甲制作了所有纸品的 35%，乙制作了 40%，丙制作了 25%。甲的次品率为 1%，乙的为 1.5%，丙的为 1%。现在抽出一个纸品发现是次品。问：这个次品分别由甲、乙、丙制作的概率是多少？

解：设事件 A_1、A_2、A_3 分别为纸品由甲、乙、丙制作。已知纸品来自甲、乙、丙的概率分别为 $P(A_1) = 0.35$，$P(A_2) = 0.40$，$P(A_3) = 0.25$。

设事件 B 为随机抽取一个纸品发现是次品，则有 $P(B|A_1) = 0.01$，$P(B|A_2) = 0.015$，$P(B|A_3) = 0.01$。

根据贝叶斯公式，有

$$P(A_1|B) = \frac{P(A_1) \times P(B|A_1)}{\sum_{i=1}^{3} P(A_i) \times P(B|A_i)} = \frac{0.35 \times 0.01}{0.35 \times 0.01 + 0.40 \times 0.015 + 0.25 \times 0.01} = \frac{0.0035}{0.012} = 0.2917$$

$$P(A_2|B) = \frac{P(A_2) \times P(B|A_2)}{\sum_{i=1}^{3} P(A_i) \times P(B|A_i)} = \frac{0.40 \times 0.015}{0.35 \times 0.01 + 0.40 \times 0.015 + 0.25 \times 0.01} = \frac{0.006}{0.012} = 0.5$$

$$P(A_3|B) = \frac{P(A_3) \times P(B|A_3)}{\sum_{i=1}^{3} P(A_i) \times P(B|A_i)} = \frac{0.25 \times 0.01}{0.35 \times 0.01 + 0.40 \times 0.015 + 0.25 \times 0.01} = \frac{0.0025}{0.012} = 0.2083$$

所以，这个次品由甲、乙、丙制作的概率分别为 0.2917、0.5 和 0.2083。

回顾：贝叶斯公式

练习与思考：完成习题 4.10—4.11

知识导图

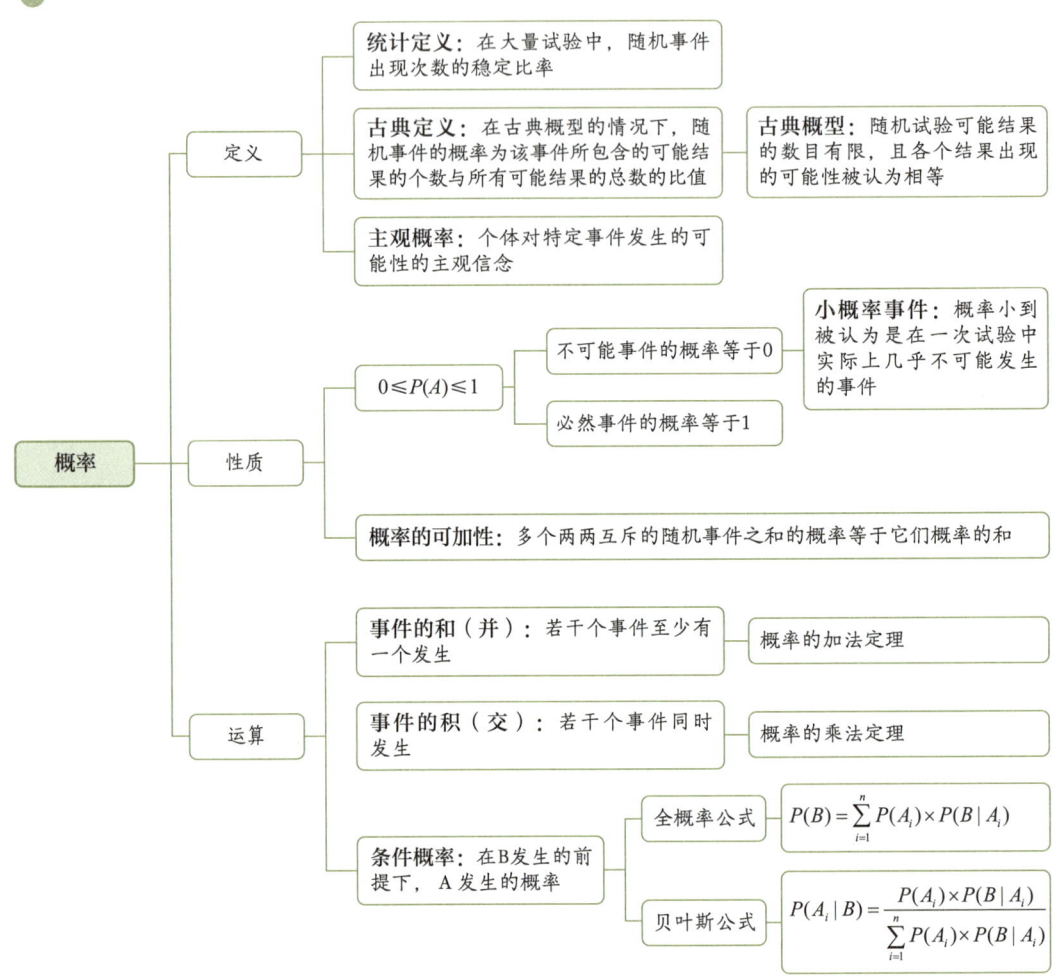

数据实验

目的

相传古代有个国家特别重男轻女。它的国王曾颁布一个法令，要求全国每家每户如果生的是女孩就要一直生下去，直至生出男孩。男孩出生后就不再生育。有人担心，这样会不会造成性别比例失调——男孩数远大于女孩数？请设计一个模拟实验来回答这个问题（假设各胎男女性别比都是1∶1）。

方法

可以用编程的方法模拟上述法令下各家各户的生育过程。SPSS 也可以胜任这一实验，具体步骤如下。

步骤 1

建立一个有 1000 户家庭的数据文件（或下载数据文件"04–千家生男生女 .sav"），假设每家最多生 10 胎，在数据表中建立 10 个变量（"老大""老二"直至"老幺"）来表示这些孩子的性别。分别用 0 和 1 表示生的是女孩还是男孩。

步骤 2

对变量"老大"赋随机数（0 或 1，概率均为 0.5）以模拟新生儿性别，并统计男孩和女孩出生数。方法是点击菜单 File（文件）→ New（新建）→ Syntax（句法），在打开的句法窗口中输入以下代码并执行。

```
COMPUTE 老大 =RV.BINOM(1,0.5).
EXECUTE.
DESCRIPTIVES VARIABLES= 老大
 /STATISTICS=SUM.
```

其中前两行代码生成 1000 个随机数（0 或 1），表示 1000 个家庭的第一胎的性别。后两行统计 1000 户家庭生了多少男孩。由于男孩的性别编码为 1，女孩编码为 0，故总和（SUM）就是男孩数。

步骤 3

如果老大为女孩（变量"老大"= 0），则继续对该家庭的变量"老二"赋随机数 0 或 1；但如果老大为男孩，则不再为该家庭的"老二"赋值。在打开的句法窗口中输入以下代码并执行。

```
IF（老大 =0）老二 =RV.BINOM(1,0.5).
EXECUTE.
DESCRIPTIVES VARIABLES= 老二
 /STATISTICS=SUM.
```

其中前两行代码生成第一胎为女孩的家庭［用 IF (老大 = 0) 加以限制］的第二胎性

别；后两行代码统计第二胎男孩数。

如此循环下去，每一次都让前一胎为女孩的家庭继续生育，直至第 10 胎，代码如下所示。

```
IF（老二 =0）老三 =RV.BINOM(1,0.5).
EXECUTE.
DESCRIPTIVES VARIABLES= 老三
 /STATISTICS=SUM.

IF（老三 =0）老四 =RV.BINOM(1,0.5).
EXECUTE.
DESCRIPTIVES VARIABLES= 老四
 /STATISTICS=SUM.

IF（老四 =0）老五 =RV.BINOM(1,0.5).
EXECUTE.
DESCRIPTIVES VARIABLES= 老五
 /STATISTICS=SUM.

IF（老五 =0）老六 =RV.BINOM(1,0.5).
EXECUTE.
DESCRIPTIVES VARIABLES= 老六
 /STATISTICS=SUM.

IF（老六 =0）老七 =RV.BINOM(1,0.5).
EXECUTE.
DESCRIPTIVES VARIABLES= 老七
 /STATISTICS=SUM.

IF（老七 =0）老八 =RV.BINOM(1,0.5).
EXECUTE.
```

```
DESCRIPTIVES VARIABLES= 老八
 /STATISTICS=SUM.

IF（老八 =0）老九 =RV.BINOM(1,0.5).
EXECUTE.
DESCRIPTIVES VARIABLES= 老九
 /STATISTICS=SUM.

IF（老九 =0）老幺 =RV.BINOM(1,0.5).
EXECUTE.
DESCRIPTIVES VARIABLES= 老幺
 /STATISTICS=SUM.
```

如果到了第 10 胎，仍有人家没有生出男孩，那么上述过程可以继续下去。

如果担心一次实验的结果有较大的随机误差，可以先删除前次得到的全部数据，重新执行上述步骤，得到第二次甚至更多次实验结果。

结果

本书作者执行上述代码，得到各次生育后的描述统计结果如表 4.A 所示（因为用了随机数，每次执行的结果可能都不一样）。

表 4.A

排行	男孩数	女孩数
老大	520	480
老二	234	246
老三	118	128
老四	65	63
老五	23	40
老六	21	19
老七	14	5
老八	1	4
老九	2	2
老幺	2	0
合计	1000	987

本次模拟得到的男女性别比例为 1000∶987，男孩略多于女孩。

第二次模拟的男女性别比例为 1000∶1093，女孩略多于男孩。总体而言，男女性别比例趋近于 1∶1。

讨论

概率可以通过古典定义和统计定义获得。古典定义可以帮助我们通过分析推理，来直接求得概率。以本实验问题为例，因为国王的法令要求生出男孩就停止，那么 1000 户家庭最终的男孩数一定是 1000；又因为每次生育的新生儿是男性和女性的概率相等，所以每一胎女孩数应该与男孩数相等，最终的女孩数也应该是 1000，性别比应为 1∶1，男孩的概率仍为 0.5。

如果用统计定义，就只能通过大量试验，每一次试验（上述模拟过程）得到一个性别比，最终求得一个稳定的比率。本实验只做了两次试验，求得的比率尚不够稳定。如果继续做很多次试验，男女比例应该越来越接近 1∶1。总之，不用担心性别失调的问题。

习题

4.1 什么是概率？它有哪两种最常见的定义方法？各有什么优缺点？

4.2 从一副洗好的纸牌（去掉两张王牌）中每次抽取一张牌，出现下列情况的概率是多少？

（1）一张 K

（2）一张梅花

（3）一张红牌

（4）一张不是 J、Q、K 的红心牌

4.3 例题 4.1.4 提到关于概率计算的争论。你能否利用以下 100 个随机数字给出一个解决方案？（提示：可以将随机数字看作连续投掷硬币的结果。）

1 1 1 0 0 1 0 1 1 1 1 1 0 0 1 1 0 1 1 0 1 0 0 1 1 0 0 1 1 1 1 1 0

1 1 0 1 0 1 1 0 1 0 0 1 0 0 0 0 0 1 1 0 0 0 0 1 0 0 1 0 1 0 0 1 0 0 1 0

1 0 0 1 1 1 0 0 1 1 1 1 0 1 1 0 1 1 1 0 0 0 0 0 0 1 0 0

4.4 主观概率与分析观和频率观下的概率有什么不同？

4.5 如果将一个骰子特制成 6 个面分别是 1, 2, 3, 6, 6, 6，抛掷这个骰子时，出现以下数字的概率分别是多少？

（1）1

（2）6

（3）偶数

（4）小于 3

4.6 设 H 代表正面朝上，T 代表反面朝上。连续掷 4 枚硬币时，得出以下序列的概率是多少？

（1）HTHT

（2）HHHH

（3）3 枚 T，1 枚 H

4.7 如果将一个骰子特制成 6 个面分别是 1, 2, 3, 6, 6, 6，连续抛掷 2 次骰子时，出现以下情况的概率分别是多少？

（1）连续两个 1

（2）连续两个 6

（3）连续两个奇数

（4）连续两个大于或等于 3

4.8 在某个记忆实验中，实验者将画有某个相同特定符号的 10 张卡片与其他 40 张无此符号的卡片打乱排列。现有一名参试者从这些卡片中抽取 3 张（每抽一张都放回）。问：

（1）3 张卡片都有特定符号的概率是多少？

（2）前 2 张没有而最后 1 张有特定符号的概率是多少？

4.9 假设某种疾病的患者人数占总人口的 1%，患者在 X 光检查中有 80% 呈阳性，未患此病者有 10% 呈阳性。现在有一个人进行 X 光检查。问：这个人的检验结果呈阳性的概率是多大？

4.10 某医疗研究机构调查吸烟与健康的关系。结果如下表所示。如果从这些被调查者中随机抽取 1 人，请计算：

（1）他长期吸烟且患肺癌的概率；

（2）已知某人长期吸烟，他患肺癌的概率；

（3）无论某人是否长期吸烟，他患肺癌的概率；

（4）某人已患肺癌，他长期吸烟的概率。

注意：为更好地巩固本章知识，请用概率形式（而不是直接用人数）解答本题。

	是否长期（5年以上）吸烟		合计
	是	否	
患肺癌人数	80	20	100
未患肺癌人数	420	980	1400
合计	500	1000	1500

4.11 假设某种疾病的患者人数占总人口的 1%，患者在 X 光检查中有 80% 呈阳性，未患此病者有 10% 呈阳性。现在有一个人呈阳性。问：他患此病的概率是多大？比较本题与习题 4.9 的答案，可以明白什么道理？

第 5 章
概率分布

本章提要

- 间断变量最常见的概率分布是二项分布，连续变量最常见的概率分布是正态分布。
- 二项分布是若干次二项试验中不同成功次数对应的概率。
- 正态分布的特点和标准正态分布表。
- 正态分布有许多重要的应用，是许多非正态分布的极限分布形式。
- t 分布是重要的概率分布之一，用于小样本问题。
- χ^2 分布和 F 分布的定义及查表方法。
- 泊松分布和指数分布的定义。

学习目标

- 理解二项试验的特点，能判断何种试验属于二项试验。
- 理解二项分布的定义和计算公式，能计算二项试验不同成功次数对应的概率。
- 理解二项分布在测验工作中的应用。
- 理解间断变量和连续变量的概率分布的差异。
- 理解正态分布和标准正态分布的定义，掌握标准正态分布表的用法。
- 理解正态分布的特点和简单应用。
- 理解 t 分布的定义和特点，掌握 t 分布表的用法。
- 理解自由度的含义和确定自由度的一般方法。
- 了解 χ^2 分布和 F 分布的定义及特点，掌握 χ^2 分布表和 F 分布表的用法。
- 了解泊松分布和指数分布的定义。

导读问题

在第 2 章中,我们研究了次数分布表和次数分布图的制作方法。在长期的统计实践中,人们还发现,许多随机变量的分布是有规律可循的。例如,抛掷 n 次硬币,其中 X 次正面朝上的概率服从二项分布;凭猜测做 n 道是非题或选择题,做对 X 道题的概率也服从二项分布;身高、体重、学习成绩和智力水平等都服从正态分布。

从本章开始,各章开头的"导读问题"都会列出该章所针对的实际问题。解决这些实际问题就是各章最终的学习目标。为了更好地构建学习目标系统,请读者先仔细观察这些问题的组成要素,比较各个问题的异同(包括比较各章问题的异同),然后结合本章"学习目标"考察不同问题所对应的统计分析方法,了解要解决不同的问题必须知道什么、会做什么以及应当注意什么。

本章的目标是解决以下问题。

- 问题一:一位心理学家为了了解儿童对某种材料的再认能力,设计了若干识记项目,并对一个儿童进行再认测验。结果发现,如果将 5 个识记过的旧项目与 5 个未识记过的新项目混在一起,该儿童能正确指出其中 5 个项目是新的还是旧的,另 5 个则回答错误。问:该儿童对这种材料究竟有没有再认能力?

  先介绍一下再认测验。它的一般方法是让参试者识记若干个项目,然后将这些项目与未识记过的项目混合起来,让参试者辨认哪些是识记过的项目;正确辨认的项目数就是参试者成绩的观察值。乍一看,本题中的这位儿童对这种材料似乎有很强的再认能力。因为在 10 个项目中,他认对了 50%。但是且慢,我们很快就发现了问题:即使完全凭瞎猜,猜对的概率也有 50%。所以,我们只能说,10 个项目认对了 50%,完全可能是瞎猜的结果。因此,可以认为该儿童对这种材料没有什么再认能力。而问题一的要求是设定一个标准,即认对多少个项目才算有再认能力。由于儿童认对的项目数是间断变量,他的每次辨认都是一次二项实验,所以这个问题需要用二项分布的相关知识求解。

- 问题二:某心理学研究所编制了一个智力测验,从全市各大学中随机挑选 1000 名大学新生进行测试。假设测试的结果是 1000 名新生的得分呈正态分布,平均分为 75,标准差为 10。现有某参试者原始成绩为 85 分。问:该生是否智力超常?

  这个问题至少涉及两个方面:第一,85 分仅仅是一个原始分数,它在整个新生人群中的位置（百分等级）是多少？第二，智力超常的标准是什么？由于智力呈正态分布，所以这个问题需要用正态分布的相关知识求解。

本章还介绍了 t 分布、χ^2 分布和 F 分布，但是仅仅介绍了它们的密度函数和查表方法，相关的实际问题要到后面的章节才会出现。泊松分布和指数分布在心理学研究中用得较少，但也需要了解其基本概念。

5.1 二项分布

5.1.1 间断变量的概率分布

二项分布是间断变量的概率分布的最常见形式。在学习之前，需要先了解间断变量的概率分布是怎么一回事。

间断变量 X 的取值可以表示为 $\{X = x_i\}(i = 1, 2, \cdots)$，取这些值的概率可以记为 $p_i = P\{X = x_i\}(i = 1, 2, \cdots)$。如果将间断型随机变量 X 的取值及其相应的概率列成表格，就得到了一个概率分布表（见表 5.1.1）。

表 5.1.1　间断型随机变量的概率分布表

间断型随机变量 X 的取值	间断型随机变量 X 取值 x_i 的概率 p_i
x_1	p_1
x_2	p_2
x_3	p_3
⋮	⋮
x_i	p_i
⋮	⋮

在例题 4.1.2 中，连续抛掷 3 枚硬币可以产生 8 种随机事件：$\Omega = \{HHH, HHT, HTH, THH, HTT, THT, TTH, TTT\}$。令 X 表示正面朝上（H）的次数，则 X 就是一个间断型随机变量，因为其取值只有 4 种情况：$\{X = 0, 1, 2, 3\}$。这 4 种情况及它们所对应的概率可以列为一个概率分布表（见表 5.1.2）。

表 5.1.2　抛掷硬币 3 次，正面朝上不同次数的概率分布表

变量值（多少次正面朝上）	各个变量值相应的概率 p_i
0	1/8
1	3/8
2	3/8
3	1/8

概率分布表进一步可以画成概率分布图。例如，表 5.1.2 可以用图 5.1.1 来表示。

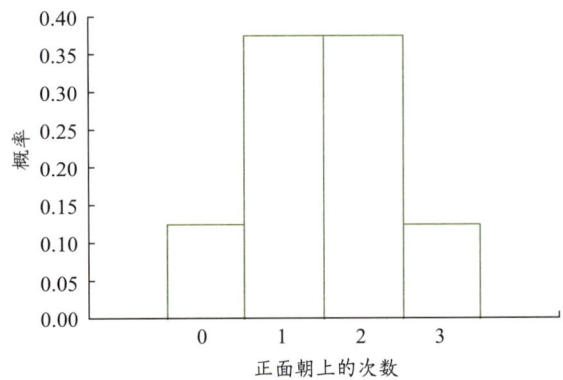

图 5.1.1　抛掷硬币 3 次，正面朝上不同次数的概率分布图

5.1.2　二项分布

5.1.2.1　二项试验

在本章导读问题一中，我们认为，10 个项目认对了 50% 完全可能是瞎猜的结果。接下来要思考的问题是，认对多少个项目才算有再认能力呢？6 个？7 个？好像还是太少，因为只要瞎猜的时候运气稍微好一点，多猜对一两个项目也没什么稀奇的。8 个？好像差不多了，因为单凭运气，成绩似乎不太可能那么好。如果对了 9 个甚至 10 个，我们就会很有把握地认为该儿童有再认能力，因为完全凭猜测答对 9~10 个项目的可能性很小。

上面说的都是"感觉"。统计学家不能凭感觉说话，于是就要研究类似上述情况的问题有没有数量规律性，以便找出一个数字标准：超过这个标准，就认为他有再认能力；否则就认为他没有再认能力。这就要引入二项试验这一概念。

满足以下条件的试验被称为二项试验（或称伯努利试验）：

- 一次试验只有两种可能的结果，即"成功"和"失败"（引号表示这不是平常意义上的

成功或失败，只是说明两种结果或状态而已）；
- 试验可以在同样的条件下重复进行；
- 试验的结果可以用计数来表示成功或失败的次数；
- 各次试验中成功的概率 p 相同，失败的概率 q 也相同，且 $p+q=1$；
- 各次试验的结果互不影响，相互独立。

回到本章导读问题一。进行再认测验时，参试者每对一个测验项目做出反应（"识记过"或"未识记过"），都只有两种可能的结果：认对（成功）和认错（失败）。可以让参试者重复进行多个项目的测试，例如连续测 10 个项目，计算认对和认错的次数；而且，在采取措施排除了记忆的序列位置效应后，我们就可以认为各个项目认对的概率相等，认错的概率也相等；最后，参试者对任何一个项目的再认都不影响他对其他项目的再认。这些都符合二项试验的条件，因此我们可以认定，上述例子中讲的再认测验在统计学上就是一种二项试验。

> **回顾**：二项试验
> **练习与思考**：完成习题 5.1

5.1.2.2 二项分布

重复进行 n 次二项试验，成功的次数可以从 0 到 n 不等。不同的成功次数 x 所对应的概率也可能是不一样的。我们把重复进行 n 次二项试验后，不同成功次数 x 所对应的概率分布称为二项分布。

【例题 5.1.1】一名学生完全凭猜测答 2 道是非题。问：答对 0, 1, 2 道题的概率是多大？如果共有 3 道题、4 道题呢？

解：先列出答对题目与答错题目的各种组合，再列表说明答对不同题数的可能结果数目和概率。

2 道是非题的情况（√表示答对，×表示答错）：××；√×，×√；√√。

答对题数	可能结果	概率
0	1	1/4
1	2	2/4
2	1	1/4

3 道是非题的情况：×××；√××，×√×，××√；√√×，√×√，×√√；√√√。

答对题数	可能结果	概率
0	1	1/8
1	3	3/8
2	3	3/8
3	1	1/8

4 道是非题的情况：××××；√×××，×√××，××√×，×××√；√√××，√×√×，√××√，×√√×，×√×√，××√√；√√√×，√√×√，√×√√，×√√√；√√√√。

答对题数	可能结果	概率
0	1	1/16
1	4	4/16
2	6	6/16
3	4	4/16
4	1	1/16

例题 5.1.1 完全凭猜测回答是非题，回答 n 题时答对不同题数 x 的概率分布是典型的二项分布。在例题中有多张表格，列出了取不同的 n 和 x 时的可能结果数目与相应的概率。我们看到，可能的结果数目是

$n = 2$ 时：1, 2, 1

$n = 3$ 时：1, 3, 3, 1

$n = 4$ 时：1, 4, 6, 4, 1

这使我们想到中学数学中的二项展开式和杨辉三角形。上述每一组数字，实际上都是 n 次二项式 $(a+b)^n$ 展开后的各项系数：

$$(a+b)^2 = a^2 + 2ab + b^2$$

$$(a+b)^3 = a^3 + 3a^2b + 3ab^2 + b^3$$

$$(a+b)^4 = a^4 + 4a^3b + 6a^2b^2 + 4ab^3 + b^4$$

⋮

因此，只要记得各项的系数，就可以知道取不同的 n 和 x 时的可能结果数目。

更方便的办法是利用杨辉三角形（见表 5.1.3）。表 5.1.3 中的"总和"就是可能结果的总数，而且当"成功"与"失败"的概率相等时，它们同时也是计算相应概率时所用的分母。所以，如果需要求出 n = 5, 6, 7, 8, 9, 10 时不同答对题数的可能结果数目与相应概率，完全可以通过查表获得。

表 5.1.3　杨辉三角形

次数	二项展开式各项系数	总和
1	1　1	2
2	1　2　1	4
3	1　3　3　1	8
4	1　4　6　4　1	16
5	1　5　10　10　5　1	32
6	1　6　15　20　15　6　1	64
7	1　7　21　35　35　21　7　1	128
8	1　8　28　56　70　56　28　8　1	256
9	1　9　36　84　126　126　84　36　9　1	512
10	1　10　45　120　210　252　210　120　45　10　1	1024

不过，总是查表毕竟不方便，而且随着 n 的增大，越来越不可能查表。何况在更多情况下，成功和失败的概率不等。为此，有必要考虑具有普遍意义的计算方法。

在解答例题 5.1.1 时，我们先将答对题目与答错题目所有可能的组合罗列出来，然后计算组合数。利用组合公式，可以直接计算答对题数为 x 的组合数。

$$C_n^x = \frac{n!}{x!(n-x)!} \qquad （公式 5.1.1）$$

式中，x = 0, 1, 2, …, n。

这些组合数就是例题 5.1.1 的表中的可能结果对应的数目，组合数再乘以 $p^x q^{n-x}$ 就可以得到相应的概率：

$$P\{X=x\} = C_n^x p^x q^{n-x} = \frac{n!}{x!(n-x)!} p^x q^{n-x} \qquad \text{（公式 5.1.2）}$$

式中，$x = 0, 1, 2, \cdots, n$；$p^x q^{n-x}$ 表示 x 次成功与 $(n-x)$ 次失败同时发生的概率。

总之，二项分布用 n 次方的二项展开式来表达在 n 次二项试验中不同成功次数（$x = 0, 1, \cdots, n$）所对应的概率分布。二项展开式的通式就是二项分布函数，运用这一函数式可以直接求出成功事件恰好出现 x 次的概率。

如果一个变量 X 服从二项分布，则记为 $X \sim b(n, p)$。二项分布具有概率分布的两个基本性质：

- $P\{X = x\} = C_n^x p^x q^{n-x} \geqslant 0$
- $\sum_{x=0}^{n} P\{X = x\} = \sum_{x=0}^{n} C_n^x p^x q^{n-x} = 1$

还可以证明，如果一个变量服从二项分布，即 $X \sim b(n, p)$，则它的平均数 μ 和方差 σ^2 分别是

$$\mu = np \qquad \text{（公式 5.1.3）}$$

$$\sigma^2 = npq \qquad \text{（公式 5.1.4）}$$

【例题 5.1.2】用二项展开式的通式计算一名学生全凭猜测答 4 道是非题，结果答对 1 道题和 2 道题的概率分别是多少？

解：已知 $p = q = 0.5$，$n = 4$，$x = 1$，则

$$P\{X = x\} = C_n^x p^x q^{n-x} = \frac{4!}{1!(4-1)!} \times (0.5)^1 \times (0.5)^{(4-1)} = 4 \times 0.5^4 = 0.25$$

当 $x = 2$ 时，

$$P\{X = x\} = C_n^x p^x q^{n-x} = \frac{4!}{2!(4-2)!} \times 0.5^2 \times 0.5^{(4-2)} = 6 \times 0.5^4 = 0.375$$

在前面的例子中，成功与失败的概率是相等的（$p = q = 0.5$）。如果两者概率不等会怎样呢？

【例题 5.1.3】设某班级学生英语六级的通过率为 $p = 90\%$，抽取 3 名学生。问：其中通过英语六级的人数分别为 0，1，2，3 的概率是多少？

解：抽取 3 名学生通过与未通过英语六级的可能结果列表如下（A 表示通过，B 表示未通过）：

通过人数	通过情况	概率计算公式	计算结果
3 人	AAA	ppp	0.729
2 人	AAB	ppq	0.081
	ABA	pqp	0.081
	BAA	qpp	0.081
1 人	ABB	pqq	0.009
	BAB	qpq	0.009
	BBA	qqp	0.009
0 人	BBB	qqq	0.001
合计			1.000

将表中通过人数分别为 0、1、2、3 的相应概率相加，得

通过 0 人：$qqq = C_3^0 p^0 q^3 = 0.001$

通过 1 人：$3pqq = C_3^1 p^1 q^2 = 0.027$

通过 2 人：$3ppq = C_3^2 p^2 q^1 = 0.243$

通过 3 人：$ppp = C_3^3 p^3 q^0 = 0.729$

由此可见，无论成功的概率是否等于失败的概率，公式 5.1.2 都是适用的。

【例题 5.1.4】如果一位考生随机回答毫无把握的 20 道选择题（四选一），求这 20 题的平均得分和标准差。

解：因为都是四选一的选择题，故每做一题毫无把握而猜对的概率 $p = 0.25$，猜错的概率 $q = 1 - 0.25 = 0.75$，$n = 20$。

$$\mu = np = 20 \times 0.25 = 5$$

$$\sigma = \sqrt{npq} = \sqrt{20 \times 0.25 \times 0.75} = 1.936$$

故该考生完成这 20 题后的平均得分为 5 分，标准差为 1.936 分。

回顾：二项分布的定义和性质

练习与思考：完成习题 5.2

5.1.2.3 二项分布图

将二项分布函数计算得到的概率分布画成图，就是二项分布图。图 5.1.2 给出了 n 和 p 取不同的值时的概率分布情况，各个分布图用 R 画出，代码为：

```
x <- c(0,1,2,3,4,5,6,7,8,9,10)
y <- dbinom(x, 10, 0.95)
barplot(y~x, ylim = c(0, 0.6), col= "white", xlab = "x", ylab = "p")
```

改变 dbinom 函数的参数，即可画出 n 和 p 取不同的值时的概率分布图。

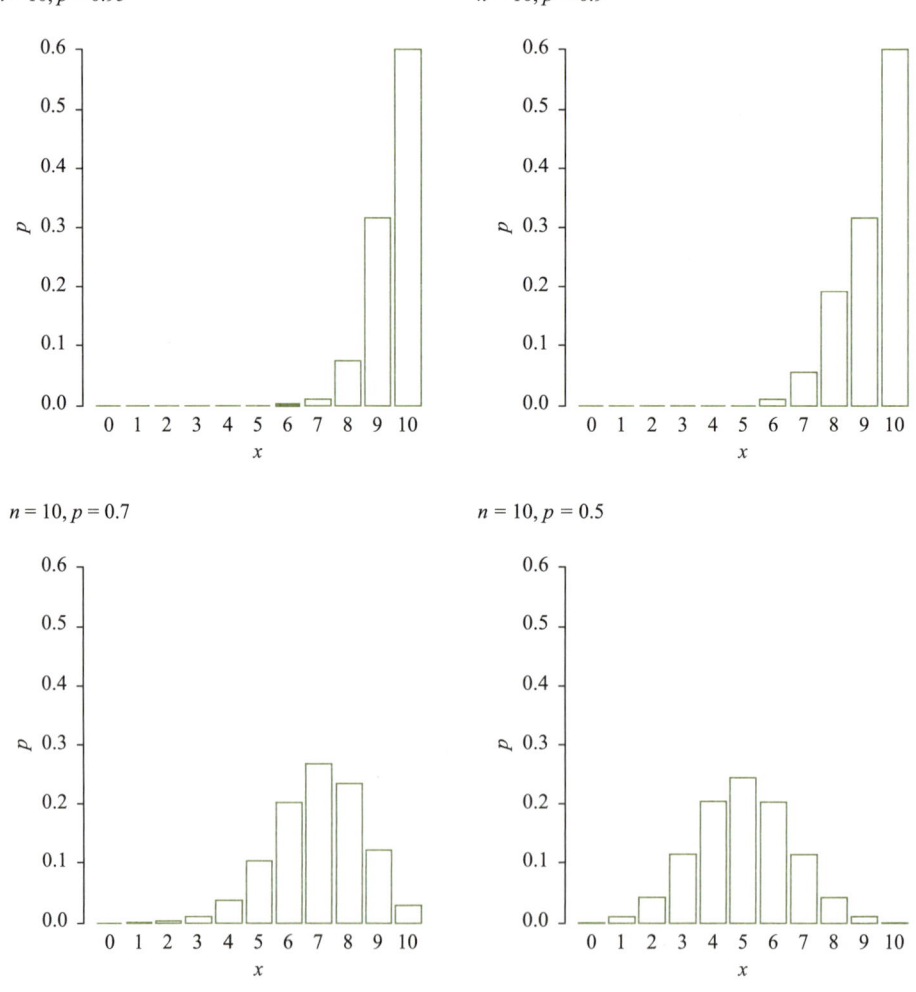

图 5.1.2　二项分布图（各小图都是用 R 软件画的）

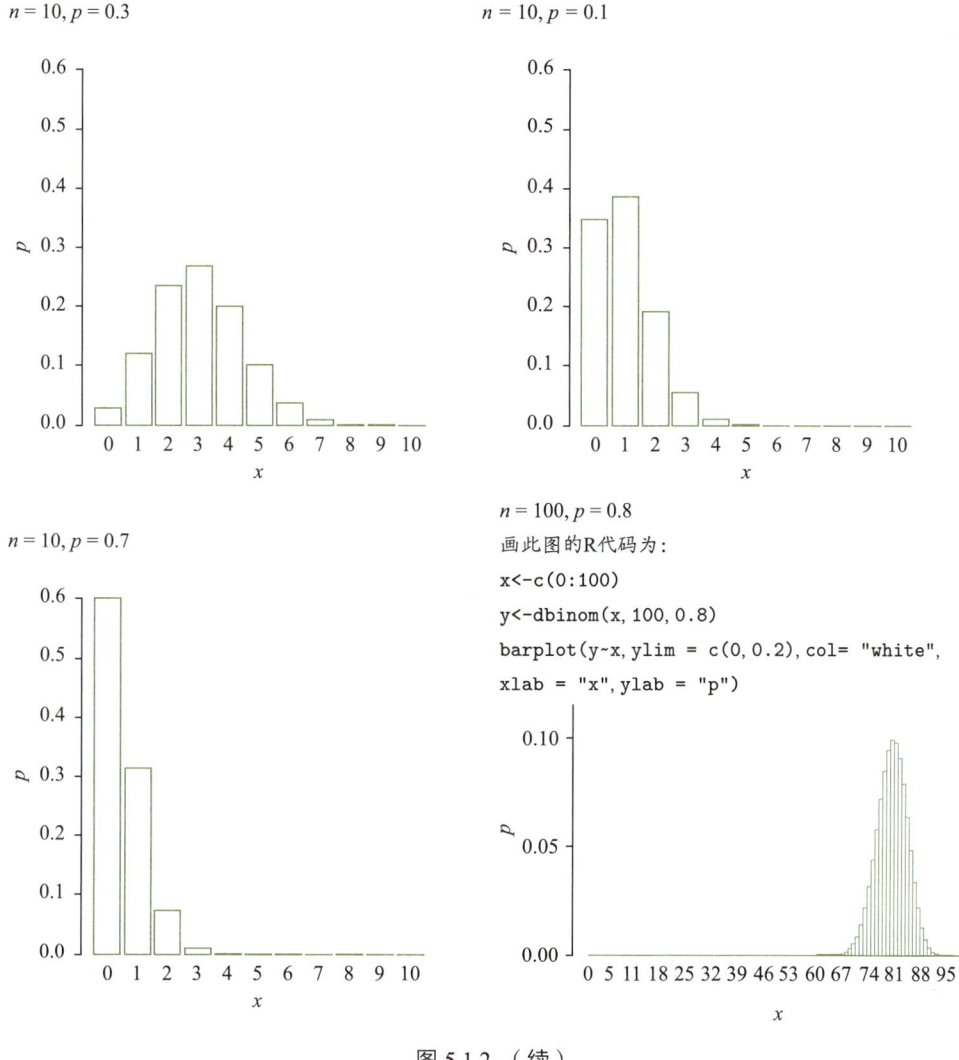

图 5.1.2 （续）

从图 5.1.2 中可以总结出二项分布的特点。

- 当 $p=q=0.5$ 时，二项分布左右对称；p 值偏离 0.5 越远，分布偏斜程度越大。
- n 越小，分布越陡峭；n 越大，分布越平缓；当 n 趋近于无穷大时，二项分布趋近于正态分布。
- 当 n 与 p 确定时，随着 X 的增加，二项分布的概率先升后降，在 $X=np$ 处达到最大值。

5.1.3 二项分布的应用

现在，让我们回到儿童再认能力的例子上。再认 10 个项目，认对（成功）多少个项目才算有再认能力呢？我们先用二项分布函数计算儿童完全凭猜测认对不同项目数的概率，结果见表 5.1.4。

表 5.1.4　再认 10 个项目时，认对不同项目数的概率分布情况

认对项目数 x	可能结果数目 C_{10}^{x}	概率 $P\{X=x\}$	累积概率 $P\{X \geqslant x\}$
0	1	0.001	1.000
1	10	0.010	0.999
2	45	0.044	0.989
3	120	0.117	0.945
4	210	0.205	0.828
5	252	0.246	0.623
6	210	0.205	0.377
7	120	0.117	0.172
8	45	0.044	0.055
9	10	0.010	0.011
10	1	0.001	0.001
合计	1024	1.000	

在实际研究工作中，我们有这样一种思想方法：如果参试者的再认成绩达到完全凭猜测几乎不可能达到的水平，即当 $P\{X \geqslant x\} < 0.05$（小概率事件）时，就认定参试者有再认能力。这样，我们就只要求出那个 x 就可以了。从表 5.1.4 中的累积概率一列可以看出，完全凭猜测认对 9 个及 9 个以上的概率 $P\{X \geqslant 9\}$ 只有 0.011，这么小的概率说明没有再认能力的参试者几乎完全不可能认对 9 个及 9 个以上项目。所以，更容易被接受的结论就是：参试者有再认能力。而完全凭猜测认对 8 个及 8 个以上的概率 $P\{X \geqslant 8\}$ 为 0.055，也接近小概率事件的标准。所以，当测试项目为 10 个时，可以设定参试者有再认能力的标准为"认对的项目数 $X \geqslant 8$ 或 $X \geqslant 9$"，可以根据实际情况选择使用。

> 回顾：二项分布的应用
> 练习与思考：完成习题 5.3

5.2　正态分布

正态分布最早由棣美弗（De Moivre）于 1733 年在研究二项分布的极限分布形式时提

出，但当时没有引起人们的重视。后来，高斯（Gauss）和拉普拉斯（Laplace）在19世纪初分别重新提出了正态分布。

正态分布是统计学中最重要的分布。这是因为，第一，大量客观现象服从或近似服从正态分布，例如，人的体重和身高以及学生的考试成绩等都服从正态分布。在心理学中，心理测验得分和心理实验测得的数量指标在一般情况下也都服从正态分布。第二，正态分布具有许多良好的数学性质，许多非正态分布以正态分布为极限分布。

本书中的例题和习题有许多是关于心理测验、心理实验或教育考试得分的，在这些例题或习题中，只要不做特别声明，就认为有关变量服从正态分布。

5.2.1 概率密度函数

正态分布是连续变量的概率分布，它与间断变量的概率分布有很大差异。

间断型随机变量的取值个数有限，因此可以将这些可能的取值及其相应的概率一一罗列，二项分布就是如此：我们可以计算成功次数 X 从 0 到 n 的 $n+1$ 个可能取值所对应的概率。

但是，连续型随机变量的可能取值连续地充满某一区间，在任意两个取值之间都可以找到它们的中间值，所以其可能取值的数目是无限的，不能一一列举。来思考一个问题：假设一名学生的数学成绩（连续变量）一贯在 80 分左右，那么他是不是有很大的把握（概率）刚好考 80 分，而不是 79 或 81 呢？换句话说，我们能否单独计算 $X=80$ 的概率呢？其实，刚好考 80 分的概率是很低的。如果教师打分的时候还有给 0.5 分的情况，刚好考 80 分的概率就更低了。如果在打分时可以精确到小数点后任意一位，则获得任何一个分数的概率都是零！因此可以说，连续型随机变量取某个特定值的概率为零。

物理学告诉我们，质地均匀的一块物质的质量等于其体积乘以物质的密度。体积相同的两块物质，如果密度不同，它们的质量就不同，密度大的质量就大；物质中的任意一个点，其体积为零，质量就为零。连续变量所取的任意一个值就像一块物质内部的一个点，因为这个点没有宽度，所以对应的概率为零。现在设想一下：如果概率也有密度，那么当这个点变成一个区间时，将这个区间的宽度乘以"密度"，概率是否就不是零了？

统计学确实有"概率密度"这个概念。和图 5.1.2 中的图一样，图 5.2.1 也是一个概率分布图，只不过其纵轴不表示概率，而表示概率密度。分布曲线下的面积为 1，曲线各处的高度就是概率密度；点 a 和 b 对应的概率都是 0，但是区间 (a, b) 上方阴影部分的面积就是概率 $P\{a < X < b\}$。只不过，区间内不同点上的密度可能不等（如果相等就是

"均匀分布"），这块面积不能简单地以区间宽度乘以某个特定密度求得，而要采用积分的方式求得。

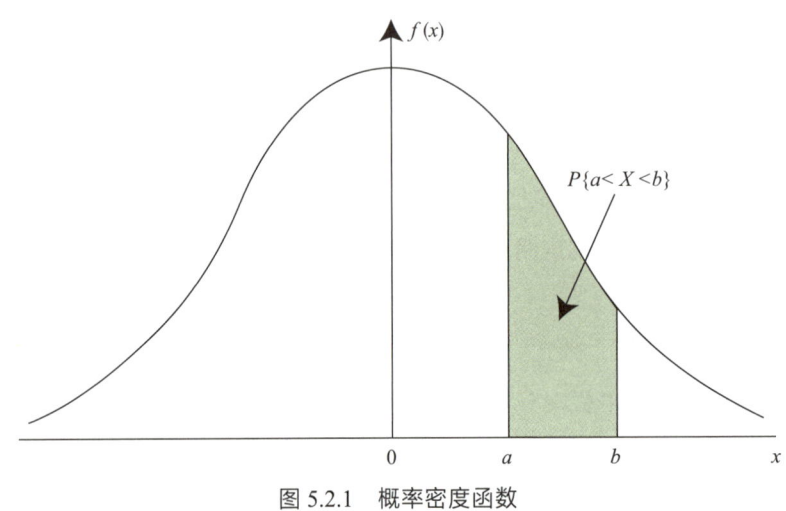

图 5.2.1　概率密度函数

这样，我们就可以引入概率密度函数这一概念。概率密度函数的定义是：如果函数 $f(x)$ 的曲线与 x 轴围成的面积等于 1，则称 $f(x)$ 为连续型随机变量 X 的概率密度函数；而 X 取值于 (a, b) 区间的概率就是由 (a, b) 区间上方 $f(x)$ 曲线、x 轴与 a、b 对应的两条纵线围成的面积（见图 5.2.1）。

不难想到，只要分布曲线不是一条水平直线（均匀分布），X 取不同值时的概率密度就不等；同样宽度的两个不同取值区间对应的概率也可能不等。

就实际应用来说，我们通常关心的正是连续型随机变量取值于某个区间的概率。例如，考试得到 90 分以上的概率 $P\{X \geqslant 90\}$，测量误差小于 1 毫秒的概率 $P\{X < 1\}$，身高在 160~180 厘米的概率 $P\{160 < X < 180\}$，等等。就刚才那名学生而言，虽然他正好考 80 分的概率是很低的（可以求 $P\{79.5 < X < 80\}$），但是他考到 75~85 的概率显然大于考到 90~100 的概率。

总之，间断变量的任一取值都有其概率，连续变量的任一取值只有它对应的概率密度。但是，间断型概率分布在变量的可能取值数目很大的情况下，概率被步步细分，逐渐接近连续型概率分布。需要说明的是，为统一起见，有些统计软件（如 R 软件）将间断变量不同取值的概率也称为"密度"。

5.2.2 正态分布与标准正态分布

5.2.2.1 正态分布

正态分布的概率密度函数为

$$f(x)=\frac{1}{\sqrt{2\pi}\sigma}e^{-\frac{(x-\mu)^2}{2\sigma^2}} \quad (-\infty < x < +\infty) \qquad （公式5.2.1）$$

式中，π 为圆周率；e 为自然对数的底（约为 2.7183）；μ 为随机变量 X 的平均数；σ 为随机变量 X 的标准差；σ^2 为方差。

换言之，如果随机变量 X 的概率密度函数为公式 5.2.1，则称 X 服从正态分布，记作 $X \sim N(\mu, \sigma^2)$。

由公式 5.2.1 可见，μ 和 σ^2 是影响正态分布的概率密度函数形态的参数。每一对 μ 和 σ^2 都能确定一条正态分布密度函数曲线（以下简称"正态分布曲线"）；其中，μ 决定曲线的中心位置，σ^2 或 σ 决定曲线的陡峭程度。图 5.2.2 画出了 3 条正态分布曲线，它们的 μ（80, 80, 100）影响分布的中心位置，σ（8, 15, 15）影响分布曲线的峰度。从图中可以看出正态分布的几个特征：正态分布曲线相对于直线 $X = \mu$ 对称，并在 $X = \mu$ 处达到最大值；在 $X = \mu \pm \sigma$ 处有拐点；当 X 趋于无穷时，曲线以 X 轴为渐近线；曲线的陡峭程度取决于方差（或标准差）的大小。

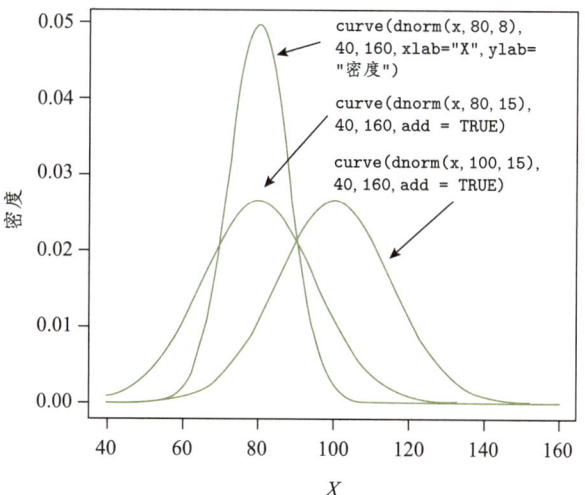

图 5.2.2　不同 μ（80, 80, 100）和 σ（8, 15, 15）的正态分布曲线

注：右上角是绘制三条曲线的 R 代码

5.2.2.2 标准正态分布

特别地，当 $\mu = 0$，$\sigma = 1$ 时，正态分布的概率密度函数为

$$\phi(x) = \frac{1}{\sqrt{2\pi}} e^{-\frac{x^2}{2}} \qquad (公式\ 5.2.2)$$

公式 5.2.2 是标准正态分布的概率密度函数。换言之，如果随机变量 X 的概率密度函数为公式 5.2.2，则称 X 服从**标准正态分布**，记作

$$X \sim N(0, 1^2)$$

当随机变量服从标准正态分布时，我们可以直接利用附录三中的标准正态分布表（统计用表 1）。但是，当随机变量服从正态分布而不服从标准正态分布时，不能直接查表，先要对 X 变量进行转换，使它成为服从标准正态分布的随机变量，然后才能查表。转换的公式是

$$Z = \frac{X - \mu}{\sigma}\ （用于总体）\ 或\ Z = \frac{X - \overline{X}}{S}\ （用于样本） \qquad (公式\ 5.2.3)$$

所以，标准正态分布的概率密度函数也可以表示为

$$f(z) = \frac{1}{\sqrt{2\pi}} e^{-\frac{z^2}{2}}$$

任何形态的正态分布都可以通过公式 5.2.3 转换为标准正态分布。标准正态曲线的特点是：

- 曲线在 $Z = 0$ 处为最高点；
- 曲线以 $Z = 0$ 处为中心，左右对称；
- 曲线从最高点向两侧缓慢下降，以横轴为渐近线；
- 标准正态分布的平均数为 0，标准差为 1；
- 在 $Z = \pm 1$ 处有拐点；
- 从 $Z = -3$ 到 $Z = +3$ 的区间包括的概率几乎达到 1。

5.2.2.3 标准正态分布表

通过标准正态分布表，可以实现 Z 值、面积（概率 P）和概率密度（纵线高度 Y）之间的互查。图 5.2.3 说明，本书标准正态分布表中的 P 表示的是 Z 取值于 $(0, Z_0)$ 区间的概率。附录三统计用表 1 中的 Z 都是正值，对于负值的情况，可以根据正态分布曲线左右对称的原理，通过相同大小的正值查找相应的 Y 值和 P 值。另外，由于是连续变量，每个点对应的概率应该是 0，所以无论 Z 的取值区间是开区间还是闭区间，结果都是相同的。

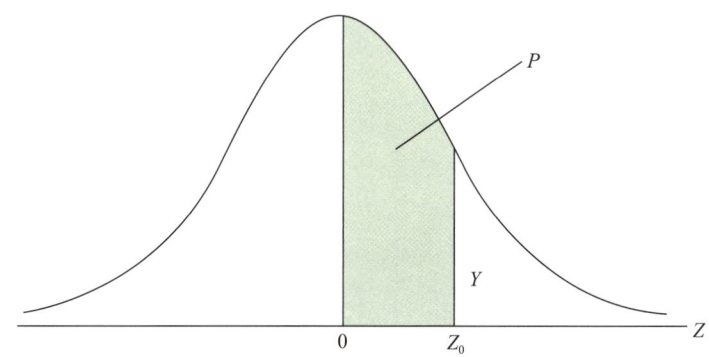

图 5.2.3　本书标准正态分布表中的 Z–Y–P

需要说明的是，同样是标准正态分布表，有的书上的概率 P 表示的不是 Z 取值为 $(0, Z_0)$ 区间的概率，而是 $(-\infty, Z_0)$ 的概率，或者是 $(-Z_0, Z_0)$ 的概率等。查阅时，应留意其中的区别和换算。

【例题 5.2.1】设变量 Z 服从标准正态分布，求以下 P 值。

（1）$P\{0 \leq Z \leq 1\}$　（2）$P\{-1 \leq Z \leq 0\}$　（3）$P\{-1 \leq Z \leq 1\}$　（4）$P\{Z > 0\}$
（5）$P\{Z > 1\}$　　　（6）$P\{|Z| > 1\}$　　（7）$P\{1 < Z < 2\}$　（8）$P\{-2 < Z < 1\}$

解：由于变量 Z 服从标准正态分布，故直接查附录三的统计用表 1。

（1）$P\{0 \leq Z \leq 1\}$ 正是表中概率 P 表示的 Z 取值区间为 (0, 1) 的概率，可以根据 $Z = 1$ 直接查到概率 $P\{0 \leq Z \leq 1\} = 0.34134$。它是图 5.2.4 中的①部分。

（2）$P\{-1 \leq Z \leq 0\}$ 所示的部分正好与 $P\{0 \leq Z \leq 1\}$ 对称，故 $P\{-1 \leq Z \leq 0\} = P\{0 \leq Z \leq 1\} = 0.34134$。它是图 5.2.4 中的②部分。

（3）$P\{-1 \leq Z \leq 1\}$ 所示的正好是 $P\{-1 \leq Z \leq 0\}$ 与 $P\{0 \leq Z \leq 1\}$ 之和，故 $P\{-1 \leq Z \leq 1\} = 0.34134 + 0.34134 = 0.68268$。它是图 5.2.4 中的①与②部分之和。

（4）$P\{Z > 0\}$ 指的是 Z 取值区间为 $(0, +\infty)$ 的概率，显然 $P\{Z > 0\} = 0.5$。它是图 5.2.4 中的①与③部分之和。

（5）$P\{Z > 1\}$ 指的是 Z 取值区间为 $(1, +\infty)$ 的概率。它应该是图 5.2.4 中的③部分。故 $P\{Z > 1\} = 0.5 - P\{0 \leqslant Z \leqslant 1\} = 0.5 - 0.34134 = 0.15866$。根据正态分布曲线左右对称的特点，可以得出 $P\{Z < -1\} = 0.15866$。它是图 5.2.4 中的④部分。

（6）$P\{|Z| > 1\}$ 就是 $P\{Z < -1\} + P\{Z > 1\} = 0.15866 + 0.15866 = 0.31732$。它是图 5.2.4 中的③与④部分之和。

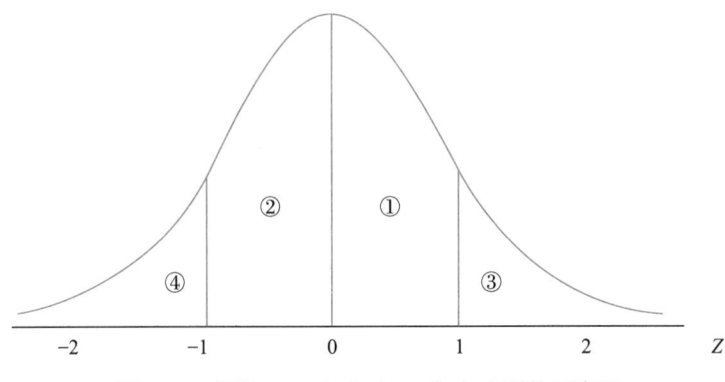

图 5.2.4　例题 5.2.1 中（1）—（6）小题的示意图

（7）$P\{1 < Z < 2\}$ 就是 $P\{0 < Z < 2\} - P\{0 < Z < 1\} = 0.47725 - 0.34134 = 0.13591$，它是图 5.2.5 中的①部分。

（8）$P\{-2 < Z < 1\}$ 就是 $P\{-2 < Z < 0\} + P\{0 < Z < 1\} = 0.47725 + 0.34134 = 0.81859$，它是图 5.2.5 中的②部分。

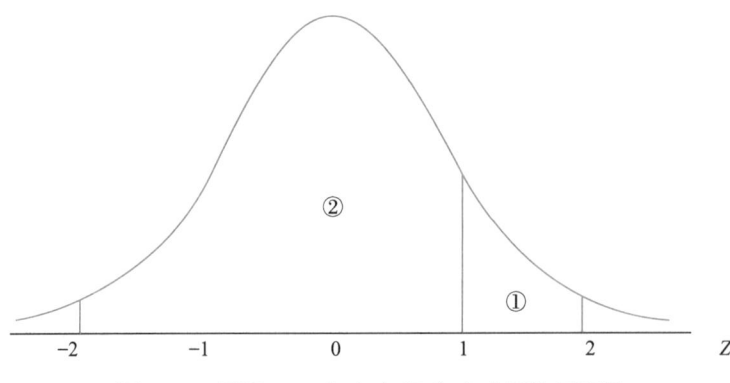

图 5.2.5　例题 5.2.1 中（7）和（8）小题的示意图

【例题 5.2.2】设随机变量 X 服从平均数为 10，标准差为 2 的正态分布，求以下 P 值。

（1）$P\{10 \leq X \leq 12\}$　　　　（2）$P\{9 \leq X \leq 10\}$　　　　（3）$P\{9 \leq X \leq 11\}$
（4）$P\{X > 14\}$　　　　　　（5）$P\{11 < X < 12.5\}$　　（6）$P\{X < 4\}$

解：已知 $X \sim N(10, 2^2)$，这不是一个标准正态分布，必须先用公式 $Z = (X - \mu)/\sigma$ 将它转换成标准正态分布，然后才能查统计用表 1。

因为 $\mu = 10$，$\sigma = 2$，所以当 $X = 10$ 时，$Z_1 = (X - \mu)/\sigma = (10 - 10)/2 = 0$

当 $X = 12$ 时，$Z_2 = (X - \mu)/\sigma = (12 - 10)/2 = 1$

当 $X = 9$ 时，$Z_3 = (X - \mu)/\sigma = (9 - 10)/2 = -0.5$

其余类推，得出 $X = 11, 14, 12.5, 4$ 时，Z 值分别为 $0.5, 2, 1.25, -3$。

这样得出的新变量 $Z \sim N(0, 1^2)$，可以查标准正态分布表。

（1）$P\{10 \leq X \leq 12\} = P\{0 \leq Z \leq 1\} = 0.34134$

（2）$P\{9 \leq X \leq 10\} = P\{-0.5 \leq Z \leq 0\} = 0.19146$

（3）$P\{9 \leq X \leq 11\} = P\{-0.5 \leq Z \leq 0.5\} = 0.19146 \times 2 = 0.38292$

（4）$P\{X > 14\} = P\{Z > 2\} = 0.5 - 0.47725 = 0.02275$

（5）$P\{11 < X < 12.5\} = P\{0.5 < Z < 1.25\} = P\{0 < Z < 1.25\} - P\{0 < Z < 0.5\} = 0.39435 - 0.19146 = 0.20289$

（6）$P\{X < 4\} = P\{Z < -3\} = 0.5 - 0.49865 = 0.00135$

反过来，根据概率 P 值也可以查到相应的 Z 值。

【例题 5.2.3】设随机变量 Z 服从标准正态分布，求以下 Z_0 值。

（1）$P\{0 \leq Z \leq Z_0\} = 0.30$　（2）$P\{Z_0 \leq Z \leq 0\} = 0.40$　（3）$P\{-1 \leq Z \leq Z_0\} = 0.68268$
（4）$P\{Z > Z_0\} = 0.025$　　　（5）$P\{Z > Z_0\} = 0.005$　　　（6）$P\{|Z| < Z_0\} = 0.95$
（7）$P\{1 < Z < Z_0\} = 0.1$　　（8）$P\{Z_0 < Z < 1\} = 0.5$

解：

（1）$P\{0 \leq Z \leq Z_0\} = 0.30$，属于 $Z = 0$ 到 $Z = Z_0$ 这个区间的概率，可以直接从附录三的统计用表 1 中查 P 值，由于表中只有最接近 0.30 的 0.2995，故 $Z_0 \approx 0.84$。当然，除了查找最接近的值以外，还可以用直线内插法计算 Z_0。

（2）$P\{Z_0 \leq Z \leq 0\} = 0.40$，属于 $Z = Z_0$ 到 $Z = 0$ 这个区间的概率，可以直接从附录三的统计用表 1 中查 P 值，但是所得的 Z 值应取负值。故 $Z_0 = -1.28$。

（3）$P\{-1 \leq Z \leq Z_0\} = 0.68268$，$Z_0$ 可能大于 0，或等于 0，也可能小于 0。

由于 $P = 0.68268 > 0.5$，故 $Z_0 > 0$，$P\{-1 \leq Z \leq Z_0\}$ 应该是 $P\{-1 \leq Z \leq 0\}$ 与 $P\{0 \leq Z \leq Z_0\}$ 之和。而 $P\{-1 \leq Z \leq 0\} = 0.34134$，故 $P\{0 \leq Z \leq Z_0\} = 0.68268 - 0.34134 = 0.34134$。显然，$Z_0 = 1$。

（4）$P\{Z > Z_0\} = 0.025$，属于 $Z = Z_0$ 以上的面积，故 $P\{0 \leq Z \leq Z_0\} = 0.5 - 0.025 = 0.475$。查附录三的统计用表1，得 $Z_0 = 1.96$。

（5）$P\{Z > Z_0\} = 0.005$，原理同（4），$Z_0 = 2.58$。

（6）$P\{|Z| < Z_0\} = P\{0 \leq Z \leq Z_0\} + P\{-Z_0 \leq Z \leq 0\} = 0.95$，故 $P\{0 \leq Z \leq Z_0\} = 0.95/2 = 0.475$。查附录三的统计用表1，得 $Z_0 = 1.96$。

（7）$P\{1 < Z < Z_0\} = P\{0 < Z < Z_0\} - P\{0 < Z < 1\} = 0.1$，故 $P\{0 < Z < Z_0\} = 0.34134 + 0.1 = 0.44134$，查表得 $Z_0 = 1.57$。

（8）$P\{Z_0 < Z < 1\} = 0.5$，由于 $P = 0.5$，故 $Z_0 < 0$。$P\{Z_0 < Z < 1\} = P\{0 < Z < 1\} + P\{Z_0 < Z < 0\} = 0.34134 + P\{Z_0 < Z < 0\} = 0.5$，$P\{Z_0 < Z < 0\} = 0.5 - 0.34134 = 0.15866$。相应的 $Z_0 = -0.41$。

【例题 5.2.4】设有一条纵线将标准正态分布曲线下的面积分割成 p 和 q（$q = 1 - p$）两部分，$p = 0.6$，$q = 0.4$。问：该纵线高度 Y 是多少？

解：根据题意，该纵线左右的面积可以分别是 0.4 和 0.6，也可以分别是 0.6 和 0.4，如图 5.2.6 所示，显然，由于正态分布的对称性，两条纵线的高度 Y 相等。

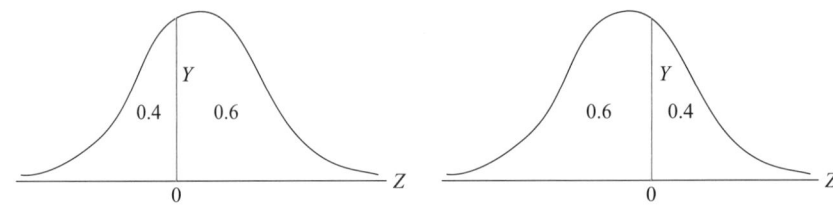

图 5.2.6　例题 5.2.4 的示意图（一）

但是，由于附录三的统计用表1中的概率 P 指的是 $P\{0 \leq Z \leq Z_0\}$，本题中的概率 0.4 或 0.6 均应做相应转换。以纵线左右的面积分别是 0.6 和 0.4 为例，可知 $P\{0 \leq Z \leq Z_0\} = 0.10$，如图 5.2.7 所示。

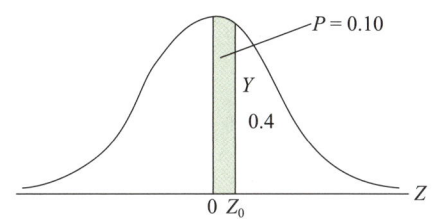

图 5.2.7 例题 5.2.4 的示意图（二）

从附录三的统计用表 1 中可以查到最接近 $P = 0.10$（$P = 0.09871$）的纵线高度 Y 为 0.38667，它相应的 $Z_0 = 0.25$。

> **回顾**：概率密度函数　正态分布　标准正态分布　正态分布的特点
> **练习与思考**：完成习题 5.4—5.5

5.2.2.4　标准分数

在心理测验和教育考试中，原始分数尚不能反映个体在整个群体中的地位。例如，本章导读问题二提到，某参试者在智力测验中得到的原始分数为 85 分，但是这个原始分数并不能说明其智力的高低，还要与平均分做比较。因此可以说，原始分数传递的信息量是最少的。

要了解个体在群体中的地位，应将原始分数转换成标准分数。前面说到的服从标准正态分布的 Z 值，被称为标准分数。标准分数的正负和大小就可以体现参试者在群体中的地位。以智力测验为例：

- 如果 $Z = 0$，说明参试者的成绩正好位于平均分处，智力水平中等，智力水平比他低的人数比率（概率）应该有 0.5，其百分等级（百分位）为 50；
- 如果 $Z = 1$，说明得分较高，且高于平均分 1 个标准差，智力水平比他低的人数比率（概率）应该有 $0.5 + 0.34134 = 0.84134$，其百分等级为 84.134；
- 如果 $Z = 2$，说明得分高于平均分 2 个标准差，智力水平比他低的人数比率（概率）应该有 $0.5 + 0.47725 = 0.97725$，其百分等级为 97.725；
- 如果 $Z = -1$，说明得分低于平均分 1 个标准差，智力水平比他低的人数比率（概率）应该有 $0.5 - 0.34134 = 0.15866$，其百分等级为 15.866；
- 如果 $Z = -2$，说明得分低于平均分 2 个标准差，智力水平比他低的人数比率（概率）应该有 $0.5 - 0.47725 = 0.02275$，其百分等级为 2.275。

一般来说，规范的心理学测验或教育测验都有将原始分数转换为标准分数或百分等级的公式或转换表。

本章导读问题二中的参试者的原始分数为85分，他所在群体的平均分为75分，标准差为10，因此其标准分 $Z = (85 - 75)/10 = 1$。这说明其百分等级略高于84，查标准正态分布表可知，该参试者的智力水平高于其他84%的人。但是这名参试者算不算智力超常呢？这就要与智力超常的标准进行比较了。一般来说，智力测验将超常的标准定在得分高于平均数2个标准差（标准分 $Z \geq 2$）。该参试者未达到智力超常的标准。

务必牢记，运用标准分数的前提是原始分数服从正态分布。否则，根据 Z 值查表求概率就失去意义了。

标准分数不仅可以提供关于个体在群体中的地位的信息，还可以更科学地计算多个分数的总分。学校在计算学生各科考试的总分时，一般都是将各科原始分数直接相加。严格地说，这种方法是错误的。这是因为，各科试卷的难度不一，数学的1分往往不等于语文的1分，所以它们之间不能直接相加求总分。

标准分数的单位是绝对等价的，可以相加。所以，可以将原始分数转换为标准分数，再计算总分，它的正负和大小就可以反映考生在全体考生中所处的地位。

【例题5.2.5】已知某班在期末考试中的数学、语文和外语的平均分和标准差分别为数学：80，10；语文：75，5；外语：85，8。现有两位学生的各科成绩。甲生：数学85，语文75，外语77；乙生：数学70，语文90，外语75。问：哪一位学生的总成绩更高？

解：考试成绩服从正态分布，故可以将两位考生的成绩转换为标准分数。

甲生：

数学——85，$Z = (85 - 80)/10 = 0.5$

语文——75，$Z = (75 - 75)/5 = 0$

外语——77，$Z = (77 - 85)/8 = -1$

甲生原始分数总分为 $85 + 75 + 77 = 237$；标准分数总分为 $0.5 + 0 + (-1) = -0.5$。

乙生：

数学——70，$Z = (70 - 80)/10 = -1$

语文——90，$Z = (90 - 75)/5 = 3$

外语——75，$Z = (75 - 85)/8 = -1.25$

乙生原始分数总分为 $70 + 90 + 75 = 235$；标准分数总分为 $(-1) + 3 + (-1.25) = 0.75$。

从上例可见，甲生的原始分数比乙生高，可是他的标准分数比乙生低。

> **回顾**：标准分数
> **练习与思考**：完成习题 5.6—5.7

不过，Z 值往往带有小数，而且有负值，看着不习惯，用着也不方便。所以常常将它进一步转换成 T 分数，转换公式为

$$T = K \times Z + C \qquad \text{（公式 5.2.4）}$$

这是一种线性转换，转换后得到的 T 分数仍保持了 Z 分数的特征：各科标准分数的单位是绝对等价的。为了进行合理的转换，还要求 K 值应大于（至少等于）原始分数的标准差，C 值应大于或等于 3 倍 K 值（在普通考试中）或 4 倍 K 值（在大规模考试中）。

T 分数仍然服从正态分布，且其平均数为 C，标准差为 K，即 $T \sim N(C, K^2)$。

智商也是一种 T 分数，转换公式多为 $T = 15 \times Z + 100$。这就意味着平均智商为 100，标准差为 15。正常人的智商是 $100 \pm 2 \times 15$，即 70～130 分（约占总人口 95% 以上）；130 分以上为超常，70 分以下为低常（两者均不超过 2.5%）。

利用正态分布，还可以确定录取分数线。

【例题 5.2.6】 某次选拔性考试成绩服从正态分布 $X \sim N(300, 20^2)$。录取率为 10%。问：录取分数线是多少？

解：考试成绩服从正态分布，由于考试仅录取前 10% 的考生，录取分数线对应的 Z 分数可以查表获得。根据标准正态分布表，$P\{0 \leq Z \leq Z_0\} = 0.5 - 0.1 = 0.4$，对应的 Z_0 为 1.28，故录取分数 $X = \mu + \sigma \times Z_0 = 300 + 20 \times 1.28 = 325.6$。

在心理测量和教育考试中，正态分布还有许多其他用途，例如，确定等级评定的人数，对品质评定加以数量化处理等。

> **回顾**：标准分数的应用
> **练习与思考**：完成习题 5.8—5.9

5.3 其他常用分布

5.3.1 t 分布

t 分布是戈塞特（Gosset）于 1908 年提出来的。由于当时他用了笔名"学生（Student）"，所以 t 分布又被称为"学生分布"。t 分布主要用于解决小样本问题，堪称现代小样本统计理论的开端。

5.3.1.1 t 分布的概率密度函数

与正态分布一样，t 分布也是一种连续型分布，其密度函数为

$$f(t)=\frac{\Gamma\left(\frac{n+1}{2}\right)}{\sqrt{n\pi}\Gamma\left(\frac{n}{2}\right)}\left(1+\frac{t^2}{n}\right)^{-\frac{n+1}{2}} \qquad (公式 5.3.1)$$

式中，$-\infty < t < +\infty$；n 为自由度（也记作 df）。

t 分布的数学期望和方差分别为

$$E(t) = 0 \qquad (公式 5.3.2)$$

$$D(t) = n/(n-2) \qquad (公式 5.3.3)$$

注意：在以上公式中，$n > 2$。

t 分布与正态分布有很多相似之处，主要表现在以下方面。

- t 分布和正态分布基线上的取值 t 值（或 Z 值）都是 $-\infty \sim +\infty$。
- 以平均数 0 为中心，左侧 t 值（或 Z 值）为负，右侧 t 值（或 Z 值）为正。
- 曲线以平均数处为最高点，并向两侧逐渐下降，尾部无限延伸，永不与基线相接，呈单峰对称形。

t 分布与正态分布的区别之处在于：t 分布的形态随自由度 n 的变化呈一簇分布形态，不同自由度的 t 分布的形态不同（见图 5.3.1）。当 $n < 30$ 时，t 分布的分散程度比标准正态分布大，密度函数曲线比较平缓；随着自由度的逐渐增大，t 分布逐渐接近标准正态分布；当 $n \geq 30$ 时，t 分布的密度函数曲线与标准正态分布的密度函数曲线几乎重合，故正态分布是 t 分布的极限形式。

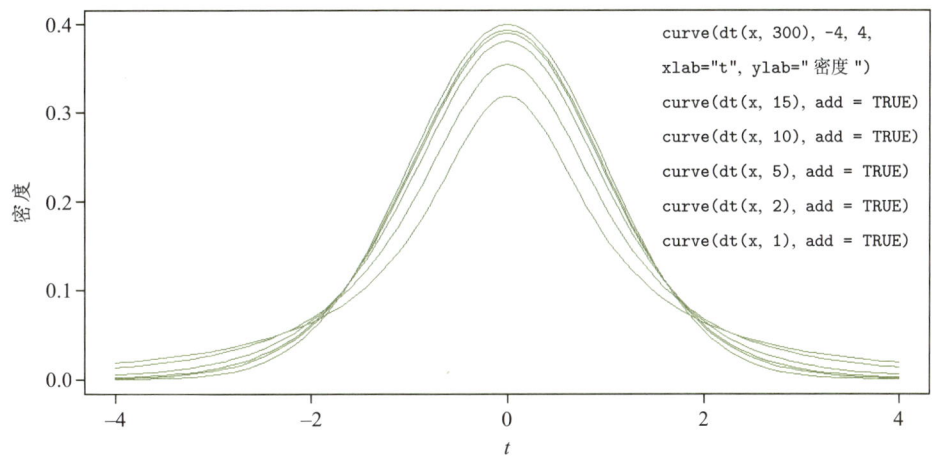

图 5.3.1 不同自由度的 t 分布曲线

注：右上角是绘制曲线的 R 代码，自由度由上到下分别是 300, 15, 10, 5, 2, 1

t 分布的最简单应用是描述正态分布总体情况下的样本平均数的抽样分布：设 $(X_1, X_2, \cdots, X_n)$ 是抽自正态分布总体的一个容量为 n 的简单随机样本，则有

$$t = \frac{\bar{X} - \mu}{S/\sqrt{n}} \sim t_{n-1}$$
（公式 5.3.4）

即随机变量 t 服从自由度为 $n-1$ 的 t 分布。

5.3.1.2 自由度

自由度是指总体参数估计量中变量值独立自由变化的个数，或独立的随机变量的个数。在行文中，为了与样本容量 n 相区别，一般将自由度记为 df。

例如，在运用公式 5.3.4 时，自由度为 $n-1$。自由度是这样产生的：当用样本统计量 S^2 估计总体参数 σ^2 时，估计量 S^2 的计算公式是

$$S^2 = \frac{\sum_{i=1}^{n}(X_i - \bar{X})^2}{n-1}$$

其中的 n 个离差 $(X_i - \bar{X})$ 中只有 $n-1$ 个可以独立变化，而第 n 个离差 $(X_n - \bar{X})$ 在其他离差已经确定的前提下不能独立变化，因为它与其他离差之和必须为零。这样，当用样本统计量 S^2 估计总体参数 σ^2 时，总有一个变量值 X_i 不能独立变化，故自由度 $df = n-1$。可见，自由度等于样本容量减去限制因素的个数。自由度的另一种判断方法是看估计量中运用了几个样本统计量，因为每一个样本统计量都构成一个限制因素。

5.3.1.3 t 分布表

在自由度 df 不同的情况下，t 值与概率 P 之间的数值关系可以查 t 分布表（附录三的统计用表 2）。与标准正态分布表不同，查 t 分布表时要考虑自由度。限于篇幅，本书只列出了几个常用的概率（0.25, 0.10, 0.05, 0.025, 0.01, 0.005, 0.0025, 0.001, 0.0005），而且这里的概率指的都是对应的 t 值以上的面积（见图 5.3.2）。t 分布表中的 t 值全部为正；如果是负数，可以根据 t 分布左右对称的特性解题。

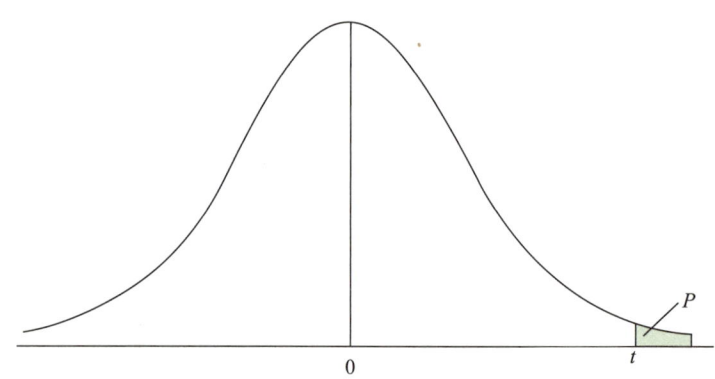

图 5.3.2　t 分布表中的概率 P

【例题 5.3.1】设变量 t 服从 t 分布，求以下 P 值。

（1）$P\{t \geq 4.297\}$ (df = 9)　　　（2）$P\{t \geq 2.571\}$ (df = 5)

（3）$P\{0 \leq t \leq 1.356\}$ (df = 12)　　（4）$P\{t < -1.708\}$ (df = 25)

（5）$P\{t \geq 1.962\}$ (df = 1000)

解：由于变量 t 服从 t 分布，故查附录三的统计用表 2。

（1）先找到 df = 9 这一行，然后在 P = 0.001 下找到 4.297，这说明 $P\{t \geq 4.297\} = 0.001$。

（2）先找到 df = 5 这一行，然后在 P = 0.025 下找到 2.571，这说明 $P\{t \geq 2.571\} = 0.025$。

（3）先找到 df = 12 这一行，然后在 P = 0.10 下找到 1.356，这说明 $P\{t \geq 1.356\} = 0.10$，故 $P\{0 \leq t \leq 1.356\} = 0.50 - 0.10 = 0.40$。

（4）先找到 df = 25 这一行，然后在 P = 0.05 下找到 1.708，这说明 $P\{t > 1.708\} = 0.05$，故 $P\{t < -1.708\} = P\{t > 1.708\} = 0.05$。

（5）先找到 df = 1000 这一行，然后在 P = 0.025 下找到 1.962，这说明 $P\{t >$

1.962} = 0.025。这说明，随着自由度的增加，t 分布逐渐接近标准正态分布，因为 $P\{Z > 1.96\} = 0.025$。

> **回顾**：t 分布
>
> **练习与思考**：完成习题 5.10

5.3.2 χ^2 分布

χ^2 分布是皮尔逊于 1900 年提出的。χ^2 分布是在标准正态分布的基础上，将 Z 取平方并求和后构建出来的分布。

设服从标准正态分布的随机变量 $Z_1, Z_2, \cdots, Z_n$ 相互独立，则称随机变量

$$\chi^2 = Z_1^2 + Z_2^2 + \cdots + Z_n^2 = \sum_{i=1}^{n} Z_i^2 \qquad （公式 5.3.5）$$

为服从自由度为 n 的 χ^2 分布，记作 $\chi^2 \sim \chi_n^2$。

χ^2 分布的概率密度函数是

$$f(x) = \begin{cases} \dfrac{1}{2^{\frac{n}{2}} \Gamma\left(\frac{n}{2}\right)} e^{-\frac{x}{2}} x^{\frac{n}{2}-1} & x > 0 \\ 0 & x \leq 0 \end{cases} \qquad （公式 5.3.6）$$

χ^2 分布只有一个参数，即自由度 n。显然，当自由度为 1 时，χ^2 分布其实就是 Z^2 的分布。图 5.3.3 给出了当 n 分别为 1, 4, 10, 20 时，χ^2 分布的概率密度函数曲线，它们的最高点依次降低。

从图 5.3.3 可以看出 χ^2 分布有以下特点。

- χ^2 值总是大于或等于零。
- χ^2 分布的概率密度函数随自由度的变化而形成一簇分布形态。
- χ^2 分布呈正偏态，右侧无限延伸，永不与基线相交；自由度 n 越大，χ^2 分布形态越趋于对称；当 $n \to \infty$ 时，χ^2 分布以正态分布为其极限分布形式，即

$$\chi^2 \to N(n, 2n) \qquad （公式 5.3.7）$$

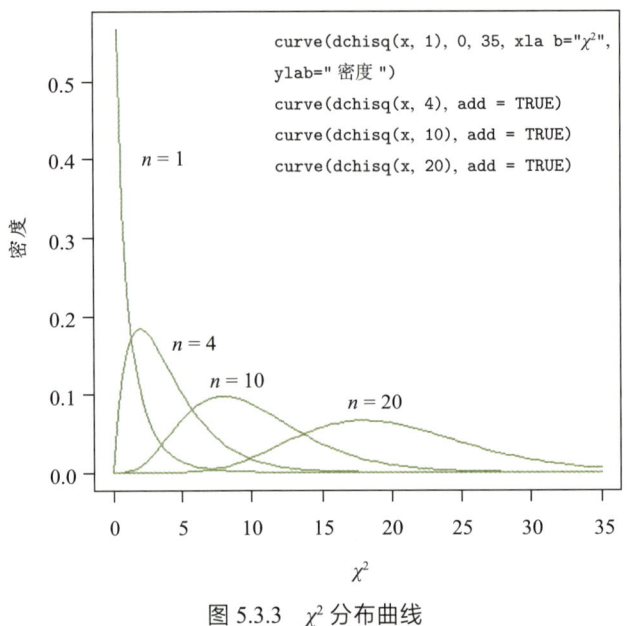

图 5.3.3 χ^2 分布曲线

注：右上角是绘制曲线的 R 代码

χ^2 分布还有以下特性。

- χ^2 分布的数学期望为 n，方差为 $2n$。
- χ^2 分布具有可加性：若 $X_1 \sim \chi^2_{n_1}$，$X_2 \sim \chi^2_{n_2}$，且 X_1 与 X_2 相互独立，则

$$(X_1 + X_2) \sim \chi^2_{n_1+n_2} \qquad （公式 5.3.8）$$

为了与样本容量 n 相区别，后文中的自由度记作 df。

在不同自由度的情况下，χ^2 值与概率 P 之间的数值关系可以查 χ^2 分布表（附录三的统计用表 3）。

> **回顾**：χ^2 分布
> **练习与思考**：完成习题 5.11

5.3.3　F 分布

F 分布是由统计学家费希尔（Fisher）提出的一个重要分布，常用于检验两个总体的方差是否相等，在总体平均数之差的假设检验、方差分析、回归分析和实验设计中，都

有重要的应用。

我们已经知道，χ^2 分布是在标准正态分布的基础上构建的，而这里的 F 分布是在 χ^2 分布的基础上构建的，它是两个相互独立的 χ^2 分布随机变量之比的分布。

设随机变量 $X_1 \sim \chi^2_{n_1}$ 和 $X_2 \sim \chi^2_{n_2}$，且 X_1 与 X_2 相互独立，则称随机变量 $F = \dfrac{X_1/n_1}{X_2/n_2}$ 所服从的分布为 F 分布，记为

$$F = \frac{X_1/n_1}{X_2/n_2} \sim F_{(n_1, n_2)} \qquad \text{（公式 5.3.9）}$$

F 分布的密度函数为

$$f(x) = \begin{cases} \dfrac{\Gamma[(n_1+n_2)/2]}{\Gamma(n_1/2)\Gamma(n_2/2)}\left(\dfrac{n_1}{n_2}\right)\left(\dfrac{n_1}{n_2}x\right)^{\frac{n_1}{2}-1}\left(1+\dfrac{n_1}{n_2}x\right)^{-\frac{n_1+n_2}{2}} & (x \geqslant 0) \\ 0 & (x < 0) \end{cases} \qquad \text{（公式 5.3.10）}$$

公式 5.3.9 和公式 5.3.10 中的 (n_1, n_2) 为 F 分布的自由度，后文一般记作 (df_1, df_2)。

F 分布的密度函数曲线图见图 5.3.4。F 分布有两个参数（自由度）：df_1 和 df_2。每一对 df_1 和 df_2 决定一个 F 分布。图 5.3.4 中的 5 条曲线的自由度分别是 (5, 2), (20, 2), (20, 10),

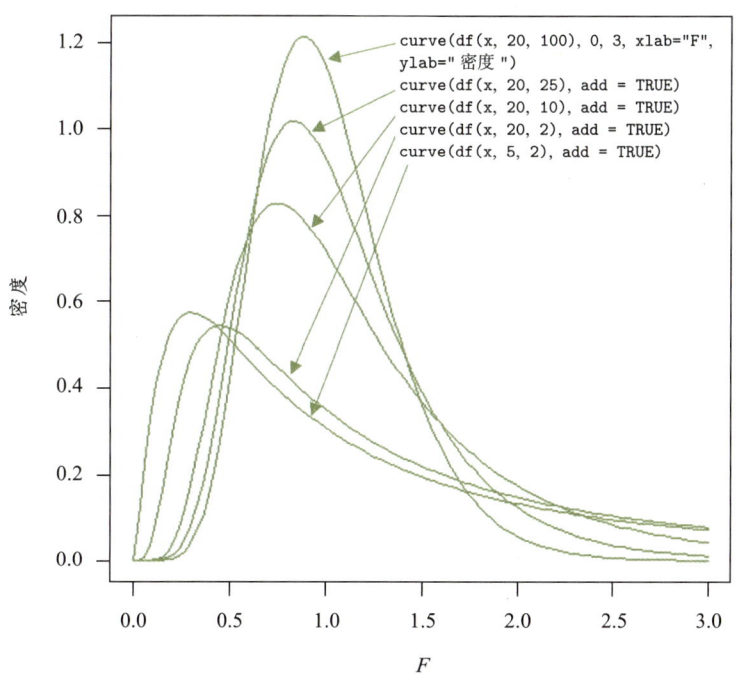

图 5.3.4　F 分布曲线

注：右上角是绘制曲线的 R 代码

(20, 25), (20,100)。当 $df_1 \leq 2$ 时，F 分布密度函数曲线形似 J 曲线；当 $df_1 > 2$ 时，F 分布为正偏态分布，且随着 df_1 和 df_2 增大，曲线偏斜的程度逐渐减缓，但是不以正态分布为极限形式。

F 值与概率 P 之间的数值关系可以查 F 分布表（附录三的统计用表 4）。

一般的 F 分布表给出的概率 P 指的是由 F 值开始直到无穷大的那一部分曲线下包括的概率，即图 5.3.5 中曲线下的阴影部分。因此，在查附录三的 F 分布表时，只能直接查到 $P \leq 0.05$ 时的 F 分布临界值。当 P 接近 1 时，临界值位于靠近 0 处，要根据 F 分布的倒数性质求出。F 分布的倒数性质是

$$\frac{1}{F_{p, n_1, n_2}} = F_{1-p, n_2, n_1} \qquad (公式 5.3.11)$$

也就是说，要查 $P = 0.95$，自由度为 (3, 5) 对应的 F 值，可以先查到 $P = 0.05$，自由度为 (5, 3) 对应的 F 值，再取其倒数。可见 F 分布中的两个自由度的位置不能随意调换。通常，我们把前面的自由度称为第一自由度或分子自由度，把后面的自由度称为第二自由度或分母自由度。

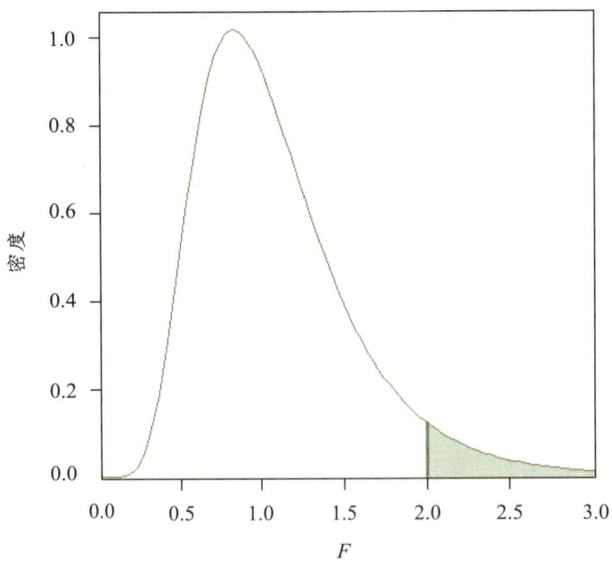

图 5.3.5　F 分布表中的概率（阴影部分）

回顾：F 分布
练习与思考：完成习题 5.12

5.3.4 泊松分布和指数分布*

泊松分布和指数分布在心理学领域偶尔会用到，这里仅进行简单的介绍。

5.3.4.1 泊松分布

在 n 比较大的情况下，计算二项分布的概率相当麻烦。这时，我们需要寻找一个近似又简便的算法。泊松分布最初就是 1837 年由法国数学家西莫恩·德尼·泊松（Siméon Denis Poisson，1781—1840）作为二项分布的近似形式提出来的。

如果随机变量 X 的概率分布为

$$P\{X=x\}=\frac{\lambda^x}{x!}e^{-\lambda} \quad (x=0,1,2,\cdots;\lambda>0) \quad \text{（公式 5.3.12）}$$

则称随机变量 X 服从参数为 λ 的泊松分布。

一种随机现象可以在一个空间或时间过程中重复地出现。公式 5.3.12 中的 x 表示某一随机事件在某一空间或时间范围内发生的次数。e 为常数，其近似值为 2.7183。参数 λ 表示随机事件在单位空间或时间间隔内平均发生的次数。

例如，假设某种精神疾病的发生率为 $p=0.00015$，每次取 10 000 人，其中患者的人数 x 可能是 0 人、1 人、2 人、3 人……但是无数次抽取后的平均人数为 $\lambda=np=1.5$。在这 10 000 人中，患者数（x 可以是 0, 1, 2, 3, $\cdots$）就是随机事件发生的次数。

泊松分布的平均数与方差均为 λ。随着 λ 的增大，泊松分布接近正态分布。

在经验上，当 $p\leqslant 0.25$，$n>20$，$np\leqslant 5$ 时，用泊松分布近似计算效果比较理想。

【例题 5.3.2】假设某种精神疾病的发生率为 $p=0.00015$，每次取 10 000 人。问：其中抽到 0 个、1 个、2 个和 3 个患者的概率分别是多少？

解：已知 $p=0.00015$，$n=10\,000$，$X\sim b(n,p)$，故 $\lambda=np=1.5$。

根据泊松分布是二项分布的极限形式这一原理，当 $n\to\infty$ 时，

$$b(n,p)\to\frac{\lambda^x}{x!}e^{-\lambda}$$

将 $x=0,1,2,3$ 分别代入上式，得到这四种情况的概率分别是 0.2231, 0.3347, 0.2510, 0.1255。

泊松分布不仅可作为二项分布的极限形式，还可应用于社会生活中的许多领域。例

如，一本书中的印刷错误数、交通事故发生的次数、对某种服务的需求数等，都服从或近似服从泊松分布。

5.3.4.2 指数分布

若随机变量 t 的概率密度函数为

$$f(t) = \begin{cases} \lambda e^{-\lambda t} & (t \geq 0, \lambda > 0) \\ 0 & (t < 0) \end{cases} \quad \text{（公式 5.3.13）}$$

则称 t 服从参数为 λ 的指数分布。

指数分布的平均数 $\mu = 1/\lambda$，方差 $\sigma^2 = 1/\lambda^2$。

指数分布与泊松分布有密切关系。泊松分布可用来研究某一个时间段内随机事件 A 出现的次数，而指数分布则用来研究随机事件 A 两次出现之间的时间间隔 t 对应的概率（例如，在前一次事件 A 发生后的第 15—60 天，事件 A 再次发生的概率）。两个分布中的 λ 都表示随机事件 A 在单位时间内出现的平均次数或发生率（例如，平均每 20 天发生一次）。

知识导图

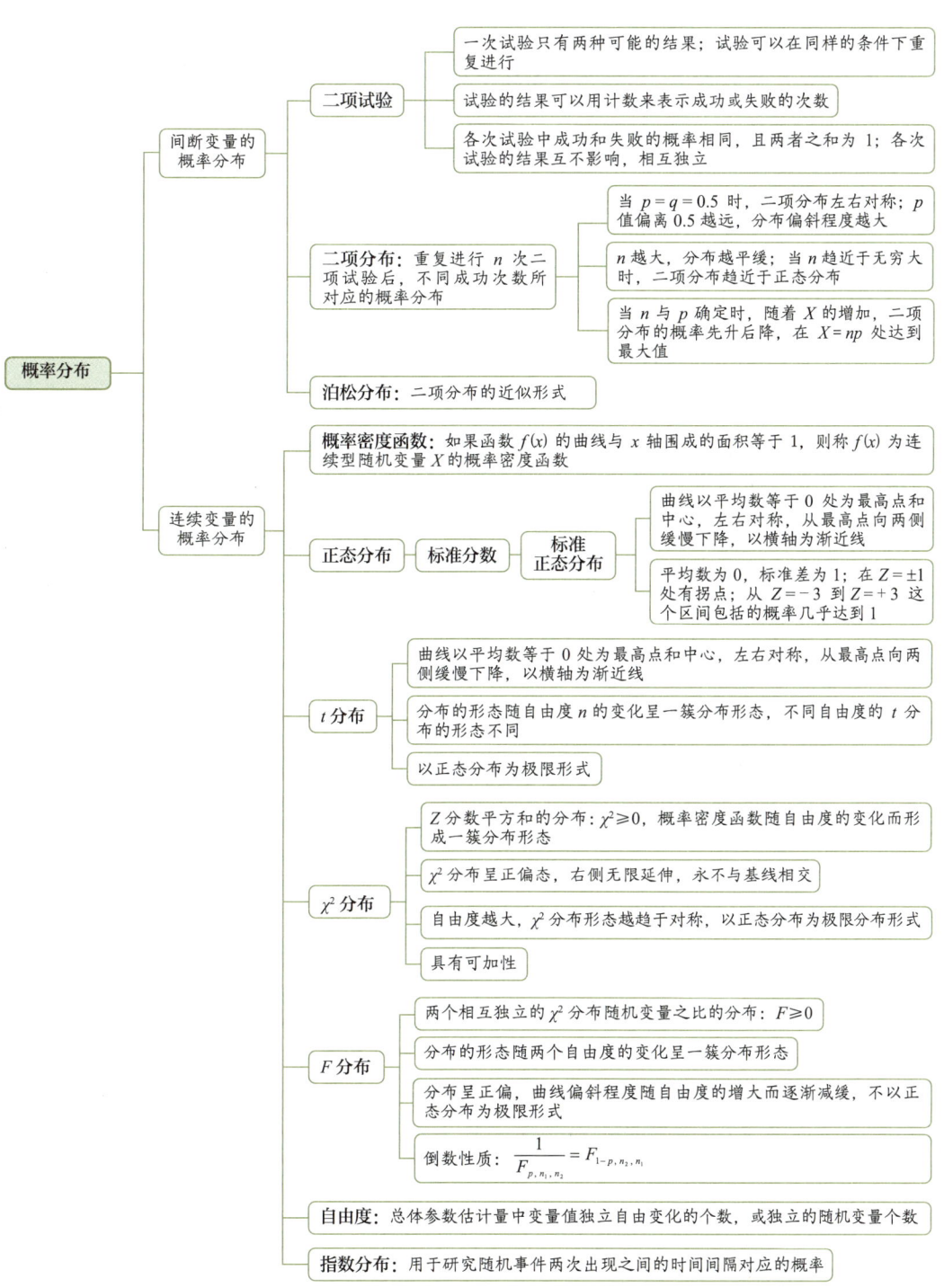

数据实验

目的

考察虚拟生成的服从标准正态分布的 Z 分数的平方和的分布,加深理解 χ^2 分布与标准正态分布的关系——前者是在后者的基础上构建的。

方法

利用 SPSS 生成分别服从不同参数的正态分布的随机变量 X_1, X_2, X_3,将它们转换为标准正态分布的变量 Z_1, Z_2, Z_3。然后求每个个体 Z_1 的平方和以及 Z_1, Z_2, Z_3 的平方总和,考察这两种平方和(χ^2 值,自由度分别为 1 和 3)的分布特征。

步骤 1

生成分别服从不同参数的正态分布的随机变量 X_1, X_2, X_3,其平均数和标准差可以随意设定。作者的设定是 (80, 10), (90, 9), (100, 15),并对软件给出的随机数取整数。打开在第 1 章 "数据实验" 中建立(或下载)的数据文件 "01-虚拟总体.sav",点击菜单 File(文件)→ New(新建)→ Syntax(句法),在打开的句法窗口中输入以下代码并执行,可以完成本步骤。

```
COMPUTE X1=RND(RV.NORMAL(80,10)).
EXECUTE.
COMPUTE X2=RND(RV.NORMAL(90,9)).
EXECUTE.
COMPUTE X3=RND(RV.NORMAL(100,15)).
EXECUTE.
```

步骤 2

对 X_1, X_2, X_3 做简单的描述统计,同时将它们转换为 Z 分数。执行以下代码后,可以看到数据表中出现了 3 个新变量 ZX_1, ZX_2, ZX_3。

```
DESCRIPTIVES VARIABLES=X1 X2 X3
  /SAVE
```

```
/STATISTICS=MEAN STDDEV.
```

步骤 3

绘制 X_1, X_2, X_3 的次数分布直方图（叠加正态分布曲线）。代码为：

```
FREQUENCIES VARIABLES=X1 X2 X3
 /FORMAT=NOTABLE
 /HISTOGRAM NORMAL
 /ORDER=ANALYSIS.
```

步骤 4

计算每个个体 ZX_1, ZX_2, ZX_3 的平方，即 Z^2。执行以下代码后，可以看到数据表中出现了 3 个新变量 ZZ_1, ZZ_2, ZZ_3。

```
COMPUTE ZZ1=ZX1 * ZX1.
EXECUTE.
COMPUTE ZZ2=ZX2 * ZX2.
EXECUTE.
COMPUTE ZZ3=ZX3 * ZX3.
EXECUTE.
```

步骤 5

计算每个个体的 3 个 Z 分数的平方（ZZ_1, ZZ_2, ZZ_3）之和，得到新变量 $SUMZZ$。

```
COMPUTE SUMZZ=ZZ1 + ZZ2 + ZZ3.
EXECUTE.
```

步骤 6

绘制 ZZ_1 和 $SUMZZ$ 的次数分布直方图（其中不再叠加正态分布曲线）。代码为：

```
FREQUENCIES VARIABLES=ZZ1 SUMZZ
```

```
/FORMAT=NOTABLE
/HISTOGRAM
/ORDER=ANALYSIS.
```

结果

根据作者得到的数据，X_1, X_2, X_3 的描述统计结果（平均数和标准差）分别是 X_1：(80.16, 9.623)；X_2：(90.44, 9.010)；X_3：(100.23, 15.170)。

X_1, X_2, X_3 的次数分布直方图（叠加正态分布曲线）如图 5.A、图 5.B 和图 5.C 所示。

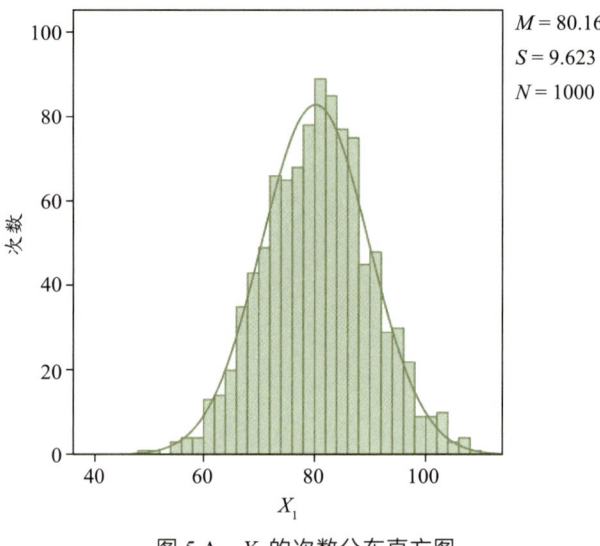

图 5.A　X_1 的次数分布直方图

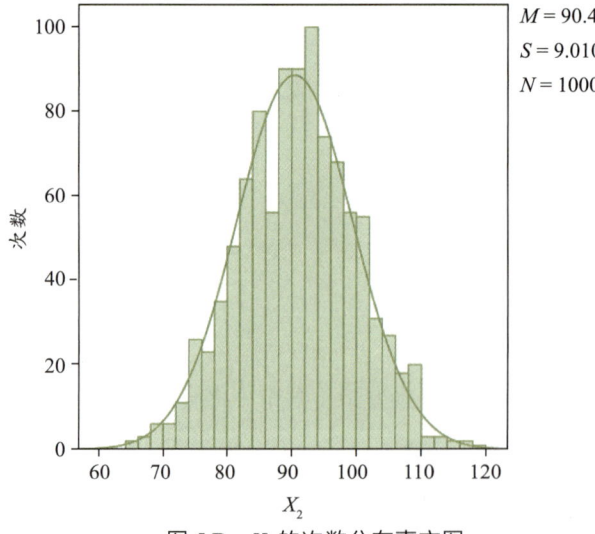

图 5.B　X_2 的次数分布直方图

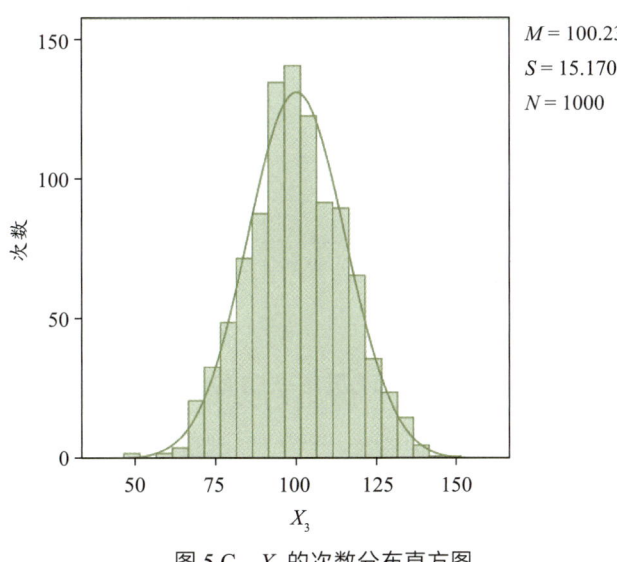

图 5.C X_3 的次数分布直方图

ZZ_1 和 $SUMZZ$ 的次数分布直方图及相应自由度的 χ^2 分布曲线如图 5.D 和图 5.E 所示。

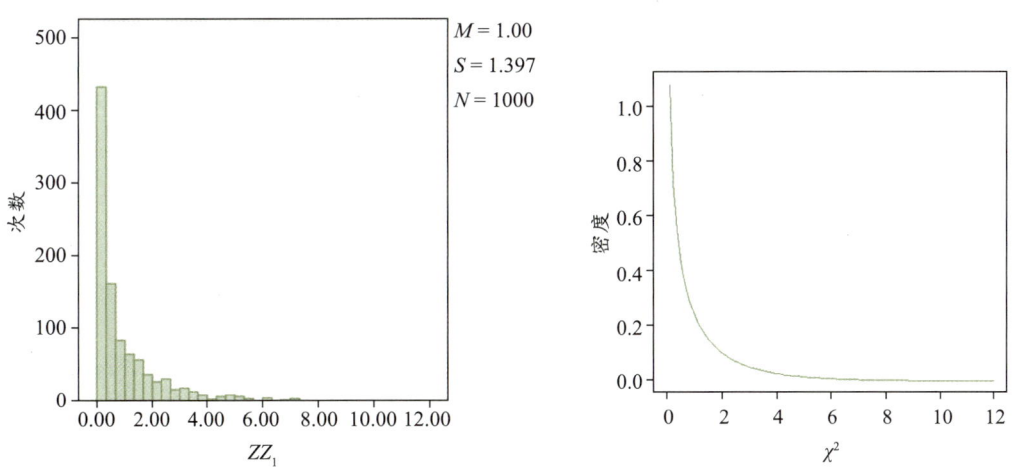

图 5.D ZZ_1 的次数分布直方图与 $df=1$ 的 χ^2 分布曲线形态的对比

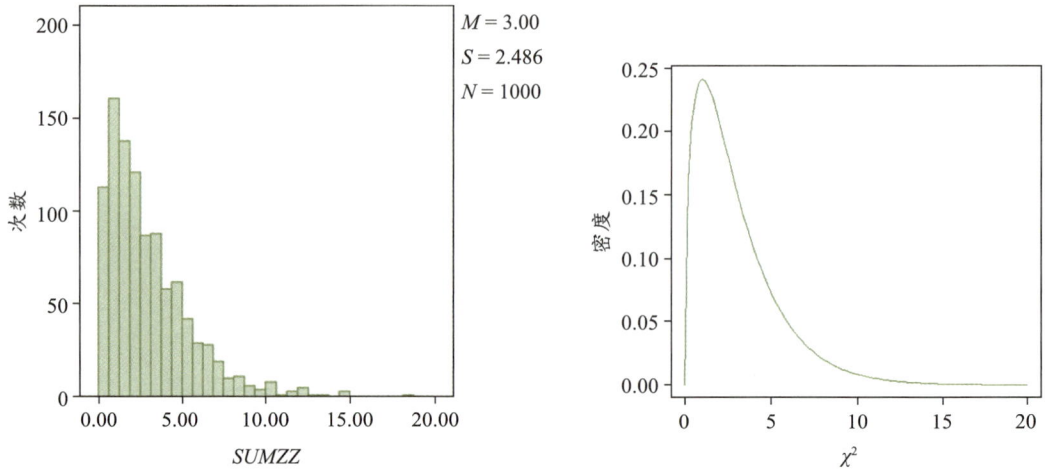

图 5.E　$SUMZZ$ 的次数分布直方图与 $df = 3$ 的 χ^2 分布曲线形态的对比

讨论

变量 X_1, X_2, X_3 的数值都是软件生成的随机数,虽然设定了平均数和标准差,但根据随机数据计算的平均数和标准差与原设定的值略有偏差,直方图显示的次数分布形态与正态分布也略有偏差,这种误差就是在第 6 章要学习的"抽样误差"。

由于 ZX_1, ZX_2, ZX_3 分别来源于相互独立的变量 X_1, X_2, X_3,它们之间也是相互独立的。将变量 X_1, X_2, X_3 转换成为标准分数 ZX_1, ZX_2, ZX_3 后,计算这些 Z 分数的平方 ZZ_1, ZZ_2, ZZ_3。如果将 ZZ_1, ZZ_2, ZZ_3 的总和 $SUMZZ$ 看作一个新变量,$SUMZZ$ 就服从自由度为 3 的 χ^2 分布,即

$$SUMZZ = \chi^2 = Z_1^2 + Z_2^2 + Z_3^2 = \sum_{i=1}^{3} Z_i^2 \sim \chi^2 \ (df = 3)$$

ZZ_1 是一个 Z 变量的平方,所以服从自由度为 1 的 χ^2 分布。

$$ZZ_1 = \chi^2 = Z_1^2 \sim \chi^2 \ (df = 1)$$

根据结果部分的 ZZ_1 和 $SUMZZ$ 的次数分布直方图,可以看到 ZZ_1 的分布与 $df = 1$ 的 χ^2 分布曲线相符;$SUMZZ$ 的分布与 $df = 3$ 的 χ^2 分布曲线相符。

思考题

能否在现有多个 Z^2 变量的基础上,继续利用 SPSS 构建 F 分布?

习题

5.1 有5位球迷得到4张决赛门票,为了公平起见,他们以抽签的方式确定哪4位可以去观赛。他们将5张纸条(其中4张上写着"有",1张上写着"无")放入纸箱,每位依次抽出一张。他们的抽签是不是二项试验?

5.2 有4道四选一的选择题,如果一名学生完全凭猜测选择答案,那么
(1)平均能猜对多少题?
(2)标准差是多少?
(3)猜对3题的概率是多少?

5.3 一个人需要回答10道是非题,如果他回答了每一道题,结果却得了零分,算不算他懂呢?

5.4 求下列各取值区间在正态曲线下的面积:
(1)$Z = 0 \sim Z = 1.2$
(2)$Z = 0.5 \sim Z = 2.8$
(3)$Z = 0 \sim Z = 1.4$
(4)$Z = -1.5 \sim Z = 1.8$
(5)$Z = -0.5 \sim Z = 1.88$
(6)$Z = -2.5 \sim Z = 0.8$

5.5 设随机变量 Z 服从标准正态分布,求以下各 Z_0 值:
(1)$P\{0 \leqslant Z \leqslant Z_0\} = 0.475$
(2)$P\{Z_0 \leqslant Z \leqslant +\infty\} = 0.95$
(3)$P\{-1 \leqslant Z \leqslant Z_0\} = 0.83634$
(4)$P\{|Z| > Z_0\} = 0.10$
(5)$P\{Z > Z_0\} = 0.25$
(6)$P\{Z_0 < Z < 3\} = 0.5$

5.6 对某班50名学生进行言语能力测验,平均分为80分,标准差 S 为10分。问:在70~90分的区间,从理论上讲应有多少人?占全班的百分比为多少?

5.7 某心理学家设计了一种认知任务,并发现参与者完成该任务的时间呈正态分布,且平均时间为100秒,标准差 S 为16秒。问:
(1)从参与者中任选1人,他在90秒内完成该任务的概率;

（2）能否保证 95% 的参与者在 130 秒内完成任务？

5.8 已知 500 名学生的劳动技能水平呈正态分布，拟将之分成 A、B、C、D、E 五个等距等级，那么各等级应有多少人（整数）？（提示：可将从 $Z = -3$ 到 $Z = 3$ 分为 5 个等距的区间，各区间概率密度函数曲线下相应的面积就是各等级的比例。）

5.9 某学业成就测验由 100 道五选一的单项选择题组成，每题 1 分。如果要设置一条分数线，从统计上（99% 的把握）排除猜测作答的情形，该分数线至少应该是几分？

5.10 设变量 t 服从 t 分布，求以下 P 值。

（1）$P\{t \geq 1.796\}$ $(df = 11)$

（2）$P\{t \geq 0.690\}$ $(df = 16)$

（3）$P\{-2.060 \leq t \leq 2.060\}$ $(df = 25)$

（4）$P\{t < -1.646\}$ $(df = 1000)$

5.11 设变量 X 服从 χ^2 分布，求以下 P 值。

（1）$P\{X \geq 3.84\}$ $(df = 1)$

（2）$P\{X < 6.63\}$ $(df = 1)$

（3）$P\{X < 0\}$ $(df = 25)$

（4）$P\{X < 99.33\}$ $(df = 100)$

（5）$P\{X < 100\ 000\}$ $(df = 100\ 000)$

5.12 设变量 X 服从 F 分布，求以下 X_0 的值。

（1）$P\{X > X_0\} = 0.05, df_1 = 12, df_2 = 11$

（2）$P\{X < X_0\} = 0.975, df_1 = 12, df_2 = 11$

（3）$P\{X > X_0\} = 0.01, df_1 = 8, df_2 = 12$

（4）$P\{X > X_0\} = 0.95, df_1 = 8, df_2 = 12$（提示：利用 F 分布的倒数性质）

第 6 章
样本平均数的抽样分布

本章提要

- 推断统计学是心理统计学的主干内容，其任务是根据样本的统计量估计总体的参数，或者根据样本信息对总体的参数或分布形态进行假设检验。
- 抽样分布是推断统计学的理论基础，参数估计和假设检验都必须遵循相对应的抽样分布。
- 从单个总体中抽出的单个样本平均数的抽样分布受到总体分布形态、总体方差是否已知以及样本容量的影响；从两个总体各抽出一个样本所产生的样本平均数之差的抽样分布，除了受到上述因素的影响外，还受到方差是否齐性的影响。
- 在有限总体且不放回抽样的情况下，还须考虑有限总体修正系数。

学习目标

- 理解抽样分布的特征，能区分总体分布、样本分布和抽样分布。
- 理解样本平均数的抽样分布特点，能计算样本平均数不同取值范围的概率。
- 理解样本平均数之差的抽样分布特点，能计算样本平均数之差不同取值范围的概率。
- 掌握在两总体方差已知和未知的情况下，适用的样本平均数抽样分布。
- 掌握在两总体方差未知的情况下，是否方差齐性分别适用的样本平均数的抽样分布。
- 理解放回抽样与不放回抽样的差别；理解在有限总体不放回抽样的情况下，二项试验不再服从二项分布，而是服从超几何分布。
- 掌握有限总体修正系数的运用方法。

导读问题

第 1 章曾提到，统计学可以分为描述统计学和推断统计学。从本章开始，读者的主要任务就是学习各种推断统计学方法。本章需要解决的问题如下所述。

- 问题一：某心理测验的得分服从<u>正态分布</u>，其总体平均数 $\mu = 100$，<u>总体标准差 $\sigma = 5$</u>。现从该总体中<u>抽取</u>一个<u>容量为 25</u> 的简单随机样本，求这一样本的样本平均数介于 99—101 的概率。

    这是一个单样本情况下平均数抽样分布的问题。如果对题目中有下画线的内容加以变化，可以得出该问题的多个变式，即总体可以呈正态分布或非正态分布、总体标准差 σ 可以已知也可以未知，样本可以是大样本也可以是小样本，总体可以是无限总体也可以是有限总体，抽样形式可以是放回的也可以是不放回的。这些变化都可能造成适用定理或公式的差异。

    将问题一的单个总体、单个样本情形改为在两个总体中各抽一个样本，就成了问题二。

- 问题二：某心理测验的得分服从正态分布，已知男生成绩平均为 100 分，总体方差 $\sigma_1^2 = 64$；女生成绩平均为 102 分，总体方差 $\sigma_2^2 = 49$。现在随机抽取 25 名男生和 16 名女生进行该测验。问：男生平均分比女生高 1—3 分的概率是多少？

    与问题一相似，问题二随着分布是否正态、总体方差是否已知（如果未知，还要看方差是否齐性）、样本是大样本还是小样本等产生各种变式，且情况比问题一复杂。

6.1 单样本平均数的抽样分布

6.1.1 抽样分布——统计量的概率分布

抽样分布是推断统计学的理论基础，参数估计和假设检验都必须遵循相对应的抽样分布。要懂得什么是抽样分布，先要区分三种不同性质的分布：总体分布、样本分布和抽样分布。

总体分布指的是**总体内个体观察值的次数分布或概率分布，它是经全面调查得到的结果**。例如，将某城市 10 000 名小学一年级男生的身高作为一个总体，则这 10 000 个身高数值的次数分布就是总体分布。

样本分布指的是**样本内个体观察值的次数分布或概率分布，它是经抽样调查得到的结果**。例如，如果从上述 10 000 名一年级男生中随机抽取 100 人（样本），这 100 个身高数值的分布就是样本分布。

抽样分布指的不是个体观察值的分布，而是统计量的概率分布，是**根据样本 (X_1, X_2, $\cdots$, X_n) 的所有可能的样本观察值计算出来的某个统计量的观察值的分布**。

本书第 1 章就提到，统计量是样本上的数字特征，最常用的统计量就是样本平均数。以上面的小学生身高问题为例，可以随机抽取 100 名一年级小学男生（每抽取一名学生，记录其观察值，之后将其放回总体，直至抽满 100 人），计算样本平均数；然后再以同样的方式抽取相同人数的另一个样本，再计算这个样本的平均数，如此重复下去。各样本的观察值不同，样本平均数也不同。如果把这些平均数也看作观察值，就可以像以前为原始观察数据制作次数分布表那样，为这些观察到的平均数制作次数分布表或概率分布表，这样的分布就是样本平均数的抽样分布。

【例题 6.1.1】假设某次心理学测验中的 5 名参试者的得分分别是 120, 125, 130, 135, 140。如果将这 5 名参试者看作一个总体，从中随机抽取 2 名参试者作为样本，则样本平均数的抽样分布情况会怎样？

解：显然，该总体的概率分布是均匀分布的，即变量各个取值的概率相等（见表 6.1.1 和图 6.1.1）。

表 6.1.1　总体的概率分布

参试者编号	测验得分（X_i）	次数（f）	概率（P）
1	120	1	0.20
2	125	1	0.20
3	130	1	0.20
4	135	1	0.20
5	140	1	0.20

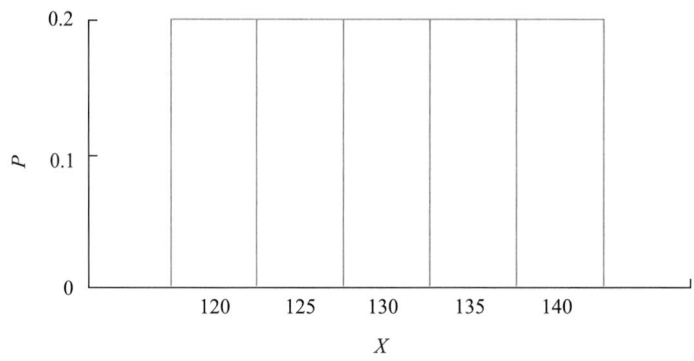

图 6.1.1 总体的概率分布

根据上述数据，可以算出测验得分的总体平均数和总体方差分别为

$$\mu = \frac{\sum_{i=1}^{N} X_i}{N} = \frac{(120+125+130+135+140)}{5} = 130$$

$$\sigma^2 = \frac{\sum_{i=1}^{N}(X_i - \mu)^2}{N} = 50$$

现在，采用放回抽样的方式（抽取一名参试者后立即将他还回去）随机抽取 2 名参试者组成一个样本，然后计算样本平均数。显然，不同的样本会得出不同的样本平均数。把容量 $n=2$ 的样本的所有可能结果都罗列出来，计算它们的样本平均数，列在表 6.1.2 中（各单元格内括号中的两个数字为观察值，其下一行数字为样本平均数）。

表 6.1.2 从 5 名参试者的总体中抽取 2 名（放回抽样）的所有可能结果

第一次抽中编号	第二次抽中编号				
	1	2	3	4	5
1	(120,120)	(120, 125)	(120, 130)	(120, 135)	(120, 140)
	120	122.5	125	127.5	130
2	(125, 120)	(125, 125)	(125, 130)	(125, 135)	(125, 140)
	122.5	125	127.5	130	132.5
3	(130, 120)	(130, 125)	(130, 130)	(130, 135)	(130, 140)
	125	127.5	130	132.5	135

续表

第一次抽中编号	第二次抽中编号				
	1	2	3	4	5
4	(135, 120)	(135, 125)	(135, 130)	(135, 135)	(135, 140)
	127.5	130	132.5	135	137.5
5	(140, 120)	(140, 125)	(140, 130)	(140, 135)	(140, 140)
	130	132.5	135	137.5	140

将表6.1.2中的25个样本平均数当作观察值,为它们制作一个次数分布表(见表6.1.3),这就形成了一个样本平均数的抽样分布。

表6.1.3 样本($n=2$)平均数的抽样分布

样本平均数($\bar{X}$)	次数(f)	概率(P)
120.0	1	0.04
122.5	2	0.08
125.0	3	0.12
127.5	4	0.16
130.0	5	0.20
132.5	4	0.16
135.0	3	0.12
137.5	2	0.08
140.0	1	0.04

还可以用图来表示样本平均数的抽样分布,见图6.1.2(注意,其横坐标已经不是X而是$\bar{X}$)。

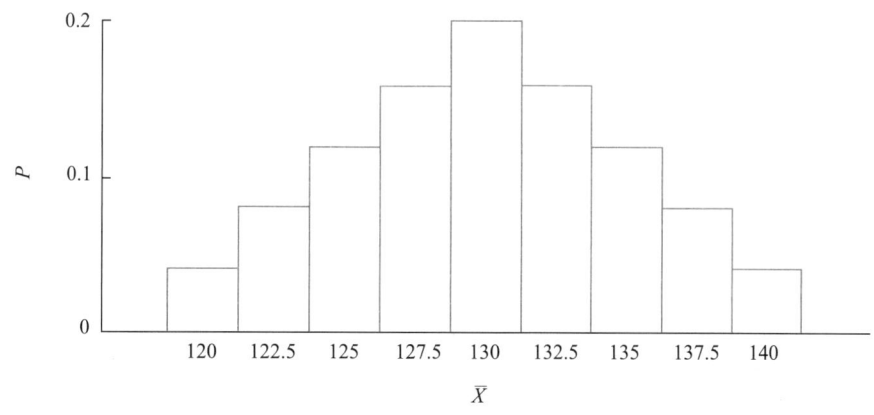

图6.1.2 样本平均数的概率分布图

> **回顾**：总体分布　样本分布　抽样分布
> **练习与思考**：完成习题 6.1

6.1.2　样本平均数的抽样分布（总体方差已知）

计算例题 6.1.1 中所有可能的样本平均数 $\bar{X}$ 的平均数 $\mu_{\bar{X}}$ 与方差 $\sigma_{\bar{X}}^2$，得到

$$\mu_{\bar{X}} = \frac{\sum_{i=1}^{N} \bar{X}_i}{N} = (120 + 122.5 \times 2 + 125 \times 3 + 127.5 \times 4 + 130 \times 5 + 132.5 \times 4 + 135 \times 3 + 137.5 \times 2 + 140)/25 = 130$$

$$\sigma_{\bar{X}}^2 = \frac{\sum_{i=1}^{N}(\bar{X} - \mu_{\bar{X}})^2}{N} = 25$$

可以看到，就样本平均数而言，其平均数 $\mu_{\bar{X}}$ 等于 μ，其方差 $\sigma_{\bar{X}}^2$ 等于 σ^2/n。这两个关系不仅在本例中成立，而且无论总体是何种分布形态，都普遍成立。这就是样本平均数的抽样分布的第一个定理（定理 6.1.1）。

定理 6.1.1

设总体 X 服从分布函数 $F(x)$，$(X_1, X_2, \cdots, X_n)$ 是抽自该总体的一个简单随机样本，则总体平均数 μ 与样本平均数 $\bar{X}$ 之间，以及总体方差 σ^2（或标准差 σ）与样本平均数的方差 $\sigma_{\bar{X}}^2$（或标准差 $\sigma_{\bar{X}}$）之间，存在以下关系：

$$\mu_{\bar{X}} = \mu \qquad （公式 6.1.1）$$

$$\sigma_{\bar{X}}^2 = \frac{\sigma^2}{n} \qquad （公式 6.1.2）$$

或

$$\sigma_{\bar{X}} = \frac{\sigma}{\sqrt{n}} \qquad （公式 6.1.3）$$

$\sigma_{\bar{X}}$ 又称为**标准误**。标准误与标准差不同，它指的是**统计量的标准差**。

确定合适的抽样分布时，至少需要考虑以下三个因素：总体的分布形态（是正态分布还是非正态分布）、样本容量的大小（是大样本还是小样本）以及要计算的统计量（是样本平均数还是样本方差等）。数理统计学家系统地研究了样本平均数在不同总体分布和

不同样本容量的情况下的抽样分布特点,图 6.1.3 概括了研究的结果。从图中可以发现,如果总体服从正态分布,则无论是大样本还是小样本,$\bar{X}$ 均服从正态分布,只不过 n 越大,$\bar{X}$ 的取值越紧密地聚集在 μ 的周围。再看其他三个非正态分布的总体,在小样本的条件下,其样本平均数都不是正态分布;但是随着样本容量 n 的增大,样本平均数 $\bar{X}$ 的分布越来越接近正态分布;当 $n = 30$ 时,$\bar{X}$ 的分布基本上就近似于正态分布了。这样就得到了以下两个定理(定理 6.1.2 和定理 6.1.3)。

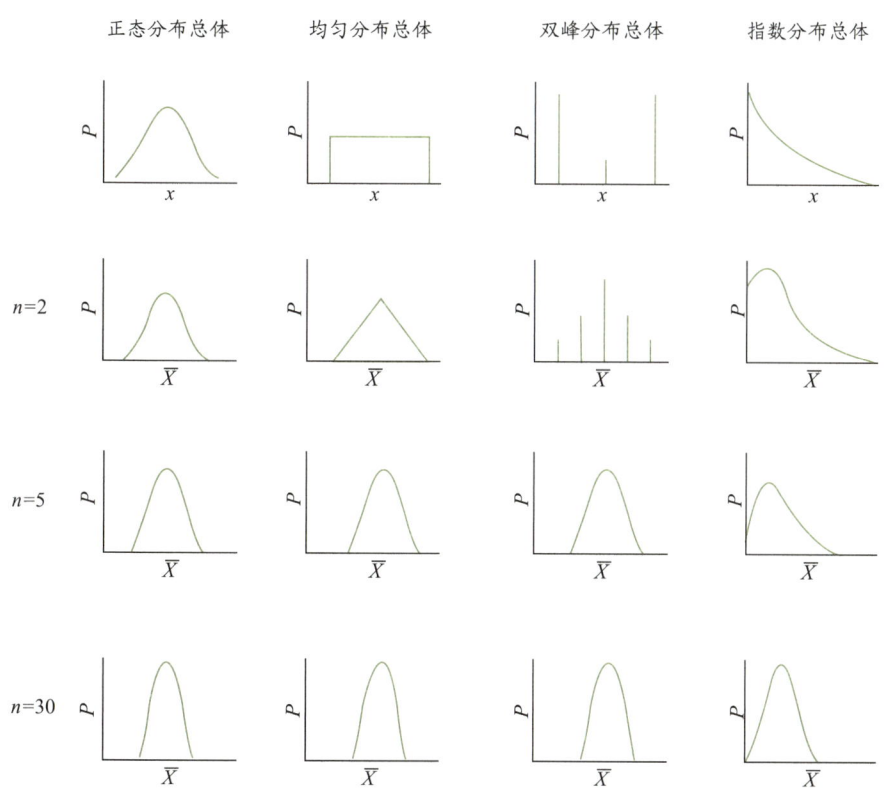

图 6.1.3　不同总体具有不同样本容量时($n = 2, 5, 30$),样本平均数的抽样分布

定理 6.1.2

设总体 X 服从正态分布,$(X_1, X_2, \cdots, X_n)$ 是抽自该总体的一个容量为 n 的简单随机样本,则样本平均数 $\bar{X}$ 亦服从正态分布,且在总体平均数与样本平均数之间,以及总体方差与样本平均数的方差之间,存在以下关系:

$$\mu_{\bar{X}} = \mu$$

$$\sigma_{\bar{X}}^2 = \frac{\sigma^2}{n}$$

即
$$\bar{X} \sim N(\mu, \sigma^2/n)$$

定理 6.1.3

设总体 X 具有平均数 μ 与方差 σ^2，当样本容量 n 趋于无穷大时，样本平均数 $\bar{X}$ 的分布趋于正态分布，且样本平均数的数学期望（平均数）$\mu_{\bar{X}} = \mu$，样本平均数的方差 $\sigma_{\bar{X}}^2 = \sigma^2/n$，即 $\bar{X} \sim N(\mu, \sigma^2/n)$。这个定理是中心极限定理的一种表现形式。

在 $\bar{X} \sim N(\mu, \sigma^2/n)$ 的情况下，我们可以运用公式 6.1.4 将它转换成标准正态分布：

$$Z = \frac{\bar{X} - \mu_{\bar{X}}}{\sigma_{\bar{X}}} = \frac{\bar{X} - \mu}{\sigma/\sqrt{n}} \qquad （公式6.1.4）$$

【例题 6.1.2】本题为本章导读问题一。某心理测验的得分服从正态分布，其总体平均数 $\mu = 100$，总体标准差 $\sigma = 5$。现从该总体中抽取一个容量为 25 的简单随机样本，求这一样本的样本平均数介于 99~101 的概率。

解：根据定理 6.1.2，样本平均数 $\bar{X} \sim N(\mu, \sigma^2/n)$，故当 $\bar{X} = 99$ 时，

$$Z = \frac{\bar{X} - \mu}{\sigma/\sqrt{n}} = \frac{99 - 100}{5/\sqrt{25}} = -1$$

当 $\bar{X} = 101$ 时，

$$Z = \frac{\bar{X} - \mu}{\sigma/\sqrt{n}} = \frac{101 - 100}{5/\sqrt{25}} = 1$$

查附录三的统计用表 1 得：$P\{99 \leqslant \bar{X} \leqslant 101\} = P\{-1 \leqslant Z \leqslant +1\} = 2 \times 0.34134 = 0.68268$。

> **回顾**：在总体方差已知的条件下，样本平均数的抽样分布的三个定理
> **练习与思考**：完成习题 6.2

6.1.3 样本平均数的抽样分布（总体方差未知）

定理 6.1.1—6.1.3 描述的样本平均数的抽样分布，都建立在总体方差 σ^2 已知的前提下，而在实际工作中，σ^2 常常是未知的。这时，就要用到 t 分布。

定理 6.1.4

设 $(X_1, X_2, \cdots, X_n)$ 抽自正态分布总体的一个容量为 n 的简单随机样本，则有

$$t = \frac{\bar{X} - \mu}{S/\sqrt{n}} \sim t_{n-1} \qquad \text{（公式 6.1.5）}$$

式中，$S^2 = \dfrac{\sum_{i=1}^{n}(X_i - \bar{X})^2}{n-1}$，即随机变量 t 服从自由度为 $n-1$ 的 t 分布。

> **注意**
>
> 定理 6.1.4 没有提及样本容量大小的问题，这说明无论是大样本还是小样本，都可以运用这个定理。只不过由于在大样本的情况下，t 分布已经十分接近标准正态分布了，因此可以认为这时的随机变量 t 服从标准正态分布。

【例题 6.1.3】设某心理测验的分数服从正态分布，其总体平均数为 100，样本标准差为 4。从该总体中抽取一个容量为 16 的简单随机样本。问：其样本平均数服从怎样的分布？如果样本容量为 64 呢？

解：这个题目与例题 6.1.2 类似，只是用样本标准差 S 取代了总体标准差 σ，因此属于总体方差未知的情况。由于总体服从正态分布，故无论样本容量的大小，样本平均数转换成 t 值后都服从 t 分布。

当 $n = 16$ 时，$t = \dfrac{\bar{X} - \mu}{S/\sqrt{n}} = \dfrac{\bar{X} - 100}{4/\sqrt{16}} \sim t_{n-1}$，自由度为 $n - 1 = 16 - 1 = 15$。

当 $n = 64$ 时，$t = \dfrac{\bar{X} - \mu}{S/\sqrt{n}} = \dfrac{\bar{X} - 100}{4/\sqrt{64}} \sim t_{n-1}$，自由度为 $n - 1 = 64 - 1 = 63$。

由于这时是大样本，故样本平均数近似服从正态分布：

$$Z = \frac{\bar{X} - \mu}{S/\sqrt{n}} = \frac{\bar{X} - 100}{4/\sqrt{16}} \sim N(0, 1^2)$$

定理 6.1.5

设 $(X_1, X_2, \cdots, X_n)$ 是抽自非正态分布总体的一个容量为 $n < 30$ 的简单随机样本，则样

本平均数的抽样分布无解；而对于 $n \geq 30$ 的简单随机样本，则有

$$t \approx \frac{\bar{X} - \mu}{S/\sqrt{n}} \sim t_{n-1} \qquad \text{（公式 6.1.6）}$$

即随机变量 t 近似地服从自由度为 $n-1$ 的 t 分布。由于是大样本时，t 分布与标准正态分布十分接近，因此也可以直接用标准正态分布来处理。

$$Z \approx \frac{\bar{X} - \mu}{S/\sqrt{n}} \sim N(0, 1^2)$$

> **注意**
>
> 与定理 6.1.3 相对应，定理 6.1.5 说明，在非正态总体的条件下，要严格区分大样本和小样本的情况。如果是小样本，样本平均数的抽样分布无解。如果是大样本，可以利用 t 分布或标准正态分布近似求解。

【例题 6.1.4】 同例题 6.1.3，但是该心理测验的分数不服从正态分布。问：样本容量为 16 的简单随机样本的平均数服从怎样的分布？如果样本容量为 64 呢？当 $n = 64$ 时，样本平均数大于 102 的概率有多大？

解： 由于总体不服从正态分布，且总体方差未知，根据定理 6.1.5，样本容量为 16 时无解；样本容量为 64 时属于大样本，可以认为样本平均数转换成 t 值后，近似于服从 t 分布或标准正态分布，即

$$t \approx \frac{\bar{X} - \mu}{S/\sqrt{n}} = \frac{\bar{X} - 100}{4/\sqrt{64}} \sim t_{n-1}, \quad \text{自由度} \ df = n - 1 = 64 - 1 = 63$$

或

$$Z \approx \frac{\bar{X} - \mu}{S/\sqrt{n}} = \frac{\bar{X} - 100}{4/\sqrt{64}} \sim N(0, 1^2)$$

当 $n = 64$ 时，样本平均数大于 102 的概率为：

$$P\{\bar{X} > 102\} = P\left\{t > \frac{\bar{X} - \mu}{S/\sqrt{n}} = \frac{102 - 100}{4/\sqrt{64}}\right\} = P\{t > 4\} \approx P\{Z > 4\} = 0.00003$$

> 回顾：在总体方差未知的条件下，样本平均数的抽样分布的两个定理
>
> 练习与思考：完成习题6.3—6.4

6.2 两个样本平均数之差的抽样分布

样本平均数之差的抽样分布是总体平均数之差的参数估计和假设检验的数学基础，意义极其重要。

如果从男生和女生中分别独立地随机抽取一个样本（抽样时，两个样本各抽各的，相互之间没有任何影响），样本容量分别为 n_1 和 n_2，则分别得到平均数 $\bar{X}_1$ 和 $\bar{X}_2$。但是，这只是一次抽样的结果，如果有放回地抽取多次（例如5次），结果可能如表6.2.1所示。

表 6.2.1　男生和女生智商抽样比较

抽样序号	样本平均数		样本平均数之差
	$\bar{X}_1$	$\bar{X}_2$	$\bar{X}_1 - \bar{X}_2$
1	106	107	−1
2	101	105	−4
3	100	99	1
4	98	100	−2
5	99	101	−2

可见，随着每次样本取值的不同，两个样本平均数以及它们之间的差（$\bar{X}_1 - \bar{X}_2$）也不同。我们可以把这个差看作一种新的观察值，并可以证明 $\bar{X}_1 - \bar{X}_2$ 是一个随机变量。像这样反复从两个总体中分别抽取样本，各次抽样所得的样本平均数之差（$\bar{X}_1 - \bar{X}_2$）也可以构成一个抽样分布。

与一个样本平均数的抽样分布一样，在考察两个样本平均数之差（$\bar{X}_1 - \bar{X}_2$）的抽样分布时，首先要考虑两个总体的方差是否已知，两个总体是否服从正态分布，是大样本还是小样本；在总体方差未知的条件下，还要考虑方差是否齐性（后文会涉及）。

6.2.1 样本平均数之差的抽样分布（两总体方差已知）

6.2.1.1 在两总体方差已知且正态总体的条件下，样本平均数之差的抽样分布

定理 6.2.1

若 $\bar{X}_1$ 是独立地抽自总体 $X_1 \sim N(\mu_1, \sigma_1^2)$ 的一个容量为 n_1 的样本的平均数，$\bar{X}_2$ 是独立地抽自总体 $X_2 \sim N(\mu_2, \sigma_2^2)$ 的一个容量为 n_2 的样本的平均数，则 $\bar{X}_1 - \bar{X}_2$ 也是一个随机变量，且

$$\bar{X}_1 - \bar{X}_2 \sim N\left(\mu_1 - \mu_2, \frac{\sigma_1^2}{n_1} + \frac{\sigma_2^2}{n_2}\right) \quad \text{（公式 6.2.1）}$$

或

$$Z = \frac{(\bar{X}_1 - \bar{X}_2) - (\mu_1 - \mu_2)}{\sqrt{\frac{\sigma_1^2}{n_1} + \frac{\sigma_2^2}{n_2}}} \sim N(0, 1^2) \quad \text{（公式 6.2.2）}$$

可见，在 σ_1^2 和 σ_2^2 已知且是正态总体的条件下，样本无论大小，$\bar{X}_1 - \bar{X}_2$ 的抽样分布均服从正态分布。

【例题 6.2.1】本题为本章导读问题二。某心理测验的得分服从正态分布，已知男生成绩平均为 100 分，总体方差 $\sigma_1^2 = 64$；女生成绩平均为 102 分，总体方差 $\sigma_2^2 = 49$。现在随机抽取 25 名男生和 16 名女生进行测验。问：男生的平均分比女生高 1—3 分的概率是多大？

解：心理测验的分布在理论上应服从正态分布，故已知 $X_1 \sim N(\mu_1, \sigma_1^2)$，$X_2 \sim N(\mu_2, \sigma_2^2)$，$n_1 = 25$，$n_2 = 16$，且两总体方差已知：$\sigma_1^2 = 64$，$\sigma_2^2 = 49$。根据定理 6.2.1，两样本平均数之差应服从正态分布：

$$\bar{X}_1 - \bar{X}_2 \sim N\left(\mu_1 - \mu_2, \frac{\sigma_1^2}{n_1} + \frac{\sigma_2^2}{n_2}\right)$$

即

$$\bar{X}_1 - \bar{X}_2 \sim N(-2, 2.3712^2)$$

或

$$Z = \frac{(\bar{X}_1 - \bar{X}_2) - (\mu_1 - \mu_2)}{\sqrt{\frac{\sigma_1^2}{n_1} + \frac{\sigma_2^2}{n_2}}} = \frac{(\bar{X}_1 - \bar{X}_2) - (-2)}{2.3712} \sim N(0, 1^2)$$

将 $\bar{X}_1 - \bar{X}_2 = 1$ 和 $\bar{X}_1 - \bar{X}_2 = 3$ 分别代入上式，得

$$Z_1 = \frac{1 - (-2)}{2.3712} = 1.2652$$

$$Z_2 = \frac{3 - (-2)}{2.3712} = 2.1087$$

$$P\{1 < \bar{X}_1 - \bar{X}_2 < 3\} = P\{1.2652 < Z < 2.1087\} = 0.0855$$

答：男生平均分比女生高 1—3 分的概率是 0.0855。

> **回顾**：在两正态分布总体且总体方差已知的条件下，样本平均数之差的抽样分布定理
>
> **练习与思考**：完成习题 6.5

6.2.1.2 在两总体方差已知且是非正态总体的条件下，样本平均数之差的抽样分布

定理 6.2.1 可以近似地推广到非正态总体且大样本的情况。但是在非正态总体且小样本时无解。

注意，两个总体中只要有一个是非正态总体，就应将它视作非正态总体的情况；同样，两个样本只要有一个是小样本，也应将它视作小样本的情况。

6.2.2 样本平均数之差的抽样分布（两总体方差未知）

6.2.2.1 在两总体方差未知并相等，且正态总体的条件下，样本平均数之差的抽样分布

定理 6.2.2

若 $\bar{X}_1$ 是独立地抽自总体 $X_1 \sim N(\mu_1, \sigma_1^2)$ 的一个容量为 n_1 的样本的平均数，$\bar{X}_2$ 是独立地抽自总体 $X_2 \sim N(\mu_2, \sigma_2^2)$ 的一个容量为 n_2 的样本的平均数，且总体方差 σ_1^2 和 σ_2^2 未知，但知道两者方差齐性（$\sigma_1^2 = \sigma_2^2$），则有

$$t = \frac{(\bar{X}_1 - \bar{X}_2) - (\mu_1 - \mu_2)}{\sqrt{\frac{(n_1-1)S_1^2 + (n_2-1)S_2^2}{n_1+n_2-2}\left(\frac{1}{n_1}+\frac{1}{n_2}\right)}} \sim t_{n_1+n_2-2} \qquad \text{（公式 6.2.3）}$$

所谓<mark>方差齐性</mark>，就是<mark>两个或多个总体的方差无显著差异</mark>。以后的章节将介绍如何判断方差是否齐性。

在两个样本都是大样本的情况下，公式 6.2.3 可以改成

$$Z = \frac{(\bar{X}_1 - \bar{X}_2) - (\mu_1 - \mu_2)}{\sqrt{\frac{S_1^2}{n_1}+\frac{S_2^2}{n_2}}} \sim N(0, 1^2) \qquad \text{（公式 6.2.4）}$$

【例题 6.2.2】已知男女学生完成某种认知任务的平均时间分别为 1270 秒和 1260 秒，现分别从男生和女生中抽取 50 人完成该任务。假设男生和女生完成任务的时间均服从正态分布，且样本方差分别为 $S_1^2 = 802$ 和 $S_2^2 = 942$，两者无显著差异。问：两样本完成任务的平均时间之差服从怎样的分布？

解：男生和女生完成任务的时间均服从正态分布，但是 σ_1^2 和 σ_2^2 未知，且方差齐性，根据定理 6.2.2，应采用 t 分布；且由于样本容量较大，t 分布也可以近似地看作标准正态分布，即

$$t = \frac{(\bar{X}_1 - \bar{X}_2) - (\mu_1 - \mu_2)}{\sqrt{\frac{(n_1-1)S_1^2 + (n_2-1)S_2^2}{n_1+n_2-2}\left(\frac{1}{n_1}+\frac{1}{n_2}\right)}} = \frac{(\bar{X}_1 - \bar{X}_2) - 10}{\sqrt{\frac{49 \times 802 + 49 \times 942}{98} \times \frac{2}{50}}} = \frac{(\bar{X}_1 - \bar{X}_2) - 10}{5.9059} \sim t_{98}$$

或

$$Z = \frac{(\bar{X}_1 - \bar{X}_2) - 10}{5.9059} \sim N(0, 1^2)$$

本题如果直接用公式 6.2.4 也能求解，其结果相差也不大。

6.2.2.2　在两总体方差未知并相等，且非正态总体的条件下，样本平均数之差的抽样分布

定理 6.2.2 可以推广到非正态总体且是大样本的情况。但是在非正态总体且是小样本时还是无解。

在例题 6.2.2 中，如果产品的使用寿命不是正态分布，但由于两个样本都是大样本，故也能解题，仍然可以认为 $\bar{X}_1 - \bar{X}_2$ 近似于服从正态分布。而且，因为这是大样本，所以可以直接用公式 6.2.4：

$$Z = \frac{(\bar{X}_1 - \bar{X}_2) - (\mu_1 - \mu_2)}{\sqrt{\frac{S_1^2}{n_1} + \frac{S_2^2}{n_2}}} \sim N(0, 1^2)$$

6.2.2.3　在两总体方差未知且不等的条件下，样本平均数之差的抽样分布

定理 6.2.3

若 $\bar{X}_1$ 是独立地抽自总体 $X_1 \sim N(\mu_1, \sigma_1^2)$ 的一个容量为 n_1 的样本的平均数，$\bar{X}_2$ 是独立地抽自总体 $X_2 \sim N(\mu_2, \sigma_2^2)$ 的一个容量为 n_2 的样本的平均数，且总体方差 σ_1^2 和 σ_2^2 未知，但知道方差不齐性（$\sigma_1^2 \neq \sigma_2^2$），则

$$t' = \frac{(\bar{X}_1 - \bar{X}_2) - (\mu_1 - \mu_2)}{\sqrt{\frac{S_1^2}{n_1} + \frac{S_2^2}{n_2}}} \sim t_{df'} \quad \text{（公式 6.2.5）}$$

式中，

$$df' = \frac{\left(\frac{S_1^2}{n_1} + \frac{S_2^2}{n_2}\right)^2}{\frac{\left(\frac{S_1^2}{n_1}\right)^2}{n_1} + \frac{\left(\frac{S_2^2}{n_2}\right)^2}{n_2}} \quad \text{（公式 6.2.6）}$$

定理 6.2.3 规定了两个总体应是正态分布总体，但也可以近似地推广到非正态总体且大样本的情况下。而且，由于是大样本，无论总体是否服从正态分布，公式 6.2.5 都可以改成

$$Z = \frac{(\bar{X}_1 - \bar{X}_2) - (\mu_1 - \mu_2)}{\sqrt{\frac{S_1^2}{n_1} + \frac{S_2^2}{n_2}}} \sim N(0, 1^2)$$

这实际上就是公式 6.2.4。可见，在大样本的情况下，无论方差是否齐性，无论是不是正态总体，都可以采用公式 6.2.4。

【例题 6.2.3】在工业心理学中，常常需要研究在采用不同的工艺时，工人的工作效率之间的差别。某公司让一个组的 10 名工人用第一种工艺组装产品，$S_1^2 = 25$；让另一个组的 10 名工人用第二种工艺组装产品，$S_2^2 = 144$。现假设工作用时服从正态分布，两个总体平均数相等，两总体方差有显著差异。问：两种工艺平均用时之差服从怎样的分布？

解：两总体均服从正态分布，且两总体方差不齐性，根据定理 6.2.3

$$t' = \frac{(\bar{X}_1 - \bar{X}_2) - (\mu_1 - \mu_2)}{\sqrt{\frac{S_1^2}{n_1} + \frac{S_2^2}{n_2}}} \sim t_{df'}$$

式中，$\mu_1 - \mu_2 = 0$。故

$$t' = \frac{\bar{X}_1 - \bar{X}_2}{\sqrt{\frac{25}{10} + \frac{144}{10}}} = \frac{\bar{X}_1 - \bar{X}_2}{4.111} \sim t_{df'}$$

式中，$df' = \dfrac{\left(\dfrac{S_1^2}{n_1} + \dfrac{S_2^2}{n_2}\right)^2}{\dfrac{\left(\dfrac{S_1^2}{n_1}\right)^2}{n_1} + \dfrac{\left(\dfrac{S_2^2}{n_2}\right)^2}{n_2}} = \dfrac{16.9^2}{\dfrac{\left(\dfrac{25}{10}\right)^2}{10} + \dfrac{\left(\dfrac{144}{10}\right)^2}{10}} \approx 13$

如果本题中两个样本均为大样本，则可以认为 $\bar{X}_1 - \bar{X}_2$ 服从正态分布，即

$$Z = \frac{\bar{X}_1 - \bar{X}_2}{4.111} \sim N(0, 1^2)$$

> **回顾**：在总体方差未知的条件下，样本平均数之差的抽样分布定理
> **练习与思考**：完成习题 6.6

6.3 不放回抽样与有限总体修正系数

6.3.1 放回抽样与不放回抽样

在前文所说的抽样中，每抽一个个体都要将它放回总体，然后抽取下一个个体。这

种抽样方式被称为放回抽样（重复抽样），即一个个体被抽取以后，在抽取下一个体之前就被还了回去。这样，这个个体就可能被重复地抽取。放回抽样可以保证每个个体被抽中的概率不变。

但有的时候，我们要采用不放回抽样，即不重复抽样。而当总体是有限总体（个体数有限）时，不放回抽样会造成每个个体被抽中的概率前后不一致。例如，若我们从由5个个体组成的总体中不放回地抽出2个个体，在第一次抽取时，每个个体被抽中的概率是1/5；在第二次抽取时，剩下个体被抽中的概率就变成了1/4。

对有限总体做不放回抽样得到的平均数的统计量值可能与回放抽样相同（如平均数的平均数），也可能不同（如平均数的方差和标准差）。可以想到，如果用不放回抽样地从有 N 个个体的总体中抽出一个容量 $n = N$ 的样本，那么这个样本其实就是总体本身，它的样本平均数就等于总体平均数，样本方差就等于总体方差；也就是说，平均数的标准误等于0，即不存在抽样误差。

6.3.2 超几何分布*

在学习"二项分布"时，我们先引入了"二项试验"。二项试验的特点是，在各次试验中，成功的概率 p 是相同的。但是如果我们面对一个有限总体，总体中的个体单位数 N 比较小，不放回的抽样也会造成"成功概率 p 不一致"的情况，此时的二项分布不再适用，而应该采用另一个分布——超几何分布。

设在总体的 N 个个体中，有 M 个个体具备性质 A，其余 $N-M$ 个个体不具备该性质。现从该总体中不放回地抽取 n 个个体，则这 n 个个体中具备性质 A 的个体数 X 是一个服从超几何分布的随机变量：

$$P\{X = x\} = \frac{C_M^x C_{N-M}^{n-x}}{C_N^n} \quad \text{（公式 6.3.1）}$$

式中，$x = 0, 1, 2, \cdots, l$；$l = \min(M, n)$。

超几何分布的平均数和方差分别为

$$\mu = \frac{nM}{N} = np \quad \text{（公式 6.3.2）}$$

$$\sigma^2 = \frac{N-n}{N-1} \times npq \quad \text{（公式 6.3.3）}$$

【例题 6.3.1】盒子中有 10 只小球，其中 4 只是红色的，6 只是白色的。从中不放回地抽取 3 只球。问：至少抽到 2 只白色球的概率是多少？

解：这是一个不放回的抽样，适用超几何分布。

已知 $N = 10$，$n = 3$，$M = 6$，$N - M = 4$，故

$$P\{X \geq 2\} = P\{x = 2\} + P\{x = 3\} = \frac{C_6^2 C_4^1}{C_{10}^3} + \frac{C_6^3 C_4^0}{C_{10}^3} = \frac{1}{2} + \frac{1}{6} = \frac{2}{3} = 0.6667$$

当 N 很大，n 相对于 N 很小，即 $N \to \infty$ 且 $n/N \to 0$ 时，超几何分布以二项分布为极限形式。

> **回顾**：超几何分布
> **练习与思考**：完成习题 6.7

6.3.3 有限总体修正系数

想必你已经清楚地看到，超几何分布的平均数与二项分布的平均数相等，而超几何分布的方差却是在二项分布的方差前加了一个系数 $\frac{N-n}{N-1}$。我们可以将这个系数理解为对原来的方差的修正。而且，该修正也适用于平均数的抽样分布。

定理 6.3.1

设总体 X 的总体平均数为 μ，方差为 σ^2，$(X_1, X_2, \cdots, X_n)$ 是以不放回的抽样形式从该总体中抽取的一个容量为 n 的简单随机样本，则样本平均数 $\bar{X}$ 的平均数与方差分别为

$$\mu_{\bar{X}} = \mu \qquad \text{（公式 6.3.4）}$$

$$\sigma_{\bar{X}}^2 = \frac{N-n}{N-1} \times \frac{\sigma^2}{n} \qquad \text{（公式 6.3.5）}$$

可以看到，无论是放回的抽样还是不放回的抽样，样本平均数的平均数都等于总体平均数。但是，与放回抽样相比，在不放回抽样的条件下，样本平均数的方差前多了一个修正系数，而且与超几何分布方差的修正系数相同，都是 $\frac{N-n}{N-1}$。因为 n 总是大于等于 1，所以，这个系数总是小于或等于 1 的。于是我们可以得出结论：在不放回抽样时，样本平均数的方差总是小于或等于放回抽样时样本平均数的方差。$\frac{N-n}{N-1}$ 被称为**有限总体修正系数**。

当总体是无限总体时，$N \to \infty$，则

$$\lim_{N \to \infty} \frac{N-n}{N-1} \times \frac{\sigma^2}{n} = \frac{\sigma^2}{n}$$

这时即使采取不放回抽样，有限总体修正系数也几乎为 1，其修正作用不大。因此，对于无限总体，不必考虑修正问题。而且，即使是有限总体，一般也规定当抽样比 $n/N \geq 0.05$ 时，才需要采用有限总体修正系数；如果 $n/N < 0.05$，可以省略该系数。

如果 σ^2 未知，用 S^2 代替即可。

【例题 6.3.2】某校 2000 名学生的手工制作能力服从正态分布，其总体平均数为 80，总体标准差为 5。现从该总体中不放回地抽取 200 名学生作为样本，求样本平均数的平均数和方差。

解：已知 $\mu = 80$，$\sigma = 5$，因为是从有限总体中不放回地抽取样本，且 $n/N = 200/2000 = 0.1 > 0.05$，应采用有限总体修正系数。

根据定理 6.3.1，$\bar{X}$ 的平均数与方差分别为

$$\mu_{\bar{X}} = \mu = 80$$

$$\sigma_{\bar{X}}^2 = \frac{N-n}{N-1} \times \frac{\sigma^2}{n} = \frac{2000-200}{2000-1} \times \frac{5^2}{200} = 0.1126$$

将 $\sigma_{\bar{X}}^2$ 开根号，得到 $\bar{X}$ 的标准误 $\sigma_{\bar{X}} = 0.3356$。

本例如果不采用有限总体修正系数，则 $\bar{X}$ 的方差为 0.125。

以上讨论的是从一个有限总体中不放回地抽出一个样本而得到样本平均数 $\bar{X}$ 的情形。如果要研究从有限总体中以不放回抽样的方式抽出的两个样本平均数之差（$\bar{X}_1 - \bar{X}_2$）的方差，可以分别算出两个样本经过修正的方差，然后代入相应的公式中即可。

> **回顾**：有限总体修正系数
> **练习与思考**：完成习题 6.8

知识导图

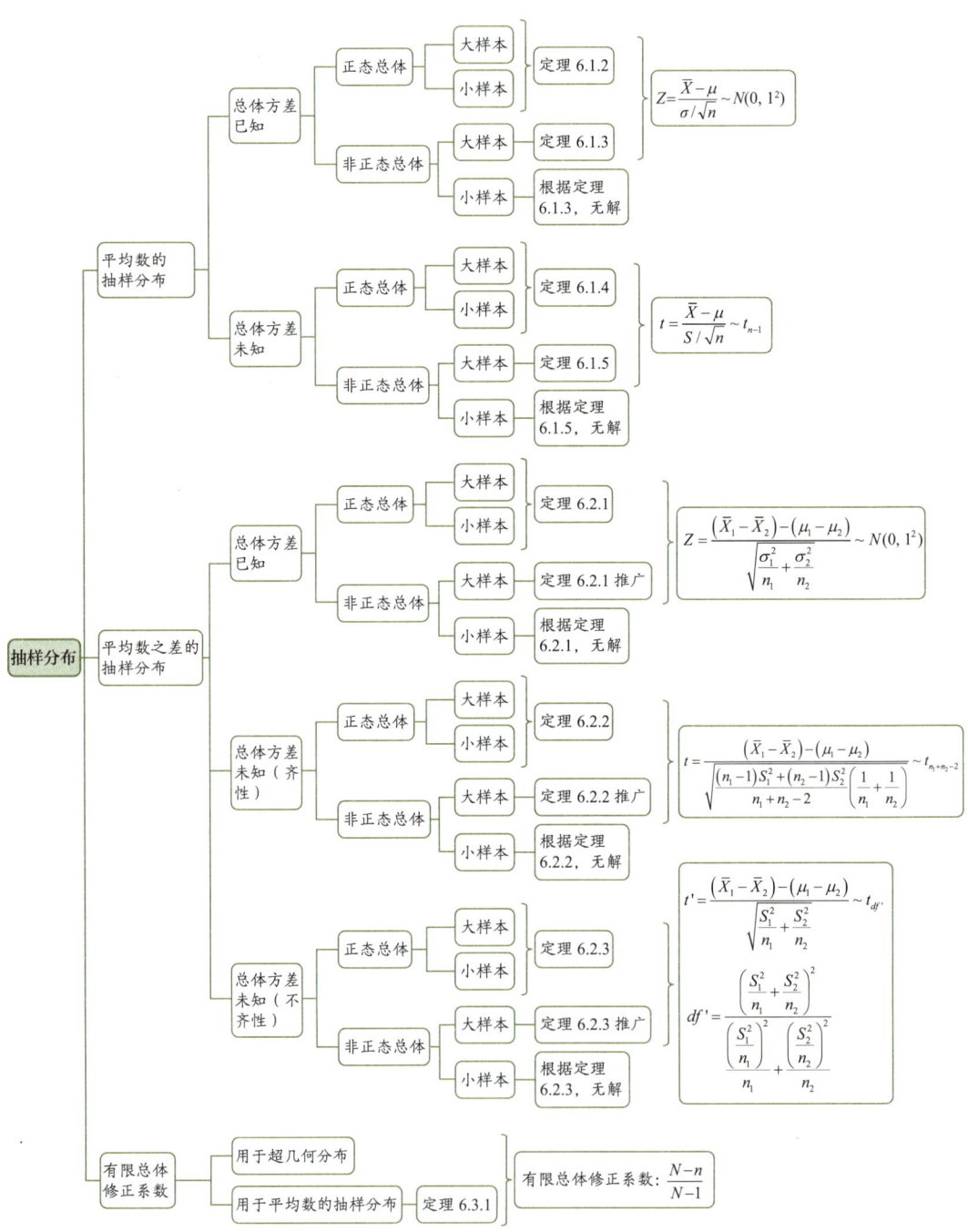

数据实验

目的

验证在有限总体不放回抽样的情况下,样本平均数的标准误需要进行修正。

方法

先利用 SPSS 函数生成 1000 个随机数,设定平均数为 100,标准差为 10,从而得到一个 $N = 1000$ 的有限总体。接着,从这个有限总体中随机地、不放回地抽取 10 个 $n = 100$ 的样本和 10 个 $n = 500$ 的样本,并分别求出这 20 个样本的平均数。最后,比较 $n = 100$ 的 10 个样本平均数和 $n = 500$ 的 10 个样本平均数的标准差(标准误)。

步骤 1

利用 SPSS 函数生成 1000 个随机数。打开在第 1 章的"数据实验"中建立(或下载)的数据文件"01-虚拟总体.sav",点击菜单 File(文件)→ New(新建)→ Syntax(句法),在打开的句法窗口中输入以下代码并执行,观察描述统计(平均数和标准差)结果。

```
COMPUTE X=RV.NORMAL(100,10).
EXECUTE.

DESCRIPTIVES VARIABLES=X
  /STATISTICS=MEAN STDDEV.
```

步骤 2

手动打开一个新的数据文件(Dataset2)。也可以在打开的句法窗口中输入以下代码并执行。然后在新数据文件中加入 20 个数值型变量,分别命名为 X_1~X_{10} 和 Y_1~Y_{10}。

```
NEW FILE.
DATASET NAME DataSet2 WINDOW=FRONT.
```

步骤 3

接着回到前一个数据文件（Dataset1），在供研究的变量 X 旁边插入一个新变量 RN，它将被用来帮助我们从 1000 个个体中进行不放回的随机抽样。

步骤 4

在句法窗口中输入以下代码并执行。其结果是，RN 下出现了均匀分布的 1000 个随机数，并以升序排列。将变量 X 下的前 100 个数据复制下来，粘贴到新数据文件（Dataset2）中的变量 X_1 之下的单元格中。

```
DATASET ACTIVATE DataSet1.
COMPUTE RN=RV.UNIFORM(0,1).
EXECUTE.
SORT CASES BY RN (A).
```

步骤 5

重复 9 次执行步骤 4 中的 SPSS 代码，每执行一次就将变量 X 下的前 100 个数据（每次都不同）复制下来，依次粘贴到新数据文件（Dataset2）中的变量 $X_2 \sim X_{10}$ 之下的单元格中。

步骤 6

重复 10 次执行步骤 4 中的 SPSS 代码，每执行一次就将变量 X 下的前 500 个数据（每次都不同）复制下来，依次粘贴到新数据文件（Dataset2）中的变量 $Y_1 \sim Y_{10}$ 之下的单元格中。

至此，我们以不放回的方式从容量为 1000 的总体中随机抽取了 $n = 100$ 和 $n = 500$ 的各 10 个样本。如果读者完成上述步骤有困难，也可下载作者用 SPSS 生成的两个数据文件。

步骤 7

在句法窗口中输入以下代码并执行，其结果是给出上述 20 个样本的平均数和标准差的表格。

```
DATASET ACTIVATE DataSet2.
DESCRIPTIVES VARIABLES=X1 X2 X3 X4 X5 X6 X7 X8 X9 X10 Y1 Y2 Y3 Y4 Y5 Y6 Y7 Y8 Y9 Y10
  /STATISTICS=MEAN STDDEV.
```

步骤 8

在新数据文件（Dataset2）中加入两个数值型变量 X_{bar} 和 Y_{bar}，将在步骤 7 里得到的表格中的 $X_1 \sim X_{10}$ 的平均数复制粘贴到 X_{bar} 下方的单元格中，将 $Y_1 \sim Y_{10}$ 的平均数复制粘贴到 Y_{bar} 下方的单元格中。

步骤 9

在句法窗口中输入以下代码并执行，可以看到 X_{bar} 和 Y_{bar} 的平均数和标准差。

```
DESCRIPTIVES VARIABLES=Xbar Ybar
 /STATISTICS=MEAN STDDEV.
```

结果

根据本书数据文件中的数据计算，从步骤 1 得到的 1000 个个体 X 的平均数为 100.1665，标准差为 9.62186。

在步骤 2—6 中得到了以不放回的方式从容量为 1000 的总体中随机抽取的两组样本（$n = 100$ 和 $n = 500$ 的各 10 个）。结果见数据表。

在步骤 7 中得到的 20 个样本的平均数和标准差如表 6.A 所示。

表 6.A

变量	样本容量 n	平均数	标准差
X_1	100	97.9311	9.78088
X_2	100	99.6088	10.10013
X_3	100	100.2072	8.89958
X_4	100	100.3732	9.93706
X_5	100	100.5620	9.92294
X_6	100	98.7596	9.96980
X_7	100	100.6436	8.00045
X_8	100	99.6451	9.61223
X_9	100	99.3794	9.49543
X_{10}	100	100.6110	8.91277
Y_1	500	99.9851	9.76513
Y_2	500	99.9851	9.76513
Y_3	500	100.4561	9.41425
Y_4	500	100.7497	9.47229
Y_5	500	100.4279	9.45969
Y_6	500	100.3153	9.88864

续表

变量	样本容量 n	平均数	标准差
Y_7	500	100.3273	9.29869
Y_8	500	100.3116	9.29088
Y_9	500	100.1695	9.74583
Y_{10}	500	99.8323	9.48816

在步骤 8—9 中得到了两组平均数的平均数和标准差：10 个 $n = 100$ 的样本平均数的平均数为 99.7721，标准差为 0.89748；10 个 $n = 500$ 的样本平均数的平均数为 100.2560，标准差仅为 0.27055。

讨论

在步骤 1 中得到的 1000 个个体 X 的平均数为 100.1665，标准差为 9.62186，与生成这些数据时设定的平均数为 100 和标准差为 10 之间存在抽样误差。

从这个有限总体中不放回地抽取个体，无论抽取 100 个还是 500 个个体，抽样比 n/N 都超过了 0.05，其样本平均数的平均数仍应等于原来总体的平均数 100.1665，但是其方差为原来方差乘以 $\dfrac{N-n}{N-1}$，故标准差应为原标准差乘以 $\sqrt{\dfrac{N-n}{N-1}}$，两个系数分别为 0.949 和 0.707。

步骤 8—9 的结果表明，无论是 $n = 100$ 还是 $n = 500$，样本平均数的平均数分别为 99.7721 和 100.2560，都与原总体的平均数（100.1665）相差不大；但是两组平均数的标准差（标准误）分别为 0.89748 和 0.27055。这是因为，在有限总体不放回抽样的情况下，样本越大，样本平均数的方差和标准误被修正得越小，符合定理 6.3.1。当然，由于有抽样误差，两个标准误与理论计算值（分别为 $n = 100$ 时的 0.9133 和 $n = 500$ 时的 0.6807）之间有一定的误差。如果做更多次抽样，结果应更接近理论值。

习题

6.1 抽样分布与样本分布有什么区别？

6.2 历年来，某小学毕业班的语文考试平均成绩 $\mu = 90$，标准差 $\sigma = 5$。假设今年毕业班的情况与往年没有差别，现从该校今年毕业的学生中抽出 25 人。问：这个样本的平均成绩介于 89~91 的概率是多少？如果抽取的人数是 100 呢？

6.3 历年来，某初中毕业班的书法测验成绩不呈正态分布，平均成绩 $\mu = 80$。假设今年毕业班的情况与往年没有差别，现从该校今年毕业的学生中抽出 25 人，测得其样本标准差 $S = 10$。问：这个样本的平均成绩介于 78~82 的概率是多少？如果抽取的人数是 100 呢？

6.4 历年来，某大学一年级数学测验的平均分 $\mu = 75$。假设今年学生的情况与往年没有差别，从中抽 36 份卷子，算得样本平均分为 72.5，标准差 $S = 6$。问：如果继续抽取样本且容量 n 不变，新样本平均分低于 72.5 的概率是多少？

6.5 已知某市全体 7 岁男童词汇测验的平均成绩为 $\mu_1 = 70$，$\sigma_1 = 8$；7 岁女童的平均成绩为 $\mu_2 = 72$，$\sigma_2 = 7$。现在从全体 7 岁儿童中抽取男童 128 人和女童 98 人。问：如何描述男女童样本词汇测验平均成绩之差（$\bar{X}_1 - \bar{X}_2$）的分布特点？

6.6 某中学高三学生的动作协调能力测试成绩为非正态分布，男生 $\mu_1 = 75$，女生 $\mu_2 = 77$。现从参加这次测试的男生和女生中各随机抽取 25 人，算得男生 $S_1 = 12$，女生 $S_2 = 9$。问：女生的平均成绩高于男生 2~4 分的可能性有多大？如果各抽取 64 人呢？

6.7 有 10 张奖券，其中有 4 张一等奖，6 张二等奖。将奖券洗乱，让 6 个人依次抽奖。问：从理论上讲，能抽出几个一等奖？其标准差是多少？

6.8 某年级 200 名学生在书法测验中的平均成绩 $\mu = 80$，标准差 $\sigma = 10$。假设从这 200 名学生中不放回地抽取 50 名进行测验。问：这个样本的平均成绩介于 78~82 的概率是多少？

第 7 章
平均数的参数估计

本章提要

- 参数估计的基本概念和相关术语：待估参数、估计量和估计值。
- 判断估计量优劣的标准：无偏性、有效性、一致性和充分性。
- 点估计和区间估计是参数估计的两种基本方法，现代统计学更多采用区间估计。
- 根据样本平均数的抽样分布，可以对总体平均数进行区间估计，其中要考虑总体方差是否已知，总体是否服从正态分布，是大样本还是小样本等问题。
- 在根据两个样本平均数之差的抽样分布来估计两个总体的平均数之差时，要考虑两总体的方差是否已知，两总体是否服从正态分布，方差是否齐性，是大样本还是小样本等问题。

学习目标

- 理解参数估计的定义，了解待估参数、估计量和估计值的关系。
- 理解估计量优劣的评判标准，即无偏性、有效性、一致性和充分性。
- 理解点估计的定义，理解区间估计的基本思想。
- 理解显著性水平、置信水平和置信区间的含义及相互关系。
- 根据样本平均数的抽样分布特点，理解并掌握对应的总体平均数置信区间的计算方法。
- 根据样本平均数之差的抽样分布特点，理解并掌握对应的总体平均数之差的置信区间的计算方法。

> **导读问题**
>
> 　　与平均数有关的参数估计问题与第 6 章抽样分布的问题相似，只是总体平均数从已知条件变成需要估计的参数。
>
> - 问题一：某心理测验的得分服从<u>正态分布</u>，<u>总体标准差 $\sigma = 5$</u>。现从该总体中抽取一个<u>容量为 25</u> 的简单随机样本，其样本平均数 $\bar{X} = 100$，请以 <u>95%</u> 的置信水平估计总体平均数 μ 的置信区间。
>
>   　　这是根据样本平均数估计总体平均数的问题。与第 6 章抽样分布的导读问题相似，如果对题目中有下画线的内容加以变化，可以得出该问题的多个变式，即总体可以呈正态分布或非正态分布；总体标准差 σ 可以已知，也可以未知；样本可以是大样本，也可以是小样本；总体可以是无限总体，也可以是有限总体；抽样形式可以是放回的，也可以是不放回的；置信水平可以是 95%，也可以是 99% 或其他数值。
>
> - 问题二：某心理测验的得分服从正态分布，已知男生成绩的总体方差 $\sigma_1^2 = 64$；女生成绩的总体方差 $\sigma_2^2 = 49$。现在随机抽取 25 名男生，测得 $\bar{X}_1 = 100$；另抽取 16 名女生，测得 $\bar{X}_2 = 102$。求在 95% 的置信水平上，男生和女生的总体平均数之差的置信区间。
>
>   　　与问题一相似，该问题随着分布是否正态，总体方差是否已知（如果未知，还要看方差是否齐性），样本是大样本还是小样本，以及置信水平的变化，会产生各种变式。

7.1 参数估计

　　参数估计是统计推断的基本任务之一。在解决实际问题时，往往没有条件直接计算出总体参数，这就需要进行参数估计。例如，研究者要研究大学一年级新生的智力水平，他可以随机抽取一部分新生进行测试，根据他们的平均智商，来估计全体新生的平均智商。又如，随机抽取一部分大学生，对他们的气质类型加以评价，计算各种气质类型所占的比例，就可以依此估计全校学生各气质类型所占的比例。在这里，通过一部分新生的平均智商来估计全体新生的平均智商，就是利用样本平均数来估计总体平均数；通过一部分学生气质类型的比例来估计全校学生气质类型的比例，就是利用样本比例来估计总体比例。有时，我们还需要根据样本方差来估计总体方差。

7.1.1 估计量与判断估计量优劣的标准

7.1.1.1 估计量

在第 1 章里，我们就把样本平均数、样本方差和样本比例等样本上的数字特征称为统计量，把总体平均数、总体方差和总体比例等总体上的数字特征称为参数。在参数估计中，我们把要估计的参数称为待估参数，用 θ 表示；把用来估计参数的统计量称为估计量，用 $\hat{\theta}$ 表示；把计算出来的统计量的值作为估计量的值，称为估计值，也用 $\hat{\theta}$ 表示。

于是，参数估计就成了待估参数、估计量和估计值之间的关系。用数学语言来概括，参数估计就是：设总体 X 服从分布函数 $F(x)$，该总体有参数 θ，根据抽自该总体的样本 $(X_1, X_2, \cdots, X_n)$ 构造出一个估计量 $\hat{\theta}$ 去估计 θ，估计值 $\hat{\theta}$ 由样本的一组观察值计算得出。

参数估计的基本思想是，设总体 X 服从分布函数 $F(x)$，该总体有参数 θ，自总体中抽取一个样本 $(X_1, X_2, \cdots, X_n)$，此时可以根据以下两种方法估计 θ。

- 点估计：根据样本的观察值计算出一个与 θ 相应的估计值 $\hat{\theta}$，用这个估计值直接作为对参数 θ 的估计。
- 区间估计：根据样本的观察值计算出两个估计值 $\hat{\theta}_1$ 和 $\hat{\theta}_2$，用区间 $(\hat{\theta}_1, \hat{\theta}_2)$ 作为参数 θ 可能的取值范围，并指出参数 θ 落在这一区间的概率。

> **回顾**：待估参数　估计量　估计值　参数估计
> **练习与思考**：完成习题 7.1

7.1.1.2 判断估计量优劣的标准

对于同一个未知参数，可以采用不同的估计量。例如，对于总体平均数，可以用样本平均数来估计，也可以用样本中位数或样本众数来估计。这样就有了如何评价不同估计量的优劣的问题。这里介绍的是几个基本标准：无偏性、有效性、一致性和充分性。

无偏性

根据抽样分布的原理，作为估计量的统计量也是一个随机变量，不同的样本观察值会产生不同的估计值，这些估计值与待估参数之间总是存在一定的偏差。我们虽然不能消除这些偏差，但是希望这些偏差比较小，并且正负抵消后平均为零，即估计量的所有可能取值的平均数等于待估参数的真值。这就牵涉无偏估计量的问题。

设 $\hat{\theta}$ 为待估参数 θ 的估计量，若该估计量的所有可能结果的数学期望（平均数）$E(\hat{\theta})=\theta$，则称 $\hat{\theta}$ 为 θ 的无偏估计量。

根据抽样分布的原理，样本平均数的数学期望 $\mu_{\bar{X}} = \mu$，故 $\bar{X}$ 是总体平均数的无偏估计量。

相应地，总体方差也需要用样本的方差作为估计值。我们知道，样本方差有两种算法：S_n^2 和 S^2。其中，

$$S_n^2 = \frac{\sum_{i=1}^{n}(X_i - \bar{X})^2}{n}$$

但是可以证明（证明过程从略），它不是总体方差（σ^2）的无偏估计量。

为了得到 σ^2 的无偏估计量，可以考虑样本方差的另一种算法，即 S^2：

$$S^2 = \frac{\sum_{i=1}^{n}(X_i - \bar{X})^2}{n-1}$$

可以证明，S^2 是一个无偏估计量：$E(S^2) = \sigma^2$。因此，S^2 又被称为总体方差的估计值。当然，在样本容量 n 趋于无穷大时，S_n^2 和 S^2 趋于相等。故对于应用统计学者来说，在大样本情况下，可以将两者视为等同。

有效性

我们不仅希望估计量的可能取值与待估参数之间的偏差正负抵消后平均为零（无偏性），也希望这些偏差本身尽可能小。换句话说，无偏估计量解决了使平均偏差为零的问题，但是没有考虑偏差应尽可能小的问题。在实际问题中，我们可能更关心偏差的大小问题。偏差越小的无偏估计量就越有效。这就牵涉有效估计量的问题。

设 $\hat{\theta}_1$ 和 $\hat{\theta}_2$ 为待估参数 θ 的两个无偏估计量，若这两个估计量的所有可能结果的方差 $\sigma_{\hat{\theta}_1}^2 < \sigma_{\hat{\theta}_2}^2$，则称 $\hat{\theta}_1$ 是较 $\hat{\theta}_2$ 有效的估计量。

样本平均数和样本中位数都是总体平均数的无偏估计量，但是根据抽样分布的原理，样本平均数的方差为 σ^2/n，而样本中位数的方差 $\sigma_{Md}^2 = \frac{\pi}{2n}\sigma^2 > \sigma_{\bar{X}}^2 = \frac{\sigma^2}{n}$，故样本平均数作为估计量比样本中位数更有效。

如果某一参数的一个无偏估计量的方差与该参数的所有其他无偏估计量相比最小，则称该估计量为最有效估计量或最佳无偏估计量。样本平均数就是总体平均数的最有效估计量。

一致性

所谓一致性，就是当样本容量趋于无穷大时，估计量 $\hat{\theta}$ 的值越来越接近待估参数的真值。

设 $\hat{\theta}$ 为待估参数 θ 的估计量，若 $n \to +\infty$ 时，$\hat{\theta}$ 收敛于 θ，即 $\lim_{n\to\infty}\hat{\theta}=\theta$，则称 $\hat{\theta}$ 为 θ 的一致估计量。

如果一个估计量满足一致性，就意味着随着样本容量的增大，$\hat{\theta}$ 将成为待估参数 θ 的无偏估计量，而且 $\hat{\theta}$ 的方差也将趋于零。样本平均数对于总体平均数，以及样本方差对于总体方差，都是一致估计量。

充分性

一个估计量如果充分地利用了样本提供的所有有关待估参数的信息，就称它为充分估计量。

例如，样本平均数是总体平均数的充分估计量，因为样本所有的观察值都要参加对样本平均数的计算。而样本中位数的计算过程只利用了位于中间位置的 1~2 个观察值，所以它不是一个充分估计量。

> **回顾**：无偏性　有效性　一致性　充分性
> **练习与思考**：完成习题 7.2

7.1.2　点估计与区间估计

7.1.2.1　点估计

点估计有许多具体的方法，例如矩法、最大似然估计法、最小平方法和贝叶斯估计法等。本章介绍最简单的矩法。矩法的基本思想是用样本统计量直接作为相对应的总体参数的估计量。

【例题 7.1.1】从总体 X 中抽取一个容量为 5 的样本，其观察值是 100, 120, 105, 122, 111。求总体平均数与总体方差的点估计值。

解：用样本平均数作为总体平均数的点估计值。

$$\hat{\mu} = \bar{X} = (100+120+105+122+111)/5 = 111.6$$

用 S^2 作为总体方差的点估计值。

$$\hat{\sigma}^2 = S^2 = \frac{\sum_{i=1}^{n}(X_i-\bar{X})^2}{n-1} = 89.30$$

点估计得到的估计值并不是总体参数的真值，两者之间总是存在一定偏差。而且无法计算估计值与参数真值的接近程度和可靠程度。

7.1.2.2 区间估计

为了克服点估计的缺陷，可以采用区间估计。区间估计得出的不是一个单一数值，而是一个数值区间 ($\hat{\theta}_1$, $\hat{\theta}_2$)。它同时给出参数真值的所在范围和参数真值落在这个范围里的概率。

区间估计涉及一系列术语：设总体 X 有待估参数 θ，($X_1, X_2, \cdots, X_n$) 是抽自该总体的一个容量为 n 的简单随机样本。现建立两个统计量 $\hat{\theta}_1$ 和 $\hat{\theta}_2$，且 $\hat{\theta}_1 \leq \hat{\theta}_2$，$\alpha$ 为给定概率，称为显著性水平，$1-\alpha$ 为置信水平。若关系式 $P\{\hat{\theta}_1 < \theta < \hat{\theta}_2\} = 1 - \alpha$ 成立，则称区间 ($\hat{\theta}_1$, $\hat{\theta}_2$) 为参数 θ 在置信水平 $1-\alpha$ 下的区间估计或置信区间。$\hat{\theta}_1$ 和 $\hat{\theta}_2$ 分别称为置信区间的下置信限和上置信限。

例如，要对总体平均数进行区间估计，关键在于确定区间 ($\hat{\mu}_1$, $\hat{\mu}_2$) 的下置信限 $\hat{\mu}_1$ 和上置信限 $\hat{\mu}_2$，使得在 $1-\alpha$ 的置信水平上，$P\{\hat{\mu}_1 < \mu < \hat{\mu}_2\} = 1-\alpha$。

根据抽样分布中的定理 6.1.2，设总体 X 服从正态分布，($X_1, X_2, \cdots, X_n$) 是抽自该总体的一个简单随机样本，样本平均数 $\bar{X}$ 亦服从正态分布，且 $\mu_{\bar{X}} = \mu$，$\sigma_{\bar{X}}^2 = \dfrac{\sigma^2}{n}$，即 $\bar{X} \sim N(\mu, \sigma^2/n)$。如图 7.1.1 所示。

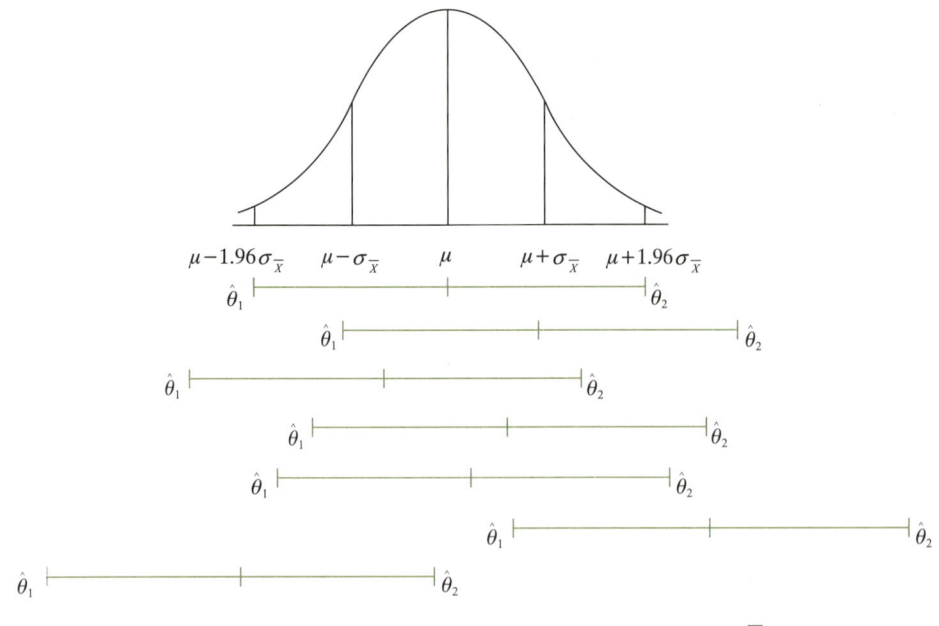

图 7.1.1　总体平均数的区间估计示意图（图中 $\sigma_{\bar{X}} = \sigma/\sqrt{n}$）

在样本平均数服从正态分布的情况下，我们可以运用公式 $Z = \dfrac{\bar{X} - \mu}{\sigma/\sqrt{n}}$ 将它转换成标准正态分布，即 $Z \sim N(0, 1^2)$。由正态分布的对称性可知，

$$P\{-1.96 < Z < 1.96\} = 0.95$$

再将 Z 值转换回去，得

$$P\{\bar{X} - 1.96\sigma/\sqrt{n} < \mu < \bar{X} + 1.96\sigma/\sqrt{n}\} = 0.95$$

这说明，区间 $(\bar{X} - 1.96\sigma/\sqrt{n} < \mu < \bar{X} + 1.96\sigma/\sqrt{n})$ 能包含总体平均数 μ 的概率为 0.95。这时可以将该区间称为总体平均数 μ 的置信水平为 95% 的置信区间，即上下置信限分别为 $(\bar{X} - 1.96\sigma/\sqrt{n})$ 和 $(\bar{X} + 1.96\sigma/\sqrt{n})$。

由于我们实际上不知道 μ 究竟是多少，因此，很难说根据样本数据得到的区间 $(\bar{X} - 1.96\sigma/\sqrt{n}, \bar{X} + 1.96\sigma/\sqrt{n})$ 一定能将它包含在内。但是可以肯定，如果一直用上述方法做下去，根据很多个样本确定很多个置信区间，那么其中将有 95% 的置信区间可以包含 μ 的真值；或者说，这些区间包含 μ 的真值的概率为 0.95。同理可以证明

$$P\{\bar{X} - 2.58\sigma/\sqrt{n} < \mu < \bar{X} + 2.58\sigma/\sqrt{n}\} = 0.99$$

图 7.1.1 是区间估计的一个示意图。上半部分的正态分布曲线就是样本平均数 $\bar{X}$ 的分布曲线，下半部分的若干条线段代表根据容量相同的各个可能样本得出的置信区间。这些区间有的包含 μ 的真值，有的没有包含，但是加起来可以得到包含 μ 的真值的概率。也就是说，置信区间的上下置信限是随样本观察值而变化的，它能否包含 μ 是一个随机事件；如果有 100 个置信区间，能包含 μ 的区间有 $100 \times (1 - \alpha)$ 个，换言之，任何一个置信区间能包含 μ 的概率为 $1 - \alpha$。这就是区间估计的基本思想。

> **回顾**：点估计与区间估计　显著性水平　置信水平　置信区间
> **练习与思考**：完成习题 7.3—7.4

7.2 总体平均数的参数估计

第 7.1 节阐述的总体平均数的估计方法仅仅是在最简单情况下（正态总体且 σ^2 已知）

的例子。但它足以说明，参数估计的公式与抽样分布的公式是一一对应的。因此，我们将根据样本平均数的抽样分布的各种情况来分别说明总体平均数的参数估计方法，要考虑的仍然是：总体方差是否已知？总体是否服从正态分布？是大样本还是小样本？另外，如果需要，还应考虑有限总体修正系数。

7.2.1 总体平均数的区间估计（总体方差已知）

7.2.1.1 在总体方差已知且正态总体的条件下，总体平均数的区间估计

这是上一节已经讨论过的情况。以置信水平是 95% 为例：

$$P\{-1.96 < Z < 1.96\} = 0.95$$

再将 Z 值转换回去，得

$$P\{\bar{X} - 1.96\sigma/\sqrt{n} < \mu < \bar{X} + 1.96\sigma/\sqrt{n}\} = 0.95$$

这说明，区间 $(\bar{X} - 1.96\sigma/\sqrt{n} < \mu < \bar{X} + 1.96\sigma/\sqrt{n})$ 包含总体平均数 μ 的概率为 0.95。

置信水平表示为 $1-\alpha$，α 为显著性水平。如果置信水平为 0.95，则 α 为 0.05。查表时要使得分布的两端概率各占 $\alpha/2$，故对应的 Z 值表示为 $Z_{\alpha/2}$。由于 $P\{0 < Z < 1.96\} = 0.475$，故 $Z_{0.025} = 1.96$。

现在将上式推广到任意的置信水平 $1-\alpha$，则有

$$P\{-Z_{\alpha/2} < Z < Z_{\alpha/2}\} = 1-\alpha$$

或

$$P\{-Z_{\alpha/2} < \frac{\bar{X} - \mu}{\sigma/\sqrt{n}} < Z_{\alpha/2}\} = 1-\alpha$$

移项后得

$$P\{\bar{X} - Z_{\alpha/2} \cdot \sigma/\sqrt{n} < \mu < \bar{X} + Z_{\alpha/2} \cdot \sigma/\sqrt{n}\} = 1-\alpha \qquad \text{（公式 7.2.1）}$$

即总体平均数在 $1-\alpha$ 的置信水平上的置信区间为

$$(\bar{X} - Z_{\alpha/2} \cdot \sigma/\sqrt{n}, \bar{X} + Z_{\alpha/2} \cdot \sigma/\sqrt{n}) \text{ 或 } (\bar{X} \pm Z_{\alpha/2} \cdot \sigma/\sqrt{n}) \qquad \text{（公式 7.2.2）}$$

【例题 7.2.1】某职校进行汽车修理技能测试，成绩服从正态分布。已知总体标准差 $\sigma = 5$ 分。从被测学生中抽取 25 人，其平均成绩为 80 分，试估计全部学生平均成绩的置信

区间（置信水平为95%）。

解：已知 $X \sim N(\mu, 5^2)$，$n = 25$，$\bar{X} = 80$，$1 - \alpha = 0.95$，$\alpha = 0.05$，故

$$P\{\bar{X} - Z_{\alpha/2} \cdot \sigma/\sqrt{n} < \mu < \bar{X} + Z_{\alpha/2} \cdot \sigma/\sqrt{n}\} = 0.95$$

当 $\alpha = 0.05$ 时，$Z_{\alpha/2} = Z_{0.025} = 1.96$。将上述已知数据代入公式，得

$$P\{80 - 1.96 \times 5/\sqrt{25} < \mu < 80 + 1.96 \times 5/\sqrt{25}\} = 0.95$$

故总体平均数 μ 在95%的置信水平上的置信区间为 (78.04, 81.96)。

本题与本章导读问题一所用原理相同，请读者自行解答导读问题一。

> **回顾**：总体平均数的区间估计（总体方差已知，正态总体）
> **练习与思考**：完成习题7.5

7.2.1.2 在总体方差已知且非正态总体的条件下，总体平均数的区间估计

根据样本平均数的抽样分布特点可知，在非正态总体的情况下，如果抽取的是小样本，则样本平均数的抽样分布也是非正态的，因而无法进行参数的区间估计。但是，随着样本容量的增大，样本平均数的抽样分布逐步接近正态分布。因此，在大样本的情况下，我们同样可以用以上方法估计总体平均数。

【例题7.2.2】某大学对20名大学生用于购买书籍的费用进行调查。调查结果表明，每人每学年的平均费用为300元。根据过去的资料可知，总体标准差 $\sigma = 50$ 元。问：能否据此对全部大学生每人每学年用于购买书籍的平均费用进行区间估计？如果调查的大学生人数为400人呢（置信水平为95%）？

解：大学生用于购买书籍的费用的总体分布形态未知，只能当作非正态分布总体，由于 $n = 20$，为小样本，故无解。但是如果 $n = 400$，为大样本，此时样本平均数近似服从正态分布，且知 $\sigma = 50$，$\bar{X} = 300$，$1 - \alpha = 0.95$，$\alpha = 0.05$，因此

$$P\{\bar{X} - Z_{\alpha/2} \cdot \sigma/\sqrt{n} < \mu < \bar{X} + Z_{\alpha/2} \cdot \sigma/\sqrt{n}\} = 0.95$$

将上述已知数据代入公式，得

$$P\{300-1.96\times50/\sqrt{400} < \mu < 300+1.96\times50/\sqrt{400}\} = 0.95$$

故全部大学生每人每学年用于购买书籍的平均费用在95%的置信水平上的置信区间为 (295.10, 304.90)。

> **回顾**：总体平均数的区间估计（总体方差已知，非正态总体）
> **练习与思考**：完成习题7.6

7.2.2 总体平均数的区间估计（总体方差未知）

7.2.2.1 在总体方差未知且正态总体的条件下，总体平均数的区间估计

在实际生活中，总体方差往往也是未知的。这时用总体方差的无偏估计量 S^2 来代替 σ^2，但样本平均数转换成 t 分数后服从 t 分布。

根据定理6.1.4，当总体服从正态分布时，从总体中抽取一个简单随机样本，有

$$t = \frac{\bar{X} - \mu}{S/\sqrt{n}} \sim t_{n-1}$$

因此，可以得

$$P\{-t_{\alpha/2,\,n-1} < t < t_{\alpha/2,\,n-1}\} = 1-\alpha$$

或

$$P\left\{-t_{\alpha/2,\,n-1} < \frac{\bar{X}-\mu}{S/\sqrt{n}} < t_{\alpha/2,\,n-1}\right\} = 1-\alpha$$

移项后得

$$P\{\bar{X} - t_{\alpha/2,\,n-1}\cdot S/\sqrt{n} < \mu < \bar{X} + t_{\alpha/2,\,n-1}\cdot S/\sqrt{n}\} = 1-\alpha \qquad \text{（公式 7.2.3）}$$

即总体平均数在 $1-\alpha$ 的置信水平上的置信区间为

$$(\bar{X} - t_{\alpha/2,\,n-1}\cdot S/\sqrt{n},\ \bar{X} + t_{\alpha/2,\,n-1}\cdot S/\sqrt{n})\ \text{或}\ (\bar{X} \pm t_{\alpha/2,\,n-1}\cdot S/\sqrt{n}) \qquad \text{（公式 7.2.4）}$$

而且，当样本容量很大时，由于 t 分布接近标准正态分布，可以用

$$(\bar{X} - Z_{\alpha/2}\cdot S/\sqrt{n},\ \bar{X} + Z_{\alpha/2}\cdot S/\sqrt{n})\ \text{或}\ (\bar{X} \pm Z_{\alpha/2}\cdot S/\sqrt{n}) \qquad \text{（公式 7.2.5）}$$

来做近似计算。

【例题 7.2.3】某班 30 名学生的智商得分如下所示：86, 99, 96, 95, 72, 73, 95, 125, 97, 95, 95, 83, 121, 87, 93, 73, 77, 115, 111, 109, 100, 87, 123, 96, 100, 120, 97, 95, 110, 85。请估计该班所在学校全体学生智商的置信区间（置信水平为 0.99）。

解：这 30 名学生的智商可以假设是从正态分布总体中抽取出来的简单随机样本，且总体方差未知，可用 t 分布解答本题。

首先计算出 $\bar{X} = 97$，$S = 14.734$，且 $n = 30$，$t_{\alpha/2,\ n-1} = t_{0.005,\ 29} = 2.756$，故总体平均数 μ 在 99% 的置信水平上的置信区间为

$$\bar{X} \pm t_{\alpha/2,\ n-1} \cdot S / \sqrt{n} = 97 \pm 2.756 \times 14.734 / \sqrt{30} = 97 \pm 7.414$$

即 (89.586, 104.414)。

> **回顾**：总体平均数的区间估计（总体方差未知，正态总体）
> **练习与思考**：完成习题 7.7—7.8

7.2.2.2 在总体方差未知且非正态总体的条件下，总体平均数的区间估计

与样本平均数的抽样分布相对应，如果在 σ^2 未知的条件下，总体为非正态总体，就要严格区分大样本和小样本的情况。如果是小样本，样本平均数的抽样分布无解，因而无法进行参数区间估计；如果是大样本，就可以利用 t 分布或标准正态分布近似求解。

【例题 7.2.4】同例题 7.2.2，某大学对 400 名大学生用于购买书籍的费用进行调查。调查结果表明，每人每学年的平均费用为 300 元，但是总体方差未知，仅根据样本数据计算得到 $S = 50$ 元。试以 99% 的置信水平估计全部大学生每人每学年用于购买书籍的平均费用的置信区间。

解：大学生用于购买书籍的费用的总体分布形态未知，只能视它为非正态分布总体，且总体方差未知，但是已知 $n = 400$，为大样本，故样本平均数近似服从正态分布。在 $S = 50$，$\bar{X} = 300$，$1 - \alpha = 0.99$ 时，总体平均数在 99% 的置信水平上的置信区间为

$$(\bar{X} - Z_{\alpha/2} \cdot S/\sqrt{n}, \bar{X} + Z_{\alpha/2} \cdot S/\sqrt{n})$$

或

$$\bar{X} \pm Z_{\alpha/2} \cdot S/\sqrt{n} = 300 \pm 2.58 \times 50/\sqrt{400} = 300 \pm 6.45$$

故全部大学生每人每学年用于购买书籍的平均费用在 99% 的置信水平上的置信区间为 (293.55, 306.45)。

> **回顾**：总体平均数的区间估计（总体方差未知，非正态总体）
> **练习与思考**：完成习题 7.9—7.10

7.3 两总体平均数之差的参数估计

根据两个样本平均数之差（$\bar{X}_1 - \bar{X}_2$）的抽样分布，可以估计两个总体的平均数之差。其中要考虑两个总体的方差是否已知，两个总体是否服从正态分布，是大样本还是小样本，而且，在总体方差未知的条件下，还要考虑方差是否齐性以及抽样是否放回。

7.3.1 总体平均数之差的参数估计（两总体方差已知）

根据第 6.2 节所述样本平均数之差的抽样分布特点（定理 6.2.1），在两总体方差 σ_1^2 和 σ_2^2 已知的条件下，当两个总体服从正态分布，或虽然是非正态总体，但是抽自两个总体的两个样本均为大样本时，样本平均数之差（$\bar{X}_1 - \bar{X}_2$）服从正态分布：

$$\bar{X}_1 - \bar{X}_2 \sim N\left(\mu_1 - \mu_2, \frac{\sigma_1^2}{n_1} + \frac{\sigma_2^2}{n_2}\right)$$

或

$$Z = \frac{(\bar{X}_1 - \bar{X}_2) - (\mu_1 - \mu_2)}{\sqrt{\frac{\sigma_1^2}{n_1} + \frac{\sigma_2^2}{n_2}}} \sim N(0, 1^2)$$

故在给定置信水平（$1 - \alpha$）时，

$$P\left\{(\bar{X}_1-\bar{X}_2)-Z_{\alpha/2}\cdot\sqrt{\frac{\sigma_1^2}{n_1}+\frac{\sigma_2^2}{n_2}}<\mu_1-\mu_2<(\bar{X}_1-\bar{X}_2)+Z_{\alpha/2}\cdot\sqrt{\frac{\sigma_1^2}{n_1}+\frac{\sigma_2^2}{n_2}}\right\}=1-\alpha$$ （公式7.3.1）

因此，两总体平均数之差（$\mu_1-\mu_2$）在 $1-\alpha$ 的置信水平上的置信区间为

$$(\bar{X}_1-\bar{X}_2)\pm Z_{\alpha/2}\cdot\sqrt{\frac{\sigma_1^2}{n_1}+\frac{\sigma_2^2}{n_2}}$$ （公式7.3.2）

如果是非正态总体，且为小样本，则无解。

7.3.2　总体平均数之差的参数估计（两总体方差未知）

7.3.2.1　在两总体方差未知且相等的条件下，总体平均数之差的参数估计

根据定理6.2.2，当 σ_1^2 和 σ_2^2 未知，但知 $\sigma_1^2=\sigma_2^2$（方差齐性），且两个总体服从正态分布，或虽然是非正态总体，但是当抽自两个总体的两个样本均为大样本时，统计量

$$t=\frac{(\bar{X}_1-\bar{X}_2)-(\mu_1-\mu_2)}{\sqrt{\frac{(n_1-1)S_1^2+(n_2-1)S_2^2}{n_1+n_2-2}\left(\frac{1}{n_1}+\frac{1}{n_2}\right)}}\sim t_{n_1+n_2-2}$$

由此可得出，两个总体平均数之差（$\mu_1-\mu_2$）在 $1-\alpha$ 置信水平上的置信区间为

$$\left[(\bar{X}_1-\bar{X}_2)\pm t_{\alpha/2,\,n_1+n_2-2}\cdot\sqrt{\frac{(n_1-1)S_1^2+(n_2-1)S_2^2}{n_1+n_2-2}\left(\frac{1}{n_1}+\frac{1}{n_2}\right)}\right]$$ （公式7.3.3）

【例题7.3.1】随机地从A校抽取14名学生，从B校抽取15名学生，测得他们的英语口语能力如下所示。

A校：127, 148, 144, 153, 138, 128, 146, 150, 138, 149, 137, 140, 134, 159

B校：127, 143, 142, 135, 162, 154, 144, 139, 128, 129, 145, 140, 124, 142, 143

已知两校学生的英语口语能力均服从正态分布，且方差齐性。求（$\mu_1-\mu_2$）在95%置信水平上的置信区间。

解：根据原始分数，求出两个样本的平均数分别为

$$\bar{X}_1=142.21,\quad \bar{X}_2=139.80$$

两个样本的方差分别为

$$S_1^2 = 86.489, \quad S_2^2 = 104.457$$

当 $\alpha = 0.05$ 时，$t_{0.025, 27} = 2.052$，故 $(\mu_1 - \mu_2)$ 在 95% 置信水平上的置信区间为

$$\begin{aligned}
&(\bar{X}_1 - \bar{X}_2) \pm t_{\alpha/2, n_1+n_2-2} \cdot \sqrt{\frac{(n_1-1)S_1^2 + (n_2-1)S_2^2}{n_1+n_2-2}\left(\frac{1}{n_1}+\frac{1}{n_2}\right)} \\
&= (142.21 - 139.80) \pm 2.052 \times \sqrt{\frac{(14-1)\times 86.489 + (15-1)\times 104.457}{14+15-2}\left(\frac{1}{14}+\frac{1}{15}\right)} \\
&= (-5.049,\ 9.878)^{①}
\end{aligned}$$

> **回顾**：总体平均数之差的区间估计（两总体方差未知，方差齐性，且为正态总体）
>
> **练习与思考**：完成习题 7.11

7.3.2.2 在两总体方差未知且不等的条件下，总体平均数之差的参数估计

根据定理 6.2.3，当两个总体都是正态总体，σ_1^2 和 σ_2^2 未知，但已知 $\sigma_1^2 \neq \sigma_2^2$（方差不齐性）时，统计量

$$t' = \frac{(\bar{X}_1 - \bar{X}_2) - (\mu_1 - \mu_2)}{\sqrt{\dfrac{S_1^2}{n_1} + \dfrac{S_2^2}{n_2}}} \sim t_{df'}$$

式中，$df' = \dfrac{\left(\dfrac{S_1^2}{n_1} + \dfrac{S_2^2}{n_2}\right)^2}{\dfrac{\left(\dfrac{S_1^2}{n_1}\right)^2}{n_1} + \dfrac{\left(\dfrac{S_2^2}{n_2}\right)^2}{n_2}}$。

因此，在这种条件下，两个总体平均数之差 $(\mu_1 - \mu_2)$ 在 $1 - \alpha$ 置信水平上的置信区间为

---

① 此类由 SPSS 报告的计算结果可能有舍入误差。

$$\left(\bar{X}_1 - \bar{X}_2\right) \pm t'_{\alpha/2,\, df'} \cdot \sqrt{\frac{S_1^2}{n_1} + \frac{S_2^2}{n_2}} \qquad (公式\ 7.3.4)$$

注意，计算出的 df' 应取整数。以上公式亦适用于大样本非正态总体的情况。

【例题 7.3.2】某公司让一个组的 10 名工人用第一种工艺组装产品，平均用时为 29.3 分钟，$S_1^2 = 12.678$；让另一个组的 10 名工人用第二种工艺组装产品，平均用时为 25.8 分钟，$S_2^2 = 170.4$。现假设工作用时服从正态分布，而且没有理由认为它们的方差一样，试估计两种工艺的平均用时之差（$\alpha = 0.05$）。

解：两总体均服从正态分布，且两总体方差不齐性，根据定理 6.2.3，

$$t' = \frac{\left(\bar{X}_1 - \bar{X}_2\right) - \left(\mu_1 - \mu_2\right)}{\sqrt{\frac{S_1^2}{n_1} + \frac{S_2^2}{n_2}}} \sim t_{df'}$$

两个总体平均数之差（$\mu_1 - \mu_2$）在 $1-\alpha$ 置信水平上的置信区间为

$$\left(\bar{X}_1 - \bar{X}_2\right) \pm t'_{\alpha/2,\, df'} \cdot \sqrt{\frac{S_1^2}{n_1} + \frac{S_2^2}{n_2}}$$

$$df' = \frac{\left(\frac{S_1^2}{n_1} + \frac{S_2^2}{n_2}\right)^2}{\frac{\left(\frac{S_1^2}{n_1}\right)^2}{n_1} + \frac{\left(\frac{S_2^2}{n_2}\right)^2}{n_2}} \approx 11$$

查表得 $t_{0.025,\,11} = 2.201$，

$$\left(\bar{X}_1 - \bar{X}_2\right) \pm t'_{\alpha/2,\, df'} \cdot \sqrt{\frac{S_1^2}{n_1} + \frac{S_2^2}{n_2}} = (29.3 - 25.8) \pm 2.201 \times \sqrt{\frac{12.678}{10} + \frac{170.4}{10}} = 3.5 \pm 9.417$$

故置信区间为 $(-5.917, 12.917)$。

回顾：总体平均数之差的区间估计（两总体方差未知，方差不齐性，且为正态总体）

练习与思考：完成习题 7.12—7.13

第 7 章 平均数的参数估计

知识导图

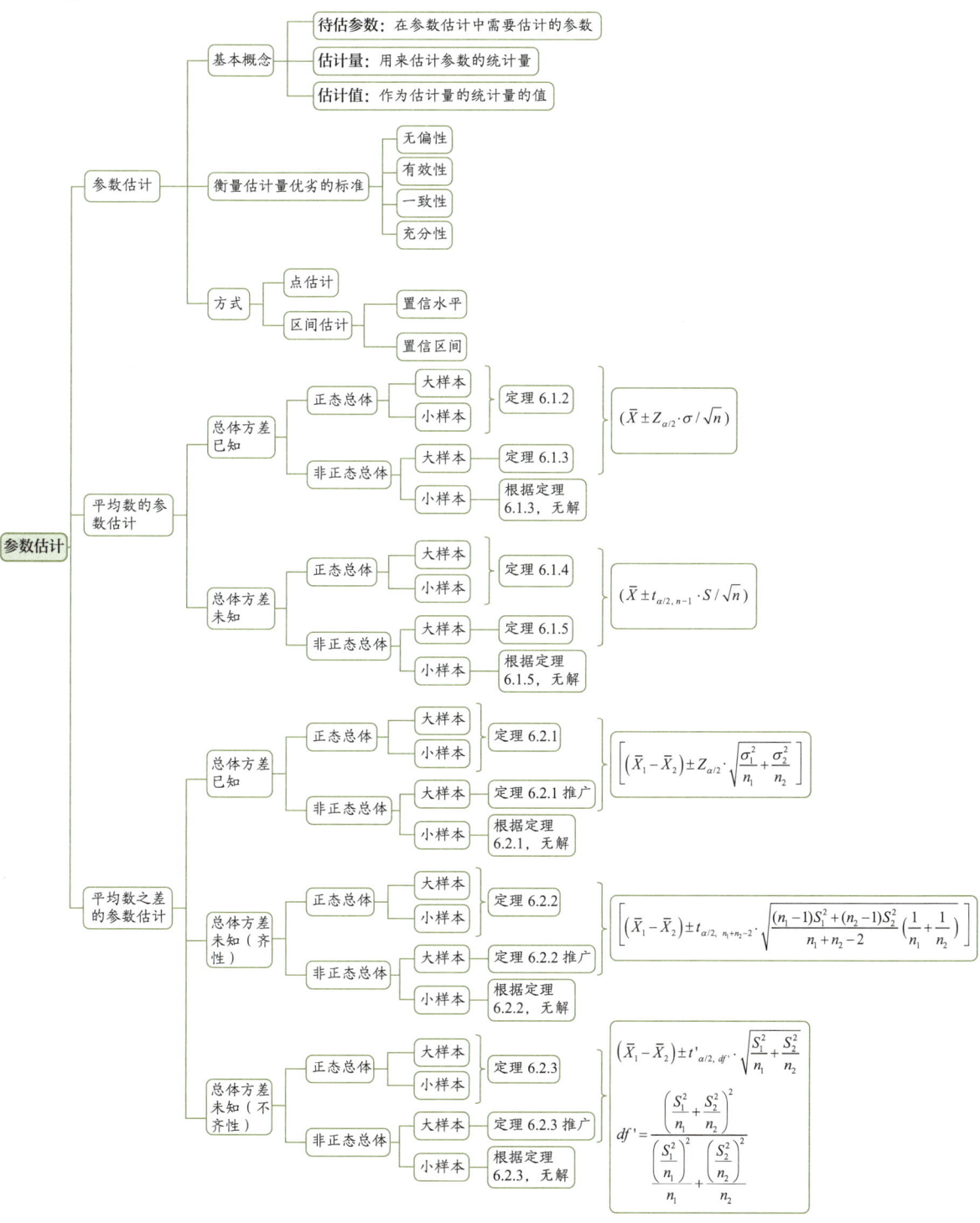

数据实验

目的

利用 SPSS 模拟从两个总体中各抽取的一个样本，计算平均数的置信区间和两平均数之差的置信区间，以此验证样本容量 n 与置信区间的关系，以及置信水平与置信区间的关系。

方法

步骤 1

计算总体的平均数等指标。打开在第 1 章 "数据实验" 中建立（或下载）的数据文件 "01-虚拟总体.sav"，点击菜单 File（文件）→ New（新建）→ Syntax（句法），在打开的句法窗口中输入以下代码并执行，可以完成本步骤。

```
EXAMINE VARIABLES=IQ BY 性别
 /PLOT NONE
 /STATISTICS DESCRIPTIVES
 /CINTERVAL 95
 /MISSING LISTWISE
 /NOTOTAL.
```

步骤 2

从总体中抽取 40 个个体，得到男女两性平均数在 95% 置信水平上的置信区间。在句法窗口中执行以下代码即可得到结果。

```
DATASET COPY Dataset2.
DATASET ACTIVATE Dataset2.
FILTER OFF.
USE ALL.
SAMPLE 40 from 1000.
EXECUTE.
```

```
DATASET ACTIVATE Dataset2.
EXAMINE VARIABLES=IQ BY 性别
 /PLOT NONE
 /STATISTICS DESCRIPTIVES
 /CINTERVAL 95
 /MISSING LISTWISE
 /NOTOTAL.
```

步骤 3

从总体中抽取 30 个个体，得到男女两性平均数在 95% 置信水平上的置信区间。将在步骤 2 中执行的代码行 "SAMPLE 40 from 1000." 中的 40 改为 30，并重复执行步骤 2 的全部代码后即可得到结果。接着，将 30 进一步改为 20，再重复执行一遍代码，得到 95% 的置信区间。

步骤 4

计算在 $n = 20$ 的样本中，男女两性平均数分别在 99%, 99.99%, 50% 的置信水平上的置信区间。

步骤 5

将男性和女性数据看成从两个相同总体（男性总体和女性总体）中各抽一个样本而得到的两个样本，求平均数之差在 50%, 90%, 95%, 99%, 99.99% 的置信水平上的置信区间。可多次执行以下代码，依次在 "/CRITERIA=CI(.50)." 的括号中填入置信水平（".50"".90"".95"".99" 和 ".9999"），进而完成本步骤。

```
DATASET ACTIVATE Dataset2.
T-TEST GROUPS= 性别(0 1)
 /MISSING=ANALYSIS
 /VARIABLES=IQ
 /CRITERIA=CI(.50).
```

结果

本实验采用 SPSS 生成的随机数据，结果也不尽相同，以下是本书作者得到的结果。

完成步骤 1 得到的结果（总体平均数）是：女性 109.80（$N = 502$），男性 110.23（N

=498），两者相差很小，可被看作两个相同的总体。

步骤 2—3 得到了不同样本容量下总体平均数的置信区间，结果见表 7.A（置信水平均为 95%，简记为 95%CI）。

表 7.A

性别	样本容量	样本平均数	平均数标准误	95% CI 的下限	95%CI 的上限
女	18	110.61	2.847	104.60	116.62
男	22	110.45	2.357	105.55	115.36
女	15	112.13	4.286	102.94	121.33
男	15	106.60	2.877	100.43	112.77
女	12	114.92	3.251	107.76	122.07
男	8	104.25	4.378	93.90	114.60

可以看到，随着样本容量的减小，置信区间越来越大。

步骤 4 计算了在 $n = 20$ 的样本中，男女两性平均数在 99%，99.99%，50% 的置信水平上的置信区间，结果见表 7.B（包括前面算出的 95%CI）。

表 7.B

置信水平	女		男	
	CI 下限	CI 上限	CI 下限	CI 上限
95%	107.76	122.07	93.90	114.60
99%	104.82	125.01	88.93	119.57
99.99%	95.67	134.17	69.73	138.77
50%	112.65	117.18	101.14	107.36

SPSS 的置信水平为 50%~99.99%。可以看到，置信水平越接近 100%，置信区间越大。

步骤 5 求两平均数之差（$M_女 - M_男$）在 50%，90%，95%，99%，99.99% 的置信水平上的置信区间。结果见表 7.C。

表 7.C

置信水平	CI 下限	CI 上限
50%	−6.426	−0.256
90%	−10.978	4.297

续表

置信水平	CI 下限	CI 上限
95%	−12.511	5.830
99%	−15.624	8.943
99.99%	−23.026	16.345

可以看到，随着置信水平从 50% 增加到 99.99%，置信区间越来越大。

讨论

本实验操纵样本容量和置信水平，考察两者与置信区间的关系。

置信区间越大，意味着参数估计越不精准。根据样本平均数估计总体平均数的置信区间（上下限）公式（$\bar{X} \pm t_{\alpha/2,\,n-1} \cdot S/\sqrt{n}$）可知，上下限间距离取决于平均数的 t 值和标准误 $S/\sqrt{n}$。而 t 值的大小与显著性水平有关，标准误的大小与样本容量有关。本实验结果是，当 $n = 40$ 时，两组标准误分别为 2.847 和 2.357；当 $n = 30$ 时，为 4.286 和 2.877；当 $n = 20$ 时，为 3.251 和 4.378。总体而言，随着样本容量的减小，标准误越来越大。

另外，在样本容量保持不变（$n = 20$）的情况下，虽然标准误不变，但是置信水平 50%、95%、99%、99.99% 对应的 t 值越来越大，所以置信区间越来越大。

同理，步骤 5 的结果是在 $n = 20$（女 12 人，男 8 人）的情况下，不同置信水平上的置信区间。由于标准误不变，置信区间完全受置信水平影响。

总之，置信水平越接近 1，t 值越大，置信区间越大；样本越小，标准误越大，置信区间也越大。

习题

7.1 统计量和估计量之间是什么关系？

7.2 为什么说样本平均数就是总体平均数的最有效估计量，而样本中位数却不是？

7.3 显著性水平、置信水平和置信区间之间存在怎样的关系？

7.4 为什么说置信水平是针对全部（而不是某一次）区间估计而言的概率？

7.5 历年来，某小学毕业班的语文成绩的标准差为 10。现从该校今年毕业的学生中抽出 25 人，算得其平均分为 70 分。求该校全体学生平均成绩分别在 95% 和 99% 的置信水平上的置信区间。

7.6 随机地从某校抽取 64 名学生，用问卷调查他们的睡眠情况，并按百分制对他们的睡眠质量打分。结果，这些学生的平均得分为 86 分。根据历史数据可知，用这种方式评定的睡眠质量的得分不服从正态分布，且总体标准差为 8 分，求该校全体学生平均得分的置信区间（$1-\alpha = 95\%$ 和 99%）。

7.7 从某大学一年级的数学测验中随机抽出 50 份卷子，算得平均分为 71.5，标准差为 11.5，求全校此次测验 99% 的置信区间。

7.8 已知某校高二 10 名学生的物理测验分数分别为 66, 75, 72, 71, 56, 57, 72, 91, 73, 72。请以 95% 的把握估计该校高二全年级平均分的置信区间。

7.9 某研究小组试图测定行人在路口等候绿灯的时间，经过对 25 位行人的测定，得到平均等候时间为 1 分 30 秒，标准差为 15 秒，能否据此估计全体行人的平均等候时间？（置信水平为 95%）

7.10 某研究者试图预估采用新教材的学生在当年的高考成绩。他用模拟试卷对 169 位采用新教材的学生进行测试，测得平均成绩为 451 分，$S = 13$ 分。请在 95% 的置信水平上估计采用新教材的学生的平均模拟考试成绩，求出其置信区间。

7.11 下列数据是两所幼儿园 5 岁幼儿的绘画测验成绩。

甲园：78, 74, 87, 76, 78, 71, 72, 85, 84, 83

乙园：86, 91, 79, 85, 82, 84, 80, 92, 93, 80

假设方差齐性，求在 95% 的置信水平上，两所幼儿园全体幼儿的绘画测验平均成绩之差的置信区间。

7.12 有 10 名男生的物理测验成绩是 80, 70, 83, 93, 66, 45, 61, 82, 63, 47。另有 10 名女生的物理测验成绩是 72, 77, 70, 73, 65, 66, 66, 69, 71, 65。假设方差不齐性，求男生和女生的总体平均数之差在 95% 的置信水平上的置信区间。

7.13 随机从 A 区抽取 76 名学生，从 B 区抽取 68 名学生，测得他们的口算成绩分别为

A 区：平均数 80，标准差 5

B 区：平均数 73，标准差 10

假设方差不齐性，求两区学生口算成绩总体平均数之差在 99% 的置信水平上的置信区间。

第 8 章
平均数的假设检验

本章提要

- 假设检验总是先提出两个相互对立的假设——零假设和备择假设,接着从零假设出发,评价它被拒绝的可能性,然后做出接受或拒绝零假设的决策。
- 假设检验分为参数假设检验和非参数假设检验。
- 常用的检验统计量的共同特征是:检验统计量 =(样本统计量 – 相应参数)/样本统计量的标准误。
- 根据样本平均数的抽样分布,可以对总体平均数进行差异显著性检验,需考虑总体方差是否已知,总体是否服从正态分布,是大样本还是小样本等问题。
- 根据两个独立样本平均数之差的抽样分布,可以检验两个总体的平均数有无显著差异,需考虑两总体的方差是否已知,两总体是否服从正态分布,方差是否齐性,是大样本还是小样本等问题。
- 独立样本和相关样本在抽样方法和计算公式上都是不同的。
- α 错误和 β 错误的概率都是可以计算的,且两者在样本容量不变的条件下不可能同时增大或同时减小。
- 统计功效、效应量和 ω^2 从不同的侧面反映了自变量对因变量的影响程度。

学习目标

- 理解假设检验的基本思想和基本步骤,了解常用检验统计量的共同特征。
- 理解显著性水平、接受域、拒绝域、α 错误和 β 错误等概念。
- 根据样本平均数的抽样分布特点,理解并掌握对应的关于总体平均数的显著性检验方法。
- 根据样本平均数之差的抽样分布特点,理解并掌握对应的关于总体平均数之差的显著性检验方法。
- 理解独立样本和相关样本的抽样方法,掌握在这两种情形下平均数差异的显著性检验方法。
- 掌握 α 错误和 β 错误的概率计算方法,理解统计功效和功效函数的含义。
- 理解并掌握 t 检验的效应量指标(d 和 ω^2)

导读问题

本章的导读问题与前两章有关抽样分布和参数估计的问题相似,只是要求判断总体平均数有无显著差异。

- 问题一:某心理测验的得分服从<u>正态分布</u>。已知某校历年来的毕业生在该项测验上的总体平均数 $\mu = 100$,<u>总体标准差 $\sigma = 5$</u>。今年从该校的应届毕业生中抽取一个容量为 <u>25</u> 的简单随机样本,测得其样本平均数 $\bar{X} = 101.5$,在 <u>5% 的显著性水平上</u>,今年全校应届毕业生的成绩与往年相比有无显著差异?

    这是根据样本平均数对总体平均数进行假设检验的问题。根据抽样分布理论,如果对题目中有下画线的内容加以变化,可以得出该问题的多个变式,即总体可以呈正态分布或非正态分布;总体标准差 σ 可以已知,也可以未知;样本可以是大样本,也可以是小样本;总体可以是无限总体,也可以是有限总体;抽样形式可以是放回的,也可以是不放回的;显著性水平可以是 5%,也可以是 1% 或其他数值。

- 问题二:某心理测验的得分服从正态分布,已知男生成绩的总体方差 $\sigma_1^2 = 64$;女生成绩的总体方差 $\sigma_2^2 = 49$。现在随机抽取 25 名男生,测得 $\bar{X}_1 = 100$;另抽取 16 名女生,测得 $\bar{X}_2 = 102$。问:在 5% 的显著性水平上,男生和女生的得分有无差异?

    与问题一相似,该问题随着分布是否正态,总体方差是否已知(如果未知,还要看方差是否齐性),样本是大样本还是小样本,以及显著性水平的变化,会产生各种变式。

- 问题三:10 名学生进行射击训练,训练前后各进行一次测试,成绩见下表。测验结果是否说明训练前后的成绩有显著差异?

学生序号	1	2	3	4	5	6	7	8	9	10
训练后(X_1)	95	70	90	66	80	78	89	84	70	73
训练前(X_2)	76	74	80	52	63	62	82	85	64	72

    问题三和问题二有相似之处,都是检验两组数据之间有无显著差异;区别在于问题三中的每名学生经过两次测试,出现了成对的数据。同样是差异的显著性检验,问题二属于独立样本的情形,问题三属于相关样本的情形,两者须采用不同的公式。

8.1 假设检验

8.1.1 假设检验的概念

假设检验是推断统计的基本任务之一，它利用样本信息，根据一定概率，对关于总体参数（或总体分布）的假设成立的可能性进行评价，进而做出拒绝或保留的决断。相比参数估计，假设检验在心理学研究中用得更加广泛。

假设检验分为参数假设检验和非参数假设检验。参数假设检验是对关于总体参数的假设进行检验。

本章导读问题一就是参数检验问题。看到这样的问题，你可能会想：既然历届平均得分是 100，应届平均得分是 101.5，不正说明今年应届毕业生成绩比往届高吗？其实未必。凡是抽样，就会有抽样误差。25 个应届生的平均分比历届总体平均分高出的 1.5 分有可能是抽样误差造成的。如果再进行一次抽样，换一个同样是 25 人的样本，其平均分或许就是 98.5, 99, 102.4, ⋯ 如果真是这样，就只能认为应届毕业生成绩与历届相比没有显著差异。

但是，如果 25 个人的平均分 $\bar{X} = 110$，我们会觉得（事实上也确实可能如此），这次高出了 10 分，单纯地用抽样误差来解释很说不过去：抽样误差固然可以解释其中的一部分，但是很难解释全部 10 分的差距。换言之，从一个 $\mu = 100$、$\sigma = 5$ 的总体中抽取的 $n = 25$ 的样本的平均数只有极小的概率会达到 110 这么高。这时，我们不得不说，应届毕业生的成绩与历届相比有显著差异。

分析一下上述推断过程，显然可以分为几个阶段：第一阶段，假设应届毕业生成绩与历届相比没有显著差异，成绩差异完全由抽样误差造成；第二阶段，判断成绩差异的相对大小，评价抽样误差能解释全部成绩差异的可能性；第三阶段，对是否接受第一阶段的假设做出决断——如果抽样误差能解释全部成绩差异，则接受该假设，否则就拒绝该假设，并选择接受与它相反的假设（应届毕业生成绩与历届相比有显著差异）。上述过程可以说是用直觉经验进行的假设检验。

8.1.2 假设检验的基本思想

统计学家的工作是，将我们用直觉估计的回答，转化成可以通过计算相应的统计量进而得出结论的数学问题。当然，这项工作还是建立在统计量的抽样分布的基础上。下面，以总体平均数的假设检验为例，介绍假设检验的基本思想。

既然是假设检验，当然要先建立一个假设，然后决定是否接受它。我们先确定一个假设:"$\bar{X}$ 所代表的总体平均数与 μ 没有显著差异";或者说,"$\bar{X}$ 是从平均数为 μ 的总体中抽出的样本平均数"。

根据抽样分布中的定理 6.1.2,设总体 X 服从正态分布,$(X_1, X_2, \cdots, X_n)$ 是抽自该总体的一个简单随机样本,样本平均数 $\bar{X}$ 亦服从正态分布,且

$$\mu_{\bar{X}} = \mu$$

$$\sigma_{\bar{X}}^2 = \frac{\sigma^2}{n}$$

即 $\bar{X} \sim N(\mu, \sigma^2/n)$,如图 8.1.1 所示。

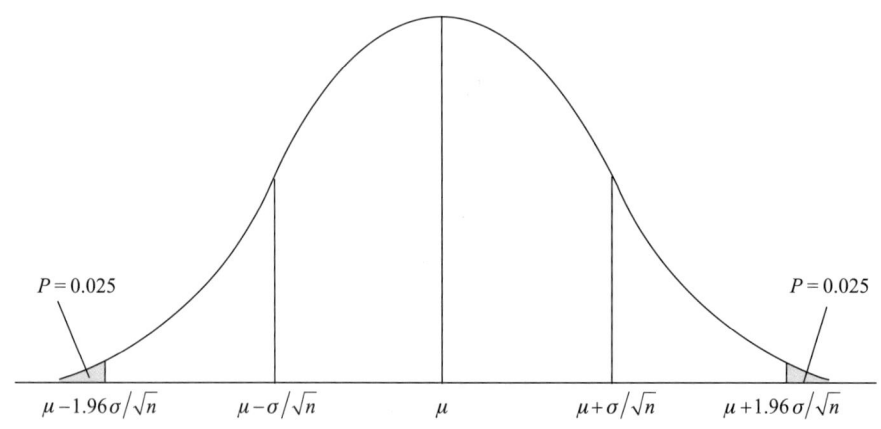

图 8.1.1　关于总体平均数的假设检验示意图($\alpha = 0.05$)

从图 8.1.1 可以看出,从一个平均数为 μ,方差为 σ^2 的正态总体中抽取的容量为 n 的样本的平均数 $\bar{X}$,随着样本的不同,有的可能高于 μ,有的可能低于 μ,但是它们总是围绕 μ 上下波动,而且落在离 μ 近的地方的概率大,落在离 μ 远的地方的概率小。根据定理 6.1.2,查正态分布表可知,$\bar{X}$ 落在区间 $(\mu-1.96\sigma/\sqrt{n}, \mu+1.96\sigma/\sqrt{n})$ 以内的概率为 0.95,落在这个区间以外的概率只有 0.05。

在讲述概率的基本知识时,曾提到过小概率事件。小概率事件被认为是在一次试验中实际上不可能发生的事件。它通常有两个标准:概率分别为 0.05 和 0.01。这就是我们限定 $\bar{X}$ 落在上述范围以外的概率为 0.05(或 0.01)的缘由。

概率小于 0.05 而大于 0.01 的小概率事件,是"几乎不可能发生"的事件;概率小于 0.01 的小概率事件,是"几乎完全不可能发生"的事件。这样就可以说,从一个平均数为 μ,方差为 σ^2 的正态总体中抽取的容量为 n 的样本的平均数几乎不可能落在

($\mu-1.96\sigma/\sqrt{n}$, $\mu+1.96\sigma/\sqrt{n}$) 以外。

如果样本平均数落在了这个区间之外，统计学上就认为：既然从一个平均数为 μ，方差为 σ^2 的总体中抽取的容量为 n 的样本的平均数落在 ($\mu-1.96\sigma/\sqrt{n}$, $\mu+1.96\sigma/\sqrt{n}$) 以外是"几乎不可能的"，那么什么是更有可能的呢？显然就是：这个样本所在的总体的平均数应该不是 μ，或者说这个样本是从另一个总体中抽出来的。这时，我们说，这个样本所在的总体平均数与原来的那个总体平均数 μ 有显著差异。

总结上述思路就可以获得关于平均数的假设检验的决策规则：如果 $\bar{X}$ 落入 ($\mu-1.96\sigma/\sqrt{n}$, $\mu+1.96\sigma/\sqrt{n}$) 这个区间，就说明这个 $\bar{X}$ 所代表的总体的平均数与 μ 没有显著差异；相反，如果 $\bar{X}$ 在 ($\mu-1.96\sigma/\sqrt{n}$, $\mu+1.96\sigma/\sqrt{n}$) 这个区间以外，就认为 $\bar{X}$ 所代表的总体的平均数与 μ 有显著差异。

刚才已经先确定了一个假设："$\bar{X}$ 所代表的总体的平均数与 μ 没有显著差异"。现在可以看到，($\mu-1.96\sigma/\sqrt{n}$, $\mu+1.96\sigma/\sqrt{n}$) 这个区间就是接受该假设的区域，称为接受域；而这个区间以外的区域就是拒绝这个假设的区域，称为拒绝域。请注意，接受域和拒绝域都是用上述假设中的总体平均数，结合小概率事件的概率、总体方差和样本容量而计算出来的。

在假设检验过程中，实际的计算过程往往不是计算 $\bar{X}$ 是否落在上述范围中，而是将它转换成 Z 值，判断其绝对值是否大于 1.96。因为既然样本平均数服从正态分布，就可以运用公式 $Z = \dfrac{\bar{X}-\mu}{\sigma/\sqrt{n}}$ 将它转换成标准正态分布，即 $Z \sim N(0, 1^2)$。由正态分布的对称性可知：

$$P\{|Z| \geq 1.96\} = 0.05$$

这说明，Z 的绝对值超过 1.96 的概率为 0.05，这与"$\bar{X}$ 落入 ($\mu-1.96\sigma/\sqrt{n}$, $\mu+1.96\sigma/\sqrt{n}$) 以外区域的概率为 0.05"的说法是等价的。

小概率事件的另一个标准是概率小于 0.01。查正态分布表可知，$P\{|Z| \geq 2.58\} = 0.01$，即 $\bar{X}$ 落入 ($\mu-2.58\sigma/\sqrt{n}$, $\mu+2.58\sigma/\sqrt{n}$) 之外的概率仅为 0.01。这是一个几乎完全不可能发生的事件。这时我们可以说，$\bar{X}$ 所代表的总体的平均数与 μ 有极其显著差异；或者说，$\bar{X}$ 所代表的总体的平均数与 μ 在 0.01 的显著性水平上有差异。可见，小概率事件的不同标准体现了不同的显著性水平。

> **回顾**：假设检验的基本思想
> **练习与思考**：完成习题 8.1

8.1.3 假设检验的步骤

通常，我们按以下四个步骤进行假设检验。

步骤1：提出假设

对于每一个假设检验的问题，我们同时提出两个相反的假设：零假设和备择假设。零假设又称原假设、虚无假设或解消假设，用 H_0 表示；备择假设又称研究假设或对立假设，用 H_1 表示。例如，对于本章导读问题一，我们提出如下假设。

$$H_0: \mu = 100$$

$$H_1: \mu \neq 100$$

H_0 就是假设样本是从平均数为 100 的总体中抽取出来的。假设检验就是从零假设出发，评价它被拒绝的可能性，从而得出决断。

步骤2：选择并计算检验统计量

确定检验统计量时，要根据前面研究过的抽样分布做出选择。不同类型的问题涉及的抽样分布不同，要选择不同的检验统计量。在本章导读问题一中，总体成绩 X 服从正态分布，故可以认为样本平均数 $\bar{X}$ 亦服从正态分布，这样就可以用 $Z = \dfrac{\bar{X} - \mu}{\sigma/\sqrt{n}}$ 作为检验统计量，并计算其值，然后就可以结合显著性水平判断 Z 值是否进入零假设的拒绝域。

上式中的 μ 也可以记为 μ_0，因为它指的是零假设成立前提下的总体平均数。

许多常用的检验统计量有着共同的特征：检验统计量 = (样本统计量 – 相应参数)/样本统计量的标准误差。所以，检验统计量的值就是样本统计量与相应参数值之间差多少个标准误。例如，$Z = \dfrac{\bar{X} - \mu}{\sigma/\sqrt{n}}$ 的意思是，样本平均数 $\bar{X}$ 比总体平均数 μ 高 Z 个样本平均数标准误（$\sigma/\sqrt{n}$）。

步骤3：规定显著性水平和临界值

小概率事件的概率 α 称为显著性水平，通常规定 α 为 0.05 或 0.01。显著性水平设定以后，就可以设定接受域和拒绝域了。注意，这里的接受域和拒绝域都是针对零假设而言的，与假设检验"从零假设出发"相呼应。

这时还要决定是进行双侧检验还是单侧检验。

所谓双侧检验，就是将 α 等分为左右两部分，左右两边各设置一个拒绝域，中间是接受域。每个拒绝域相应的概率为 $\alpha/2$。图 8.1.1 所示的就是一个双侧检验。

所谓单侧检验，就是要么将与 α 对应的拒绝域全部放置在左侧，要么将它全部放置在右侧，另一侧则是接受域。所以单侧检验又分左侧检验和右侧检验。图 8.1.2 所示的就是一个左侧检验和一个右侧检验。

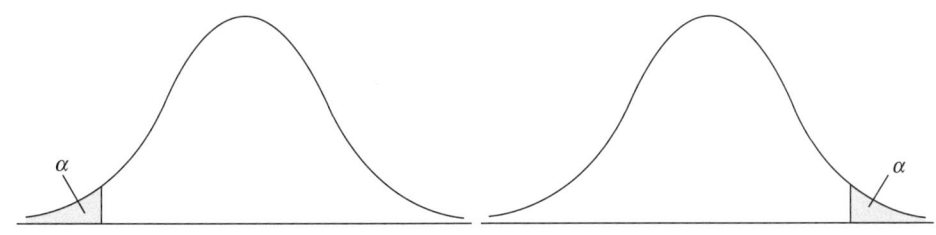

图 8.1.2　左侧检验和右侧检验

至于究竟什么时候应该用双侧检验，什么时候应该用单侧检验，以及应该用左侧检验还是右侧检验，要根据问题的具体要求做出判断，本书稍后将介绍这方面的内容。

将接受域和拒绝域分开的检验统计量值，就是临界值。例如，当 α 为 0.05 时，在双侧检验的情况下，相应的 Z 临界值有两个，分别是 -1.96 和 $+1.96$。

步骤 4：统计决断

在计算出选定的检验统计量的数值后，判断它对应的概率是否小于显著性水平 α。在本章导读问题一中，如果我们通过计算，发现 $Z = \dfrac{\bar{X} - \mu}{\sigma / \sqrt{n}}$ 的绝对值超过了 1.96，这说明，在假设 $\mu = 100$ 的情况下，$\bar{X}$ 几乎不可能达到现在的数量。那么应该拒绝零假设，接受备择假设。如果 Z 值超过了 2.58，这说明，在假设 $\mu = 100$ 的情况下，$\bar{X}$ 几乎完全不可能达到现在的数量。那么更应该拒绝零假设，接受备择假设。

现在根据以上步骤，求解本章导读问题一。

解：

（1）提出假设。

$$H_0: \mu = 100$$
$$H_1: \mu \neq 100$$

（2）选择并计算检验统计量。因为总体 X 服从正态分布，所以，可以认为样本平均数 $\bar{X}$ 亦服从正态分布，这样就可以用 $Z = \dfrac{\bar{X} - \mu}{\sigma / \sqrt{n}}$ 作为检验统计量。经计算可得，$Z = \dfrac{\bar{X} - \mu}{\sigma / \sqrt{n}} = \dfrac{101.5 - 100}{5 / \sqrt{25}} = 1.5$。

（3）规定显著性水平和临界值。设定 α 为 0.05。在双侧检验的情况下，相应的 Z 临界值应该是 ±1.96，即 Z 的接受域为 (–1.96, 1.96)。

（4）统计决断。由于 Z 绝对值未超过 1.96，故接受 H_0，认为应届学生与历届学生没有显著差异。

如果本章导读问题一中的样本平均数是 110，则 Z = 10，远远超过 2.58，此时应认为应届学生与历届学生有极其显著的差异。实际上，当样本平均数是 103 时，Z 就超过 2.58 了。

在统计软件中（例如 SPSS）往往不报告检验统计量是否超过临界值，而是报告一个 P 值。这个 P 值是检验统计量值对应的概率。例如，当上述假设检验的检验统计量 Z = 1.5 时，SPSS 报告的 P 值是 $P(|Z| > 1.5) = 0.1336$。由于 0.1336 > 0.05，可知 Z = 1.5 没有超过 $\alpha = 0.05$ 水平上的临界值，落入了 H_0 的接受域。反之，如果 P < 0.05，就该拒绝 H_0 了。

关于 P 值的含义

初学者往往将假设检验所得的 P 值误解为 H_0 成立的概率。这种理解至少是不符合 P 值原意的。如果用数学式子表达，"H_0 成立的概率"应该记为 $P(H_0)$；而假设检验得到的 P 值的原意应该记为 $P(D|H_0)$，表达的是在 "H_0 成立的前提下得到现有数据 D 的概率"。

例如，在本章导读问题一中，H_0 为 $\mu = 100$，抽样误差 ($\bar{X} - \mu$) 达到 1.5 个标准误，即 Z = 1.5，此时 $P(D|H_0)$ 就是 $P\{(|Z| > 1.5)|H_0\} = 0.1336$。所以，对本章导读问题一中 P 值的解释应该为：在 H_0 成立的前提下，抽样误差大于 1.5 个标准误的概率达到 0.1336。也可以解释为：13.36% 的来自 $\mu = 100$ 的总体的样本平均数比当前样本平均数（101.5）更加偏离 μ。

所以，概括而言，假设检验的 P 值就是：在 H_0 成立的前提下，抽样误差大于当前误差的概率。正因为如此，H_0 即使为真，仍有一定的概率被否定（α 错误），这个"一定的概率"就是显著性水平 α。

参数检验除了可以回答本章导读问题一所示的关于某总体平均数前后有无显著差异之类的问题，还可以回答以下问题：两总体平均数有无显著差异？多个总体平均数有无显著差异？两个或多个总体方差有无显著差异？等等。

> 回顾：假设检验的基本步骤　常用检验统计量的共同特征
>
> 练习与思考：完成习题 8.2

8.1.4　假设检验可能犯的两类错误

按照以上思想进行假设检验，不会 100% 正确，总是会犯一些错误。这些错误可以分为两类：一类称为 α 错误（I 型错误），另一类称为 β 错误（II 型错误），见表 8.1.1。

表 8.1.1　α 错误与 β 错误

H_0	决策	
	接受 H_0	拒绝 H_0
H_0 为真	正确	α 错误
H_0 为假	β 错误	正确

8.1.4.1　α 错误（I 型错误）

前面说过，从一个平均数为 μ、方差为 σ^2 的正态总体中抽取的容量为 n 的样本的平均数几乎不可能落在 ($\mu - 1.96\sigma/\sqrt{n}$, $\mu + 1.96\sigma/\sqrt{n}$) 以外，所以，我们将这个区间称为零假设的接受域，该区间以外称为拒绝域。

从这个正态总体中抽取的容量为 n 的样本的平均数落在 ($\mu - 1.96\sigma/\sqrt{n}$, $\mu + 1.96\sigma/\sqrt{n}$) 以外的概率虽然不高，但毕竟还是存在的，其概率为 0.05。也就是说，即使零假设为真，样本确确实实是从这个正态总体中抽取出来的，也可能"不幸"带着很大的抽样误差而落入拒绝域。这时，按照前面定出的决策规则，我们只能拒绝零假设（$\bar{X}$ 所代表的总体的平均数与 μ 没有显著差异），而接受备择假设（$\bar{X}$ 所代表的总体的平均数与 μ 有显著差异），认为这个样本所在的总体的平均数应该不是 μ。这个判断显然不合乎实际，但是统计学上不能因为可能存在这样的错误而放弃原定的判断标准。这样一来，每当上述"不幸"的情况发生时，我们都会犯表 8.1.1 中 H_0 为真却被拒绝的错误，即 ==拒绝本来是正确的零假设，接受错误的备择假设==，这种错误称为 α 错误，又称为 I 型错误。之所以称之为 α 错误，是因为犯这种错误的概率就等于显著性水平 α（图 8.1.3）。

在实际生活中也可以观察到类似于 α 错误的现象。例如，一名学生的数学水平原本没有提高，但在某次考试中，他的运气特别好，成绩远远超过以前。这时，教师虽然心存疑虑，但还是不得不先承认该生的成绩有了显著的提高。这时，教师犯的就是 α 错误，即拒绝了"该生成绩没有显著变化"这一正确的假设，故 α 错误又称为"拒真"错误。

如果犯 α 错误的代价很大，我们当然想降低犯错的概率，这时可以将显著性水平 α 设为 0.01 甚至更低。

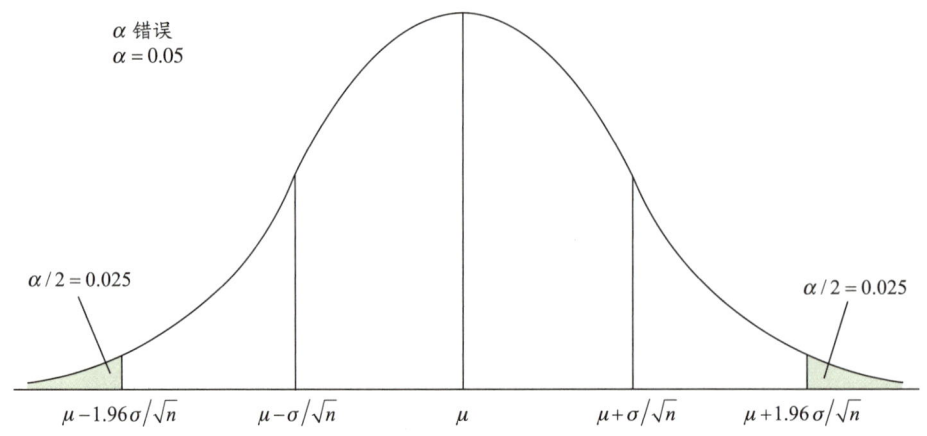

图 8.1.3　α 错误示意图（双侧检验，$\alpha = 0.05$）

8.1.4.2　β 错误（Ⅱ型错误）

β 错误，又称为 Ⅱ 型错误，它与 α 错误正好相反：<mark>接受错误的零假设，拒绝正确的备择假设</mark>。如果一个样本确确实实是从一个平均数为 μ_1 的总体中抽取出来的，而不是从平均数为 μ_0 的总体中抽取出来的，那么正确的结论应该是拒绝零假设，接受备择假设。但是，如果这个样本的平均数与 μ_0 没有拉开足够的距离，它就可能落在 H_0 的接受域中，从而认为该样本是从平均数为 μ_0 的总体中抽取出来的。这就犯了表 8.1.1 中 H_0 为假却被接受的错误（图 8.1.4），故 β 错误又称为"存伪"错误。

β 错误在生活中也很常见。例如，还是前面说的那名学生，他通过一段时间的刻苦努力，数学水平实际上是显著提高了。但是考试的时候不幸没有发挥好，成绩比以前没有提高多少，教师当然只能认为该学生的数学水平没有显著提高，即接受"该生成绩没有显著变化"这一错误的假设。这时，教师就犯了 β 错误。

从图 8.1.4 可以看出，完全消除犯错的可能性是不现实的。规定较小的 α（例如，0.01 甚至更低）固然可以减少 α 错误，但是会导致零假设接受域扩大，从而增加犯 β 错误的概率；当把 α 设为 0 时，接受域就是整个数轴（从 $-\infty$ 到 $+\infty$），这时就没有机会拒绝错误的零假设了。换句话说，在给定的样本容量下，犯 α 错误和 β 错误的概率不可能同时增加或同时减少。不过，如果增加样本容量，倒是可以减少犯 β 错误的概率。另外，在第 8.2 节中还能看到，合理地设定拒绝域（位于双侧、左侧或右侧），也可以在一定程度上减少犯 β 错误的概率。

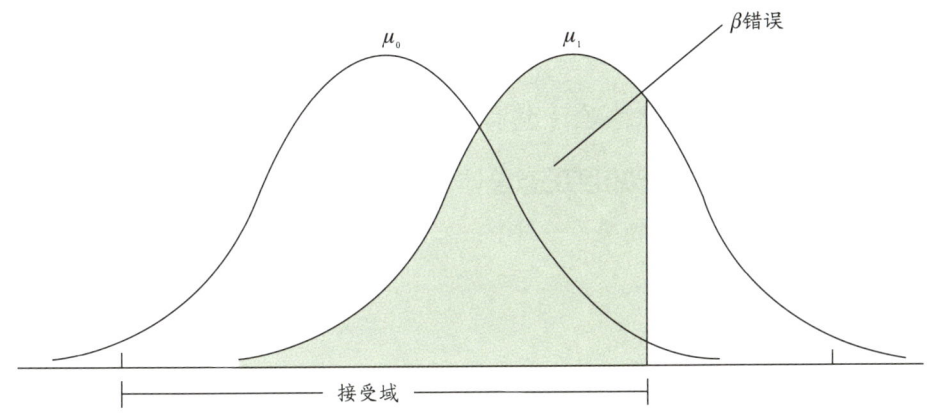

图 8.1.4 β 错误（双侧检验，接受域以外的就是拒绝域）

假设检验存在 α 错误和 β 错误，这往往令初学者备感困惑。很多人以为，零假设在 α 水平上被拒绝，就说明零假设是错的，至少说明零假设成立的概率很小（只有 α）。其实，严格来说，即使是在零假设成立的情况下，Z 值、t 值（或其他检验统计量的值）也有 α 的概率落入指定的拒绝域——一旦这种情况发生，就不得不拒绝零假设，无论其真伪；如果这种情况没有发生，就不得不接受零假设，同样无论其真伪。简而言之，被接受的零假设未必为真，被拒绝的零假设也未必为假。事实上，我们无法以绝对的把握证实或证伪零假设。但是，面对随机现象，也只能采取这种方法，从零假设和备择假设中做一个倾向性选择。

> **回顾**：α 错误　β 错误
> **练习与思考**：完成习题 8.3

8.2 总体平均数的假设检验

与参数估计一样，参数假设检验的公式与抽样分布的公式也是一一对应的。要考虑的问题仍然是：总体方差是否已知？总体是否服从正态分布？是大样本还是小样本？是放回的抽样还是不放回的抽样？但是参数假设检验经常还要考虑另一个问题，是双侧检验还是单侧检验？如果是单侧检验，则应该是左侧检验还是右侧检验？

本节和第 8.3 节所述的假设检验在大多数实际情况下，都采用以 t 为首的公式，故可

以统称为 t 检验。当然，如果用到以 Z 为首的公式，也可以称之为 Z 检验或 u 检验。

8.2.1 总体平均数的假设检验（总体方差已知）

8.2.1.1 在总体方差已知且正态总体的条件下，总体平均数的假设检验

第 8.1 节已经讨论过这种情况了。对于正态分布总体，根据样本平均数的抽样分布定理 6.1.2，可知：

$$\bar{X} \sim N(\mu, \sigma^2/n)$$

或

$$Z = \frac{\bar{X} - \mu}{\sigma/\sqrt{n}} \sim N(0, 1^2)$$

在 H_0（$\mu = \mu_0$）成立的情况下，若显著性水平 α 为 0.05，由正态分布的对称性可知：

$$P\{|Z| \geqslant 1.96\} = 0.05$$

这说明，Z 的绝对值超过 1.96 的概率为 0.05，或者说，$\bar{X}$ 落入（$\mu - 1.96\sigma/\sqrt{n}$，$\mu + 1.96\sigma/\sqrt{n}$）以外区域的概率仅为 0.05。这样，如果 $\bar{X}$ 落入该区域以外的区域，即拒绝域，就应当拒绝零假设。

将显著性水平 α 推广到一般情况，则

$$P\{|Z| \geqslant Z_{\alpha/2}\} = \alpha$$

这说明，Z 的绝对值超过 $Z_{\alpha/2}$ 的概率为 α，或者说，$\bar{X}$ 落入（$\mu - Z_{\alpha/2} \cdot \sigma/\sqrt{n}$，$\mu + Z_{\alpha/2} \cdot \sigma/\sqrt{n}$）以外区域（拒绝域）的概率为 α。如果 $\bar{X}$ 落入拒绝域，就应当拒绝零假设。

假设检验有双侧检验和单侧检验之分。在上述情况下，提出的问题是 μ 和 μ_0 有无显著差异。既然是差异，当然分大于和小于两种情况，故拒绝域有两个，位于接受域以外的两侧，这种检验称为双侧检验。如果拒绝域分布在单侧，就是单侧检验。单侧检验进一步分为左侧检验和右侧检验。它们适用的公式是一样的，但是假设和拒绝域的设置正好相反。

如果提出的问题是 μ 是否显著地低于 μ_0？则 H_0 应为 $\mu \geqslant \mu_0$，H_1 应为 $\mu < \mu_0$，拒绝域在左边（$Z \leqslant -Z_\alpha$），是左侧检验，见图 8.2.1。

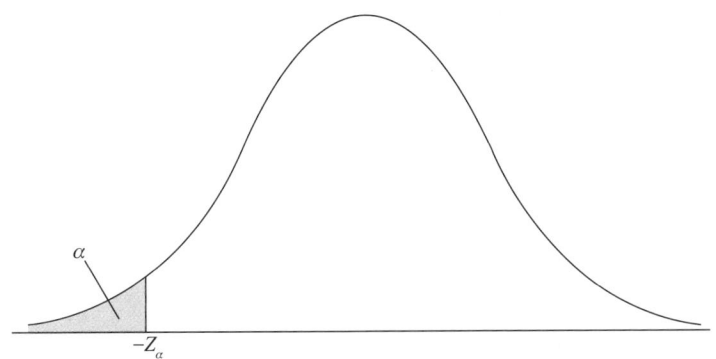

图 8.2.1　左侧检验

如果提出的问题是 μ 是否显著地高于 μ_0？则 H_0 应为 $\mu \leq \mu_0$，H_1 应为 $\mu > \mu_0$，拒绝域在右边（$Z \geq Z_\alpha$），是右侧检验，见图 8.2.2。

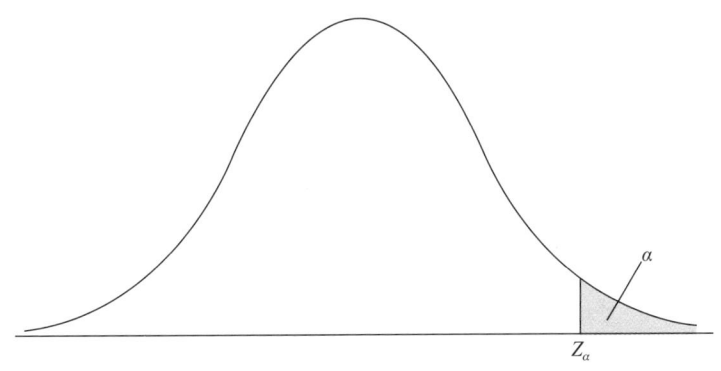

图 8.2.2　右侧检验

注意：在单侧检验的时候，查表要查 Z_α，而不是 $Z_{\alpha/2}$。例如，当 $\alpha = 0.05$ 时，$Z_{0.05} = 1.64$，而不是 1.96。

合理地设定拒绝域，可以在一定程度上减少犯 β 错误的概率。当不知道总体平均数 μ 是大于还是小于 μ_0 时，宜采用双侧检验。但是如果几乎肯定地认为总体平均数 μ 显著地小于 μ_0 时，就应该用左侧检验。这样可以加大拒绝零假设 $\mu \geq \mu_0$ 的概率，等于加大接受假设 $\mu < \mu_0$ 的概率，如图 8.2.3 所示。

从图 8.2.3 的三种情况可以看出，若真实的总体平均数 $\mu < \mu_0$，左侧检验因其拒绝域在左侧，犯 β 错误的概率最小；如果是双侧检验，犯 β 错误的概率稍大；如果是右侧检验，拒绝域落在右侧，很少有机会拒绝 H_0，故犯 β 错误的概率最大。

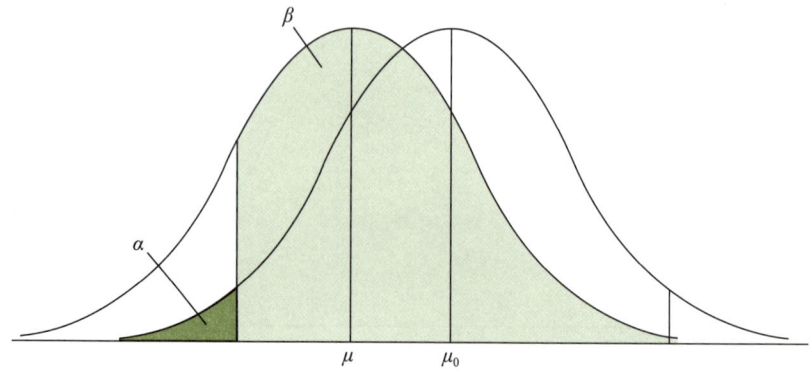

(A)若真实的总体平均数 $\mu < \mu_0$，拒绝域在左侧时犯 β 错误的概率

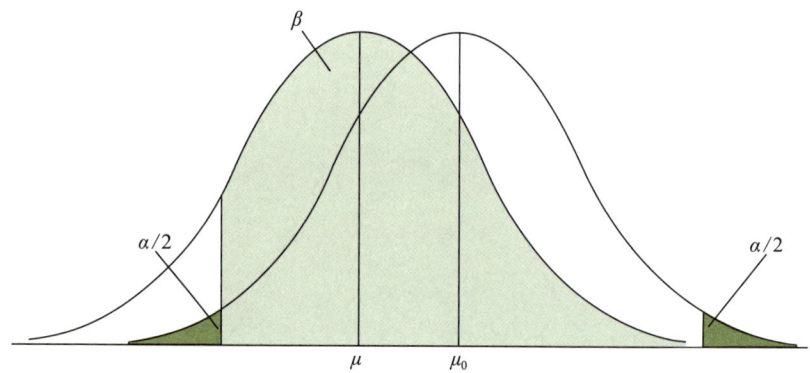

(B)若真实的总体平均数 $\mu < \mu_0$，拒绝域在双侧时犯 β 错误的概率

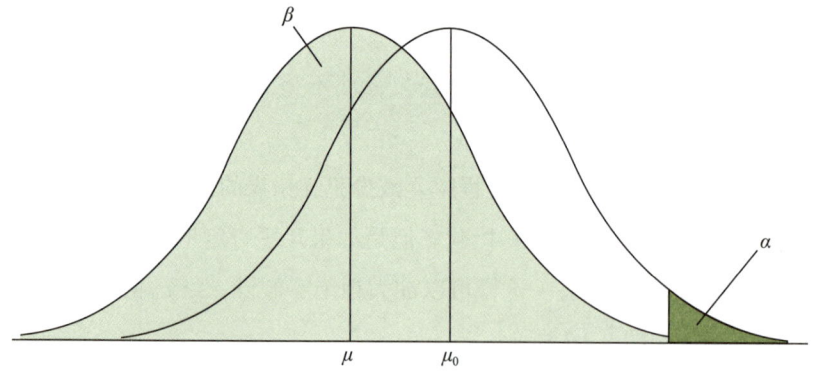

(C)若真实的总体平均数 $\mu < \mu_0$，拒绝域在右侧时犯 β 错误的概率

图 8.2.3　若真实的总体平均数 $\mu < \mu_0$，犯 β 错误的概率（浅色阴影部分）示意图

【例题 8.2.1】某小学采用一种实验教材，使用一年以后，随机抽取 10 名学生进行测

试，得到平均成绩82分。而过去使用旧教材的全体学生的平均成绩为77分，标准差为5分。研究者几乎肯定实验教材效果好于旧教材，请做差异显著性检验。

解：

（1）提出假设。

$$H_0: \mu \leqslant 77$$
$$H_1: \mu > 77$$

（2）选择并计算检验统计量。设使用实验教材的学生的学习成绩为X，该总体服从正态分布。根据题意，总体方差已知，应为$\sigma^2 = 5^2$，故在H_0成立的前提下，$\bar{X} \sim N(\mu, \sigma^2/n)$，检验统计量应为$Z = \dfrac{\bar{X} - \mu}{\sigma/\sqrt{n}} = \dfrac{82 - 77}{5/\sqrt{10}} = 3.1623$。

（3）规定显著性水平和临界值。在一般情况下，规定α为0.05或0.01，这里问实验教材效果是否显著好于旧教材，应采用右侧检验，拒绝域为$Z \geqslant Z_\alpha$。$Z_{0.05} = 1.64$，$Z_{0.01} = 2.33$。

（4）统计决断。本题计算出的$Z = 3.1623$远远超过$Z_{0.05} = 1.64$和$Z_{0.01} = 2.33$这两个临界值，故应当拒绝H_0，承认实验教材效果极其显著地好于旧教材。

> **回顾**：总体平均数的假设检验（总体方差已知，正态总体）
> **练习与思考**：完成习题8.4—8.5

8.2.1.2　在总体方差已知且非正态总体的条件下，总体平均数的假设检验

根据样本平均数的抽样分布特点（定理6.1.3），在非正态总体的情况下，如果抽取的是小样本，则无法进行统计处理。但是，在大样本的情况下，可以用正态分布近似求解。

【例题8.2.2】某学校英语考试成绩的分布为偏态分布，平均成绩为60分，标准差为6分。后来在新一届学生中采用新教法，虽然认为标准差不会有什么变化，但是不知道平均成绩与以前有无显著差异。为此，从该届学生中随机抽取16人，经过同样难度的测验，得到他们的平均成绩为65分。问：能否认为平均成绩有显著变化？如果抽取36人呢？

解：根据题意，新一届学生的考试成绩的总体方差已知，其值为6^2，但由于总体不服从正态分布，故必须在大样本情况下进行总体平均数的假设检验。现样本容量$n = 16 < 30$为小样本。本题无解。

当样本容量增加至36人时，属于大样本的情况，故可以用正态分布近似

求解。

（1）提出假设。

$$H_0: \mu = 60$$
$$H_1: \mu \neq 60$$

（2）选择并计算检验统计量。根据题意，总体方差 $\sigma^2 = 6^2$，$n = 36 > 30$，为大样本，故 $\bar{X}$ 近似服从 $N(\mu, \sigma^2/n)$，检验统计量应为 $Z = \dfrac{\bar{X} - \mu}{\sigma/\sqrt{n}} = \dfrac{65 - 60}{6/\sqrt{36}} = 5$。

（3）规定显著性水平和临界值。本题没有规定显著性水平，故规定 α 为 0.05 和 0.01，这里问成绩有无显著变化，应采用双侧检验，拒绝域为 $|Z| \geq Z_{\alpha/2}$。$Z_{0.025} = 1.96$，$Z_{0.005} = 2.58$。

（4）统计决断。因为 $Z = 5 > 2.58$，故应当拒绝 H_0，承认成绩有极其显著的变化或差异。

8.2.2 总体平均数的假设检验（总体方差未知）

8.2.2.1 在总体方差未知且正态总体的条件下，总体平均数的假设检验

根据定理 6.1.4，当总体服从正态分布时，从总体中抽取一个简单随机样本，则

$$t = \dfrac{\bar{X} - \mu}{S/\sqrt{n}} \sim t_{n-1}$$

因此，当 σ^2 未知时，用 S^2 代替 σ^2，用 t 分布代替标准正态分布。

【例题 8.2.3】表 2.2.3 为某班级 30 名学生的智商测验结果。问：能否认为该班所在学校学生的智商是 106？（显著性水平为 0.05。）

解：智商测验成绩服从正态分布，现总体方差未知，故用 S^2 代替之。根据表 2.2.3 中的数据计算得到 $\bar{X} = 104$，S 为 10.4221。

（1）提出假设。

$$H_0: \mu = 106$$
$$H_1: \mu \neq 106$$

（2）选择并计算检验统计量。智商 X 的总体服从正态分布。根据题意，总体方差未知，故检验统计量应为 $t = \dfrac{\bar{X} - \mu}{S/\sqrt{n}} = \dfrac{104 - 106}{10.4221/\sqrt{30}} = -1.051$。

（3）规定显著性水平和临界值。α为0.05。采用双侧检验，拒绝域为 $|t| \geqslant t_{\alpha/2}$。$t_{0.025, 29} = 2.045$。

（4）统计决断。因为 $|t| < 2.045$，所以应当接受 H_0，可以认为该班所在学校学生的智商是106。

实际上，由于本题样本容量达到30，可以算是一个大样本，故也可以用标准正态分布求解，临界值 $Z_{0.025} = 1.96$。

8.2.2.2 在总体方差未知且非正态总体的条件下，总体平均数的假设检验

根据定理6.1.5，在 σ^2 未知且总体为非正态总体的条件下，应严格区分大样本和小样本。如果是小样本，样本平均数的抽样分布无解，因而无法进行参数假设检验和参数区间估计；如果是大样本，则利用 t 分布或标准正态分布近似求解。

【例题8.2.4】某市调查大学生在家期间平均每天用于上网浏览的时间。某教授认为不会超过3小时。随机抽取100名学生进行调查的结果为：平均时间为2.8小时，方差 $S^2 = 1.69$。问：调查结果是否支持该教授的看法？（显著性水平为0.05。）

解：大学生在家期间平均每天用于上网浏览的时间的分布形式未知，总体方差也未知。但是 $n=100$ 为大样本，故用 $S=\sqrt{1.69}=1.3$ 代替总体标准差，用标准正态分布近似求解。根据题意，这是一个右侧检验。

（1）提出假设。

$$H_0: \mu \leqslant 3$$
$$H_1: \mu > 3$$

（2）选择并计算检验统计量。$Z = \dfrac{\bar{X}-\mu}{S/\sqrt{n}} = \dfrac{2.8-3}{1.3/\sqrt{100}} = -1.5385$。

（3）规定显著性水平和临界值。本题没有规定显著性水平，故规定 α 为 0.05 和 0.01，拒绝域为 $Z \geqslant Z_\alpha$。$Z_{0.05} = 1.64$，$Z_{0.01} = 2.33$。

（4）统计决断。因为 $Z < 1.64$，故应当接受 H_0，认为不会超过3小时。

怎样确定 H_0

初学者往往不知道怎样确定 H_0 和 H_1。就平均数差异的假设检验来说，其实有一个很简单的原则，即 H_0 中应该包括无差异的情况（有一个等号）。这样在后面的

计算中才能代入那个 μ。就例题 8.2.4 来说，教授的看法是 $\mu \leqslant 3$，其中包括了 $\mu = 3$，故应该把教授的看法设为 H_0。而 H_1 就是 $\mu > 3$。因而这是一个右侧检验。

回顾：总体平均数的假设检验（总体方差未知）
练习与思考：完成习题 8.6—8.7

8.3 两总体平均数之差的假设检验

比较两个总体平均数之间的差异是否显著是实际应用中常见的假设检验，其检验方法仍来自两样本平均数之差的抽样分布，故需考虑两总体方差是否已知，两总体是否服从正态分布，是大样本还是小样本，以及方差是否齐性，从而确定应该采用何种检验统计量。

8.3.1 总体平均数之差的假设检验（两总体方差已知）

根据定理 6.2.1 及其推广，在两总体方差 σ_1^2 和 σ_2^2 已知的条件下，当两个总体服从正态分布时，或当它们虽然是非正态总体，但是抽自两个总体的两个样本均为大样本时，则

$$\bar{X}_1 - \bar{X}_2 \sim N\left(\mu_1 - \mu_2, \frac{\sigma_1^2}{n_1} + \frac{\sigma_2^2}{n_2}\right)$$

因此，此时可以用 Z 作为检验统计量：

$$Z = \frac{(\bar{X}_1 - \bar{X}_2) - (\mu_1 - \mu_2)}{\sqrt{\frac{\sigma_1^2}{n_1} + \frac{\sigma_2^2}{n_2}}}$$

由于零假设为 $\mu_1 = \mu_2$，故上式可以简化成

$$Z = \frac{\bar{X}_1 - \bar{X}_2}{\sqrt{\frac{\sigma_1^2}{n_1} + \frac{\sigma_2^2}{n_2}}} \quad \text{（公式 8.3.1）}$$

若计算出的 Z 值落入拒绝域，则拒绝零假设，接受备择假设。

【例题 8.3.1】本题为本章导读问题二。某心理测验的得分服从正态分布，已知男生成绩的总体方差 $\sigma_1^2 = 64$；女生成绩的总体方差 $\sigma_2^2 = 49$。现在随机抽取 25 名男生，测得 $\bar{X}_1 = 100$；另抽取 16 名女生，测得 $\bar{X}_2 = 102$。问：在 5% 的显著性水平上，男生和女生的得分有无显著差异？

解：
（1）提出假设。
$$H_0: \mu_1 - \mu_2 = 0 \text{ 或 } \mu_1 = \mu_2$$
$$H_1: \mu_1 - \mu_2 \neq 0 \text{ 或 } \mu_1 \neq \mu_2$$

（2）选择并计算检验统计量。两个总体方差已知，且为两个正态总体，$n_1 = 25$，$n_2 = 16$ 为小样本，故应采用 Z 检验。

$$Z = \frac{\bar{X}_1 - \bar{X}_2}{\sqrt{\frac{\sigma_1^2}{n_1} + \frac{\sigma_2^2}{n_2}}}$$

将 $\bar{X}_1 = 100$，$\bar{X}_2 = 102$，$\sigma_1^2 = 64$，$\sigma_2^2 = 49$ 代入公式，得

$$Z = \frac{\bar{X}_1 - \bar{X}_2}{\sqrt{\frac{\sigma_1^2}{n_1} + \frac{\sigma_2^2}{n_2}}} = \frac{100 - 102}{\sqrt{\frac{64}{25} + \frac{49}{16}}} = -0.8435$$

（3）规定显著性水平和临界值。当 $\alpha = 0.05$ 时，$Z_{\alpha/2} = Z_{0.025} = 1.96$。
（4）统计决断。由于 $|Z| = 0.8435 < 1.96$，故应接受 H_0，男生和女生的得分无显著差异。

8.3.2 总体平均数之差的假设检验（两总体方差未知）

8.3.2.1 在两总体方差未知且相等的条件下，总体平均数之差的假设检验

当 $\sigma_1^2 = \sigma_2^2$，且两个总体服从正态分布，或虽然是非正态总体，但是抽自两个总体的两个样本均为大样本时，根据定理 6.2.2，可知统计量

$$t = \frac{(\bar{X}_1 - \bar{X}_2) - (\mu_1 - \mu_2)}{\sqrt{\frac{(n_1-1)S_1^2 + (n_2-1)S_2^2}{n_1 + n_2 - 2}\left(\frac{1}{n_1} + \frac{1}{n_2}\right)}} \sim t_{n_1+n_2-2}$$

相应的检验统计量就是

$$t = \frac{\bar{X}_1 - \bar{X}_2}{\sqrt{\frac{(n_1-1)S_1^2 + (n_2-1)S_2^2}{n_1 + n_2 - 2}\left(\frac{1}{n_1} + \frac{1}{n_2}\right)}} \quad \text{（公式 8.3.2）}$$

在大样本的情况下，相应的检验统计量可以用下式代替：

$$Z = \frac{\bar{X}_1 - \bar{X}_2}{\sqrt{\frac{S_1^2}{n_1} + \frac{S_2^2}{n_2}}} \quad \text{（公式 8.3.3）}$$

【例题 8.3.2】从某大学一年级抽取部分学生，研究男生与女生的英语成绩有无显著差异，结果分别为：男生抽取 100 人，$\bar{X}_1 = 78.5$，$S_1^2 = 8.1$；女生抽取 80 人，$\bar{X}_2 = 80.2$，$S_2^2 = 8.0$。假设两总体方差齐性。问：男生和女生的英语成绩有无显著差异？

解：
（1）提出假设。

$$H_0: \mu_1 - \mu_2 = 0 \text{ 或 } \mu_1 = \mu_2$$
$$H_1: \mu_1 - \mu_2 \neq 0 \text{ 或 } \mu_1 \neq \mu_2$$

（2）选择并计算检验统计量。两个总体方差未知，但知两总体方差齐性，且为两个正态总体，可以用 t 检验；又因为 $n_1 = 100$，$n_2 = 80$ 均为大样本，故可以采用 Z 检验。

$$Z = \frac{\bar{X}_1 - \bar{X}_2}{\sqrt{\frac{S_1^2}{n_1} + \frac{S_2^2}{n_2}}}$$

将 $\bar{X}_1 = 78.5$，$\bar{X}_2 = 80.2$，$S_1^2 = 8.1$，$S_2^2 = 8.0$ 代入公式，得

$$Z = \frac{\bar{X}_1 - \bar{X}_2}{\sqrt{\frac{S_1^2}{n_1} + \frac{S_2^2}{n_2}}} = \frac{78.5 - 80.2}{\sqrt{\frac{8.1}{100} + \frac{8.0}{80}}} = \frac{-1.7}{\sqrt{0.181}} = -3.996$$

（3）规定显著性水平和临界值。当 $\alpha = 0.05$ 时，$Z_{\alpha/2} = Z_{0.025} = 1.96$；当 $\alpha = 0.01$ 时，$Z_{\alpha/2} = Z_{0.005} = 2.58$。

（4）统计决断。因为 $|Z| = 3.996 > 2.58$，应拒绝 H_0，接受 H_1，认为男生和女生的英语成绩有极其显著的差异。

【例题 8.3.3】同例题 8.3.2，如果抽取男生和女生的人数分别为：抽取 10 名男生，$\bar{X}_1 = 78.5$，$S_1^2 = 8.1$；抽取 8 名女生，$\bar{X}_2 = 80.2$，$S_2^2 = 8.0$。仍假设两总体方差齐性。问：男生和女生的英语成绩有无显著差异？

解：

（1）提出假设。

$$H_0: \mu_1 - \mu_2 = 0 \text{ 或 } \mu_1 = \mu_2$$
$$H_1: \mu_1 - \mu_2 \neq 0 \text{ 或 } \mu_1 \neq \mu_2$$

（2）选择并计算检验统计量。两个总体方差未知，但知两总体方差齐性，且为两个正态总体，由于 $n_1 = 10$，$n_2 = 8$ 均为小样本，只能采用 t 检验。

$$t = \frac{\bar{X}_1 - \bar{X}_2}{\sqrt{\frac{(n_1-1)S_1^2 + (n_2-1)S_2^2}{n_1 + n_2 - 2}\left(\frac{1}{n_1} + \frac{1}{n_2}\right)}}$$

将 $\bar{X}_1 = 78.5$，$\bar{X}_2 = 80.2$，$S_1^2 = 8.1$，$S_2^2 = 8.0$ 代入公式，得

$$t = \frac{\bar{X}_1 - \bar{X}_2}{\sqrt{\frac{(n_1-1)S_1^2 + (n_2-1)S_2^2}{n_1 + n_2 - 2}\left(\frac{1}{n_1} + \frac{1}{n_2}\right)}} = \frac{78.5 - 80.2}{\sqrt{\frac{9 \times 8.1 + 7 \times 8}{10 + 8 - 2} \times \left(\frac{1}{10} + \frac{1}{8}\right)}} = -1.2627$$

（3）规定显著性水平和临界值。当 $\alpha = 0.05$ 时，$t_{\alpha/2, df} = t_{0.025, 16} = 2.120$；当 $\alpha = 0.01$ 时，$t_{\alpha/2, df} = t_{0.005, 16} = 2.921$。

（4）统计决断。因为 $|t| = 1.2627 < t_{0.025, 16} = 2.120$，故应接受 H_0。可见，男生和女生的英语成绩没有显著差异。

通过上面两个例题可以看出，在其他条件相同的情况下，增大样本容量会提高出现显著差异的可能性。

> **回顾**：总体平均数之差的假设检验（两总体方差未知，方差齐性，且为正态总体）
>
> **练习与思考**：完成习题 8.8—8.9

8.3.2.2　在两总体方差未知且不等的条件下，总体平均数之差的假设检验

根据定理 6.2.3，当两个总体都是正态总体，σ_1^2 和 σ_2^2 未知，但知道 $\sigma_1^2 \neq \sigma_2^2$ 的条件下，统计量

$$t' = \frac{(\bar{X}_1 - \bar{X}_2) - (\mu_1 - \mu_2)}{\sqrt{\dfrac{S_1^2}{n_1} + \dfrac{S_2^2}{n_2}}} \sim t_{df'}$$

式中，$df' = \dfrac{\left(\dfrac{S_1^2}{n_1} + \dfrac{S_2^2}{n_2}\right)^2}{\dfrac{\left(\dfrac{S_1^2}{n_1}\right)^2}{n_1} + \dfrac{\left(\dfrac{S_2^2}{n_2}\right)^2}{n_2}}$。

相应的检验统计量就是

$$t' = \frac{\bar{X}_1 - \bar{X}_2}{\sqrt{\dfrac{S_1^2}{n_1} + \dfrac{S_2^2}{n_2}}} \tag{公式 8.3.4}$$

在大样本的情况下（此时无论是否为正态总体），相应的检验统计量可以用下式代替：

$$Z = \frac{\bar{X}_1 - \bar{X}_2}{\sqrt{\dfrac{S_1^2}{n_1} + \dfrac{S_2^2}{n_2}}}$$

【例题 8.3.4】45 名男生和 36 名女生对于某种刺激的反应时测验结果表明，男生的平均反应时为 695 毫秒，样本方差 S_1^2 为 6972.25；女生的平均反应时为 780 毫秒，样本方差 S_2^2 为 27 225。问：测验结果是否说明男生的反应速度显著快于女生？本题方差相差较大，可视为方差不齐性。

解：

（1）提出假设。反应速度快意味着反应时间短，故本题为左侧检验。

$$H_0: \mu_1 - \mu_2 \geq 0 \text{ 或 } \mu_1 \geq \mu_2$$

$$H_1: \mu_1 - \mu_2 < 0 \text{ 或 } \mu_1 < \mu_2$$

（2）选择并计算检验统计量。两个总体方差未知，且知是两个正态总体，方差不齐性，可采用 t' 公式做 t 检验

$$t' = \frac{\bar{X}_1 - \bar{X}_2}{\sqrt{\frac{S_1^2}{n_1} + \frac{S_2^2}{n_2}}} = \frac{695 - 780}{\sqrt{\frac{6972.25}{45} + \frac{27\,225}{36}}} = -2.8159$$

（3）规定显著性水平和临界值。

$$df' = \frac{\left(\frac{S_1^2}{n_1} + \frac{S_2^2}{n_2}\right)^2}{\frac{\left(\frac{S_1^2}{n_1}\right)^2}{n_1} + \frac{\left(\frac{S_2^2}{n_2}\right)^2}{n_2}} = \frac{\left(\frac{6972.25}{45} + \frac{27\,225}{36}\right)^2}{\frac{\left(\frac{6972.25}{45}\right)^2}{45} + \frac{\left(\frac{27\,225}{36}\right)^2}{36}} \approx 50$$

当 $\alpha = 0.05$ 时，$t_{\alpha, df'} = t_{0.05, 50} = 1.676$；当 $\alpha = 0.01$ 时，$t_{\alpha, df'} = t_{0.01, 50} = 2.403$。

（4）统计决断。因为 $t = -2.8159 < -t_{\alpha, df'} = -t_{0.01, 50} = -2.403$，故应拒绝 H_0。可见，男生的反应速度极其显著地高于女生。

由于本题中的 $n_1 = 45$、$n_2 = 36$ 均为大样本，也可以采用 Z 检验。

> **回顾**：总体平均数之差的假设检验（两总体方差未知，方差不齐性，且为正态总体）
>
> **练习与思考**：完成习题 8.10—8.11

最后，我们对平均数之差的假设检验方法做一个小结（见表 8.3.1）。

表 8.3.1 总体平均数之差的假设检验（独立样本）

已知条件	假设	检验统计量	自由度	H_0 的拒绝域
总体方差已知；两正态总体，或非正态总体且大样本	$H_0: \mu_1 = \mu_2$ $H_1: \mu_1 \neq \mu_2$	$Z = \dfrac{\bar{X}_1 - \bar{X}_2}{\sqrt{\dfrac{\sigma_1^2}{n_1} + \dfrac{\sigma_2^2}{n_2}}}$		$|Z| \geq Z_{\alpha/2}$
	$H_0: \mu_1 \geq \mu_2$ $H_1: \mu_1 < \mu_2$			$Z \leq -Z_\alpha$
	$H_0: \mu_1 \leq \mu_2$ $H_1: \mu_1 > \mu_2$			$Z \geq Z_\alpha$

续表

已知条件	假设	检验统计量	自由度	H_0 的拒绝域
总体方差未知，方差齐性；两正态总体，或非正态总体且大样本	$H_0: \mu_1 = \mu_2$ $H_1: \mu_1 \neq \mu_2$ $H_0: \mu_1 \geq \mu_2$ $H_1: \mu_1 < \mu_2$ $H_0: \mu_1 \leq \mu_2$ $H_1: \mu_1 > \mu_2$	$t = \dfrac{\bar{X}_1 - \bar{X}_2}{\sqrt{\dfrac{(n_1-1)S_1^2 + (n_2-1)S_2^2}{n_1 + n_2 - 2}\left(\dfrac{1}{n_1} + \dfrac{1}{n_2}\right)}}$	$df = n_1 + n_2 - 2$	$\lvert t \rvert \geq t_{\alpha/2}$ $t \leq -t_\alpha$ $t \geq t_\alpha$
总体方差未知，但方差不齐性；两正态总体或非正态总体且大样本	$H_0: \mu_1 = \mu_2$ $H_1: \mu_1 \neq \mu_2$ $H_0: \mu_1 \geq \mu_2$ $H_1: \mu_1 < \mu_2$ $H_0: \mu_1 \leq \mu_2$ $H_1: \mu_1 > \mu_2$	$t' = \dfrac{\bar{X}_1 - \bar{X}_2}{\sqrt{\dfrac{S_1^2}{n_1} + \dfrac{S_2^2}{n_2}}}$	$df' = \dfrac{\left(\dfrac{S_1^2}{n_1} + \dfrac{S_2^2}{n_2}\right)^2}{\dfrac{\left(\dfrac{S_1^2}{n_1}\right)^2}{n_1} + \dfrac{\left(\dfrac{S_2^2}{n_2}\right)^2}{n_2}}$	$\lvert t \rvert \geq t_{\alpha/2}$ $t \leq -t_\alpha$ $t \geq t_\alpha$

8.4 相关样本平均数差异的假设检验

8.4.1 独立样本与相关样本

前面提到的样本的抽样是独立进行的，抽取其中任何一个样本都不会对抽取另一个样本产生任何影响，两个样本内的个体之间不存在一一对应的关系，这种样本称为独立样本。

相关样本，指的是在样本之间有相互影响的条件下抽样得到的样本，两个样本内的个体之间存在一一对应的关系。

相关样本可以通过以下两种方式获得。

- **重复测量方式**：用相同的方法对同一组个体在两个不同的条件下各进行一次观察，这样每个个体有两个观察值（可被看作两个相同或相近的个体分别在不同的样本中或条件下得到的数据），由此获得的两组观察值就是相关样本。
- **匹配方式**：根据某些条件基本相同的原则，把个体一一匹配成对，然后将每对个体随机地分入两个样本，对这两个样本的个体施行不同的实验处理之后，用同一方法进行观察。两个匹配成对的个体分别在不同的样本中（条件下）得到的数据就是相互对应的，由此得到的两组观察值也是相关样本。

8.4.2 相关样本的抽样分布以及平均数差异的假设检验

相关样本平均数之差的抽样分布有以下特点：

$$t = \frac{(\bar{X}_1 - \bar{X}_2) - (\mu_1 - \mu_2)}{\sqrt{\dfrac{\sum\limits_{i=1}^{n} D_i^2 - \left(\sum\limits_{i=1}^{n} D_i\right)^2 / n}{n(n-1)}}} = \frac{\bar{D} - (\mu_1 - \mu_2)}{\sqrt{\dfrac{\sum\limits_{i=1}^{n} D_i^2 - \left(\sum\limits_{i=1}^{n} D_i\right)^2 / n}{n(n-1)}}} \sim t_{n-1} \qquad (公式 8.4.1)$$

式中，$D = X_1 - X_2$，为对应的两个观察值之差；自由度 $df = n - 1$；n 为成对观察值的对子数。

在大样本的情况下，相关样本平均数之差的抽样分布接近正态分布：

$$Z = \frac{(\bar{X}_1 - \bar{X}_2) - (\mu_1 - \mu_2)}{\sqrt{\dfrac{\sum\limits_{i=1}^{n} D_i^2 - \left(\sum\limits_{i=1}^{n} D_i\right)^2 / n}{n(n-1)}}} = \frac{\bar{D} - (\mu_1 - \mu_2)}{\sqrt{\dfrac{\sum\limits_{i=1}^{n} D_i^2 - \left(\sum\limits_{i=1}^{n} D_i\right)^2 / n}{n(n-1)}}} \sim N(0, 1^2) \qquad (公式 8.4.2)$$

因此，可以用 t 检验或 Z 检验完成相关样本平均数之差的显著性检验

$$t = \frac{\bar{D}}{\sqrt{\dfrac{\sum\limits_{i=1}^{n} D_i^2 - \left(\sum\limits_{i=1}^{n} D_i\right)^2 / n}{n(n-1)}}} \qquad (公式 8.4.3)$$

$$Z = \frac{\bar{D}}{\sqrt{\dfrac{\sum\limits_{i=1}^{n} D_i^2 - \left(\sum\limits_{i=1}^{n} D_i\right)^2 / n}{n(n-1)}}} \qquad (公式 8.4.4)$$

另外，在已知相关系数 r 的情况下，也可以用以下公式描述相关样本的抽样分布

$$t = \frac{(\bar{X}_1 - \bar{X}_2) - (\mu_1 - \mu_2)}{\sqrt{\dfrac{S_1^2 + S_2^2 - 2rS_1 S_2}{n}}} \sim t_{n-1} \qquad (公式 8.4.5)$$

对应的检验统计量公式是

$$t = \frac{\bar{X}_1 - \bar{X}_2}{\sqrt{\dfrac{S_1^2 + S_2^2 - 2rS_1S_2}{n}}} \qquad \text{（公式 8.4.6）}$$

在大样本的情况下，则有

$$Z = \frac{(\bar{X}_1 - \bar{X}_2) - (\mu_1 - \mu_2)}{\sqrt{\dfrac{S_1^2 + S_2^2 - 2rS_1S_2}{n}}} \sim N(0, 1^2) \qquad \text{（公式 8.4.7）}$$

对应的检验统计量公式是

$$Z = \frac{\bar{X}_1 - \bar{X}_2}{\sqrt{\dfrac{S_1^2 + S_2^2 - 2rS_1S_2}{n}}} \qquad \text{（公式 8.4.8）}$$

r 的计算方法将在第 11 章（相关分析）中阐述。

【例题 8.4.1】求解本章导读问题三。测验结果是否说明训练前后成绩有显著差异？

解：

（1）提出假设。

$$H_0: \mu_1 - \mu_2 = 0 \text{ 或 } \mu_D = 0$$
$$H_1: \mu_1 - \mu_2 \neq 0 \text{ 或 } \mu_D \neq 0$$

（2）选择并计算检验统计量。这是相关样本的情况，而且是小样本，故须用相关样本 t 检验。先计算出每个学生训练前后的成绩之差 D。

学生序号	1	2	3	4	5	6	7	8	9	10	合计
训练后（X_1）	95	70	90	66	80	78	89	84	70	73	795
训练前（X_2）	76	74	80	52	63	62	82	85	64	72	710
D	19	−4	10	14	17	16	7	−1	6	1	85

将 D 代入公式，得到

$$t = \frac{\bar{D}}{\sqrt{\dfrac{\sum_{i=1}^{n} D_i^2 - \left(\sum_{i=1}^{n} D_i\right)^2 / n}{n(n-1)}}} = \frac{8.5}{2.5441} = 3.341$$

（3）规定显著性水平和临界值。当 $\alpha = 0.05$ 时，$t_{\alpha/2, df} = t_{0.025, 9} = 2.262$；当 $\alpha = 0.01$ 时，$t_{\alpha/2, df} = t_{0.005, 9} = 3.250$。

（4）统计决断。由于 $|t| = 3.341 > t_{\alpha/2, df} = t_{0.005, 9} = 3.250$，故应拒绝 H_0，认为训练前后成绩有极其显著的差异。

> 回顾：总体平均数之差的假设检验（相关样本）
> 练习与思考：完成习题 8.12—8.13

8.5 功效函数和效应量

8.5.1 功效函数

8.5.1.1 计算犯 β 错误的概率

正如第 8.1 节所述，假设检验不是 100% 正确的，会犯 α 错误（Ⅰ型错误）或 β 错误（Ⅱ型错误）。

犯 α 错误的概率很容易确定，它就是我们在统计检验时规定的显著性水平 α。而犯 β 错误的概率 β 计算起来稍微麻烦一些，以平均数差异的双侧检验为例，它应该是在以新的总体平均数 μ_1 为中心的正态分布（或 t 分布）曲线之下、以零假设的接受域为上下限而计算出来的概率（图 8.5.1）。

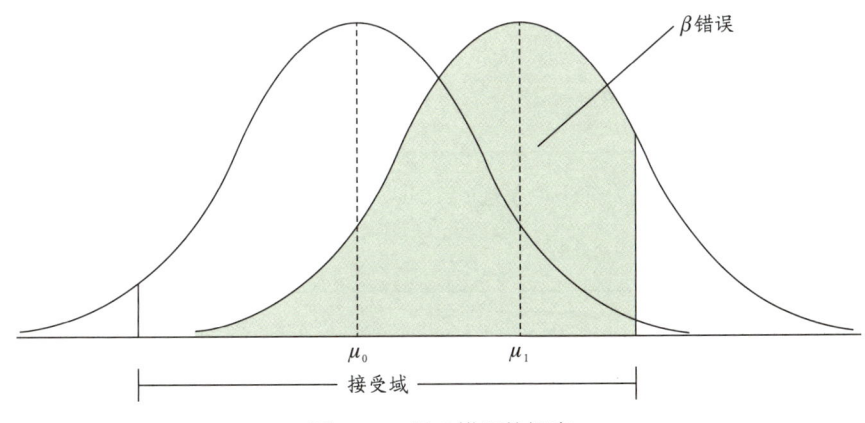

图 8.5.1 犯 β 错误的概率

【例题 8.5.1】 某大学为了监控学生的体质状况，每一届都抽取 16 名学生进行体质检测并打分。假设该体质测验得分服从正态分布，且历史数据表明，$\mu_0 = 100$，$\sigma = 10$。今年学生的体质状况有所提高（$\mu_1 = 105$）。问：在 $\alpha = 0.05$ 的显著性水平上，进行假设检验——此届学生的体质状况与往年相比有无显著差异——时，犯 β 错误的概率是多大？

解：虽然今年学生的体质状况有所提高，但是由于仅抽取 16 名学生进行检测，可能因为抽样误差而未能发现差异。例如，如果抽取的样本 $\bar{X} = 102$，则

$$Z = \frac{\bar{X} - \mu_0}{\sigma/\sqrt{n}} = \frac{102 - 100}{10/\sqrt{16}} = 0.8$$

从而接受"此届学生的体质状况与往年相比无显著差异"的零假设，这就犯了 β 错误。

由于今年学生的体质状况得分 $X \sim N(105, 10^2)$，故其样本平均数 $\bar{X}$ 应该服从以 105 为中心的正态分布：$\bar{X} \sim N(105, 10^2/16)$，即 95% 的 $\bar{X}$ 会落在 $(105 \pm 1.96 \times 2.5)$ 或 $(100.1, 109.9)$ 这一区间内；而零假设的接受域为 $(100 \pm 1.96 \times 2.5)$ 或 $(95.1, 104.9)$，这两个区间有很大范围的重叠，因而产生 β 错误。

再看犯 β 错误的概率。根据前文介绍的算法，应该是在以新的总体平均数 105 为中心的正态分布曲线之下、以零假设的接受域 $(95.1, 104.9)$ 为上下限而计算出来的概率。

$$P\left\{\frac{95.1-105}{10/\sqrt{16}} \leqslant \frac{\bar{X}-\mu_1}{\sigma/\sqrt{n}} \leqslant \frac{104.9-105}{10/\sqrt{16}}\right\} = P\{-3.96 \leqslant Z \leqslant -0.04\} = 0.5 - 0.016 = 0.484$$

故犯 β 错误的概率为 0.484。

> **回顾**：犯 β 错误的概率和计算方法
> **练习与思考**：完成习题 8.14

8.5.1.2 统计功效和功效函数

如果将犯 β 错误的概率记为 β，则 $1-\beta$ 的值就是不犯 β 错误的概率，或者说是<mark>成功地拒绝错误的零假设的概率</mark>，这就是**统计功效**，也称**统计检验力**。统计检验追求的就是在给定的 α 水平上，尽量提高功效值。

例题 8.5.1 仅仅讨论了体质状况提高到 $\mu_1 = 105$ 的情况，如果将 μ_1 变化的各种可能性都列出来（$\mu_1 = \cdots, 95, 96, 97, 98, 99, 100, 101, 102, 103, 104, 105, \cdots$），计算各自情况下的功效值 $1 - \beta$，就可以得到功效函数，它以备择假设 H_1 提出的可能的参数值（此处为 μ_1 的可能取值）为自变量，以参数值对应的功效值 $1 - \beta$ 为因变量。

【例题 8.5.2】以例题 8.5.1 的数据为例，根据 $\mu_1 = 92.5, 95, 97.5, 102.5, 105, 107.5$，求假设检验（此届学生的体质状况与往年相比有无显著差异）的功效函数曲线。

解：例题 8.5.1 已经算出，在 $\mu_1 = 105$ 的情况下，犯 β 错误的概率为 0.484，故统计功效为 $1 - \beta = 0.516$。在其他备择假设的情况下，同样可以根据"在以 μ_1 为中心的正态分布曲线之下、以零假设的接受域 (95.1, 104.9) 为上下限"计算犯 β 错误的概率和统计功效 $1 - \beta$。结果见表 8.5.1 和图 8.5.2。从中可以看出，备择假设的 μ_1 越接近 100（当然，在实际进行的假设检验中，备择假设是不会出现 $\mu_1 = \mu_0 = 100$ 的情况的），犯 β 错误的概率越高，统计功效随之越低。

表 8.5.1 $\alpha = 0.05$ 时，与不同备择假设的 μ_1 值对应的 β 值和 $1 - \beta$ 值

不同备择假设的 μ_1 值	犯 β 错误的概率	统计功效（$1 - \beta$）
92.5	0.351	0.649
95	0.484	0.516
97.5	0.830	0.170
100	$1 - \alpha = 0.95$	$\alpha = 0.05$
102.5	0.830	0.170
105	0.484	0.516
107.5	0.351	0.649

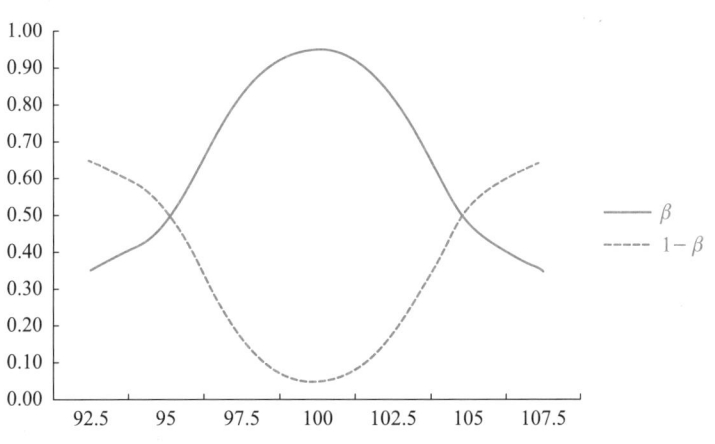

图 8.5.2 $\alpha = 0.05$ 时的 β 值曲线和功效（$1 - \beta$）函数曲线

8.5.2 效应量

8.5.2.1 d 族效应量

在科学研究中，常常出现多个调查或实验探讨的是同一个问题的情况。例如，很多学者在研究言语能力的性别差异。这些研究有的发现了显著差异，有的认为无显著差异；有的认为男优于女，也有的认为女优于男。这就需要一种技术，将以前的分析报告汇总并加以分析，这就是元分析。

元分析最常用的一个数量指标是<u>效应量</u>，用来比较和汇总在不同研究中得到的差异。效应量有 d 族和 r 族之分，<u>d 族效应量</u><u>体现一个研究揭示的相对差异程度</u>。就单样本 t 检验而言，效应量 d_1 的计算公式是

$$d_1 = \frac{\bar{X} - \mu}{S} \sqrt{2} \qquad (公式 8.5.1)$$

如果与单样本 t 检验公式 $t = \frac{\bar{X} - \mu}{S/\sqrt{n}}$ 比较一下，就可以发现，d_1 就是 n 永远为 2 的 t。

如果是双样本 t 检验，其效应量 d_2 [常注明为"科恩氏 d（Cohen's d）"] 就是两个样本的平均数之差除以两个样本的平均标准差，即

$$d_2 = \frac{\bar{X}_1 - \bar{X}_2}{S} \qquad (公式 8.5.2)$$

式中，S 为两个样本的平均标准差。

假设在某个关于攻击性的性别差异研究中，男性攻击性的平均分为 75，女性为 70，两组平均标准差为 10，则效应量 $d_2 = (75 - 70)/10 = 0.5$。它的意思就是：男性攻击性得分高于女性 0.5 个平均标准差。就这一点而言，d_2 很像 Z 分数。

平均标准差可以是两个样本标准差的简单平均数，即 $S = (S_1 + S_2)/2$，但这是比较粗略的。我们还可以用两个样本的汇合标准差 S_{pool} 作为平均标准差，即

$$S_{pool} = \sqrt{\frac{(n_1 - 1)S_1^2 + (n_2 - 1)S_2^2}{n_1 + n_2 - 2}} \qquad (公式 8.5.3)$$

可以看到，在这个公式根号内的其实就是两个样本方差的加权平均数，其中的权重就是两个自由度。

另外，如果在相关样本的情况下计算效应量，有时不用平均标准差做分母，而是用其中一个样本的标准差。尤其是在有前后两次测量的情况下，计算 d_2 时可以用前测的标准差 $S_{前}$ 作为分母：

$$d_2 = \frac{\bar{X}_{后} - \bar{X}_{前}}{S_{前}}$$

（公式 8.5.4）

所以，如果 $d_2 = 0.5$，就是说以前测标准差为计量单位，后测的平均得分比前测提高了 0.5 个单位。

有人根据经验提出了对于不同 d 值的判断标准：d 小于 0.2 为较弱的效应量；$d = 0.5$ 左右为中等的效应量；d 大于 0.8 为较强的效应量（Cohen，1988）。根据效应量，我们可以间接地推知检验的功效和样本容量是否合理。不过，上述标准本身也存在争议。

8.5.2.2 r 族效应量

r 族效应量是用于衡量自变量对因变量的影响程度的指标。此类指标因与相关系数的平方（确定系数 r^2）有关而得名。t 检验的 r 族效应量指标是 ω^2。例如，如果研究 A、B 两种教材对学习效果的影响，教材就是自变量，学习效果（往往是考试成绩）为因变量。如果发现教材对学习效果有显著影响，还希望了解这种影响到底有多显著，就可以用公式 8.5.5 来计算教材对学习效果的影响程度：

$$\omega^2 = \frac{t^2 - 1}{t^2 + n_1 + n_2 - 1}$$

（公式 8.5.5）

可见，如果平均数间差异不够显著，t 的绝对值小于 1 时，ω^2 就成了一个负值。ω^2 可以表示在因变量的差异中有多大比例是可以用自变量的变化来解释的（例如，在学习效果的差异中有多大比例是因为教材的改变而造成的）。比例越大，说明变量间影响越大。

【例题 8.5.3】例题 8.3.2 和例题 8.3.3 都在检验男生与女生的英语成绩有无显著差异，即检验性别对成绩的影响。试计算两种情况下的 ω^2。

解：

例题 8.3.2 算得的 t 值（或 Z 值）为 -3.996，其 ω^2 是

$$\omega^2 = \frac{t^2 - 1}{t^2 + n_1 + n_2 - 1} = \frac{(-3.996)^2 - 1}{(-3.996)^2 + 100 + 80 - 1} = 0.0768$$

例题 8.3.3 算得 $t = -1.2627$，其 ω^2 是

$$\omega^2 = \frac{t^2 - 1}{t^2 + n_1 + n_2 - 1} = \frac{(-1.2627)^2 - 1}{(-1.2627)^2 + 10 + 8 - 1} = 0.032$$

这说明在上述两个例题中,学生成绩上的差异分别有 7.68% 和 3.2% 是性别不同造成的。

回顾：t 检验的效应量
练习与思考：完成习题 8.15

知识导图

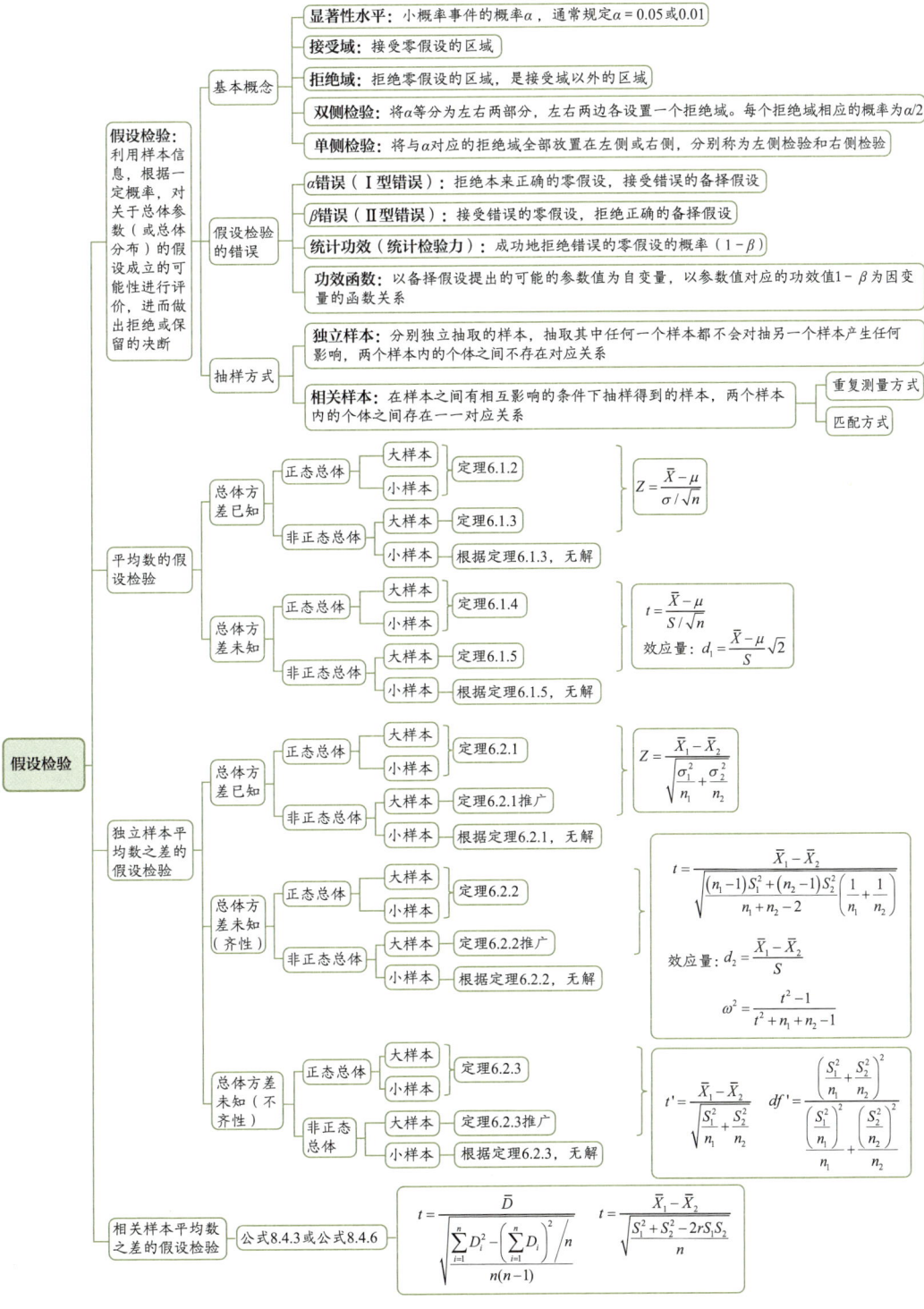

数据实验

目的

比较独立样本 t 检验和相关样本 t 检验的适用条件和检验方法。

方法

用 SPSS 分别生成独立样本和相关样本的数据。可以使用 SPSS 中的正态分布随机数函数以及计算（Compute）语句来生成模拟数据，并用同样的两组数据分别进行独立样本 t 检验和相关样本 t 检验。

步骤 1

使用 SPSS，打开数据界面，先输入 20 个个体的编号（1—40），并加入变量 $Score_1$、$Score_2$ 和 $Group$，界面如图 8.A 所示。

	ID	Score1	Score2	Group
1	1	.	.	.
2	2	.	.	.
3	3	.	.	.
4	4	.	.	.
5	5	.	.	.
6	6	.	.	.
7	7	.	.	.
8	8	.	.	.
9	9	.	.	.

图 8.A

步骤 2

生成 20 个来自正态分布总体的随机数作为 $Score_1$，然后生成 20 个与 $Score_1$ 有一一对应的相关关系的随机数作为 $Score_2$。点击菜单 File（文件）→ New（新建）→ Syntax（句法），在打开的句法窗口中输入并执行以下代码可以完成本步骤。作者得到的两个变量（$Score_1$ 和 $Score_2$）之间的相关系数为 0.699。这时，两个变量下的数据一一对应且有较高的相关，形成相关样本。

```
COMPUTE Score1=RND(RV.NORMAL(70,10)).
EXECUTE.
COMPUTE Score2=Score1 + RND(RV.NORMAL(0,10)).
EXECUTE.
```

步骤 3

对 $Score_1$ 和 $Score_2$ 下的数据做相关样本 t 检验。在句法窗口执行以下代码即可完成本步骤。

```
T-TEST PAIRS=Score1 WITH Score2 (PAIRED)
  /CRITERIA=CI(.9500)
  /MISSING=ANALYSIS.
```

步骤 4

将 $Score_2$ 下的 20 个数据全部剪切并粘贴到 $Score_1$ 数据的下方，使 $Score_1$ 下的数据达到 40 个，将 ID 继续编号 21—40，在变量 Group 下先输入 20 个 1，再输入 20 个 2。这样，数据 $Score_1$ 下的数据就被分为 2 个组，但是两组数据之间不再有一一对应的关系，作者的部分数据如图 8.B 所示。

	ID	Score1	Score2	Group
16	16	52	.	1
17	17	55	.	1
18	18	80	.	1
19	19	77	.	1
20	20	76	.	1
21	21	61	.	2
22	22	61	.	2
23	23	82	.	2
24	24	63	.	2

图 8.B

步骤 5

对步骤 4 得到的数据进行独立样本 t 检验。在句法窗口执行以下代码即可完成本步骤。

```
T-TEST GROUPS=Group(1 2)
  /MISSING=ANALYSIS
  /VARIABLES=Score1
  /CRITERIA=CI(.95).
```

结果

步骤 3 得到的相关样本 t 检验结果如下：$Score_1$ 与 $Score_2$ 的平均数之差为 0.3，其标准误为 2.085，在 95% 置信水平上的平均数之差的置信区间为 (–4.064, 4.664)，$t = 0.144$，$df = 19$，$P = 0.887 > 0.05$。两组平均数之间没有显著差异。

步骤 5 得到的独立样本 t 检验（方差齐性）结果如下：$Score_1$ 下两组数据的平均数之差为仍为 0.3，但标准误为 3.693，$t = 0.081$，$df = 38$，在 95% 置信水平上的平均数之差的置信区间为 (–7.176, 7.776)，$P = 0.936 > 0.05$。两组平均数之间没有显著差异。

讨论

当两个样本的数据之间存在一一对应关系时，应该进行相关样本 t 检验。如果去掉这层关系，就进行独立样本 t 检验。可以看到，即使将相关样本的两组数据重复利用于独立样本，除了平均数之差相同，其他指标也都产生了不同的结果。从相关样本到独立样本，标准误变大（2.085 → 3.693），t 值变小（0.144 → 0.081），自由度 df 变大（19 → 38），P 值也有一定程度的变化（0.887 → 0.936）。

如果执行以下代码：

```
IF (Group = 1) Score1=Score1 + 4.065.
EXECUTE.
T-TEST GROUPS=Group(1 2)
  /MISSING=ANALYSIS
  /VARIABLES=Score1
  /CRITERIA=CI(.95).
```

可以看到第一组的每个数据都增大了 4.065，而第二组没有变动，此时独立样本 t 检验的结果是 $P = 0.245$，仍无显著差异。

但是，如果再将第二组的数据剪切下来，粘贴到原来的 $Score_2$ 的下面，将后面的第

21—40 行数据删除，即恢复为相关样本的情形。这时再执行以下代码完成相关样本 t 检验，就可以看到显著差异了（$P = 0.05$）。

```
T-TEST PAIRS=Score1 WITH Score2 (PAIRED)
  /CRITERIA=CI(.9500)
  /MISSING=ANALYSIS.
```

从这个实验看，相关样本似乎更容易得到差异显著的结果，这是因为相关样本考虑了样本内部各个个体之间的差异，这也是很多研究者尽量采用相关样本的原因。

习题

8.1 假设检验的出发点和最终决策的对象是什么？

8.2 常用检验统计量的共同的特征，它表达了什么含义？

8.3 假设检验的 α 错误和 β 错误是怎样的错误？犯两种错误的概率之间存在怎样的关系？

8.4 假设某市全体 7 岁男童体重的平均数为 22.5 千克，标准差为 2.2 千克。某小学 100 名 7 岁男童体重的平均数为 24.5 千克。问：该校 7 岁男童的体重与该市男童的体重是否一样？

8.5 历年来，某小学毕业班语文成绩的平均分为 75，标准差为 10，现从该校今年毕业的学生中抽出 25 人，算得其平均分为 70 分。问：今年该校全体学生的语文成绩与往年有无显著差异？（注意：在本题的已知条件中，总体标准差、样本容量和样本标准差与第 7 章的习题 7.5 完全相同，请比较一下结果，想想能得到什么启示？）

8.6 某中学高三学生的数学统考的平均分为 75 分，现从参加这次统考的女生中随机抽取 80 份试卷，其平均分为 74.5 分，标准差为 5。问：女生的成绩与全校平均成绩有无显著差异？

8.7 某校四年级男生跑 1000 米的历年平均成绩为 4 分 25 秒，今年该校 40 个四年级男生跑 1000 米的平均成绩为 4 分 03 秒，标准差 S 为 20 秒。问：今年该校四年级男生的成绩与往年相比有无显著提高？

8.8 下列数据是两所幼儿园 5 岁幼儿的绘画测验成绩。

甲园：78, 74, 87, 76, 78, 71, 72, 85, 84, 83

乙园：86, 91, 79, 85, 82, 84, 80, 92, 93, 80

假设方差齐性。问：在 5% 的显著性水平上，两所幼儿园全体幼儿的绘画测验成绩有无显著差异？（本题数据与第 7 章的习题 7.11 的数据完全相同，请比较两题的结果，看看有何启示？）

8.9 王老师和李老师分别教 A 班和 B 班的数学。一开始两个班级的基础差不多，经过一学期的教学以后，两班考试成绩如下，试问两位教师的教学效果有无显著差异（假设方差齐性）？

班级	人数	平均分	样本标准差
A	66	85	9.7
B	55	83	10.1

8.10 有 10 名男生的物理测验成绩分别是：80, 70, 83, 93, 66, 45, 61, 82, 63, 47。另有 10 名女生的物理测验成绩分别是：72, 77, 70, 73, 65, 66, 66, 69, 71, 65。假设方差不齐性。问：男生和女生的总体平均数之差是否显著？

8.11 随机地从 A 区抽取 76 名学生，从 B 区抽取 68 名学生，测得他们的口算成绩分别为

A 区：平均数 80，标准差 5

B 区：平均数 73，标准差 10

假设方差不齐性。问：两区学生口算成绩有无显著差异？（习题 8.10 和习题 8.11 的数据分别与第 7 章的习题 7.12 和习题 7.13 相同，请比较它们的结果，继续验证平均数的显著性检验结果与置信区间的对应关系。）

8.12 有一个 $n = 10$ 的配对样本，对实验组和对照组分别施以两种教学方法，后期测验结果如下表所示，试比较两种教学法的效果是否有显著差异？

配对序号	实验组（X_1）	对照组（X_2）
1	86	83
2	83	83
3	85	85
4	78	87
5	74	92
6	86	96
7	75	88
8	95	74

配对序号	实验组（X_1）	对照组（X_2）
9	90	85
10	78	97

8.13 某跳水队 8 名队员在训练前后的两次得分如下表所示。问：训练有无显著效果？

队员序号	训练前（X_1）	训练后（X_2）
1	26	33
2	24	30
3	28	36
4	30	30
5	37	38
6	39	34
7	29	32
8	25	31

8.14 某记者每个周末都去超市，随机询问 9 位消费者对超市服务的满意度。在正常情况下，消费者的平均满意度为 $\mu_0 = 100$，$\sigma = 3.75$。假设在某段时间内，超市的服务质量有所下降，消费者满意度已经下降到 $\mu_1 = 99$，σ 不变。试计算在 $\alpha = 0.05$ 的情况下，进行双侧 t 检验时犯 β 错误的概率和统计功效。

8.15 某位研究人员检验颜色对注意力的影响，他运用独立样本 t 检验发现，在台灯颜色偏红和偏蓝时，参试者集中注意的时间有显著差异。具体结果是：$t = -2.5556$，$\bar{X}_1 = 25.3$ 分钟，$n_1 = 34$，$\bar{X}_2 = 32.8$ 分钟，$n_2 = 34$，两组参试者的平均标准差 $S = 12.1$ 分钟。试计算本次检验的效应量 d_2，并用 ω^2 描述台灯颜色对注意力的影响程度。

第 9 章
总体方差与总体比例的统计推断

本章提要

- 与样本方差有关的两个分布是 χ^2 分布与 F 分布。
- χ^2 分布可用于描述单个样本方差的抽样分布，F 分布可用于描述两个样本方差之比的抽样分布。
- 根据样本方差的抽样分布，可以根据样本方差对总体方差进行区间估计；根据样本方差之比的抽样分布，可以根据样本方差之比对总体方差之比进行区间估计。
- 根据样本方差及样本方差之比的抽样分布，可以进行相应的假设检验，包括方差齐性检验；在方差分析中，还需要进行多样本方差齐性检验。
- 样本比例服从二项分布；在大样本的情况下，可以根据样本比例估计总体比例，对总体比例进行假设检验；可以根据样本比例之差估计总体比例之差，对总体比例之差进行假设检验。

学习目标

- 复习 χ^2 分布与 F 分布的定义、特征和查表方法。
- 了解与单样本方差有关的是 χ^2 分布，与双样本方差之比有关的分布是 F 分布。
- 理解并掌握根据样本方差计算总体方差的置信区间的方法。
- 理解并掌握根据样本方差之比计算总体方差之比的置信区间的方法。
- 理解并掌握根据样本方差进行关于总体方差的假设检验的方法。
- 理解并掌握根据样本方差之比进行两个和多个方差齐性检验的方法。
- 理解样本比例的抽样分布。
- 理解并掌握根据样本比例计算总体比例的置信区间的方法。
- 理解并掌握根据两样本比例之差计算总体比例之差的置信区间的方法。
- 理解并掌握根据对样本比例进行总体比例或总体比例之差的假设检验的方法。

导读问题

本章需要解决的问题有两类，第一类是关于总体方差的推断（问题一至问题四），第二类是关于总体比例的推断（问题五和问题六）。

第一类问题：根据样本方差（标准差）对总体方差（标准差）进行参数区间估计。

- 问题一：某校抽取 40 名学生，测得英语口语成绩的标准差 $S = 3$。试以 95% 的置信水平估计该校学生英语口语成绩的方差及标准差。
- 问题二：对某校男生和女生的反应速度（正态总体）进行测量。抽取 16 名男生，测得 S_1^2 为 1200；抽取 21 名女生，测得 S_2^2 为 800。试以 95% 的置信水平估计 σ_1^2/σ_2^2 的置信区间。

如果有 2 个乃至多个样本，常常需要根据样本方差进行方差齐性检验，即问题三和问题四。

- 问题三：对某校男生和女生的反应速度（正态总体）进行测量。抽取 16 名男生，测得 S_1^2 为 1200；抽取 21 名女生，测得 S_2^2 为 800。问：男生和女生的反应速度是否方差齐性？
- 问题四：某项研究抽取了 4 个样本，样本方差分别是：$S_A^2 = 33.333$，$S_B^2 = 19.767$，$S_C^2 = 26.000$，$S_D^2 = 11.111$；样本容量均为 6。问：这四个方差是否齐性？

第二类问题：根据样本比例对总体比例进行参数区间估计。

- 问题五：从某市机关中抽取公务员进行性格测试，在 100 人中有 75 人为冷静型，试估计该市机关员工中冷静型所占的比例（令 $\alpha = 0.01$）。
- 问题六：从甲乙两所学校中抽取本科生进行普通话测试。在甲校的 300 人中有 90 人成绩优良，在乙校的 350 人中有 140 人成绩优良。问：两所学校本科生的普通话优良率有无显著差异（令 $\alpha = 0.05$）。

问题六还可以用第 13 章介绍的 χ^2 检验求解。

9.1 总体方差的统计推断

9.1.1 样本方差的抽样分布

样本方差的抽样分布分为单个样本方差的抽样分布和两个样本方差之比的抽样分布。单个样本方差的抽样分布体现了总体方差 σ^2 和样本方差 S^2 之间的关系，两个样本方差之比的抽样分布体现了总体方差之比 σ_1^2/σ_2^2 和样本方差之比 S_1^2/S_2^2 之间的关系。

在学习本节的内容之前，有必要回顾一下两个重要的分布：χ^2 分布与 F 分布。

χ^2 分布是相互独立的、服从标准正态分布的变量的平方和的分布，也就是说，n 个服从标准正态分布的随机变量 $Z_1, Z_2, \cdots, Z_n$ 相互独立，则它们的平方和服从自由度为 n 的 χ^2 分布，即

$$Z_1^2 + Z_2^2 + \cdots + Z_n^2 = \sum_{i=1}^{n} Z_i^2 \sim \chi_n^2$$

χ^2 分布可用于描述单个样本方差的抽样分布。样本方差的抽样分布体现为定理 9.1.1。

F 分布则是在 χ^2 分布的基础上构建的，它是两个相互独立的 χ^2 分布随机变量之比的分布，即设随机变量 $X_1 \sim \chi_{n_1}^2$，$X_2 \sim \chi_{n_2}^2$，且 X_1 与 X_2 相互独立，则称随机变量 $F = \dfrac{X_1/n_1}{X_2/n_2}$ 所服从的分布为 F 分布，记为 $F = \dfrac{X_1/n_1}{X_2/n_2} \sim F_{(n_1, n_2)}$。$F$ 分布的自由度为 (n_1, n_2)。

F 分布可用于描述两个样本方差之比的抽样分布。两样本方差之比的抽样分布体现为定理 9.1.2。

定理 9.1.1

设 $(X_1, X_2, \cdots, X_n)$ 是抽自正态分布总体 $X \sim N(\mu, \sigma^2)$ 的一个容量为 n 的简单随机样本，则其样本平均数 $\bar{X}$ 与样本方差 S^2 为相互独立的随机变量，且

$$\frac{\sum_{i=1}^{n}(X_i - \bar{X})^2}{\sigma^2} = \frac{(n-1)S^2}{\sigma^2} \sim \chi_{n-1}^2 \qquad （公式 9.1.1）$$

定理 9.1.2

若 $(X_1, X_2, \cdots, X_{n_1})$ 是独立地抽自总体 $N(\mu_1, \sigma_1^2)$ 的一个容量为 n_1 的简单随机样本，$(Y_1, Y_2, \cdots, Y_{n_2})$ 是独立地抽自总体 $N(\mu_2, \sigma_2^2)$ 的一个容量为 n_2 的简单随机样本。当 $\sigma_1^2 = \sigma_2^2$ 时，统计量

$$F = \frac{\frac{(n_1-1)S_1^2}{\sigma_1^2}/(n_1-1)}{\frac{(n_2-1)S_2^2}{\sigma_2^2}/(n_2-1)} = \frac{S_1^2}{S_2^2} \sim F_{n_1-1,\, n_2-1}$$ （公式 9.1.2）

明确了抽样分布，就可以对总体方差或总体方差之比进行参数估计和假设检验了。

9.1.2 总体方差的参数估计

9.1.2.1 单个总体方差的参数估计

定理 9.1.1 表明，样本方差 S^2 与总体方差 σ^2 之比所构造的统计量 $\frac{(n-1)S^2}{\sigma^2}$ 服从自由度为 $n-1$ 的 χ^2 分布，即

$$\frac{\sum_{i=1}^{n}(X_i - \bar{X})^2}{\sigma^2} = \frac{(n-1)S^2}{\sigma^2} \sim \chi^2_{n-1}$$

故

$$P\left\{\chi^2_{1-\alpha/2,\, n-1} < \frac{(n-1)S^2}{\sigma^2} < \chi^2_{\alpha/2,\, n-1}\right\} = 1 - \alpha$$ （公式 9.1.3）

将上式略做移项，可以得出在给定置信水平（$1-\alpha$）时，总体方差 σ^2 的置信区间：

$$\left(\frac{(n-1)S^2}{\chi^2_{\alpha/2,\, n-1}},\, \frac{(n-1)S^2}{\chi^2_{1-\alpha/2,\, n-1}}\right)$$ （公式 9.1.4）

总体标准差 σ 的置信区间为

$$\left(\sqrt{\frac{(n-1)S^2}{\chi^2_{\alpha/2,\, n-1}}},\, \sqrt{\frac{(n-1)S^2}{\chi^2_{1-\alpha/2,\, n-1}}}\right)$$ （公式 9.1.5）

注意，我们在构造总体方差和总体标准差的置信区间时，使用了两个 χ^2 值（$\chi^2_{1-\alpha/2}$ 和 $\chi^2_{\alpha/2}$）。这是因为 χ^2 分布是不对称的，且 $\chi^2 \geq 0$，所以不能像构造总体平均数的置信区间时只需用一个 Z（或 t）的绝对值那样，简单地只用一个 χ^2 分布值（$\chi^2_{\alpha/2}$）。

χ^2 临界值的不对称性见图 9.1.1。

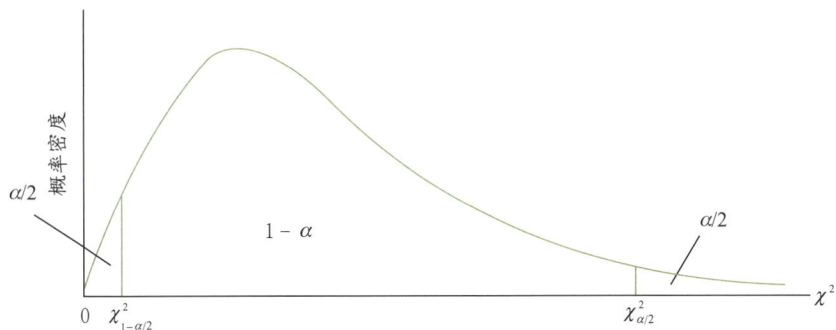

图 9.1.1　总体方差的置信区间上下限对应的 χ^2 值

【例题 9.1.1】本题为本章导读问题一。某校抽取 40 名学生，测得英语口语成绩的标准差 $S=3$。试以 95% 的置信水平估计该校学生的英语口语成绩的方差及标准差。

解：用 X 表示学生的英语口语成绩，已知 $X \sim N(\mu, \sigma^2)$，且 $S=3$，$n=40$。
当 $\alpha = 0.05$ 时，$\chi^2_{\alpha/2,\,n-1} = \chi^2_{0.025,\,39} = 58.12$，$\chi^2_{1-\alpha/2,\,n-1} = \chi^2_{0.975,\,39} = 23.65$

总体方差 σ^2 的置信区间为

$$\left[\frac{(n-1)S^2}{\chi^2_{\alpha/2,\,n-1}},\, \frac{(n-1)S^2}{\chi^2_{1-\alpha/2,\,n-1}} \right] = \left(\frac{39 \times 3^2}{58.12},\, \frac{39 \times 3^2}{23.65} \right) = (6.0392,\, 14.8414)$$

总体标准差 σ 的置信区间为

$$\left[\sqrt{\frac{(n-1)S^2}{\chi^2_{\alpha/2,\,n-1}}},\, \sqrt{\frac{(n-1)S^2}{\chi^2_{1-\alpha/2,\,n-1}}} \right] = (2.46,\, 3.85)$$

> 回顾：样本方差的抽样分布　总体方差和标准差的置信区间
> 练习与思考：完成习题 9.1

9.1.2.2　两总体方差之比的参数估计

在实际工作中，我们有时还需要比较两个总体的方差。根据定理 9.1.2，我们可以进行两个正态总体方差之比的参数估计。

既然从方差相同的两个正态总体中抽出的独立样本的 F 比值的抽样分布为 F 分

布，即

$$F = \frac{(n_1-1)S_1^2/\sigma_1^2 \big/ (n_1-1)}{(n_2-1)S_2^2/\sigma_2^2 \big/ (n_2-1)} = \frac{S_1^2}{S_2^2} \sim F_{n_1-1,\ n_2-1}$$

则

$$P\left\{F_{1-\alpha/2,\ n_1-1,\ n_2-1} < \frac{S_1^2/\sigma_1^2}{S_2^2/\sigma_2^2} < F_{\alpha/2,\ n_1-1,\ n_2-1}\right\} = 1-\alpha$$

也就是

$$P\left\{\frac{F_{1-\alpha/2,\ n_1-1,\ n_2-1}}{S_1^2/S_2^2} < \frac{\sigma_2^2}{\sigma_1^2} < \frac{F_{\alpha/2,\ n_1-1,\ n_2-1}}{S_1^2/S_2^2}\right\} = 1-\alpha$$

即

$$P\left\{\frac{S_1^2/S_2^2}{F_{1-\alpha/2,\ n_1-1,\ n_2-1}} > \frac{\sigma_1^2}{\sigma_2^2} > \frac{S_1^2/S_2^2}{F_{\alpha/2,\ n_1-1,\ n_2-1}}\right\} = 1-\alpha$$

故置信区间为

$$\left\{\frac{S_1^2/S_2^2}{F_{\alpha/2,\ n_1-1,\ n_2-1}},\ \frac{S_1^2/S_2^2}{F_{1-\alpha/2,\ n_1-1,\ n_2-1}}\right\} \quad \text{（公式 9.1.6）}$$

【例题 9.1.2】本题为本章导读问题二。对某校男生和女生的反应速度（正态总体）进行测量。抽取 16 名男生，测得 S_1^2 为 1200；抽取 21 名女生，测得 S_2^2 为 800。试以 95% 的置信水平估计 σ_1^2/σ_2^2 的置信区间。

解：已知 $n_1 = 16$，$S_1^2 = 1200$，$n_2 = 21$，$S_2^2 = 800$，故置信区间为

$$\left\{\frac{S_1^2/S_2^2}{F_{\alpha/2,\ n_1-1,\ n_2-1}},\ \frac{S_1^2/S_2^2}{F_{1-\alpha/2,\ n_1-1,\ n_2-1}}\right\}$$

$F_{\alpha/2,\ n_1-1,\ n_2-1} = F_{0.025,\ 15,\ 20} = 2.57$；利用 F 分布的倒数性质，可以求出

$$F_{1-\alpha/2,\ n_1-1,\ n_2-1} = \frac{1}{F_{0.025,\ 20,\ 15}} = \frac{1}{2.76} = 0.3623$$

即

$$\left\{\frac{1.5}{2.57},\ \frac{1.5}{0.3623}\right\} = (0.5837,\ 4.140)$$

故 σ_1^2/σ_2^2 在 95% 置信水平上的置信区间为 (0.5837, 4.140)。这个区间包含了 1，说明两个总体方差相当接近。

σ_1^2/σ_2^2 的置信区间的上下限 (0.5837, 4.140) 的平方根 (0.764, 2.035) 就是两总体标准差之比 σ_1/σ_2 的置信区间。

> **回顾**：样本方差之比的抽样分布　总体方差之比和总体标准差之比的置信区间
> **练习与思考**：完成习题 9.2

9.1.3　总体方差的假设检验

9.1.3.1　正态总体方差的假设检验

当总体 X 服从正态分布时，根据定理 9.1.1，统计量 $\dfrac{(n-1)S^2}{\sigma^2}$ 服从自由度为 $n-1$ 的 χ^2 分布，故可以用 χ^2 作为正态总体方差假设检验的检验统计量。

以双侧检验为例，其零假设为 $\sigma^2 = \sigma_0^2$。根据给定的 α 从 χ^2 分布表中查出两个临界值：$\chi^2_{1-\alpha/2,\,n-1}$ 和 $\chi^2_{\alpha/2,\,n-1}$。如果样本来自方差为 σ_0^2 的总体，则 χ^2 值落在区间 ($\chi^2_{1-\alpha/2,\,n-1}$, $\chi^2_{\alpha/2,\,n-1}$) 的概率应该为

$$P\left\{\chi^2_{1-\alpha/2,\,n-1} < \dfrac{(n-1)S^2}{\sigma_0^2} < \chi^2_{\alpha/2,\,n-1}\right\}$$

($\chi^2_{1-\alpha/2,\,n-1}$, $\chi^2_{\alpha/2,\,n-1}$) 是零假设的接受域，而 ($\chi^2 \geq \chi^2_{\alpha/2,\,n-1}$) ∪ ($\chi^2 \leq \chi^2_{1-\alpha/2,\,n-1}$) 是零假设的拒绝域。

【例题 9.1.3】历年来，某校写作能力测验成绩的总体方差为 8，现抽取 10 名学生，测得成绩的标准差 $S = 3$。问：能否认为今年的方差与往年相比没有显著差异？

解：
（1）提出假设。

$$H_0: \sigma^2 = 8$$
$$H_1: \sigma^2 \neq 8$$

（2）选择并计算检验统计量。用 X 表示英语口语成绩，则 X 服从正态分布。根据定理 9.1.1，应当用 χ^2 作为正态总体方差假设检验的检验统计量，即

$$\chi^2 = \frac{(n-1)S^2}{\sigma^2} = \frac{(10-1) \times 3^2}{8} = 10.125$$

（3）规定显著性水平和临界值。这是一个双侧检验，当 $\alpha = 0.05$ 时，两个临界值为

$$\chi^2_{1-\alpha/2,\ n-1} = \chi^2_{0.975,\ 9} = 2.70$$

$$\chi^2_{\alpha/2,\ n-1} = \chi^2_{0.025,\ 9} = 19.02$$

（4）统计决断。由于 $2.70 < \chi^2 = 10.125 < 19.02$，故不能拒绝 H_0，应认为今年的方差与往年相比没有显著差异。

> **回顾**：总体方差的假设检验
> **练习与思考**：完成习题 9.3

9.1.3.2　两个正态总体方差之比的假设检验

检验两个或多个正态总体的方差之间是否具有显著差异，称为方差齐性检验，可以用 F 检验法或 F_{max} 检验法。

根据定理 9.1.2，若从方差相同（$\sigma_1^2 = \sigma_2^2$）的两个正态总体中随机抽取两个独立样本，分别求出两个相应的样本方差 S_1^2 和 S_2^2，则它们的比值服从 F 分布，即

$$F = \frac{S_1^2}{S_2^2} \sim F_{(n_1-1,\ n_2-1)}$$

在比较两总体方差有无显著差异时，零假设和备择假设分别为

$$H_0: \sigma_1^2 = \sigma_2^2$$
$$H_1: \sigma_1^2 \neq \sigma_2^2$$

显然，若 $\sigma_1^2 = \sigma_2^2$（方差齐性），则

$$F = \frac{S_1^2}{S_2^2} \approx 1$$

如果 F 值远大于或远小于 1，则可以认为 S_1^2 和 S_2^2 之间的差异已经不能由抽样误差来解释，而应当认为它们是来自不同方差的总体，即认为 $\sigma_1^2 \neq \sigma_2^2$。

一般的 F 分布表给出的概率指的是由 F 值开始直到 $+\infty$ 那一部分曲线下包括的概率，表中的 F 值都大于 1，所以我们总是将 S_1^2 和 S_2^2 中数值较大的一个作为分子，将数值较小的作为分母，即

$$F = \frac{\max(S_1^2, S_2^2)}{\min(S_1^2, S_2^2)}$$ （公式 9.1.7）

采用公式 9.1.7 以后，自由度不再是固定的 $n_1 - 1$ 和 $n_2 - 1$。应当将作为分子的那个 S^2 所对应的 $n - 1$ 作为第一自由度，将作为分母的 S^2 所对应的 $n - 1$ 作为第二自由度。在进行方差差异的显著性检验时，一般采用右侧检验。如果 $F > F_{\alpha, df_1, df_2}$，则认为两个总体的方差有显著差异，或方差不齐性。

在进行两总体平均数之差的假设检验时，如果总体方差未知，应当先进行方差齐性检验，然后根据方差齐性检验的结果决定用公式 $t = \dfrac{\bar{X}_1 - \bar{X}_2}{\sqrt{\dfrac{(n_1-1)S_1^2 + (n_2-1)S_2^2}{n_1+n_2-2}\left(\dfrac{1}{n_1}+\dfrac{1}{n_2}\right)}}$，还是用公式 $t' = \dfrac{\bar{X}_1 - \bar{X}_2}{\sqrt{\dfrac{S_1^2}{n_1}+\dfrac{S_2^2}{n_2}}}$。

【例题 9.1.4】本题为本章导读问题三。对某校男生和女生的反应速度（正态总体）进行测量。抽取 16 名男生，测得 S_1^2 为 1200；抽取 21 名女生，测得 S_2^2 为 800。问：男生和女生的反应速度是否方差齐性？

解：

（1）提出假设。

$$H_0:\ \sigma_1^2 = \sigma_2^2$$
$$H_1:\ \sigma_1^2 \neq \sigma_2^2$$

（2）选择并计算检验统计量。由于假设反应速度服从正态分布，故这是两个正态总体，可用 F 分布检验是否方差齐性。已知 $n_1 = 16$，$S_1^2 = 1200$，$n_2 = 21$，$S_2^2 = 800$，$S_1^2 > S_2^2$，故检验统计量为

$$F = \frac{\max(S_1^2, S_2^2)}{\min(S_1^2, S_2^2)} = \frac{S_1^2}{S_2^2} = 1.5$$

（3）规定显著性水平和临界值。当 $\alpha = 0.05$ 时，$F_{\alpha, df_1, df_2} = F_{0.05, 15, 20} = 2.20$。

（4）统计决断。由于 $F = 1.5 < 2.20$，故不能拒绝 H_0，应当认为方差齐性。根据这一结果，如果需要检验男生和女生的反应速度有无显著差异，就应采用公式 t 而不是 t'。

9.1.3.3 多个正态总体方差之比的假设检验

有时，我们还需要检验多个样本的方差是否齐性。例如，在方差分析中，要保证各种实验处理的组内方差没有显著差异。因为，当方差分析发现平均数之间有显著差异时，这种差异可能在一定程度上是由方差不齐性造成的。

多样本的方差齐性检验与两个样本的方差齐性检验略有不同，这里介绍的是哈特利（Hartley）所提出的最大 F 值检验法。其检验统计量是

$$F_{\max} = \frac{S_{\max}^2}{S_{\min}^2} \qquad \text{（公式 9.1.8）}$$

可见，最大 F 值就是以各种处理中最大的方差除以最小的方差得出的值。计算出 $F_{\max}$ 后，查 $F_{\max}$ 表（附录三的统计用表 5）寻找临界值。如果 $F_{\max}$ 小于临界值，则认为方差齐性，否则就是方差不齐性。不过在查 $F_{\max}$ 表时，需要根据三个条件：方差的组数 k，自由度 $df = n - 1$，显著性水平 α。其中 n 为样本容量。如果各组容量不等，可用最大样本容量 n 计算自由度。

【例题 9.1.5】本题为本章导读问题四。某项研究抽取了 4 个样本，样本方差分别是：$S_A^2 = 33.333$，$S_B^2 = 19.767$，$S_C^2 = 26.000$，$S_D^2 = 11.111$；样本容量均为 6。问：这四个方差是否齐性。

解：

$$F_{\max} = \frac{S_{\max}^2}{S_{\min}^2} = \frac{33.333}{11.111} = 3$$

在本例中，方差的组数 $k = 4$，自由度 $df = n - 1 = 5$，显著性水平 $\alpha = 0.05$，查表得 $F_{\max\, 0.05, 4, 5} = 13.7$。显然，本例中各组方差齐性。

【例题 9.1.6】某项研究抽取了 3 个样本，样本方差分别是：$S_A^2 = 160$，$S_B^2 = 8$，$S_C^2 = 10$；

其中最大样本的容量 $n = 6$。请进行方差齐性检验。

解：

$$F_{\max} = \frac{S_{\max}^2}{S_{\min}^2} = \frac{160}{8} = 20$$

在本例中，方差的组数 $k = 3$，自由度 $df = n - 1 = 5$，显著性水平 $\alpha = 0.05$，查表得 $F_{\max\,0.05,\,3,\,5} = 10.8$。显然，本例中各组方差不齐性。

> **莱文方差齐性检验**
>
> 本节介绍的方差齐性检验方法都要求变量服从正态分布。但是，在很多情况下，我们得到的数据都不是正态分布的，这就大大限制了这些方法的用途。好在莱文（Levene）检验弥补了这一缺陷。莱文检验有不同的变式，一种比较好理解的做法是以观察值与平均数（或中位数）之差的绝对值来构建检验统计量。这种方法既可以处理正态分布的数据，也可以处理非正态分布（包括不明分布）的数据，被许多研究者采用。

> **回顾**：总体方差之比的显著性检验（方差齐性检验）
>
> **练习与思考**：完成习题 9.4—9.5

9.2 总体比例的统计推断

9.2.1 样本比例的抽样分布

在实际生活中，常常需要对比例进行参数估计和假设检验。例如，社会调查机构经常抽取一部分民众，要求他们对某个候选人或社会事件表示支持与否的态度，然后根据样本的比例估计全体民众对候选人或社会事件的支持率，这就涉及通过样本比例对总体比例进行估计的问题。为此，我们应当了解样本比例的抽样分布特点。

9.2.1.1 样本比例的抽样分布

在总体中具有某种特征（例如前面说的"表示支持"）的个体数占全部个体数的比例

称为**总体比例**，记作 p；**从该总体中抽取容量为 n 的样本，其中具有该特征的个体数占样本全部个体数的比例**，称为**样本比例**，记作 p'。p' 也是一个随机变量，随着抽取的样本的不同而发生变化，形成样本比例的抽样分布。

比例的抽样分布与二项分布有密切关系。因为，在同一个总体中的各个个体要么具有某种特征，要么不具有该种特征。例如，要么支持，要么不支持；要么是学生，要么不是学生；要么是红色的，要么是非红色的；要么是合格产品，要么是不合格产品。所以，当我们从总体中抽出一个容量为 n 的样本，样本中具有某种特征的个体数 x 应该服从二项分布，显然样本比例 p' 也服从二项分布。根据二项分布期望值（平均数）的公式 $E(x) = np$ 和方差的公式 $D(x) = np(1-p)$ 可以证明，样本比例抽样分布的数学期望为总体比例 p，方差为 $p(1-p)/n$，即

$$E(p') = E\left(\frac{x}{n}\right) = \frac{1}{n}E(x) = p \quad \text{（公式 9.2.1）}$$

$$D(p') = D\left(\frac{x}{n}\right) = \frac{1}{n^2}D(x) = \frac{p(1-p)}{n} \quad \text{（公式 9.2.2）}$$

从公式 9.2.1 可以看出，样本比例 p' 是总体比例 p 的无偏估计量。

定理 9.2.1

当样本容量 n 比较大时，若 $np' > 5$，$n(1-p') > 5$，二项分布趋近正态分布，因此 p' 也趋近正态分布：

$$p' \sim N\left(p, \frac{p(1-p)}{n}\right) \quad \text{（公式 9.2.3）}$$

或

$$Z = \frac{p'-p}{\sqrt{\frac{p'(1-p')}{n}}} \sim N(0, 1^2) \quad \text{（公式 9.2.4）}$$

由于样本比例 p' 是总体比例 p 的无偏估计量，这里用 p' 代替了分母中的 p。

在有限总体不放回抽样的条件下，当样本容量 n 与总体容量 N 之比 $n/N > 0.05$ 时，同样要计算有限总体修正系数，p' 抽样分布的方差就会发生如下变化：

$$p' \sim N\left(p, \frac{N-n}{N-1} \times \frac{p(1-p)}{n}\right) \quad \text{（公式 9.2.5）}$$

9.2.1.2 样本比例之差的抽样分布

定理 9.2.2

设有两个总体，其中具有某种特征的个体数所占的比例分别为 p_1 和 p_2，从两个总体中分别独立地抽取容量为 n_1 和 n_2 的两个样本，其中具有该种特征的个体数所占的比例分别为 p_1' 和 p_2'，则 $p_1'-p_2'$ 也是一个随机变量。当两个样本都是大样本时，$p_1'-p_2'$ 趋近服从正态分布：

$$(p_1'-p_2') \sim N\left(p_1-p_2, \frac{p_1(1-p_1)}{n_1}+\frac{p_2(1-p_2)}{n_2}\right) \quad \text{（公式 9.2.6）}$$

即

$$Z=\frac{(p_1'-p_2')-(p_1-p_2)}{\sqrt{\frac{p_1'(1-p_1')}{n_1}+\frac{p_2'(1-p_2')}{n_2}}} \quad \text{（公式 9.2.7）}$$

9.2.2 关于总体比例的参数估计与假设检验

9.2.2.1 关于总体比例的参数估计

根据样本比例的抽样分布特点，我们可以进行总体比例的区间估计。当样本容量 n 比较大时，若 $np' > 5$，$n(1-p') > 5$，那么从公式 9.2.4 出发可以推出

$$P\left\{-Z_{\alpha/2}<\frac{p'-p}{\sqrt{\frac{p'(1-p')}{n}}}<Z_{\alpha/2}\right\}=1-\alpha \quad \text{（公式 9.2.8）}$$

即

$$P\left\{p'-Z_{\alpha/2}\sqrt{\frac{p'(1-p')}{n}}<p<p'+Z_{\alpha/2}\sqrt{\frac{p'(1-p')}{n}}\right\}=1-\alpha \quad \text{（公式 9.2.9）}$$

所以，在 $1-\alpha$ 的置信水平上，总体比例 p 的置信区间为

$$p'\pm Z_{\alpha/2}\sqrt{\frac{p'(1-p')}{n}} \quad \text{（公式 9.2.10）}$$

同样，根据样本比例之差的抽样分布特点，我们也可以进行两个总体比例之差的区间估计。从公式 9.2.7 出发可以推出

$$P\left\{p_1'-p_2'-Z_{\alpha/2}\sqrt{\frac{p_1'(1-p_1')}{n_1}+\frac{p_2'(1-p_2')}{n_2}} < p_1-p_2 < p_1'-p_2'+Z_{\alpha/2}\sqrt{\frac{p_1'(1-p_1')}{n_1}+\frac{p_2'(1-p_2')}{n_2}}\right\}=1-\alpha$$

（公式 9.2.11）

即在 $1-\alpha$ 的置信水平上，总体比例之差（p_1-p_2）的置信区间为

$$p_1'-p_2'\pm Z_{\alpha/2}\sqrt{\frac{p_1'(1-p_1')}{n_1}+\frac{p_2'(1-p_2')}{n_2}}$$

（公式 9.2.12）

【例题 9.2.1】本题为本章导读问题五。从某市机关中抽取公务员进行性格测试，在 100 人中有 75 人为冷静型，试估计该市机关员工中冷静型所占的比例（令 $\alpha=0.01$）。

解：$p'=75/100=0.75$，$n=100$，为大样本，且 $np'=75$，$n(1-p')=25$，均大于 5，可用公式 9.2.10 估计总体比例。当 $\alpha=0.01$ 时，$Z_{\alpha/2}=Z_{0.005}=2.58$，故

$$p'\pm Z_{\alpha/2}\sqrt{\frac{p'(1-p')}{n}}=0.75\pm 2.58\times\sqrt{\frac{0.75(1-0.75)}{100}}=0.75\pm 0.1117$$

即 (0.6383, 0.8617)。这说明，该市机关员工中冷静型所占的比例在 99% 的置信水平上为 63.83%~86.17%。

【例题 9.2.2】从甲乙两所学校中抽取本科生进行普通话测试。在甲校的 300 人中有 90 人成绩优良，在乙校的 350 人中有 140 人成绩优良，试估计两所学校本科生的普通话优良率之差（令 $\alpha=0.05$）。

解：$p_1'=90/300=0.3$，$p_2'=140/350=0.4$，$n_1=300$，$n_2=350$，均为大样本，因此可以认为 $p_1'-p_2'$ 趋近服从正态分布。由于 $Z_{\alpha/2}=Z_{0.025}=1.96$，故两个总体的比例之差在 $\alpha=0.05$ 的情况下的置信区间应该是

$$p_1'-p_2'\pm Z_{\alpha/2}\sqrt{\frac{p_1'(1-p_1')}{n_1}+\frac{p_2'(1-p_2')}{n_2}}$$
$$=0.3-0.4\pm 1.96\times\sqrt{\frac{0.3\times(1-0.3)}{300}+\frac{0.4\times(1-0.4)}{350}}$$
$$=-0.1\pm 0.073$$

即 (−0.173, −0.027)。这说明，两所学校本科生的普通话优良率之差在 95% 的置

信水平上在 –17.3% ~ –2.7%。

> **假设检验也可以采取参数估计的形式进行**
>
> 在参数估计的时候，也可以判断两个总体平均数或两个总体比例有无显著差异。当得出的 $(\mu_1-\mu_2)$ 或 (p_1-p_2) 的置信区间的上下限之间包含 0 时，则说明两个总体平均数或两个总体比例没有显著差异；如果上下限都是负数，则可以认为 $\mu_1 < \mu_2$ 或 $p_1 < p_2$；如果上下限都是正数，则可以认为 $\mu_1 > \mu_2$ 或 $p_1 > p_2$。例如，在例题 9.2.2 中得到的 (p_1-p_2) 的置信区间的上下限都是负数，可以认为甲校本科生的普通话优良率显著低于乙校。

> **回顾**：总体比例的抽样分布和参数估计
>
> **练习与思考**：完成习题 9.6—9.7

9.2.2.2 关于总体比例的假设检验

关于**总体比例的假设检验**又称成数检验。对于单个样本的情况，当样本容量 n 比较大时，且 $np' > 5$，$n(1-p') > 5$，根据公式 9.2.4，可以将

$$Z = \frac{p'-p}{\sqrt{\dfrac{p'(1-p')}{n}}} \quad （公式 9.2.13）$$

作为检验统计量。

而对于两个样本的情况，如果是大样本，两个总体比例之差的假设检验可以用

$$Z = \frac{p_1' - p_2'}{\sqrt{\dfrac{p_1'(1-p_1')}{n_1} + \dfrac{p_2'(1-p_2')}{n_2}}} \quad （公式 9.2.14）$$

作为检验统计量。

【例题 9.2.3】某校进行一次调查问卷，询问师生对学分制改革的态度。结果，在被抽取的 80 人中，有 64 人表示赞成。问：这个比例是否显著高于 75%？

解：

（1）提出假设。

$$H_0: p \leq 0.75$$
$$H_1: p > 0.75$$

（2）选择并计算检验统计量。由于 $n = 80$，为大样本，且 $np' = 64 > 5$，$n(1-p') = 16 > 5$，因此可以认为 p' 趋近服从正态分布，用公式 9.2.13 计算检验统计量。$p' = 64/80 = 0.80$，故

$$Z = \frac{p' - p}{\sqrt{\frac{p'(1-p')}{n}}} = \frac{0.80 - 0.75}{\sqrt{\frac{0.80 \times (1-0.80)}{80}}} = 1.118$$

（3）规定显著性水平和临界值。这是一个右侧检验，在 $\alpha = 0.05$ 的情况下，$Z_\alpha = Z_{0.05} = 1.64$。

（4）统计决断。因为 $Z < 1.64$，故应接受 H_0，认为比例并不显著高于75%。

【例题 9.2.4】本题为本章导读问题六。从甲乙两所学校中抽取本科生进行普通话测试。在甲校的300人中有90人成绩优良，在乙校的350人中有140人成绩优良。问：两所学校本科生的普通话优良率有无显著差异（令 $\alpha = 0.05$）。

解：

（1）提出假设。

$$H_0: p_1 = p_2$$
$$H_1: p_1 \neq p_2$$

（2）选择并计算检验统计量。由于 $n_1 = 300$，$n_2 = 350$，均为大样本，因此可以认为 $p_1' - p_2'$ 趋近服从正态分布。可以使用公式 9.2.14 作为检验统计量。

$p_1' = 90/300 = 0.3$，$p_2' = 140/350 = 0.4$，故

$$Z = \frac{p_1' - p_2'}{\sqrt{\frac{p_1'(1-p_1')}{n_1} + \frac{p_2'(1-p_2')}{n_2}}} = \frac{0.3 - 0.4}{\sqrt{\frac{0.3 \times (1-0.3)}{300} + \frac{0.4 \times (1-0.4)}{350}}} = \frac{-0.1}{0.03723} = -2.686$$

（3）规定显著性水平和临界值。在 $\alpha = 0.05$ 的情况下，$Z_{\alpha/2} = Z_{0.025} = 1.96$。

（4）统计决断。由于 $|Z| = 2.686 > 1.96$，故应拒绝 H_0，认为两所学校本科

生的普通话优良率有显著差异，乙校水平比较高。这与例题 9.2.2 的结果是吻合的。

注意

对于两个总体比例之差的假设检验，除了可以用公式 9.2.14 以外，还可以用以下公式计算检验统计量：

$$Z = \frac{p_1' - p_2'}{\sqrt{\frac{(n_1 p_1' + n_2 p_2')(n_1 q_1' + n_2 q_2')}{n_1 n_2 (n_1 + n_2)}}}$$

（公式 9.2.15）

其中，$q_1' = 1 - p_1'$，$q_2' = 1 - p_2'$。在这个公式中，$\frac{n_1 p_1' + n_2 p_2'}{n_1 + n_2}$ 是两个样本比例的加权平均数，用于代替总体的 p，$\frac{n_1 q_1' + n_2 q_2'}{n_1 + n_2}$ 则是两个样本中不具有某种特征的个体比例的加权平均数，用于代替总体的 $(1-p)$ 或 q。这固然是一个不错的改进，但是考虑到 H_0 已经假设 $p_1 = p_2$，而且假设检验是以零假设为出发点的，所以加权平均这一改进也就不那么重要了。

另外，到了 χ^2 检验一章，我们还可以看到，χ^2 检验完全可以代替两总体比例之差的假设检验，而且可以应用到多个总体的情况下。

回顾：总体比例的抽样分布和假设检验

练习与思考：完成习题 9.8—9.9

知识导图

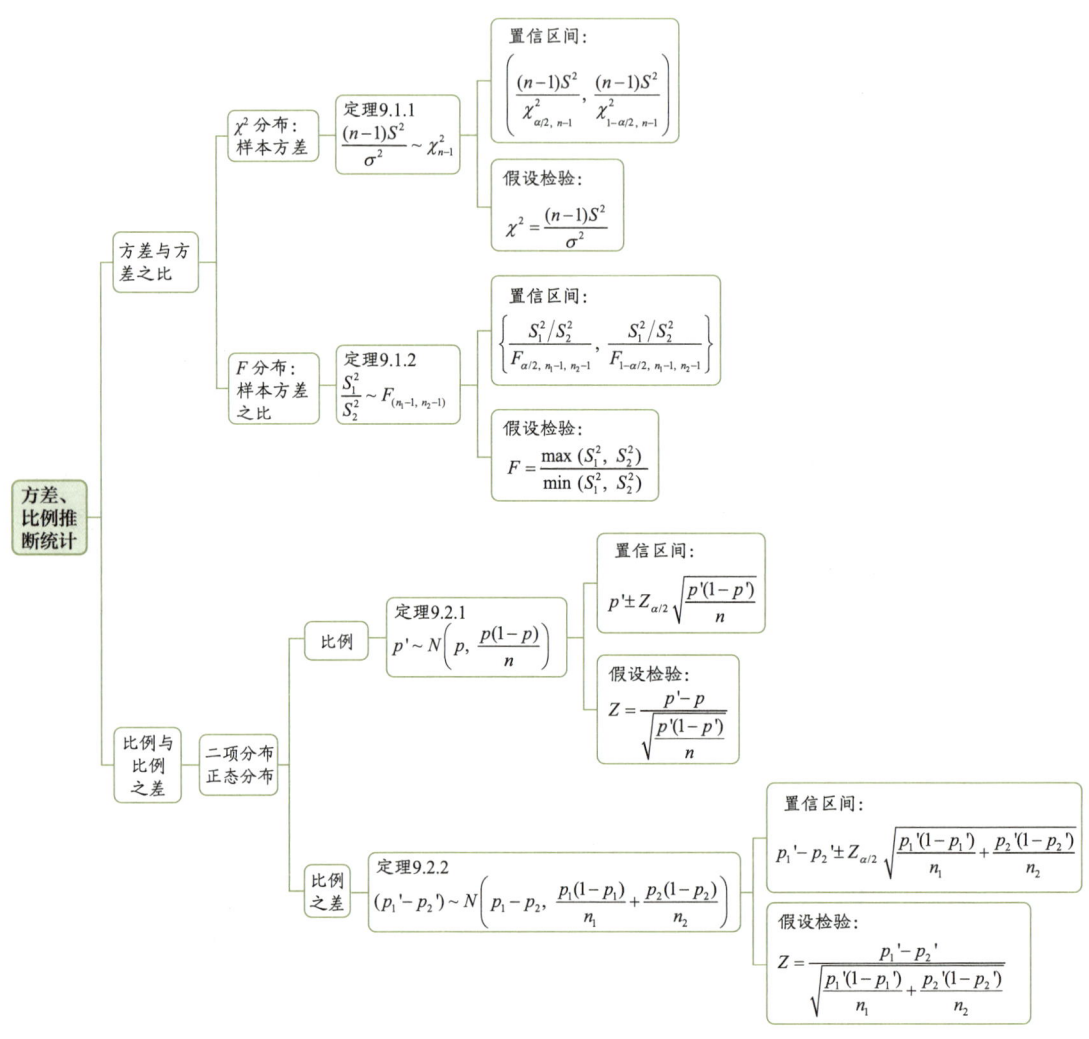

数据实验

目的

理解统计学意义上的"显著差异"不等于日常实际意义上的"很大差异"。

在很多学生的心目中,假设检验如果发现了"显著差异",就意味着检测到了"很大的"甚至是"巨大的"差异。这种理解是不准确的,本实验试图用直观的方式说明这一点。

方法

用 SPSS 分别生成一套大样本数据和一套小样本数据,进行 t 检验和 χ^2 检验,观察检验统计量值与实际值的变化幅度,理解显著差异与实际差异的区别。

步骤 1

使用 SPSS,打开数据界面,新建变量 *Group* 和 *X*,输入 10 个个体的 *Group* 值(1 和 2),界面如图 9.A 所示。

	Group	X
1	1	110
2	1	106
3	1	102
4	1	120
5	1	100
6	2	93
7	2	109
8	2	108
9	2	91
10	2	111

图 9.A

步骤 2

生成 10 个来自正态分布总体的随机数作为 *X*,并将 10 个个体按 *Group* 值分为两个组,进行独立样本 t 检验。点击菜单 File(文件)→ New(新建)→ Syntax(句法),在打开的句法窗口中输入并执行以下代码可以完成本步骤。代码的前 2 行生成 10 个随机数,它们来自平均数为 100、标准差为 10(或方差为 100)的正态分布总体。后面的代码完成独立样本 t 检验。

```
COMPUTE X=RV.NORMAL(100,10).
EXECUTE.

T-TEST GROUPS=Group(1 2)
  /MISSING=ANALYSIS
```

```
/VARIABLES=X
/CRITERIA=CI(.95).
```

步骤 3

重复执行步骤 2 中的 SPSS 代码，至少执行 5 次上述代码。每执行一次都记下 t 检验的输出结果，包括以下项目：F 值、F 检验的显著性（$Sig.$）、t 值、自由度、显著性（双尾）、平均数之差、标准误以及 $95\%CI$ 的下限和上限。

步骤 4

将数据表格中的个体增加到 800 个（可以用复制粘贴的方法提高效率），并将它分为前后两组（$Group$ 值分别设定为 1 和 2），每组 400 个个体。

步骤 5

重复（至少 5 次）执行步骤 2 中的代码，由于步骤 4 将个体增加到 800 个，所以执行代码得到的两个样本容量也都变成了 400。每执行一次都记下 t 检验的输出结果。

步骤 6

将全部数据彻底剪除（不仅仅是清空，而且要求单元格中没有点"."），然后在 $Group$ 变量下输入 11 行任意数值——这样做的目的是在下面的步骤中让 SPSS 仅产生 11 个随机数。重复（至少 10 次）执行以下代码。代码的前两行生成 11 个随机数，它们来自平均数为 100、标准差为 10（或方差为 100）的正态分布总体。后面的代码将计算这 11 个数据的样本方差。每执行一次代码，都记下样本方差。

```
COMPUTE X=RV.NORMAL(100,10).
EXECUTE.

DESCRIPTIVES VARIABLES=X
  /STATISTICS VARIANCE
```

步骤 7

将数据表格中的个体增加到 101 个，重复（至少 10 次）执行步骤 6 中的代码，但这次得到的是容量为 101 的大样本。每执行一次都记下样本方差。

结果

两个样本容量分别为 5 和 400 的 t 检验结果如表 9.A 所示（方差齐性检验结果均为齐性，故略去 F 值及其 $Sig.$，同时加入 t 值和平均数之差的绝对值）。

表 9.A

t 值	df	$Sig.$	$\bar{X}_1 - \bar{X}_2$	标准误	95%CI 的下限	95%CI 的上限	$|t|$	$|\bar{X}_1 - \bar{X}_2|$
0.181	8	0.861	0.732	4.04	−8.585	10.049	0.181	0.732
−0.433	8	0.676	−1.791	4.133	−11.321	7.739	0.433	1.791
−0.268	8	0.795	−1.451	5.412	−13.931	11.028	0.268	1.451
−1.409	8	0.196	−11.228	7.966	−29.598	7.143	1.409	11.228
0.94	8	0.375	5.213	5.544	−7.571	17.997	0.94	5.213
						平均数：	0.6462	4.083
0.123	798	0.902	0.08911	0.72687	−1.3377	1.51592	0.123	0.08911
−0.814	798	0.416	−0.57081	0.70165	−1.9481	0.80649	0.814	0.57081
−0.017	798	0.986	−0.01229	0.70945	−1.4049	1.38033	0.017	0.01229
−1.584	798	0.114	−1.12908	0.71283	−2.52832	0.27015	1.584	1.12908
1.397	798	0.163	0.96114	0.68819	−0.38974	2.31202	1.397	0.96114
						平均数：	0.787	0.5525

将在步骤 6—7 中得到的样本方差列出，并用公式 $\chi^2 = \dfrac{(n-1)S^2}{\sigma^2}$ 计算 χ^2 值，查 χ^2 分布表，得到右侧概率为 0.025 和 0.975 的 χ^2 临界值，结果如表 9.B 所示。

表 9.B

$S^2(n=11)$	$\chi^2(df=10)$			$S^2(n=101)$	$\chi^2(df=100)$		
114.969	11.4969	$\chi^2_{0.975}$：	$\chi^2_{0.025}$：	113.743	113.743	$\chi^2_{0.975}$	$\chi^2_{0.025}$：
95.887	9.5887	3.25	20.48	110.79	110.79	74.2	129.5
50.363	5.0363	最小值	$S^2/\sigma^2 = 0.50363$	97.909	97.909		
177.579	17.7579	最大值	$S^2/\sigma^2 = 1.77579$	92.734	92.734		
60.776	6.0776			114.385	114.385		
89.227	8.9227			87.49	87.49	最小值	$S^2/\sigma^2 = 0.8749$
136.93	13.693			97.226	97.226		
143.484	14.3484			103.878	103.878		
95.349	9.5349			92.187	92.187		
107.576	10.7576			120.592	120.592	最大值	$S^2/\sigma^2 = 1.20592$

讨论

从 t 检验的结果看,在来自同一正态分布总体的条件下,两个小样本的平均数之差远大于两个大样本的平均数之差。前者取绝对值后的平均数为 4.08,后者为 0.55,而在小样本和大样本条件下,置信水平为 95% 的置信区间的上下限之差也相差巨大;但是两者的 t 值取绝对值后的平均数分别为 0.65 和 0.79,相差不大。这说明,在大样本的情况下,抽样误差小,但是置信区间也小,导致一个实际上很小的差异就可以达到小样本情况下的一个很大差异所对应的 t 值。

以大样本条件下第 4 次 t 检验的数据为例,两个样本的平均数之差为 1.129(绝对值),标准误为 0.713。如果 t 值要进入零假设的拒绝域,两平均数之差只要达到 $1.96 \times 0.713 = 1.397$ 即可。相比总体平均数 100,1.397 这个差值是"显著的",但就实际水平而言并不是很大的差异。

再来看 χ^2 检验的结果。在小样本($n = 11$)的情况下,样本方差与总体方差之比 $S^2/\sigma^2 = \chi^2/(n-1) = \chi^2/10$ 介于 0.50363 ~ 1.77579,即最大的样本方差(177.579)达到原总体方差(100)的 177.579%,最小的样本方差(50.363)只有原总体方差的 50.363% 左右,但它们的值都进入了拒绝域。

而在大样本($n = 101$)的情况下,样本方差与总体方差之比 $S^2/\sigma^2 = \chi^2/100$ 介于 0.8749 ~ 1.20592。可见在大样本的情况下,样本方差相对于总体方差的差异较小。但是,在大样本情况下,两个临界值之间的相对差异也很小(0.742 ~ 1.295),此时即便出现显著差异,也未必是很大的差异。这种情况和前面 t 检验的特点是相同的。

总之,在样本容量很大的情况下,统计学上的"显著差异"并不一定意味着实际意义上很大的差异。不过问题在于,研究者需要的往往是实际意义上的很大差异。例如,在某些干预研究中,参试者经过干预,平均分提升两三分,差异检验可能表明已经显著了,但是这么一点差异实际上于事无补,难以说服别人耗费时间精力参与这种干预活动。

习题

9.1 已知某校高二 10 名学生的物理测验分数为:82, 94, 83, 76, 84, 75, 75, 88, 84, 67。请估计全年级物理测验分数标准差的置信区间(置信水平为 95%)。

9.2 有 10 名男生的物理测验成绩是:80, 70, 83, 93, 66, 45, 61, 82, 63, 47。另有 10 名女生

的物理测验成绩是：72, 77, 70, 73, 65, 66, 66, 69, 71, 65。求男生和女生的总体方差之比的置信区间（置信水平为 95%）。（本题数据与第 7 章的习题 7.12 相同，可相互参照比较。）

9.3 如果在习题 9.1 中，已知过去该校高二学生物理测验成绩的标准差为 5。问：今年测验成绩的标准差是否发生了显著变化？由于本题数据与习题 9.1 相同，根据习题 9.1 得出的置信区间也能得到相同的结论。

9.4 根据习题 9.2 的数据，判断男生和女生的总体方差是否齐性？由于本题数据与习题 9.2 相同，根据习题 9.2 得出的置信区间也能得到相同的结论。

9.5 在一个心理学实验中，研究者设置了 A、B、C 三种条件，每一种条件下的参试者的观察值如下所示。

A 条件：454, 498, 486, 482, 407, 412, 484, 582, 491

B 条件：500, 606, 362, 472, 422, 469, 386, 615, 635, 378

C 条件：495, 560, 504, 561, 519, 452, 624, 510, 509

问：在 A、B、C 三种条件下的方差是否齐性？

9.6 某教育研究机构随机抽取 200 名中学教师，询问他们对"高中阶段取消文理分科"的意见，结果有 110 人表示赞同。试估计全部中学教师对此项动议持赞同态度的比例的置信区间。（$\alpha = 0.05$）

9.7 甲、乙两校某年毕业生报考文科和理科的人数见下表，请计算两校学生报考文科的比例之差的置信区间。（$\alpha = 0.05$）

学校	报考文科	报考理科
甲	42	10
乙	60	58

9.8 根据习题 9.6 的数据，判断总体比例是否为 0.5（$\alpha = 0.05$）。由于本题数据与习题 9.6 相同，根据习题 9.6 得出的置信区间也能得到相同的结论。

9.9 根据习题 9.7 的数据，判断两校报考文科学生的比例有无显著差异（$\alpha = 0.05$）。由于本题数据与习题 9.7 相同，根据习题 9.7 得出的置信区间也能得到相同的结论。

第 10 章
方差分析

本章提要

- 当对多个总体的平均数的差异进行显著性检验时，要用方差分析代替效率低下且更容易出错的多次 t 检验。
- 方差分析用分解总差异的方法检验是否存在显著的组间差异。
- 方差分析的基本思路是，将各样本得到的原始观察值的总差异分解成组间差异和组内差异两部分，两者比值越大，各组平均数的差异就越明显。
- 方差分析的数学模型表明，任何一个个体观察值都是总平均数、实验处理造成的效果以及随机误差这三方面的结果之和。
- 方差分析的基本前提是：独立性、正态性和方差齐性（等方差性）。
- 完全随机设计采用的是独立样本，随机区组设计采用的是相关样本。
- 方差分析如果发现显著差异，还应对各组平均数进行逐对事后比较。
- 方差分析可以计算效应量，以体现自变量对因变量的影响程度。
- 多因素方差分析不仅可以推断多个因素对平均数有无显著影响，还可以检验因素之间是否存在交互作用。

学习目标

- 理解多次逐对 t 检验会造成错误概率的累积，明确方差分析的必要性。
- 理解方差分析以对差异的分解来回答多个总体的平均数差异显著性问题。
- 理解方差分析的基本思路是考察组间差异和组内差异这两个方差之比，掌握不同实验设计下各种方差之比的计算方法。
- 理解方差分析的数学模型，能写出不同实验设计下具体的数学模型。
- 理解方差分析的基本前提，掌握这些前提是否成立的判断方法。
- 理解完全随机设计和随机区组设计的差别，掌握其区分方法。

- 理解并掌握对平均数进行逐对事后比较的各种方法，了解其优缺点。
- 理解并掌握方差分析效应量的计算方法。
- 理解多因素方差分析中的主效应和交互作用的含义，掌握两者所对应的 F 值的计算方法。

导读问题

假设某学者研究某种由线段造成的图形错觉，他试图考察线段的宽度、参试者对图形的观视距离以及测试时间对错觉量（假设它服从正态分布）的影响。为此，他按照 3 种线段宽度和 2 种观视距离将参试者分为 6 组，每位参试者在上午 8:00、中午 12:00 和下午 3:00 分别进行测验，搜集到以下数据（3 种线段宽度用 A、B、C 表示，2 种观视距离用 a、b 表示）。

参试者编号	线段宽度	观视距离	上午错觉量	中午错觉量	下午错觉量
0001	A	a	8.6	8.4	8.2
0002	A	b	9.5	9.6	9.3
0003	B	a	7.5	7.8	8.0
0004	C	a	8.5	8.3	8.6
0005	B	b	8.8	8.9	9.0
0006	C	b	7.0	7.3	6.8
⋮	⋮	⋮	⋮	⋮	⋮

根据这些数据可以回答很多问题。

- 问题一：以下午错觉量为最终数据。问：在 3 种不同的线段宽度下，参试者的错觉量有无显著差异，即线段宽度对错觉量有无显著影响？
- 问题二：同样以下午错觉量为最终数据。问：线段宽度和观视距离对错觉量有无显著影响？两个影响因素之间有无交互作用？
- 问题三：不考虑线段宽度和观视距离，仅考察 3 个时间点的错觉量。问：测验时间对错觉量有无显著影响？

问题一须采用单因素方差分析，问题二须采用双因素方差分析，问题三须采用随机区组设计的方差分析。学完本章，应能理解并掌握上述问题的特点以及对应的方差分析方法。

10.1 方差分析的基本原理

10.1.1 方差分析的基本思路

10.1.1.1 方差分析的提出

第 8 章讲述的平均数的显著性检验指的都是关于一个总体平均数或两个总体平均数之差的假设检验。由于实际问题往往都要用到 t 分布，故简称为 t 检验。但是，当我们对多个总体进行平均数差异的假设检验时，必须采用本章讨论的方差分析，而不能简单地采取将各个总体平均数逐对比较的办法。

例如，某厂家设计了 A、B、C、D 四种商品外观。为了检验哪一种外观最受欢迎，随机地对一些顾客进行询问，要求顾客对不同的外观进行打分，然后对四种外观的平均得分进行差异显著性检验，即通过样本平均数来推断 4 个总体的平均数是否相等。如果按照第 8 章介绍的方法，将这些平均数进行逐对比较，总共要进行 6 次比较，即 A–B、A–C、A–D、B–C、B–D 和 C–D。这样不仅大大增加了工作量，更重要的是，每次检验时只能运用 2 组样本的数据，不能充分利用全部样本的信息；而且，如果每次检验的显著性水平都是 $\alpha = 0.05$，6 次检验的可靠性（一次都不犯 α 错误的概率）就将降低为 $(1-\alpha)^6 = 0.95^6 = 0.735$。这是因为每一次检验都有犯错误的风险，多次检验就将这种风险累积起来了。

方差分析是统计学家费希尔于 20 世纪 20 年代提出来的，故简称为 F 检验。它可以**检验多组平均数差异的显著性**，其优点是能够充分地利用样本信息，而且可以通过一次检验得出结论，从而避免多次逐对 t 检验所造成的错误概率的累积。一开始，方差分析主要用于生物学和农业田间试验，后来在许多学科中得到应用。

10.1.1.2 组间差异与组内差异

让我们先考虑最简单的只有 3 个样本的情况。图 10.1.1 表示了这 3 个样本观察值的两种不同的分布情况：在 A 情况下，各样本内部差异大，导致 3 组观察值重合的部分较多；在 B 情况下，各样本内部差异小，导致 3 组观察值重合的部分较少；但在两种情况下，各样本的平均数之间的差距是相同的。如果只在其中一种情况下的平均数之间有显著差异，那么会是哪一种呢？

显然，应该是 B 情况下的平均数差异更显著。因为在 B 情况下，3 个样本观察值之间重合的部分较少，这意味着即使从平均数较高的那个样本中取出一个最小的观察值，它在平均数较低的样本中也将居于较高位置。相反，在 A 情况下，样本分布重合的部分

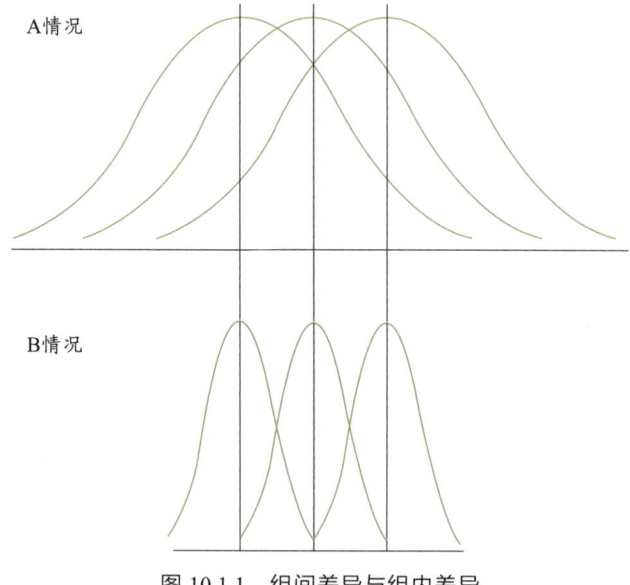

图 10.1.1　组间差异与组内差异

较多，这说明在高平均数样本中的观察值在低平均数样本中的位置不一定高，各样本平均数之间的差异也就不显著。

在方差分析中，各样本平均数之间的差异称为组间差异，样本内部观察值之间的差异称为组内差异。方差分析的基本思路就是：将从各样本得到的原始观察值总差异分解成组间差异和组内差异两部分，计算出它们的相对大小——组间差异对组内差异的比值越大，说明多组平均数的差异越明显。

> **回顾**：方差分析　组间差异　组内差异
> **练习与思考**：完成本章末的"数据实验"，理解组间差异和组内差异在方差分析中的作用

10.1.2　方差分析的数学模型

10.1.2.1　方差分析的常用术语

方差分析涉及多个术语：因素、水平、处理以及主效应与交互作用。

因素

获得几个不同的样本平均数的过程，实际上就是一个实验（或称试验）过程。在实验中将各个样本区分开的标志性特征，在实验方法学上就是自变量，在统计学上被称为

因素。只有一个自变量的实验称为单因素实验。有两个或两个以上自变量的实验称为多因素实验。前面提到，为了检验 4 种不同的商品外观的效果，要求顾客打分而得到 4 个样本，这就是一个实验。这个实验涉及的因素只有一个，就是商品的外观，所以它是一个单因素实验。如果我们不但要研究不同的外观对顾客评价的影响，还要同时研究不同地域的顾客对外观的偏好，就要在全国找几个有代表性的调查点，在各个点对不同的外观进行调查。这样的实验就是一个双因素实验：一个因素是商品外观，另一个因素是地域。

水平

某一个因素的各个可能取值称为因素的水平。这种取值可以是数量上的不同（量差），也可以是质的不同（质别）。前文所述的 4 种不同的外观就是 4 个水平，地域若有 5 个，就是 5 个水平，两个因素的水平均属于质的不同。如果我们将 3 组小学生每天做作业的时间控制在 0.5 小时、1 小时和 1.5 小时，以检验做作业的时间对学习成绩的影响，这样的 3 个水平就是量上的不同。

处理

按各个水平条件进行的重复实验称为各种处理。如果是单因素实验，处理数就是水平数；如果是双因素或多因素实验，处理数就是各因素的水平数的乘积。例如，对于 4 种不同的商品外观的调查，就是 4 种处理；如果加上地域因素，则处理数为 4×5=20。

主效应与交互作用

因素对实验结果的影响称为主效应。而在多因素的情况下，如果某个因素对实验结果的影响受到另一个因素的制约，则称这种制约为交互作用。

10.1.2.2　科克伦分解定理与方差分析的基本前提

在介绍方差分析的数学模型之前，还要了解一个重要的定理，这个定理实际上是一个更一般化的定理——科克伦（Cochrane）分解定理——的推论。

定理 10.1.1

设 $X_1, X_2, \cdots, X_k$ 为 k 个相互独立的随机变量，且 $X_i \sim N(\mu_i, \sigma^2)$（$i = 1, 2, \cdots, k$），现从这 k 个总体中分别抽取容量为 n_i 的样本，记作

$$\bar{X}_i = \frac{\sum_{j=1}^{n_i} X_{ij}}{n_i}$$

$$S_i^2 = \frac{\sum_{j=1}^{n_i}(X_{ij}-\bar{X}_i)^2}{n_i-1}$$

$$N = \sum_{i=1}^{k} n_i$$

$$\bar{X}_t = \frac{\sum_{i=1}^{k}\sum_{j=1}^{n_i} X_{ij}}{N} = \frac{\sum_{i=1}^{k} n_i \bar{X}_i}{N}$$

则

$$Q = \sum_{i=1}^{k}\sum_{j=1}^{n_i}(X_{ij}-\bar{X}_t)^2 = \sum_{i=1}^{k}(n_i-1)S_i^2 + \sum_{i=1}^{k} n_i(\bar{X}_i-\bar{X}_t)^2$$

令

$$Q_e = \sum_{i=1}^{k}(n_i-1)S_i^2$$

$$U = \sum_{i=1}^{k} n_i(\bar{X}_i-\bar{X}_t)^2$$

那么

$$\frac{U/(k-1)}{Q_e/(N-k)} \sim F_{k-1,\ N-k} \qquad (公式10.1.1)$$

在上述定理中可以看到，k 个随机变量（$X_1, X_2, \cdots, X_k$）是相互独立的，而且它们都服从正态分布，即 $X_i \sim N(\mu_i, \sigma^2)$。因此，方差分析就有三个基本前提：独立性、正态性和方差齐性（等方差性）。也就是说，k 组个体的抽样没有相关，产生的是独立样本而非相关样本；各组观察值应呈正态分布；各组所来自的总体之间方差齐性。

从理论上讲，只有满足上述前提条件的方差分析才是有效的，所以严格来说，在进行方差分析前，还要先检查一下是否满足这三个前提。检验是否满足独立性前提，就看是不是完全随机设计，即抽取的是独立样本还是相关样本。要检验方差齐性，可回顾第 9 章的第 9.1.3 节关于方差的显著性检验部分。至于如何进行正态性检验，本书将在第 13 章进行介绍。

话说回来，在实际应用中，完全满足以上条件的情况不多，所以只要近似满足这些条件就可以了。

10.1.2.3 方差分析的基本问题

方差分析要解决的是多个总体平均数是否相等的参数假设检验问题，也就是说，要检验相关因素在 k 个水平上产生的总体平均数是否相等。为此，要提出以下零假设和备择假设：

H_0：$\mu_1 = \mu_2 = \cdots = \mu_k$

H_1：$\mu_i \neq \mu_j$ 至少有一对成立（其中 $i \neq j$；$i, j = 1, 2, \cdots, k$）

方差分析的基本问题是：检验因素的各个水平对平均数的影响是否显著，如果存在显著影响，则选择一个最优水平；如果不存在显著影响，就说明因素的各个水平对实验指标的影响基本相同。

方差分析面对的是比较复杂的数据结构，见表 10.1.1。

表 10.1.1 方差分析的数据结构表

观察次数 (j)	因素水平 (i)				合计
	1	2	$\cdots$	k	
1	X_{11}	X_{21}	$\cdots$	X_{k1}	
2	X_{12}	X_{22}	$\cdots$	X_{k2}	
$\vdots$	$\vdots$	$\vdots$	$\vdots$	$\vdots$	
n_i	X_{1n_i}	X_{2n_i}	$\cdots$	X_{kn_i}	
合计	T_1	T_2	$\cdots$	T_k	T

10.1.2.4 方差分析的数学模型

方差分析将观察值之间的总差异分解成组间差异和组内差异。由因素的各个水平造成的差异，体现在各样本平均数之间的差异上，就是组间差异；样本内部观察值之间的差异，就是组内差异。

对样本中的每一个观察值 X_{ij}，都有

$$X_{ij} = \bar{X}_t + e_{ij} \qquad \text{（公式 10.1.2）}$$

式中，X_{ij} 为从第 i 个总体中抽出的样本的第 j 个观察值；$\bar{X}_t$ 为 k 个样本的总平均数；e_{ij} 为误差项。故

$$e_{ij} = X_{ij} - \bar{X}_t \qquad \text{（公式 10.1.3）}$$

进一步分解上式得

$$e_{ij} = (\bar{X}_i - \bar{X}_t) + (X_{ij} - \bar{X}_i) \qquad \text{（公式 10.1.4）}$$

式中，$\bar{X}_i$ 为第 i 个样本的平均数。可见，公式 10.1.4 的右边由两部分组成，前一部分为组间离差，可以认为是由于不同的实验处理造成的；后一部分为组内离差，是随机误差，不能用实验因素来解释。

将公式 10.1.4 代入公式 10.1.2 得

$$X_{ij} = \bar{X}_t + (\bar{X}_i - \bar{X}_t) + (X_{ij} - \bar{X}_i) \qquad \text{（公式 10.1.5）}$$

这是一个样本模型，它对应的总体模型是：

$$X_{ij} = \mu + \alpha_i + \varepsilon_{ij} \qquad \text{（公式 10.1.6）}$$

式中，α_i 表示实验处理造成的效果，ε_{ij} 表示不受实验处理影响的随机误差。这个模型的意思是，任何一个观察值都是总平均数、实验处理造成的效果以及随机误差这三方面的总和。

将公式 10.1.4 的两边平方后求总和（推导过程不再给出），可得

$$\sum_{i=1}^{k}\sum_{j=1}^{n_i} e_{ij}^2 = \sum_{i=1}^{k}\sum_{j=1}^{n_i}(X_{ij}-\bar{X}_t)^2 = \sum_{i=1}^{k}\sum_{j=1}^{n_i}(X_{ij}-\bar{X}_i)^2 + \sum_{i=1}^{k} n_i(\bar{X}_i-\bar{X}_t)^2 \qquad \text{（公式 10.1.7）}$$

令

$$SST = \sum_{i=1}^{k}\sum_{j=1}^{n_i} e_{ij}^2 = \sum_{i=1}^{k}\sum_{j=1}^{n_i}(X_{ij}-\bar{X}_t)^2$$

$$SSA = \sum_{i=1}^{k} n_i(\bar{X}_i - \bar{X}_t)^2$$

$$SSE = \sum_{i=1}^{k}\sum_{j=1}^{n_i}(X_{ij}-\bar{X}_i)^2 = \sum_{i=1}^{k}(n_i-1)S_i^2$$

则

$$SST = SSA + SSE \qquad \text{（公式 10.1.8）}$$

我们称 SST 为总离差平方和，SSA 为组间离差平方和，SSE 为组内离差平方和。"离

差平方和"也简称"平方和"。在这个基础上，就可以进行方差分析了。

10.1.2.5 方差分析的检验统计量

为了进行方差分析，我们必须构造一个检验统计量。公式 10.1.9 表示的 F 就是方差分析的检验统计量，因为其中的 SSA 和 SSE 分别就是公式 10.1.1 中的 U 和 Q_e。所以，当零假设为真时，有

$$F = \frac{SSA/(k-1)}{SSE/(N-k)} = \frac{MSA}{MSE} \sim F_{k-1, N-k} \quad \text{（公式 10.1.9）}$$

在一定的显著性水平 α 下，我们可以根据 F 分布表查到 F 统计量的临界值 $F_{\alpha, k-1, N-k}$。如果 F 值小于临界值，说明实验处理造成各组平均数之间的差异不够显著，应接受零假设；反之，如果 F 值大于临界值，说明实验处理造成各组平均数之间的差异比较显著，应拒绝零假设，接受备择假设。

> **回顾**：方差分析的前提　方差分析的模型和检验统计量
> **练习与思考**：完成习题 10.1—10.2

10.2 单因素方差分析（完全随机设计）

10.2.1 完全随机设计

为了检验某个因素的多种不同水平的效应，从总体中随机地抽取一些个体，再将它随机地分派到不同的样本中；在对这些样本分别施以不同的实验处理以后，记录这些个体的观察值；然后对不同样本的平均数差异进行显著性检验。这就是完全随机设计。由于完全随机，产生的样本就是独立样本。如果只有 2 个样本，就用第 8 章介绍的独立样本情况下的 t 检验，如果有 2 个以上样本，就要采用方差分析。本章导读问题一考察了三种不同线段宽度条件对错觉量的影响，而且在不同条件下的参试者都是随机抽取和分派的，三种条件的数据之间没有对应关系，所以应采用完全随机设计的单因素方差分析。

10.2.2 检验步骤和计算公式

10.2.2.1 检验步骤

和 t 检验一样,仍按以下四个步骤进行方差分析。

步骤 1:提出假设

在进行方差分析时,我们同时提出两个相反的假设:

H_0: $\mu_1 = \mu_2 = \cdots = \mu_k$

H_1: $\mu_i \neq \mu_j$ 至少有一对成立(其中 $i \neq j$; $i, j = 1, 2, \cdots, k$; k 为样本数)

步骤 2:选择并计算检验统计量

使用 $F=MSA/MSE$ 作为检验统计量。

步骤 3:规定显著性水平和临界值

一般设 α 水平为 0.05 或 0.01。由于 F 值越接近于 0 越不能拒绝 H_0,故拒绝域集中在右侧,为右侧检验。

步骤 4:统计决断

F 值大于临界值时,拒绝 H_0,否则接受 H_0。

方差分析计算完毕后,可以列出方差分析表,列出在计算过程中得到的结果,方便阅读和使用。

10.2.2.2 计算公式

步骤 1:计算平方和

总平方和:

$$SST = \sum_{i=1}^{k}\sum_{j=1}^{n_i}(X_{ij} - \bar{X}_t)^2 = \sum_{i=1}^{k}\sum_{j=1}^{n_i} X_{ij}^2 - \frac{T^2}{N} \qquad (公式 10.2.1)$$

式中,T 为所有 X 的总和:$T = \sum_{i=1}^{k}\sum_{j=1}^{n_i} X_{ij}$。

组间平方和:

$$SSA = \sum_{i=1}^{k} n_i(\bar{X}_i - \bar{X}_t)^2 = \sum_{i=1}^{k} \frac{T_i^2}{n_i} - \frac{T^2}{N} \qquad (公式 10.2.2)$$

式中,T_i 为各组 X 的总和:$T_i = \sum_{j=1}^{n_i} X_{ij}$。

组内平方和:

$$SSE = \sum_{i=1}^{k}\sum_{j=1}^{n_i}(X_{ij}-\bar{X}_i)^2 = \sum_{i=1}^{k}\sum_{j=1}^{n_i}X_{ij}^2 - \sum_{i=1}^{k}\frac{T_i^2}{n_i}$$ （公式 10.2.3）

> **怎样理解 SSA**
>
> 有些读者难以理解 SSA 何以代表组间差异。其实道理很简单，根据 SSA 的定义公式 $SSA = \sum_{i=1}^{k}n_i(\bar{X}_i-\bar{X}_t)^2$，可以假设从各个样本内部 n_i 个个体身上获得的观察值是相等的（对于第 i 个样本，$X_{i1}=X_{i2}=\cdots=\bar{X}_i$），即 $n_i(\bar{X}_i-\bar{X}_t)^2 = \sum_{i=1}^{n_i}(\bar{X}_i-\bar{X}_t)^2$；换言之，这个离差平方和相当于以各个样本的平均数代替样本内每个个体的观察值，在此基础上计算出了一个**组内差异为零**的总离差平方和。显然，这就是组间差异。

步骤 2：计算自由度

组间自由度：$df_A = k - 1$

组内自由度：$df_w = N - k$

步骤 3：计算均方差

组间方差：$MSA = SSA/(k-1)$

组内方差：$MSE = SSE/(N-k)$

步骤 4：计算 F 值

$$F = MSA/MSE$$

【例题 10.2.1】在某厂家检验不同的商品外观效果的实验中，要求每个顾客根据自己的喜好为其中一种外观打分。每种外观各有 6 位顾客打分，结果见表 10.2.1。问：顾客对这 4 种外观的喜好有无显著差异？

表 10.2.1　不同商品外观得分

顾客序号	外观				合计
	A	B	C	D	
1	34	45	33	40	
2	42	38	34	48	
3	45	44	40	40	
4	49	39	38	42	
5	50	50	47	38	
6	45	41	36	42	
合计	265	257	228	250	1000

解：

（1）提出假设。

$$H_0: \mu_1 = \mu_2 = \cdots = \mu_4$$

$$H_1: \mu_i \neq \mu_j \text{ 至少有一对成立（其中 } i \neq j; \ i,j = 1,2,3,4)$$

（2）选择并计算检验统计量。使用 $F = \dfrac{MSA}{MSE}$ 作为检验统计量。

$$SST = \sum_{i=1}^{k}\sum_{j=1}^{n_i}(X_{ij} - \bar{X}_t)^2 = \sum_{i=1}^{k}\sum_{j=1}^{n_i} X_{ij}^2 - \frac{T^2}{N} = 34^2 + 42^2 + \cdots + 42^2 - 1000^2/24 = 581.333$$

$$SSA = \sum_{i=1}^{k} n_i(\bar{X}_i - \bar{X}_t)^2 = \sum_{i=1}^{k} \frac{T_i^2}{n_i} - \frac{T^2}{N} = 265^2/6 + 257^2/6 + 228^2/6 + 250^2/6 - 1000^2/24 = 126.333$$

$$SSE = \sum_{i=1}^{k}\sum_{j=1}^{n_i}(X_{ij} - \bar{X}_i)^2 = \sum_{i=1}^{k}\sum_{j=1}^{n_i} X_{ij}^2 - \sum_{i=1}^{k}\frac{T_i^2}{n_i} = 34^2 + 42^2 + \cdots + 42^2 - (265^2/6 + 257^2/6 + 228^2/6 + 250^2/6)$$

$$= 455.000$$

$$F = \frac{MSA}{MSE} = \frac{SSA/(k-1)}{SSE/(N-k)} = 1.851$$

（3）规定显著性水平和临界值。设 $\alpha = 0.05$，由于组间自由度 $k-1 = 3$，组内自由度 $N - k = 20$，查表得 $F_{0.05, 3, 20} = 3.10$。

（4）统计决断，并列出方差分析表（见表10.2.2）。因为 $F = 1.851 < 3.10$，故接受 H_0，认为顾客对这四种不同的外观的喜好没有显著差异。

表10.2.2　方差分析表

误差来源	平方和	自由度	均方差	F 值
组间差异	126.333	3	42.111	1.851
组内差异	455.000	20	22.750	
合计	581.333	23		

【例题10.2.2】从3所学校随机抽取15名学生，测得他们的自学能力得分（见表10.2.3）。问：这3所学校学生的自学能力有无显著差异？

表 10.2.3　不同学校学生的自学能力得分表

学生序号	学校			合计
	A 校	B 校	C 校	
1	34	39	39	
2	37	35	38	
3	29	32	42	
4	38	36	40	
5		38	46	
6		40		
合计	138	220	205	563

解：

（1）提出假设。

$$H_0: \mu_1 = \mu_2 = \mu_3$$

$$H_1: \mu_i \neq \mu_j \text{ 至少有一对成立（其中 } i \neq j;\ i, j = 1, 2, 3\text{）}$$

（2）选择并计算检验统计量。使用 $F = \dfrac{MSA}{MSE}$ 作为检验统计量。

$$SST = \sum_{i=1}^{k}\sum_{j=1}^{n_i}(X_{ij} - \bar{X}_t)^2 = \sum_{i=1}^{k}\sum_{j=1}^{n_i}X_{ij}^2 - \frac{T^2}{N} = 34^2 + 37^2 + \cdots + 46^2 - 563^2/15 = 233.733$$

$$SSA = \sum_{i=1}^{k}n_i(\bar{X}_i - \bar{X}_t)^2 = \sum_{i=1}^{k}\frac{T_i^2}{n_i} - \frac{T^2}{N} = 138^2/4 + 220^2/6 + 205^2/5 - 563^2/15 = 101.400$$

$$SSE = \sum_{i=1}^{k}\sum_{j=1}^{n_i}(X_{ij} - \bar{X}_i)^2 = \sum_{i=1}^{k}\sum_{j=1}^{n_i}X_{ij}^2 - \sum_{i=1}^{k}\frac{T_i^2}{n_i} = 34^2 + 37^2 + \cdots + 46^2 - (138^2/4 + 220^2/6 + 205^2/5)$$

$$=132.333$$

$$F = \frac{MSA}{MSE} = \frac{SSA/(k-1)}{SSE/(N-k)} = 4.597$$

（3）规定显著性水平和临界值。设 $\alpha = 0.05$，由于组间自由度 $k - 1 = 2$，组内自由度 $N - k = 12$，查表得 $F_{0.05, 2, 12} = 3.89$。

（4）统计决断，并列出方差分析表（见表 10.2.4）。因为 $F = 4.597 > 3.89$，故接受 H_1，认为这 3 所学校学生的自学能力有显著差异。

表 10.2.4　方差分析表

误差来源	平方和	自由度	均方差	F 值
组间差异	101.400	2	50.700	4.597
组内差异	132.333	12	11.028	
合计	233.733	14		

> **回顾**：单因素完全随机设计方差分析的步骤和计算方法　方差分析表
> **练习与思考**：完成习题 10.3—10.6

10.2.2.3　单因素方差分析的效应量

与 t 检验一样，单因素方差分析也可以计算效应量 ω^2 和 **f**，它们属于 r 族效应量，其意义与 t 检验中的 ω^2 相当。

$$\omega^2 = \frac{(k-1)(F-1)}{(k-1)(F-1)+N} \qquad (公式 10.2.4)$$

$$\mathbf{f} = \sqrt{\frac{\eta^2}{1-\eta^2}} \qquad (公式 10.2.5)$$

在公式 10.2.5 中，

$$\eta^2 = \frac{SSA}{SST} \qquad (公式 10.2.6)$$

有学者提出，因素方差分析效应量的评价准则是：**f** = 0.10 为弱效应，**f** = 0.25 为中等效应，**f** = 0.40 为强效应。不过，在文献中见得最多的是 η^2，它相当于回归分析中的确定系数 r^2。

> **回顾**：单因素完全随机设计方差分析的效应量
> **练习与思考**：完成习题 10.7

10.2.3　事后比较

如果方差分析出现了显著差异的情形，还要检验各个水平的平均数的两两比较有无显著差异，这就是事后比较，又称为逐对比较或多重比较。

10.2.3.1 t 检验

逐对 t 检验，又称 LSD[①] 检验，这种方法比较简单且应用广泛。

先列出任意两个（第 i 个和第 j 个）样本之间的平均数之差 D_{ij}，并逐对计算以下检验统计量：

$$t_{ij} = \frac{D_{ij}}{\sqrt{MSE\left(\frac{1}{n_i} + \frac{1}{n_j}\right)}} \qquad (公式 10.2.7)$$

若计算得到的 $|t_{ij}|$ 值小于或等于其临界值 $t_{\alpha/2, N-k}$，则说明因素的第 i 水平和第 j 水平对应的因变量之间没有显著差异。如果 $|t_{ij}|$ 值超过了临界值，则应该认为两者之间存在显著差异。

也可以采用另一种计算方法，即计算 D 的临界值 $D*$：

$$D* = t_{\alpha/2, N-k} \sqrt{MSE\left(\frac{1}{n_i} + \frac{1}{n_j}\right)} \qquad (公式 10.2.8)$$

其实，公式 10.2.8 就是公式 10.2.7 的变式。如果 $|D_{ij}| \leq D*$，说明第 i 组和第 j 组之间没有显著差异；反之，说明上述两组之间有显著差异。

> **t 检验是方差分析的特例**
>
> 在有 2 个样本（$k = 2$）的情况下，公式 10.2.7 就成了
>
> $$t = \frac{\bar{X}_1 - \bar{X}_2}{\sqrt{\frac{(n_1-1)S_1^2 + (n_2-1)S_2^2}{n_1+n_2-2}\left(\frac{1}{n_1}+\frac{1}{n_2}\right)}}$$
>
> 这正是两总体平均数之差的 t 检验公式。所以，两总体平均数之差的 t 检验其实是方差分析的特例，或者说方差分析是 t 检验的推广。而且，上述 t 检验与方差分析一样，都要求满足方差齐性这一前提。

【例题 10.2.3】对例题 10.2.2 的数据进行平均数逐对 t 检验。

---

① 是英文 least significant difference 的缩写，中文为"最小显著差异法"。

解:

查表得临界值 $t_{\alpha/2, N-k} = t_{0.025, 12} = 2.179$。

各组平均数间的绝对差异 D_{ij} 值和 t_{ij} 值见表 10.2.5（*表示差异有显著意义）:

表 10.2.5　平均数逐对检验表（t 检验）

第 i 组	第 j 组	D_{ij}	t_{ij}
1	2	−2.166	−1.011
	3	−6.500*	−2.918
2	1	2.166	1.011
	3	−4.333	−2.155
3	1	6.500*	2.918
	2	4.333	2.155

可见，A 校（第 1 组）与 C 校（第 3 组）有显著差异，而 A 校与 B 校之间、B 校与 C 校之间没有显著差异。

不过，LSD 检验的精度比较差，容易把不应该推断为有显著差异的情况也推断为有显著差异。

> **回顾**：平均数逐对 t 检验（LSD 检验）
>
> **练习与思考**：完成习题 10.8

10.2.3.2　邦费罗尼校正法

邦费罗尼（Bonferroni）校正法不是一种独立的检验方法，它针对"多次逐对 t 检验所造成的错误概率的累积"这一问题，简单直接地给出解决方案：校正（其实就是减小）显著性水平 α。按照邦费罗尼的想法，如果进行 c 次检验，每次检验时采用的显著性水平应改为 $\alpha' = \alpha/c$。换言之，如果 $\alpha = 0.05$，那么为了进行 3 次检验，每次检验的显著性水平 $\alpha' = 0.05/3 = 0.01667$，这样就可以保证 3 次检验犯 α 错误的总概率不超过原来规定的 0.05。

邦费罗尼校正法不需要以方差分析结果显著为前提。也就是说，当你面对本节的例题时，可以先算出需要多少次 t 检验，然后调整显著性水平，逐一完成所有 t 检验。但是 LSD 检验需要在 F 检验发现显著差异后进行。

邦费罗尼校正法的缺点在于，如果检验次数很多，校正后的显著性水平 α' 将很低。

例如，在对 5 个组的观察值进行逐对检验时，最多需要进行 10 次 t 检验，显著性水平就被校正为原来的 1/10。这样一来，α 错误固然控制得很好，但是犯 β 错误的概率就增加了。因为 α 越小，拒绝零假设的难度就越大。因此，控制逐对检验的次数，结合使用邦费罗尼校正法似乎是更好的选择。在实际应用中，并不是所有可能的逐对检验都有必要，有些与研究主题无关的检验完全可以舍去，这样就可以使得显著性水平 α' 不至于太小。

10.2.3.3 q 检验

q 检验的统计量是

$$q_{ij} = \frac{D_{ij}}{\sqrt{\frac{MSE}{2}\left(\frac{1}{n_i}+\frac{1}{n_j}\right)}} \tag{公式 10.2.9}$$

q 检验需要查 q 值表（附录三的统计用表 6）寻找其临界值。查表时，需要考虑三个条件：组内方差的自由度（$N-k$）、显著性水平 α 和等级数 a。所谓等级数就是在所有样本平均数中，介于相比较的两个组的平均数之间的平均数个数。例如，有 5 组平均数，分别是 30, 50, 70, 40, 60，现在对第一组（平均数为 30）和第五组（平均数为 60）进行检验，由于 30, 40, 50, 60 都落在 30～60 之间，故等级数为 4。

【例题 10.2.4】对例题 10.2.2 的数据进行平均数逐对 q 检验。

解：根据 3 组平均数（34.500, 36.667, 41.000），查表得 A 校与 B 校之间、B 校与 C 校之间的临界值 $q_{0.05, 2, 12} = 3.08$，A 校与 C 校之间的临界值 $q_{0.05, 3, 12} = 3.77$。各组平均数间的绝对差异 D_{ij} 值和 q_{ij} 值见表 10.2.6（* 表示差异有显著意义）。

表 10.2.6　平均数逐对检验表（q 检验）

第 i 组	第 j 组	D_{ij}	q_{ij}
1	2	−2.166	−1.429
	3	−6.500*	−4.126
2	1	2.166	1.429
	3	−4.333	−3.047
3	1	6.500*	4.126
	2	4.333	3.047

结果与例题 10.2.3 相同。

10.2.3.4　S 检验*

S 检验是舍费（Scheffe）检验的简称。它的要求很简单，任意两个样本的平均数之差的绝对值（$|D_{ij}|$）如果大于临界值 S_{ij}，就认为两者之间有显著差异。

$$S_{ij} = \sqrt{(k-1)F_{\alpha,\,k-1,\,N-k} MSE \left(\frac{1}{n_i} + \frac{1}{n_j} \right)} \qquad \text{（公式 10.2.10）}$$

【例题 10.2.5】对例题 10.2.2 的数据进行平均数逐对 S 检验。

解：查表得 $F_{0.05,\,2,\,12} = 3.89$；根据 3 组平均数（34.500, 36.667, 41.000）以及前文中计算得到的 $MSE = 11.028$，得出各组平均数间的绝对差异 $|D_{ij}|$ 值和 S_{ij} 值（见表 10.2.7，* 表示差异有显著意义）。

表 10.2.7　平均数逐对检验表（S 检验）

第 i 组	第 j 组	$|D_{ij}|$	S_{ij}
1	2	2.166	5.979
	3	6.500*	6.214
2	1	2.166	5.979
	3	4.333	5.608
3	1	6.500*	6.214
	2	4.333	5.608

结果与例题 10.2.3、例题 10.2.4 相同。

---

t 检验、q 检验和 S 检验哪个更好？

虽然例题 10.2.3、例题 10.2.4 和例题 10.2.5 的平均数逐对检验结果都相同，但三种检验方法并不等价，偶尔也会出现不同的结果。对于哪个方法更好，尚无一致的看法。但可以证明的是，S 检验与 F 检验是等价的，即当方差分析的 F 值显示因素对因变量有显著影响时，总能在 S 检验中找到两个样本平均数有显著差异。但别的方法就不一定了。

10.3 多因素方差分析

10.3.1 多因素方差分析及其作用

在实际生活中，我们所关心的某项指标（因变量）的影响因素（自变量）往往不止一个。影响因素越多，问题就越复杂，需要采用多因素方差分析。

最简单的设计方法就是全因素试验，即把各个因素各水平的一切可能组合都作为一个处理。例如，在两个因素的情况下，A 因素有 a 个水平，B 因素有 b 个水平，则总共将有 $a \times b$ 个处理。通过双因素方差分析，我们就可以推断这两个因素对平均数有无显著影响。

另外，在现实生活中，A、B 两因素对指标的影响效应不一定是两者主效应的简单相加，它们之间可能并不是独立的，而存在着交互作用——某个因素对实验结果的影响受到其他因素的制约。比如，某种教材是否有好的效果，往往还要看配合的是哪一种教法。如果教材和教法配合得好，就可以事半功倍。这时，我们说教材和教法之间存在交互作用。同时检验主效应和交互作用的方差分析，称为析因设计方差分析。

两个因素之间有没有交互作用，可以用图示的方法来判断。观察图 10.3.1，我们可以判断在前两种情况（A 和 B）下没有交互作用，因为 A 因素的两个水平（a_1 和 a_2）造成的因变量之间的差异不受 B 因素不同水平（b_1、b_2、b_3）的影响，反之亦然；而在后两种情况（C 和 D）下，一个因素中各水平造成的因变量之间的差异受到另一个因素不同水平的影响，这说明存在交互作用。

另外，在实验或调查中，虽然主要任务是检验某单因素对某变量的影响，但是这个变量有时又受到其他因素的影响。在前面提到的顾客给商品外观打分的问题中，顾客打分的高低不仅受到商品外观的影响，也常常受到顾客自身性格的影响。为了获得正确的结论，就要考虑这种影响，并对它加以控制。一般的做法是，将后一个因素（顾客性格）分成各个区组，每个区组内的个体尽量保持同质，在对各区组施以多种实验处理之后，进行方差分析。这种方法称为随机区组设计。虽然随机区组设计的目的是分析单个因素的效应，但是对总方差的分解方法与双因素方差分析一样。

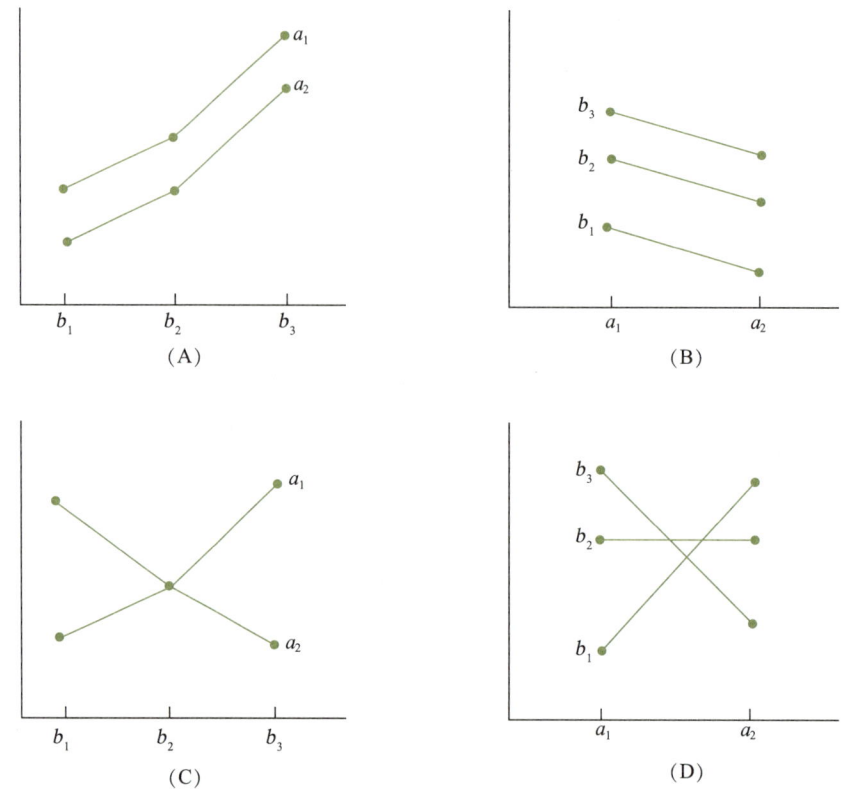

图 10.3.1 两个因素间有无交互作用（A 和 B 无交互作用，C 和 D 有交互作用）

本章导读问题二考察了两个因素（线段宽度和观视距离）对错觉量的影响，而且在不同条件下的数据之间没有对应关系，故应采用完全随机设计的双因素方差分析。而本章导读问题三考察的是 3 个时间点的错觉量，由于每一行数据都是同一参试者在不同时间点上的观察值，所以每一行的 3 个数据有对应关系，构成一个区组，故应采用随机区组设计的方差分析。

10.3.2 双因素方差分析（完全随机设计）

10.3.2.1 双因素方差分析（完全随机设计）的数据结构和数学模型

在双因素实验中，也可以像在第 10.2 节那样抽出若干独立样本，成为完全随机设计。这种情况下的数据结构见表 10.3.1。

表 10.3.1　有交互作用的双因素方差分析的数据结构表

B 因素	A 因素				总和与平均数
	1	2	⋯	a	
1	X_{111}	X_{211}		X_{a11}	$T_{*1}(\bar{X}_{*1})$
	X_{112}	X_{212}		X_{a12}	
	⋮	⋮	⋯	⋮	
	X_{11n}	X_{21n}		X_{a1n}	
2	X_{121}	X_{221}		X_{a21}	$T_{*2}(\bar{X}_{*2})$
	X_{122}	X_{222}		X_{a22}	
	⋮	⋮	⋯	⋮	
	X_{12n}	X_{22n}		X_{a2n}	
⋮	⋮	⋮	⋮	⋮	⋮
b	X_{1b1}	X_{2b1}		X_{ab1}	$T_{*b}(\bar{X}_{*b})$
	X_{1b2}	X_{2b2}		X_{ab2}	
	⋮	⋮	⋯	⋮	
	X_{1bn}	X_{2bn}		X_{abn}	
总和与平均数	$T_{1*}(\bar{X}_{1*})$	$T_{2*}(\bar{X}_{2*})$	⋯	$T_{a*}(\bar{X}_{a*})$	$T(\bar{X}_t)$

在表 10.3.1 中，a 是 A 因素的水平数；b 是 B 因素的水平数；T_{i*} 是 A 因素在第 i 个水平上的观察值的总和；$\bar{X}_{i*}$ 是 A 因素在第 i 个水平上的观察值的平均数；T_{*j} 是 B 因素在第 j 个水平上的观察值的总和；$\bar{X}_{*j}$ 是 B 因素在第 j 个水平上的观察值的平均数。

表 10.3.1 中的样本容量 n 可以相等，也可以不等；而且在实际工作中，n 也不太可能刚好相等。要注意的是，本节所讲的计算方法仅限于样本容量 n 相等的情况。如果 n 不等，本章所述的计算方法得到的结果可能不太合理。要得到比较合理的结果，计算方法会复杂很多，一般情况下都借助统计软件进行计算。如果使用 SPSS 或 SAS[①] 软件，它们的默认计算方法［类型Ⅲ（Type Ⅲ）平方和］可以给出通常被认为合理的结果。

双因素方差分析的数学模型是

$$X_{ij} = \mu + \alpha_i + \beta_j + \alpha_i\beta_j + \varepsilon_{ij} \quad （公式 10.3.1）$$

式中，X_{ij} 为 A 因素第 i 个水平和 B 因素的第 j 个水平上的一个观察值；μ 为总体平均数；α_i 为 A 因素第 i 种水平产生的效应；β_j 为 B 因素第 j 种水平产生的效应；$\alpha_i\beta_j$ 为交互作用

---

① 是英文 Statistical Analysis System 的缩写，中文为"数据分析系统"。

产生的效应；ε_{ij} 为总差异中除了 A、B 两个因素效应以外的随机误差。

10.3.2.2 双因素方差分析（完全随机设计）的步骤

步骤 1：提出假设

H_0：A 因素的各种水平之间无显著差异，B 因素的各种水平之间亦无显著差异，两因素间不存在交互作用。

H_1：至少有一个因素的各种水平之间有显著差异，或两因素间有交互作用。

步骤 2：分解总平方和

总平方和：

$$SST = \sum_{i=1}^{a}\sum_{j=1}^{b}\sum_{r=1}^{n_{ij}}(X_{ijr} - \bar{X}_t)^2 = \sum_{i=1}^{a}\sum_{j=1}^{b}\sum_{r=1}^{n_{ij}} X_{ijr}^2 - \frac{T^2}{N} \qquad (公式 10.3.2)$$

组间平方和：

$$SSb = \sum_{i=1}^{a}\sum_{j=1}^{b} n_{ij}(\bar{X}_{ij} - \bar{X}_t)^2 = \sum_{i=1}^{a}\sum_{j=1}^{b}\frac{T_{ij}^2}{n_{ij}} - \frac{T^2}{N} \qquad (公式 10.3.3)$$

组内平方和：

$$SSE = \sum_{i=1}^{a}\sum_{j=1}^{b}\sum_{r=1}^{n_{ij}}(X_{ijr} - \bar{X}_{ij})^2 = \sum_{i=1}^{a}\sum_{j=1}^{b}\sum_{r=1}^{n_{ij}} X_{ijr}^2 - \sum_{i=1}^{a}\sum_{j=1}^{b}\frac{T_{ij}^2}{n_{ij}} \qquad (公式 10.3.4)$$

可见

$$SST = SSb + SSE$$

组间平方和 SSb 是由于实验处理造成的差异，它可以进一步分解为 A 因素平方和、B 因素平方和与 $A \times B$（交互作用）平方和：

A 因素平方和：

$$SSA = \sum_{i=1}^{a} n_{i*}(\bar{X}_{i*} - \bar{X}_t)^2 = \sum_{i=1}^{a}\frac{\left(\sum_{j=1}^{b}\sum_{r=1}^{n_{ij}} X_{ijr}\right)^2}{n_{i*}} - \frac{T^2}{N} \qquad (公式 10.3.5)$$

B 因素平方和：

$$SSB = \sum_{j=1}^{b} n_{*j}(\bar{X}_{*j} - \bar{X}_t)^2 = \sum_{j=1}^{b} \frac{\left(\sum_{i=1}^{a}\sum_{r=1}^{n_{ij}} X_{ijr}\right)^2}{n_{*j}} - \frac{T^2}{N} \quad \text{（公式 10.3.6）}$$

$A \times B$ 平方和：

$$SS_{A \times B} = SSb - SSA - SSB \quad \text{（公式 10.3.7）}$$

以上各式中，n_{ij} 为 A 因素第 i 个水平与 B 因素第 j 个水平构成的处理下的样本容量；$\bar{X}_{ij}$ 为该样本的观察值的平均数；T_{ij} 为该样本的观察值总和；n_{i*} 为 A 因素第 i 个水平上各个样本容量之和；$\bar{X}_{i*}$ 为这些样本的观察值的平均数；n_{*j} 为 B 因素第 j 个水平上各个样本容量之和；$\bar{X}_{*j}$ 为这些样本的观察值的平均数。

步骤 3：分解自由度

总自由度：$df_t = N - 1$

组间自由度：$df_b = ab - 1$

组内自由度：$df_w = N - ab$

A 因素自由度：$df_A = a - 1$

B 因素自由度：$df_B = b - 1$

$A \times B$ 自由度：$df_{A \times B} = (a - 1)(b - 1)$

步骤 4：计算均方差和 F 值

A 因素方差：$MSA = SSA/(a - 1)$

B 因素方差：$MSB = SSB/(b - 1)$

$A \times B$ 交互作用方差：$MS_{A \times B} = SS_{A \times B}/[(a - 1)(b - 1)]$

组内方差：$MSE = SSE/(N - ab)$

$F_A = MSA/MSE$

$F_B = MSB/MSE$

$F_{A \times B} = MS_{A \times B}/MSE$

步骤 5：根据规定的显著性水平确定临界值，做出统计决断，列出方差分析表。[①]

如果发现某个因素有显著的主效应，也可以进行逐对检验。但是，这种逐对比较是在各个大组之间进行的，也就是说，参加比较的是表 10.3.1 中的 $\bar{X}_{1*}, \bar{X}_{2*}, \cdots, \bar{X}_{a*}$，或 $\bar{X}_{*1}$，

[①] 下文将这一步简称为"统计决断"。

$\bar{X}_{*2}$, $\cdots$, $\bar{X}_{*b}$。而且，我们也要控制各个小组平均数（各个处理下的 $\bar{X}_{ij}$）之间逐对检验的次数，只做与研究目的有关的比较。

【例题 10.3.1】现有四种教材和三种教学方法，在进行了一段时间的教学以后，得到如表 10.3.2 所示成绩。问：教材和教法这两种因素对成绩有无显著影响？两种因素之间有无交互作用？

表 10.3.2　不同教材和教法下的学习成绩

教法因素	教材因素（A 因素）			
（B 因素）	1	2	3	4
1	85, 80	90, 89	92, 79	69, 63
2	71, 60	88, 75	89, 84	90, 89
3	90, 96	64, 70	78, 80	89, 87

解：

（1）提出假设。

H_0：教材因素的各种水平之间无显著差异，教法因素的各种水平之间亦无显著差异，两种因素之间没有交互作用。

H_1：至少有一个因素的各种水平之间有显著差异，或两种因素之间存在交互作用。

（2）分解总平方和（因数据太多，下面列出公式后直接给出了结果，读者可自行代入数据）。

$$SST = \sum_{i=1}^{a}\sum_{j=1}^{b}\sum_{r=1}^{n_{ij}}(X_{ijr}-\bar{X}_t)^2 = \sum_{i=1}^{a}\sum_{j=1}^{b}\sum_{r=1}^{n_{ij}}X_{ijr}^2 - \frac{T^2}{N} = 2424.625$$

$$SSE = \sum_{i=1}^{a}\sum_{j=1}^{b}\sum_{r=1}^{n_{ij}}(X_{ijr}-\bar{X}_{ij})^2 = \sum_{i=1}^{a}\sum_{j=1}^{b}\sum_{r=1}^{n_{ij}}X_{ijr}^2 - \sum_{i=1}^{a}\sum_{j=1}^{b}\frac{T_{ij}^2}{n_{ij}} = 313.5$$

$$SSA = \sum_{i=1}^{a}n_{i*}(\bar{X}_{i*}-\bar{X}_t)^2 = \sum_{i=1}^{a}\frac{\left(\sum_{j=1}^{b}\sum_{r=1}^{n_{ij}}X_{ijr}\right)^2}{n_{i*}} - \frac{T^2}{N} = 61.792$$

$$SSB = \sum_{j=1}^{b} n_{*j}(\bar{X}_{*j} - \bar{X}_t)^2 = \sum_{j=1}^{b} \frac{\left(\sum_{i=1}^{a}\sum_{r=1}^{n_{ij}} X_{ijr}\right)^2}{n_{*j}} - \frac{T^2}{N} = 4.750$$

$$SS_{A \times B} = SSb - SSA - SSB = SST - SSE - SSA - SSB = 2044.583$$

（3）分解自由度。

$$总自由度：N - 1 = 23$$

$$组间自由度：ab - 1 = 11$$

$$组内自由度：N - ab = 12$$

$$A 因素自由度：a - 1 = 3$$

$$B 因素自由度：b - 1 = 2$$

$$A \times B 自由度：(a - 1)(b - 1) = 6$$

（4）计算均方差和 F 值。

$$A 因素方差：MSA = SSA/(a - 1) = 20.597$$

$$B 因素方差：MSB = SSB/(b - 1) = 2.375$$

$$A \times B 交互作用方差：MS_{A \times B} = SS_{A \times B}/[(a - 1)(b - 1)] = 340.764$$

$$组内方差：MSE = SSE/(N - ab) = 26.125$$

$$F_A = MSA/MSE = 0.788$$

$$F_B = MSB/MSE = 0.091$$

$$F_{A \times B} = MS_{A \times B}/MSE = 13.044$$

（5）统计决断。

查表得 F 临界值分别为 $F_{A\,0.05,\,3,\,12} = 3.49$，$F_{B\,0.05,\,2,\,12} = 3.89$，$F_{A \times B\,0.01,\,6,\,12} = 4.82$。故教材因素和教法因素本身对学生成绩无显著影响，即无主效应；但是教材与教法具有极其显著的交互作用。为什么会产生交互作用呢？这就要考察表

10.3.2 的数据了。我们可以看到，对于教材 1，用教法 3 的成绩最好（90, 96）；对于教材 2，用教法 1 的成绩最好（90, 89）；对于教材 4，用教法 2 最好（90, 89）；而对于教材 3，似乎没有特别有效的教法。这就是说，教法的效果受制于教材（反之亦然）。

方差分析表（见表 10.3.3）。

表 10.3.3　方差分析表

误差来源	平方和	自由度	均方差	F 值
教材因素（A）	61.792	3	20.597	0.788
教法因素（B）	4.750	2	2.375	0.091
$A \times B$	2044.583	6	340.764	13.044
组内差异	313.5	12	26.125	
合计	2424.625	23		

回顾：完全随机设计双因素方差分析的数学模型、检验步骤和计算方法
练习与思考：完成习题 10.9

10.3.2.3　双因素方差分析（完全随机设计）的效应量

完全随机设计双因素方差分析的 ω^2 和效应量 **f** 的计算公式如下，式中的下标 effect 可以用 A、B 或 $A \times B$ 代替，用来区别要计算的是 A 因素、B 因素还是 A 和 B 交互作用的 ω^2 和 **f**。

$$\omega^2 = \frac{df_{\text{effect}}(F_{\text{effect}} - 1)}{df_{\text{effect}}(F_{\text{effect}} - 1) + N} \quad \text{（公式 10.3.8）}$$

$$\mathbf{f} = \sqrt{\frac{\eta^2_{\text{effect}}}{1 - \eta^2_{\text{effect}}}} \quad \text{（公式 10.3.9）}$$

在公式 10.3.9 中，

$$\eta^2_{\text{effect}} = \frac{SS_{\text{effect}}}{SST} \quad \text{（公式 10.3.10）}$$

文献中用得较多的效应量是偏 η^2，记为 η^2_{partial}，公式是

$$\eta_{\text{partial}}^2 = \frac{SS_{\text{effect}}}{SS_{\text{effect}} + SSE}$$

（公式 10.3.11）

偏 η^2 与回归分析中的偏确定系数含义接近，表示在控制了其他因素的主效应和交互作用后，该因素或交互作用的影响可以解释多大比例的因变量差异。

10.3.3 双因素方差分析（随机区组设计）

10.3.3.1 随机区组设计

前面曾提到，顾客对商品外观打分的高低不仅受到商品的影响，也常常受到顾客自身性格的影响。为了获得正确的结论，就要对顾客性格的影响加以控制，以便将顾客性格造成的个体差异区分出来。为此，往往采用随机区组设计：让每一位顾客对不同的外观分别打分。这样他一个人就产生了一组观察值，这组观察值就构成一个区组，见表10.3.4。

表 10.3.4 四位顾客对 3 种外观的评分

顾客（区组）	外观		
	1	2	3
1	70.6	72.2	71.6
2	70.1	72.3	70.8
3	71.5	72.6	72.1
4	71.7	73.4	72.3

如果将顾客作为一个影响实验结果的因素考虑进来，就相当于进行了一个双因素方差分析。但是这与前面讲的完全随机设计的双因素方差分析又有所不同。在完全随机设计的情况下，两个因素都是可以控制的，例如，教材和教法，可以随意制定、设计和控制，因而每一次呈现出来的时候都可以做到固定不变。这种情况下的统计模型称为固定效应模型，即在因素是可以控制的情况下的统计模型。而在顾客打分这个问题中，第一个因素（商品的外观）是可以按主观意图随意设计和控制的，属于固定效应模型；但是第二个因素属于随机效应模型，即在因素不能按主观意图指定、不能随意控制的情况下的统计模型。因为顾客是随机抽取的，不能按主观意图指定，也不能随意控制；每一位顾客在为不同商品打分时，心理状态不是固定不变的，而是随机变化的。可见，在随机区组设计中，至少有一个因素属于随机效应模型。判断一个变量适用于固定效应模型还是随机效应模型，有一个简单的办法：如果变量的水平是有限的、各个水平在试验中全部出

现，可以将它看作固定效应模型。例如，一共设计了三种商品外观，每一种都作为一个水平出现在实验中。如果变量的水平是无限的，从而在试验中不可能全部出现，就可以将它看作随机效应模型。例如，有无数个顾客，但在试验中只能随机抽选一部分顾客作为参试者。

与两个样本平均数之差的 t 检验需要区分独立样本和相关样本一样，方差分析也要做此区分。在完全随机设计的方差分析中，由随机抽样而得到的相互没有关联的样本要分别接受各种不同的处理，由此产生的是独立样本；而在随机区组设计的方差分析中，同一组参试者或通过匹配的多组参试者接受各种处理，由此产生的样本是相关样本。因此，完全随机设计的方差分析就是对多个独立样本的平均数差异所进行的显著性检验，随机区组设计的方差分析就是对多个相关样本的平均数差异进行的显著性检验。

请注意，在前文讲述的方差分析的前提中，有一个叫作"独立性"的前提，即各个样本的数据之间应该没有关联。但是相关样本显然违反了这一前提。要满足独立性前提，就需要将这种关联性分离出来。将区组看作一个因素，就是为了达到这一目的。

有时候，我们不把区组看作一个因素，也可以将随机区组设计的方差分析称为单因素相关样本的方差分析。如果这个单因素只有 2 个水平，就成了相关样本 t 检验。换言之，可以将随机区组设计的方差分析看作对相关样本 t 检验的推广。

> **几个有关联的概念**
>
> 在心理学实验设计中，完全随机设计又称为参试者（或被试）间设计，因为比较是在不同参试者之间进行的；随机区组设计又称为参试者（或被试）内设计，因为比较是在同一组参试者（或匹配成同质的参试者）产生的多组数据间进行的。由于参试者内设计常常对同一组参试者在多个条件下进行测量，所以其方差分析又被称为重复测量的方差分析。详情请参考有关实验设计或研究方法的教材。

10.3.3.2 双因素方差分析（随机区组设计）的数据结构和计算公式

随机区组设计的数据结构

随机区组设计的数据结构与双因素方差分析类似，见表 10.3.5。

表 10.3.5　随机区组设计的数据结构

区组	因素的不同水平（处理）				总和与平均数
	1	2	…	a	
1	X_{11}	X_{21}	…	X_{a1}	$T_{*1}(\bar{X}_{*1})$
2	X_{12}	X_{22}	…	X_{a2}	$T_{*2}(\bar{X}_{*2})$
⋮	⋮	⋮	⋮	⋮	
b	X_{1b}	X_{2b}	…	X_{ab}	$T_{*b}(\bar{X}_{*b})$
总和与平均数	$T_{1*}(\bar{X}_{1*})$	$T_{2*}(\bar{X}_{2*})$	…	$T_{a*}(\bar{X}_{a*})$	$T(\bar{X}_t)$

注：a 是 A 因素的水平数，b 是区组的个数，T_{i*} 是因素第 i 个水平上观察值的总和，$\bar{X}_{i*}$ 是因素第 i 个水平上观察值的平均数，T_{*j} 是第 j 个区组观察值的总和，$\bar{X}_{*j}$ 是第 j 个区组观察值的平均数。

总差异的分解公式

随机区组设计的方差分析与完全随机设计的方差分析的原理是一样的，都是对总平方和进行分解。不同的是，随机区组设计将总平方和分解成了组间平方和、区组平方和与误差平方和。计算公式如下所示。

总平方和：

$$SST = \sum_{i=1}^{a}\sum_{j=1}^{b}(X_{ij}-\bar{X}_t)^2 = \sum_{i=1}^{a}\sum_{j=1}^{b}X_{ij}^2 - \frac{T^2}{N} \qquad (公式 10.3.12)$$

组间平方和：

$$SSA = b\sum_{i=1}^{a}(\bar{X}_{i*}-\bar{X}_t)^2 = \sum_{i=1}^{a}\frac{\left(\sum_{j=1}^{b}X_{ij}\right)^2}{b} - \frac{T^2}{N} \qquad (公式 10.3.13)$$

区组平方和：

$$SSR = a\sum_{j=1}^{b}(\bar{X}_{*j}-\bar{X}_t)^2 = \sum_{j=1}^{b}\frac{\left(\sum_{i=1}^{a}X_{ij}\right)^2}{a} - \frac{T^2}{N} \qquad (公式 10.3.14)$$

误差平方和：

$$SSE = SST - SSA - SSR \qquad (公式 10.3.15)$$

自由度的计算公式

总自由度：$df_t = N - 1$

组间自由度：$df_A = a - 1$

区组自由度：$df_R = b - 1$

误差自由度：$(a-1)(b-1) = N - a - b + 1$

均方差和 F 值的计算公式

组间方差：$MSA = SSA/(a-1)$

区组方差：$MSR = SSR/(b-1)$

误差方差：$MSE = SSE/(N - a - b + 1)$

F 值：$F_A = MSA/MSE$，$F_R = MSR/MSE$

【例题 10.3.2】 对表 10.3.4 的数据进行方差分析。

解：这是一个随机区组设计，故用随机区组方差分析进行显著性检验。

（1）提出假设。

H_0：顾客对各种商品外观的评价无显著差异

H_1：顾客对各种商品外观的评价至少在两个水平之间有显著差异

（2）分解总平方和。

$$SST = \sum_{i=1}^{a}\sum_{j=1}^{b}(X_{ij} - \bar{X}_t)^2 = \sum_{i=1}^{a}\sum_{j=1}^{b}X_{ij}^2 - \frac{T^2}{N} = 9.407$$

$$SSA = b\sum_{i=1}^{a}(\bar{X}_{i*} - \bar{X}_t)^2 = \sum_{i=1}^{a}\frac{\left(\sum_{j=1}^{b}X_{ij}\right)^2}{b} - \frac{T^2}{N} = 5.472$$

$$SSR = a\sum_{j=1}^{b}(\bar{X}_{*j} - \bar{X}_t)^2 = \sum_{j=1}^{b}\frac{\left(\sum_{i=1}^{a}X_{ij}\right)^2}{a} - \frac{T^2}{N} = 3.48$$

$$SSE = SST - SSA - SSR = 0.455$$

（3）分解自由度。

总自由度：$N - 1 = 11$

组间自由度：$a - 1 = 2$

区组自由度：$b - 1 = 3$

误差自由度：$(a-1)(b-1) = N - a - b + 1 = 6$

（4）计算均方差和 F 值。

$$MSA = SSA/(a-1) = 2.736$$

$$MSR = SSR/(b-1) = 1.160$$

$$MSE = SSE/[(a-1)(b-1)] = 0.076$$

$$F_A = MSA/MSE = 36.077$$

$$F_R = MSR/MSE = 15.297$$

（5）统计决断。设显著性水平为 0.01，查表得 F 临界值分别为 $F_{A\,0.01,2,6} = 10.9$，$F_{R\,0.01,3,6} = 9.78$。故外观对顾客打分有极其显著的影响，四个区组的平均数也有极其显著的差异，这说明在这个问题中，区组设计是完全必要的。

方差分析表见表 10.3.6。

表 10.3.6 方差分析表

误差来源	平方和	自由度	均方差	F 值
组间差异	5.472	2	2.736	36.077
区组差异	3.480	3	1.160	15.297
误差差异	0.455	6	0.076	
合计	9.407	11		

除了一名参试者可以构成一个区组以外，一组参试者或一个团体也可以构成一个区组。

【例题 10.3.3】现有四种教材，为了比较其教学效果，研究者在某地选择了三组不同水平的学校（重点小学、普通小学和薄弱小学）进行实验研究：每个水平各选择 4 所学校，分别随机地指派一种教材。在进行了一段时间的教学以后，得到如表 10.3.7 所示的成绩。问：不同的教材对成绩有无显著影响？

表 10.3.7 不同水平的学校使用不同教材后的平均成绩

学校 （区组）	教材				合计
	1	2	3	4	
1	91.1	65.2	84.6	76.1	317.0
2	93.3	60.5	92.2	74.2	320.2
3	92.5	55.1	84.1	71.3	303.0
合计	276.9	180.8	260.9	221.6	940.2

解：这是一个随机区组设计，故用随机区组方差分析进行显著性差异检验。

（1）提出假设。

H_0：各种教材效果之间无显著差异

H_1：至少有两种教材效果之间有显著差异

（2）分解总平方和。

$$SST = \sum_{i=1}^{a}\sum_{j=1}^{b}(X_{ij}-\bar{X}_t)^2 = \sum_{i=1}^{a}\sum_{j=1}^{b}X_{ij}^2 - \frac{T^2}{N} = 1954.33$$

$$SSA = b\sum_{i=1}^{a}(\bar{X}_{i*}-\bar{X}_t)^2 = \sum_{i=1}^{a}\frac{\left(\sum_{j=1}^{b}X_{ij}\right)^2}{b} - \frac{T^2}{N} = 1847.87$$

$$SSR = a\sum_{j=1}^{b}(\bar{X}_{*j}-\bar{X}_t)^2 = \sum_{j=1}^{b}\frac{\left(\sum_{i=1}^{a}X_{ij}\right)^2}{a} - \frac{T^2}{N} = 41.84$$

$$SSE = SST - SSA - SSR = 64.62$$

（3）分解自由度。

总自由度：$N-1 = 11$

组间自由度：$a-1 = 3$

区组自由度：$b-1 = 2$

误差自由度：$(a-1)(b-1) = N-a-b+1 = 6$

（4）计算均方差和 F 值。

$$MSA = SSA/(a-1) = 615.957$$

$$MSR = SSR/(b-1) = 20.920$$

$$MSE = SSE/[(a-1)(b-1)] = 10.770$$

$$F_A = MSA/MSE = 57.192$$

$$F_R = MSR/MSE = 1.942$$

（5）统计决断。查表得临界值 $F_{A\,0.01,3,6} = 9.78$，故教材因素对成绩有极其显著的影响；$F_{R\,0.05,2,6} = 5.14$，故三个区组的平均数没有显著差异。

方差分析表（见表 10.3.8）。

表 10.3.8　方差分析表

误差来源	平方和	自由度	均方差	F 值
组间差异	1847.87	3	615.957	57.192
区组差异	41.84	2	20.920	1.942
误差差异	64.62	6	10.770	
合计	1954.33	11		

> **随机区组设计的方差分析符合独立性前提吗？**
>
> 方差分析的前提之一是独立性。在使用相关样本的情况下，两组或更多组数据之间有相关关系，违反了独立性前提。但是，随机区组设计的方差分析用公式（$SSE = SST - SSA - SSR$）将 SSR 剔除出 SSE，等于让各组回到了独立样本的状态，故不再违反该前提。但是，统计学对各组之间的相关提出了一个新要求：各组两两之间的相关程度相等。

> **回顾**：随机区组设计方差分析的步骤和计算方法
> **练习与思考**：完成习题 10.10

10.3.3.3 双因素方差分析（随机区组设计）的效应量

随机区组设计双因素方差分析的效应量 ω^2 和 **f** 的计算公式如下所示。

$$\omega^2 = \frac{df_A(F_A-1)}{df_A(F_A-1)+F_R b+N} \quad （公式 10.3.16）$$

$$\mathbf{f} = \sqrt{\frac{\eta_A^2}{1-\eta_A^2}} \quad （公式 10.3.17）$$

在公式 10.3.17 中，

$$\eta_A^2 = \frac{SSA}{SST} \quad （公式 10.3.18）$$

随机区组设计也可以报告偏 η^2，公式也相同：

$$\eta_{\text{partial}}^2 = \frac{SSA}{SSA+SSE} \quad （公式 10.3.19）$$

> **回顾**：双因素方差分析的方差分析表和效应量　方差分析与 t 检验的关系
> **练习与思考**：完成习题 10.11—10.13，习题 10.14 可选做

知识导图

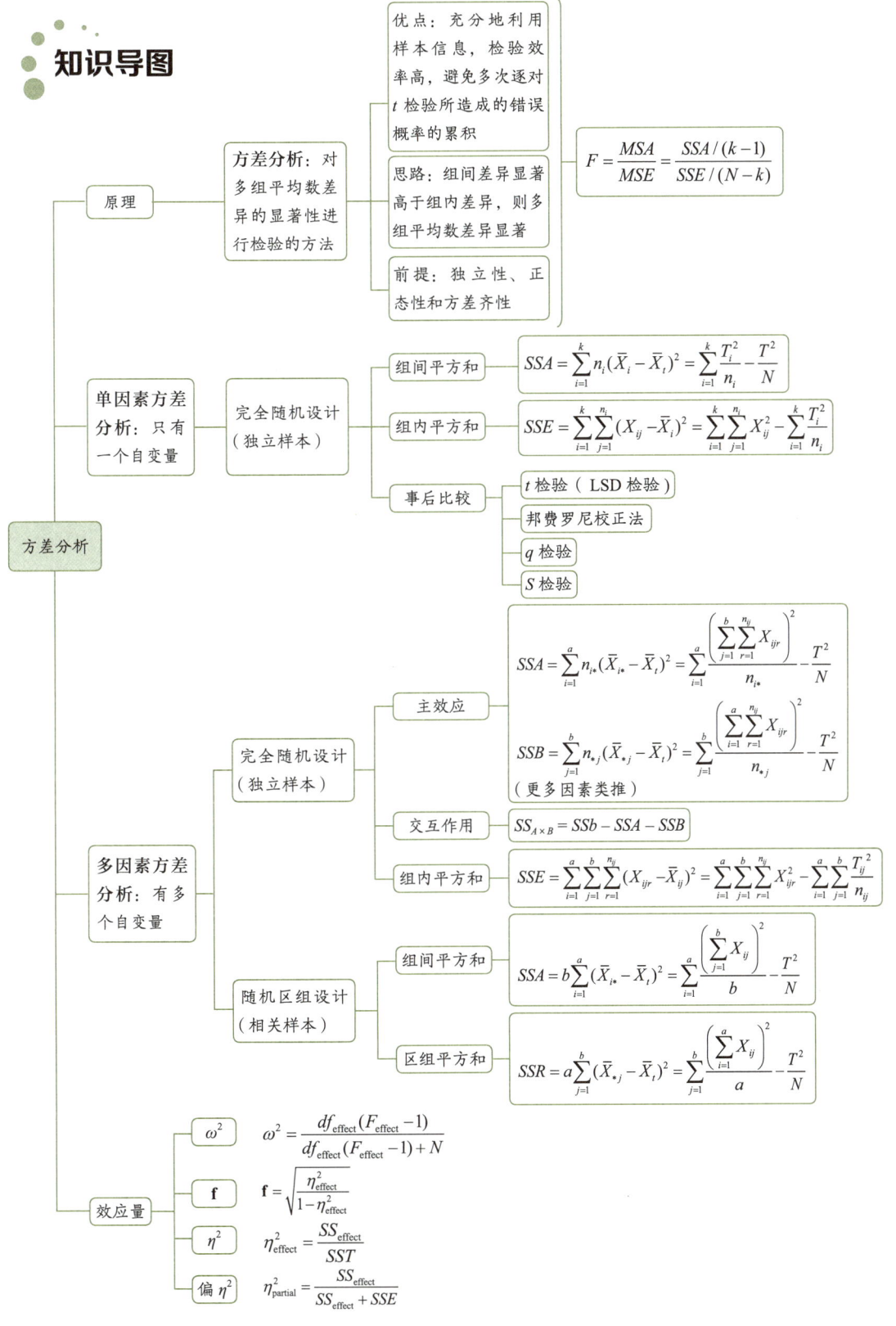

数据实验

目的

改变组间差异和组内差异，观察方差分析的结果，理解方差分析的基本思路。

方法

本实验用 SPSS 生成 3 组服从正态分布的随机数，通过改变 RV.NORMAL（正态分布随机数函数）中的平均数之差来控制组间差异，通过改变函数中标准差（方差）来控制组内差异。

先打开 SPSS 数据界面，设定一个 *Group* 变量，取值 1, 2, 3，表示组的编号（分别对应因素的 3 个水平）；另设定一个 *X* 变量，表示随机变量。在 *Group* 变量下依次输入 20 个 1、20 个 2 和 20 个 3。然后按以下步骤完成实验。

步骤 1

点击菜单 File（文件）→ New（新建）→ Syntax（句法），在打开的句法窗口中输入和运行以下代码。

```
X=RND(RV.NORMAL(80,5)).
EXECUTE.

ONEWAY X BY Group
 /STATISTICS DESCRIPTIVES
 /PLOT MEANS
 /MISSING ANALYSIS.
```

其中，前两行代码生成 60 个（分为 3 组）来自正态分布总体的随机数。后四行代码其实是一个分行写的单因素方差分析的指令，除了输出方差分析结果外，还附带输出描述统计结果和平均数折线图。如果需要，可下载数据文件"10–方差分析数据实验 1.sav"，然后执行后四行代码。

步骤 2

执行以下代码，将第 2 组的每个数据加 2，将第 3 组的每个数据加 4，然后进行方差分析。找到 SPSS 输出的描述统计表，记下 3 个样本的平均数。作者得到的平均数是 80，81.25，84.25。这些平均数将用于步骤 3。

```
IF (Group=2) X=X+2.
EXECUTE.
IF (Group=3) X=X+4.
EXECUTE.


ONEWAY X BY Group
 /STATISTICS DESCRIPTIVES
 /PLOT MEANS
 /MISSING ANALYSIS.
```

步骤 3

以步骤 2 得到的数据为基础，每个数加上其 3 倍的组内离差（原数据减去所在样本的平均数），此举将样本标准差放大到原来的 4 倍，最后进行方差分析。

```
IF (Group=1) X=X+3*(X-80).
EXECUTE.
IF (Group=2) X=X+3*(X-81.25).
EXECUTE.
IF (Group=3) X=X+3*(X-84.25).
EXECUTE.


ONEWAY X BY Group
 /STATISTICS DESCRIPTIVES
 /PLOT MEANS
 /MISSING ANALYSIS.
```

结果

由于生成的模拟数据都是随机数，所以每次执行相同的代码也会产生些许不同的结果。以下是作者得到的结果。

完成步骤 1 后，SPSS 输出如下结果（见表 10.A、表 10.B 和图 10.A）。

表 10.A 完成步骤 1 之后，X 的描述统计

组	样本量	平均数	标准差	标准误	平均数 95% 置信区间		最小值	最大值
					下限	上限		
1	20	80.00	4.845	1.083	77.73	82.27	73	91
2	20	79.25	4.141	0.926	77.31	81.19	72	86
3	20	80.25	3.810	0.852	78.47	82.03	72	88
合计	60	79.83	4.235	0.547	78.74	80.93	72	91

表 10.B 完成步骤 1 之后的方差分析表

来源	平方和	df	方差	F	$Sig.$
组间	10.833	2	5.417	0.295	0.746
组内	1047.500	57	18.377		
合计	1058.333	59			

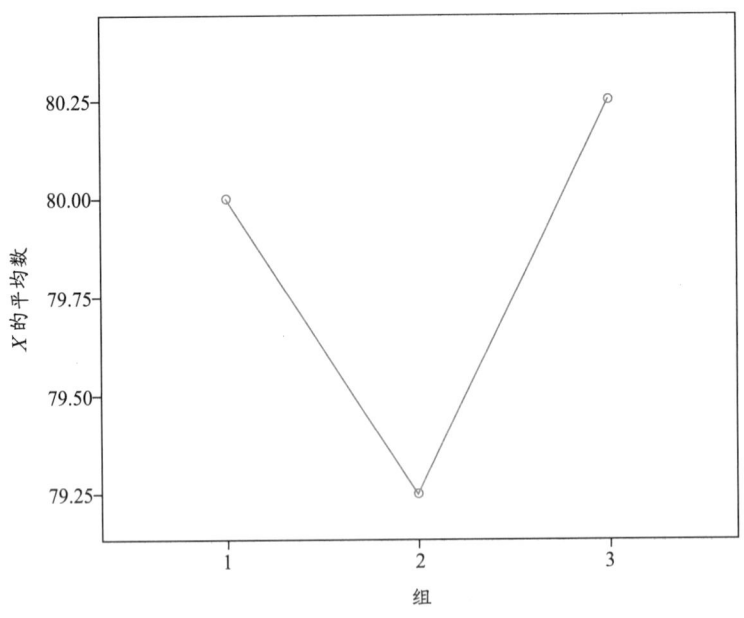

图 10.A 完成步骤 1 之后，3 组数据平均数的折线图

由于组间方差为 5.417，组内方差为 18.377，两者之比 $F = 0.295$，$Sig. = 0.746 > 0.05$，

说明 3 个样本的平均数之间差异太小,因素的 3 个水平没有显示显著差异。

完成步骤 2 后,SPSS 输出如下结果(见表 10.C、表 10.D 和图 10.B)。

表 10.C 完成步骤 2 之后,X 的描述统计

组	样本量	平均数	标准差	标准误	平均数 95% 置信区间		最小值	最大值
					下限	上限		
1	20	80.00	4.845	1.083	77.73	82.27	73	91
2	20	81.25	4.141	0.926	79.31	83.19	74	88
3	20	84.25	3.810	0.852	82.47	86.03	76	92
合计	60	81.83	4.581	0.591	80.65	83.02	73	92

表 10.D 完成步骤 2 之后的方差分析表

来源	平方和	df	方差	F	Sig.
组间	190.833	2	95.417	5.192	0.008
组内	1047.500	57	18.377		
合计	1238.333	59			

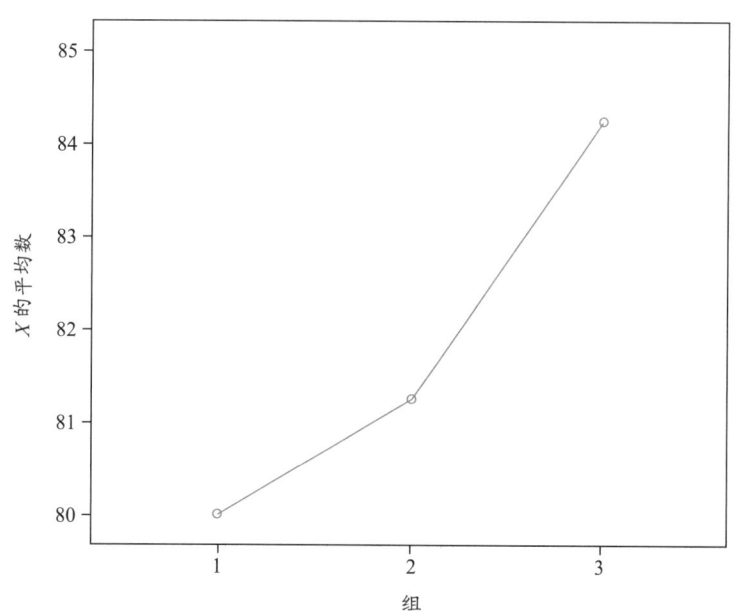

图 10.B 完成步骤 2 之后,3 组数据平均数的折线图

这次组间方差为 95.417,组内方差保持不变,为 18.377,两者之比 $F = 5.192$,$Sig. = 0.008 < 0.05$,说明当 3 个样本的平均数之间差异加大而组内方差不变时,因素的

3 个水平对应的因变量值有显著差异。

完成步骤 3 后，SPSS 输出如下结果（见表 10.E、表 10.F 和图 10.C）。

表 10.E　完成步骤 3 之后，X 的描述统计

组	样本量	平均数	标准差	标准误	平均数 95% 置信区间		最小值	最大值
					下限	上限		
1	20	80.00	19.380	4.333	70.93	89.07	52	124
2	20	81.25	16.562	3.703	73.50	89.00	52	108
3	20	84.25	15.238	3.407	77.12	91.38	51	115
合计	60	81.83	16.950	2.188	77.45	86.21	51	124

表 10.F　完成步骤 3 之后的方差分析表

来源	平方和	df	方差	F	Sig.
组间	190.833	2	95.417	0.325	0.724
组内	16 760.000	57	294.035		
合计	16 950.833	59			

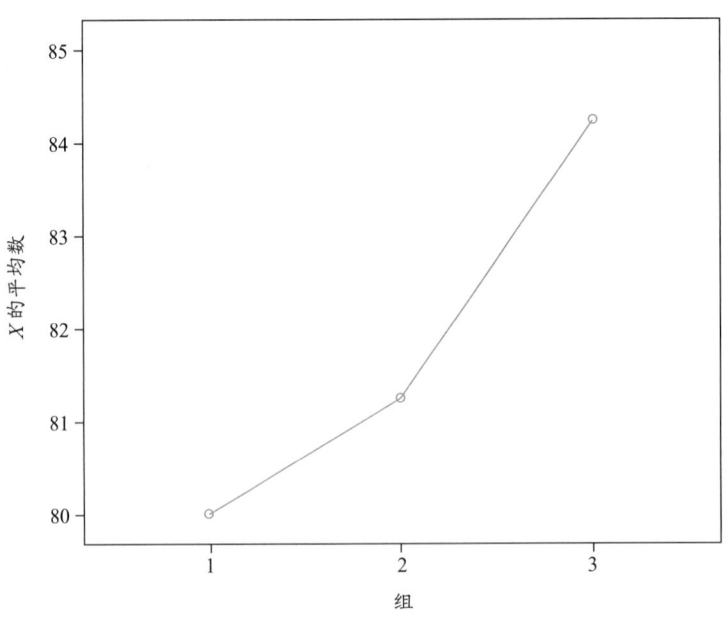

图 10.C　完成步骤 3 之后，3 组数据平均数的折线图

与步骤 2 相比，这次组间方差保持不变，为 95.417，组内方差增大为 294.035，两者之比 $F = 0.325$，Sig. $= 0.724 > 0.05$，说明 3 个样本的平均数之间差异不变，样本方差大

幅增加后，组内差异变大，导致因素的 3 个水平未能造成 X 的显著差异。

讨论

步骤 1—3 得到的组间方差、组内方差和 F 值分别为：

步骤 1——5.417，18.377，$F = 0.295$；

步骤 2——95.417，18.377，$F = 5.192$；

步骤 3——95.417，294.035，$F = 0.325$。

用步骤 1 生成的数据，3 个样本的数据可被看作来自同一个总体 $N(80, 5^2)$，故平均数之间应该没有显著差异。作者得到的数据的组间方差为 5.417，组内方差为 18.377，F 值仅为 0.295，p 值（SPSS 报告的 *Sig.*）为 0.746，意味着即使在零假设成立的前提下，F 值比本实验得到的值（0.295）更偏离零假设的概率为 0.746。这是一个很大的概率，故只能接受零假设，认为三个平均值之间的差异不显著。

步骤 2 利用代码 "IF (Group=2) X=X+2" 仅将第 2 组的所有数据加 2，用代码 "IF (Group=3) X=X+4" 将第 3 组的所有数据加 4，而各组数据内部的差异没有变化，所以本步骤可以在保持组内差异不变的条件下单独改变组间差异。这一改变的结果是，组间差异被放大到原来的近 18 倍（达到 95.417），F 值相应地也放大到同样倍数。平均数之间出现了显著差异。

步骤 3 利用 "$X = X + 3$ 倍组内离差" 的方式将步骤 2 所用的每个数据与各自所在组平均数（80，81.25，84.25）之间的离差增加了 3 倍。但由于离差之和为 0，所以各组平均数没有变化，而标准差变成了原来的 4 倍。这就达到了组间差异不变而只改变组内差异的目的。结果就是，步骤 2 产生的显著差异在步骤 3 改变数据的组内差异后便不再显著。

习题

10.1 指出方差分析的三个前提与定理 10.1.1 的对应关系。

10.2 组间差异和组内差异指的是 SSA 和 SSE，还是 MSA 和 MSE？

10.3 在一个心理学实验中，研究者想考察 A、B、C 三种灯光能否影响人的工作效率。在每一种灯光条件下，有随机抽取的 4 名参试者，实验结果（效率得分）分别是：

A 条件——71, 70, 75, 67

B 条件——67, 73, 70, 72

C 条件——83, 70, 76, 78

问：在三种灯光下测得的结果有无显著差异？

10.4 四个班级进行英语测验，从各班随机抽取 5 名学生的试卷，成绩如下：

A 班——72, 64, 65, 76, 78

B 班——75, 80, 86, 78, 82

C 班——75, 77, 77, 81, 83

D 班——80, 95, 82, 80, 88

问：四个班级的学生的英语测验成绩有无显著差异？

10.5 从某校三个年级各随机抽取几名学生进行简单反应时测定，成绩（单位：毫秒）如下：

一年级——681, 750, 686

二年级——751, 719, 744, 757

三年级——643, 696, 731, 657, 694

问：三个年级的学生的反应时有无显著差异？

10.6 如果仅仅知道若干个独立样本的平均数、标准差和人数，能否进行单因素方差分析？例如，随机地从 A 校抽取 45 名学生，从 B 校抽取 60 名学生，从 C 校抽取 50 名学生，测得他们的口算成绩分别如下：

A 校——平均数 80，标准差 10

B 校——平均数 93，标准差 11

C 校——平均数 86，标准差 9

问：能否据此判断三校成绩有无显著差异？

10.7 计算习题 10.4 的 ω^2、η^2 和 **f**。

10.8 对习题 10.3—10.5 的数据进行逐对 t 检验（必要时）。

10.9 某教师为了考察使用计算器对小学三年级学生的数学成绩的影响，随机抽取男生和女生各 10 人。将男女生分别随机地分为两组：一组学生使用计算器，另一组学生不使用计算器。作业成绩如下表所示，请对数据进行方差分析。

B 因素（性别）	A 因素（是否使用计算器）	
	不使用计算器	使用计算器
男	74, 66, 68, 72, 81	70, 66, 79, 79, 75
女	75, 67, 66, 75, 73	66, 72, 77, 77, 77

10.10 某研究人员随机抽取 8 名参试者,让他们分别在 4 种实验条件下记忆字符串。成绩如下表所示。问:4 种实验条件是否造成了记忆效果的显著差异?

参试者编号	条件 A	条件 B	条件 C	条件 D
1	21	20	19	18
2	20	19	20	17
3	22	23	19	19
4	19	19	18	18
5	19	21	17	20
6	18	19	19	19
7	21	21	20	19
8	17	16	15	16

10.11 有一个双因素方差分析实验,A 因素为教材,共 3 种;B 因素为教法,共 4 种。交叉分组后得到 12 种处理,每个处理中有 2 名参试者。经过后期测验,得到一个方差分析表,请完成它,并说明有无显著意义。

差异来源	平方和	自由度	均方差	F 值
A 因素	180			
B 因素	300			
$A \times B$	3000			
组内	100			
合计				

10.12 根据习题 10.11 的结果,计算 A 因素的 η^2 和偏 η^2。如果两者相差很大,说明了什么?

10.13 从习题 10.3—10.5 中任选一题,去掉多余的样本,使 $k=2$,分别用 t 检验和方差分析来检验 2 个样本(例如 A 和 B 条件)的平均数有无显著差异,考察两种方法所获结果是否相同。

10.14* 下载数据文件"10-方差分析数据实验 2.sav",分别执行以下三组 SPSS 代码,比较相关样本 t 检验、自变量为组别(G)的单因素方差分析、双因素(G 和 ID)随机区组设计的方差分析(ID 为区组)结果,说明了什么?

第一组代码(相关样本 t 检验):

```
T-TEST PAIRS=Post WITH Pre (PAIRED)
```

```
/CRITERIA=CI(.9500)
/MISSING=ANALYSIS.
```

第二组代码（单因素方差分析）：

```
UNIANOVA Pre BY G
  /METHOD=SSTYPE(3)
  /INTERCEPT=INCLUDE
  /CRITERIA=ALPHA(0.05)
  /DESIGN=G.
```

第三组代码（随机区组设计的方差分析）：

```
UNIANOVA Pre BY G ID
  /RANDOM=ID
  /METHOD=SSTYPE(3)
  /INTERCEPT=INCLUDE
  /CRITERIA=ALPHA(0.05)
  /DESIGN=G ID.
```

第 11 章 相关分析

本章提要

- 相关分析研究的是相关关系,即变量之间不精确、不稳定的变化关系;相关关系不等于因果关系。
- 根据不同的数据水平,可以计算各种相关系数(积差相关、等级相关、质量相关和品质相关等)并且进行显著性检验。
- 协方差和积差相关系数都能体现变量间相关的方向和程度,它们对数据水平的要求最高:两个变量都应该是连续的正态变量。
- 相关系数之间只能比较相对大小,不能进行加减或乘除运算;但是可以用费希尔转换法转换成具有等距单位且服从正态分布的 Z_r 值。
- 等级相关系数用于顺序(等级)水平的变量,其中斯皮尔曼等级相关系数用于有两个变量的情形,肯德尔和谐系数用于有多个变量的情形。
- 质量相关系数用于描述品质型变量与数量型变量之间的相关,主要包括二列相关系数、点二列相关系数和多列相关系数。
- 品质相关系数指的是品质型变量之间的相关系数,常见的有 ϕ 相关系数和列联相关系数。
- 多个变量之间还可以计算复相关系数和偏相关系数。

学习目标

- 理解相关分析的对象——变量之间不精确、不稳定的变化关系,两个变量之间有相关并不意味着它们之间存在因果关系。
- 了解相关系数的四种类别:连续变量间的积差相关、顺序水平变量间的等级相关、品质型变量与数量型变量之间的质量相关,以及品质型变量之间的品质相关。
- 理解相关系数需要进行显著性检验,掌握其检验方法。
- 理解计算积差相关系数的前提:两个变量都应该是连续的正态变量,掌握其计算公式和显著性检验方法。
- 理解相关系数之间只能比较相对大小,但是用费希尔转换法得到的具有等距单位且服从正态分布的 Z_r 值之间可以进行加减运算。
- 理解计算等级相关系数的前提:两个变量都是顺序(等级)水平的变量,其中斯皮尔曼等级相关系数用于有两个变量的情形,肯德尔和谐系数用于有多个变量的情形;掌握它们的计算公式和显著性检验方法。
- 理解各种质量相关系数(二列相关系数、点二列相关系数和多列相关系数)的区别,掌握它们的计算公式和显著性检验方法。
- 理解各种品质相关系数(ϕ 相关系数和列联相关系数)的区别,掌握它们的计算公式和显著性检验方法。

导读问题

本章探讨的都是表示变量之间关联程度的各种相关系数。现在假想有一项对高校毕业生的调查,它记录了每名参试者的性别、年龄、学历(本科、硕士或博士)、言语能力得分、计算能力得分、操作能力得分、焦虑水平(0—9)、抓握力量和对某个社会问题的态度(赞成或反对),部分数据如下所示。

参试者编号	性别	年龄	学历	言语	计算	操作	焦虑	握力	态度
0001	男	25	本科	89	86	98	7	35	赞成
0002	男	36	硕士	86	90	95	8	32	反对
0003	女	34	硕士	91	92	87	6	45	反对
0004	女	28	本科	96	85	69	8	23	反对
0005	男	29	硕士	85	78	83	5	39	赞成
0006	女	35	本科	85	77	86	7	29	反对
0007	女	32	本科	83	89	90	8	34	赞成
0008	女	23	本科	90	92	93	7	28	反对
0009	男	27	硕士	94	82	96	6	32	赞成
0010	男	32	博士	81	90	65	4	33	赞成
⋮	⋮	⋮	⋮	⋮	⋮	⋮	⋮	⋮	⋮

以上任意两个或多个变量之间都可以计算相关系数。但是,不同水平的两个(或多

个）变量之间的相关程度须用不同种类的相关系数来表示。

- 问题一：求言语能力得分与计算能力得分之间的相关系数。
  一般认为这两个变量都是正态分布的连续变量，故常常计算其积差相关系数。
- 问题二：求言语能力得分与焦虑水平和抓握力量的相关。
  由于焦虑水平和抓握力量未必是连续变量或呈正态分布，故言语能力得分与焦虑水平和抓握力量之间都只能计算斯皮尔曼等级相关系数。上述3个变量还可以合起来计算肯德尔和谐系数。
- 问题三：求性别与言语能力得分之间的相关系数。
  两种性别是质的不同，不同的言语能力得分则是量的差异，故要表示两者之间的关联程度应计算质量相关中的点二列相关系数；如果求学历与计算能力得分的相关，则应计算质量相关中的多列相关系数。
- 问题四：计算性别与态度之间的相关系数。
  由于两个变量都是质的差异，而且二者都是二分变量，应计算品质相关中的 ϕ 相关系数。
- 问题五：计算性别与学历之间的相关系数。
  由于两个变量都是质的差异，而且性别是二分变量，学历是多分变量，应计算品质相关中的列联相关系数。

11.1 相关与相关系数

11.1.1 什么是相关

我们在中学里接触到的数学基本上都是研究数量之间的精确关系的。例如，用一个函数式表达自变量和因变量之间的关系——自变量变化了，因变量也随之变化；自变量的值确定了，因变量的值也就根据函数关系确定下来了。

但在日常生活中，更多的现象是，自变量的值确定以后，因变量的取值只能大致确定下来，就好像不太在行的人射箭，"虽不中，不远矣"。在自变量确定的情况下，因变量有了一定的取值范围，但是究竟取哪个值是随机的：有时候取这个值，有时候取那个值。这时，我们说自变量和因变量之间存在着一定的关系，但是这种关系不太精确，也不稳定。这是随机现象的特征之一。

例如，一个人的计算能力和言语能力之间就有一定的关系。一般来说，计算能力强的人，言语能力往往也比较强。但是，两者之间又不能精确换算，因为计算能力相同的两个人，其言语能力很可能还是不同的。

相关关系就是指变量之间不精确、不稳定的变化关系。

两个变量之间的相关关系表现在两个方面：变化方向和密切程度。

看图 11.1.1，这里有三个散点图，分别用来表示三种相关关系：正相关、负相关和零相关。假设横坐标表示计算能力得分，纵坐标表示言语能力得分，那么图 11.1.1（A）表示的情形显然是，计算能力比较好，言语能力往往也比较好；反之，计算能力比较差，言语能力往往也比较差。像这样，一个变量的值变大，另一个变量的值也相应地变大，反之，一个变量的值变小，另一个变量的值也相应地变小，即两个变量的变化方向相同，这两个变量之间的相关就是正相关。

如果像图 11.1.1（B）那样，两个变量的变化方向相反，两者之间的相关就是负相关。古人讲的"玩物丧志"，意为一个人在"玩物"上花的时间多了，就没有志向了，显然描述的是一个负相关。

零相关表示两个变量之间没有相关，如图 11.1.1（C）。这时，两个变量的变化方向没有一定的规律。当一个变量的值变大时，另一个变量的值可能变大也可能变小，并且变大和变小的概率相等。

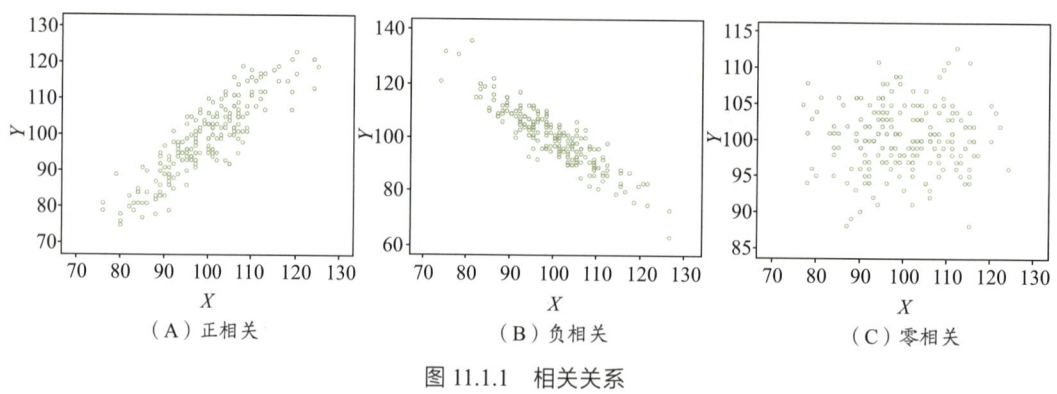

图 11.1.1　相关关系

相关关系在另一个方面的表现是相关的密切程度。这需要用相关系数来表示。

11.1.2　相关系数

按照数理统计学家的归类，相关系数也是一种特征量，用来描述两个或多个变量之间相关的方向和密切程度。根据样本得出的相关系数一般用 r 来表示，而总体的相关系数一般用 ρ 来表示。

相关系数的取值范围在 $-1 \sim +1$。$r = 0$ 表示零相关，$r > 0$ 表示正相关，$r < 0$ 表示负相关。相关系数绝对值的大小表示相关程度的不同。故相关系数为 +1.00 时，表示两个变量之间存在完全正相关；相关系数为 -1.00 时，表示两个变量之间存在完全负相关。完全相关时，散点图上各点均在一条直线上，这时变量之间是精确而稳定的关系。当然，完全相关的情况在实际生活中十分罕见。图 11.1.2 表现出了不同的相关程度。

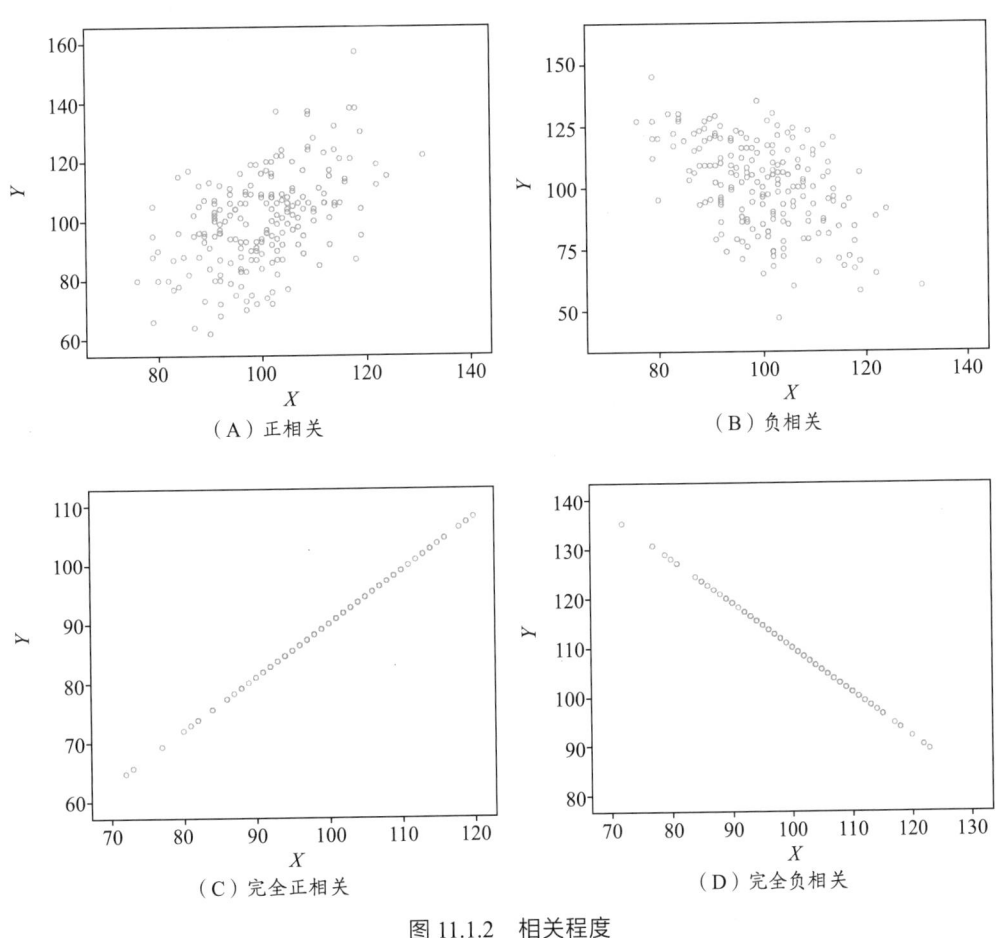

图 11.1.2　相关程度

注意，虽然相关系数的值看上去就是简单的数值，但是两个相关系数之间只能进行比较，不能直接做加、减、乘、除运算。因此，我们不能说 $r_1 = 0.6$ 和 $r_2 = 0.4$ 之间的差距是 0.2，更不能说 $r_2 = 0.4$ 是 $r_3 = 0.2$ 的 2 倍。

相关不等于因果。如果两个变量之间存在因果关系，那么它们之间一定有相关。但是，如果两个变量之间存在相关关系，并不意味着它们之间一定存在因果关系。例如，我们可以说计算能力和言语能力之间存在正相关，但是不能因此断言加强计算训练就可以提高言语能力，反之亦然。所以，我们不能一发现相关关系就认为存在因果关系，甚至断言谁是原因，谁是结果。相关系数只能描述变量之间的变化方向及密切程度，并不能揭示它们之间的内在本质联系。当然，发现相关关系会促使我们去寻找变量背后的因果关系。

> **回顾：** 相关关系　正相关、负相关和零相关　相关系数　相关与因果的关系
> **练习与思考：** 完成习题 11.1—11.2

11.2 积差相关

11.2.1 积差相关系数

积差相关系数，又称积矩相关系数，是英国统计学家皮尔逊提出来的，因而又称为皮尔逊相关，它用来表示两个呈线性关系的正态连续变量之间的相关程度。例如，学生的学业成绩和智力水平都是连续型的随机变量，且都服从正态分布，它们之间呈线性关系，这时就可以用积差相关系数来表示它们之间的相关程度。

11.2.1.1 积差相关系数的适用条件

并非任意两个变量都可以计算积差相关系数。其适用条件是：

- 两个变量都是连续型随机变量；
- 两个变量的总体都呈正态分布（或接近正态分布）；
- 两个变量的取值必须是一一对应的数据；
- 两个变量之间呈线性关系。

如果变量之间不是线性关系，而是曲线形态，就不能计算积差相关系数。

11.2.1.2 积差相关系数的计算

协方差是计算积差相关系数的基础，它是两个变量离差乘积之和除以自由度（$n-1$）所得之商。其公式为

$$Cov = \frac{\sum_{i=1}^{n}(X_i - \bar{X})(Y_i - \bar{Y})}{n-1} \qquad \text{(公式 11.2.1)}$$

之前，我们讲过方差，它的分子部分是单个变量的离差平方和，其中的离差平方就是离差自我相乘：

$$\sum_{i=1}^{n}(X_i - \bar{X})^2 = \sum_{i=1}^{n}(X_i - \bar{X})(X_i - \bar{X})$$

它除以自由度求得的就是方差；而当两个变量的离差相乘时，其总和除以自由度算出来的就是协方差。

协方差已经能够直观地反映变量之间的变化方向和关联程度了。通过公式 11.2.1，我们可以看到：

- 如果 X 大于 $\bar{X}$ 时，Y 也大于 $\bar{Y}$，且 X 小于 $\bar{X}$ 时，Y 也小于 $\bar{Y}$，这时它们的离差乘积之和大于零，这说明两个变量的变化方向相同，是正相关；
- 如果 X 大于 $\bar{X}$ 时，Y 小于 $\bar{Y}$，且 X 小于 $\bar{X}$ 时，Y 却大于 $\bar{Y}$，这时它们的离差乘积之和小于零，这说明两个变量的变化方向相反，是负相关；
- 如果 X 大于 $\bar{X}$ 时，Y 可能大于也可能小于 $\bar{Y}$，且 X 小于 $\bar{X}$ 时，Y 仍可能大于也可能小于 $\bar{Y}$，而且两种可能性相等，这时它们的离差乘积之和趋于零，这说明两个变量之间没有相关。

但是，由于两个变量可能具有不同的单位，因此先要将离差除以各自的标准差 S_X 和 S_Y，使之成为没有实际单位的标准分数，然后再计算协方差，这样就得到了积差相关系数。故积差相关系数也可被看作协方差除以两个变量的标准差。其公式为

$$r = \frac{\sum_{i=1}^{n}(X_i - \bar{X})(Y_i - \bar{Y})}{(n-1)S_X S_Y} \qquad \text{(公式 11.2.2)}$$

其中，

$$S_X = \sqrt{\frac{\sum_{i=1}^{n}(X_i - \bar{X})^2}{n-1}}$$

$$S_Y = \sqrt{\frac{\sum_{i=1}^{n}(Y_i - \bar{Y})^2}{n-1}}$$

公式 11.2.2 就是积差相关系数的定义公式。

如果用原始数据直接计算，则

$$r = \frac{\sum_{i=1}^{n} X_i Y_i - \left(\sum_{i=1}^{n} X_i\right)\left(\sum_{i=1}^{n} Y_i\right)/n}{\sqrt{\sum_{i=1}^{n} X_i^2 - \left(\sum_{i=1}^{n} X_i\right)^2/n} \sqrt{\sum_{i=1}^{n} Y_i^2 - \left(\sum_{i=1}^{n} Y_i\right)^2/n}} \qquad (公式\ 11.2.3)$$

式中，$\sum_{i=1}^{n} X_i Y_i$ 为变量 X 和变量 Y 的每一对观察值的乘积之和；$\sum_{i=1}^{n} X_i$ 为变量 X 的观察值之和；$\sum_{i=1}^{n} Y_i$ 为变量 Y 的观察值之和；$\sum_{i=1}^{n} X_i^2$ 为变量 X 的观察值平方和；$\sum_{i=1}^{n} Y_i^2$ 为变量 Y 的观察值平方和。

公式 11.2.3 可以在一定程度上避免烦琐的计算。

【例题 11.2.1】从某校抽取 11 名学生，测得他们的语文成绩和智商如表 11.2.1 所示，求两者的积差相关系数。

表 11.2.1　语文成绩与智商之间相关系数的计算

序号	X	Y	X^2	Y^2	XY
1	78	136	6084	18 496	10 608
2	71	135	5041	18 225	9585
3	68	120	4624	14 400	8160
4	85	140	7225	19 600	11 900
5	75	130	5625	16 900	9750
6	73	128	5329	16 384	9344
7	72	122	5184	14 884	8784
8	65	118	4225	13 924	7670
9	70	119	4900	14 161	8330
10	66	108	4356	11 664	7128
11	74	120	5476	14 400	8880
合计	797	1376	58 069	173 038	100 139

解：

语文成绩和智商都是正态分布的连续变量，根据上述观察值绘制的散点图

（见图 11.2.1），可以判断两个变量之间存在线性关系，故计算积差相关系数。

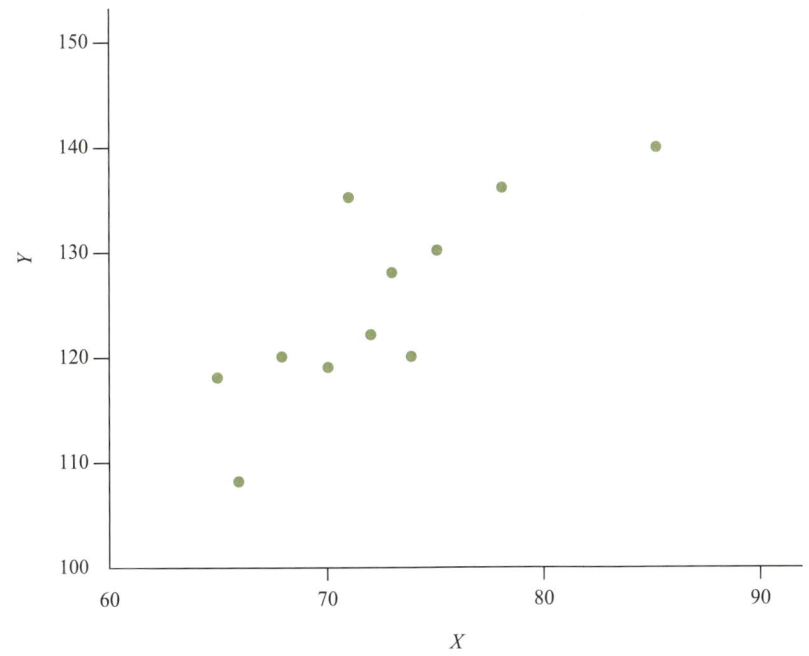

图 11.2.1　语文成绩（X）与智商（Y）的散点图

$$r=\frac{\sum_{i=1}^{n}X_iY_i-(\sum_{i=1}^{n}X_i)(\sum_{i=1}^{n}Y_i)/n}{\sqrt{\sum_{i=1}^{n}X_i^2-(\sum_{i=1}^{n}X_i)^2/n}\sqrt{\sum_{i=1}^{n}Y_i^2-(\sum_{i=1}^{n}Y_i)^2/n}}=\frac{100\,139-797\times1376/11}{\sqrt{58\,069-797^2/11}\times\sqrt{173\,038-1376^2/11}}=0.813$$

> 回顾：积差相关系数　协方差
>
> 练习与思考：完成习题 11.3—11.4

11.2.2　积差相关系数的等距转换及其合并

相关系数之间只能比较相对大小，不能进行加减或乘除运算。但有时候，我们又需要计算几个相关系数的平均数。这时，可以先将相关系数 r 转换成具有等距单位的 Z_r 值，其转换公式为

$$Z_r=\frac{1}{2}\ln\left(\frac{1+r}{1-r}\right)$$

（公式 11.2.4a）

或

$$Z_r = 1.1513 \lg\left(\frac{1+r}{1-r}\right) \quad \text{（公式 11.2.4b）}$$

这种转换方法称为费希尔 Z_r 转换法。统计学家认为，无论总体相关系数和样本容量的大小如何，Z_r 都近似服从正态分布，因而 Z_r 近似等距。

利用附录三的统计用表 7 可以进行 r 与 Z_r 的互查。

求 Z_r 的平均数的计算公式为

$$\bar{Z}_r = \frac{\sum_{i=1}^{k}(n_i-3)Z_{r_i}}{\sum_{i=1}^{k}(n_i-3)} \quad \text{（公式 11.2.5）}$$

式中，k 为样本个数；Z_{r_i} 为第 i 个样本的相关系数转换而得的 Z_r 值；n_i 为第 i 个样本的容量。

计算出 $\bar{Z}_r$ 后，再通过 r 与 Z_r 转换表，找到 r 的平均数。

【例题 11.2.2】为了考察中学生言语能力与数学能力的相关程度，在北京、上海、云南三地同时进行测验调查，求出三地中学生上述两项能力的相关系数，如表 11.2.2 所示。请计算其平均数。

表 11.2.2 言语能力与数学能力的平均相关系数计算

地点	r	n	Z_r	$(n-3)Z_r$
北京	0.60	213	0.693	145.530
上海	0.52	260	0.576	148.032
云南	0.56	311	0.633	194.964
总和		784		488.526

解：

（1）将相关系数 r 转换成 Z_r。

（2）求出各地的 $(n-3)Z_r$，并求出它们的和（488.526）。

（3）计算 Z_r 的平均数：

$$\bar{Z}_r = \frac{\sum_{i=1}^{k}(n_i-3)Z_{r_i}}{\sum_{i=1}^{k}(n_i-3)} = \frac{488.526}{775} = 0.63$$

再根据 r 与 Z_r 转换表，查到与 $Z_r = 0.63$ 对应的平均相关系数 r 为 0.558。

> **回顾**：费希尔 Z_r 转换法
>
> **练习与思考**：完成习题 11.5

11.2.3 相关系数的显著性检验

通过样本求得的相关系数 r 与总体的相关系数 ρ 之间总是存在一定的抽样误差。即使是从 $\rho = 0$ 的总体中随机抽出的样本，由于抽样误差的存在，r 也往往不等于零。所以，如果根据 $r \neq 0$ 就认为两个变量之间存在相关，是不够慎重的。这时候应该根据 r 以 $\rho = 0$ 为中心的抽样分布特点，进行相关系数的显著性检验。

同样，如果是从 $\rho = 0.5$ 的总体中随机抽出的样本，根据样本观察值计算出来的相关系数 r 往往也不等于 0.5，这时就要根据 r 以 $\rho = 0.5$ 为中心的抽样分布特点，做出相应的显著性检验。

11.2.3.1 相关系数的抽样分布

相关系数的抽样分布是这样得到的：从总体中用放回的方式随机抽取一个容量为 n 的样本，根据我们关心的两个变量的观察值计算它们的相关系数 r；再以同样的方式抽取另一个容量为 n 的样本，计算 r；如此反复，直到所有可能样本的 r 值都计算出来，这些 r 值的分布就是抽样分布。统计学家发现，r 的抽样分布随着总体相关系数 ρ 和样本容量 n 的大小而变化，表现出如下特点：

- 当 $\rho = 0$ 时，r 的抽样分布总是正态分布；
- 当 $\rho \neq 0$，ρ 不大，且 n 相当大时，r 的抽样分布接近正态分布；
- 当 ρ 很大时，即使 n 相当大，r 的抽样分布仍为偏态分布；
- 当 $\rho \neq 0$，且 n 相当小时，r 的抽样分布为偏态分布。

可见，只有在前两种情况下，即当总体相关系数为零，或接近于零且样本容量相当大（$n \geq 50$ 或 $n \geq 30$）时，r 的抽样分布才可以被看作正态分布，这时才能利用正态分布进行相关系数的显著性检验。

11.2.3.2 相关系数显著性检验的步骤及方法

相关系数的显著性检验分为三种情况。

检验是否存在相关

我们知道，在总体不存在相关（$\rho = 0$）的条件下，样本上得到的相关系数 r 并不一定为零，相反，样本的 r 会在 0 左右波动，并形成一个抽样分布。因此，对于实际算出的样本的 r，如果它有较大的概率是从 $\rho = 0$ 的总体中随机抽取样本而得到的，我们就认为总体 $\rho = 0$；相反，对于那些很少有可能是从 $\rho = 0$ 的总体中随机抽取样本而得到的 r，则认为 $\rho \neq 0$。可见，这种检验实际上就是判断总体是否真正存在相关。

与以前的假设检验相同，检验变量间是否存在相关，也需要提出两个假设。这里的零假设和备择假设分别是

$$H_0: \rho = 0$$

$$H_1: \rho \neq 0$$

对于大样本（这里主要是指 $n \geq 50$ 的情况），r 的抽样分布接近正态分布，且 r 的标准误为

$$S_r = \frac{1 - r^2}{\sqrt{n - 1}} \qquad \text{（公式 11.2.6）}$$

因此，可以用以下公式进行显著性检验：

$$Z = \frac{r - \rho}{\frac{1 - r^2}{\sqrt{n - 1}}} = \frac{r\sqrt{n - 1}}{1 - r^2} \qquad \text{（公式 11.2.7）}$$

【例题 11.2.3】某校抽取 170 名学生，测得他们的英语口语成绩与数学成绩的相关为 −0.30。问：英语口语成绩与数学成绩之间有无相关？

解：

（1）提出假设。

$$H_0: \rho = 0$$

$$H_1: \rho \neq 0$$

（2）选择并计算检验统计量。由于 $n = 170 \geq 50$，是大样本，故检验统计量为

$$Z = \frac{r\sqrt{n-1}}{1-r^2} = \frac{(-0.30)\sqrt{170-1}}{1-(-0.30)^2} = -4.2857$$

（3）规定显著性水平和临界值。当 $\alpha = 0.05$ 时，$Z_{0.025} = 1.96$；当 $\alpha = 0.01$ 时，$Z_{0.005} = 2.58$。

（4）统计决断。由于 $|Z| = 4.2857 > 2.58$，故应拒绝 H_0，认为英语口语成绩与数学成绩之间存在极其显著的负相关。

当 $n < 50$ 时，关于是否存在相关的检验可以用 t 检验来进行，公式是

$$t = \frac{r\sqrt{n-2}}{\sqrt{1-r^2}} \qquad （公式 11.2.8）$$

该 t 检验的自由度 $df = n - 2$。

【例题 11.2.4】根据例题 11.2.1 的计算结果，检验其相关系数有无显著意义。

解：

（1）提出假设。

$$H_0: \rho = 0$$

$$H_1: \rho \neq 0$$

（2）选择并计算检验统计量。由于 $n = 11$，是小样本，故检验统计量为

$$t = \frac{r\sqrt{n-2}}{\sqrt{1-r^2}} = \frac{0.813 \times \sqrt{11-2}}{\sqrt{1-0.813^2}} = 4.1888$$

（3）规定显著性水平和临界值。当 $\alpha = 0.05$ 时，$t_{0.025, 9} = 2.262$；当 $\alpha = 0.01$ 时，$t_{0.005, 9} = 3.250$。

（4）统计决断。由于 $|t| = 4.1888 > 3.25$，故应拒绝 H_0，认为语文成绩和智商之间存在极其显著的相关。

检验相关系数是否为某个定值

有时候，我们已经知道某个总体存在显著相关，要求检验相关系数是否等于某个定值。

【例题 11.2.5】根据过去的经验，初一学生数学期中考试与期末考试成绩之间的相关系数是 0.8，今年在初一学生中随机抽取 28 人，求得其数学期中与期末的考试成绩之间的相关系数是 0.6。问：今年初一学生的数学期中与期末考试成绩之间的相关是否发生了显著变化？

这就是一个检验总体相关系数是否仍然为 0.8 的问题。在 $\rho \neq 0$ 的情况下做假设检验时，提出的零假设和备择假设分别是

$$H_0: \rho = \rho_0$$

$$H_1: \rho \neq \rho_0$$

要检验相关系数是否为某个定值，就要观察 $\rho \neq 0$ 时 r 的抽样分布。结果发现，只有当 $\rho \neq 0$、ρ 不大且 n 相当大时，r 的抽样分布才接近正态分布；在其他情况下，r 的抽样分布都不是正态分布。这样，直接对 r 进行检验就不合理了。不过，我们可以通过 r 与 Z_r 转换表将 r 转换成 Z_r，而 Z_r 与 ρ 和 n 的大小无关，总是近似服从正态分布，即 $Z_r \sim N(Z_\rho, \frac{1}{n-3})$。故可以用以下公式作为检验统计量：

$$Z = \frac{Z_r - Z_\rho}{\frac{1}{\sqrt{n-3}}} = (Z_r - Z_\rho)\sqrt{n-3} \qquad \text{（公式 11.2.9）}$$

现在解答例题 11.2.5。

解：

（1）提出假设。

$$H_0: \rho = 0.8$$

$$H_1: \rho \neq 0.8$$

（2）将相关系数转换为 Z_r。查 r 与 Z_r 转换表，将 r 转换成 Z_r，将 ρ 转换成 Z_ρ：$r = 0.6$，$Z_r = 0.693$；$\rho = 0.8$，$Z_\rho = 1.099$。

（3）选择并计算检验统计量。由于 $Z_r \sim N(Z_\rho, \frac{1}{n-3})$，故检验统计量为

$$Z = (Z_r - Z_\rho)\sqrt{n-3} = (0.693 - 1.099) \times \sqrt{28-3} = 2.03$$

（4）规定显著性水平和临界值。当 $\alpha = 0.05$ 时，$Z_{0.025} = 1.96$；当 $\alpha = 0.01$ 时，$Z_{0.005} = 2.58$。

（5）统计决断。由于 $|Z| = 2.03 > 1.96$，故应拒绝 H_0，认为今年初一学生的数学期中与期末考试成绩之间的相关发生了显著变化。

检验两个相关系数有无显著差异

有时，我们也需要对两个独立样本的相关系数之差（$r_1 - r_2$）进行显著性检验。在这种情况下，零假设与备择假设分别为

$$H_0: \rho_1 = \rho_2$$
$$H_1: \rho_1 \neq \rho_2$$

由于 $Z_r \sim N(Z_\rho, \frac{1}{n-3})$，因而 $Z_{r_1} - Z_{r_2}$ 也服从正态分布：

$$(Z_{r_1} - Z_{r_2}) \sim N(Z_{\rho_1} - Z_{\rho_2}, \frac{1}{n_1-3} + \frac{1}{n_2-3}) \qquad （公式11.2.10）$$

故同样可以先通过 r 与 Z_r 转换表将 r 转换成 Z_r，然后用以下公式作为检验统计量：

$$Z = \frac{Z_{r_1} - Z_{r_2}}{\sqrt{\frac{1}{n_1-3} + \frac{1}{n_2-3}}} \qquad （公式11.2.11）$$

注意，上述公式仅适用于两个独立样本的相关系数的显著性差异检验，不能用于相关样本的情况。

【例题 11.2.6】从甲校中随机抽取 50 名学生，他们的数学期中与期末考试成绩之间的相关系数是 0.8，从乙校中随机抽取 50 名学生，相关系数是 0.6。问：甲乙两校数学期中与期末的考试成绩之间的相关系数是否相等？

解：

（1）提出假设。

$$H_0: \rho_1 = \rho_2$$
$$H_1: \rho_1 \neq \rho_2$$

（2）将相关系数转换为 Z_r。查 r 与 Z_r 转换表，将 r 转换成 Z_r。$r_1 = 0.6$，$Z_{r_1} = 0.693$；$r_2 = 0.8$，$Z_{r_2} = 1.099$。

（3）选择并计算检验统计量。由于 $(Z_{r_1} - Z_{r_2}) \sim N(Z_{\rho_1} - Z_{\rho_2}, \frac{1}{n_1 - 3} + \frac{1}{n_2 - 3})$，故检验统计量为

$$Z = \frac{Z_{r_1} - Z_{r_2}}{\sqrt{\frac{1}{n_1 - 3} + \frac{1}{n_2 - 3}}} = \frac{0.693 - 1.099}{\sqrt{\frac{1}{50 - 3} + \frac{1}{50 - 3}}} = -1.9682$$

（4）规定显著性水平和临界值。当 $\alpha = 0.05$ 时，$Z_{0.025} = 1.96$；当 $\alpha = 0.01$ 时，$Z_{0.005} = 2.58$。

（5）统计决断。由于 $|Z| = -1.9682 > 1.96$，故应拒绝 H_0，认为甲乙两校数学期中与期末的考试成绩之间的相关系数有显著差异，即两校总体相关系数不相等。

> **回顾**：相关系数检验的三种情况
> **练习与思考**：完成习题 11.6—11.7

11.3 等级相关

等级相关系数是表示顺序量表类型的变量之间的相关程度的特征量。本书介绍了两种比较常用的等级相关系数：斯皮尔曼等级相关系数和肯德尔和谐系数。

11.3.1 斯皮尔曼等级相关系数

11.3.1.1 斯皮尔曼等级相关系数的适用条件

斯皮尔曼等级相关系数专门用来表示两个顺序水平的变量之间的相关程度，它只要求两个变量都至少是顺序水平的（当然也可以是等距量表或比率量表），但不一定要求它们

服从正态分布,故适用的范围比较广。因此,当数据水平不够计算积差相关系数的条件时,例如,其中有一个变量呈非正态分布或者是顺序量表水平,可以计算斯皮尔曼等级相关系数。

对可以计算积差相关系数的两个变量,固然也可以计算它们之间的斯皮尔曼等级相关系数,但这是不必要的,因为将比较精确的等距量表或比率量表转换成比较粗略的顺序量表会损失大量信息。

11.3.1.2 斯皮尔曼等级相关系数的计算

斯皮尔曼等级相关系数的计算分为以下步骤。

步骤 1

将两个变量的原始数据分别由小到大排序,确定秩次。

步骤 2

计算每一对数据 (X_i, Y_i) 所对应的秩次 (R_{X_i}, R_{Y_i}) 之差 $(D_i = R_{X_i} - R_{Y_i})$。

步骤 3

运用公式 11.3.1 计算相关系数

$$r_S = 1 - \frac{6\sum_{i=1}^{n} D_i^2}{n(n^2 - 1)} \quad \text{(公式 11.3.1)}$$

式中,r_S 为斯皮尔曼等级相关系数;D_i 为排序以后每一对数据对应的两个秩次之差;n 为样本容量。

【例题 11.3.1】随机抽取 10 名学生,记录他们的数学成绩(百分制)和作文成绩(10 个等级),数据见表 11.3.1。问:数学成绩和作文成绩之间是否存在相关?

表 11.3.1 数学成绩与作文成绩

序号	数学成绩		作文成绩		D_i	D_i^2
	X	秩次 R_X	Y	秩次 R_Y		
1	92	10	8	9	1	1
2	84	9	9	10	−1	1
3	75	8	6	8	0	0
4	71	6	4	5.5	0.5	0.25
5	71	6	3	3.5	2.5	6.25

续表

序号	数学成绩 X	秩次 R_X	作文成绩 Y	秩次 R_Y	D_i	D_i^2
6	71	6	5	7	−1	1
7	68	4	3	3.5	0.5	0.25
8	67	3	4	5.5	−2.5	6.25
9	65	2	1	1	1	1
10	59	1	2	2	−1	1
总和						18

解：虽然数学成绩服从正态分布，但是由于作文成绩分为 10 个等级，属于顺序量表，故只能计算斯皮尔曼等级相关系数。

（1）将数学成绩与作文成绩转换成秩次。

（2）计算每一对数据对应的秩次之差 D_i 以及 D_i^2。

（3）将上述数据代入公式 11.3.1 得

$$r_S = 1 - \frac{6\sum_{i=1}^{n} D_i^2}{n(n^2-1)} = 1 - \frac{6\times 18}{10(10^2-1)} = 0.891$$

在编秩次时，如遇到并列秩次的情况，可以用它们所占秩次位置的平均数作为秩次。例如，在上面的数学成绩中有 3 个 71 分，它们占用的秩次本来应该是 5, 6, 7，于是都赋值为平均数 6。

11.3.1.3 斯皮尔曼等级相关系数的显著性检验

斯皮尔曼等级相关系数的检验方法与积差相关系数的检验方法相同。

【例题 11.3.2】对 12 名学生的操作能力和数学运算能力进行测验，由于操作能力的测验成绩用等级评分，故计算出斯皮尔曼等级相关系数为 0.1748。问：操作能力和数学运算能力之间是否存在相关？

解：

（1）提出假设。

$$H_0: \rho = 0$$

$$H_1: \rho \neq 0$$

（2）选择并计算检验统计量。由于 $n = 12$，是小样本，故检验统计量为

$$t = \frac{r_S\sqrt{n-2}}{\sqrt{1-r_S^2}} = \frac{0.1748 \times \sqrt{12-2}}{\sqrt{1-0.1748^2}} = 0.5614$$

（3）规定显著性水平和临界值。当 $\alpha = 0.05$ 时，$t_{0.025, 10} = 2.228$。

（4）统计决断。由于 $|t| = 0.5614 < 2.228$，故应接受 H_0，认为操作能力和数学运算能力之间不存在相关。

> 回顾：等级相关系数　斯皮尔曼等级相关系数
> 练习与思考：完成习题 11.8—11.9

11.3.2　肯德尔和谐系数

当分析多个（两个以上）顺序水平的变量之间的相关程度时，可以计算**肯德尔和谐系数**，或称肯德尔一致性系数。它常常用来表示：

- 多个评定者对同一组参试者进行等级评定的一致性程度；
- 同一个评定者对同一组参试者多次进行等级评定的一致性程度。

11.3.2.1　肯德尔和谐系数的适用范围

肯德尔和谐系数的适用范围也是顺序量表水平以上的数据，与斯皮尔曼等级相关系数不同的是，它表示的是多个变量之间的相关程度。

11.3.2.2　肯德尔和谐系数的计算

计算肯德尔和谐系数时，先将各个变量的原始数据分别由小到大排成秩次，然后根据这些秩次计算相关系数。计算公式是

$$r_W = \frac{\sum_{i=1}^{n} R_i^2 - (\sum_{i=1}^{n} R_i)^2 / n}{\frac{1}{12} K^2 (n^3 - n)} \quad \text{（公式 11.3.2）}$$

式中，r_W 为肯德尔和谐系数；K 为变量个数，即评定者数或评定次数；n 为样本的容量（被评定事物的个数）；R_i 为 K 个变量在第 i 个个体（被评定事物）上取的值所对应的秩次之和。

当出现相同秩次时，计算公式是

$$r_W = \frac{\sum_{i=1}^{n} R_i^2 - (\sum_{i=1}^{n} R_i)^2 / n}{\frac{1}{12} K^2(n^3 - n) - K \sum_{j=1}^{K} T_j} \quad （公式 11.3.3）$$

其中的 T_j 为第 j 个变量中出现相同秩次时计算出来的值：

$$T_j = \sum_{i=1}^{l} (m_i^3 - m_i) / 12 \quad （公式 11.3.4）$$

式中，l 为第 j 个变量中出现相同秩次的次数，m_i 为各次秩次相同时有几个数据并列该秩次。

【例题 11.3.3】在一次作文竞赛中，5 位评委为 7 名作者的文章排列秩次，结果见表 11.3.2。问：评委们评价的一致性程度如何？

表 11.3.2　5 位评委为 7 名作者的文章排列的秩次

文章序号	评委排列的秩次					各篇作文秩次之和 R_i
	A	B	C	D	E	
1	3	5	4	3	2	17
2	7	3	5	6	7	28
3	1	1	2	2	3	9
4	2	4	1	1	1	9
5	6	7	7	5	4	29
6	4	6	3	4	6	23
7	5	2	6	7	5	25

解：

本题直接给出评委排列的秩次，且每位评委均无重复秩次，故可以根据公式 11.3.2 计算肯德尔和谐系数：

$$r_W = \frac{\sum_{i=1}^{n} R_i^2 - (\sum_{i=1}^{n} R_i)^2 / n}{\frac{1}{12} K^2(n^3 - n)} = \frac{3230 - 140^2/7}{\frac{1}{12} \times 5^2 \times (7^3 - 7)} = 0.6143$$

【例题 11.3.4】同一位评委前后 3 次为 5 名作者的文章评定等级，结果见表 11.3.3。问：这位评委前后 3 次评价的一致性程度如何？

表 11.3.3 同一位评委前后 3 次为 5 名作者的文章评定的等级

文章序号	每次评定的等级		
	1	2	3
1	5	3	5
2	2	2	2
3	1	1	1
4	3	2	4
5	4	3	3

解：本题未直接给出评委排列的秩次，故应先将表中的等级转换为秩次，结果见表 11.3.4。

表 11.3.4 同一位评委前后 3 次为 5 名作者的文章评定的等级及秩次

文章序号	每次评定的等级			每次评定的秩次			各篇作文秩次之和 R_i
	1	2	3	1	2	3	
1	5	3	5	5	4.5	5	14.5
2	2	2	2	2	2.5	2	6.5
3	1	1	1	1	1	1	3
4	3	2	4	3	2.5	4	9.5
5	4	3	3	4	4.5	3	11.5

由于其中有重复秩次，故可以根据公式 11.3.3 和公式 11.3.4 计算肯德尔和谐系数。因为在第二次评定中出现了 2 次并列秩次，而且每次都是 2 个数据并列，即 2 个 2.5 并列和 2 个 4.5 并列，故 $l = 2$，$m_1 = 2$，$m_2 = 2$：

$$T_2 = \sum_{i=1}^{l} (m_i^3 - m_i)/12 = (2^3 - 2)/12 + (2^3 - 2)/12 = 1$$

$$r_W = \frac{\sum_{i=1}^{n} R_i^2 - (\sum_{i=1}^{n} R_i)^2 / n}{\frac{1}{12}K^2(n^3-n) - K\sum_{j=1}^{K}T_j} = \frac{484 - 45^2/5}{\frac{1}{12} \times 3^2 \times (5^3-5) - 3 \times 1} = \frac{79}{87} = 0.908$$

11.3.3.3 肯德尔和谐系数的显著性检验

肯德尔和谐系数的显著性检验与积差相关系数和斯皮尔曼等级相关系数不同，其检验统计量为

$$\chi^2 = K(n-1)r_W \qquad （公式 11.3.5）$$

自由度 $df = n - 1$。

【例题 11.3.5】某教师前后 3 次为 5 份学生书法作品评定等级，经计算得知 r_W 为 0.80。问：能否认为该教师前后评定一致？

解：

（1）提出假设。

$$H_0: \rho = 0$$

$$H_1: \rho \neq 0$$

（2）选择并计算检验统计量。

$$\chi^2 = K(n-1)r_W = 3 \times (5-1) \times 0.80 = 9.6$$

$$df = n - 1 = 5 - 1 = 4$$

（3）规定显著性水平和临界值。当 $\alpha = 0.05$ 时，$\chi^2_{0.05, 4} = 9.49$；当 $\alpha = 0.01$ 时，$\chi^2_{0.01, 4} = 13.28$。

（4）统计决断。由于 $\chi^2 = 9.6 > 9.49$，故应拒绝 H_0，即认为该教师的前后评定是一致的。

> **回顾**：肯德尔和谐系数
>
> **练习与思考**：完成习题 11.10

11.4 质量相关与品质相关

在心理学研究中，我们会常常接触质量相关系数，即品质型变量与数量型变量之间的相关系数。品质型变量表现为根据事物的某一属性划分不同质的种类（例如，性别、优劣、对错等），又称定性变量或分类变量；数量型变量则表现为数值上的不同（例如，智商、分数、身高、体重、时间长短等）。质量相关系数有多种形式，主要包括二列相关系数、点二列相关系数和多列相关系数。

品质相关系数指的是品质型变量之间的相关系数。

11.4.1 二列相关系数

正态连续变量可以被人为地划分为两个类别，成为二分变量。例如，按一定的标准将原来服从正态分布的考试成绩划分为及格与不及格，将健康状况划分为好与差，将反应速度划分为快与慢，等等。二列相关系数（或称"双列相关系数"）指的就是当两个变量都是正态连续变量，而其中一个变量被人为地划分为两个类别时，这两个变量之间的相关系数。

11.4.1.1 二列相关系数的使用条件

二列相关系数的使用条件是：

- 两个变量都是连续变量，且总体呈正态分布，或接近正态分布；
- 两个变量之间是线性关系；
- 二分变量是人为划分的，其分界点应尽量靠近中值。

11.4.1.2 二列相关系数的计算

二列相关系数的计算公式为

$$r_b = \frac{\bar{X}_p - \bar{X}_q}{S_t} \times \frac{pq}{Y} \qquad （公式 11.4.1）$$

或

$$r_b = \frac{\bar{X}_p - \bar{X}_t}{S_t} \times \frac{p}{Y} \qquad （公式 11.4.2）$$

式中，r_b 为二列相关系数；p 为属于二分变量中某一类别的个体数占整个样本容量的比例；q 为属于二分变量中另一类别的个体数占整个样本容量的比例（$q = 1 - p$）；$\bar{X}_p$ 为数量型变量中与二分变量中 p 对应的那部分观察值的平均数；$\bar{X}_q$ 为数量型变量中与二分变量中 q 对应的那部分观察值的平均数；$\bar{X}_t$ 为数量型变量全部观察值的平均数；S_t 为数量型变量全部观察值的标准差；Y 为正态分布曲线下与 p 对应的概率密度（纵线高度）。

如何根据 p 求得 Y，见例题 5.2.4。

【例题 11.4.1】为了研究某个问答题的区分度，从试卷中抽取 10 份，记录卷面总分与该问答题的得分，并将问答题得分为 6 分或高于 6 分的转换为"好"，得分低于 6 分的转换为"差"，结果见表 11.4.1，求该问答题的区分度（卷面总分与该问答题得分之间的相关系数）。

表 11.4.1 卷面总分与问答题回答质量表

试卷序号	卷面总分	问答题回答质量	结果
1	88	好	$p = 0.5$
2	77	好	$q = 0.5$
3	73	差	$\bar{X}_p = 79.6$
4	75	差	$\bar{X}_q = 70.8$
5	67	差	$\bar{X}_t = 75.2$
6	66	差	$S_t = 6.3736$
7	73	差	$Y = 0.39894$
8	81	好	
9	75	好	
10	77	好	
合计	752		

解：由于问答题的得分原是一个正态分布的连续变量，而现在被人为地划分成"好"与"差"两类，成为一个二分变量，故应计算卷面总分与这个二分变量之间的二列相关系数。

$$r_b = \frac{\bar{X}_p - \bar{X}_q}{S_t} \times \frac{pq}{Y} = \frac{79.6 - 70.8}{6.3736} \times \frac{0.5 \times 0.5}{0.39894} = 0.8652$$

或

$$r_b = \frac{\overline{X}_p - \overline{X}_t}{S_t} \times \frac{p}{Y} = \frac{79.6 - 75.2}{6.3736} \times \frac{0.5}{0.39894} = 0.8652$$

11.4.1.3 二列相关系数的检验

二列相关系数的检验统计量为

$$Z = \frac{r_b}{\frac{1}{Y}\sqrt{\frac{pq}{n}}} \quad \text{（公式 11.4.3）}$$

【例题 11.4.2】例题 11.4.1 计算出问答题的区分度，即二列相关系数为 0.8652。问：该问答题有没有区分度（该问答题的答题质量与卷面总分有无相关）？

解：

（1）提出假设。

$$H_0: \rho = 0$$
$$H_1: \rho \neq 0$$

（2）选择并计算检验统计量。

$$Z = \frac{r_b}{\frac{1}{Y}\sqrt{\frac{pq}{n}}} = \frac{0.8652}{\frac{1}{0.39894} \times \sqrt{\frac{0.5 \times 0.5}{10}}} = 2.183$$

（3）规定显著性水平和临界值。当 $\alpha = 0.05$ 时，$Z_{0.025} = 1.96$；当 $\alpha = 0.01$ 时，$Z_{0.005} = 2.58$。

（4）统计决断。由于 $|Z| = 2.183 > 1.96$，故应拒绝 H_0，可以认为该问答题的答题质量与卷面总分相关，因而有区分度。

> **回顾**：二列相关系数
> **练习与思考**：完成习题 11.11—11.12

11.4.2 点二列相关系数

点二列相关系数表示一个正态连续性变量和一个真正的二分称名变量之间的相关程度，也称"点双列相关系数"。这里所说的"真正的二分称名变量"是根据自然形成的客观标准进行分类的。例如，将人按性别分成男和女，按婚姻状况分为已婚和未婚，按是否参军分为军人和非军人，等等。

二分称名变量与二列相关中讲的二分变量不同，前者不需要人为划分，它的两种类别本来就是存在的。例如，男女是本来就有的两种性别，是由遗传因素形成的，不是根据头发长短决定的，划分男女的标准也不能约定俗成或随意更改。而二列相关中的二分变量本来是一个服从正态分布的连续变量，对它做出划分是人为的。例如，一般来说，考试成绩在60分或60分以上算及格，但这是一种约定俗成的人为的标准——将55分作为及格线也是可以的。

11.4.2.1 点二列相关系数的使用条件

点二列相关的使用条件是：

- 一个变量是连续变量，且总体呈正态分布，或接近正态分布；
- 二分变量是真正的二分称名变量，或者是双峰分布的变量。

11.4.2.2 点二列相关系数的计算

点二列相关系数的计算公式为

$$r_{pb} = \frac{\bar{X}_p - \bar{X}_q}{S_t} \sqrt{pq} \qquad （公式11.4.4）$$

或

$$r_{pb} = \frac{\bar{X}_p - \bar{X}_t}{S_t} \sqrt{\frac{p}{q}} \qquad （公式11.4.5）$$

式中，r_{pb} 为点二列相关系数；p 为属于二分称名变量中某一类别的个体数占整个样本容量的比例；q 为属于二分称名变量中另一类别的个体数占整个样本容量的比例（$q = 1 - p$）；$\bar{X}_p$ 为数量型变量中与二分称名变量中 p 对应的那部分观察值的平均数；$\bar{X}_q$ 为数量型变量中与二分称名变量中 q 对应的那部分观察值的平均数；$\bar{X}_t$ 为数量型变量全部观察值的平均数；S_t 为数量型变量全部观察值的标准差。

公式 11.4.4 和公式 11.4.5 是等价的。

【例题 11.4.3】为了研究某个是非题的区分度，抽取 10 份试卷，记录卷面总分与该是非题的得分，结果见表 11.4.2，求该是非题的区分度（卷面总分与该是非题得分之间的相关系数）。

表 11.4.2 卷面总分与是非题得分

试卷序号	卷面总分	是非题得分	结果
1	88	1	$p = 0.5$
2	77	1	$q = 0.5$
3	73	0	$\bar{X}_p = 79.6$
4	75	0	$\bar{X}_q = 70.8$
5	67	0	$\bar{X}_t = 75.2$
6	66	0	$S_t = 6.3736$
7	73	0	
8	81	1	
9	75	1	
10	77	1	
合计	752		

解：由于是非题得分是二分称名变量，故应计算卷面总分与该题得分之间的点二列相关系数。

$$r_{pb} = \frac{\bar{X}_p - \bar{X}_q}{S_t}\sqrt{pq} = \frac{79.6 - 70.8}{6.3736} \times \sqrt{0.5 \times 0.5} = 0.69$$

或

$$r_{pb} = \frac{\bar{X}_p - \bar{X}_t}{S_t}\sqrt{\frac{p}{q}} = \frac{79.6 - 75.2}{6.3736} \times \sqrt{\frac{0.5}{0.5}} = 0.69$$

11.4.2.3 点二列相关系数的检验

点二列相关系数的检验有两种方法。

第一种方法：采用积差相关系数的检验法，检验统计量为

$$t = \frac{r_{pb}\sqrt{n-2}}{\sqrt{1-r_{pb}^2}} \quad (df = n-2)$$

【例题11.4.4】例题11.4.3计算出是非题的区分度，即点二列相关系数为0.69。问：该是非题有没有区分度？

解：

（1）提出假设。

$$H_0: \rho = 0$$

$$H_1: \rho \neq 0$$

（2）选择并计算检验统计量。

$$t = \frac{r_{pb}\sqrt{n-2}}{\sqrt{1-r_{pb}^2}} = \frac{0.69 \times \sqrt{10-2}}{\sqrt{1-0.69^2}} = 2.6963$$

$$df = n - 2 = 8$$

（3）规定显著性水平和临界值。当 $\alpha = 0.05$ 时，$t_{0.025, 8} = 2.306$；当 $\alpha = 0.01$ 时，$t_{0.005, 8} = 3.355$。

（4）统计决断。由于 $|t| = 2.6963 > 2.306$，故应拒绝 H_0，即认为该是非题有区分度。

第二种方法：采用两个平均数之差的显著性检验方法，检验统计量为

$$t = \frac{\bar{X}_1 - \bar{X}_2}{\sqrt{\frac{(n_1-1)S_1^2 + (n_2-1)S_2^2}{n_1 + n_2 - 2}\left(\frac{1}{n_1} + \frac{1}{n_2}\right)}}$$

【例题11.4.5】用两个平均数之差的显著性检验方法检验例题11.4.3计算出的是非题的区分度。

解：

（1）提出假设。

$$H_0: \rho = 0$$

$$H_1: \rho \neq 0$$

（2）选择并计算检验统计量。

$$t = \frac{\overline{X}_1 - \overline{X}_2}{\sqrt{\frac{(n_1-1)S_1^2 + (n_2-1)S_2^2}{n_1+n_2-2}\left(\frac{1}{n_1}+\frac{1}{n_2}\right)}} = \frac{79.6-70.8}{\sqrt{\frac{4\times 5.1769^2 + 4\times 4.0249^2}{10-2}\times\left(\frac{1}{5}+\frac{1}{5}\right)}} = 3$$

（3）规定显著性水平和临界值。当 $\alpha = 0.05$ 时，$t_{0.025,8} = 2.306$；当 $\alpha = 0.01$ 时，$t_{0.005,8} = 3.355$。

（4）统计决断。由于 $|t| = 3 > 2.306$，故应拒绝 H_0，可以认为该是非题有区分度。

> **回顾**：点二列相关系数
>
> **练习与思考**：完成习题 11.13—11.14

11.4.3　多列相关系数

多列相关系数表示这样两个变量之间的相关程度：**两个变量都是正态连续变量，其中一个变量被人为地划分为多个（两个以上）类别，成为一个多分变量**。例如，按一定的标准将原来服从正态分布的考试成绩划分为优、良、中、及格和不及格，将健康状况划分为好、中、差，将参试者的反应速度划分为快、一般和慢等。

11.4.3.1　多列相关系数的使用条件

多列相关系数的使用条件是：

- 两个变量都是连续变量，且总体呈正态分布，或接近正态分布；
- 两个变量之间是线性关系；
- 多分变量是人为划分的。

11.4.3.2　多列相关系数的计算公式

多列相关系数的计算公式很复杂，它牵涉多分变量每一类别的个体的概率（比例）、平均数、概率密度和标准差等：

$$r_m = \frac{\sum\limits_{i=1}^{K}[(Y_{i_L} - Y_{i_H})\overline{X}_i]}{S_t \sum\limits_{i=1}^{K}\left[\frac{(Y_{i_L} - Y_{i_H})^2}{p_i}\right]} \quad\text{（公式 11.4.6）}$$

式中，K 为多分变量的类别数；p_i 为多分变量第 i 类个体的概率；Y_{i_L} 为第 i 类个体的概率左侧的概率密度；Y_{i_H} 为第 i 类个体的概率右侧的概率密度；$\bar{X}_i$ 为与第 i 类个体相对应的连续变量观察值的平均数；S_t 为连续变量所有观察值的标准差。

【例题11.4.6】为了研究母亲的耐心程度与儿童学习成绩之间的相关，研究者对100名学生进行了调查，记录了他们的学习成绩，同时通过观察这些学生的母亲与自己子女的交往，对每个母亲的耐心程度做出1—5（1表示非常不耐心，2表示比较不耐心，……5表示非常耐心）的等级评定。数据结果列于表11.4.3中，对各个等级分别计算的概率、平均数等列于表11.4.4中。请计算母亲的耐心程度与儿童学习成绩之间的多列相关系数（假设母亲的耐心程度呈正态分布）。

表 11.4.3　学生的学习成绩与母亲的耐心程度

学生序号	学习成绩	母亲的耐心程度
1	99	5
2	88	4
3	37	2
4	56	3
5	75	5
6	87	4
7	65	3
8	94	4
9	83	5
10	73	2
⋮	⋮	⋮

表 11.4.4　多列相关系数的计算

计算过程	母亲的耐心程度				
	1	2	3	4	5
p_i	0.10	0.20	0.40	0.20	0.10
Y_{i_L}	0	0.1755	0.3476	0.3476	0.1755
Y_{i_H}	0.1755	0.3476	0.3476	0.1755	0
$\bar{X}_i$	49.5	60	69.5	80.0	88.5
S_t			13.6		

解：由于母亲的耐心程度呈正态分布，而现在被人为地划分成五个等级，

故应计算它与学习成绩之间的多列相关系数。

$$r_m = \frac{\sum_{i=1}^{K}[(Y_{i_L} - Y_{i_H})\bar{X}_i]}{S_t \sum_{i=1}^{K}\left[\frac{(Y_{i_L} - Y_{i_H})^2}{p_i}\right]} = \frac{-0.1755 \times 49.5 + (0.1755 - 0.3476) \times 60 + \cdots + 0.1755 \times 88.5}{13.6 \times [0.1755^2/0.1 + (0.1755 - 0.3476)^2/0.2 + \cdots + 0.1755^2/0.1]} = 0.8292$$

11.4.3.3 多列相关系数的检验

在对多列相关系数进行显著性检验之前，应对它进行校正。校正公式为

$$r'_m = r_m \sqrt{\sum_{i=1}^{K}\left[\frac{(Y_{i_L} - Y_{i_H})^2}{p_i}\right]} \quad （公式11.4.7）$$

然后采用积差相关系数的检验方法，考察它与总体零相关的差异的显著性。

【例题 11.4.7】对例题 11.4.6 中计算出的多列相关系数 0.8292 进行校正，并检验其显著性。

解：

（1）先对多列相关系数做如下校正。

$$r'_m = r_m \sqrt{\sum_{i=1}^{K}\left[\frac{(Y_{i_L} - Y_{i_H})^2}{p_i}\right]} = 0.8292 \times 0.9551 = 0.792$$

（2）提出假设。

$$H_0: \rho = 0$$
$$H_1: \rho \neq 0$$

（3）选择并计算检验统计量。由于 $n > 50$ 为大样本，故

$$Z = \frac{r'_m \sqrt{n-1}}{1 - r'^2_m} = \frac{0.792 \times \sqrt{100-1}}{1 - 0.792^2} = 21.14$$

（4）规定显著性水平和临界值。当 $\alpha = 0.01$ 时，$Z_{0.005} = 2.58$。

（5）统计决断。由于 $|Z| = 21.14 > 2.58$，故应拒绝 H_0，认为母亲的耐心程

度与儿童学习成绩之间存在极其显著的相关。

> 回顾：多列相关系数
>
> 练习与思考：完成习题 11.15

11.4.4 品质相关系数——ϕ 相关和列联相关

11.4.4.1 品质相关

品质相关是两个品质变量之间的相关。例如，我们为了研究性别和态度的关系，可以抽取一些个体，让他们就某个问题表示自己的态度（愿意或不愿意，赞成或不赞成，等等），从而得到一个 2×2 表。假设表 11.4.5 是某单位关于临近退休员工是否赞成延迟法定退休年龄的调查结果。

表 11.4.5 性别和态度的 2×2 表

性别	态度		合计
	赞成	不赞成	
男	12(a)	26(b)	38(a+b)
女	6(c)	8(d)	14(c+d)
合计	18(a+c)	34(b+d)	52(N)

在这里，性别和态度都是品质变量，它们之间的相关就是品质相关，不能采用前面讲到的任何一种相关系数，必须考虑新的计算方法。

11.4.4.2 ϕ 相关系数

ϕ 相关系数是两个二分变量之间的相关系数。这里说的二分变量，可以是数量型变量转换来的二分变量，也可以是二分称名变量。其计算公式是

$$r_\phi = \frac{ad - bc}{\sqrt{(a+b)(a+c)(b+d)(c+d)}} \qquad (公式 11.4.8)$$

而其显著性检验公式就是独立样本 2×2 表的 χ^2 检验公式（参见第 13.3.3 节）：

$$\chi^2 = \frac{(ad - bc)^2 N}{(a+b)(a+c)(b+d)(c+d)} \qquad (公式 11.4.9)$$

其中 $df = (r-1)(c-1) = (2-1)(2-1) = 1$。

【例题 11.4.8】 根据表 11.4.5 计算临近退休员工在是否赞成延迟法定退休年龄的问题上，性别和态度的相关程度。

解：

（1）计算相关系数。两个变量都是二分称名变量，故计算 ϕ 相关系数。

$$r_\phi = \frac{ad-bc}{\sqrt{(a+b)(a+c)(b+d)(c+d)}} = \frac{12\times 8 - 26\times 6}{\sqrt{38\times 18\times 34\times 14}} = -0.1052$$

（2）对相关系数进行显著性检验。

$$\chi^2 = \frac{(ad-bc)^2 N}{(a+b)(a+c)(b+d)(c+d)} = \frac{(12\times 8 - 26\times 6)^2 \times 52}{38\times 18\times 34\times 14} = 0.575$$

查 χ^2 分布表，由于 $df = 1$，故当 $\alpha = 0.05$ 时，$\chi^2_{0.05,1} = 3.84$。由于 χ^2 值小于 $\chi^2_{0.05,1} = 3.84$，故认为在上述问题上，性别和态度没有显著相关。

11.4.4.3 列联相关系数

列联相关是两个品质变量中至少有一个是多分变量时的品质相关，可被看作二分品质变量之间 ϕ 相关的推广。如果在表 11.4.5 中的"态度"下加入"不置可否"这一选项，原来的 2×2 表就变成了 2×3 表，性别和态度之间的相关虽然还是品质相关，但是应称为列联相关。

列联相关系数建立在独立样本 χ^2 检验公式的基础上，其计算公式是：

$$C = \sqrt{\frac{\chi^2}{N+\chi^2}} \qquad \text{（公式 11.4.10）}$$

式中，N 为总次数；χ^2 为两个变量间独立性 χ^2 检验，其计算公式为本书第 13 章中的公式 13.3.2 或公式 13.3.3，即

$$\chi^2 = \sum_{i=1}^{r}\sum_{j=1}^{c}\frac{(O_{ij}-E_{ij})^2}{E_{ij}} \qquad \text{（公式 11.4.11）}$$

或

$$\chi^2 = N\left(\sum_{j=1}^{c}\sum_{i=1}^{r}\frac{O_{ij}^2}{m_i n_j} - 1\right) \quad\quad\text{（公式 11.4.12）}$$

这两个公式也是列联相关系数的显著性检验公式，自由度 $df = (r-1)(c-1)$。

由于 C 系数总是小于 1，所以克莱默（Cremér）提出了 V 系数：

$$V = \sqrt{\frac{\chi^2}{N(S-1)}} \quad\quad\text{（公式 11.4.13）}$$

式中，S 为列联表行数和列数的较小值。在 2×2 表的情况下，公式 11.4.13 就变成了

$$V = \sqrt{\frac{\chi^2}{N}} \quad\quad\text{（公式 11.4.14）}$$

V 系数的取值范围（$V \geq 0$）不同于 r 的 $-1 \sim +1$。

> **回顾：** ϕ 相关系数　列联相关系数
> **练习与思考：** 完成习题 11.16—11.17

11.5　复相关分析与偏相关分析*

前面讲到的相关都是两个变量之间的相关，是简单相关。然而在实际生活中，变量之间的关系复杂得多。心理现象、教育现象和社会经济现象尤其如此。一般来说，在进行相关分析时，能够考虑到的因素越多，效果就越好。

11.5.1　复相关分析

复相关分析的任务就是**研究两个以上变量之间的相关**。

复相关分析的主要任务，就是计算一个因变量与多个自变量之间的相关系数——复相关系数（多重相关系数）。本章仅介绍一个因变量 Y 和两个自变量（X_1 和 X_2）之间的复相关问题。更多变量的相关可以依此类推。

设 r_{y1}, r_{y2}, r_{12} 分别是 Y 和 X_1、Y 和 X_2 以及 X_1 和 X_2 之间的简单相关系数。这三个简单相关系数还不足以描述 Y 和两个自变量（X_1 和 X_2）之间的复相关。但是在求得上述简单

相关系数之后，可以利用公式 11.5.1 计算 Y 和两个自变量（X_1 和 X_2）之间的复相关系数 R_{y*12}：

$$R_{y*12} = \sqrt{\frac{r_{y1}^2 + r_{y2}^2 - 2r_{y1}r_{y2}r_{12}}{1 - r_{12}^2}}$$ （公式 11.5.1）

从上式可以看出，复相关系数 R_{y*12} 不等于简单相关系数 r_{y1} 和 r_{y2} 的简单总和。另外还可以看出，如果 X_1 和 X_2 之间的简单相关系数 r_{12} 为 0，则公式 11.5.1 变为

$$R_{y*12} = \sqrt{r_{y1}^2 + r_{y2}^2}$$ （公式 11.5.2）

【例题 11.5.1】某研究者试图考察小学生的手工操作能力与他们的乐群性人格及空间知觉能力之间的相关。研究者取得如下样本资料（见表 11.5.1），请计算手工操作能力与乐群性及空间知觉能力之间的复相关系数。

表 11.5.1 手工操作能力、空间知觉能力及乐群性的得分情况

手工操作能力（Y）	乐群性得分（X_1）	空间知觉能力（X_2）
10	50	9.1
13	50	9.5
9	40	8.8
8.5	45	8.0
8	45	8.5
7.5	40	7.8
7	35	7.0
6.5	30	6.6
5.5	35	6.0
4.5	25	5.5

解：先计算三者之间的简单相关系数（积差相关），结果如下：$r_{y1} = 0.872$，$r_{y2} = 0.928$，$r_{12} = 0.919$。故

$$R_{y*12} = \sqrt{\frac{r_{y1}^2 + r_{y2}^2 - 2r_{y1}r_{y2}r_{12}}{1 - r_{12}^2}} = \sqrt{\frac{0.872^2 + 0.928^2 - 2 \times 0.872 \times 0.928 \times 0.919}{1 - 0.919^2}} = 0.929$$

11.5.2 偏相关分析

多个变量之间的相关关系是错综复杂的。在任何两个变量之间的相关关系中，都可能夹杂着其他变量所带来的影响。因此，简单相关实际上不能完全反映两个变量之间的纯相关关系。例如，当研究学习成绩与作业量和睡眠时间的关系时，假设加大作业量和延长睡眠时间均有利于成绩的提高，但是作业量与睡眠时间之间可能存在负相关。加大作业量在提高成绩的同时，造成睡眠时间的减少，反过来不利于通过加大作业量来提高成绩。成绩与作业量之间的相关夹杂了睡眠时间对作业量的制约。这样，成绩与作业量之间的简单相关实际上不能确切地反映它们之间的真正关系。为了正确反映作业量与成绩之间的相关关系，必须使睡眠时间恒定，以便消除睡眠时间因素的影响。这种通过固定其他因素而计算出来的某两个因素之间的相关系数，称为偏相关系数或净相关系数。可见，偏相关是其他自变量的影响被固定以后，某一自变量与因变量之间的关系。

我们将 Y 与 X_1、X_2 之间的偏相关系数分别记为 $r_{y1\cdot2}$ 和 $r_{y2\cdot1}$，X_1 和 X_2 之间的偏相关系数记为 $r_{12\cdot y}$。"·"后面的符号就是固定不变的那个变量。例如 $r_{y1\cdot2}$ 表示在 X_2 固定不变的前提下，Y 与 X_1 的偏相关系数。相应的计算公式为

$$r_{y1\cdot2} = \frac{r_{y1} - r_{y2}r_{12}}{\sqrt{(1-r_{y2}^2)(1-r_{12}^2)}} \qquad （公式 11.5.3）$$

$$r_{y2\cdot1} = \frac{r_{y2} - r_{y1}r_{12}}{\sqrt{(1-r_{y1}^2)(1-r_{12}^2)}} \qquad （公式 11.5.4）$$

$$r_{12\cdot y} = \frac{r_{12} - r_{y1}r_{y2}}{\sqrt{(1-r_{y1}^2)(1-r_{y2}^2)}} \qquad （公式 11.5.5）$$

也可以通过复相关系数来计算偏相关系数，公式如下：

$$r_{y1\cdot2} = \pm\sqrt{\frac{R_{y\cdot12}^2 - r_{y2}^2}{1-r_{y2}^2}} \qquad （公式 11.5.6）$$

$$r_{y2\cdot1} = \pm\sqrt{\frac{R_{y\cdot12}^2 - r_{y1}^2}{1-r_{y1}^2}} \qquad （公式 11.5.7）$$

$$r_{12\cdot y} = \pm\sqrt{\frac{R_{1\cdot2y}^2 - r_{1y}^2}{1-r_{1y}^2}} \qquad （公式 11.5.8）$$

其中

$$R_{1*2y} = \sqrt{\frac{r_{12}^2 + r_{1y}^2 - 2r_{12}r_{1y}r_{2y}}{1 - r_{2y}^2}}$$ （公式 11.5.9）

读者可能注意到了，从公式 11.5.6 到公式 11.5.8 前都有一个"±"，究竟取正还是取负，就要分别根据 r_{y1}、r_{y2} 和 r_{12} 的正负来确定。偏相关系数的符号应该与相应的简单相关系数的符号一致。

【例题 11.5.2】根据例题 11.5.1 的计算结果，计算偏相关系数 r_{y1*2}、r_{y2*1} 和 r_{12*y}。

解：

根据简单相关系数计算偏相关系数。

$$r_{y1*2} = \frac{r_{y1} - r_{y2}r_{12}}{\sqrt{(1 - r_{y2}^2)(1 - r_{12}^2)}} = \frac{0.872 - 0.928 \times 0.919}{\sqrt{(1 - 0.928^2) \times (1 - 0.919^2)}} = 0.131$$

$$r_{y2*1} = \frac{r_{y2} - r_{y1}r_{12}}{\sqrt{(1 - r_{y1}^2)(1 - r_{12}^2)}} = \frac{0.928 - 0.872 \times 0.919}{\sqrt{(1 - 0.872^2) \times (1 - 0.919^2)}} = 0.653$$

$$r_{12*y} = \frac{r_{12} - r_{y1}r_{y2}}{\sqrt{(1 - r_{y1}^2)(1 - r_{y2}^2)}} = \frac{0.919 - 0.872 \times 0.928}{\sqrt{(1 - 0.872^2) \times (1 - 0.928^2)}} = 0.605$$

从例题 11.5.2 的计算结果可以看出，偏相关系数远小于它相对应的简单相关系数。这是因为前者剔除了其他因素的影响，所以反映的相关关系比后者更精确。

> **中介变量**
>
> 像例题 11.5.2 这样，两个变量（Y 与 X_1）之间的简单相关系数很高（$r_{y1} = 0.782$），但在固定了第三个变量 X_2 后，两者之间的偏相关系数显著下降（$r_{y1*2} = 0.131$），就可以认为 Y 与 X_1 之间的相关是由 X_2 作为"中介"而形成的。这时的 X_2 就是所谓的"中介变量"。但是要注意，中介变量的存在同样不意味着三个变量之间一定存在因果关系。要确定因果关系，一般还是要通过操纵自变量（研究者假设的原因）来考察因变量（研究者假设的结果）的变化情况。这一方面内容属于科学研究的方法论范畴，此处不做详述。

知识导图

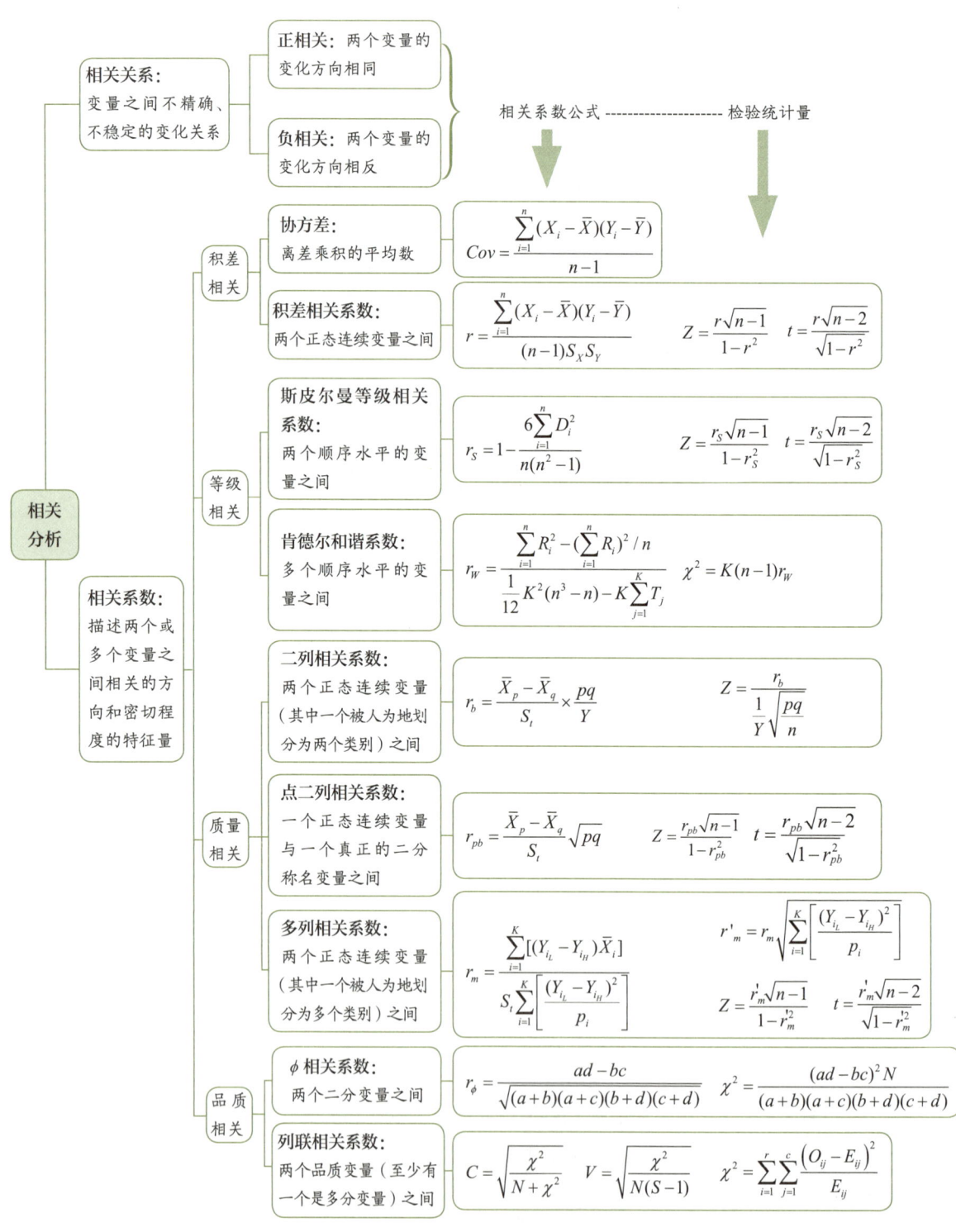

数据实验

目的

考察积差相关系数、斯皮尔曼等级相关系数、点二列相关系数和 ϕ 相关系数之间的关联,了解积差相关系数的普遍应用。

方法

利用 SPSS 生成的两个有显著相关的正态分布的随机变量(X 和 Y)的数据,将它转换为标准分数(ZX 和 ZY)、秩次(RX 和 RY);利用 SPSS 生成均匀分布的整数将这些数据分为 2(性别)×2(组别)= 4 个小组;比较 X 和 Y 原始分数之间和标准分数(ZX 和 ZY)之间的积差相关系数;比较 X 和 Y 之间的斯皮尔曼等级相关系数与 RX 和 RY 之间的积差相关系数和斯皮尔曼等级相关系数;比较变量 X 与性别(Gender)之间的积差相关系数和点二列相关系数;比较性别和组别(Group)之间的积差相关系数和 ϕ 相关系数。

先打开 SPSS 数据界面,设定一个 ID 变量,依次输入 150 个编号,然后按以下步骤完成实验。如果觉得完成前 4 个步骤有困难,也可以下载数据文件"11-相关分析.sav",并从步骤 5 开始操作。

步骤 1

点击菜单 File(文件)→ New(新建)→ Syntax(句法),在打开的句法窗口中输入和运行以下代码。

```
COMPUTE X=RND(RV.NORMAL(100,10)).
EXECUTE.
COMPUTE Y=X+RND(RV.NORMAL(0,5)).
EXECUTE.
```

其中,前两行代码生成 150 个来自正态分布总体的随机数作为变量 X 的值;后两行代码生成 150 个与 X 有关联但又有一定随机误差的随机数,作为变量 Y 的值。

步骤 2

执行以下代码,将所有数据分为 2(性别)×2(组别)= 4 个小组。

```
COMPUTE Gender=RND(RV.UNIFORM(0,1)).
EXECUTE.
COMPUTE Group=RND(RV.UNIFORM(0,1)).
EXECUTE.
```

步骤 3

执行以下代码，得出 X 和 Y 对应的标准分数（ZX 和 ZY）。

```
DESCRIPTIVES VARIABLES=X Y
 /SAVE
 /STATISTICS=MEAN STDDEV.
```

上述代码还同时报告 X 和 Y 的平均数及标准差。

步骤 4

执行以下代码，得出 X 和 Y 对应的秩次（RX 和 RY）。

```
RANK VARIABLES=X Y (A)
 /RANK
 /PRINT=YES
 /TIES=MEAN.
```

"TIES=MEAN"意为用平均值表示并列秩次。

步骤 5

执行以下代码，计算变量 X, Y, ZX, ZY 两两之间的相关系数，记录结果。

```
CORRELATIONS
 /VARIABLES=X Y ZX ZY
 /PRINT=TWOTAIL NOSIG
 /MISSING=PAIRWISE.
```

步骤 6

执行以下代码，计算变量 X 和 Y 之间的斯皮尔曼等级相关系数（前四行代码），以及 RX 和 RY 之间积差相关系数（中间四行代码）与斯皮尔曼等级相关系数（后四行代码），记录结果。

```
NONPAR CORR
 /VARIABLES=X Y
 /PRINT=SPEARMAN TWOTAIL NOSIG
 /MISSING=PAIRWISE.

CORRELATIONS
 /VARIABLES=RX RY
 /PRINT=TWOTAIL NOSIG
 /MISSING=PAIRWISE.

NONPAR CORR
 /VARIABLES=RX RY
 /PRINT=SPEARMAN TWOTAIL NOSIG
 /MISSING=PAIRWISE.
```

步骤 7

执行以下代码，计算变量 Y 与性别之间的积差相关系数，并与手工计算的点二列相关系数做比较。

```
CORRELATIONS
 /VARIABLES=Y Group
 /PRINT=TWOTAIL NOSIG
 /MISSING=PAIRWISE.
```

步骤 8

执行以下代码，计算变量性别与组别之间的积差相关系数，并与手工计算的 ϕ 相关系数做比较。

```
CORRELATIONS
 /VARIABLES=Gender Group
 /PRINT=TWOTAIL NOSIG
 /MISSING=PAIRWISE.
```

结果

根据作者的数据，步骤 5 的结果是，X 与 Y 的积差相关系数为 0.92，ZX 与 ZY 的积差相关系数也是 0.92。相关都显著（$p < 0.001$）。

步骤 6 的结果是，X 与 Y 的斯皮尔曼等级相关系数为 0.911，与积差相关系数略有差距，这并不奇怪。但是，RX 与 RY 的积差相关系数刚好等于 0.911。这是因为，斯皮尔曼等级相关系数的计算公式与用 X 与 Y 的秩次作为数据的积差相关系数的计算公式是等价的。

而 RX 与 RY 的斯皮尔曼等级相关系数也等于 0.911，这说明 SPSS 自动将 X 和 Y 的数据转换为秩次，再计算等级相关系数，使用者不需要先将原始数据转换成秩次。

步骤 7 的结果是，Y 与性别之间的积差相关系数是 0.007，而点二列相关系数也是 0.007。

步骤 8 的结果是，性别与组别之间的积差相关系数是 −0.004，而 ϕ 相关系数也是 −0.004。

讨论

积差相关系数是标准的相关系数，从它的定义公式

$$r = \frac{\sum_{i=1}^{n}(X_i - \bar{X})(Y_i - \bar{Y})}{(n-1)S_X S_Y}$$

可以看出，它实际上可以写作

$$r = \frac{\sum_{i=1}^{n} Z_X Z_Y}{(n-1)}$$

这就是为什么步骤 5 发现 X 与 Y 的积差相关系数为 0.92，ZX 与 ZY 的积差相关系数也是 0.92。

当变量值被转换成秩次后，其对应的相关系数——斯皮尔曼相关系数——的计算公式其实是从积差相关系数公式推导而来的。所以完成步骤 6 后可以发现，X 与 Y 的斯皮尔曼等级相关系数与 RX 和 RY 的积差相关系数都等于 0.911。采用秩次的好处在于可以纠正极端数值对计算结果的影响，从而可以用于小样本、非正态分布的情形。

点二列相关系数和 ϕ 相关系数其实也是积差相关系数，尽管它们有各自的计算公式。统计学家将上述几种积差相关系数分得那么清楚，可能是为了强调它们的适用条件，让我们想起数据的"来历"：积差相关系数是两个正态分布的连续变量之间的相关；斯皮尔曼等级相关系数意味着变量出现严重的偏态分布情况，须将变量值转换为秩次后再做计算；点二列相关系数和 ϕ 相关系数则意味着两个变量中有 1 个甚至 2 个品质型变量。这对我们合理地解释结果有重要作用。

习题

11.1 正相关、负相关、零相关和完全相关对应的散点图有什么特点？

11.2 另举几个例子，说明相关关系不等于因果关系。

11.3 求以下 10 个个体的数学能力测验得分 X 与言语能力测验得分 Y 的积差相关系数。

ID	X	Y	ID	X	Y
1	88	90	6	79	84
2	85	82	7	86	81
3	87	86	8	75	62
4	63	77	9	62	70
5	96	87	10	90	85

11.4 协方差和相关系数都可以表示相关程度，两者之间的区别是什么？

11.5 随着相关系数从 0 增大到 1，Z_r 会如何变化？

11.6 对习题 11.3 的积差相关系数做显著性检验。

11.7 假设历史数据表明，30—40 岁男性的焦虑感与依赖性得分的积差相关系数为 0.65，现有一位研究者对 100 名该年龄阶段的男性进行测定，发现积差相关系数为 0.75。问：该结果是否继续支持原来 $\rho = 0.65$ 的结论？

11.8 将按照序号排列的卡片打乱,再让参试者根据记忆复原。其中一名参试者的复原结果如下,问如何衡量他的成绩?

原来的序号	参试者排列的序号	原来的序号	参试者排列的序号
1	1	6	5
2	2	7	7
3	3	8	8
4	4	9	9
5	6	10	10

11.9 对 10 对同卵双生子进行智力评定,秩次如下表所示,请计算同卵双生子智力的相关程度。

双生子配对编号	A 组秩次	B 组秩次	双生子配对编号	A 组秩次	B 组秩次
1	1	3	6	6	4.5
2	2	2	7	7	7
3	3	1	8	8	8
4	4	4.5	9	9	10
5	5	6	10	10	9

11.10 五位教师对甲、乙、丙的三篇作文分别排定秩次如下表所示,请计算教师评定的肯德尔和谐系数。

教师	秩次		
	甲	乙	丙
1	3	1	2
2	3	2	1
3	3	1	2
4	1	3	2
5	1	3	2

11.11 某研究者在一所学校的同一班级随机抽取 20 名学生,让班主任对这些学生参与班级活动的积极性打分,并记录了他们的学习成绩。在分析结果时,他将参与班级活动的积极性得分为 5~10 分的学生归为积极参与者,将得分为 0~4 分的学生归为消极参与者。最后希望计算参与积极性和学习成绩的相关系数。他应该计算哪一种相关系数?

11.12 如果在习题 11.11 中,积极参与者和消极参与者各有 10 人,计算得到的相关系数

为 –0.35。问：参与积极性与学习成绩有无关系？

11.13 有 20 名考生参加硕士生入学考试，其中已婚考生（用 1 表示）与未婚考生（用 0 表示）的英语成绩如下表所示。问：婚姻状况与成绩是否存在相关？

成绩	婚姻状况	成绩	婚姻状况	成绩	婚姻状况	成绩	婚姻状况
52	1	70	1	67	0	66	0
61	0	68	0	72	0	42	1
54	0	53	1	60	1	57	1
33	0	49	1	66	0	34	1
57	0	21	1	58	1	78	0

11.14 请阐述以下三个公式有什么联系。

（1）$r_{pb} = \dfrac{\bar{X}_p - \bar{X}_q}{S_t}\sqrt{pq}$

（2）$t = \dfrac{\bar{X}_1 - \bar{X}_2}{\sqrt{\dfrac{(n_1-1)S_1^2 + (n_2-1)S_2^2}{n_1 + n_2 - 2}\left(\dfrac{1}{n_1} + \dfrac{1}{n_2}\right)}}$

（3）$Z = \dfrac{\bar{X}_1 - \bar{X}_2}{\sqrt{\dfrac{S_1^2}{n_1} + \dfrac{S_2^2}{n_2}}}$

11.15 如果在习题 11.11 中，研究者将参与班级活动的积极性分为积极、一般和消极三类，应计算何种相关系数？

11.16 某研究机构调查长期抽烟者患肺部疾病的情况。在被调查的 60 名患者中，吸烟且患肺部疾病的有 20 人，吸烟而未患肺部疾病的有 12 人，不吸烟而患肺部疾病的有 11 人，不吸烟且未患肺部疾病的有 17 人。问：吸烟与患肺部疾病有无相关？

11.17 一位研究者调查了大学生对书法的爱好情况，并将收集到的数据总结为下表（表中数字皆为人数）。问：性别与书法爱好的相关程度如何？

性别	态度			合计
	爱好	不爱好	说不清	
男	22	42	10	74
女	51	36	15	102
合计	73	78	25	176

第 12 章 回归分析

本章提要

- 回归分析通过建立回归模型（方程），利用一个或一组自变量的变化来估计或预测一个因变量的变化情况。
- 根据自变量的数目，线性回归模型分为一元和多元线性回归模型。建立上述回归模型的基本原则是最小平方法。
- 对回归方程，需要计算其拟合优度（确定系数）并进行线性关系检验和回归参数检验。
- 对线性关系的检验可以采用相关系数显著性检验和方差分析。
- 在多元线性回归分析中，对回归参数的检验旨在考察各个偏回归系数是否显著；为了比较各个自变量的作用大小，还应建立标准回归方程，这样方能比较标准回归系数。
- 回归方程的应用包括点估计、区间估计以及对因变量真值的预测。
- 曲线回归分析将曲线关系线性化，然后建立线性回归模型。
- 以定性（或分类）变量为自变量建立回归模型时，可以用虚拟变量或效应变量表示定性数据。
- 回归分析应考虑共线性、子样本和离群点等问题。

学习目标

- 理解回归分析的目的及其与相关分析的联系。
- 理解线性回归模型和回归线的含义，了解建立一元线性回归方程的原则，并掌握计算方程截距和回归系数的方法。
- 理解拟合优度的含义，掌握确定系数和不确定系数的计算方法；掌握线性关系和回归参数的检验方法。
- 理解离群点对相关分析和回归分析结果的影响。
- 掌握用回归方程估计因变量的点估计法和区间估计法，理解对因变量真值的预测时要考虑抽样误差的影响。
- 理解二元（及多元）回归方程的建立方法，理解偏回归系数和标准回归系数的意义。
- 理解在多元线性回归分析中逐一检验偏回归系数的必要性，理解逐步回归和多重共线性的含义。
- 理解如何建立曲线回归方程。
- 理解如何建立含定性自变量的回归方程。
- 了解子样本回归方程与总样本方程可能不一致。

导读问题

本章探讨如何建立回归模型（方程），以便通过一个或多个自变量来估计或预测因变量的值。回归分析所针对的数据与相关分析相同，故本章仍沿用第 11 章假想的高校毕业生的调查数据来提出问题。该调查记录了每名参试者的性别、年龄、学历（本科、硕士或博士）、言语能力得分、计算能力得分、操作能力得分、焦虑水平（0—9 分）、抓握力量和对某个社会问题的态度（赞成或反对）等。针对这些变量，本章阐述的回归分析方法可以回答以下问题。

- 问题一：建立一个一元线性回归方程，该方程可以根据言语能力得分预测参试者的计算能力得分。
- 问题二：建立一个二元线性回归方程，该方程可以根据抓握力量和计算能力得分预测参试者的操作能力得分。
- 问题三：建立一个多元线性回归方程，该方程可以根据更多的自变量（包括定性变量，如性别或学历）来预测参试者的操作能力得分。

12.1 一元线性回归模型

相关分析用来研究两个或多个变量之间联系的紧密程度，但是不能根据一个或一组变量来估计或预测另一个或一组变量的值。这时需要建立变量间的回归模型（方程）。

对相关和回归问题的研究，最早是由英国生物学家、统计学家高尔顿（Galton，

1822—1911）提出来的。他在 1888 年和 1889 年分别发表了论文"相关及其度量——以人体测定材料为根据（Co-relations and Their Measurement, Chiefly from Anthropometric Data）"和专著《自然遗传》(*Natural Inheritance*)，首次使用了"相关""相关系数"和"回归"等概念。他发现，个体的测量数据往往有向着平均数回归的趋势。现代统计学所称的回归分析指的是利用一个变量或一组自变量的变化来估计或预测另一个或一组因变量的变化。

12.1.1 线性回归模型的基本理论

在回归模型中，凡是变量之间存在线性关系的都称为线性回归模型，否则就称为非线性回归模型。

截距模型指的是没有自变量而只有截距（平均数）的模型。

一元线性回归模型（或简单线性回归模型）指的是只有一个自变量的线性回归模型：

$$Y = \alpha + \beta X + \varepsilon \quad \text{（公式 12.1.1）}$$

也就是说，如果我们知道自变量 X 的值，那么因变量 Y 的值就是 $\alpha + \beta X$ 加上一个随机误差 ε。

如果去掉自变量 X，上述模型就是截距模型：$Y = \alpha + \varepsilon$。用截距模型也可以做粗略的预测。例如，假设全国成年男性的平均身高为 1.70 米，在没有其他信息可以参考的情况下，我们也能粗略地预测某随机抽中的男性的身高为 1.70 米。

多元线性回归模型指的是有多个自变量的线性回归，又称复回归模型：

$$Y = \alpha + \beta_1 X_1 + \beta_2 X_2 + \cdots + \beta_p X_p + \varepsilon \quad \text{（公式 12.1.2）}$$

因此，有两个自变量的多元线性回归模型就是二元线性回归模型：

$$Y = \alpha + \beta_1 X_1 + \beta_2 X_2 + \varepsilon \quad \text{（公式 12.1.3）}$$

在以上三个模型中，Y 为因变量；$X_1, X_2, \cdots, X_p$ 为自变量，且是没有测量误差的非随机变量；α 和 $\beta_1, \beta_2, \cdots, \beta_p$ 为未知的回归参数；ε 为一个服从正态分布 $N(0, \sigma^2)$ 的随机误差变量。由于 ε 的存在，Y 也是一个随机变量。

上述模型都是理论回归模型，在实际应用中，我们只能通过对样本的观察建立回归方程。即根据样本观察值来获得 α 和 $\beta_1, \beta_2, \cdots, \beta_p$ 的估计量 a 和 $b_1, b_2, \cdots, b_p$。设 $\hat{Y}$ 是与 $X_1, X_2, \cdots, X_p$ 对应的预测值，则一元线性模型的方程是

$$\hat{Y} = a + bX \quad \text{（公式 12.1.4）}$$

二元线性模型的方程是

$$\hat{Y} = a + b_1 X_1 + b_2 X_2 \qquad (公式 12.1.5)$$

多元线性模型的方程是

$$\hat{Y} = a + b_1 X_1 + b_2 X_2 + \cdots + b_p X_p \qquad (公式 12.1.6)$$

由于 ε 是随机误差，不能用于预测，且平均数为零，所以没有包含在上述方程中。

那么，究竟如何计算 α 和 $\beta_1, \beta_2, \cdots, \beta_p$ 的估计量 a 和 $b_1, b_2, \cdots, b_p$ 呢？通常的方法就是最小平方法，即估计量应使得随机误差项 ε 的平方和为最小。

> **回顾：** 回归分析　线性回归模型　截距模型　一元线性回归模型　多元线性回归模型
>
> **练习与思考：** 完成习题 12.1—12.2

12.1.2 一元线性回归方程的建立

12.1.2.1 回归线

在散点图中，如果两个变量之间存在线性关系，就意味着可以用一条直线来代表散点的分布趋势，这条直线就是一元线性回归方程描述的回归线（见图 12.1.1）。

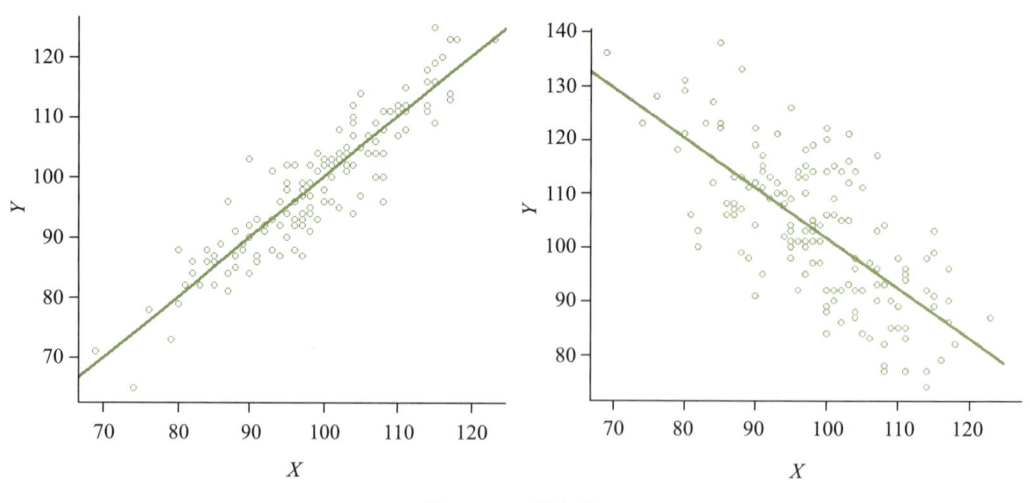

图 12.1.1　回归线

从回归线与各个数据点的关系来看，一个特定自变量值 X_i 对应的因变量的预测值（称为回归值）$\hat{Y}_i$ 与实际观察到的 Y_i 值总是有一定的随机误差。我们把 $\varepsilon_i = Y_i - \hat{Y}_i$ 称为残差，它们有正有负，其总和为零，即 $\sum_{i=1}^{n}(Y_i - \hat{Y}_i) = 0$。因此，可以这样说，$Y_i$ 的变动由两部分原因构成：一部分是可观测的因素 X_i，它可以用来预测 $\hat{Y}_i$；另一部分是不可观测的因素，它产生的是残差 ε_i。

常用的拟合回归线的原则，就是使得残差平方和为最小，即散点图中各点与该回归线纵向距离的平方和 $\sum_{i=1}^{n}(Y_i - \hat{Y}_i)^2$ 为最小（见图 12.1.2）。这就是最小平方法。

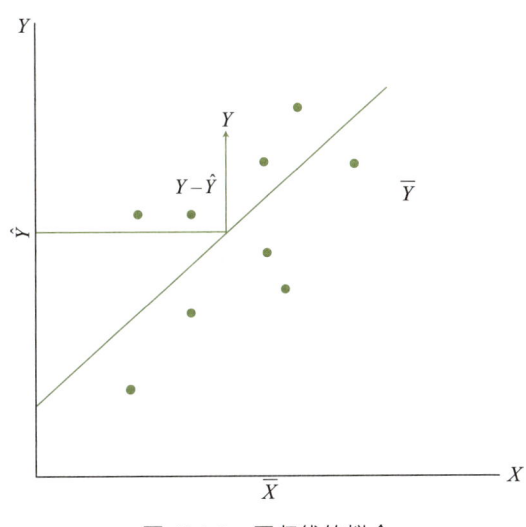

图 12.1.2　回归线的拟合

12.1.2.2　回归方程的建立

用最小平方法求回归系数

最小平方法要求 $\sum_{i=1}^{n}(Y_i - \hat{Y}_i)^2$ 为最小，故 $\sum_{i=1}^{n}(Y_i - \hat{Y}_i)^2 = \sum_{i=1}^{n}(Y_i - a - bX_i)^2$ 应为最小。经推导，可以得到满足上述条件的 b 的计算公式 12.1.7。由于这是通过 X 估计 Y，所以回归系数用 b_{YX} 表示：

$$b_{YX} = \frac{\sum_{i=1}^{n}(X_i - \bar{X})(Y_i - \bar{Y})}{\sum_{i=1}^{n}(X_i - \bar{X})^2} = \frac{\sum_{i=1}^{n}X_iY_i - (\sum_{i=1}^{n}X_i)(\sum_{i=1}^{n}Y_i)/n}{\sum_{i=1}^{n}X_i^2 - (\sum_{i=1}^{n}X_i)^2/n} \qquad （公式 12.1.7）$$

反过来，如果将 X 看作因变量，将 Y 看作自变量，根据 Y 估计 X，则回归系数用 b_{XY}

表示：

$$b_{XY} = \frac{\sum_{i=1}^{n}(X_i - \bar{X})(Y_i - \bar{Y})}{\sum_{i=1}^{n}(Y_i - \bar{Y})^2} = \frac{\sum_{i=1}^{n}X_iY_i - (\sum_{i=1}^{n}X_i)(\sum_{i=1}^{n}Y_i)/n}{\sum_{i=1}^{n}Y_i^2 - (\sum_{i=1}^{n}Y_i)^2/n}$$ （公式12.1.8）

求截距 a

将 $\bar{X}$ 和 $\bar{Y}$ 代入公式12.1.9，得到根据 X 估计 Y 的方程的截距 a_{YX}：

$$a_{YX} = \bar{Y} - b_{YX}\bar{X}$$ （公式12.1.9）

同理，根据 Y 估计 X 的方程的截距 a_{XY} 应为

$$a_{XY} = \bar{X} - b_{XY}\bar{Y}$$ （公式12.1.10）

在两个变量之间为零相关的情况下，也可以建立回归方程。根据拟合回归线的原则，散点图中各点与该回归线纵向距离的平方和最小，所以零相关时，回归线应该是平行于 X 轴的、截距为 a_{YX} 的直线，即一个没有自变量的截距模型。图12.1.3 的回归线显示，X 和 Y 之间接近零相关。

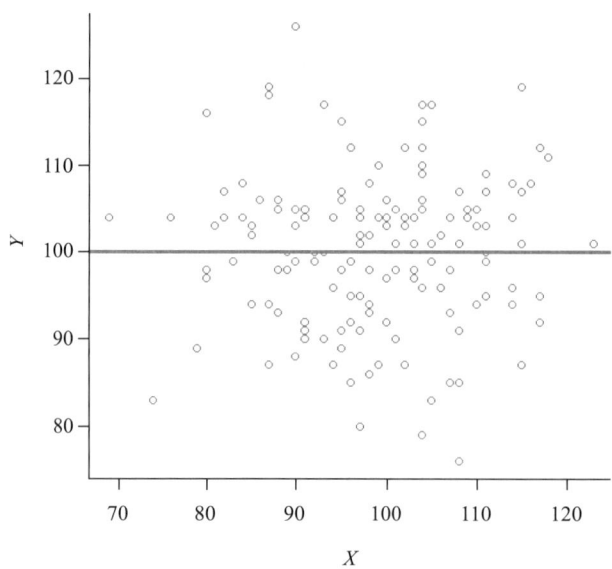

图12.1.3 （接近）零相关时的回归线

最后，根据上述回归系数与截距，列出一元回归方程式如下所示。根据 X 估计 Y：

$$\hat{Y} = a_{YX} + b_{YX}X$$

或根据 Y 估计 X：

$$\hat{X} = a_{XY} + b_{XY}Y$$

根据 X 估计 Y 的回归系数的含义是：X 每变动 1 个单位所引起的 Y 的平均变动量。根据 Y 估计 X 的回归系数的含义是：Y 每变动 1 个单位所引起的 X 的平均变动量。

【例题 12.1.1】根据表 12.1.1 的数据，求根据言语智力（X）估计操作智力（Y）的回归方程。

表 12.1.1

ID	X	Y	X^2	Y^2	XY	ID	X	Y	X^2	Y^2	XY
1	86	92	7396	8464	7912	21	100	114	10000	12996	11400
2	99	91	9801	8281	9009	22	87	73	7569	5329	6351
3	96	94	9216	8836	9024	23	123	137	15129	18769	16851
4	95	83	9025	6889	7885	24	96	108	9216	11664	10368
5	72	59	5184	3481	4248	25	100	120	10000	14400	12000
6	73	55	5329	3025	4015	26	120	126	14400	15876	15120
7	95	87	9025	7569	8265	27	97	92	9409	8464	8924
8	125	120	15625	14400	15000	28	95	105	9025	11025	9975
9	97	98	9409	9604	9506	29	110	134	12100	17956	14740
10	95	102	9025	10404	9690	30	85	66	7225	4356	5610
11	95	105	9025	11025	9975	31	100	106	10000	11236	10600
12	83	78	6889	6084	6474	32	116	104	13456	10816	12064
13	121	109	14641	11881	13189	33	79	71	6241	5041	5609
14	87	95	7569	9025	8265	34	96	96	9216	9216	9216
15	93	103	8649	10609	9579	35	88	89	7744	7921	7832
16	73	58	5329	3364	4234	36	95	92	9025	8464	8740
17	77	84	5929	7056	6468	37	83	70	6889	4900	5810
18	115	114	13225	12996	13110	38	117	111	13689	12321	12987
19	111	108	12321	11664	11988	39	120	132	14400	17424	15840
20	109	112	11881	12544	12208	40	82	83	6724	6889	6806

解：

根据表 12.1.1 的数据绘制散点图（见图 12.1.4），可以判断两个变量之间存在线性关系，故可以建立一元线性回归方程：

$$\hat{Y} = a_{YX} + b_{YX} X$$

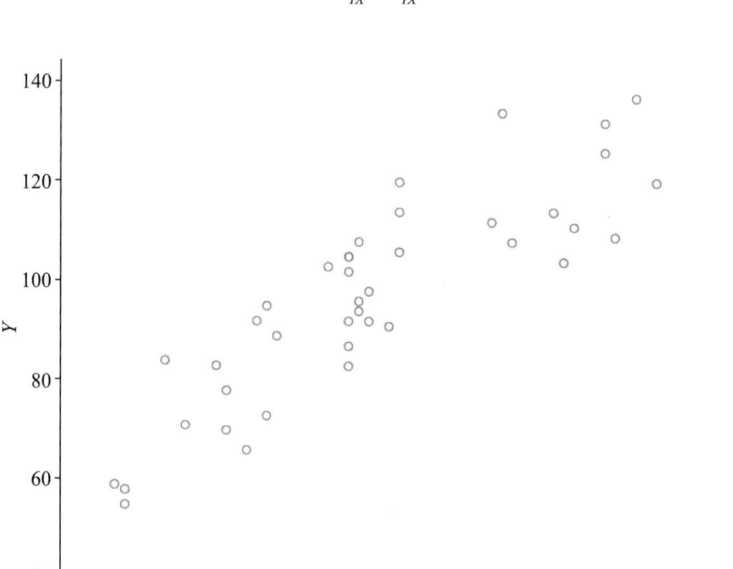

图 12.1.4　表 12.1.1 数据的散点图

（1）计算回归系数。依次计算 $\sum_{i=1}^{n} X_i$，$\sum_{i=1}^{n} Y_i$，$\sum_{i=1}^{n} X_i Y_i$，$\sum_{i=1}^{n} X_i^2$。结果分别为：$\sum_{i=1}^{n} X_i = 3886$，$\sum_{i=1}^{n} Y_i = 3876$，$\sum_{i=1}^{n} X_i Y_i = 386\,887$，$\sum_{i=1}^{n} X_i^2 = 385\,950$。将它们代入公式 12.1.7，得

$$b_{YX} = \frac{\sum_{i=1}^{n} X_i Y_i - (\sum_{i=1}^{n} X_i)(\sum_{i=1}^{n} Y_i)/n}{\sum_{i=1}^{n} X_i^2 - (\sum_{i=1}^{n} X_i)^2/n} = \frac{386\,887 - 3886 \times 3876/40}{385\,950 - 3886^2/40} = 1.2265$$

（2）计算截距。将 $b_{YX} = 1.2265$，$\overline{Y} = 3876/40 = 96.9$，$\overline{X} = 97.15$ 代入 $a_{XY} = \overline{X} - b_{XY}\overline{Y}$，得 $a_{YX} = \overline{Y} - b_{YX}\overline{X} = 96.9 - 1.2265 \times 97.15 = -22.254$。

故根据言语智力（X）估计操作智力（Y）的回归方程为 $\hat{Y} = -22.254 + 1.2265X$。

> 回顾：一元线性回归方程的建立方法
>
> 练习与思考：完成习题 12.3—12.4

12.2 一元线性回归方程的检验

与相关系数需要进行显著性检验一样，根据样本数据获得的回归方程也有一定的抽样误差，也需要进行显著性检验。一般来说，回归分析中的显著性检验包括以下两方面：一是线性关系的检验，就是检验自变量与因变量之间的关系能否用线性模型来表示；二是在线性检验的基础上对回归参数进行检验，就是检验各个自变量对因变量的影响是否显著。如果是一元线性回归，这两种检验就是统一的、等价的，但是在进行多元回归分析时，这两种检验的意义不完全相同。

12.2.1 线性关系的检验

线性关系的检验包括两个方面：一是计算拟合优度，以评价回归方程对样本数据的代表程度；二是检验回归方程对总体的代表性。

12.2.1.1 拟合优度与确定系数

从图 12.2.1 可以发现，即使两个回归方程的斜率和截距很接近，它们的拟合优度也可能不同：在图 12.2.1（A）中，各个数据点的离散程度大，根据回归方程由自变量估计因变量时，算出的因变量的回归值 $\hat{y}$ 往往离实际观察值 Y 更远，残差 $Y-\hat{Y}$ 更大，这说明回归方程的拟合优度低；在图 12.2.1（B）中，各个数据点的离散程度小，因变量的回归值离实际观察值往往更近，残差更小，这说明回归方程的拟合优度高。

拟合优度与残差的大小有关。由于残差的存在，各个散点几乎都不会刚好落在回归线上，而是散落在回归线上下。这些残差也服从正态分布，且每一个 X 值对应的残差都服从正态分布。残差的正态分布的平均数为 0，而且其方差不因 X 的改变而变化，也就是说，残差的方差是齐性的（见图 12.2.2）。

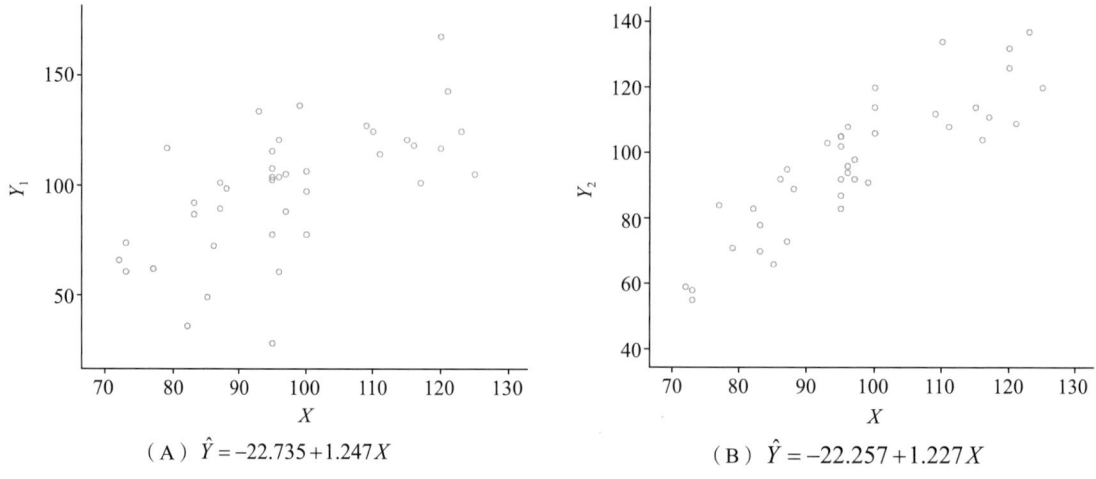

(A) $\hat{Y} = -22.735 + 1.247X$ (B) $\hat{Y} = -22.257 + 1.227X$

图 12.2.1 两个截距和斜率接近的回归方程的拟合优度可以相差很大

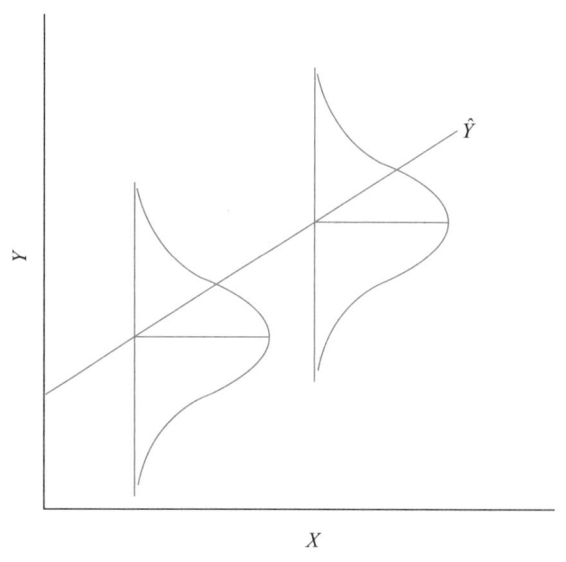

图 12.2.2 残差的正态分布

拟合优度常常用确定系数来描述。对于一元线性模型,我们可以说,Y 的变动由两部分原因构成:一部分是可观测的因素 X,另一部分是不可预测的随机误差(残差)。在回归方程中,可观测的因素 X 造成的"结果"就是 $\hat{Y}$;而残差是无法根据回归方程预见的。一个回归方程有比较高的拟合优度,就意味着残差比较小。

对于一个样本,因变量 Y_i 的离差为

$$Y_i - \bar{Y} \quad (i = 1, 2, \cdots, n)$$

它可以分解为两部分：

$$Y_i - \bar{Y} = (\hat{Y}_i - \bar{Y}) + (Y_i - \hat{Y}_i)$$ （公式12.2.1）

从公式12.2.1可以看到，等号右边第二项就是残差。这部分残差是不可解释的离差。而第一项$(\hat{Y}_i - \bar{Y})$是由于自变量X_i的变动引起的，因此是可以解释的离差。于是

离差 = 可以解释的离差 + 不可解释的离差

将公式12.2.1两边分别平方，再求总和，得到离差平方和：

$$\sum_{i=1}^{n}(Y_i - \bar{Y})^2 = \sum_{i=1}^{n}(\hat{Y}_i - \bar{Y})^2 + 2\sum_{i=1}^{n}(\hat{Y}_i - \bar{Y})(Y_i - \hat{Y}_i) + \sum_{i=1}^{n}(Y_i - \hat{Y}_i)^2$$

可以证明（过程从略）：

$$\sum_{i=1}^{n}(Y_i - \bar{Y})^2 = \sum_{i=1}^{n}(\hat{Y}_i - \bar{Y})^2 + \sum_{i=1}^{n}(Y_i - \hat{Y}_i)^2$$ （公式12.2.2）

这样，原来的

离差 = 可以解释的离差 + 不可解释的离差

进一步转化为

总离差平方和 = 可以解释的离差平方和 + 不可解释的离差平方和

其中，可以解释的离差平方和$\sum_{i=1}^{n}(\hat{Y}_i - \bar{Y})^2$称为回归平方和，而不可解释的离差平方和$\sum_{i=1}^{n}(Y_i - \hat{Y}_i)^2$称为残差平方和或误差平方和。

如果计算上述平方和在总平方和中的比例，可以将公式12.2.2的两边同时除以总离差平方和$\sum_{i=1}^{n}(Y_i - \bar{Y})^2$，得到

$$\frac{\sum_{i=1}^{n}(Y_i - \bar{Y})^2}{\sum_{i=1}^{n}(Y_i - \bar{Y})^2} = \frac{\sum_{i=1}^{n}(\hat{Y}_i - \bar{Y})^2}{\sum_{i=1}^{n}(Y_i - \bar{Y})^2} + \frac{\sum_{i=1}^{n}(Y_i - \hat{Y}_i)^2}{\sum_{i=1}^{n}(Y_i - \bar{Y})^2}$$

式中，等号右边的第一项就是确定系数r^2，即

$$r^2 = \frac{\sum_{i=1}^{n}(\hat{Y}_i - \bar{Y})^2}{\sum_{i=1}^{n}(Y_i - \bar{Y})^2}$$
（公式 12.2.3）

确定系数 r^2，又称为测定系数、判定系数等，就是指回归平方和在总离差平方和中所占比例。我们已经知道，最小平方法的原则就是：在寻求回归系数的过程中，残差平方和应为最小值，相应地，回归平方和应为最大值。在不同的回归方程之间进行比较时，确定系数越大，意味着残差平方和所占比例越小，预测效果就越好。因此，我们把确定系数作为评价回归方程拟合优度的一个指标。而且，确定系数就是相关系数 r 的平方。

显然，$1 - r^2$ 就是残差平方和在总离差平方和中所占比例。我们称之为不确定系数。

确定系数是一个比例，它可以这样解释：在因变量 Y 的变动中，可以用 X 解释的变动占其中的 r^2。如果将自变量与因变量互换，也是相同的道理。如果 X 与 Y 之间的积差相关系数为 0.8，则确定系数就是 $0.8^2 = 0.64$ 或 64%。这就说明，在 Y 的变动中有 64% 是可以用 X 的变动解释的，反之亦然：在 X 的变动中有 64% 是可以用 Y 的变动解释的。如果在回归方程中增加新的自变量，解释的效果就更好。因此，回归分析只是为我们研究实际问题提供了一些建议，要真正弄清变量之间的关系，还要将数学分析与专业知识结合起来。

确定系数只能反映回归方程对样本数据的拟合优度，r^2 较高，只说明回归方程对样本中的变量关系有比较好的代表性，但是，样本和总体之间总是有抽样误差的，仅仅凭一个比较高的确定系数还不能说明回归方程对总体的变量关系也有比较好的代表性。为此，必须进行线性关系检验。

> **回顾**：拟合优度　确定系数　不确定系数
> **练习与思考**：完成习题 12.5—12.6

12.2.1.2 线性关系的检验

线性关系的检验有两种方法：

- 对两个变量的相关系数进行总体零相关（是否存在相关）的显著性检验；
- 对回归方程进行方差分析。

第一种方法在相关分析中已经详细讨论过了，这里着重介绍第二种方法。

在方差分析中，总离差平方和被分解为两部分：由不同的实验处理造成的组间平方和与由随机因素造成的误差平方和。前面提到确定系数时，总离差平方和则被分解为可以用自变量的变动来解释的回归平方和与不可解释的残差平方和。这两者之间显然是有联系的——它们都将因变量的变动分解为可以由自变量的变动解释的部分与无法用自变量的变动解释的部分。因此，对回归方程，同样可以用方差分析作为工具进行线性关系的显著性检验。

在对回归方程进行方差分析的过程中，各个离差平方和、自由度、方差以及 F 值等内容如表 12.2.1 所示。

表 12.2.1 一元线性回归方程的方差分析表

误差来源	平方和	自由度	均方差	F 值
回归误差	$SSR=\sum_{i=1}^{n}(\hat{Y}_i-\bar{Y})^2$	1	$MSR=\sum_{i=1}^{n}(\hat{Y}_i-\bar{Y})^2$	$F=\dfrac{MSR}{MSE}$
残差	$SSE=\sum_{i=1}^{n}(Y_i-\hat{Y}_i)^2$	$n-2$	$MSE=\sum_{i=1}^{n}(Y_i-\hat{Y}_i)^2/(n-2)$	
总差异	$SST=\sum_{i=1}^{n}(Y_i-\bar{Y})^2$	$n-1$		

由表 12.2.1 可知，一元线性回归方程的方差分析的检验统计量为

$$F=\frac{\sum_{i=1}^{n}(\hat{Y}_i-\bar{Y})^2}{\sum_{i=1}^{n}(Y_i-\hat{Y}_i)^2/(n-2)} \quad\text{（公式 12.2.4）}$$

统计决策的规则是：如果 $F \leq F_{\alpha,1,n-2}$，则在 α 的显著性水平上认为总体不存在线性关系，回归方程没有显著意义；如果 $F > F_{\alpha,1,n-2}$，则在 α 的显著性水平上认为总体存在线性关系，回归方程有显著意义。

检验统计量 F 还有另一个表达式：

$$F=\frac{r^2}{(1-r^2)/(n-2)} \sim F_{(1,n-2)} \quad\text{（公式 12.2.5）}$$

公式 12.2.4 与公式 12.2.5 是等价的。

【例题 12.2.1】对例题 12.1.1 中根据言语智力（X）估计操作智力（Y）的回归方程进行线性关系检验。

解：

（1）提出假设。

H_0：两变量之间不存在线性关系

H_1：两变量之间存在线性关系

（2）选择并计算检验统计量。

$$F = \frac{\sum_{i=1}^{n}(\hat{Y}_i - \bar{Y})^2}{\sum_{i=1}^{n}(Y_i - \hat{Y}_i)^2 / (n-2)}$$

根据例题 12.2.1 得到的方程，计算每一个个体的回归值 $\hat{Y}$，然后计算相应的回归平方和：

$$\sum_{i=1}^{n}(\hat{Y}_i - \bar{Y})^2 = 12\,674.424$$

$$\sum_{i=1}^{n}(Y_i - \hat{Y}_i)^2 = 4005.176$$

故

$$F = \frac{\sum_{i=1}^{n}(\hat{Y}_i - \bar{Y})^2}{\sum_{i=1}^{n}(Y_i - \hat{Y}_i)^2 / (n-2)} = 120.251$$

或

$$F = \frac{r^2}{(1-r^2)/(n-2)} = 120.251$$

（3）规定显著性水平和临界值。$\alpha = 0.05$ 时，$F_{0.05, 1, 38} = 4.10$；$\alpha = 0.01$ 时，$F_{0.01, 1, 38} = 7.35$。

（4）统计决断。因为 F 值高于 $F_{0.01, 1, 38} = 7.35$，故言语智力与操作智力之间的线性关系成立。表 12.2.2 为方差分析表。

表 12.2.2　回归方程的方差分析表

误差来源	平方和	自由度	均方差	F值
回归误差	12 674.424	1	12 674.424	120.251
残差	4005.176	38	105.399	
合计	16 679.600	39		

> **注意**
>
> 这里容易产生的一个误解是：只要拒绝了 H_0，就说明线性回归方程通过了检验，它就是正确的、合用的了。这种说法至少是不确切的。拒绝了 H_0 只是说明因变量与自变量之间存在显著的线性关系，但是并不说明该回归方程就是最佳的、正确的模型；在引入更多的自变量后，有可能进一步提高方程的拟合优度。

12.2.2　回归参数的检验

回归参数的检验就是检验各个自变量对因变量的影响是否显著。在一元线性回归分析中，回归参数的检验与线性关系的检验是统一的；而在多元线性回归分析中，只有在通过了线性关系的检验之后，才能进行回归参数的检验。

对于回归系数 b_{YX}，可以在满足以下前提条件的基础上进行参数假设检验：在回归线上，与自变量 X 各取值相对应的因变量的各组 Y 值的残差都呈正态分布，并且残差的方差齐性。

根据 X 估计 Y 回归系数 b_{YX} 的标准误的公式为

$$S_{b_{YX}} = \frac{\sqrt{\sum_{i=1}^{n}(Y_i - \hat{Y}_i)^2/(n-2)}}{\sqrt{\sum_{i=1}^{n}(X_i - \bar{X})^2}} = \frac{\sqrt{\sum_{i=1}^{n}(Y_i - \hat{Y}_i)^2/(n-2)}}{\sqrt{\sum_{i=1}^{n}X_i^2 - (\sum_{i=1}^{n}X_i)^2/n}} \quad （公式 12.2.6）$$

故可以用公式

$$t = \frac{b_{YX} - \beta}{S_{b_{YX}}} = \frac{b_{YX}\sqrt{\sum_{i=1}^{n}(X_i - \bar{X})^2}}{\sqrt{\sum_{i=1}^{n}(Y_i - \hat{Y}_i)^2/(n-2)}} = \frac{b_{YX}\sqrt{\sum_{i=1}^{n}X_i^2 - (\sum_{i=1}^{n}X_i)^2/n}}{\sqrt{\sum_{i=1}^{n}(Y_i - \hat{Y}_i)^2/(n-2)}} \quad （公式 12.2.7）$$

进行显著性检验。在公式 12.2.7 中，$\beta = 0$，自由度为 $df = n - 2$。

【例题 12.2.2】 对例题 12.1.1 中根据言语智力（X）估计操作智力（Y）的回归方程的回归系数进行显著性检验。

解：

（1）提出假设。

$$H_0: \beta = 0$$
$$H_1: \beta \neq 0$$

（2）选择并计算检验统计量。

$$t = \frac{b_{YX} - \beta}{S_{b_{YX}}} = \frac{b_{YX}\sqrt{\sum_{i=1}^{n} X_i^2 - (\sum_{i=1}^{n} X_i)^2/n}}{\sqrt{\sum_{i=1}^{n}(Y_i - \hat{Y}_i)^2/(n-2)}} = \frac{1.2265 \times \sqrt{385\,950 - 3886^2/40}}{\sqrt{105.399}} = 10.966$$

（3）规定显著性水平和临界值。$\alpha = 0.05$ 时，$t_{0.025, 38} = 2.024$；$\alpha = 0.01$ 时，$t_{0.005, 38} = 2.712$。

（4）统计决断。因为该 t 值高于 $t_{0.005, 38} = 2.712$，因此该回归系数有极其显著的意义。

> **回顾**：线性关系的检验　回归参数的检验
> **练习与思考**：完成习题 12.7

12.2.3 离群点问题

离群点指的是散点图上远离大多数个体的散点。这些离群点数据往往能够轻易地改变回归方程的显著性检验结果：原先显著的可能不再显著，反之亦然。

例如，假设在表 12.1.1 后加入 4 个新的离群个体，其数据见表 12.2.3。

表 12.2.3

ID	X	Y
41	70	140
42	129	47
43	68	159
44	132	51

再进行例题 12.1.1 和例题 12.2.1 的回归分析及其检验，可以发现，根据言语智力（X）估计操作智力（Y）的回归方程变成了 $\hat{Y} = 63.994 + 0.34X$，线性关系和回归系数的显著性检验结果也变成了不显著（$p = 0.135$）。

看一下加入了离群点后的散点图（图 12.2.3），可以看到这张图与图 12.1.4 相比多了 4 个离群点（图中位于左上和右下的实心点）。但正是这区区 4 个散点破坏了原本由 40 个散点形成的显著的线性关系。这也是相关分析和回归分析都倾向于采集大样本数据的原因之一。

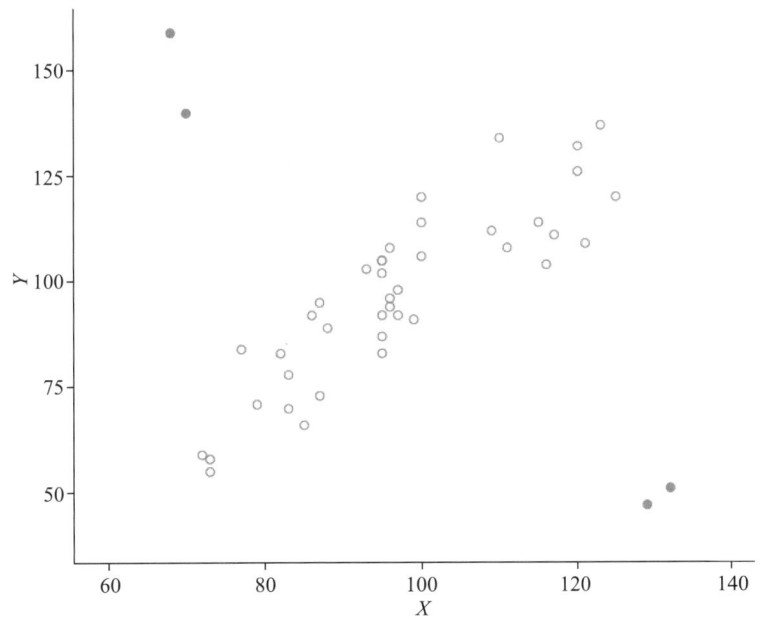

图 12.2.3 在表 12.1.1 的数据中加入 4 个离群个体数据后的散点图

我们可以预先审视散点图，发现这些离群点并予以剔除。但是鉴别和剔除离群点也不能随心所欲，需要按照合理的、统一的标准进行。

12.3 一元线性回归方程的应用

12.3.1 用样本回归方程估计（预测）因变量的回归值

12.3.1.1 点估计

建立回归方程 $\hat{Y} = a_{YX} + b_{YX}X$ 以后，将自变量值 X_0 代入其中，可以求出因变量的值 $\hat{Y}_0$：

$$\hat{Y}_0 = a_{YX} + b_{YX}X_0$$

这是一种点估计的方法，得到的回归值也可以称为估计值或预测值。

【例题 12.3.1】根据例题 12.1.1 中根据言语智力（X）估计操作智力（Y）的回归方程 $\hat{Y} = -22.254 + 1.2265X$，预测一位言语智力成绩为 80 的学生的操作智力得分是多少？

解：

根据言语智力（X）估计操作智力（Y）的回归方程为 $\hat{Y} = -22.254 + 1.2265X$，经检验该回归方程有显著意义，可以用来估计或预测。现 $X_0 = 80$，则

$$\hat{Y}_0 = -22.254 + 1.2265X_0 = -22.254 + 1.2265 \times 80 = 75.866$$

估计该生的操作智力得分为 75.866。

注意，如果要根据因变量 Y_0 来估计自变量 X_0，就不能直接将 Y_0 代入根据 X 估计 Y 的回归方程来求得 X_0，而是应该用根据 Y 估计 X 的回归方程 $\hat{X} = a_{XY} + b_{XY}Y$ 进行计算。

【例题 12.3.2】根据例题 12.1.1 中的数据，建立根据操作智力估计言语智力的回归方程，并预测一位操作智力为 100 的学生的言语智力是多少？

解：由言语智力估计操作智力的回归方程为 $\hat{Y} = -22.254 + 1.2265X$，经检验该回归方程有显著意义，可知根据操作智力估计言语智力的回归方程同样有显著意义，可以用来估计或预测。

先根据样本数据建立根据操作智力估计言语智力的回归方程 $\hat{X} = a_{XY} + b_{XY}Y$，得（计算过程略去）$a_{XY} = 37.117$，$b_{XY} = 0.62$，故回归方程为 $\hat{X} = 37.117 + 0.62 \times Y$。

$Y_0 = 100$，则 $\hat{X}_0 = 37.117 + 0.62 \times Y_0 = 37.117 + 0.62 \times 100 = 99.117$，即估计该生言语智力为 99.117 分。

如果用 $\hat{Y}=-22.254+1.2265X$ 来计算，得到相应的言语智力 $X_0 = 99.667$，两者结果虽然相近，但是不能混用。

> **回顾**：用回归方程计算回归值（点估计）
> **练习与思考**：完成习题 12.8

12.3.1.2 区间估计

当我们用回归方程 $\hat{Y}_0 = a_{YX} + b_{YX}X_0$ 来根据 X 估计 Y 时，得到的是因变量的回归值，这是一个点估计，它与实际的 Y 值之间存在着一定的残差。因此，我们希望做一个区间估计，即计算出与 X_0 对应的 Y 值的置信区间。为此，就要知道<u>估计误差的标准差（S_{YX}）</u>，它是<u>与确定的自变量值对应的随机误差（残差）分布的标准差</u>。

根据样本数据进行计算，估计误差的标准差（S_{YX}）为

$$S_{YX} = \sqrt{\frac{\sum_{i=1}^{n}(Y_i - \hat{Y}_i)^2}{n-2}} \quad \text{（公式 12.3.1）}$$

由于在用回归方程计算回归值 $\hat{Y}$ 时，使用了 a 和 b 两个指标，故自由度为 $n-2$。当样本容量较大时，可以用下式计算估计误差的标准差：

$$S_{YX} = S_Y\sqrt{1-r^2} \quad \text{（根据 X 估计 Y）} \quad \text{（公式 12.3.2）}$$

或

$$S_{XY} = S_X\sqrt{1-r^2} \quad \text{（根据 Y 估计 X）} \quad \text{（公式 12.3.3）}$$

在这里，S_Y 和 S_X 分别是自变量 X 与因变量 Y 的样本标准差，r 为两个变量之间的相关系数。

这样，对于 $\hat{Y} = a_{YX} + b_{YX}X$，当自变量取值 X_0 时，在 $1-\alpha$ 的置信水平上，Y 值的置信区间为

$$\hat{Y} \pm t_{\alpha/2,\,n-2} \times S_{YX} \quad \text{（公式 12.3.4）}$$

同理，对于 $\hat{X} = a_{XY} + b_{XY}Y$，当自变量取值 Y_0 时，在 $1-\alpha$ 的置信水平上，X 值的置信

区间为

$$\hat{X} \pm t_{\alpha/2, n-2} \times S_{XY} \qquad (公式 12.3.5)$$

【例题 12.3.3】假设 100 名 6 岁男童的体重（X）与其简单反应时（Y）之间的相关系数为 0.35，$S_Y=100$，根据 X 估计 Y 的回归方程是：$\hat{Y}=350+10X$。求体重为 20 千克的男童的简单反应时的 95% 的置信区间。

解：已知 $r=0.35$，$S_Y=100$，故

$$S_{YX} = S_Y\sqrt{1-r^2} = 100 \times \sqrt{1-0.35^2} = 93.67$$

根据 X 估计 Y 的回归方程是 $\hat{Y}=350+10X$，故体重为 20 千克的男童的简单反应时对应的回归值为

$$\hat{Y}_0 = 350 + 10X_0 = 550$$

由于在大样本情况下，t 分布接近正态分布，故因变量 Y 的 95% 的置信区间为：$\hat{Y} \pm Z_{\alpha/2} \times S_{YX} = 550 \pm 1.96 \times 93.67 = 550 \pm 183.6$，或 (366.4, 733.6)。

12.3.2 对因变量真值的预测

无论是点估计还是区间估计，都建立在由样本数据得出的回归方程的基础上。但是不要忘记，这个回归方程本身就是有抽样误差的，换言之，另抽取一个样本得出的回归方程，其回归系数 b 就可能与原来的不一样了。可见，回归系数 b 以及由此回归方程计算出来的 $\hat{Y}$ 都是随机变量。所以，要预测因变量的真值还需考虑到各样本回归方程之间的变动。这就需要引入一个新的指标——误差标准误，它是**自变量值 X_P 相对应的预测值 $\hat{Y}_P$ 与真值 Y_0 之间的误差**的指标，其计算公式是

$$S_{(\hat{Y}_P - Y_0)} = \sqrt{S_{YX}^2 + S_{\hat{Y}_P}^2} \qquad (公式 12.3.6)$$

式中，S_{YX}^2 为估计误差的方差，即前面提到的检验线性关系的方差分析中的残差方差 $MSE = \sum_{i=1}^{n}(Y_i - \hat{Y}_i)^2/(n-2)$，它体现的是对应 X_P 的因变量值与回归值 $\hat{Y}_P$ 之间的差异；$S_{\hat{Y}_P}^2$ 为各样本回归方程得到的回归值（或预测值）$\hat{Y}_P$ 之间的方差，其计算公式为

$$S_{\hat{Y}_P}^2 = S_{YX}^2 \left(\frac{1}{n} + \frac{(X_P - \bar{X})^2}{\sum_{i=1}^{n}(X_i - \bar{X})^2} \right) \quad \text{（公式 12.3.7）}$$

将公式 12.3.7 代入公式 12.3.6，可得

$$S_{(\hat{Y}_P - Y_0)} = S_{YX} \sqrt{1 + \frac{1}{n} + \frac{(X_P - \bar{X})^2}{\sum_{i=1}^{n}(X_i - \bar{X})^2}} \quad \text{（公式 12.3.8）}$$

可见，不同的 X_P 对应不同的 $S_{(\hat{Y}_P - Y_0)}$，而当样本容量较大时，$S_{(\hat{Y}_P - Y_0)}$ 与 S_{YX} 接近相等。

这样，当要根据自变量值 X_P 及其相对应的预测值 $\hat{Y}_P$ 对真值 Y_0 进行区间估计时，在 $1 - \alpha$ 的置信水平上，Y_0 值的置信区间为

$$\hat{Y}_P \pm t_{\alpha/2,\ n-2}\ S_{(\hat{Y}_P - Y_0)} \quad \text{（公式 12.3.9）}$$

由于不同的 X_P 对应不同的 $S_{(\hat{Y}_P - Y_0)}$，所以与每一个 X_P 对应的置信区间也不同。根据公式可知，X_P 越接近平均数，$S_{(\hat{Y}_P - Y_0)}$ 越小，相应的置信区间也越小；随着 X_P 远离平均数，$S_{(\hat{Y}_P - Y_0)}$ 越来越大，相应的置信区间也越来越大（见图 12.3.1）。

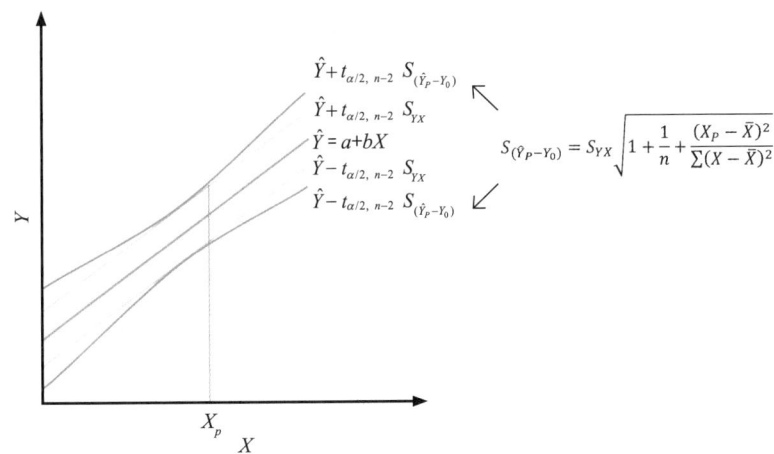

图 12.3.1　在对因变量真值的预测中，不同的 X_P 对应的置信区间

最后要强调的是，只有在样本自变量的取值范围内进行的预测（内插预测）才是相对可靠的，如果自变量的值超出了上述范围（外插预测），效果就不能保证了。

12.4 二元与多元线性回归模型

12.4.1 二元线性回归方程

变量之间的关系是错综复杂的：影响因变量的自变量可能不止一个，更多的情况是因变量同时受到多个自变量的影响。例如，学生的学习成绩受到他的智力水平、努力程度、学习时间、教学水平、学习环境、健康状况等因素影响。这时，如果仅仅建立一个一元线性回归方程，例如，将自变量定为智力水平，就可能发现它的拟合优度远远不够。为此，就要多引入几个自变量，建立多元线性回归方程。

二元线性回归方程是最简单的多元线性回归方程，它的数学模型是

$$Y = \alpha + \beta_1 X_1 + \beta_2 X_2 + \varepsilon$$

二元线性回归模型的方程是

$$\hat{Y} = \alpha + b_1 X_1 + b_2 X_2$$

我们知道，一元线性回归方程的图形是平面上的一条直线——回归线。而二元线性回归方程的图形则是三维空间中的一个平面，称为回归平面（见图12.4.1）。在二元线性回归方程中，a 表示回归平面在 Y 轴上的截距；b_1 表示当 X_2 取固定值时，X_1 每变动一个单位所引起的 Y 的平均变动量；而 b_2 则表示当 X_1 取固定值时，X_2 每变动一个单位所引起的 Y 的平均变动量。b_1 和 b_2 都用来表示在其他自变量保持恒定时，某个自变量对因变

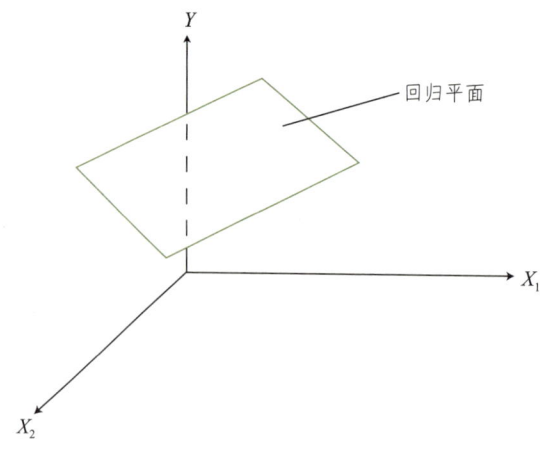

图 12.4.1　二元线性回归方程——回归平面

量的影响程度，故称为偏回归系数。

12.4.1.1 二元线性回归方程的建立

和一元线性回归方程一样，二元线性回归方程也用最小平方法来确定偏回归系数，其计算公式为：

$$b_1 = \frac{L_{1Y}L_{22} - L_{2Y}L_{12}}{L_{11}L_{22} - L_{12}^2} \quad （公式 12.4.1）$$

$$b_2 = \frac{L_{2Y}L_{11} - L_{1Y}L_{21}}{L_{11}L_{22} - L_{21}^2} \quad （公式 12.4.2）$$

这两个公式实际上就是以下方程组的解：

$$\begin{cases} b_1 L_{11} + b_2 L_{12} = L_{1Y} \\ b_1 L_{21} + b_2 L_{22} = L_{2Y} \end{cases}$$

式中的各个 L 都是相应的离差平方和或离差乘积和：

$$L_{11} = \sum_{i=1}^{n}(X_{1i} - \bar{X}_1)^2 = \sum_{i=1}^{n}X_{1i}^2 - (\sum_{i=1}^{n}X_{1i})^2/n$$

$$L_{22} = \sum_{i=1}^{n}(X_{2i} - \bar{X}_2)^2 = \sum_{i=1}^{n}X_{2i}^2 - (\sum_{i=1}^{n}X_{2i})^2/n$$

$$L_{12} = L_{21} = \sum_{i=1}^{n}(X_{1i} - \bar{X}_1)(X_{2i} - \bar{X}_2) = \sum_{i=1}^{n}X_{1i}X_{2i} - (\sum_{i=1}^{n}X_{1i})(\sum_{i=1}^{n}X_{2i})/n$$

$$L_{1Y} = \sum_{i=1}^{n}(X_{1i} - \bar{X}_1)(Y_i - \bar{Y}) = \sum_{i=1}^{n}X_{1i}Y - (\sum_{i=1}^{n}X_{1i})(\sum_{i=1}^{n}Y_i)/n$$

$$L_{2Y} = \sum_{i=1}^{n}(X_{2i} - \bar{X}_2)(Y_i - \bar{Y}) = \sum_{i=1}^{n}X_{2i}Y - (\sum_{i=1}^{n}X_{2i})(\sum_{i=1}^{n}Y_i)/n$$

截距 a 的求法是

$$a = \bar{Y} - b_1\bar{X}_1 - b_2\bar{X}_2 \quad （公式 12.4.3）$$

【例题 12.4.1】某公司统计了 10 种产品的销量（Y）和价格（X_1），并随机调查了部分购买者对这些产品知名度的评分（X_2），数据见表 12.4.1。请建立根据价格和产品知名度评分来估计销量的二元线性回归方程。

解：

将计算得到的中间结果也列入表 12.4.1。

表 12.4.1 商品的销量与其价格和知名度的回归方程计算表

编号	销量（套）Y	价格（元）X_1	知名度评分 X_2	Y^2	X_1^2	X_2^2	X_1X_2	X_1Y	X_2Y
1	116	58	114	13 456	3364	12 996	6612	6728	13 224
2	117	56	169	13 689	3136	28 561	9464	6552	19 773
3	134	57	129	17 956	3249	16 641	7353	7638	17 286
4	132	38	149	17 424	1444	22 201	5662	5016	19 668
5	91	89	94	8281	7921	8836	8366	8099	8554
6	118	84	168	13 924	7056	28 224	14 112	9912	19 824
7	94	77	69	8836	5929	4761	5313	7238	6486
8	78	90	54	6084	8100	2916	4860	7020	4212
9	77	89	52	5929	7921	2704	4628	6853	4004
10	74	96	70	5476	9216	4900	6720	7104	5180
合计	1031	734	1068	111 055	57 336	132 740	73 090	72 160	118 211

$$L_{11} = \sum_{i=1}^{n}(X_{1i}-\bar{X}_1)^2 = \sum_{i=1}^{n}X_{1i}^2 - (\sum_{i=1}^{n}X_{1i})^2/n = 57\,336 - 734^2/10 = 3460.4$$

$$L_{22} = \sum_{i=1}^{n}(X_{2i}-\bar{X}_2)^2 = \sum_{i=1}^{n}X_{2i}^2 - (\sum_{i=1}^{n}X_{2i})^2/n = 132\,740 - 1068^2/10 = 18\,677.6$$

$$L_{12} = L_{21} = \sum_{i=1}^{n}(X_{1i}-\bar{X}_1)(X_{2i}-\bar{X}_2) = \sum_{i=1}^{n}X_{1i}X_{2i} - (\sum_{i=1}^{n}X_{1i})(\sum_{i=1}^{n}X_{2i})/n$$
$$= 73\,090 - 734 \times 1068/10 = -5301.2$$

$$L_{1Y} = \sum_{i=1}^{n}(X_{1i}-\bar{X}_1)(Y_i-\bar{Y}) = \sum_{i=1}^{n}X_{1i}Y - (\sum_{i=1}^{n}X_{1i})(\sum_{i=1}^{n}Y_i)/n = 72\,160 - 734 \times 1031/10 = -3515.4$$

$$L_{2Y} = \sum_{i=1}^{n}(X_{2i}-\bar{X}_2)(Y_i-\bar{Y}) = \sum_{i=1}^{n}X_{2i}Y - (\sum_{i=1}^{n}X_{2i})(\sum_{i=1}^{n}Y_i)/n = 118\,211 - 1068 \times 1031/10$$
$$= 8100.2$$

故

$$b_1 = \frac{L_{1Y}L_{22} - L_{2Y}L_{12}}{L_{11}L_{22} - L_{12}^2} = \frac{-3515.4 \times 18\,677.6 - 8100.2 \times (-5301.2)}{3460.4 \times 18\,677.6 - 5301.2^2} = -0.622$$

$$b_2 = \frac{L_{2Y}L_{11} - L_{1Y}L_{21}}{L_{11}L_{22} - L_{21}^2} = \frac{8100.2 \times 3460.4 - (-3515.4) \times (-5301.2)}{3460.4 \times 18\,677.6 - 5301.2^2} = 0.257$$

$$a = \bar{Y} - b_1\bar{X}_1 - b_2\bar{X}_2 = 103.1 + 0.622 \times 73.4 - 0.257 \times 106.8 = 121.3072$$

故回归方程为 $\hat{Y} = 121.3072 - 0.622X_1 + 0.257X_2$。

12.4.1.2 二元线性标准回归方程

在例题 12.4.1 建立的回归方程中，价格与知名度的偏回归系数分别为 –0.622 和 0.257。就绝对值而言，价格对销量的影响似乎更大。但是，由于各个变量单位可能不等，平均数与标准差也可能相差很多，所以不能根据偏回归系数（b_1 和 b_2）来直接判断两个自变量在估计预测因变量时所起作用的大小。如果我们将三个变量分别转换成标准分数，则可以由标准分数建立标准回归方程。

$$\hat{Z}_Y = b_1^* Z_{X_1} + b_2^* Z_{X_2}$$

这时，由于各个变量有了相等的单位，平均数和标准差都得到了统一，即平均数为 0，标准差为 1。标准回归方程中的回归系数称为标准回归系数（b_1^* 和 b_2^*），b_1^* 表示当其他自变量（这里是 X_2）取固定值时，X_1 每变动一个标准差会引起 Y 变动多少个标准差；b_2^* 的含义可类推。这样，就可以根据两个标准回归系数来比较两个自变量所起作用的大小了。

经计算，例题 12.4.1 中的回归方程的标准回归方程为

$$\hat{Z}_Y = -0.530X_1 + 0.509X_2$$

说明商品价格对销量的影响仅比知名度略大一些。

> 回顾：二元回归方程的建立　偏回归系数　标准回归方程　标准回归系数
> 练习与思考：完成习题 12.9—12.10

12.4.2 二元线性回归方程的检验

对于二元线性回归方程，我们也可以计算其复（多重）确定系数（复相关系数的平方），用以表示方程对数据的拟合优度；还要对方程进行检验：一是检验回归方程的显著性，二是检验两个偏回归系数的显著性。

复确定系数的计算方式与一元线性回归相同：

$$r^2 = \frac{\sum_{i=1}^{n}(\hat{Y}_i - \bar{Y})^2}{\sum_{i=1}^{n}(Y_i - \bar{Y})^2}$$

> 还记得公式 $\eta^2 = \dfrac{SSA}{SST}$ 吗?
>
> η^2 和 r^2 都是可以解释的离差平方和（组间平方和、回归平方和）占总平方和的比例。可见，方差分析和回归分析在原理上是相通的。

12.4.2.1 回归方程的检验

二元线性回归方程显著性检验的原理与一元线性回归方程完全相同，仅是检验统计量公式略有不同。在二元线性回归的情况下，公式为

$$F = \frac{\sum_{i=1}^{n}(\hat{Y}_i - \bar{Y})^2 / 2}{\sum_{i=1}^{n}(Y_i - \hat{Y}_i)^2 / (n-3)} \quad \text{（公式 12.4.4）}$$

式中，$\sum_{i=1}^{n}(\hat{Y}_i - \bar{Y})^2$ 为回归平方和；$\sum_{i=1}^{n}(Y_i - \hat{Y}_i)^2$ 为残差平方和；分子自由度和分母自由度分别为 2 和 $n-3$。

【例题 12.4.2】对例题 12.4.1 所得到的回归方程做显著性检验。

解：根据例题 12.4.1 中的数据计算得

$$\sum_{i=1}^{n}(\hat{Y}_i - \bar{Y})^2 = 4269.415$$

$$\sum_{i=1}^{n}(Y_i - \hat{Y}_i)^2 = 489.485$$

$$F = \frac{\sum_{i=1}^{n}(\hat{Y}_i - \bar{Y})^2 / 2}{\sum_{i=1}^{n}(Y_i - \hat{Y}_i)^2 / (n-3)} = \frac{4269.415/2}{489.485/(10-3)} = 30.528$$

由于 $F_{0.01, 2, 7} = 9.55$，故应认为该回归方程有极其显著的意义。方差分析表如

表 12.4.2 所示。

表 12.4.2 回归方程方差分析表

误差来源	平方和	自由度	方差	F 值
回归	4269.415	2	2134.707	30.528
残差	489.485	7	69.926	
总和	4758.900	9		

> **方差分析是回归分析的一个特例**
>
> 方差分析和线性回归方程的显著性检验用的都是 F 检验,它们的基本思想都是将可以用自变量的变化解释的差异与不能用自变量的变化解释的差异进行比较,从而判断自变量对因变量的影响有无显著意义。只不过两者所用的术语不同:方差分析是将组间差异与组内差异相比较,而回归分析是将回归方差与残差方差相比较。两者的区别在于,方差分析的自变量(因素)仅取少数几个值,而回归分析自变量的可能取值个数往往较多,甚至是连续的、无限的。因此可以说,回归分析是方差分析的推广。

12.4.2.2 偏回归系数的检验

在多元线性回归分析中,对偏回归系数的显著性检验具有十分重要的意义。因为,即使回归方程具有显著意义,也不意味着每一个偏回归系数都有显著意义;甚至可能出现一种情况,即回归方程具有显著意义,却没有一个偏回归系数有显著意义。因此,在回归方程显著的情况下,须对每一个偏回归系数进行显著性检验。

在二元线性回归分析中,对偏回归系数的显著性检验的检验统计量为

$$t_{b_1} = \frac{b_1}{\sqrt{\dfrac{MSE}{L_{11}(1-r_{12}^2)}}} \quad \text{(公式 12.4.5a)}$$

$$t_{b_2} = \frac{b_2}{\sqrt{\dfrac{MSE}{L_{22}(1-r_{12}^2)}}} \quad \text{(公式 12.4.5b)}$$

在上述公式中,

$$MSE = \frac{\sum_{i=1}^{n}(Y_i - \hat{Y}_i)^2}{n-3} \qquad \text{（公式 12.4.6）}$$

自由度为 $n-3$。

【例题 12.4.3】对例题 12.4.1 所得到的回归方程的偏回归系数做显著性检验。

解：

根据例题 12.4.1 中的数据计算得

$$MSE = \frac{\sum_{i=1}^{n}(Y_i - \hat{Y}_i)^2}{n-3} = 69.926$$

$$r_{12} = -0.659$$

故

$$t_{b_1} = \frac{b_1}{\sqrt{\frac{MSE}{L_{11}(1-r_{12}^2)}}} = \frac{-0.622}{\sqrt{\frac{69.926}{3460.4 \times [1-(-0.659)^2]}}} = -3.289$$

$$t_{b_2} = \frac{b_2}{\sqrt{\frac{MSE}{L_{22}(1-r_{12}^2)}}} = \frac{0.509}{\sqrt{\frac{69.926}{18\,677.6 \times [1-(-0.659)^2]}}} = -3.16$$

因为 $t_{0.025,7} = 2.365$，所以两个偏回归系数都有显著意义。

> 回顾：二元线性回归方程的检验　偏回归系数的检验
>
> 练习与思考：完成习题 12.11—12.12

12.4.3　多元线性回归方程简介

12.4.3.1　多元线性回归方程的建立

我们已经知道，二元线性回归方程其实就是解以下方程组来求两个回归系数：

$$\begin{cases} b_1 L_{11} + b_2 L_{12} = L_{1Y} \\ b_1 L_{21} + b_2 L_{22} = L_{2Y} \end{cases}$$

可以推想，p 元线性回归方程是解一个多元线性方程组，求得 p 个回归系数：

$$\begin{cases} b_1L_{11} + b_2L_{12} + \cdots + b_pL_{1p} = L_{1Y} \\ b_1L_{21} + b_2L_{22} + \cdots + b_pL_{2p} = L_{2Y} \\ \vdots \\ b_1L_{p1} + b_2L_{p2} + \cdots + b_pL_{pp} = L_{pY} \end{cases}$$

其中各个 L 与二元线性回归计算过程中的 L 相似，可类推。

截距 a 的求法是

$$a = \bar{Y} - b_1\bar{X}_1 - b_2\bar{X}_2 - \cdots - b_p\bar{X}_p \tag{公式 12.4.7}$$

对于二元或多元线性回归方程，还可以计算方程确定系数，也需要进行回归方程以及偏回归系数的显著性检验。

> **确定系数 r^2 的调整**
>
> 建立二元或多元线性回归模型时，如果自变量的个数 k 与样本容量 n 的比值偏大（例如 k/n 大于 0.2），方程的确定系数就倾向于高估实际的拟合优度，这时应计算调整后的确定系数（r^2_{adj}），调整计算公式为
>
> $$r^2_{adj} = r^2 - \left[\frac{k}{n-k-1}(1-r^2)\right] = 1 - \frac{n-1}{n-k-1}(1-r^2) \tag{公式 12.4.8}$$

12.4.3.2 逐步回归法

当自变量的个数很多时，要建立一个包含所有自变量的回归方程是十分困难的。实际上，这些自变量的作用大小不同，那些重要的自变量固然应该保留在方程中，不太重要的自变量则可以剔除出去，以提高估计或预测的精确性。因此，如何选择重要的自变量，就成了回归分析的一个重要问题。为此，统计学家提出了多种方法，常用的是<u>逐步回归法</u>，其原理是<u>按每个自变量对因变量的作用，从大到小逐个地引入回归方程</u>，每引入一个自变量后，都要对回归方程中的每一个自变量对应的偏回归系数进行显著性检验，剔除其中最不显著的变量。这样逐步地引入自变量，并剔除不显著的自变量，直至将所有显著的自变量都引入，并将不显著的自变量都剔除为止，形成一个最终的回归方程。

逐步回归等方法以数据驱动的方式剔除某些不显著的变量，虽然得到的回归方程应该是一个比较好的方程，不过它未必是最优方程。数据驱动的方式将自变量的选择权交给数学运算，可能导致研究者忽略一些有意义的自变量，影响对研究结果的解释。

12.4.3.3 多重共线性问题

在多元线性回归分析中还有多重共线性问题。所谓多重共线性，就是指有两个或两个以上的自变量之间存在着完全线性或几乎完全线性的关系（近乎完全相关）。这种情况实际上很少能遇到，尤其是在心理学、教育学和社会经济现象中。当然，如果确实有一些自变量之间存在较强的线性关系，将会在一定程度上削弱参数估计值的准确性和稳定性。至于如何解决多重共线性问题，有多种方法。有人主张剔除一些重复的变量，有人提出了新的估计方法，如岭回归、Lasso[①]回归等。

12.5 曲线回归模型*

有时，变量之间的关系不是直线关系，而是曲线关系。面对这样的问题，基本的思路就是设法将曲线关系转换为直线关系，然后用线性回归模型进行处理。本节主要讨论以下几种情况：多项式模型、指数模型、幂函数模型、对数模型和成长曲线模型。

12.5.1 多项式模型

多项式模型的基本形式如下：

$$Y = \alpha + \beta_1 X + \beta_2 X^2 + \cdots + \beta_p X^p + \varepsilon$$

对这样的情况，可以将方程中原来的自变量做如下变换。令

$$X_1 = X$$
$$X_2 = X^2$$
$$\vdots$$
$$X_p = X^p$$

则原方程转化为一个典型的线性模型：

$$Y = \alpha + \beta_1 X_1 + \beta_2 X_2 + \cdots + \beta_p X_p + \varepsilon$$

---

① 是英文 Least absolute shrinkage and selection operator 的缩写，中文为"最小绝对收缩和选择算子"。

这样，当某种现象应该用一种多项式模型来描述时，只要对样本数据进行上述转换，就可以用线性模型的方法来处理了。

12.5.2 指数模型

指数模型的基本形式如下：

$$Y = ae^{bX}\varepsilon$$

对于这样的情况，对方程两边取对数，

$$\ln Y = \ln a + bX + \ln \varepsilon$$

令

$$Y^* = \ln Y$$

$$\alpha = \ln a$$

$$\beta = b$$

$$\varepsilon^* = \ln \varepsilon$$

则

$$Y^* = \alpha + \beta X + \varepsilon^*$$

这就转换成一个一元线性回归方程了。因此，如果我们发现某种现象表现为对数关系，只要对因变量的观测值做一下对数变换，就同样能用线性模型的方法来处理。

12.5.3 幂函数模型

幂函数模型的一般形式为

$$Y = aX_1^{b_1}X_2^{b_2}\varepsilon$$

对于这样的情况，对方程两边取对数，

$$\log Y = \log a + b_1 \log X_1 + b_2 \log X_2 + \log \varepsilon$$

令

$$Y^* = \log Y$$

$$X_1^* = \log X_1$$

$$X_2^* = \log X_2$$

$$\alpha = \log a$$

$$\beta_1 = b_1$$

$$\beta_2 = b_2$$

$$\varepsilon^* = \log \varepsilon$$

则

$$Y^* = \alpha + \beta_1 X_1^* + \beta_2 X_2^* + \varepsilon^*$$

这个方程就是在生产管理中广泛运用的柯布－道格拉斯生产函数，其中的因变量代表产量，两个自变量分别代表劳动力和资本。

12.5.4 成长曲线模型

成长曲线模型，又叫逻辑斯谛模型（Logistic Model），其图形是一条 S 形曲线。其一般形式为

$$Y = \frac{1}{\alpha + \beta e^{-X} + \varepsilon}$$

对于这样的情况，令

$$Y^* = 1/Y$$

$$X^* = e^{-X}$$

则

$$Y^* = \alpha + \beta X^* + \varepsilon$$

所以，当一种现象需要用成长曲线模型来描述时，只要将因变量的样本数据做一下倒数变换，将自变量的样本数据做一下指数变换，就可以用线性模型的方法了。

在心理学和许多应用研究领域，成长曲线模型经常用逻辑回归（Logistic Regression）模型来代替，办法是将因变量改为 $\ln\left(\dfrac{p}{1-p}\right)$，其中 p 表示二项试验成功的概率，$1-p$ 则

为失败的概率,两者的比值称为"发生比",右边仍保持线性回归模型的样子,即

$$\ln\left(\frac{p}{1-p}\right) = a + b_1X_1 + b_2X_2 + \cdots + b_pX_p$$

当因变量只有 2 个取值时,可以用逻辑回归研究自变量与某事件发生比之间的关系。

利用上述方法进行线性转换后求得的线性回归方程,可以直接对方程做效果检验:线性回归方程有效,则曲线回归方程也有效。在利用得到的回归方程进行预测时,如果是点估计,可以将线性方程直接转换回去,成为原来的曲线方程,再往下进行。如果是进行区间估计,由于线性回归分析中涉及的各种误差估计值不能直接用于原始数据的误差估计,所以最好是先用线性回归方程计算两个区间的上下限,再将它们逆变换为原始形式的数据。

那么,是直线模型好还是曲线模型好呢?一般来说,越复杂的模型对数据的拟合程度越高。但是在很多情况下,模型的简洁性也很重要,因为越简洁的模型往往越有普遍性,而高度复杂的模型倒可能产生所谓"过度拟合"的问题——对现有样本数据拟合度高而对新样本数据拟合度低。所以,在满足精度要求的前提下,能选择直线模型,就不选择曲线模型。同样道理,只要满足精度要求,尽量选择自变量较少的模型。

> **回顾**:曲线回归方程的线性转换
>
> **练习与思考**:完成习题 12.13

12.6 含定性自变量的回归分析★

到目前为止,在我们建立的回归分析模型中,其自变量和因变量都是等距水平的数据。例如,建立一个根据语文成绩估计智力水平的模型,其中的语文成绩和智力水平都可被看作等距量表。

可不可以用定性(或分类)变量来做回归模型的自变量呢?这是可以的。例如,有时,我们希望在模型中引入性别、文化程度和民族等因素,使它们与等距量表的变量共同估计或预测因变量,这里的"性别"就是一种定性变量,而且因为性别只有男女之分,故是一种二分变量。"民族"也是一种典型的定性变量,而且如果涉及多个民族,就是一

种多分变量。学历程度可以分为"未受教育""小学""初中""高中""本科""硕士""博士"等水平，也是一种多分变量。

12.6.1 定性自变量及其设定

将定性变量以编码的方式变成一组新变量后，这些新变量就可以"代表"定性变量进入回归方程。编码方式有两种：0–1 编码和效应编码。

12.6.1.1 0–1 编码

我们可以采取 0–1 编码，对人的性别进行如下"量化"，形成两个维度（男、女）：

姓名	男	女
A	1	0
B	0	1

其含义是"A 是一位男性""B 是一位女性"。

而且，其实 A 在"男"这个维度上取 1，在"女"这个维度上就不言而喻地应该取 0。所以，要表达个体的性别，只要保留"男"（或"女"）这一个维度就可以了。因此，"性别"这一变量最终可以这样设定：

姓名	男
A	1
B	0

至于哪个类别取 0，哪个类别取 1，是任意的，不影响检验结果。

如果是多分变量，也可以如法炮制。以学历为例，可以这样设定定性变量：

姓名	未受过教育	小学	初中	高中	本科	硕士	博士
A	0	1	0	0	0	0	0
B	0	0	0	1	0	0	0
C	0	0	0	0	0	1	0
D	0	0	0	0	0	0	1

上述编码说明，A 的学历为小学，B 为高中，C 为硕士，D 为博士。同样道理，可以去掉"博士"这个维度。因为一个人（例如 D）如果在"未受过教育""小学""初中""高中""本科""硕士"维度上都取值为 0，就意味着他是博士了。换言之，如果一个定性变

量下有 k 个类别，就可以形成 k – 1 个新变量。

12.6.1.2 效应编码

效应编码采取 0, 1, –1 来形成 k – 1 个新变量。当个体属于前面 k – 1 个类别之一时，在该类别维度下取 1，在其他维度下取 0；当个体属于最后第 k 个类别时，只需在前 k – 1 个维度下全部取 –1。以上述"学历"为例，用效应编码就变成了以下情形：

姓名	未受过教育	小学	初中	高中	本科	硕士
A	0	1	0	0	0	0
B	0	0	0	1	0	0
C	0	0	0	0	0	1
D	–1	–1	–1	–1	–1	–1

D 在前六个维度下都取 –1，表示他不属于前六个类型中的任何一个，而是属于第七种类型——博士。

0–1 编码与效应编码是将定性变量转换成新变量的两种等价方式，只是两种方式产生的变量分别被称为"虚拟变量"和"效应变量"，在解释结果时产生不同的表述而已，故下一节只阐述含 0–1 编码得到的虚拟变量的回归模型的含义。

12.6.2 含有虚拟变量的回归模型

假设将性别因素加入回归模型，可以建立这样一个回归方程（Y 为语文成绩，X 为智力水平）：

$$\hat{Y} = 51.3 + 0.87X + 6.2male$$

其含义是，女性（$male = 0$）的智力水平每增加 1，其语文成绩相应可以增加 0.87；如果个体是男性（$male = 1$），则其语文成绩还需额外加 6.2。

将上述情况推广到用多分变量（例如，学历）估计因变量（假设为口头表达成绩）的情形，就可以建立如下形式的模型：

$$\hat{Y} = 91 - 25E_0 - 22E_1 - 15E_2 - 10E_3 - 7E_4 - 5E_5$$

在该回归方程中，$E_0 \sim E_6$ 表示上述七种学历。该模型可以解释为：博士（E_6）口头表达成绩为 91，以此为基准，未受教育者比之低 25 分，小学毕业者比之低 22 分，初中毕业者比之低 15，高中毕业者比之低 10，本科毕业者比之低 7 分，硕士比之低 5 分。

【例题 12.6.1】从某校抽取 11 名学生，测得他们的语文成绩和智商如表 12.6.1 所示，请建立根据性别（male，取值 1 时表示男性）与语文成绩（X）来估计智商（Y）的回归方程。

表 12.6.1　性别（male）、语文成绩（X）与智商（Y）

序号	male	X	Y
1	0	78	136
2	1	71	135
3	1	68	120
4	0	85	140
5	0	75	130
6	0	73	128
7	1	72	122
8	1	65	118
9	1	70	119
10	1	66	108
11	0	74	120

解：

性别（male）是一个二分变量，可以采取虚拟变量的形式建立回归方程。计算过程从略，最终得到的回归方程是：$\hat{Y}=13.18+2.26male+1.528X$。

这表明，语文成绩每增加 1 分，智商就高 1.528，而如果个体是男性，还应再加 2.26。

也许有读者会觉得奇怪，上述结果的意思是不是说，男性的智商高于女性 2.26？不是的，这个 2.26 仅仅说明男性的回归线截距比女性高 2.26；但是本题中女性的语文成绩普遍高于男性，最终得到的智商结果仍高于男性。（这些数据是人为编制的，仅用于在教学上说明问题。）

回归方程可以代替 t 检验吗？

如果在建立前面的回归方程时，仅将性别作为自变量加入方程，可以得到

$$\hat{Y}=130.8-10.47male$$

这意味着，女性的因变量平均值为 $130.8-10.47\times 0=130.8$，男性的因变量平均值为 $130.8-10.47\times 1=120.33$，即低于女性 10.47。再进行一下男生和女生的 Y 值平均数的 t 检验，可以发现它计算出来的差值也是 10.47。这进一步说明了"t 检验是方差

分析的特例，方差分析是回归分析的特例"。

用回归分析检验自变量之间的交互作用

与方差分析一样，回归分析也可以用来检验自变量之间的交互作用。只需将假设的交互作用中的各个自变量中心化——各个观察值减去其样本平均数，再将中心化后的自变量之乘积作为一个新的自变量加入方程，检验其显著性，即可知道是否存在交互作用。这也是发现所谓"调节变量"的重要途径。

回顾：定性自变量的编码和回归分析

练习与思考：完成习题 12.14

12.6.3 子样本问题

在很多情况下，根据一个总样本的数据计算的回归系数与分别根据这个样本的子样本计算的结果是矛盾的。根据总样本算出的回归系数是正值，但根据其子样本算出的回归系数也许是正值，也许是零，甚至可能是负值。

例如，无论是男性还是女性，其身高和头发长短都没有关联，但是如果把男性和女性这两个子样本的数据合并，可以"发现"长得高的人头发反而短，身高和头发长度之间好像呈负相关。其实这是因为同龄男性长得比女性高，但多数留的是短发。如果在回归方程中加入性别这一定性变量，身高与头发长度之间的回归系数很可能就不再显著了。因此，如果总样本和子样本的结果相矛盾，同时报告两者并指明发生矛盾的原因，是严谨而稳妥的做法。

本章的"数据实验"将用模拟数据演示这一情形。

知识导图

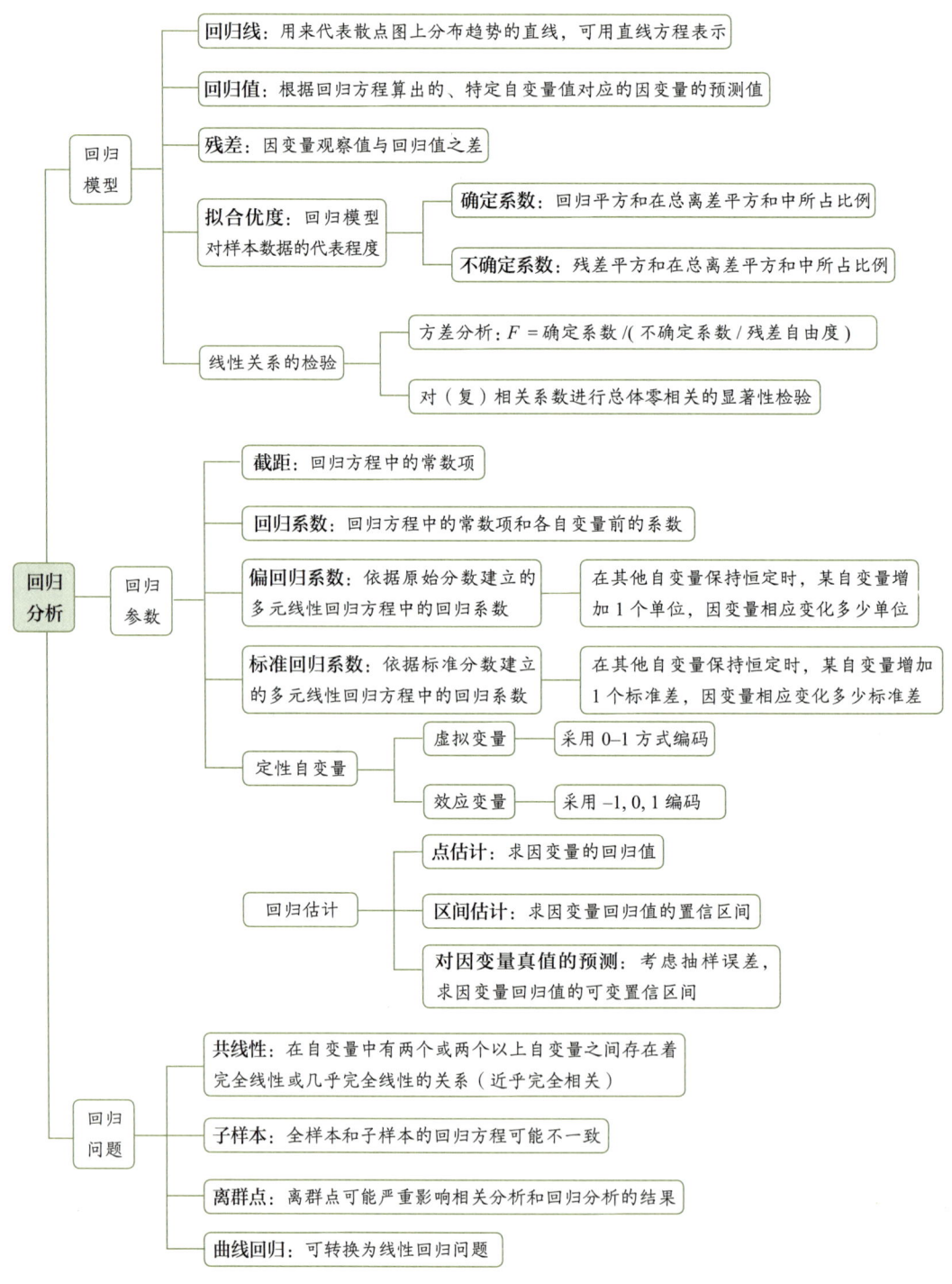

数据实验

目的

演示总样本和子样本的回归方程不一致的情形,理解考察子样本变量间关联的必要性。

方法

利用 SPSS 新建一个数据文件,其中有 4 个变量:*ID*、*Group*、*X* 和 *Y*。先打开 SPSS 数据界面,设定一个 *ID* 变量,依次输入 120 个编号,然后在 *Group* 下依次输入 30 个 1、30 个 2、30 个 3 和 30 个 4,即将总样本分为 4 个容量均为 30 的子样本。

接下来,按以下步骤完成实验。

步骤 1

点击菜单 File(文件)→ New(新建)→ Syntax(句法),在打开的句法窗口中输入和运行以下代码,观察结果。

```
COMPUTE X=RND(RV.NORMAL(60+Group*15,10)).
EXECUTE.
COMPUTE Y= 100+Group*20-0.5*X+RND(RV.NORMAL(0,15)).
EXECUTE.
```

如果需要,此时也可以直接下载数据文件 "12-回归分析.sav"。

步骤 2

输入和运行以下代码,观察结果。

```
GRAPH
  /SCATTERPLOT(BIVAR)=X WITH Y BY Group
  /MISSING=LISTWISE.

REGRESSION
```

/MISSING LISTWISE

/STATISTICS COEFF OUTS R ANOVA

/CRITERIA=PIN(.05) POUT(.10)

/NOORIGIN

/DEPENDENT Y

/METHOD=ENTER X.

步骤 3

输入和运行以下代码，观察结果。

REGRESSION

 /SELECT=Group EQ 1

 /MISSING LISTWISE

 /STATISTICS COEFF OUTS R ANOVA

 /CRITERIA=PIN(.05) POUT(.10)

 /NOORIGIN

 /DEPENDENT Y

 /METHOD=ENTER X.

REGRESSION

 /SELECT=Group EQ 2

 /MISSING LISTWISE

 /STATISTICS COEFF OUTS R ANOVA

 /CRITERIA=PIN(.05) POUT(.10)

 /NOORIGIN

 /DEPENDENT Y

 /METHOD=ENTER X.

REGRESSION

 /SELECT=Group EQ 3

 /MISSING LISTWISE

```
   /STATISTICS COEFF OUTS R ANOVA
   /CRITERIA=PIN(.05) POUT(.10)
   /NOORIGIN
   /DEPENDENT Y
   /METHOD=ENTER X.

REGRESSION
   /SELECT=Group EQ 4
   /MISSING LISTWISE
   /STATISTICS COEFF OUTS R ANOVA
   /CRITERIA=PIN(.05) POUT(.10)
   /NOORIGIN
   /DEPENDENT Y
   /METHOD=ENTER X.
```

结果

完成步骤 1 之后，可以看到在数据表中的 X 和 Y 下出现了数据。这些数据是用 SPSS 生成的服从正态分布的随机数，而且，根据 Compute 命令后的表达式可以推知，从第 1 组到第 4 组，X 和 Y 的组平均数应该是依次变大的。

步骤 2 的 Graph 命令画出了 4 个子样本的散点图（SPSS 默认用不同颜色表示不同子样本，此处改为用不同符号表示；见图 12.A）。根据作者的数据，可以看到，第 1 组散点大部分在左下角，后面各组散点依组序逐级右移并抬升，第 4 组散点主要位于右上角。这就验证了"X 和 Y 的组平均数应该依次变大"的推理。

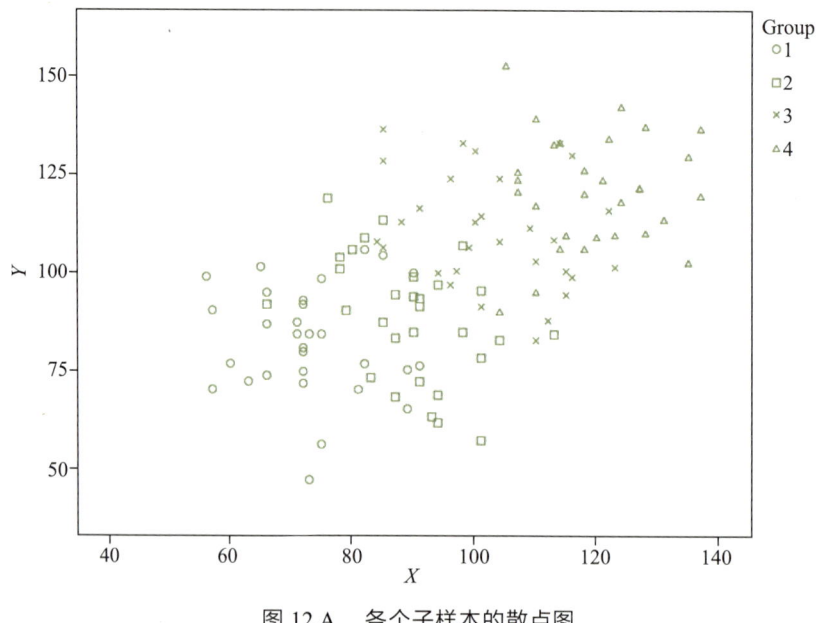

图 12.A 各个子样本的散点图

步骤 2 的 Regression 命令对总样本数据进行回归分析,得到结果是:截距为 43.848,回归系数为 0.591,标准回归系数为 0.554,有显著意义($t = 7.238$,$p < 0.001$)。这说明,X 每增加 1 个标准差,Y 平均增加 0.554 个标准差,X 和 Y 之间呈正相关($r = 0.554$)。

步骤 3 的 Regression 命令后增加了 "/SELECT=Group EQ 1~4" 选项,意味着每次只对一个子样本的数据进行回归分析,从而建立 4 个子样本回归方程。其结果见表 12.A。

表 12.A 4 个子样本回归方程结果

组别	截距	回归系数	标准回归系数	t	p
1	86.515	−0.053	−0.037	−0.198	0.845
2	148.134	−0.664	−0.412	−2.393	0.024
3	144.375	−0.328	−0.262	−1.436	0.162
4	112.755	0.067	0.047	0.248	0.806

可以看到,子样本的回归分析结果与总样本大相径庭,除了第四组之外,X 与 Y 之间都呈负相关,其中第二组的负相关还是显著的。

讨论

本实验演示了这样一种情况:对总样本的数据进行的回归分析结果迥异于分别根据其子样本得到的结果。本实验根据总样本算出的回归系数是正值,但根据其子样本算出的回归系数有 3 个是负值，其中第二组的回归系数还具有显著意义。

子样本回归系数多为负值，是因为在计算 Y 值的命令中有 "-0.5*X" 这一项，它意味着在各组内部，X 越大，Y 越小，这样就容易形成负相关。

思考题

最后请读者想一想，用什么办法可以让 4 个子样本都形成显著的负相关（回归系数为负值且有显著意义）？

习题

12.1 为什么要进行回归分析？它与相关分析有何不同？

12.2 已知全国大学生某英语竞赛的平均分为 M，现有一位大学生参赛，其成绩最可能是多少？

12.3 根据以下数据，建立根据 X 估计 Y 的回归方程。

ID	X	Y	ID	X	Y
1	88	90	6	79	84
2	85	82	7	86	81
3	87	86	8	75	62
4	63	77	9	62	70
5	96	87	10	90	85

12.4 编制某智力测验时，让同一组参试者进行两次测量，得到第一次测验得分（X）和第二次测验得分（Y）。请建立根据 Y 估计 X 的回归方程。

ID	X	Y	ID	X	Y
1	77	89	6	70	80
2	76	75	7	67	81
3	80	87	8	75	84
4	88	89	9	72	80
5	67	77	10	74	89

12.5 求习题 12.3 和习题 12.4 的回归方程的确定系数。

12.6 假设某研究获得两种心理特质得分的不确定系数为 0.36。问：它们之间的相关系数是多少？

12.7 对习题 12.3 和习题 12.4 的回归方程进行显著性检验。

12.8 根据习题 12.3 得出的方程，若 $Y_0 = 80$，对 $\hat{X}_0$ 进行点估计。

12.9 什么是线性标准回归方程？标准回归方程为什么没有列出截距？

12.10 下面是 15 名参试者的数学（Y）、物理学（X_1）和注意力（X_2）的测验分数，试建立以数学测验分数为因变量的二元线性回归方程。

数学 (Y)	物理学 (X_1)	注意力 (X_2)	数学 (Y)	物理学 (X_1)	注意力 (X_2)	数学 (Y)	物理学 (X_1)	注意力 (X_2)
57	75	56	66	57	40	93	61	83
33	57	48	82	75	71	52	42	53
94	70	65	35	58	51	66	74	47
46	56	44	82	62	57	45	52	48
80	64	85	62	73	55	55	62	58

12.11 对习题 12.10 求得的回归方程进行线性关系检验和偏回归系数检验。

12.12 请完成下面检验二元回归方程显著性的方差分析表（$n = 13$）。

差异来源	平方和	自由度	均方差	F 值
回归	300			
残差	1200			
总和	1500			

12.13 某研究者想比较两个自变量预测因变量的加法模型（$\hat{Y} = a + b_1 X_1 + b_2 X_2$）和乘法模型（$\hat{Y} = a + b X_1 X_2$）的拟合优度，他应该怎么做？

12.14 假设在例题 12.6.1 对性别的编码中，用 $female = 0$ 表示男性，$female = 1$ 表示女性，得出的回归方程有什么变化？

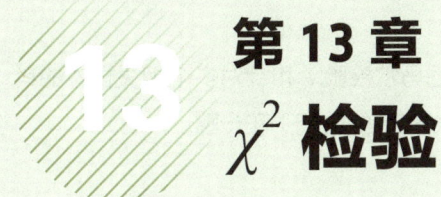

第 13 章
χ^2 检验

本章提要

- 非参数检验在推断统计学中占据着重要地位。
- χ^2 检验是最常用的非参数检验方法。它针对的是点计所得的次数，可以检验总体的分布是否符合某一理论分布，检验两个因素之间是否存在关联或判断多次重复试验的结果是否相同。
- 单向 χ^2 检验用于单向表的显著性检验，可以进行拟合优度检验。
- 双向 χ^2 检验用于双向表，对于独立样本，可以进行独立性检验或同质性检验。
- χ^2 检验也可以用于相关样本，对于两个相关样本可以用麦克尼马尔检验，对于多个相关样本可以用科克伦 Q 检验。
- Kappa 系数用于表示两个评定者（或两次评定）的一致性。
- χ^2 检验在某些情况下需要进行连续性校正。
- χ^2 检验可以取代总体比例差异的显著性检验。

学习目标

- 理解非参数检验在推断统计学中的地位。
- 理解 χ^2 检验的基本原理，掌握其基本公式。
- 了解单向 χ^2 检验针对的问题，掌握需要连续性校正的情形和计算公式。
- 理解并掌握用 χ^2 检验进行正态分布拟合优度检验的原理和步骤。
- 了解双向 χ^2 检验针对的问题。
- 了解在独立样本情况下独立性 χ^2 检验和同质性 χ^2 检验的意义，理解两者的联系，掌握双向表理论次数的计算方法和 χ^2 检验的计算公式。
- 掌握 2×2 表的 χ^2 检验的缩减公式及其连续性校正情况下的公式。
- 理解中位数检验与 χ^2 检验的事后检验方法。

- 了解相关样本 χ^2 检验针对的问题。
- 掌握针对两个相关样本的 2×2 表的 χ^2 检验（麦克尼马尔检验）和针对多个相关样本的科克伦 Q 检验的方法、公式（包括缩减公式、连续性校正下的公式）和步骤。
- 理解 *Kappa* 系数的原理，掌握其计算方法。

> ### 导读问题
>
> χ^2 检验（读作卡方检验）是针对次数进行的统计分析方法，它将数据转换成次数，考察次数分布是否符合理论分布。对于以下假想的数据（参试者性别、年级、言语能力得分、对"高中取消文理分科"的三种态度和三次长跑测试是否达标），我们可以提出不同的 χ^2 检验问题。
>
> | 参试者编号 | 性别 | 年级 | 言语 | 态度 | 期初 | 期中 | 期末 |
> |---|---|---|---|---|---|---|---|
> | 0001 | 男 | 大一 | 89 | 赞成 | 达标 | 达标 | 达标 |
> | 0002 | 男 | 大二 | 86 | 反对 | 未达标 | 未达标 | 达标 |
> | 0003 | 女 | 大四 | 91 | 反对 | 达标 | 未达标 | 达标 |
> | 0004 | 女 | 大四 | 96 | 反对 | 未达标 | 未达标 | 达标 |
> | 0005 | 男 | 大一 | 85 | 赞成 | 未达标 | 未达标 | 达标 |
> | 0006 | 女 | 大三 | 75 | 中立 | 未达标 | 达标 | 达标 |
> | 0007 | 女 | 大三 | 83 | 中立 | 未达标 | 达标 | 达标 |
> | 0008 | 女 | 大二 | 90 | 反对 | 未达标 | 达标 | 达标 |
> | 0009 | 男 | 大三 | 64 | 赞成 | 未达标 | 未达标 | 未达标 |
> | 0010 | 男 | 大一 | 81 | 赞成 | 未达标 | 未达标 | 未达标 |
> | ⋮ | ⋮ | ⋮ | ⋮ | ⋮ | ⋮ | ⋮ | ⋮ |
>
> - 问题一：参试者的性别比例是不是 $1:1$？参试者三种态度的比例是不是 $1:1:2$？
>
>   由于这两个问题分别针对一个变量，故可以在统计不同性别的人数或不同态度的人数后，分别进行单向 χ^2 检验。
>
> - 问题二：参试者的言语能力得分是否服从正态分布？
>
>   本题仅涉及言语能力得分，这也要用到单向 χ^2 检验。
>
> - 问题三：参试者的性别与态度有无关联？
>
>   性别与态度是两个变量，故可以统计性别与态度的各种组合（$2 \times 3 = 6$）的人数，并运用双向 χ^2 检验求解。

- 问题四：参试者在期初和期末的长跑测试成绩有无显著差异？期初、期中、期末的测验成绩有无显著差异？

  同一名参试者前后 2 次或多次测验所得的成绩组成的是相关样本。由于本调查资料未列出具体成绩，仅记录是否达标，所以无法进行两个相关样本的 t 检验或多个相关样本（随机区组设计）的方差分析，但可以通过统计人数，分别进行两个相关样本的麦克尼马尔检验和多个相关样本的科克伦 Q 检验（两者都属于 χ^2 检验）。

13.1 χ^2 检验的基本概念

13.1.1 非参数检验

从第 6 章开始到第 12 章，我们接触到的因变量基本上都是正态分布的连续变量（例如，考试成绩、心理测验得分、反应时间、身高和体重等），相应的检验方法往往都是 t 检验或 F 检验等。可是，当原始观察值是称名量表或顺序量表的时候，这些检验方法就不再有效了。

例如，我们想调查一下，对高中取消文理分科的提议，赞成的人会有多少？反对的会有多少？介于赞成与反对之间（无所谓）的会有多少？若有人假设持上述三种态度的人数比例相等（1∶1∶1），那么如何验证这个假设？这时，无论是 t 检验还是 F 检验都无能为力，因为 t 检验和 F 检验只能处理连续变量。χ^2 检验却可以处理间断变量（例如，导读问题中的性别、年级、态度和三次长跑测试的成绩），只不过先要得出取间断变量各个值的次数（例如，男女人数、持不同态度的人数等）。

χ^2 检验的两个基本任务是：

- 根据样本的次数分布推断总体分布是否服从某种理论分布或某种假设分布，即根据样本的次数分布来推断总体的分布。
- 检验两个因素之间是否存在关联（独立性检验），或判断多次重复试验的结果是否相同（同质性检验）。

从上述介绍中可以看到，χ^2 检验不涉及总体的平均数、方差或相关系数等参数，而是涉及总体的分布形态。这样的情况在统计工作中会经常出现——**假设检验时不知道总**

体分布的具体形式，或者对总体分布的形式知之甚少，或者假设检验不涉及总体参数。在这些情形下，经常要进行非参数检验。本章介绍的 χ^2 检验是最常用的非参数检验，其他非参数检验方法将在第 14 章阐述。

非参数统计方法有广泛的应用，原因如下：

- 非参数检验无须假定总体的分布形态，而且对资料的计量水平要求也不高，称名水平和顺序水平的资料就能进行包括 χ^2 检验在内的各种非参数检验。
- 当总体分布的具体形式未知，而且样本容量很小时，无法用参数检验的方法，只能用非参数检验。
- 大多数非参数检验的方法简便直观，易于掌握。而且，很多非参数检验的功效并不显著地低于参数检验。

当然，这并不是说，非参数检验可以取代参数检验。面对具体问题，究竟采用何种方法，应当考虑各种现实条件。一般来说，如果可以采用参数检验，就不用非参数统计方法，否则就不能充分利用样本提供的信息。

> **回顾**：非参数检验
> **练习与思考**：完成习题 13.1—13.2

13.1.2 χ^2 检验的基本原理

回到前文所说的关于"高中取消文理分科"的调查中。假设随机抽取 300 人，要求每个人从"赞成""反对"和"中立"这三个选项中任选其一。结果，持这三种态度的人数分别是 100，110，90。这时，如何验证"持上述三种态度的人数比例相等"的假设？

读者也许会想，既然实际得到的三种态度的人数分别是 100，110，90，这不就说明持上述三种态度的人数比例不是 1∶1∶1，而是 1∶1.1∶0.9 吗？其实不然，这次仅仅调查了 300 人，他们只是一个样本，因此存在着抽样误差。即使总体持三种态度的人数比例确实是 1∶1∶1，在我们调查的 300 人中，持三种态度的人数为 100∶110∶90 也不奇怪。也许下一次再抽取 300 人做样本，得到的结果会是 110∶90∶100。

推断统计学是直觉推理的升华。假设对人们的态度进行三次调查，每次调查的样本人数都是 300 人，结果见表 13.1.1。问：持三种态度的人数有无显著差异？即使没有学过统计学，看到表 13.1.1 中的数据，我们也会觉得，从第一次调查得到的人数看，持三种态度的人数似乎差距不大，应该维持原来的 1∶1∶1 的看法；而第二次调查发现，持反对态度的人数明显增加，觉得无所谓的人数明显减少，但是要推翻原来的看法，也没有很大的把握；到了第三次调查时，持反对态度的人数占绝对优势，这时我们可以很有把握地推翻原来"三种态度人数相同"的看法。

表 13.1.1 对"取消文理分科"持不同态度的人数

调查	赞成	反对	中立
第一次	100	110	90
第二次	100	120	80
第三次	100	190	10

统计学家将直觉推理提炼为数学方法，给出计算公式，根据计算结果是否超过临界值来判断是否应该推翻原来的看法（零假设）。

我们将样本中不同类别的个体数称为观测次数，将样本中按照理论比例计算出来的不同类别的个体数称为理论次数。在上面这个调查中，观测次数就是三种态度的实际人数，例如 100，110，90，而理论次数就是根据原来的 1∶1∶1 的比例计算出来的三种态度在理论上应该有多少人（100，100，100）。χ^2 检验的基本思想就是根据实际次数与理论次数的差距来计算 χ^2 值，并据此判断在实际次数分布与理论次数分布之间有无显著差异。检验统计量的公式如下：

$$\chi^2 = \sum_{i=1}^{k} \frac{(O_i - E_i)^2}{E_i}$$

（公式 13.1.1）

式中，k 为类别数；O_i 为观测次数；E_i 为理论次数。

这个公式体现出理论分布和实际分布之间的差异程度。如果所有的实际次数等于理论次数，则 χ^2 值为 0，此时理论与实际完全吻合。故 χ^2 检验可以理解为拟合优度检验，即关于样本次数分布与某种指定的次数分布的吻合程度的假设检验。

根据公式 13.1.1，当观测次数为 100，110，90 时，其 χ^2 值为

$$\chi^2 = \sum_{i=1}^{k} \frac{(O_i - E_i)^2}{E_i} = \frac{(100-100)^2}{100} + \frac{(110-100)^2}{100} + \frac{(90-100)^2}{100} = 2$$

这里计算得到的 χ^2 值，就是实际观察的数据与"持三种态度的人数之比为 1∶1∶1"

这一理论之间的差异。在后文中，我们可以学习通过查表判断这种差异有没有达到显著水平。如果达到了，就认为实际情况不是 1∶1∶1。

χ^2 检验的步骤与参数检验相同，首先要提出零假设和备择假设，接着选择合适的检验统计量公式并计算其值，最后根据指定的显著性水平对应的临界值，判断应该接受还是拒绝零假设。

> 回顾：χ^2 检验的基本原理
>
> 练习与思考：完成习题 13.3

13.2 单向 χ^2 检验

单向 χ^2 检验用于对单向表的数据进行检验。把实得的观测次数按单一的分类标准（变量）编制成表就是单向表。例如，表 13.1.1（单看其中一次调查的次数）只涉及一个变量——态度。

当需要判断单向表所示的次数能否表明总体服从某个理论分布或假设分布时，我们可以先根据相应的分布计算出与各观测次数相对应的理论次数，然后根据公式 13.1.1 计算 χ^2 值，最后查 χ^2 值表即可做出决断，单向 χ^2 检验的自由度为 $df = k - 1$（k 为类别数）。

13.2.1 当 $df > 1$ 时的单向 χ^2 检验

对于本章导读问题一中提到的关于取消文理分科的调查结果，由于存在三种不同的态度，$df = k - 1 = 2$，属于 $df > 1$ 的单向 χ^2 检验。

【例题 13.2.1】根据表 13.1.1 中第二次调查的数据，判断三种态度的人数是否相同？

解：

（1）提出假设。

H_0：三种态度的人数比例是 1∶1∶1

H_1：三种态度的人数比例不是 1∶1∶1

（2）选择并计算检验统计量。这是一个针对次数的检验，应采用 χ^2 检验，检验统计量为

$$\chi^2 = \sum_{i=1}^{k} \frac{(O_i - E_i)^2}{E_i}$$

根据零假设中的比例计算出三种态度的理论次数都是 100。表 13.1.1 中第二次调查的数据显示，三种态度的观测次数分别是 100、120 和 80，故

$$\chi^2 = \sum_{i=1}^{k} \frac{(O_i - E_i)^2}{E_i} = \frac{(100-100)^2}{100} + \frac{(120-100)^2}{100} + \frac{(80-100)^2}{100} = 8$$

（3）规定显著性水平和临界值。本题 $k = 3$，$df = k - 1 = 2$，故当 $\alpha = 0.05$ 时，$\chi^2_{0.05,2} = 5.99$；当 $\alpha = 0.01$ 时，$\chi^2_{0.01,2} = 9.21$。

（4）统计决断。由于计算出来的 χ^2 值大于 $\chi^2_{0.05,2} = 5.99$，说明实际调查结果与原来的理论假设有显著差异，故应拒绝零假设，接受备择假设，认为三种态度的人数比例不是 1∶1∶1。

如果原定的关于总体的理论分布不是均匀分布，而是其他比例关系（例如 1∶2∶1），上述方法同样适用。

> 回顾：单向 χ^2 检验
> 练习与思考：完成习题 13.4—13.5

13.2.2 当 $df = 1$ 时的单向 χ^2 检验

当 $df = 1$ 时，一般情况下还是沿用公式 13.1.1 计算检验统计量的值；但是，只要有任何一个组的理论次数 $E < 5$，就要运用耶茨（Yates）连续性校正法（==一种将间断性数据校正为连续性数据的方法==）对数据做如下校正：

$$\chi^2 = \sum_{i=1}^{k} \frac{(|O_i - E_i| - 0.5)^2}{E_i} \tag{公式 13.2.1}$$

【例题 13.2.2】从某中学随机抽取 80 名学生，其中有 50 人喜欢看足球，有 30 人不喜

欢看足球。问：该校学生喜欢与不喜欢看足球的人数是否为 3∶1？

解：

（1）提出假设。

H_0：喜欢与不喜欢看足球的人数比例是 3∶1

H_1：喜欢与不喜欢看足球的人数比例不是 3∶1

（2）选择并计算检验统计量。应采用 χ^2 检验，检验统计量为

$$\chi^2 = \sum_{i=1}^{k} \frac{(O_i - E_i)^2}{E_i}$$

本题 $k=2$，$df = k-1 = 1$，根据 H_0 中的比例计算出喜欢与不喜欢看足球的理论次数分别为 60 和 20，各组理论次数均大于 5，无须连续性校正，故

$$\chi^2 = \sum_{i=1}^{k} \frac{(O_i - E_i)^2}{E_i} = \frac{(50-60)^2}{60} + \frac{(30-20)^2}{20} = 6.667$$

（3）规定显著性水平和临界值。当 $\alpha = 0.05$ 时，$\chi^2_{0.05,1} = 3.84$；当 $\alpha = 0.01$ 时，$\chi^2_{0.01,1} = 6.63$。

（4）统计决断。由于计算出来的 χ^2 值大于 $\chi^2_{0.05,1} = 6.63$，说明实际观测结果与原来的理论假设有极其显著的差异，故应拒绝零假设，接受备择假设，认为喜欢与不喜欢看足球的人数比例不是 3∶1。

【例题 13.2.3】某区中学生体育优良率为 0.8，现从该区某中学随机抽取 20 人，其中体育优良的有 12 人。问：该校体育优良率与全区是否相同？

解：

（1）提出假设。

H_0：该校体育优良率与全区相同

H_1：该校体育优良率与全区不相同

（2）选择并计算检验统计量。应采用 χ^2 检验，检验统计量为

$$\chi^2 = \sum_{i=1}^{k} \frac{(O_i - E_i)^2}{E_i}$$

本题 $k = 2$，$df = k - 1 = 1$，根据零假设中的比例计算出体育优良与非优良的理论次数分别为 16 和 4，非优良组理论次数小于 5，需进行连续性校正，故

$$\chi^2 = \sum_{i=1}^{k} \frac{(|O_i - E_i| - 0.5)^2}{E_i} = \frac{(|12 - 16| - 0.5)^2}{16} + \frac{(|8 - 4| - 0.5)^2}{4} = 3.83$$

（3）规定显著性水平和临界值。当 $\alpha = 0.05$ 时，$\chi^2_{0.05,1} = 3.84$；当 $\alpha = 0.01$ 时，$\chi^2_{0.01,1} = 6.63$。

（4）统计决断。由于计算出来的 χ^2 值小于 $\chi^2_{0.05,1} = 3.84$，故应接受零假设，说明该校体育优良率与全区没有显著差异。

> **回顾**：单向 χ^2 检验中的连续性校正
> **练习与思考**：完成习题 13.6

13.2.3 正态分布拟合优度检验

本章导读问题二要求根据一个样本的分布来推断这个样本所在的总体是不是正态分布（假想结果见表 13.2.1），这时也要计算出在正态分布的情况下，样本中各个组的理论次数，从而计算出相应的 χ^2 值。

表 13.2.1 学生的言语测验得分分布情况

组别	人数	组别	人数
$-\infty$—54	2	75—79	28
55—59	3	80—84	13
60—64	10	85—89	9
65—69	15	90—94	4
70—74	34	95—∞	2

正态分布拟合优度检验的基本思路与前面介绍的单向表的 χ^2 检验是完全一致的，都是考察理论次数分布和实际观测到的次数分布之间的差异，只不过组数往往更多一些，

这样更能体现出正态分布的形态。

在正态分布拟合优度检验的计算中，各组的理论次数的计算过程比较复杂，其计算步骤如下所示。

步骤1

根据样本平均数 $\bar{X}$ 和样本标准差 S，计算出各组上下限所对应的 Z 分数（注意，各组上下限应紧密连接，不得出现间断）。

步骤2

根据 Z 分数查出各组相应的概率。

步骤3

将各组概率乘以样本总次数，得到各组理论次数。

步骤4

如果出现理论次数小于 5 的组，应将该组与其相邻组合并，计算出合并后的理论次数；如果还不到 5，则继续与相邻组合并，直到合并后的理论次数大于或等于 5 为止。

由于在计算理论次数时，运用了样本平均数 $\bar{X}$ 和样本标准差 S，再加上单向 χ^2 检验本来就受到 $\sum_{i=1}^{k}(O_i - E_i) = 0$ 的限制，总共受到三重限制，故 $df = k - 3$。

【例题 13.2.4】根据表 13.2.1 的数据，且知道样本平均数 $\bar{X} = 75$，标准差 $S = 10$。问：该样本所在总体是否服从正态分布 $N(75, 10^2)$？

解：

（1）提出假设。

H_0：样本所在总体呈正态分布

H_1：样本所在总体不呈正态分布

（2）选择并计算检验统计量。应采用 χ^2 检验，检验统计量为

$$\chi^2 = \sum_{i=1}^{k} \frac{(O_i - E_i)^2}{E_i}$$

根据 H_0，如果总体服从正态分布，则样本中各组理论次数的计算结果见表 13.2.2。

表 13.2.2 学生考试成绩的正态分布拟合优度检验计算表

组别	O_i	Z	P	E_i	组别	O_i	Z	P	E_i
$-\infty$—54	2	$-\infty \sim -2$	0.023	2.73	75—79	28	$0 \sim 0.5$	0.191	22.98
55—59	3	$-2 \sim -1.5$	0.044	5.29	80—84	13	$0.5 \sim 1$	0.150	17.99
60—64	10	$-1.5 \sim -1$	0.092	11.02	85—89	9	$1 \sim 1.5$	0.092	11.02
65—69	15	$-1 \sim -0.5$	0.150	17.99	90—94	4	$1.5 \sim 2$	0.044	5.29
70—74	34	$-0.5 \sim 0$	0.191	22.98	95—∞	2	$2 \sim 2.5$	0.023	2.73

注：表中每一组的上限与上一组的下限并不重叠，这是为了避免误解，严格的表达方式应该是 [50, 55)，[55, 60)，…，故各组上限应为 55, 60, 65, 70, …

由于表中有理论次数小于 5 的组，经过合并，得到 8 组结果，见表 13.2.3。

表 13.2.3 学生考试成绩的正态分布拟合优度检验计算表（合并后）

组别	O_i	E_i	组别	O_i	E_i
$-\infty$—59	5	8.02	75—79	28	22.98
60—64	10	11.02	80—84	13	17.99
65—69	15	17.99	85—89	9	11.02
70—74	34	22.98	90—∞	6	8.02

故

$$\chi^2 = \sum_{i=1}^{k} \frac{(O_i - E_i)^2}{E_i} = \frac{(5-8.02)^2}{8.02} + \frac{(10-11.02)^2}{11.02} + \cdots + \frac{(6-8.02)^2}{8.02} = 10.37$$

实际次数分布曲线与正态分布下理论次数分布曲线的对比见图 13.2.1。

（3）规定显著性水平和临界值。本题 $k = 8$，$df = 8 - 3 = 5$，故当 $\alpha = 0.05$ 时，$\chi^2_{0.05,5} = 11.07$；当 $\alpha = 0.01$ 时，$\chi^2_{0.01,5} = 15.09$。

（4）统计决断。由于计算出来的 χ^2 值小于 $\chi^2_{0.05,5} = 11.07$，故应接受零假设，说明样本所在总体的分布与正态分布没有显著差异。

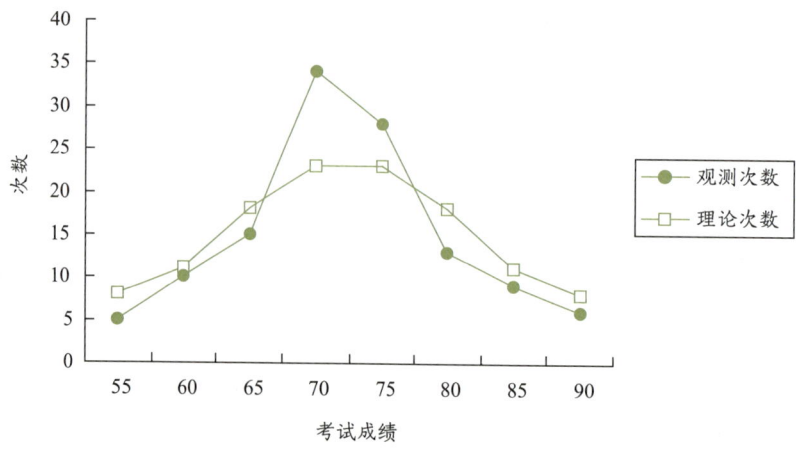

图 13.2.1 实际次数分布与正态分布对照图

> **回顾**：正态分布拟合优度检验
> **练习与思考**：完成习题 13.7

13.3 双向 χ^2 检验

将次数按两种分类标准（两个变量）编制成表，称为双向表。本章导读问题三要求判断性别与态度之间有无关联。为此，我们可以统计一下在男生和女生中持三种不同态度（六种组合）的人数分别是多少，得到一张双向表（见表 13.3.1）。由于分别随机抽取了男生和女生，所以得到的是独立样本。第 13.4 节将介绍相关样本的情形。

表 13.3.1 性别与态度

学生性别	态度		
	赞成	反对	中立
男	40	36	12
女	92	46	88

对双向表的数据进行的 χ^2 检验，就是双向 χ^2 检验。它既可以用于检验两个变量之间是否存在关联（独立性 χ^2 检验），也可以用于检验多次重复试验结果是否同质（同质性 χ^2 检验）。

13.3.1 独立性 χ^2 检验

独立性 χ^2 检验根据点计数据（次数）判断两个变量之间是否存在关联，其数据结构如表 13.3.2 所示。

表 13.3.2　独立性 χ^2 检验的数据结构

A 因素	B 因素				总和
	水平 1	水平 2	…	水平 c	
水平 1	O_{11}	O_{12}	…	O_{1c}	m_1
水平 2	O_{21}	O_{22}	…	O_{2c}	m_2
⋮	⋮	⋮	⋮	⋮	⋮
水平 r	O_{r1}	O_{r2}	…	O_{rc}	m_r
总和	n_1	n_2	…	n_c	N

对于双向表，可以计算出在两个变量无关联的情况下的理论次数，进而计算出 χ^2 值，然后根据 $df = (r-1)(c-1)$ 查表得到 χ^2 的临界值，从而判断两个变量间是否存在关联。

那么，如何计算与各实际观测次数相对应的理论次数呢？以表 13.3.1 的数据为例。要回答的问题是性别与态度有无关联？这个问题也可以这样表述：男生与女生的态度有无显著差异？为了解决这样的问题，我们只要先计算出在变量之间没有关联或在重复试验结果没有显著差异的情况下，各单元格中的理论次数是多少，就可以计算 χ^2 值，进而做出统计决断了。

为此，我们应该首先了解，"变量之间没有关联"或者"重复试验结果没有显著差异"是怎样一种状况。如果性别与态度之间没有关联，则无论是男生还是女生，持不同态度的人数比例应该是一样的，例如都是 2∶1∶1；反过来，无论持何种态度，其中的男女比例也应该是一样的，例如都是 1∶2。表 13.3.3 表示的就是性别与态度之间没有关联的情况。观察这个表可以发现，无论横向看行，还是纵向看列，比例关系都是相同的。

表 13.3.3　性别与态度之间无关联的情况

学生性别	态度		
	赞成	反对	中立
男	30	15	15
女	60	30	30

可见，根据比例关系相同的原则，就可以计算出各个理论次数。计算公式为

$$E_{ij} = \frac{m_i n_j}{N} \qquad \text{(公式 13.3.1)}$$

式中，E_{ij} 为第 i 行第 j 列的理论次数；m_i 为第 i 行的观测次数的总和；n_j 为第 j 列的观测次数的总和；N 为总次数。

计算出理论次数后，可以用以下公式计算 χ^2 值：

$$\chi^2 = \sum_{i=1}^{r}\sum_{j=1}^{c} \frac{(O_{ij} - E_{ij})^2}{E_{ij}} \qquad \text{(公式 13.3.2)}$$

其中，自由度 $df = (r-1)(c-1)$。

为了计算上的方便，也可以不计算理论次数，直接采用以下公式计算 χ^2 值：

$$\chi^2 = N\left(\sum_{i=1}^{r}\sum_{j=1}^{c} \frac{O_{ij}^2}{m_i n_j} - 1\right) \qquad \text{(公式 13.3.3)}$$

【例题 13.3.1】根据表 13.3.1，判断性别与态度有无关联？

解：

（1）提出假设。

H_0：性别与态度无关联

H_1：性别与态度有关联

（2）选择并计算检验统计量。应采用 χ^2 检验，检验统计量为

$$\chi^2 = \sum_{i=1}^{r}\sum_{j=1}^{c} \frac{(O_{ij} - E_{ij})^2}{E_{ij}}$$

根据 H_0，先计算出各观测次数对应的理论次数，见表 13.3.4。

表 13.3.4 性别与态度独立性检验计算表

性别	赞成	反对	中立	总和
男生	40（36.99）	36（22.98）	12（28.03）	88
女生	92（95.01）	46（59.02）	88（71.97）	226
总和	132	82	100	314

故

$$\chi^2 = \sum_{i=1}^{r}\sum_{j=1}^{c}\frac{(O_{ij}-E_{ij})^2}{E_{ij}} = \frac{(36-22.98)^2}{22.98} + \frac{(40-36.09)^2}{36.09} + \cdots + \frac{(88-71.97)^2}{71.97} = 23.32$$

（3）规定显著性水平和临界值。本题 $r = 2$，$c = 3$，$df = (r-1)(c-1) = 2$，故当 $\alpha = 0.05$ 时，$\chi^2_{0.05,2} = 5.99$；当 $\alpha = 0.01$ 时，$\chi^2_{0.01,2} = 9.21$。

（4）统计决断。由于计算出来的 χ^2 值大于 $\chi^2_{0.01,2} = 9.21$，说明实际观测结果与因素之间无关联的零假设有显著差异，故应拒绝零假设，认为性别与态度有关联。

> **回顾**：双向表　双向 χ^2 检验　独立性检验　双向表的理论次数
> **练习与思考**：完成习题 13.8

13.3.2　同质性 χ^2 检验

同质性 χ^2 检验根据点计数据（次数）判断多次重复试验的结果是否相同。例如，有 A、B、C、D 四所学校，其体育成绩如表 13.3.5 所示。问：这四所学校的体育成绩有无显著差异？

表 13.3.5　四所学校的体育成绩

学校	及格	良好	优秀
A	80	15	5
B	43	11	6
C	72	13	5
D	34	58	8

【例题 13.3.2】根据表 13.3.5，判断这四所学校的体育成绩有无显著差异？

解：

（1）提出假设。

H_0：四所学校的体育成绩无显著差异
H_1：四所学校的体育成绩有显著差异

（2）选择并计算检验统计量。应采用 χ^2 检验，检验统计量为

$$\chi^2 = \sum_{i=1}^{r}\sum_{j=1}^{c}\frac{(O_{ij}-E_{ij})^2}{E_{ij}} \text{ 或 } \chi^2 = N\left(\sum_{i=1}^{r}\sum_{j=1}^{c}\frac{O_{ij}^2}{m_i n_j}-1\right)$$

先计算各行各列的总和以及总次数 N（见表 13.3.6）。

表 13.3.6　四所学校的体育成绩同质性检验计算表

学校	及格	良好	优秀	总和
A	80	15	5	100
B	43	11	6	60
C	72	13	5	90
D	34	58	8	100
总和	229	97	24	350

根据公式 13.3.3 计算

$$\chi^2 = N\left(\sum_{j=1}^{c}\sum_{i=1}^{r}\frac{O_{ij}^2}{m_i n_j}-1\right) = 350\times\left(\frac{80^2}{100\times 229}+\frac{15^2}{100\times 97}+\cdots+\frac{8^2}{100\times 24}-1\right) = 69.95$$

（3）规定显著性水平和临界值。本题 $r=4$，$c=3$，$df=(r-1)(c-1)=6$，故当 $\alpha=0.05$ 时，$\chi^2_{0.05,6}=12.59$；当 $\alpha=0.01$ 时，$\chi^2_{0.01,6}=16.81$。

（4）统计决断。由于计算出来的 χ^2 值大于 $\chi^2_{0.01,6}=16.81$，说明实际观测结果与四所学校体育成绩无显著差异的零假设之间存在显著差异，故应拒绝零假设，认为四所学校体育成绩有极其显著的差异。

独立性检验和同质性检验没有本质区别

同质性 χ^2 检验无论是数据结构还是计算方法都与独立性 χ^2 检验完全相同，自由度也是 $(r-1)(c-1)$。只是检验的意义不同。独立性 χ^2 检验关心的是双向表的两个变量之间是否相互关联；而在同质性 χ^2 检验中，其中一个变量反映的是几个重复试验，它关心的是这几个重复试验的结果有无显著差异。双向 χ^2 检验既可以理解为独立性 χ^2 检验，又可以理解为同质性 χ^2 检验，以前面提到的性别与态度的独立性检验为例，它也可以理解为"不同性别学生的态度有无显著差异"。这就变成同质性检验了；而四所学校体育成绩有无显著差异的同质性检验，也可以理解为独立性检验——"学校与成绩有无关系"。

回顾： 同质性检验　独立性检验和同质性检验的联系
练习与思考： 完成习题 13.9

13.3.3　2×2 表的 χ^2 检验

如果在双向 χ^2 检验中，两个因素都只有两个水平，就成为一个 2×2 表的 χ^2 检验。

例如，表 13.3.7 表示的是男生和女生的数学成绩（优秀与非优秀的人数），问男生和女生的成绩有无显著差异？

表 13.3.7　男生和女生的数学成绩

性别	优秀	非优秀	总和
男	12(*a*)	26(*b*)	38(*a* + *b*)
女	6(*c*)	8(*d*)	14(*c* + *d*)
总和	18(*a* + *c*)	34(*b* + *d*)	52(*N*)

在这种情况下，可以用前面提到的方法，先求出理论次数，然后计算 χ^2 值，也可以采用以下缩减公式，由实际次数直接计算 χ^2 值：

$$\chi^2 = \frac{(ad-bc)^2 N}{(a+b)(a+c)(b+d)(c+d)} \quad \text{（公式 13.3.4）}$$

其中，自由度 $df = (r-1)(c-1) = (2-1)(2-1) = 1$。

第 11 章介绍的 ϕ 相关系数的显著性检验公式，就是上述 2×2 表的 χ^2 检验。

【例题 13.3.3】根据表 13.3.7，判断男生和女生的数学成绩有无显著差异？

解：

（1）提出假设。

H_0：男生和女生的数学成绩无显著差异
H_1：男生和女生的数学成绩有显著差异

（2）选择并计算检验统计量。这是一个 2×2 表的 χ^2 检验，可以采用简化公式

$$\chi^2 = \frac{(ad-bc)^2 N}{(a+b)(a+c)(b+d)(c+d)} = \frac{(12\times 8 - 26\times 6)^2 \times 52}{(12+26)\times(12+6)\times(26+8)\times(6+8)} = 0.575$$

（3）规定显著性水平和临界值。本题 $r=2$，$c=2$，$df=(r-1)(c-1)=1$，故当 $\alpha=0.05$ 时，$\chi^2_{0.05,1}=3.84$；当 $\alpha=0.01$ 时，$\chi^2_{0.01,1}=6.63$。

（4）统计决断。由于计算出来的 χ^2 值小于 $\chi^2_{0.05,1}=3.84$，故应接受零假设，认为男生和女生的数学成绩没有显著差异。

在关于单向 χ^2 检验的一节中曾经提到，当 $df=1$ 时，如果任一组的理论次数小于5，就要做耶茨连续性校正。在 2×2 表的 χ^2 检验中，由于自由度也是1，故也可能出现需要连续性校正的情况。一个简单的判断方法是，当样本容量总和 $N<30$ 或 $N<50$（取决于对检验结果要求的严格程度）时，就应进行连续性校正。这时，计算 χ^2 值应采用如下公式：

$$\chi^2 = \frac{(|ad-bc|-N/2)^2 N}{(a+b)(a+c)(b+d)(c+d)} \qquad （公式 13.3.5）$$

例如，对于表 13.3.8 所示的情况，如果要求严格一些（以 $N<50$ 为标准），就应采用校正公式计算 χ^2 值，结果为 5.58。由于 $\chi^2_{0.05,1}=3.84$，$\chi^2_{0.01,1}=6.63$，故应当认为男生和女生的数学成绩有显著差异。

表 13.3.8 男生和女生的数学成绩

性别	优秀	非优秀	总和
男	2(a)	26(b)	28(a+b)
女	6(c)	8(d)	14(c+d)
总和	8(a+c)	34(b+d)	42(N)

比例之差的假设检验（成数检验）可以用 χ^2 检验代替

读者也许还记得，在第9章中，有过这样一个例题（例题 9.2.4）：从甲乙两所学校中抽取本科生进行普通话测试。在甲校的 300 人中有 90 人成绩优良，在乙校的

350 人中有 140 人成绩优良。判断两所学校本科生的普通话优良率有无显著差异。

当时采用的办法是，先将人数换算成比例，然后进行两个总体比例之差的假设检验。这实际上也是一个同质性 χ^2 检验问题。而且，用两个总体比例之差的假设检验只能对两个样本的比例进行显著性检验，用 χ^2 检验则可以对多个样本进行显著性检验，适用范围更广。

回顾：2×2 表的 χ^2 检验的缩减公式和连续性校正公式

练习与思考：完成习题 13.10—13.11

13.3.4 中位数检验与 χ^2 检验的事后检验

13.3.4.1 中位数检验

双向 χ^2 检验还有一种特殊的形式：中位数检验，它利用两个或多个独立样本在共同中位数上下的次数，来判断各个样本有没有显著差异。先将各个样本的数据合在一起找出它们共同的中位数，然后分别计算每个样本中大于共同中位数和小于等于共同中位数的数据个数，列成 $r \times c$ 表后，再进行同质性 χ^2 检验（公式完全相同）。例如，在表 13.3.9 中，全体学生成绩的中位数为 75 分，分别统计男生和女生成绩大于 75 和成绩小于或等于 75 的人数，计算得到 χ^2 值为 5.833，大于 $\chi^2_{0.05,1} = 3.84$，小于 $\chi^2_{0.01,1} = 6.63$，故应认为男生和女生的成绩在 5% 的显著性水平上有差异。

表 13.3.9 中位数检验

性别	成绩 > 75	成绩 ≤ 75	总和
男	10(a)	20(b)	30($a+b$)
女	25(c)	15(d)	40($c+d$)
总和	35($a+c$)	35($b+d$)	70(N)

13.3.4.2 χ^2 检验的事后检验

与方差分析类似，双向 χ^2 检验在拒绝零假设后，也可以进行事后检验，以确定哪一组或哪些组的观测次数与理论次数有显著差异。其检验统计量是

$$Z_{ij} = \frac{O_{ij} - E_{ij}}{\sqrt{E_{ij}\left(1 - \frac{m_i}{N}\right)\left(1 - \frac{n_j}{N}\right)}} \qquad \text{(公式 13.3.6)}$$

式中，O_{ij} 为第 i 行第 j 列的观测次数；E_{ij} 为第 i 行第 j 列的理论次数；m_i 为第 i 行的观测次数的总和；n_j 为第 j 列的观测次数的总和；N 为总次数。

Z_{ij} 为标准分数，服从标准正态分布，故只要它的绝对值超过 1.96，就意味着该组的观测次数与理论次数有显著差异。正是这些显著差异，导致双向 χ^2 检验拒绝零假设。

13.4 相关样本的 χ^2 检验

13.4.1 基本概念

与 t 检验和方差分析一样，χ^2 检验也分为独立样本和相关样本两种情况。第 13.3 节所述的双向 χ^2 检验实际上是独立样本的 χ^2 检验。

那么，相关样本的 χ^2 检验处理什么样的情况呢？同 t 检验和方差分析中的相关样本一样，χ^2 检验中的相关样本也有两种组成方式：（a）前后多次测量同一组对象，（b）配对成组。

本章导读问题四要求根据长跑测试的达标情况，回答参试者在期初和期末的长跑测试成绩有无显著差异？期初、期中和期末测验成绩有无显著差异？这就属于"前后多次测量同一组对象"的情况，属于相关样本。

为了回答本章导读问题四的第一问，可以清点一下两次测验是否达标的组合情况，显然有四种组合：第一次达标–第二次达标，第一次达标–第二次未达标，第一次未达标–第二次达标，第一次未达标–第二次未达标。假设得到的人数见表 13.4.1。

表 13.4.1　学生参加长跑训练前后两次测验的结果

第一次测验	第二次测验	
	达标	未达标
达标	61(a)	15(b)
未达标	45(c)	11(d)

这是同一组对象前后两次测量的情况。表 13.4.1 说明，有 61 人前后两次测验均达标，11 人前后两次测验均未达标，这两类学生的成绩不能说明长跑训练的效果。另有 45 人

是第一次测验未达标而第二次测验达标的，有 15 人是第一次测验达标而第二次测验未达标的。这两类学生的成绩可以说明长跑训练的效果，因为一个是进步（由未达标到达标）的人数，另一个是退步（由达标到未达标）的人数。

再看另外一个例子：某校根据各方面条件基本相同的原则，将学生配成 14 对，并将每对学生随机分入实验组和对照组。经一段时间的教学后，测定他们的阅读能力，结果见表 13.4.2。

表 13.4.2　实验组与对照组学生的阅读能力

对照组	实验组	
	优秀	非优秀
优秀	3(*a*)	1(*b*)
非优秀	8(*c*)	2(*d*)

表 13.4.2 是配对组的情况。它说明，在这 14 对学生中，有 3 对学生是在实验组的那位优秀，他在对照组的"对手"也优秀，他们之间没有拉开距离；另有 2 对学生在实验组的那位不优秀，在对照组的那位也不优秀，他们之间也没有拉开距离。这两类学生的成绩都不能说明实验组和对照组的成绩有无显著差异。相反，8 对学生在实验组的那位优秀，在对照组的那位不优秀，说明他们之间拉开了距离。另有 1 对学生正好相反，在实验组的那位不优秀，在对照组的那位优秀，这也是拉开了距离的情况。因此，这两类学生的成绩可以说明实验组和对照组的成绩有无显著差异，因为其中一个是实验组强于对照组的对子数，另一个是对照组强于实验组的对子数。

13.4.2　相关样本 2×2 表的 χ^2 检验

麦克尼马尔检验可以用于**相关样本 2×2 表的 χ^2 检验**。以长跑训练为例，我们可以设想，如果长跑训练效果不显著，那么在理论上进步和退步的人数应该一样多，都是 (45 + 15)/2 = 30 人。这样，如果要对长跑的效果进行检验，可以先假设没有效果，再根据进步人数和退步人数都是 30 的理论次数，运用公式 13.1.1 进行 χ^2 检验：

$$\chi^2 = \sum_{i=1}^{k} \frac{(O_i - E_i)^2}{E_i} = \frac{(45-30)^2}{30} + \frac{(15-30)^2}{30} = 15$$

根据 $df = 1$ 查表得 $\chi^2_{0.01,1} = 6.63$，故长跑训练有极其显著的效果。

上述相关样本的 χ^2 检验还可以用简化公式来计算：

$$\chi^2 = \frac{(b-c)^2}{b+c} \quad \text{（公式 13.4.1）}$$

由于自由度 $df = 1$，所以当 $(b+c) < 30$ 或 $(b+c) < 50$ 时（取决于对检验结果要求的严格程度），应对 χ^2 值进行耶茨连续性校正。其校正公式为

$$\chi^2 = \frac{(|b-c|-1)^2}{b+c} \quad \text{（公式 13.4.2）}$$

【例题 13.4.1】根据表 13.4.1 和表 13.4.2 的数据，进行相应的 χ^2 检验。

解：

根据表 13.4.1

$$\chi^2 = \frac{(b-c)^2}{b+c} = \frac{(15-45)^2}{15+45} = 15 > \chi^2_{0.01,1} = 6.63$$

故长跑训练有极其显著的效果。

根据表 13.4.2，由于 $b+c = 9 < 30$，所以用校正公式进行检验

$$\chi^2 = \frac{(|b-c|-1)^2}{b+c} = \frac{(|1-8|-1)^2}{8+1} = 4.00 > \chi^2_{0.05,1} = 3.84$$

故实验组与对照组的阅读能力有显著差异。

> **回顾：相关样本** 相关样本 2×2 表的 χ^2 检验缩减公式和连续性校正公式
> **练习与思考：** 完成习题 13.12—13.13

13.4.3 科克伦 Q 检验

科克伦 Q 检验是对上述相关样本 2×2 表的 χ^2 检验的推广。前面提到的相关样本 2×2 表的 χ^2 检验实际上是 2 个相关样本的 χ^2 检验。科克伦 Q 检验则研究 k 个相关样本的次数或比例有无显著差异，即根据 n 个个体在 k 个不同条件下的观察值，判断不同条件产生的结果是否不同。只要是称名水平的资料，就可以进行科克伦 Q 检验。

例如，本章导读问题四的第二问，就是在同一组对象经历三次测试产生的相关样本条件下进行的科克伦 Q 检验。

下面以 10 位参试者的三次测试的达标情况为例来说明科克伦 Q 检验的步骤。他们的达标情况见表 13.4.3，其中 "+" 表示 "达标"，"−" 表示 "未达标"。

表 13.4.3　三次测试的达标情况

参试者号码	第一次	第二次	第三次	L	L^2
1	+	+	+	3	9
2	−	−	+	1	1
3	+	−	+	2	4
4	−	−	+	1	1
5	−	−	+	1	1
6	−	+	+	2	4
7	−	+	+	2	4
8	−	+	+	2	4
9	−	−	−	0	0
10	−	−	−	0	0
S	2	4	8	14	28

可以想到，如果三个样本来自相同分布的总体，即没有显著差异，则各行、各列中 "+" 的分布应当是随机的。

科克伦 Q 检验的检验统计量为

$$Q = \frac{(k-1)\left[k\sum_{j=1}^{k}S_j^2 - \left(\sum_{j=1}^{k}S_j\right)^2\right]}{k\sum_{i=1}^{n}L_i - \sum_{i=1}^{n}L_i^2} \quad (\text{公式 13.4.3})$$

式中，k 为样本个数；n 为样本容量，因为是相关样本，故各样本容量相等；L_i 为第 i 行 "+" 的次数；S_j 为第 j 列 "+" 的次数。

在假设 H_0 成立时，检验统计量 Q 服从自由度 $df = k-1$ 的 χ^2 分布。若计算出的检验统计量值大于临界值，则拒绝 H_0。

【例题 13.4.2】根据表 13.4.3 的数据，进行相应的 χ^2 检验。

解：

（1）提出假设。

H_0：三次测验成绩无显著差异

H_1：三次测验成绩有显著差异

（2）选择并计算检验统计量。

$$Q = \frac{(k-1)\left[k\sum_{j=1}^{k}S_j^2 - \left(\sum_{j=1}^{k}S_j\right)^2\right]}{k\sum_{i=1}^{n}L_i - \sum_{i=1}^{n}L_i^2} = \frac{(3-1)\times\left[3\times(8^2+4^2+2^2)-14^2\right]}{3\times14-28} = 8$$

（3）规定显著性水平和临界值。本题 $df = k - 1 = 2$，故当 $\alpha = 0.05$ 时，$\chi^2_{0.05,2} = 5.99$；当 $\alpha = 0.01$ 时，$\chi^2_{0.01,2} = 9.21$。

（4）统计决断。由于计算出来的 χ^2 值大于 $\chi^2_{0.05,2} = 5.99$，故应拒绝零假设，认为三次测试成绩有显著差异。

> **回顾**：相关样本的科克伦 Q 检验
> **练习与思考**：完成习题 13.14

13.4.4 多水平评定下的评定者间一致性系数

在前文所述的相关样本 χ^2 检验中，两次或多次评定中的可能水平都只有两种，例如，达标 – 未达标、优秀 – 非优秀等。如果遇到多水平评定的情形（例如，将学生作业分为优、良、中、及格和不及格，或者将人员的性格类型分为 A、B、C、D 等），也可以进行显著性检验，以确定两次评定结果之间是否具有一致性。

例如，表 13.4.4 是两位研究者对 100 名参试者性格类型的主观评定情况。可以看到，两位研究者的评定大多是一致的（表格中对角线上的次数：19, 21, 22, 21），但也有一些不一致的情况（非对角线上的次数）。括号中的数字为两次评定无任何关联时的理论次数。

表 13.4.4　两位研究者对 100 名参试者性格类型的主观评定

第一位研究者的评定结果	第二位研究者的评定结果				总和（m_i）
	A 型	B 型	C 型	D 型	
A 型	19（5.46）	1	4	2	26
B 型	1	21（6.24）	2	0	24
C 型	0	2	22（7.25）	1	25
D 型	1	2	1	21（6.00）	25
总和（n_j）	21	26	29	24	100

这时，可以用以下公式计算两位评定者评定结果的内部一致性程度，即 Kappa[①] 系数：

$$\kappa = \frac{\sum_{i=1}^{r} O_{ii} - \sum_{i=1}^{r} E_{ii}}{N - \sum_{i=1}^{r} E_{ii}}$$

（公式 13.4.4）

式中，κ 为 Kappa 系数；O_{ii} 为两次评定中获得一致评定结果的实际人数；E_{ii} 为两次评定无任何关联时应得的理论人数，其计算公式为 $E_{ii} = \frac{m_i n_i}{N}$；$r$ 为评定的水平数。

Kappa 系数介于 0 与 1 之间，如果高于 0.75，表示评定者间有较高的内部一致性；如果小于 0.4，则表示两人（或两次）评定的一致性很差。

【例题 13.4.3】根据表 13.4.4 中两位研究者对 100 名参试者性格类型的主观评定结果，计算两位评定者的一致性系数。

解：

（1）计算 4 个理论次数，得 $E_{11} = 5.46$，$E_{22} = 6.24$，$E_{33} = 7.25$，$E_{44} = 6.00$。

（2）用公式 13.4.4 计算 Kappa 系数：

$$\kappa = \frac{\sum_{i=1}^{r} O_{ii} - \sum_{i=1}^{r} E_{ii}}{N - \sum_{i=1}^{r} E_{ii}} = \frac{83 - 24.95}{100 - 24.95} = 0.7735$$

该系数大于 0.75，显示出较高的一致性。

如果多水平评定得到的数据属于顺序量表（例如，优、良、中、及格和不及格）等，也可以用斯皮尔曼等级相关系数（适用于两个评定者或两次评定）或肯德尔和谐系数（适用于多个评定者或多次评定），来表示评定的一致性。

> **回顾**：评定者间一致性系数
> **练习与思考**：完成习题 13.15

---

① 读作卡帕。

知识导图

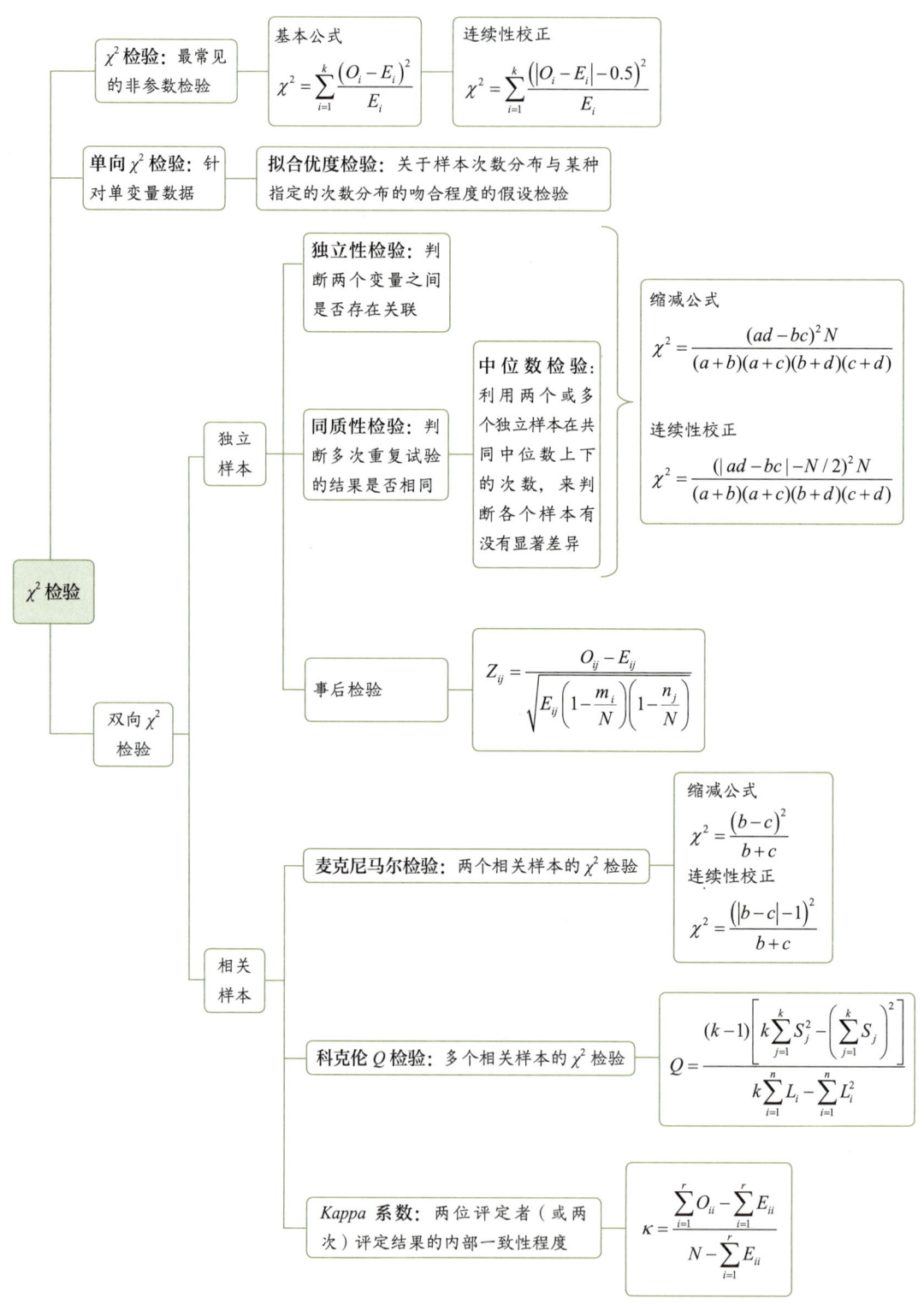

数据实验

目的

本实验意在了解样本容量对 χ^2 检验结果的影响。

方法

利用 SPSS 新建一个数据文件,其中有 2 个变量:ID 和 X。先打开 SPSS 数据界面,设定一个 ID 变量,依次输入 100 个编号即可。

接下来,按以下步骤完成实验。

步骤 1

点击菜单 File(文件)→ New(新建)→ Syntax(句法),在打开的句法窗口中输入和运行以下代码,观察结果。

```
COMPUTE ID=$CASENUM.
EXECUTE.
COMPUTE X=RND(RV.UNIFORM(0,2)).
EXECUTE.
```

如果需要,可以下载数据文件"13-卡方检验数据实验 100 行数据 .sav"。

步骤 2

在句法窗口中输入和运行以下代码。这段代码完成 χ^2 检验,且其零假设为"三个值(X = 0, 1, 2)出现次数的比例为 1∶2∶1"。观察并记录卡方值(Chi-square)、自由度(df)和概率($Sig.$)。

```
NPAR TESTS
  /CHISQUARE=X
  /EXPECTED=1 2 1
  /STATISTICS DESCRIPTIVES
  /MISSING ANALYSIS.
```

重复 9 次执行前面那两段代码,每次生成一个新样本,记录检验结果。

步骤 3

如果是读者自己生成的数据，将数据文件存盘，文件名可以类似于"13-卡方检验数据实验 100 行数据 .sav"。

步骤 4

将变量 ID 下的数据增加到 1000 行（$n = 1000$）。如果需要，可以下载数据文件"13-卡方检验数据实验 1000 行数据 .sav"。重复执行前面两段代码，生成 10 个新样本，记录检验结果。

步骤 5

如果是读者自己生成的数据，将数据文件存盘，文件名可以类似于"13-卡方检验数据实验 1000 行数据 .sav"。

步骤 6

重新载入"13-卡方检验数据实验 100 行数据 .sav"，重复 10 次执行以下代码。这段代码完成 χ^2 检验，且其零假设为"三个值出现次数的比例为 1.1∶1.8∶1.1"。观察并记录结果。

```
COMPUTE X=RND(RV.UNIFORM(0,2)).
EXECUTE.


NPAR TESTS
 /CHISQUARE=X
 /EXPECTED=1.1 1.8 1.1
 /STATISTICS DESCRIPTIVES
 /MISSING ANALYSIS.
```

步骤 7

重新载入"13-卡方检验数据实验 1000 行数据 .sav"，重复 10 次执行步骤 6 中的代码，记录结果。

结果

步骤 1 执行代码后，个体编号（ID）重排，而且 X 的取值为 0~2 的随机数四舍五入后的整数，即 0, 1, 2。

步骤 2 完成 10 次 χ^2 检验，其零假设都是"三个值（$X = 0, 1, 2$）出现次数的比例为 $1:2:1$"。作者得到的结果如表 13.A 所示。

表 13.A　步骤 2 中 10 次 χ^2 检验的结果（H_0：三个值出现次数的比例为 $1:2:1$，$n = 100$）

ID	χ^2	Sig.	ID	χ^2	Sig.
1	0.320	0.852	6	0.540	0.763
2	2.780	0.249	7	2.620	0.270
3	3.280	0.194	8	1.760	0.415
4	5.820	0.054	9	1.500	0.472
5	4.220	0.121	10	3.420	0.181

步骤 4 也完成 10 次 χ^2 检验，零假设不变，但 $n = 1000$。作者得到的结果如表 13.B 所示。

表 13.B　步骤 4 中 10 次 χ^2 检验的结果（H_0：三个值出现次数的比例为 $1:2:1$，$n = 1000$）

ID	χ^2	Sig.	ID	χ^2	Sig.
1	0.984	0.611	6	0.968	0.616
2	1.254	0.534	7	4.182	0.124
3	3.888	0.143	8	1.496	0.473
4	0.472	0.790	9	3.592	0.166
5	3.672	0.159	10	1.368	0.505

从表 13.A 和表 13.B 可见，所有检验都没有拒绝零假设。样本容量大幅增加后，也没有出现更大的拒绝零假设的情况。

步骤 6 也完成 10 次 χ^2 检验，零假设改为"三个值出现次数的比例为 $1.1:1.8:1.1$"，$n = 100$。步骤 7 与步骤 6 相同，但 $n = 1000$。结果（表 13.C 和表 13.D）表明，在 $n = 100$ 时的 10 次 χ^2 检验中，有 4 次拒绝了零假设；而在 $n = 1000$ 时，10 次 χ^2 检验都拒绝了零假设。

表 13.C　步骤 6 中 10 次 χ^2 检验的结果（H_0：三个值出现次数的比例为 $1.1:1.8:1.1$，$n = 100$）

ID	χ^2	Sig.	ID	χ^2	Sig.
1	1.301	0.522	6	1.301	0.522
2	6.634	0.036*	7	2.362	0.307
3	2.174	0.337	8	7.483	0.024*
4	0.180	0.914	9	11.234	0.004*
5	0.040	0.980	10	8.810	0.012*

*表示差异有显著意义。

表 13.D　步骤 7 中 10 次 χ^2 检验的结果（H_0：三个值出现次数的比例为 1.1∶1.8∶1.1，$n = 100$）

ID	χ^2	Sig.	ID	χ^2	Sig.
1	8.004	0.018*	6	17.862	0.000*
2	7.389	0.025*	7	9.491	0.009*
3	6.808	0.033*	8	10.008	0.007*
4	8.579	0.014*	9	18.712	0.000*
5	21.411	0.000*	10	15.123	0.001*

* 表示差异有显著意义。

讨论

代码 "COMPUTE X=RND(RV.UNIFORM(0,2))." 表示 X 的值为 0～2 的随机数的四舍五入后的整数，不难想到，X 的所有可能取值是三个整数：0, 1, 2，而且它们出现次数的比例（理论分布）应该是 1∶2∶1，而不是 1.1∶1.8∶1.1。

步骤 2 和步骤 4 的零假设都是 "三个值（$X = 0, 1, 2$）出现次数的比例为 1∶2∶1"，与 X 取值的理论分布一致。如果 χ^2 检验拒绝零假设，就是犯了 α 错误。结果表明，无论样本容量是 100 还是 1000，零假设都没有被拒绝。这说明，当零假设为真时，加大样本容量不会增加它被拒绝的概率，这是因为犯 α 错误的概率是固定的（如 $\alpha = 0.05$）。

步骤 6 和步骤 7 的零假设被改为 "三个值（$X = 0, 1, 2$）出现次数的比例为 1.1∶1.8∶1.1"，与 X 取值的理论分布不一致。此时，χ^2 检验理应拒绝零假设；如果 χ^2 检验接受了零假设，就是犯了 β 错误。结果表明，当 $n = 100$ 时，χ^2 检验不易拒绝零假设，犯了 6 次 β 错误；而当 $n = 1000$ 时，10 次 χ^2 检验都拒绝了零假设，且概率（Sig.）都很小。

结论是：在理论分布和实际分布无差别的情况下，增大样本容量不会增加拒绝零假设的概率，在两者有差异的情况下，样本容量越大，χ^2 检验越容易拒绝零假设。这也是很多人喜欢用大样本的原因。

习题

13.1　为什么要进行非参数检验？

13.2　非参数检验有什么优缺点？

13.3　为什么说 χ^2 检验可以理解为拟合优度检验？

13.4　某校学生对中学文理分科的赞成者、不赞成者和不置可否者的人数比例为 5∶2∶3，在该校某班的 50 名学生中，赞成者 24 人，不赞成者 16 人，不置可否者 10 人。问：该班学生对文理分科的各种态度的人数比例与全校是否一样？

13.5 抛掷 120 次骰子，结果出现"1"—"6"面的次数分别是 18, 24, 22, 21, 20, 15。问：这个骰子有无异常（六面次数是否均匀分布）？

13.6 从某中学随机抽取 20 名学生，测定他们的性格类型，发现内向和非内向的人数分别为 5 和 15 人。问：该校学生内向的人数比例是否为 15%？

13.7 根据以下样本分布来推断这个样本所在的总体是不是平均数为 70、标准差为 10 的正态分布。

组别	观测次数	组别	观测次数
0—54	9	75—79	59
55—59	24	80—84	31
60—64	44	85—89	20
65—69	78	90—100	8
70—74	68		

13.8 某调查公司要求两个年龄组的女士对某化妆品发表意见（喜欢、不喜欢、说不清），结果（人数）如下表所示。问：年龄与态度之间是否具有显著关联？

年龄	喜欢	不喜欢	说不清
40 岁以下	75	25	10
40 岁以上	14	16	15

13.9 在调查了四所学校的毕业生后，得到他们普通话一级、二级和三级的人数如下表所示。问：四所学校的成绩有无显著差异？

学校	一级	二级	三级
甲	13	150	50
乙	12	110	62
丙	27	100	45
丁	20	180	80

13.10 去掉习题 13.8 中"说不清"的人数，年龄与态度之间是否具有显著关联？

13.11 甲、乙两校部分毕业生的英语测验成绩如下表所示。问：两校成绩有无显著差异？

学校	高于 80 分	低于或等于 80 分
甲	12	3
乙	9	4

13.12 某小学开展课外科研活动，有 32 名同学参加，在活动前后对这些学生分别进行一次学习能力测验。结果发现，其中有 12 名学生的测验成绩明显进步，有 3 名学生的成绩明显退步。问：参加课外科研活动能否促进学习能力的提高？

13.13 请根据定义公式 13.1.1 推出相关样本 2×2 表的 χ^2 检验缩减公式 13.4.1。为什么这个公式还可以用 $Z = \dfrac{b-c}{\sqrt{b+c}}$ 来代替？（提示：查阅第 9 章关于 χ^2 分布的定义。）

13.14 某研究者考察四种促销方式对消费者的吸引力，结果如下表所示（+号表示喜欢，−号表示不喜欢）。问：不同的促销方式的效果有无显著差异？

参试者号码	A 方式	B 方式	C 方式	D 方式
1	−	+	+	+
2	+	−	−	−
3	+	−	+	−
4	+	+	−	+
5	−	+	−	+
6	+	−	−	−
7	+	+	−	+
8	+	+	−	−
9	−	−	−	−
10	+	−	−	−

13.15 下表为两位评定者对 100 份参试者作品的主观评定结果（作品数），求这两位评定者的评定结果的 Kappa 系数。

第一位评定者	第二位评定者				
	优	良	中	及格	不及格
优	15	2	2	1	0
良	1	18	2	1	0
中	0	1	23	1	1
及格	0	1	1	16	2
不及格	0	0	1	2	9

第 14 章
非参数检验

本章提要

- 除 χ^2 检验外，非参数检验包括单样本游程检验、双独立样本的曼–惠特尼 U 检验（秩和检验）和柯尔莫哥洛夫–斯米尔诺夫检验、双相关样本的符号检验和符号秩次检验，以及多个独立样本的单向秩次方差分析和多个相关样本的双向秩次方差分析等。
- 单样本游程检验可以根据游程数来检验样本的随机性。
- 对于两个独立样本，可以计算两个样本的秩和，采用曼–惠特尼 U 检验法进行两者差异的显著性检验；也可以根据两个独立样本的累积次数分布的相似程度，进行柯尔莫哥洛夫–斯米尔诺夫检验。
- 对于两个相关样本，可以进行符号检验或符号秩次检验。前者根据两个相关样本的每对数据之差的符号进行两者差异的显著性检验；后者既考虑差值的正负，又考虑差值大小，可以更充分地利用数据提供的信息。
- 对于多个独立样本，可以采用单向秩次方差分析，它对应完全随机设计的参数单因素方差分析。
- 对于多个相关样本，可以采用双向秩次方差分析，它对应随机区组设计的参数方差分析。
- 随机化检验和自助抽样法对总体的方差和分布形态都没有特别的要求，可用于代替各种参数假设检验。

学习目标

- 了解单样本游程检验的用途，理解其基本原理，掌握检验方法。
- 了解曼–惠特尼 U 检验法针对的问题（两个独立样本的差异检验），理解其基本原理，掌握检验方法。
- 了解柯尔莫哥洛夫–斯米尔诺夫检验针对的问题（两个独立样本的差异检验），理解其基本原理，掌握检验方法。
- 了解符号检验针对的问题（两个相关样本的差异检验），理解其基本原理，掌握检验方法。
- 了解符号秩次检验针对的问题（两个相关样本的差异检验），理解其基本原理，掌握检验方法。

- 了解单向秩次方差分析针对的问题（多个独立样本的差异检验），理解其基本原理，掌握检验方法。
- 了解双向秩次方差分析针对的问题（多个相关样本的差异检验），理解其基本原理，掌握检验方法。
- 了解随机化检验和自助抽样法的特点，理解其基本原理。

导读问题

除了 χ^2 检验以外，非参数检验的方法还有很多，而且它们很多都有相对应的参数检验方法。本章依次介绍单样本、双样本和多样本情况下的各种非参数检验方法。

单样本游程检验可以检验抽样是否随机。

- 问题一：某研究者记录了投资者在过去 30 个月对股市指数涨跌的预测。如果某月多数人看涨，记为 +，看跌记为 -，结果是：+ + + + − − + + + + + − − + + + + − − − + + + + + + − − + +。问：投资者这 30 个月来对股市涨跌的预测是不是随机的？

    本题针对符号的随机性，应采用单样本游程检验。

    而在 t 检验（独立样本、相关样本）或方差分析（完全随机设计、随机区组设计）因各种原因无法进行时，可以采用本章介绍的曼–惠特尼 U 检验或柯尔莫哥洛夫–斯米尔诺夫检验（代替独立样本 t 检验）、符号检验或符号秩次检验（代替相关样本 t 检验）、单向秩次方差分析（代替完全随机设计的方差分析）和双向秩次方差分析（代替随机区组设计的方差分析）。

    仍以第 10 章开头的数据为例，并假设错觉量不服从正态分布。

参试者编号	线段宽度	观视距离	上午错觉量	中午错觉量	下午错觉量
0001	A	a	8.6	8.4	8.2
0002	A	b	9.5	9.6	9.3
0003	B	a	7.5	7.8	8.0
0004	C	a	8.5	8.3	8.6
0005	B	b	8.8	8.9	9.0
0006	C	b	7.0	7.3	6.8
⋮	⋮	⋮	⋮	⋮	⋮

- 问题二：两种观视距离下的错觉量有无显著差异？上午和下午的错觉量有无显著差异？

  由于我们假设错觉量不服从正态分布，无法进行参数性质的假设检验（t检验或方差分析），但可以用非参数检验代替。本题涉及两个样本：第一问涉及独立样本，可以采用曼–惠特尼U检验或柯尔莫哥洛夫–斯米尔诺夫检验；第二问涉及相关样本，可以采用符号检验或符号秩次检验。

- 问题三：三种线段长度对错觉量有无显著影响？上午、中午和下午测量的错觉量有无显著差异？

  本题涉及多个样本：第一问涉及独立样本，可以采用单向秩次方差分析；第二问涉及相关样本，可以采用双向秩次方差分析。

14.1 单样本游程检验

单样本游程检验可以检验样本随机性。现在假设，我们要根据抽到的个体的性别来判断这个样本是不是一个随机样本。可以想到，如果男女性别的出现次序是没有规律的，就应该是一个随机样本；如果很有规律，就应怀疑其随机性。下面是抽样时男女（各8人）按被抽取的顺序记录的性别（M表示男性，F表示女性），分四种不同的情况：

（1）FMMFMFFFMMMFFMM

（2）FMFMFMFMFMFMFMFM

（3）FFFFFFFFMMMMMMMM

（4）MMMMMMMMFFFFFFFF

显然，（1）这种情况是没有规律的，而（2）、（3）、（4）这三种情况都是有规律的。那么，这其中又存在什么规律性呢？可以看到，在（3）和（4）这两种情况下，M和F各自"聚集"在一起，形成了两个连续相同符号的串——游程。将上面四种情况的游程分别标出，就是下面这个样子：

（1）F MM F M FFF MMM FF MM

（2）F M F M F M F M F M F M F M F M

（3）FFFFFFFF MMMMMMMM

（4）MMMMMMMM FFFFFFFF

可见，当游程数为 16（最大游程数）时，男女性别的出现次序是有规律的；游程数为 2（最小游程数）时，也是有规律的。而当游程数位于最大和最小的可能游程数之间，且与中间值比较接近时，例如在（1）这种情况下，游程数为 8，就没有规律可言。

以上分析说明，可以根据游程数来检验样本的随机性。这就是单样本游程检验。

进行游程检验时要考虑不同符号的数目。用 n_1 表示一种符号出现的数目，用 n_2 表示另一种符号出现的数目，样本容量 $n = n_1 + n_2$。如果一个样本是随机样本，可以用 $1-\alpha$ 的概率保证它的游程数介于低端临界值 r_a 和高端临界值 r_b 之间。本书附录三的统计用表 8 给出了当 $n \leqslant 20$ 时单样本游程检验的低端临界值和高端临界值表。从表中可以查到当 $n_1 = 8$ 和 $n_2 = 8$ 时的两个临界值分别为 4 和 14，现在（1）的游程数 r 为 8，故可以认为是随机的；而（2）、（3）、（4）这三种情况不是随机的。

当样本容量 $n > 20$ 时，或当任何一种符号的数目超过 20 时，以正态分布作为游程数 r 的近似分布，检验统计量为

$$Z = \frac{r - \left(\frac{2n_1n_2}{n_1+n_2}+1\right)}{\sqrt{\frac{2n_1n_2(2n_1n_2-n_1-n_2)}{(n_1+n_2)^2(n_1+n_2-1)}}} \qquad (公式\ 14.1.1)$$

【例题 14.1.1】求解本章导读问题一。

解：

（1）提出假设。

H_0：投资者 30 个月来对股市涨跌的预测是随机的

H_1：投资者 30 个月来对股市涨跌的预测不是随机的

（2）选择并计算检验统计量。由于正号有 21 个，无法用查 r 的临界值表的方法，故采用 Z 检验：

$$Z = \frac{r - \left(\frac{2n_1n_2}{n_1+n_2}+1\right)}{\sqrt{\frac{2n_1n_2(2n_1n_2-n_1-n_2)}{(n_1+n_2)^2(n_1+n_2-1)}}}$$

看涨的月数为 $n_1 = 21$，看跌的月数为 $n_2 = 9$，游程数 $r = 9$。

$$Z = \frac{9 - \left(\dfrac{2 \times 21 \times 9}{21 + 9} + 1\right)}{\sqrt{\dfrac{2 \times 21 \times 9 \times (2 \times 21 \times 9 - 21 - 9)}{(21 + 9)^2 \times (21 + 9 - 1)}}} = -2.049$$

（3）规定显著性水平和临界值。当 $\alpha = 0.05$ 时，$Z_{0.025} = 1.96$；当 $\alpha = 0.01$ 时，$Z_{0.005} = 2.58$。

（4）统计决断。由于 $Z_{0.005} = 2.58 > |Z| = 2.049 > Z_{0.025} = 1.96$，故拒绝零假设，投资者这 30 个月来对股市涨跌的预测不是随机的。

本节的例子都针对符号来划分游程。如果数据是连续变量（如百分制考试成绩），可以先算出样本平均数（或中位数等），然后依据数据收集的原始顺序，对每个个体的成绩按是否高于平均数（或中位数等）进行编码，例如高于平均数的记 1，不高于平均数的记 0，这样也能划分游程。

> 回顾：游程　游程检验
>
> 练习与思考：完成习题 14.1—14.2

14.2　两个独立样本的非参数检验

我们知道，t 检验用于两个总体平均数之差的参数假设检验。但是 t 检验有一个前提，就是变量应为连续变量，而且在小样本的情况下，要求总体服从正态分布。一旦变量达不到这样的水平，t 检验的效力就大大下降了。本节介绍的就是在变量不适合进行 t 检验的情况下，与 t 检验对应的两个独立样本的非参数检验。

14.2.1　曼－惠特尼 U 检验法

曼－惠特尼 U 检验法根据两个独立样本的秩和进行样本差异的显著性检验。这种检验功效极强，它可用于检验至少是顺序水平的两个独立样本是否来自同一总体。

曼－惠特尼 U 检验法的基本思想是，如果两个样本的观察值没有显著差异，那么把这两组观察值合起来排序，则每个观察值排在第几位的概率应该相同。换句话说，如果两个样本来自同一个总体，两个样本观察值的位次就应当分布均匀，不会产生高的位次集中在一个样本，低的位次集中在另一个样本的情形。如果这种情况发生了，就说明两个样本不是来自同一总体。所有观察值由小到大排序后的各个观察值排列的位次被称为秩次或秩；各个样本中所有观察值对应的秩次的总和被称为秩和，用 T 表示。可以设想，如果两个样本没有显著差异，两个秩和 T 也就不应太大或者太小；否则，可以推测两个样本的观察值有显著差异。

曼－惠特尼 U 检验的基本步骤如下所示。

步骤 1

提出零假设和备择假设。曼－惠特尼 U 检验法也分为双侧检验和单侧检验。

步骤 2

选择并计算检验统计量。在小样本情况下，即两个样本的容量都小于或等于 20 时，检验统计量为

$$U_1 = n_1 n_2 + \frac{n_1(n_1+1)}{2} - T_1 \qquad （公式 14.2.1）$$

及

$$U_2 = n_1 n_2 + \frac{n_2(n_2+1)}{2} - T_2 = n_1 n_2 - U_1 \qquad （公式 14.2.2）$$

式中，U_1 和 U_2 分别为两个样本对应的检验统计量；n_1 和 n_2 分别为两个样本的容量；T_1 和 T_2 分别为两个样本的秩和。

在大样本情况下，即两个样本之中至少有一个容量大于 20，则检验统计量 Z 近似地服从正态分布：

$$Z = \frac{T_1 - T_2 - (n_1 - n_2)\left(\frac{n_1+n_2+1}{2}\right)}{\sqrt{n_1 n_2 \left(\frac{n_1+n_2+1}{3}\right)}} \sim N(0, 1^2) \qquad （公式 14.2.3）$$

步骤 3

规定显著性水平和临界值。

步骤 4

做出统计决断并加以解释。在小样本的情况下，取 U_1 和 U_2 中较小者作为检验统计

量，即令

$$U = \min(U_1, U_2)$$

若

$$U \leq U_{\alpha, n_1, n_2}$$

则拒绝 H_0。临界值 U_{α, n_1, n_2} 可以查曼-惠特尼 U 检验表（附录三的统计用表9）。

在大样本的情况下，只要根据正态分布的临界值就可以做出统计决断。

【例题14.2.1】某学校创新教学方法，实验班采用新教法，对照班仍沿用旧教法。一学期后进行考试，成绩如表14.2.1所示。请用曼-惠特尼 U 检验判断两种教法的效果有无显著差异。

表 14.2.1 实验班和对照班成绩

班级	实验班					对照班					
成绩	42	38	35	41	32	56	49	60	43	38	55
秩次	6	3.5	2	5	1	10	8	11	7	3.5	9

解：

（1）提出假设。

H_0：两种教法的效果无显著差异

H_1：两种教法的效果有显著差异

（2）选择并计算检验统计量。由于两个样本的容量均小于20，故检验统计量为

$$U_1 = n_1 n_2 + \frac{n_1(n_1+1)}{2} - T_1$$

$$U_2 = n_1 n_2 + \frac{n_2(n_2+1)}{2} - T_2$$

先计算出两个样本的秩和分别为 $T_1 = 17.5$，$T_2 = 48.5$。

计算两个样本的 U 值：

$$U_1 = 5 \times 6 + \frac{5 \times (5+1)}{2} - 17.5 = 27.5$$

$$U_2 = 5 \times 6 + \frac{6 \times (6+1)}{2} - 48.5 = 2.5$$

$$U = \min(U_1, U_2) = 2.5$$

（3）规定显著性水平和临界值。当 $\alpha = 0.05$ 时，$U_{0.025, 5, 6} = 3$。

（4）统计决断。由于计算出的 $U = 2.5 < U_{0.025, 5, 6} = 3$，故拒绝零假设，认为两种教法的效果有显著差异。

注意，曼-惠特尼 U 检验表中的概率都是双侧的，此处 U 的下标记为 0.025 只是为了强调它为单侧概率 $\alpha/2$。

> **关于秩和检验**
>
> 有些统计学教材在论述两个独立样本差异的显著性检验时，提到了秩和检验法。其实，曼-惠特尼 U 检验和秩和检验是等价的，两者的检验统计量仅差一个常数而已。

> **回顾**：曼-惠特尼 U 检验　秩次　秩和
>
> **练习与思考**：完成习题 14.3—14.4

14.2.2　双样本的柯尔莫哥洛夫-斯米尔诺夫检验

柯尔莫哥洛夫-斯米尔诺夫检验[①] 根据两个独立样本的累积次数分布的相似程度进行**样本差异的显著性检验**。顺序量表水平以上的数据就可以采用这种方法。

柯尔莫哥洛夫-斯米尔诺夫检验的基本思想是，如果两个样本来自同一总体，两个样本的分布函数应该相同，它们的累积次数分布曲线 $S(x)$ 和 $S(y)$ 也应该相同或相似，如图 14.2.1（A）所示。相反，如果两个样本的累积次数分布曲线显著不同，则可以认为它们来自不同的总体，如图 14.2.1（B）所示。

[①] 英文为 Kolmogorov-Smirnov test，因此也简称为 K-S 检验。

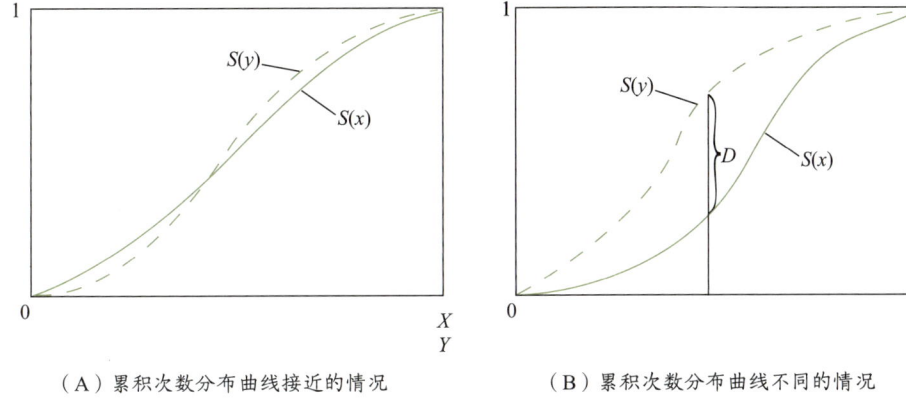

（A）累积次数分布曲线接近的情况　　　（B）累积次数分布曲线不同的情况

图 14.2.1　累积次数分布曲线是否相同或接近

因此，柯尔莫哥洛夫－斯米尔诺夫检验首先要给出两个样本各自的累积相对次数分布，然后计算各对累积相对次数分布值之差的绝对值 D_i，并从中找出最大差 D。

14.2.2.1　小样本的情况

当两个样本的容量相等且均小于 40 时，可以用最大差 D 的分子 K_D（因为 D 是累积相对次数分布值之差，是一个分数）为检验统计量，直接查双样本柯尔莫哥洛夫－斯米尔诺夫检验临界值表（附录三的统计用表 10）来做出统计决断。若 K_D 大于或等于临界值，则认为两个样本的累积次数分布有显著差异，来自不同的总体。

【例题 14.2.2】某大学心理学专业学生有的是按理科招生，有的是按文科招生。在学习了《心理统计学》后进行考试。随机抽取理科生和文科生各 20 名，记录他们的考试成绩（十分制），如表 14.2.2 所示。问：能否认为两类学生的统计学成绩有显著差异？

表 14.2.2　理科生与文科生的统计学考试成绩

学生人数	成绩								总人数
	10	9	8	7	6	5	4	3	
理科生	2	4	8	4	1	0	1	0	20
文科生	1	0	4	6	5	2	1	1	20

解：

（1）提出假设。

H_0：两类学生的成绩无显著差异

H_1：两类学生的成绩有显著差异

（2）选择并计算检验统计量。由于 $n_1 = n_2 = 20 < 40$，可以直接用查表法。先列出两个样本的累积相对次数分布表，并计算各个绝对差 D（见表 14.2.3）。

表 14.2.3　理科生与文科生的统计学考试成绩累积相对次数分布表

学生	成绩								总人数
	10	9	8	7	6	5	4	3	
理科生人数	2	4	8	4	1	0	1	0	20
$S(x)$	2/20	6/20	14/20	18/20	19/20	19/20	20/20	20/20	
文科生人数	1	0	4	6	5	2	1	1	20
$S(y)$	1/20	1/20	5/20	11/20	16/20	18/20	19/20	20/20	
D	1/20	5/20	9/20	7/20	3/20	1/20	1/20	0/20	

从表中看出，最大差 $D = 9/20$，故 $K_D = 9$。

（3）规定显著性水平和临界值。当 $\alpha = 0.05$，$n = 20$ 时，双侧检验的临界值为 9。

（4）统计决断。由于计算出的 $K_D = 9$ 等于双侧检验的临界值，故拒绝零假设，认为两类学生的统计学成绩有显著差异。

14.2.2.2　大样本的情况

当两个样本的容量均大于 40 时，又分为双侧检验和单侧检验两种情况。

如果是双侧检验，可以查双样本柯尔莫哥洛夫－斯米尔诺夫检验表（大样本、双侧检验，见附录三的统计用表 11）。D 的计算方法与前文阐述的相同。例如，当一个样本容量为 50，另一个样本容量为 70 时，若两者的累积相对次数分布的最大绝对差为 $D = 0.06$，则当 $\alpha = 0.01$ 时，查表得出临界值为

$$1.63\sqrt{\frac{n_1 + n_2}{n_1 n_2}} = 1.63 \times \sqrt{\frac{50 + 70}{50 \times 70}} = 0.302$$

由于 $D = 0.06 < 0.302$，故不能拒绝 H_0。

如果是单侧检验，此时两个样本累积相对次数分布之差（D）近似服从自由度为 2 的 χ^2 分布，检验统计量为 χ^2：

$$\chi^2 = 4D^2 \left(\frac{n_1 n_2}{n_1 + n_2} \right) \quad \text{（公式 14.2.4）}$$

当 χ^2 值大于或等于临界值 $\chi^2_{\alpha,2}$ 时，则拒绝 H_0。

> **回顾**：柯尔莫哥洛夫 – 斯米尔诺夫检验
>
> **练习与思考**：完成习题 14.5

14.3 两个相关样本的非参数检验

14.3.1 符号检验

在比较两个相关样本的差异时，如果样本数据是顺序量表，也无法采用 t 检验，这时可以采用符号检验。符号检验是根据两个相关样本的每对数据之差的符号（正号或负号）进行的样本差异的显著性检验。

在进行符号检验前，先要做一些准备工作：比较每一对数据（X_i 和 Y_i）的大小。如果 $X_i > Y_i$，则记作"+"；如果 $X_i < Y_i$，则记作"−"；如果 $X_i = Y_i$，则剔除该对数据。符号检验的基本思想是：当两个样本没有显著差异的时候，正、负号出现的概率应该是相等的。因此，可以提出零假设和备择假设如下：

$$H_0: P(+) = P(-)$$

$$H_1: P(+) \neq P(-)$$

如果从样本得到的正负号数目相差悬殊，例如，在 15 个正负号中有 13 个正号和 2 个负号，就有理由认为两个样本的数据有显著差异。

当样本容量较小（$n < 25$）时，出现某一特定数目的正负号的概率可以根据二项分布确定。统计学家根据二项分布编制了符号检验表（附录三的统计用表 12），可以通过查表做出统计决断。步骤如下所示。

步骤 1

提出假设。

$$H_0: P(+) = P(-)$$

$$H_1: P(+) \neq P(-)$$

步骤 2

计算检验统计量的值。比较每一对数据,得到正负号。计算正负号的数目,将较小的符号数记为 r。

步骤 3

规定显著性水平和临界值。将正负号总数记为 n,查显著性水平为 α 时的临界值 r_α。

步骤 4

做出统计决断。如果 $r > r_\alpha$,则接受零假设,否则接受备择假设。

【例题 14.3.1】某公司对 10 名参试者进行商品外观设计偏好度测试:让每一位参试者根据自己的偏好程度给两种不同的外观设计方案打分,结果如表 14.3.1 所示。问:参试者对两种外观设计方案的偏好程度有无显著差异?

表 14.3.1　商品外观设计偏好度

参试者编号	A 方案	B 方案	符号	参试者编号	A 方案	B 方案	符号
1	30	24	+	6	12	18	−
2	15	10	+	7	24	15	+
3	23	30	−	8	17	11	+
4	28	16	+	9	20	16	+
5	27	23	+	10	19	17	+

解:

(1)提出假设。

$$H_0: P(+) = P(-)$$
$$H_1: P(+) \neq P(-)$$

(2)选择并计算检验统计量。这是相关样本的情况,可以采用符号检验。将每一位参试者对两种外观设计方案的偏好度评分相减,得到正负号。表 14.3.1 的结果表明,正号有 8 个,负号有 2 个,将符号数较小的一个记为 r,故 $r = 2$。

(3)规定显著性水平和临界值。本题中每一位参试者对两种方案的偏好度评分都有差异,没有出现数据被剔除的情况,故 $n = 10$。当 $\alpha = 0.05$ 时,$r_{0.05} = 1$;当 $\alpha = 0.01$ 时,$r_{0.01} = 0$。

(4)统计决断。由于 $r = 2 > r_{0.05} = 1$,故接受 H_0,认为参试者对两种外观设计方案的偏好程度无显著差异。

在大样本的情况下，即 $n > 25$ 时，二项分布接近正态分布，因此可以用正态分布近似地处理，检验统计量为

$$Z = \frac{(r+0.5) - n/2}{\frac{1}{2}\sqrt{n}} \qquad \text{（公式 14.3.1）}$$

式中，r 为较小的符号数；n 为正号与负号的总数。

【例题 14.3.2】如果例题 14.3.1 中的商品外观设计方案偏好度测试的参试者人数扩大到 32 名，结果有 1 名参试者给两种方案打出相同的分数，有 22 名参试者偏爱 A 方案，另有 9 名参试者偏爱 B 方案。问：参试者对两种外观设计方案的偏好程度有无显著差异？

解：

（1）提出假设。

$$H_0: P(+) = P(-)$$

$$H_1: P(+) \neq P(-)$$

（2）选择并计算检验统计量。这是相关样本的情况，可以采用符号检验。根据题意，正号有 22 个，负号有 9 个，$n = 22 + 9 = 31$ 为大样本。将符号数较小的一个记为 r，故 $r = 9$。

$$Z = \frac{(r+0.5) - n/2}{\frac{1}{2}\sqrt{n}} = \frac{(9+0.5) - 31/2}{\frac{1}{2}\sqrt{31}} = -2.16$$

（3）规定显著性水平和临界值。当 $\alpha = 0.05$ 时，$Z_{0.025} = 1.96$；当 $\alpha = 0.01$ 时，$Z_{0.005} = 2.58$。

（4）统计决断。由于 $|Z| = 2.16 > Z_{0.025} = 1.96$，故拒绝零假设，认为参试者对两种包装的偏好程度有显著差异。

> **回顾**：符号检验
> **练习与思考**：完成习题 14.6

14.3.2 符号秩次检验

符号检验只利用了每对数据差值的正负号，会丢失很多信息。为此，F. 威尔科克森（F. Wilcoxon）提出了既考虑差值的正负号，又考虑差值大小的非参数检验法——符号秩次检验法。

进行符号秩次检验也要做一些准备工作：求出每一对数据（X_i 和 Y_i）的差值，如果 $X_i = Y_i$，则剔除该对数据。接着对各个差值取绝对值，并将所有差值的绝对值按从小到大的顺序编秩次。最后，将原先计算出的各个差值的正负号标在该差值对应的秩次前。这样，秩次就有了正秩与负秩之分。符号秩次检验法的基本思想就是：当两个样本没有显著差异的时候，正秩和 T_+ 与负秩和 T_- 应该大致相等；当正秩和与负秩和相差悬殊时，就有理由认为两个样本的数据有显著差异。故在进行假设检验时，可以提出零假设——H_0：$T_+ = T_-$，备择假设——H_1：$T_+ \neq T_-$。

当样本容量 $n < 25$ 时，可查符号秩次检验表（附录三的统计用表 13）。步骤如下所示。

步骤 1

提出假设。

$$H_0: T_+ = T_-$$

$$H_1: T_+ \neq T_-$$

步骤 2

计算检验统计量的值。求正秩和 T_+ 与负秩和 T_-，将较小的那个秩和记为 T。

步骤 3

规定显著性水平和临界值。将正负号总数记为 n。查显著性水平为 α 时的临界值 T_α。

步骤 4

统计决断。如果 $T > T_\alpha$，则接受零假设；否则接受备择假设。

当样本容量 $n > 25$ 时，T 的分布接近正态分布，可用正态分布近似地处理。检验统计量为

$$Z = \frac{T - n(n+1)/4}{\sqrt{\dfrac{n(n+1)(2n+1)}{24}}} \quad\text{（公式 14.3.2）}$$

【例题 14.3.3】让 10 名参试者先后品尝两种葡萄酒并打分，结果如表 14.3.2 所示。问：参试者对两种葡萄酒的评价有无显著差异？

表 14.3.2 对两种葡萄酒的评分

参试者编号	A 酒	B 酒	参试者编号	A 酒	B 酒
1	9	7	6	9	10
2	5	6	7	4	7
3	3	5	8	5	8
4	6	7	9	7	6
5	6	8	10	5	6

解：

（1）提出假设。

$$H_0: T_+ = T_-$$

$$H_1: T_+ \neq T_-$$

（2）选择并计算检验统计量。这是相关样本的情况，可以采用符号秩次检验。先计算出正负秩和，见表14.3.3。

表 14.3.3 对两种葡萄酒的评分

参试者编号	A 酒	B 酒	差值	差值绝对值	秩次	符号秩次
1	9	7	2	2	7	+7
2	5	6	−1	1	3	−3
3	3	5	−2	2	7	−7
4	6	7	−1	1	3	−3
5	6	8	−2	2	7	−7
6	9	10	−1	1	3	−3
7	4	7	−3	3	9.5	−9.5
8	5	8	−3	3	9.5	−9.5
9	7	6	1	1	3	+3
10	5	6	−1	1	3	−3

$T_+ = 10$，$T_- = 45$，故 $T = 10$。

（3）规定显著性水平和临界值。因为是小样本，当 $n = 10$，$\alpha = 0.05$ 时，$T_{0.025, 10} = 8$。

（4）统计决断。由于 $T = 10 > T_{0.025, 10} = 8$，故接受零假设，认为参试者对两种葡萄酒的评价无显著差异。

> 回顾：符号秩次检验
>
> 练习与思考：完成习题14.7

14.4 秩次方差分析

在参数假设检验中，方差分析用于有两个以上样本情况下的平均数差异的显著性检验，但是其前提有三：独立性、正态性和等方差（方差齐性）。如果数据达不到这三个前提要求，就不能进行参数方差分析，但是可以采用秩次方差分析。如果是独立样本，可采用克鲁什卡尔–沃利斯单向秩次方差分析法（也称 H 检验法或 Kruskal–Wallis 检验），它对应完全随机设计的参数方差分析；如果是相关样本，可采用弗里德曼（Friedman）的双向秩次方差分析法（Friedman 检验），它对应随机区组设计的参数方差分析。

14.4.1 单向秩次方差分析

单向秩次方差分析首先将所有样本的数据合在一起，从小到大编秩次，然后计算各样本的秩和。可以想到，如果各组没有显著差异，各组秩和应当相等或趋于相等；反过来讲，如果各组秩和相差较大，就应该认为各组有显著差异。

单向秩次方差分析的检验统计量为

$$H = \frac{12}{N(N+1)} \sum_{i=1}^{k} \frac{R_i^2}{n_i} - 3(N+1) \qquad \text{（公式 14.4.1）}$$

式中，k 为样本个数；N 为所有样本容量之和；n_i 为各个样本的样本容量；R_i 为各个样本的秩和。

在样本容量较小（$n \leq 5$）或样本数较少（$k = 3$）的情况下，可以查 H 检验表（附录三的统计用表 14）。当样本容量较大（$n > 5$）或样本数较大（$k > 3$）时，由公式 14.4.1 计算的检验统计量 H 将接近自由度为 $k-1$ 的 χ^2 分布，可以查 χ^2 分布表得到相应的临界值。

【例题 14.4.1】从四所学校各抽取 6 名参试者，他们的动作技能测验成绩如表 14.4.1 所示。问：这四所学校学生的动作技能水平有无差异？

表 14.4.1 四所学校各 6 名参试者的动作技能得分

参试者编号	A 校	B 校	C 校	D 校
1	75	85	73	96
2	76	86	85	87
3	73	90	90	94
4	78	67	88	88
5	89	75	85	85
6	82	78	79	82

解：

（1）提出假设。

H_0：四所学校的成绩无差异

H_1：至少有两所学校的成绩有差异

（2）选择并计算检验统计量。这是多个独立样本的情况，可以进行单向秩次方差分析。计算中的部分结果见表 14.4.2。

表 14.4.2 四所学校参试者的动作技能得分计算表

参试者编号	原始成绩				秩次			
	A	B	C	D	A	B	C	D
1	75	85	73	96	4.5	13.5	2.5	24
2	76	86	85	87	6	16	13.5	17
3	73	90	90	94	2.5	21.5	21.5	23
4	78	67	88	88	7.5	1	18.5	18.5
5	89	75	85	85	20	4.5	13.5	13.5
6	82	78	79	82	10.5	7.5	9	10.5
	秩和				51	64	78.5	106.5

$$H = \frac{12}{N(N+1)}\sum_{i=1}^{k}\frac{R_i^2}{n_i} - 3(N+1) = \frac{12}{24\times(24+1)}\times\left(\frac{51^2}{6}+\frac{64^2}{6}+\frac{78.5^2}{6}+\frac{106^2}{6}\right) - 3\times(24+1) = 5.711$$

（3）规定显著性水平和临界值。因为样本容量比较大（$n=6$），且组数较多 $k=4$，故查 χ^2 分布表得到相应的临界值。当 $df=k-1=3$，$\alpha=0.05$ 时，$\chi^2_{0.05,3}=7.81$。

（4）统计决断。由于 $H=5.711 < \chi^2_{0.05,3}=7.81$，故接受零假设。应认为四所

学校的学生的动作技能水平无显著差异。

> **回顾**：独立样本　单向秩次方差分析
> **练习与思考**：完成习题 14.8—14.9

14.4.2 双向秩次方差分析

双向秩次方差分析处理的是数据水平为顺序量表的多个相关样本的资料。其基本思想是：对同一个对象（或匹配的对象）接受 k 次实验处理所获得的原始数据排列秩次；在零假设成立（无显著差异）时，各组数据中的秩次的分布应该是随机的，各组的秩和应当大致相等。如果各组秩和相差较大，就有理由认为这 k 个样本不是来自相同的分布总体。

双向秩次方差分析的检验统计量是

$$\chi_r^2 = \frac{12}{nk(k+1)} \sum_{i=1}^{k} R_i^2 - 3n(k+1) \qquad \text{（公式 14.4.2）}$$

式中，k 为样本个数；n 为各个样本的样本容量；R_i 为各个样本的秩和。

在样本容量 n 和样本数 k 均较小（$n \leq 9$，$k=3$；或 $n \leq 4$，$k=4$）的情况下，可以查 χ_r^2 表（附录三的统计用表 15）。在样本容量 n 和样本数 k 较大（$k=3$，$n>9$；$k=4$，$n>4$；$k>4$）的情况下，χ_r^2 的抽样分布接近 $df=k-1$ 的 χ^2 分布，可以用 χ^2 近似地处理。

【例题 14.4.2】有五位教师对甲、乙、丙三名学生的口头表达能力打分，结果如表 14.4.3 所示。问：三名学生的口头表达能力有无显著差异？

表 14.4.3　五位教师对三名学生的口头表达能力的评价

教师序号	甲	乙	丙
1	89	74	80
2	88	78	82
3	96	80	81
4	87	79	76
5	90	75	92

解：

（1）提出假设。

H_0：三名学生的口头表达能力无显著差异

H_1：至少有两名学生的口头表达能力有显著差异

（2）选择并计算检验统计量。这是多个相关样本的情况，五名参试者（教师）在三种条件（学生）下打分，相当于前后进行三次测量，每名教师的三个数据算一个区组，故可以进行双向秩次方差分析。先排列秩次，然后计算各个样本的秩和分别为：14,6,10，见表 14.4.4。

表 14.4.4 秩次表

教师序号	原始成绩			秩次		
	甲	乙	丙	甲	乙	丙
1	89	74	80	3	1	2
2	88	78	82	3	1	2
3	96	80	81	3	1	2
4	87	79	76	3	2	1
5	90	75	92	2	1	3
	秩和			14	6	10

计算检验统计量的值为

$$\chi_r^2 = \frac{12}{nk(k+1)}\sum_{i=1}^{k}R_i^2 - 3n(k+1) = \frac{12}{5\times 3\times(3+1)}\times(14^2+6^2+10^2) - 3\times 5\times(3+1) = 6.40$$

（3）规定显著性水平和临界值。因为 $n \leqslant 9$，$k = 3$，故查 χ_r^2 分布表得到相应的临界值。虽然表中没有与 $k = 3$ 且 $\alpha = 0.05$ 对应的临界值，但是可以查到 $\chi_{r\ 0.039,\ 3}^2 = 6.40$。

（4）统计决断。由于 $\chi_r^2 = 6.40 = \chi_{r\ 0.039,\ 3}^2$，故拒绝零假设，认为至少有两名学生的口头表达能力有显著差异。

【例题 14.4.3】将每四个在各方面条件基本相同的学生分配在四个组内，每个组共八名参试者。各个组分别在墙壁粉刷成淡红、淡黄、淡绿、淡蓝的四个房间中进行记忆测试，结果如表 14.4.5 所示。问：四种不同颜色的墙壁对记忆效果有无显著影响？

表 14.4.5　四个小组的测验得分

参试者编号	墙壁颜色			
	淡红	淡黄	淡绿	淡蓝
1	88	70	60	66
2	90	60	63	55
3	85	75	85	86
4	76	86	80	77
5	89	90	78	84
6	78	78	65	78
7	73	75	69	75
8	82	67	77	72

解：

（1）提出假设。

H_0：在四种不同颜色墙壁的房间中的记忆效果无显著差异

H_1：在四种不同颜色墙壁的房间中的记忆效果有显著差异

（2）选择并计算检验统计量。这是多个相关样本的情况，故可以进行双向秩次方差分析。先排列秩次，然后计算各个样本的秩和分别为：23.5，21.5，15.5，19.5（秩次表略）。

$$\chi_r^2 = \frac{12}{nk(k+1)} \sum_{i=1}^{k} R_i^2 - 3n(k+1)$$
$$= \frac{12}{8 \times 4 \times (4+1)} \times (23.5^2 + 21.5^2 + 15.5^2 + 19.5^2) - 3 \times 8 \times (4+1)$$
$$= 2.625$$

（3）规定显著性水平和临界值。因为 $k=4$，$n>4$；故查 $df=k-1$ 的 χ^2 分布表得到相应的临界值。当 $df=3$，$\alpha=0.05$ 时，临界值 $\chi^2_{0.05,3}=7.81$。

（4）统计决断。由于 $\chi_r^2 = 2.625 < \chi^2_{0.05,3} = 7.81$，故接受零假设，认为在四种不同颜色墙壁的房间中的记忆效果无显著差异，即墙壁的颜色对记忆效果没有显著影响。

回顾：相关样本　双向秩次方差分析
练习与思考：完成习题 14.10—14.11

14.5 随机化检验和自助抽样法*

14.5.1 随机化检验

随机化检验假设自变量没有产生效应，生成在无效应的情况下所期望的大量（甚至所有可能的）随机样本，并根据这些随机样本进行假设检验。所谓的自变量"无效应"，意思大致是因变量的值（观察值）不随自变量的值而变化，这样，在自变量取某个值的条件下的观察值在自变量取其他值的条件下也同样容易出现。假设有两个样本，它们来自相同的总体，那么样本 A 中的任意一个观察值在样本 B 中很容易找到相同或接近的值，反之亦然。这就是所谓"无效应"的情况，它意味着零假设（无差异）成立。

换言之，"无效应"相当于参数假设检验时的"无显著差异"，只不过参数假设检验是针对参数而言的。

例如，样本 A 的观察值都介于 80~99，样本 B 的观察值也差不多在这个范围里，分布情况也相近，我们就可以推断两个样本来自相同的总体。

但是，如果两个样本之间有较大差异，例如，样本 A 不变，样本 B 的观察值落在 70 ~ 89，那么两个样本中相重叠的数据只有介于 80 和 89 之间的观察值，90 以上的观察值只会出现在样本 A 中，80 以下的观察值只会出现在样本 B 中。换言之，两个样本的观察值出现在对方样本中的概率都大大下降了，这时我们就倾向于认为两个样本来自不同的总体。

随机化检验的思路也可以通过下面这个比喻来解释：我们把 54 张普通扑克牌洗乱（随机化），之后重新分成两堆，这就相当于从相同的总体中抽取了两个样本。从理论上讲，我们会认为这两堆牌应该差不多。但是，长期打牌的经验告诉我们，即使完全规规矩矩地洗牌，每一局牌抓到的牌面也不太可能一模一样地好，而是有时略好，有时略差，偶尔也会抓到一副烂牌（对方则抓到一副好牌）。这种情况就像从同一个总体抽出的两个随机样本一样，两个平均数在多数情况下相差不大，但在少数情况下也会相差很多，以至被判断为有显著差异。

现在假设我们制定了某种评价方法来评价牌面的好坏，即给出牌面的"得分"，那么在无数次洗牌、发牌后，根据评价得分将某一方得到的各局牌面从"最烂"排到"最好"，并按照一定的显著性水平将排在两端的若干局牌面划分出来。

现在假设，我们进行了 1000 次洗牌、发牌，然后将某一方得到的 1000 局牌面从"最烂"排到"最好"，再假设显著性水平为 0.05，这样就将排名最前的 25 局和最后的 25 局牌面划分了出来；而第 25 位和第 976 位的牌面的得分就相当于"临界值"。

接下来，如果再拿到一副牌，其得分高于或等于第 976 位的得分，即大于或等于高位临界值，就是难得一见的好牌（对方拿到的则是同样难得一见的烂牌），我们就说双方得到的牌"有显著差异"。如果该牌面得分低于或等于第 25 位的得分，同样可以说双方得到的牌"有显著差异"。

如果可能（例如，用计算机自动完成洗牌），也可以列出所有可能的洗牌结果，再进行上述过程。

进行 t 检验对应的随机化检验时，"牌"就是两个样本中的观察值。首先将上述两个样本的所有观察值合并，好像形成了一个"总体"。然后从这个"总体"中不放回地随机抽取个体放入样本 A 和样本 B，直至两个样本达到原来的个体数。这就好像把牌洗乱发给两个牌友一样。在多数情况下，这两副"牌"（两个样本的数据）都差不多，体现出"无效应"的状态，但是在极少数情况下也会出现两副"牌"相差甚远的情况。每一次这样的抽样都可以得到两个样本的平均数差值，在 1000 次抽样后，就可以得到 1000 个平均数差值；接着将这些平均数差值排序，找出排名第 25 位和第 976 位的差值，假设它们分别是 –9.43 和 8.89，这两个值就是显著性水平为 0.05 时的临界值，两者之间为无效应假设的接受域，其他为拒绝域。

最后就看原本要比较的两个样本的平均数差值是否进入拒绝域了。如果两者之差为 0.06，落入接受域 (–9.43, 8.89)，就接受无效应假设；如果平均数差值为 10.22，说明第一个样本平均数显著高于第二个样本，就拒绝无效应假设，从而做出"有显著差异"的统计推断。

【例题 14.5.1】样本 A 为：85, 87, 88, 90, 93, 93, 97。样本 B 为：73, 75, 77, 80, 82, 84, 86, 89。怎样进行随机化检验？

解：

先计算原来的两个样本平均数之差：90.43 – 80.75 = 9.68。这个结果稍后会用到。

接着，将两组数据合并，然后按照原来两个样本的容量（分别为 7 和 8），从中不放回地随机抽取个体，组成两个容量分别为 7 和 8 的样本；每次完成抽样后，计算两个样本的平均数之差。在进行了很多次（例如 1000 次）这样的抽样后，得到 1000 个平均数之差，并将这 1000 个差值排序。接着，根据显著性水平找到两个临界值，观察本例的差值 9.68 是否进入拒绝域，即可做出统计决断。

也可以采取以下等价的方式：统计上述 1000 个平均数之差中比本例的差值 9.68 更大（更远离 0）的个数及其相应比率。如果这个比率小于 2.5%，例如只有 1 个平均数之差大于 9.68（更远离 0），就认为原来的两个样本来自不同的总体。

随机化检验的思想早就有了，但是真正的广泛应用还是在计算机运行速度达到一定水平后发生的。在数据量较大的情况下，手工完成上述过程几乎是不可想象的。

许多软件可以完成随机化检验。例如下面的 R 代码就可以完成上述过程。在执行这些代码之前，先要用命令 install.packages("coin") 安装一个名为"coin"的包。

```
# 以下语句完成双独立样本随机化检验
library(coin)
score <- c(85, 87, 88, 90, 93, 93, 97, 73, 75, 77, 80, 82, 84, 86, 89)
treatment <- factor(c(rep("A", 7), rep("B", 8)))
mydata <- data.frame(treatment, score)
oneway_test(score~treatment, data = mydata, distribution = "exact")
```

R 的输出结果如下所示。

```
Exact Two-Sample Fisher-Pitman Permutation Test
data:  score by treatment (A, B)
Z = 2.7054, p-value = 0.003263
alternative hypothesis: true mu is not equal to 0
```

我们看到，代码 oneway_test(score~treatment,data = mydata, distribution = "exact") 中有一个参数项 distribution = "exact"，它表明让软件算出观察值分派到两个样本所有可能的排列组合（所有可能的洗牌结果，不限于 1000 种）。这是只有高速计算机才能做到的事。本例的 P 值为 0.003263，意思是，在零假设成立（"无效应"）的情况下，两个样本所有可能的平均数之差大于当前两个样本平均数之差（9.68）的概率不超过 0.004。因此，我们只能拒绝零假设，认为样本 A 和样本 B 来自不同的总体。

随机化检验不仅可以代替 t 检验，其他参数假设检验也有它们对应的随机化检验，因为随机化检验对总体的方差和分布形态都没有特别的要求。而 t 检验则强调正态分布总体（是非正态总体时，就必须是大样本）；如果是方差分析，还要求方差齐性等。所以，随机化检验常用于严重偏离正态分布的数据。

14.5.2 自助法

自助法是随机化检验的另一种形式，过程与随机化检验基本相同，两者最大的区别在于抽出的个体要放回与否——随机化检验采取不放回的抽样，自助法采取放回的抽样。

自助法也常常用于对严重偏离正态分布的数据进行显著性检验，不过有些统计学家认为，自助法更适于参数估计。

如果要用自助法根据一个样本的观察值对总体平均数进行区间估计，方法与随机化检验类似，按以下步骤进行。

步骤 1

将样本中的有限数据当作一个总体。

步骤 2

从这个总体中以放回的方式抽取相同容量的新样本。因为采取了放回的方式，任何一个个体都有可能被抽到多次，这样每次抽出的样本很可能不同；否则，如果不放回抽出的个体，那么最终得到的样本和原来的样本总是一模一样的。

步骤 3

计算样本平均数。

步骤 4

重复步骤 2 和步骤 3，计算出所有可能（或尽可能多）的样本平均数，这里假设得到了 1000 个样本平均数。

步骤 5

这 1000 个平均数的平均数就作为总体平均数的点估计值。

步骤 6

将所有样本平均数排序，找出最高和最低 2.5% 位置上的平均数，它们就是总体平均数 95% 置信区间的上下限，两者之间的区间就是置信区间。

只要有了置信区间，就可以进行显著性检验。如果根据自助法求出的置信区间不包括零假设中的参数（比如 $H_0: \mu = 75$），就说明该样本来自 $\mu \neq 75$ 的总体，应拒绝零假设。

知识导图

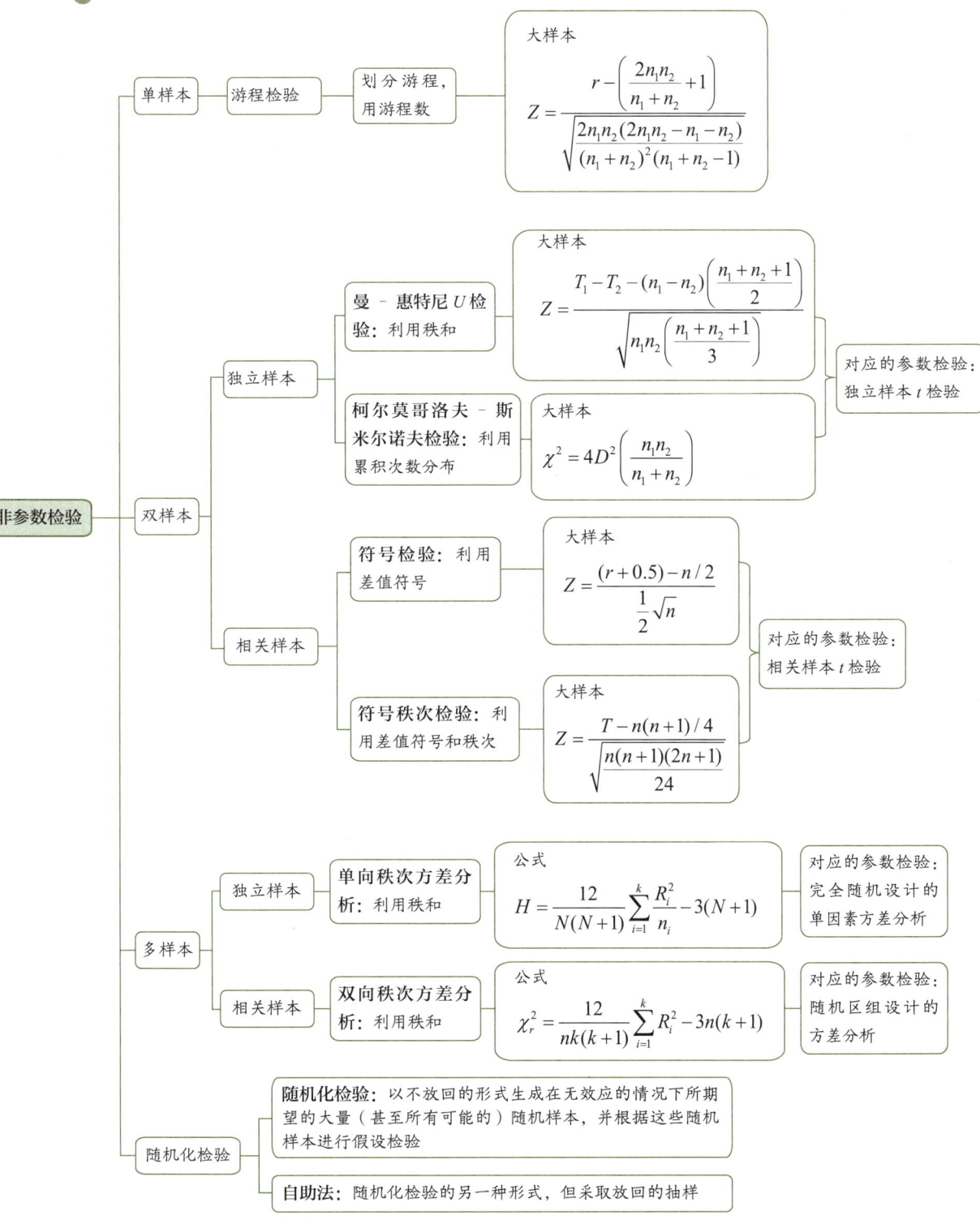

数据实验

目的

通过比较双向秩次方差分析和肯德尔和谐系数的检验结果，了解相关和差异之间的联系，懂得相关程度就是用差异程度来衡量的。

方法

对于多个相关样本的数据，既可以进行双向秩次方差分析，也可以计算肯德尔和谐系数。假设有 5 名专家和 6 名考生，每位专家都参加了对 6 名考生的面试。表 14.A 为专家为每一位考生打的分。

表 14.A

专家	考生 A	考生 B	考生 C	考生 D	考生 E	考生 F
1	41	25	48	41	63	52
2	50	47	48	55	66	43
3	47	64	71	77	86	40
4	46	45	47	73	67	49
5	31	32	37	53	50	22

步骤 1

打开 SPSS 数据界面，依次建立 7 个变量：专家、考生 A、考生 B、考生 C、考生 D、考生 E、考生 F，然后输入上述 5 行数据。

步骤 2

新建一个句法窗口，执行以下代码，并记录 SPSS 输出的结果。

```
NPAR TESTS
  /FRIEDMAN= 考生 A 考生 B 考生 C 考生 D 考生 E 考生 F
  /KENDALL= 考生 A 考生 B 考生 C 考生 D 考生 E 考生 F
  /MISSING LISTWISE.
```

步骤 3

将上述 6 名考生的得分删除，并用表 14.B 中的数据覆盖。

表 14.B

专家	考生 A	考生 B	考生 C	考生 D	考生 E	考生 F
1	61	50	47	50	47	38
2	60	61	39	54	58	26
3	39	36	61	50	51	58
4	68	47	64	54	51	61
5	55	42	38	51	53	54

步骤 4

再次执行步骤 2 的代码，并记录 SPSS 输出的结果。

结果

步骤 2 得到的结果：Friedman 检验（双向秩次方差分析）的 $\chi_r^2 = 15.575$，p 值（Sig.）为 0.008，说明 6 名考生的得分有显著差异；肯德尔和谐系数为 0.623，其显著性检验结果与双向秩次方差分析相同，p 值（Sig.）也是 0.008，说明 5 名专家的评分相当一致。

如果认为上述相同的结果是一种巧合，那么步骤 4 换用了一套 6 名考生无显著差别的得分，得到的结果是：Friedman 检验（双向秩次方差分析）的 $\chi_r^2 = 4.075$，p 值（Sig.）为 0.539，说明 6 名考生的得分无显著差异；肯德尔和谐系数为 0.163，其显著性检验结果仍与双向秩次方差分析相同，p 值（Sig.）也是 0.539，说明 5 名专家的评分很不一致，几乎是在随机给分。

讨论

本实验结果表明，双向秩次方差分析结果与肯德尔和谐系数的显著性检验结果是一致的，其 p 值完全相同。换言之，当考生得分之间有显著差异的时候，专家的评分必然是相当一致的，反之亦然。这个实验揭示了这样一个道理：相关和差异其实也许是一回事，只是从两个不同的角度观察数据得出的不同描述而已。

从肯德尔和谐系数的计算公式 $r_W = \dfrac{\sum_{i=1}^{n} R_i^2 - \left(\sum_{i=1}^{n} R_i\right)^2 / n}{\dfrac{1}{12} K^2 (n^3 - n)}$ 来看，其分子中的 R 就是 6 名考生的成绩转换成名次（秩次）后的总和，而分子 $\sum_{i=1}^{n} R_i^2 - \left(\sum_{i=1}^{n} R_i\right)^2 / n$ 就是 R 的离差平方和。我们知道，离差平方和体现的是数据的差异程度，所以分子越大，意味着考生得到的秩

和之间差异越大。根据 SPSS 输出的结果，可以算出本实验两套数据中每一个考生的秩和（见表 14.C）。

表 14.C

考生	第一套数据 平均秩次	第一套数据 秩和（R）	第二套数据 平均秩次	第二套数据 秩和（R）
A	2.50	12.5	5.00	25
B	2.00	10	2.90	14.5
C	3.60	18	3.30	16.5
D	4.90	24.5	3.30	16.5
E	5.60	28	3.30	16.5
F	2.40	12	3.20	16

可以看到，第一套数据的 R 介于 10 至 28，第二套数据的 R 介于 14.5 至 25，后者相差较小，其离差平方和随之减小，从而导致肯德尔和谐系数降低到了不显著的水平。可见，专家评价之间的一致性是通过考生得到的秩和 R 的差异程度反映出来的。推而广之，相关程度是用差异程度来衡量的。

习题

14.1 某研究生试图研究男生和女生到达教室的顺序是否随机，他记录了某日教室开门后最先进入的 15 名学生的性别（M 表示男生，F 表示女生），结果如下所示。

F, M, M, F, F, F, F, M, M, M, F, F, F, M

可以得出什么结论？

14.2 某研究者对 40 名参试者的情绪调节能力进行测评。测评得分按测评原始顺序排列如下所示。

41, 50, 47, 46, 31, 32, 47, 66, 48, 47, 47, 38, 64, 41, 46, 32, 35, 60, 57, 56

50, 41, 65, 47, 50, 64, 48, 47, 57, 40, 50, 61, 36, 47, 42, 47, 39, 61, 64, 38

已知上述 40 个得分的平均数为 48.13，请用游程检验考察样本的随机性。

14.3 某学校为了检验 A、B 两种教法的效果有无显著差异，抽取两个班进行实验。经过一学期教学以后，成绩如下所示。

A 班成绩：79, 88, 81, 90, 86, 72, 88, 92, 90, 87

B 班成绩：75, 83, 90, 87, 94, 90, 79, 64, 58, 62

如果上述数据不呈正态分布,应当如何处理?

14.4 在一项药物治疗焦虑症的实验中,研究人员把患者分为两组:A 组的 7 名患者每天服用某新药,B 组的 5 名患者每天服用无任何药物成分的制剂。1 个月后,测定这些患者的焦虑水平,情况如下所示。

$$A 组:4, 4, 1, 6, 9, 8, 2$$
$$B 组:7, 3, 9, 10, 6$$

问:该药对焦虑水平有无影响?

14.5 某研究者试图研究本专业出身的研究生在 3 年后的毕业论文的得分上是否优于跨专业考取的研究生。共调查了本专业出身的研究生 40 人,跨专业考取的研究生 50 人,并得到以下数据。

成绩	本专业出身的研究生比例	跨专业考取的研究生比例
优	15%	8%
良	30%	20%
中	40%	28%
及格	10%	30%
不及格	5%	14%

请用柯尔莫哥洛夫 – 斯米尔诺夫检验法给出答案。

14.6 现有 10 名学生进行射击训练,训练前后各进行一次测试,结果如下表所示。

学生编号	训练后成绩	训练前成绩	学生编号	训练后成绩	训练前成绩
1	95	76	6	78	62
2	70	74	7	89	82
3	90	80	8	84	85
4	66	52	9	70	64
5	80	63	10	73	72

假设上述射击成绩不服从正态分布,试进行符号检验。

14.7 利用习题 14.6 的数据进行符号秩次检验,并与符号检验结果做比较。

14.8 如果在习题 14.4 的药物治疗焦虑症的实验中再加一组参试者:C 组 6 名患者每天接受心理治疗,其他情况不变。数据汇总如下所示。

$$A 组:4, 4, 1, 6, 9, 8, 2$$
$$B 组:7, 3, 9, 10, 6$$
$$C 组:2, 3, 2, 8, 5, 7$$

问：在这三种情况下的焦虑水平有无显著差异？

14.9 对如下四组数据，分别进行参数的和非参数的方差分析，比较两者的结果。

A 组：75, 69, 56, 79, 65

B 组：53, 59, 71, 70, 39, 77, 56

C 组：71, 60, 88, 76, 72, 71

D 组：70, 85, 70, 73, 94, 97, 84

14.10 在第 10 章的习题 10.10 中，某研究人员随机抽取 8 名参试者，让他们分别在 4 种实验条件下记忆字符串。成绩如下表所示。对于这 4 种实验条件下记忆效果的差异检验当然应优先考虑用随机区组设计的方差分析，但本题请采用双向秩次方差分析，并将两种检验的结果做比较。

参试者编号	条件 A	条件 B	条件 C	条件 D
1	21	20	19	18
2	20	19	20	17
3	22	23	19	19
4	19	19	18	18
5	19	21	17	20
6	18	19	19	19
7	21	21	20	19
8	17	16	15	16

14.11 5 位教师对甲、乙、丙三篇作文分别排定秩次，如下表所示。问：这三篇作文所得到的成绩有无显著差异？

教师	秩次		
	甲	乙	丙
1	3	1	2
2	3	2	1
3	3	1	2
4	1	3	2
5	1	3	2

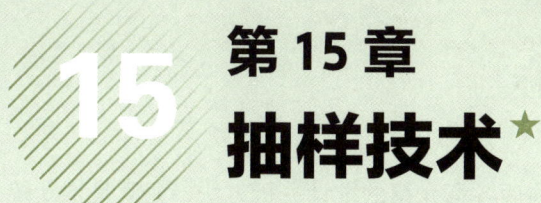

第 15 章
抽样技术*

本章提要

- 科学、合理地获取样本资料或实验数据,是采用各种推断统计方法对总体情况做出科学结论的前提。
- 在全面调查难以实施的情况下,抽样调查的技术至关重要。
- 通常用抽样精确度和调查费来评价各种抽样方法的优劣。
- 调查和实验中常用的各种抽样技术包括简单随机抽样、分层随机抽样、系统抽样、整群抽样和多阶段抽样等。
- 在保证抽样误差不超过规定要求的前提下,可以尽量缩小样本容量。
- 无论是参数估计还是假设检验,都可以计算必要的样本容量。

学习目标

- 了解抽样技术对推断统计的重要性。
- 了解全面调查和抽样调查的概念。
- 了解抽样调查的广义和狭义定义。
- 了解简单随机抽样、分层随机抽样、系统抽样、整群抽样和多阶段抽样等抽样方法的优缺点和实施步骤。
- 了解各种参数估计和假设检验对应的必要样本容量计算方法。

15.1 抽样调查及其评价指标

统计分析的质量取决于数据的质量。前面各章介绍的统计分析方法，尤其是推断统计学的各种方法，在使用时都有一个隐含的前提，就是要先获得对总体有足够代表性的样本资料或实验数据，然后才能利用样本信息对总体的信息进行推断。

15.1.1 全面调查与抽样调查

要收集足够的、对总体有代表性的数据，最理想的做法就是开展全面调查，即针对总体全部成员进行观察或实验。但是，在许多实际问题中，我们往往只能得到一部分数据，无法进行全面调查。例如，想调查社会上人们对"精神病患者的治疗费用是否应由政府支付"的看法，虽然我们知道人们对这个问题有不同的看法（赞成、反对或不置可否），但是不可能征询到社会上所有人对这个问题的观点。又如，想调查中国人的心理健康状况，如果要对全体十几亿人进行测定，几乎是不可能完成的任务。

有时候，全面调查不仅难以做到，甚至是不允许的。假设我们要检验某厂生产的灯泡的使用寿命，就要把灯泡拿来使用；检验结束时，被检验的灯泡也就"寿终正寝"了。显然，我们不能对该厂所有的灯泡都进行这样的检验。

所以，尽管从理论上讲，可以对随机现象进行大量的、反复的观察，从而了解其总体的数量规律性，但实际上往往做不到。这时，可以从总体中抽取一部分个体组成样本，取得数据后再对总体的信息加以推断，这就是统计推断。而从总体中抽取部分个体组成样本，对该样本进行观察或实验，获得样本信息，进而推断未知总体的情况，称为抽样调查。由于抽样调查并非针对总体中所有的个体进行观察，所以，它是一种非全面调查方法。

15.1.2 抽样调查的几个基本概念

抽样调查分为非概率抽样调查和概率抽样调查两大类。

非概率抽样调查是依据调查者的经验，有目的地挑选一部分个体组成样本，根据对样本的观察来推断总体的基本情况。典型调查和重点调查就是常见的非概率抽样。它常常不能作为推断未知总体参数的依据，而且不能计算调查结果的理论精确度和可靠程度。

概率抽样调查则要求总体中每个个体被抽中的概率是已知的。这样，研究者就可以根据概率论的原理，随机地抽取部分个体组成样本，再利用各种推断统计的方法进行参数估计和假设检验，并能计算出调查结果的理论精确度和可靠程度。概率抽样调查是本节介绍的重点。为了下文的表述方便，它将被简称为抽样调查。换言之，我们将概率抽样调查看作狭义的抽样调查，将非概率抽样调查和概率抽样调查合起来看作广义的抽样调查。

与全面调查相比，抽样调查能够节省人力、物力和时间，还可以计算和控制抽样误差，应用范围十分广泛；尤其是在心理学、教育学和社会学等领域，由于研究的对象是人类的心理和行为，所以绝大多数研究都是抽样调查。当然，抽样调查并不能完全取代全面调查。因为全面调查不存在抽样误差，对于某些事关国计民生的重大调查，例如人口调查和土地调查等，仍有必要采用全面调查的方式（例如，全国人口普查等）。

任何一个抽样调查都可能产生误差。调查的总误差可以分为两部分：非抽样误差和抽样误差。非抽样误差指漏报、错报、测量误差以及在调查结果的登录、汇总等环节上产生的误差；抽样误差则是根据样本信息来推断总体信息时产生的随机误差。本章只讨论抽样误差。

15.1.3 评价抽样方法的指标

通常，我们用抽样精确度和调查费用这两个指标来评价各种抽样方法的优劣。

抽样精确度是指未知总体参数的估计值 $\hat{\theta}$ 与其平均数 $E(\hat{\theta})$ 之差。在统计学上，一般用估计量的方差来表示抽样方法的精确度。在比较不同的抽样方法的精确度时，常以简单随机抽样的估计量的方差 $V_{SRS}(\hat{\theta})$ 为基准，其他各种抽样方法都以这个基准为分母计算各自的相对精确度指标，该指标就是设计效果指标（Deff）：

$$Deff = \frac{V_d(\hat{\theta})}{V_{SRS}(\hat{\theta})} \qquad （公式15.1.1）$$

式中，$V_d(\hat{\theta})$ 为其他各种抽样方法的估计量的方差。

如果 $Deff > 1$，说明被评价的抽样方法的精确度不如简单随机抽样。

抽样的目的之一就是节省调查费用。抽样调查还要求在保证一定精确度的前提下尽量减少费用，或在限定费用的前提下尽量提高抽样的精确度。

调查费用与抽样方法和样本容量有关。因此，统计学建立了一个调查费用函数，可以表示为样本容量 n 与对样本中的各个个体进行调查时发生的单位调查费用 c 的线性函数。

$$C = c_0 + \sum_{h=1}^{L} c_h n_h \qquad h = 1, 2, \cdots, L \qquad （公式15.1.2）$$

式中，c_0 为无论样本容量多大，都必须发生的基本费用；c_h 为单位调查费用；L 为抽样调查的样本个数。

在两种不同的抽样方法的费用（C_1 和 C_2）确定以后，就可以求出它们的比值（$K=C_1/C_2$），从而得出它们之间的相对费用效益指标。

在实际工作中，往往要将上述两个指标结合起来考虑。当然，确定抽样调查的具体方法时，还要考虑各种现实条件，例如，抽样过程是否简便，调查项目能否得到真正的信息等。

15.2 抽样方法

常用的抽样方法有简单随机抽样、分层随机抽样、系统抽样、整群抽样和多阶段抽样等。

15.2.1 简单随机抽样

简单随机抽样就是从总体的 N 个个体中，完全以随机形式（不加人为干扰地）抽取 n 个个体组成一个样本。在抽取的过程中，总体中每个个体被抽到的概率均等，并且在任何一个个体被抽取之后总体内成分不变（抽样的独立性）。本书大多数问题中提到的样本都默认为简单随机样本。

简单随机抽样的主要步骤是：第一，给每个个体编号；第二，利用各种随机方法产生随机号码，从而确定应被抽取的个体。过去，产生随机号码的方法主要是查随机数字表，现在可以用计算机程序生成随机数。

当总体为有限总体时，理论上应采用放回的抽样。这样个体被抽取以后就不会造成总体成分的变化。如果是无限总体，则不存在这个问题。但是在实际工作中，多为不放回抽样。

15.2.2 分层随机抽样

分层随机抽样是一种有人为干预的限制性随机抽样，也有人称之为分类型抽样，它是按有关的因素或指标将总体划分为互不重叠的几个部分（层），再从各层中独立地抽取一定数量的个体，最后将各层中抽取的个体合在一起，组成一个样本。

使用分层抽样方法的目的主要是减少抽样误差，提高调查结果的精确度。如果总体中有些个体之间差异很大，有些个体之间差异比较小，这时可以考虑将整个总体分层，将差异比较小的那些个体集中在一个层中。分层抽样的一个重要原则就是：各层内部的差异要小，层与层之间的差异要大。分层后抽取的个体在总体中散布得更均匀，大大降低了出现极端数值的风险；随机地从任何一层中抽取的样本对该层的代表性得以提高，由它们构成的样本对整个总体也就有较高的代表性。

分层抽样的必要前提是总体中的个体数 N 以及总体中各层的单位数 N_h（$h = 1, 2, \cdots, L$）是已知的。例如，对学生进行抽样时，将学生划分为男生和女生，要求全部学生的人数以及男生和女生各有多少人都是已知的。此外，分层抽样要求在任何两层中抽取个体时都要相互独立。

在确定从各层抽取个体的个数时，可以简单地按照相同比例原则，即从各层中抽取的个体数与各层个体总数的比例完全相等，这称为等比例分层抽样。例如，要从一个 10 000 人的总体中抽取 500 人（5%）作为样本，则每一层都抽取该层个体总数的 5%。

不过，等比例分层抽样没有考虑各层标准差的大小。最好能够既考虑各层的个体数比例，又考虑各层的标准差，这是一种不等比例分层抽样，称为内曼配置法。运用内曼配置法从各层抽取个体的个数计算公式为

$$n_h = n \frac{N_h \sigma_h}{\sum_{h=1}^{L} N_h \sigma_h} \qquad \text{（公式 15.2.1）}$$

式中，n_h 为从第 h 层抽取的个体数；n 为样本容量（各层所抽个体数之和）；N_h 为第 h 层的个体数；σ_h 为第 h 层的标准差。

如果进一步考虑各层的单位调查费用 c_h，就是最优配置法，这也是一种不等比例分层抽样。运用最优配置法，从各层抽取个体的个数计算公式为

$$n_h = n \frac{N_h \sigma_h / \sqrt{c_h}}{\sum_{h=1}^{L} (N_h \sigma_h / \sqrt{c_h})} \qquad \text{（公式 15.2.2）}$$

15.2.3 机械抽样

机械抽样又称为系统抽样、等距抽样，其做法是，先将总体中的所有个体按顺序编号，然后每隔一定的间隔 k 抽取个体，组成样本。

机械抽样简便易行，只要确定了抽样间隔和起点，应该抽取哪些个体组成样本就都确定了，因此它的主要用途之一就是在比较大规模的抽样调查中代替简单随机抽样。同

时，只要样本个体在总体中的分布是均匀的，机械抽样估计量的方差与简单随机抽样相近，故仍使用简单随机抽样的公式计算机械抽样估计量的方差。但是，当总体内各个体按某个指标的高低顺序排列时，机械抽样估计量的方差介于简单随机抽样和分层随机抽样之间。

机械抽样的具体抽取方式主要有直线抽样和循环抽样。直线抽样就是将总体中 N 个个体分为 n 段，每段中包含有 k 个个体，从每段中抽取 1 个个体。循环抽样就是将总体中 N 个个体首尾相连排列成一个环。确定抽样间隔 k 后，随机确定一个起点，按抽样间隔依次抽取个体，直至抽够 n 个个体为止。

当总体内各个体指标的取值存在周期变动趋势时，机械抽样估计量的方差大小取决于抽取的个体在总体中的位置。例如，如果研究的变量是商业零售额，而抽样时以时间间隔（每周的周几，每月的几号等）为抽样间隔，由于商业零售额有很强的周期性（周末零售额往往比较高），就有可能影响调查结果的精确度。这时若沿用简单随机抽样的公式计算估计量的方差，其效果不能令人满意。

15.2.4 整群抽样

整群抽样是指以整群为单位的抽样方法，即从总体中抽出来的个体同属于某个群体。

所谓"整群"，就是若干个有联系的个体的集合。在实际工作中，往往利用总体中已经存在的自然的或社会的整群来抽取样本。例如，在学校进行抽样调查，可以将班级看作整群，对抽中的班级的所有学生进行全面调查。

整群抽样通常指的是单阶段整群抽样，即在以整群为抽样单位抽取样本后，对抽中的整群中的全部个体进行调查。在比较大型的、复杂的抽样调查中，有时还采取多阶段整群抽样：在整群抽样中，先抽中若干大的整群，再从中抽取部分小的整群，对抽中的小整群中的个体进行全面调查。例如，在调查学生的学习成绩时，可以抽取一所学校作为整群；而在这所学校中，又进一步采取整群抽样，抽取若干个小的整群（班级）进行调查。这样，对于一所学校，不是调查所有班级，而是仅仅调查其中一个或几个班级，这就是一种多阶段抽样。在样本容量相同的条件下，多阶段抽样的样本个体在总体中的分布比单阶段抽样更均匀。此外，多阶段抽样可以利用现成的行政区划作为各阶段划分整群的依据。大规模抽样调查一般都采用多阶段抽样方法。

整群抽样虽然方便易行，但是存在调查结果的精确性不太高的缺点。研究者有时也会将多阶段整群抽样与随机抽样结合起来：先在第一阶段抽出若干大的整群；等到第二阶段，再在这些整群中用随机抽样方式抽取被调查的个体（而非抽取小的整群）。如经济合作与发展组织开展的青少年发展全球性测评（国际学生评估项目和社会与情感能力测试[①]），就是在各个参试国家抽取若干学校，再从各所学校随机抽取部分适龄学生，从而形成一个规模较大的样本。

15.3 必要样本容量

15.3.1 什么是必要样本容量

在设计抽样调查的方案时，确定样本的容量是一个非常重要的问题。样本容量太大，费用可能不够；样本容量太小，抽样误差又可能超过规定的要求。本节阐述如何确定必要的样本容量。

必要样本容量，即最小样本量，就是在保证抽样误差不超过规定要求的前提下，样本的最小容量。不难想到，必要样本容量受总体分布特征的影响：总体的差异越大，就需要越多个体来体现个体间的差异。例如，如果一个群体对某个观念的看法完全一致，我们只需要找到其中一个个体，了解其看法就够了。但是如果这个群体中的每一个人的想法都不同，就最好对全部个体都进行调查，才能得到全面的认识。

15.3.2 对总体平均数进行统计推断时的必要样本容量

15.3.2.1 估计总体平均数时的必要样本容量

根据总体平均数的估计方法，在 σ^2 已知的条件下，总体平均数在 $1-\alpha$ 的置信水平上的置信区间为

$$\bar{X} \pm Z_{\alpha/2} \cdot \sigma/\sqrt{n}$$

从这个公式可以看出，从估计量 $\bar{x}$ 的取值到上下限（$\bar{X} \pm Z_{\alpha/2} \cdot \sigma/\sqrt{n}$）的距离为置信区间长度的 1/2。这段距离表示在 $1-\alpha$ 的置信水平上，用样本平均数 $\bar{X}$ 估计总体平均数时所允许的最大绝对误差，简称允许误差 Δ。故

$$\Delta = Z_{\alpha/2} \cdot \sigma/\sqrt{n} \qquad （公式 15.3.1）$$

上述公式反映了允许误差 Δ 与置信水平 $1-\alpha$ 和样本容量 n 之间的关系。如果给定 Δ

[①] 英文为 Study on Social and Emotional Skills，可简称为 SSES 测试。

与 $1-\alpha$，就可以求出必要样本容量：

$$n = \left(\frac{Z_{\alpha/2} \cdot \sigma}{\Delta}\right)^2 \qquad （公式 15.3.2）$$

当总体为有限总体，又采用不放回的抽样时，就要考虑有限总体修正系数，公式 15.3.2 就变为：

$$n = \frac{N \cdot Z_{\alpha/2}^2 \cdot \sigma^2}{(N-1) \cdot \Delta^2 + Z_{\alpha/2}^2 \cdot \sigma^2} \qquad （公式 15.3.3）$$

在 σ^2 未知的条件下，总体平均数在 $1-\alpha$ 的置信水平上的置信区间为

$$\bar{X} \pm t_{\alpha/2} \cdot S / \sqrt{n}$$

根据这个公式，同样可以推出允许误差 Δ 为

$$\Delta = t_{\alpha/2} \cdot S / \sqrt{n} \qquad （公式 15.3.4）$$

所以，如果给定 Δ 与 $1-\alpha$，就可以求出必要样本容量：

$$n = \left(\frac{t_{\alpha/2} \cdot S}{\Delta}\right)^2 \qquad （公式 15.3.5）$$

从上面的公式可以看到以下三个特点：

- 总体方差 σ^2 或样本方差 S^2 越大，必要样本容量就越大；
- 允许误差 Δ 越大，必要样本容量就越小；
- 置信水平越高，必要样本容量就越大。

15.3.2.2 单样本 t 检验时的必要样本容量

在总体方差 σ^2 已知的条件下，样本平均数与总体平均数的差值呈正态分布。由于在平均数的假设检验中，既要考虑 α 误差，又要考虑 β 误差。这时必要样本容量的计算公式为

$$n = \left[\frac{(Z_\alpha + Z_\beta)\sigma}{\Delta}\right]^2 \qquad （公式 15.3.6）$$

这是单侧检验时的计算公式。双侧检验时的计算公式为

$$n = \left[\frac{(Z_{\alpha/2} + Z_{\beta})\sigma}{\Delta}\right]^2 \quad \text{（公式 15.3.7）}$$

其中，允许误差 $\Delta = \mu - \mu_0$。α 和 β 的值都是研究者预先指定的，α 的值一般为 0.05 或 0.01，β 的值一般为 0.10、0.20 或 0.30。

如果知道单样本 t 检验的效应量 d，不难想到 $\hat{d} = \Delta/\sigma$。这样一来，我们就可以根据公式

$$n = \left[\frac{(Z_{\alpha} + Z_{\beta})}{\hat{d}}\right]^2 \quad \text{（单侧检验）}$$

或

$$n = \left[\frac{(Z_{\alpha/2} + Z_{\beta})}{\hat{d}}\right]^2 \quad \text{（双侧检验）}$$

计算单样本 t 检验时的必要样本容量了。而且，遇到类似的情况，可以类推根据效应量计算必要样本容量的公式。

在总体方差 σ^2 未知的条件下，样本平均数与总体平均数的差值呈 t 分布。这时，必要样本容量的计算公式为

$$n = \left[\frac{(t_{\alpha} + t_{\beta})S}{\Delta}\right]^2 \quad \text{（单侧检验）} \quad \text{（公式 15.3.8）}$$

或

$$n = \left[\frac{(t_{\alpha/2} + t_{\beta})S}{\Delta}\right]^2 \quad \text{（双侧检验）} \quad \text{（公式 15.3.9）}$$

这里还存在一个问题，要用 t 分布，就应当先得知样本容量 n，以便确定自由度。但 n 是未知的。这时可以采用尝试法：先假设 $df = \infty$，计算出第一个 n；然后用这个 n 计算新的 $df = n - 1$，再代入上面的公式计算第二个 n；再用这个 n 计算新的 df，如此反复进行，直到 n 稳定不变为止。

15.3.2.3 双样本 t 检验时的必要样本容量

当两个样本为独立样本时，计算必要样本容量的公式为

$$n_1 = n_2 = 2\left[\frac{(t_\alpha + t_\beta)S}{\Delta}\right]^2 \quad \text{(单侧检验)} \qquad \text{（公式 15.3.10）}$$

或

$$n_1 = n_2 = 2\left[\frac{(t_{\alpha/2} + t_\beta)S}{\Delta}\right]^2 \quad \text{(双侧检验)} \qquad \text{（公式 15.3.11）}$$

式中，n_1 和 n_2 为两个样本的容量；S 为样本标准差，且 $S_1 = S_2 = S$；Δ 为允许误差，$\Delta = \mu_1 - \mu_2$。

采用上述公式时，由于涉及自由度问题，同样可以运用尝试法，计算出稳定的必要样本容量。

如果是两个相关样本，可以采用以下公式计算必要样本容量：

$$n = \left[\frac{(t_\alpha + t_\beta)S_d}{\Delta}\right]^2 \quad \text{(单侧检验)} \qquad \text{（公式 15.3.12）}$$

或

$$n = \left[\frac{(t_{\alpha/2} + t_\beta)S_d}{\Delta}\right]^2 \quad \text{(双侧检验)} \qquad \text{（公式 15.3.13）}$$

式中，S_d 为每对观察值的差值的标准差。

15.3.3 对总体比例进行统计推断时的必要样本容量

15.3.3.1 估计总体比例的必要样本容量

根据总体比例的估计方法，在 $1-\alpha$ 的置信水平上，总体比例 p 的置信区间为

$$p' \pm Z_{\alpha/2} \cdot \sqrt{\frac{p'(1-p')}{n}}$$

式中，p' 为样本比例。所以，在估计总体比例时的允许误差 Δ 为

$$\Delta = Z_{\alpha/2} \cdot \sqrt{\frac{p'(1-p')}{n}} \qquad \text{（公式 15.3.14）}$$

如果给定 Δ 与 $1-\alpha$，就可以求出必要样本容量：

$$n = \left(\frac{Z_{\alpha/2} \cdot \sqrt{p'(1-p')}}{\Delta}\right)^2 \qquad \text{（公式 15.3.15）}$$

在有限总体不放回抽样的情况下，必要样本容量的计算公式为

$$n = \frac{N \cdot Z_{\alpha/2} \cdot p'(1-p')}{(N-1)\Delta^2 + Z_{\alpha/2}^2 \cdot p'(1-p')}$$ （公式 15.3.16）

为了充分保证精度，可以用 $p' = 0.5$ 计算，这样计算出来的 n 虽然比理论上的样本容量大一些，但是可以保证有足够高的置信水平和尽可能小的置信区间。

15.3.3.2　两个样本比例差异显著性检验的必要样本容量

对两个样本的比例进行差异显著性检验时，先要用 $\sqrt{p}$ 反正弦转换表对两个样本的比例进行转换，计算公式为

$$\Phi = 2\arcsin\sqrt{p}$$ （公式 15.3.17）

然后根据以下公式计算必要样本容量：

$$n_1 = n_2 = 2\left(\frac{Z_\alpha + Z_\beta}{\Phi_1 - \Phi_2}\right)^2 \quad (\text{单侧检验})$$ （公式 15.3.18）

或

$$n_1 = n_2 = 2\left(\frac{Z_{\alpha/2} + Z_\beta}{\Phi_1 - \Phi_2}\right)^2 \quad (\text{双侧检验})$$ （公式 15.3.19）

很多软件可以用来计算必要样本容量，如 G*Power 等。它们不仅可以用于计算 t 检验时的必要样本容量，而且可以用于方差分析、相关分析等检验。

从计算必要样本容量的公式可以看出，如果对研究对象一无所知，是无法做出容量估计的。因此，有必要事先阅读文献，估计允许误差和标准差等信息，设定效应量等。当然，如果你确实是某个问题的首位研究者，就只能用自己的数据来设定允许误差等参数了。但不管怎么说，只要确实存在差异，则样本容量越大，得到"显著差异"结果的机会就越大。

知识导图

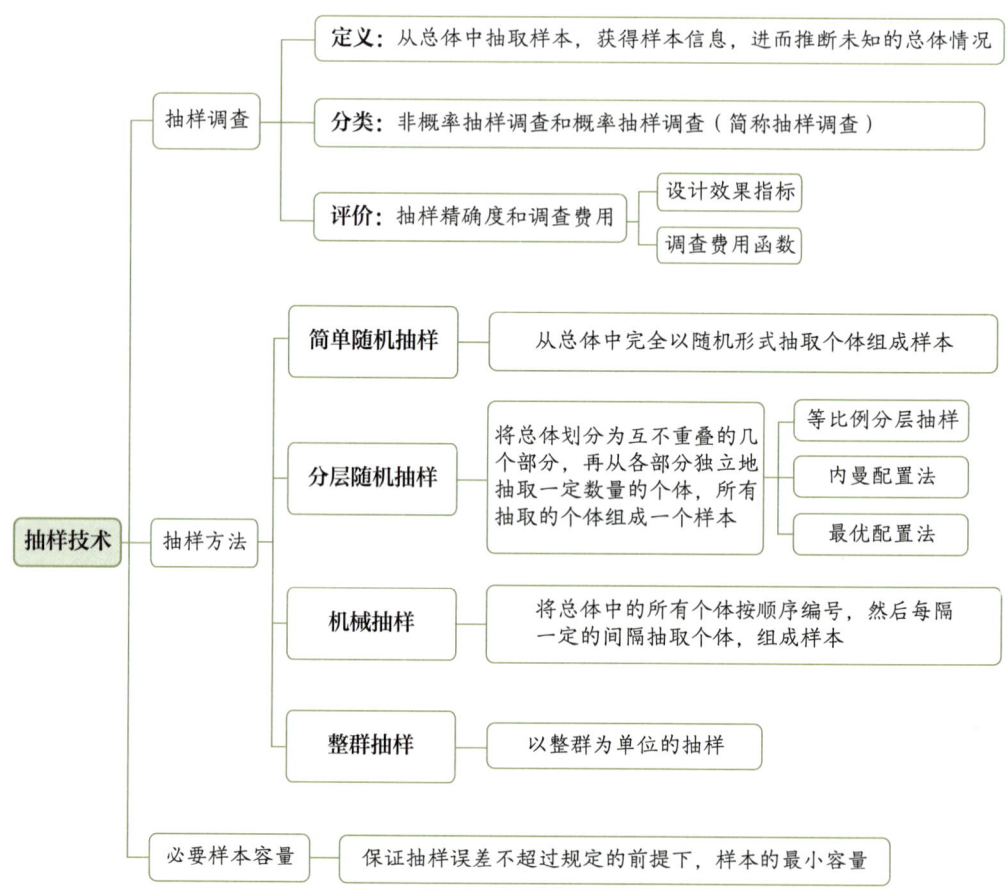

第 16 章
高阶心理统计学简介★

本章提要

- 多元分析从整体上研究多个变量的共同作用。
- 聚类分析是通过对多个变量进行数值分析,从而对事物或变量进行分类的多元分析方法。
- 判别分析是根据多个变量指标,判断某个样品属于哪个已知总体。
- 探索性因素分析是根据各项测验的结果,将众多变量简化为少数几个起主要作用的共同因素的多元分析方法。
- 结构方程建模是在探索性因素分析的基础上建立潜变量之间的关系模型,是验证性因素分析。
- 传统假设检验从零假设出发,估计在零假设成立的前提下所得数据对应的概率;而贝叶斯检验则从所得数据出发,估计各个假设对应的概率,给出贝叶斯因子。

学习目标

- 了解多元分析的重要性。
- 了解多元分析所需的基础知识:随机向量、联合分布、矩阵运算。
- 了解主要的多元分析方法:聚类分析、判别分析、探索性因素分析和结构方程建模等。
- 了解贝叶斯检验与传统假设检验的差别。

本书的前14章讲到的大多数统计方法有一个共同的特点：仅用一个变量来描述个体的特征。这些方法属于一元统计学方法。相关和回归分析虽然探讨了两个或多个变量之间的关系，但是描述个体特征的变量（主要是因变量）还是只有一个。

但是，在社会科学领域，尤其是在心理学和教育学领域，往往把多个变量结合起来描述事物。例如，在人事测评中，有一个所谓的大五人格模型，它将人格特征分为五个维度（变量）：外向性、接纳性、责任感、情绪稳定性和开放性。而著名的卡特尔16种人格特质测验使用的维度（变量）多达16个。如果仅仅运用一元统计学方法，对这么多的变量逐个进行统计分析是不够的，因为这些变量之间往往存在一定的关系，逐个分析容易丢失许多信息，所以我们不仅需要对这些变量和指标逐个地进行分析，还要从整体上研究它们的共同作用。于是，能够同时处理描述个体特征的多个变量的多元分析方法应运而生。本章将阐述如何依据多个指标对个体进行分类（见第16.2节"聚类分析"），如何依据多项指标判断个体所属类别（见第16.3节"判别分析"），如何从多项指标中提取共同因素（见第16.4节"探索性因素分析"），如何研究潜变量之间的关系（见第16.5节"结构方程建模"）。

贝叶斯检验的运用日渐广泛，可以与传统的假设检验相互印证。本章的最后一节将概括地介绍贝叶斯检验的基本思想。

16.1 基本知识

16.1.1 随机向量

统计学研究的是随机现象的数量规律性，具体的统计分析则是针对随机变量进行的。在多元分析中，设 $X_1, X_2, \cdots, X_p$ 为 p 个描述同一个个体的随机变量，这些随机变量组成一个多维向量 $\boldsymbol{X} = (X_1, X_2, \cdots, X_p)$，这个向量就叫作随机向量。例如，一个人的性格可以由大五人格理论模型表述为一个随机向量：$\boldsymbol{X} = (X_1, X_2, \cdots, X_5)$。5个随机变量分别表示外向性、接纳性、责任感、情绪稳定性和开放性。可见，随机向量是随机变量的直接推广。

在一元统计中，我们可以用一列数据表示与 n 个个体有关的一个变量的观察值：

$$X = \begin{pmatrix} x_1 \\ x_2 \\ \vdots \\ x_n \end{pmatrix} \quad \text{（公式 16.1.1）}$$

在多元分析中，我们可以将矩阵（公式 16.1.1）加以推广，用多列数据表示多个变量的观察值：

$$X = \begin{pmatrix} x_{11} & x_{12} & \cdots & x_{1p} \\ x_{21} & x_{22} & \cdots & x_{2p} \\ \vdots & \vdots & & \vdots \\ x_{n1} & x_{n2} & \cdots & x_{np} \end{pmatrix}$$ （公式 16.1.2）

对一个随机变量，我们可以计算其特征量，例如，作为集中量的平均数，作为差异量的方差或标准差，以及作为相关量的相关系数等。这些特征量也都可以推广到多元情况下。例如，多元分析中的平均数，就是以各个变量平均数为元素构成的一个向量：

$$\bar{X} = \begin{pmatrix} \bar{x}_1 & \bar{x}_2 & \cdots & \bar{x}_p \end{pmatrix}$$ （公式 16.1.3）

而各个变量之间的相关系数，可以组成如下矩阵：

$$R = \begin{pmatrix} r_{11} & r_{12} & \cdots & r_{1p} \\ r_{21} & r_{22} & \cdots & r_{2p} \\ \vdots & \vdots & & \vdots \\ r_{p1} & r_{p2} & \cdots & r_{pp} \end{pmatrix}$$ （公式 16.1.4）

这就是相关系数矩阵。不难想到，

$$R = \begin{pmatrix} r_{11} & r_{12} & \cdots & r_{1p} \\ r_{21} & r_{22} & \cdots & r_{2p} \\ \vdots & \vdots & & \vdots \\ r_{p1} & r_{p2} & \cdots & r_{pp} \end{pmatrix} = \begin{pmatrix} 1 & r_{12} & \cdots & r_{1p} \\ r_{21} & 1 & \cdots & r_{2p} \\ \vdots & \vdots & & \vdots \\ r_{p1} & r_{p2} & \cdots & 1 \end{pmatrix}$$

在多元分析中，还经常用到协方差矩阵 S：

$$S = \begin{pmatrix} s_{11} & s_{12} & \cdots & s_{1p} \\ s_{21} & s_{22} & \cdots & s_{2p} \\ \vdots & \vdots & & \vdots \\ s_{p1} & s_{p2} & \cdots & s_{pp} \end{pmatrix}$$ （公式 16.1.5）

注意，这里的 s 不表示标准差，它表示方差和协方差。协方差矩阵是数据内部结构的表现。结构方程建模就是根据协方差矩阵，对数据进行分析，从而验证理论模型与实际数据吻合程度的一种方法。

为了进一步研究多个随机变量组成的随机向量的特点，我们可以从讨论二维随机向量及其分布入手。至于三维或更多维随机变量，可以照此类推。

16.1.2 二维随机向量及其联合分布

设 X、Y 是两个随机变量,由它们构成的向量 $\xi(X, Y)$ 为二维随机向量。对于任意实数 x 和 y,二元函数 $F(x, y) = P\{X \leq x, Y \leq y\}$ 为二维随机向量 $\xi(X, Y)$ 的联合分布函数。如果二维随机向量 $\xi(X, Y)$ 可能取值为有限多个数组,则称 $\xi(X, Y)$ 为二维间断型随机向量;如果 $\xi(X, Y)$ 可能取值为无限个数组,且可以在数轴上取任意值,则称它为二维连续型随机向量。

对于二维间断型随机向量,称二元函数

$$P\{(X, Y) = (x_i, y_i)\} = p_{ij} \qquad i = 1, 2, \cdots; j = 1, 2, \cdots \qquad \text{(公式 16.1.6)}$$

为 $\xi(X, Y)$ 的概率分布或联合分布。

对于二维连续型随机向量,如果存在非负函数 $f(x, y)$,使对任意实数 (x, y),有

$$F(x, y) = \int_{-\infty}^{y} \int_{-\infty}^{x} f(x, y) dx dy \qquad \text{(公式 16.1.7)}$$

则称 $f(x, y)$ 为 $\xi(X, Y)$ 的联合概率密度,简称为概率密度。在第 5 章讲到正态分布时,概率密度指的是纵线高度,概率是以 X 轴上一个区间 $[a, b]$ 为底,以正态分布曲线为顶的一块面积(见图 16.1.1)。

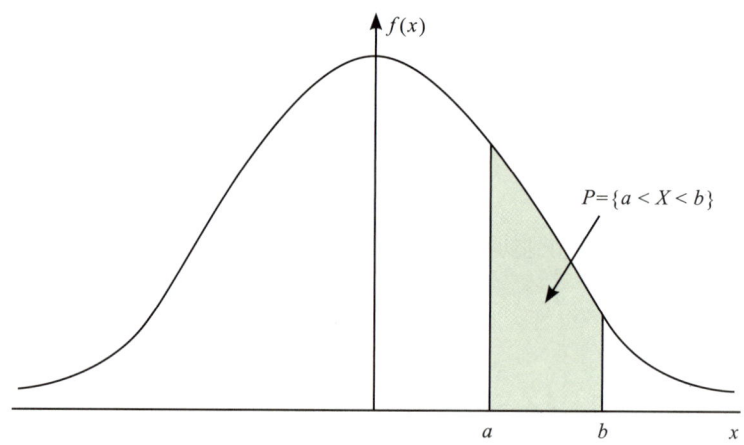

图 16.1.1 一维随机变量分布下的概率

而在二维连续型随机向量的情况下,设 D 为 xOy 平面上任意的一个区域,则 $\xi(X, Y)$ 落在区域 D 内的概率为

$$P\{(X, Y) \in D\} = \iint_{D} f(x, y) dx dy \qquad \text{(公式 16.1.8)}$$

这个概率等于以平面上的区域 D 为底,以曲面 $z = f(x, y)$ 为顶的曲顶柱体的体积(见图 16.1.2)。

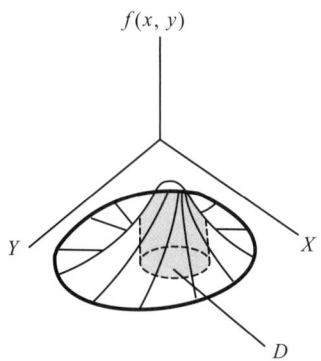

图 16.1.2 二维随机向量的联合分布下的概率

16.1.3 矩阵的概念及其简单运算

当 $n \times p$ 个数 $a_{11}, a_{12}, \cdots, a_{np}$ 排列成一个方阵

$$A = \begin{pmatrix} a_{11} & a_{12} & \cdots & a_{1p} \\ a_{21} & a_{22} & \cdots & a_{2p} \\ \vdots & \vdots & & \vdots \\ a_{n1} & a_{n2} & \cdots & a_{np} \end{pmatrix}$$

则称 A 为 $n \times p$ 矩阵。当 $n = p$ 时,称 A 为 n 阶方阵。若 $n = 1$,即只有一行:$A = (a_1, a_2, \cdots, a_p)$,称 A 为行向量;若 $p = 1$,即只有一列 $A = \begin{pmatrix} a_1 \\ a_2 \\ \vdots \\ a_n \end{pmatrix}$,称 A 为列向量。

若 A 和 B 是 $n \times p$ 矩阵,则 A 与 B 的矩阵加(减)为

$$A \pm B = (a_{ij} \pm b_{ij}) \qquad \text{(公式 16.1.9)}$$

例如,$A = \begin{pmatrix} 1 & 3 \\ 2 & 4 \end{pmatrix}$,$B = \begin{pmatrix} 2 & 6 \\ 4 & 3 \end{pmatrix}$,则 $A + B = \begin{pmatrix} 3 & 9 \\ 6 & 7 \end{pmatrix}$。

若 A 和 B 分别是 $p \times q$ 和 $q \times r$ 矩阵,则 A 与 B 的矩阵积为一个 $p \times r$ 的矩阵 C:

$$C = AB = \sum_{k=1}^{q} a_{ik} b_{kj} \qquad \text{(公式 16.1.10)}$$

例如,

$$A = \begin{pmatrix} 1 & 2 & 3 \\ 4 & 5 & 6 \end{pmatrix}, \quad B = \begin{pmatrix} 1 & 4 & 7 & 10 \\ 2 & 5 & 8 & 11 \\ 3 & 6 & 9 & 12 \end{pmatrix}$$

则

$$C = AB = \begin{pmatrix} 1\times1+2\times2+3\times3 & 4\times1+5\times2+6\times3 & \cdots & \cdots \\ 1\times4+2\times5+3\times6 & 4\times4+5\times5+6\times6 & \cdots & \cdots \end{pmatrix} = \begin{pmatrix} 14 & 32 & 50 & 68 \\ 32 & 77 & 122 & 167 \end{pmatrix}$$

矩阵之间除了可以进行加法和乘法运算以外，还可以进行矩阵转置和矩阵求逆，以及计算特征根等运算。这些计算比较繁复，一般应用者无须了解其中的细节，这里不再赘述。

16.2 聚类分析

物以类聚，人以群分。在日常生活和科学研究中，我们面临的事物往往是比较复杂的，常常需要依靠生活经验和专业知识，对事物进行分类处理。在分类时，可以采用一个指标（标准）将事物分成几个类别，也可以分别采用各种不同的指标进行不同的分类处理，或者同时根据多个指标进行交叉分类。但是，当描述事物属性的指标很多时，既要求同时考虑多个指标，又不能像交叉分类那样将事物分得太细（以致有些类别里面根本没有样品），这时就要找出一些重要的指标。但是哪些指标比较重要，则见仁见智，没有一定之规。于是，数学逐渐被引进分类学，形成了数值分类学。聚类分析就是通过对多个变量进行数值分析，从而对事物或变量进行分类的多元分析方法。它的别名有很多，例如，群分析、点群分析、分类分析和簇群分析等。聚类分析的分类结果可以作为对事物分类的一个重要参考。

聚类分析的问题为：设有 n 个样品，每个样品有 p 个方面的指标，如何按这些指标把这些样品分成 k 类。有时，我们还要对不同的变量进行聚类分析，将 p 个变量分别归入 k 个类别。

16.2.1 聚类分析的原理

聚类分析的原理是：距离近的样品（或变量）应该归在一起。这里的"距离"指的是样品（或变量）之间的相似度。也就是说，相似度大的可以归成一类。

衡量两个变量的距离的方法是定义变量间的相似系数，相似系数最接近的两个变量的相似性最大，可以归成一类。积差相关系数往往用来作为变量之间的相似系数。

衡量两个样品之间距离的方法是：设每个样品有 p 个方面的指标，这样我们可以将每个样品看作 p 维空间中的一个点，两个样品之间的距离就是 p 维空间中两点之间的距离。

样品间距离的计算有多种方法，常见的有绝对距离（absolute distance）、欧几里得距离（Euclidean distance）、切贝绍夫距离（Chebyshev distance）、明科夫斯基距离（Minkowski distance）和马氏距离（Mahalanobis distance）等。

绝对距离的计算公式是

$$d_{ij}(1) = \sum_{k=1}^{p} |x_{ik} - x_{jk}| \qquad (公式 16.2.1)$$

欧几里得距离的计算公式是

$$d_{ij}(2) = \sqrt{\sum_{k=1}^{p} (x_{ik} - x_{jk})^2} \qquad (公式 16.2.2)$$

切贝绍夫距离的计算公式是

$$d_{ij}(\infty) = \max_{1 \leq k \leq p} |x_{ik} - x_{jk}| \qquad (公式 16.2.3)$$

明科夫斯基距离的计算公式是

$$d_{ij}(q) = \left(\sum_{k=1}^{p} |x_{ik} - x_{jk}|^q \right)^{1/q}, \text{ 其中 } q \geq 1 \qquad (公式 16.2.4)$$

当 $q = 1, 2, \infty$ 时，分别可以得到绝对距离、欧几里得距离和切贝绍夫距离。

以上距离都没有考虑指标之间的相关关系。而马氏距离则考虑了这个问题。设 $\boldsymbol{S}$ 为 p 个变量之间的协方差矩阵，则

$$d_{ij}^2(M) = (x_i - x_j)^T \boldsymbol{S}^{-1} (x_i - x_j) \qquad (公式 16.2.5)$$

称为马氏距离。其中

$$x_i = (x_{i1}, x_{i2}, \cdots, x_{ip})^T, \quad x_j = (x_{j1}, x_{j2}, \cdots, x_{jp})^T$$

式中，上标 T 表示将矩阵进行转置。

16.2.2 聚类分析的主要方法

16.2.2.1 各种聚类方法

聚类分析的具体方法有很多，主要有系统聚类法、分解聚类法、加入法、动态聚类

法、有序样品的聚类和模糊聚类等。

系统聚类法首先将所有的样品各自看成独立的一类，也就是说，一类包括一个样品，n个样品就是n类，然后将它们根据距离最近原则逐一合并，最终成为一类。具体步骤如下。

步骤1

将每一个样品看成一类，求出各个类之间的距离，形成一个距离矩阵。

步骤2

将最接近的两类合并为一个新类。

步骤3

求出这个新类与其他各个类之间的距离，形成一个新的距离矩阵。

步骤4

重复步骤2和步骤3，将最接近的两类合并，直至所有的样品合并成为一类。

步骤5

将上述合并类的过程画成系统聚类的谱系图。

步骤6

根据一定的规则确定最终分多少类，以及每类各有哪些样品。

分解聚类法的过程与系统聚类正好相反：首先将所有的样品看作一类，并建立一个分类目标函数，然后根据使目标函数达到最大值的原则将它分成两类。再用同样的原则将这两类各自分解为两个小类，如此进行下去，一直分解到每类只有一个样品为止。上述分解过程也可以画成分类谱系图，再根据一定的规则确定最终分多少类。

打个比方，系统聚类法就好像是一些互不认识的人，在相互交往中逐步形成一个个小群体，最终成为一个大的团体；而分解聚类法就好像是先成立了一个大的团体，然后其成员相互交往，形成一个个小群体。

加入法是将样品依次加入聚类图，每加入一个样品，都根据某种原则将它放到当前聚类图的应有位置上，全部样品加入后，也可以得到聚类图。这就好像一个群体不断地吸收成员，每吸收一个成员都要确定这个成员在群体中的位置，直到发展成一个大的团体。

动态聚类法先将所有样品进行粗略的初始分类，然后按照某种最优原则对初始分类进行调整，这个调整是一个循环往复的过程，每调整一次都要判断调整后的结果是否合理，如果不合理，就要继续调整，直到合理为止。

有序样品的聚类是对按某个指标（例如，大小、时间、分数高低等）排列成序的样品进行的聚类。聚成的类要求其样品次序相邻，即不能改变样品原来的顺序。

由于抽样误差、指标的合理性和统计方法的科学性等原因，无论采用何种聚类方法得到的结果都只能作为参考。在对分类结果进行评价时,应注意考虑这样一些原则:(a)各类内部差异要小,各类之间的差异要大;(b)各类有明显的实际意义;(c)优先考虑不同的聚类方法产生的相同分类;(d)某类中的元素不能太多。在建立了一个分类体系以后,还要通过进一步的研究,对分类结果加以检验和修正。

16.2.2.2　一个系统聚类法的例子

下面表 16.2.1 是 11 名参试者的语文成绩和智商得分表。现要求根据这两个变量将他们分为三组。

表 16.2.1　语文成绩(X)与智商(Y)

序号	X	Y
1	78	136
2	71	135
3	68	120
4	85	140
5	75	130
6	73	128
7	72	122
8	65	118
9	70	119
10	66	108
11	74	120

在进行聚类之前,为了消除变量量纲的影响,先将变量值转换为标准分。本例根据欧几里得距离计算 11 名参试者相互之间的距离矩阵(见表 16.2.2),然后进行系统聚类。

表 16.2.2　参试者之间的距离矩阵

参试者编号	参试者编号										
	1	2	3	4	5	6	7	8	9	10	11
1		1.237	2.430	1.301	0.820	1.215	1.806	2.964	2.269	3.612	1.817
2	1.237		1.656	2.519	0.877	0.813	1.372	2.069	1.684	2.960	1.656
3	2.430	1.656		3.652	1.617	1.215	0.735	0.568	0.367	1.304	1.056
4	1.301	2.519	3.652		2.048	2.458	2.964	4.207	3.435	4.733	2.851
5	0.820	0.877	1.617	2.048		0.410	0.990	2.162	1.449	2.795	1.061
6	1.215	0.813	1.215	2.458	0.410		0.652	1.755	1.080	2.429	0.856
7	1.806	1.372	0.735	2.964	0.990	0.652		1.301	0.472	1.806	0.410
8	2.964	2.069	0.568	4.207	2.162	1.755	1.301		0.886	1.061	1.598
9	2.269	1.684	0.367	3.435	1.449	1.080	0.472	0.886		1.350	0.712
10	3.612	2.960	1.304	4.733	2.795	2.429	1.806	1.061	1.350		1.887
11	1.817	1.656	1.056	2.851	1.061	0.856	0.410	1.598	0.712	1.887	

系统聚类的结果见表 16.2.3。

表 16.2.3 聚类结果

序号	X	Y	类别
1	78	136	1
2	71	135	1
3	68	120	2
4	85	140	3
5	75	130	1
6	73	128	1
7	72	122	2
8	65	118	2
9	70	119	2
10	66	108	2
11	74	120	2

系统聚类分析的谱系图见图 16.2.1。

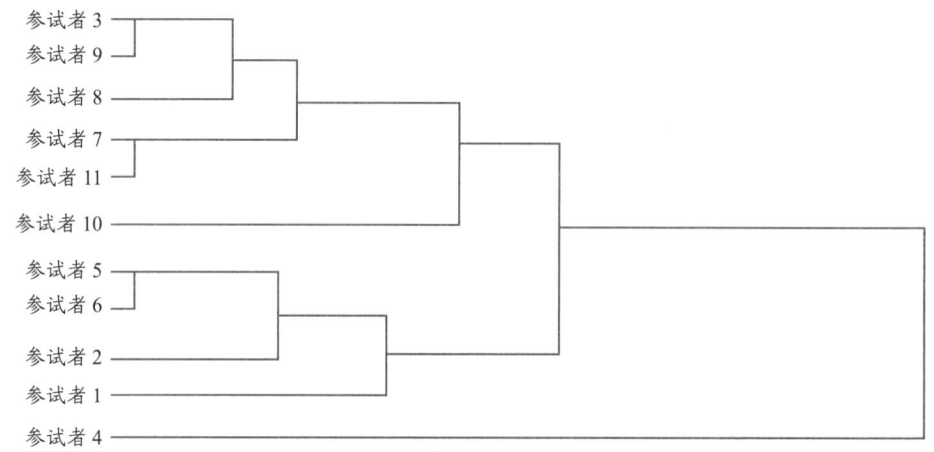

图 16.2.1 系统聚类分析谱系图

由谱系图可以看出,参试者 4 自成一类,其语文成绩和智商都很高;参试者 1、2、5、6 为一类,其语文成绩和智商比较高;其余参试者的成绩和智商比较差。

许多统计分析软件,例如,心理学、教育学和其他社会科学研究者常用的 SPSS 等,都有进行系统聚类的功能。

16.3 判别分析

判别就是判断事物属于哪个已知的类别。这里有一个典型的判别分析问题，是美国 1989 年数学建模竞赛的一个试题。

1981 年，有 2 位生物学家发现了两类蚊子。他们测量了这两类蚊子共 15 只个体的触角长和翼长，其中 6 只蚊子属于 Apf 类，9 只蚊子属于 Af 类，结果如表 16.3.1 所示。

表 16.3.1 两类蚊子的触角长和翼长

编号	触角长	翼长	类别
1	1.14	1.78	Apf
2	1.18	1.96	Apf
3	1.20	1.86	Apf
4	1.26	2.00	Apf
5	1.28	2.00	Apf
6	1.30	1.96	Apf
7	1.24	1.72	Af
8	1.36	1.74	Af
9	1.38	1.64	Af
10	1.38	1.82	Af
11	1.38	1.90	Af
12	1.40	1.70	Af
13	1.48	1.82	Af
14	1.54	1.82	Af
15	1.56	2.08	Af

现有 3 只新的蚊子，它们的触角长和翼长分别为 (1.24, 1.80)、(1.28, 1.84) 和 (1.40, 2.04)。问：它们分别属于哪一类？

类似的问题在生活和科研工作中也经常遇到。例如，医生要根据患者的各项检查指标判断患者的疾病种类，气象预报人员要根据湿度、温度等许多指标预测会不会下雨，高中生要根据自己的各科成绩决定将来学文科还是学理科，企业招聘员工要根据应聘者的智力、性格和学业等因素决定是否聘用，等等。

16.3.1 判别分析的方法

判别分析指的是根据 p 个变量指标，判断某个样品属于 K 个已知总体（类）中的哪一个。用数学术语表述就是，在一个 p 维空间中，有 K 个已知总体，空间中另有一个已知点 X，它属于并且仅属于这 K 个总体中的一个，现在要判别这个 X 到底属于哪一个总体。

为了解决上述问题，人们创造产生了多种判别分析的方法，常见的有距离判别、费希尔判别和贝叶斯判别等。

16.3.1.1 距离判别

最容易想到的判别方法当然是根据样品与各个总体的距离来判断其归属。俗话说，"近朱者赤、近墨者黑"；反过来，赤者近朱、黑者近墨，也是很自然的想法。距离判别就是按待判断的样品点在空间中与各已知总体的距离的远近来判别它所属总体。

我们在聚类分析中提到，不同类别之间总是有这样一个特点，在每个类的内部，样品之间的差异比较小，也就是说，它们之间的距离相对较小；而不同类别的样品之间的差异相对地应该大一些，也就是说，它们之间的距离相对较大。

但是，对于一个新的样品，怎样计算它与不同总体（类）之间的距离呢？每一个已知类别总体都有一个中心，这个中心就是以该总体各个变量的平均数为坐标的点。属于该总体的样品与该中心之间的距离往往小于不属于该总体的样品到该中心的距离。对于新的样品，同样计算它与各类别总体中心的距离，将它归入与它距离最短的那个总体。这种思想方法就是距离判别的准则。当然，在比较距离的时候，不仅要考虑绝对距离，还要考虑各个总体的方差情况。如果某个总体的方差很小，各个点比较集中，则新样品如果距离稍远就应倾向于认为它不属于该总体。

在判别分析中，可能有个别样品点到某两个总体的距离相等且是最短的，这种样品点称为边界点。对于边界点，可以根据专业知识或其他信息进行判别，也可以随机地将它判别为属于哪个总体。

16.3.1.2 费希尔判别

费希尔判别的思想就是将多维变量投影在单个（或尽可能少的）维度上进行判别。所谓投影，就是将 K 组 p 维变量值投影到单个（或尽可能少的）维度上，并且使各个总体的投影尽量分开。图 16.3.1 为本节开头关于蚊子分类的数据的投影，其中实心点表示 Apf 蚊子，空心点表示 Af 蚊子。也就是说，要寻找一个能使多维变量降为一维变量的线性函数，然后用这个线性函数把已知总体的空间点都变换为一维数据，再根据新样品点与各组投影之间的距离进行判别。

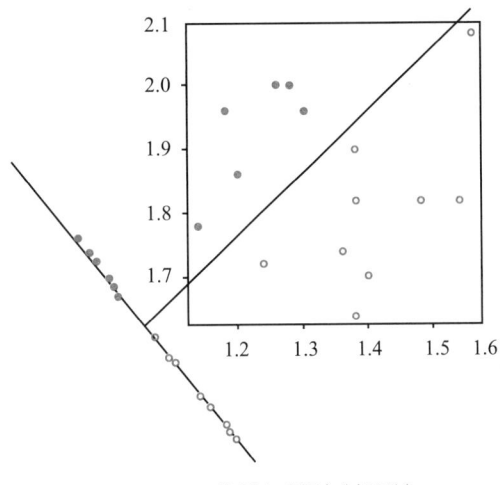

图 16.3.1 费希尔判别（投影）

为了使得各组投影尽量分开，费希尔采用了方差分析的原理，用方差表示数据间差异的大小，经过一系列数学运算后，求出费希尔判别线性函数。然后，利用线性函数把一维直线划分为 K 个区间。对于新样品，只要用求得的线性函数将它转化为一维值，根据它落入哪个区间，就可以判别它属于哪个总体。

16.3.2 判别分析的例子

现在解答本节开头的蚊子分类判别的问题。根据 15 只已知类别的蚊子建立一个判别函数。这个判别函数可以通过统计软件求得：

$$W'(x) = -1.884 + 14.781x_1 - 9.66x_2$$

其中，x_1 和 x_2 分别表示蚊子的触角长和翼长。将新发现蚊子的触角长和翼长 (1.24, 1.80)、(1.28, 1.84) 和 (1.40, 2.04) 分别代入上述判别函数式，根据计算得到的判别值判断为 Apf 还是 Af 蚊子。结果见表 16.3.2 的最后三行。

表 16.3.2 蚊子类别的判别分析表

类别	触角长（x_1）	翼长（x_2）	判别结果	判别值
Apf	1.14	1.78	Apf	−2.22817
Apf	1.18	1.96	Apf	−3.37571
Apf	1.20	1.86	Apf	−2.11408
Apf	1.26	2.00	Apf	−2.57959
Apf	1.28	2.00	Apf	−2.28396

续表

类别	触角长（x_1）	翼长（x_2）	判别结果	判别值
Apf	1.30	1.96	Apf	−1.60194
Af	1.24	1.72	Af	−0.17044
Af	1.36	1.74	Af	1.41013
Af	1.38	1.64	Af	2.67175
Af	1.38	1.82	Af	0.93296
Af	1.38	1.90	Af	0.16017
Af	1.40	1.70	Af	2.38778
Af	1.48	1.82	Af	2.41110
Af	1.54	1.82	Af	3.29798
Af	1.56	2.08	Af	1.08203
?	1.24	1.80	Apf	−0.94323
?	1.28	1.84	Apf	−0.73838
?	1.40	2.04	Apf	−0.89660

在变量数目较多的情况下，可以剔除一些不显著影响分类结果的变量。

另外，如果投影到一个维度上后，各类样品之间还有较多重合，导致误判，可以考虑增加维度，直至分类准确性满意为止。例如，用两个维度（投影到一个平面上）以及相应的两个判别函数来完成分类。

16.4 探索性因素分析

因素分析是心理学家为了科学研究的需要建立起来的。心理学研究常常涉及许许多多影响心理和行为的因素，于是，怎样从中找到若干主要因素，更有效而简便地处理复杂的问题，就成了心理学家梦寐以求的目标。因素分析正是在这样的需求下诞生的。为了与方差分析中的"因素（自变量）"相区别，更多人称这种方法为"因子分析"。

英国心理学家斯皮尔曼（Spearman）于1904年首先采用了因素分析方法。他提出了著名的G因素理论，认为智力测验中各个分测验的成绩都可以表示成一个"一般因素（G因素）"与一个"特殊因素（S因素）"的共同作用之和。之后，"一般因素"又被分解为若干个"共同因素"。这些"共同因素"包括词语分析能力、逻辑推理能力和记忆力等，它们是完成每一个分测验所需要的。此外，各个分测验还受到与本测验特征有关的特殊因素的影响，如数学测验受符号推理能力的影响，言语测验受表达能力的影响等。随着计算机技术的发展，因素分析在心理学、教育学、社会学、经济学、医学、地质学、气象学和市场营销等领域得到了广泛应用。在它的基础上，还发展出了一种更高级的因素分析方法——验证性因素分析（或称为结构方程建模），而较早的因素分析方法被称为探索性因素分析。本节介绍探索性因素分析。

16.4.1 探索性因素分析的数学模型和步骤

探索性因素分析是根据各项测验的结果，将众多变量简化为少数几个起主要作用的共同因素的多元分析方法。其基本思想是，尽管有多个测验，但是任何一个测验的成绩都是由参试者各方面的因素共同作用造成的。在这些因素中，有些作用大，有些作用小。这样，我们可以根据各项测验的结果将众多变量简化为较少的几个起主要作用的因素，然后对这些因素做出解释。

16.4.1.1 数学模型

假设有一个大型测验，其中有 p 个分测验，这些分测验的结果受到 m 个共同因素的影响。在对 n 个参试者进行测验后，每个参试者都可以得到在 p 个分测验上的 Z 分数（Z_1，Z_2，$\cdots$，Z_p），于是探索性因素分析的数学模型可表示为

$$\begin{aligned}
Z_1 &= a_{11}F_1 + a_{12}F_2 + \cdots + a_{1m}F_m + d_1Y_1 \\
Z_2 &= a_{21}F_1 + a_{22}F_2 + \cdots + a_{2m}F_m + d_2Y_2 \\
&\vdots \\
Z_p &= a_{p1}F_1 + a_{p2}F_2 + \cdots + a_{pm}F_m + d_pY_p
\end{aligned} \quad （公式16.4.1）$$

式中，a_{ij} 为第 i 个测验在第 j 个共同因素上的系数，即因素负荷；F_j 为某个参试者第 j 个共同因素上的标准分数；Y_i 为只和测验 i 有关的特殊因素；d_i 为与第 i 个测验有关的特殊因素 Y_i 的系数，即特殊因素负荷。

因素负荷 a_{ij} 绝对值的大小反映了测验成绩与因素之间的关联程度。所有的因素负荷合在一起，就是因素负荷矩阵：

$$A = \begin{pmatrix} a_{11} & a_{12} & \cdots & a_{1m} \\ a_{21} & a_{22} & \cdots & a_{2m} \\ \vdots & \vdots & & \vdots \\ a_{p1} & a_{p2} & \cdots & a_{pm} \end{pmatrix}$$

求因素负荷矩阵 A 是探索性因素分析的基本任务，因为在因素之间没有相关（正交）

的情况下，因素负荷实际上就是各项分测验的成绩与共同因素之间的相关系数，它反映了共同因素对测验成绩的影响程度。因素负荷矩阵 A 每一行元素的平方和是相应的分测验的共同因素方差；矩阵每一列的元素的平方和是各个共同因素对测验成绩方差贡献的大小，即因子贡献度，表明了各因素的相对重要性。

16.4.1.2 步骤

步骤1：导出因素负荷矩阵

这是确定共同因素的关键步骤。具体做法是，先根据各个分测验之间的相关矩阵，求得只考虑共同因素的再生相关矩阵。再根据再生相关矩阵求出因素负荷矩阵 A。目前普遍采用主成分分析法或主因素解法求因素负荷矩阵。

步骤2：确定共同因素的个数

共同因素的个数无须很多。在实际应用中，可以把特征值大于等于 1 作为标准，确定共同因素的个数。特征值指的是因素可以解释的方差大小，由于 Z 分数（$Z_1, Z_2, \cdots, Z_p$）都服从标准正态分布，故总方差（占总特征值）为 p。

确定共同因素个数时，也可以从特征值最大的因素开始累积特征值，直到它占总特征值的比例超过 85%，则参与累积的因素即为共同因素。这一标准可以根据具体问题进行适当地调整。

最后，只要理论上有根据，也可以直接指定因素个数。

步骤3：对因素负荷矩阵进行旋转变换

抽取共同因素之后，如果其意义不明确，可以对因素负荷矩阵进行旋转变换。一般先进行正交旋转。正交旋转的目的是使得各变量在旋转后在轴上的投影尽可能地向最大或最小两极端分化。正交旋转的方法主要有四次方最大法、方差最大法和等量最大法等。

如果正交旋转后，仍然不能很好地解释共同因素的意义，可以考虑斜交旋转。当实际问题所涉及的因素有相互关联（因素斜交）时，往往需要进行斜交旋转。

步骤4：因素计分

由测验的结果来估计每个个体在各个共同因素上的得分（$F_1 \sim F_m$）。

16.4.2 探索性因素分析的例子

假想表 16.4.1 中的数据是某学校 30 名学生完成 12 个心理分量表（测验）的成绩。我们用统计软件对这些数据进行探索性因素分析。

表 16.4.1　学校的 30 名学生在 12 项分量表上的成绩

学号	分量表											
	短时记忆	长时记忆	常识	阅读	计算	空间想象	逻辑	拼图	译码	注意	装配	动作协调
1	87	86	88	82	82	76	88	92	83	85	79	85
2	78	79	91	80	78	76	85	74	81	84	81	80
3	61	65	89	80	71	61	89	88	66	71	79	80
4	74	87	89	85	87	71	90	96	78	89	82	84
5	71	74	87	81	89	76	89	83	81	70	80	72
6	63	82	89	87	70	61	88	79	81	80	72	79
7	68	64	85	84	72	68	86	83	55	74	81	77
8	74	85	77	79	78	78	89	92	74	64	78	78
9	78	78	91	88	89	84	92	81	78	78	78	71
10	85	87	92	85	84	73	94	89	90	74	81	87
11	76	80	92	83	77	87	91	87	83	93	88	82
12	65	82	92	92	75	79	91	82	77	83	83	87
13	76	93	87	81	73	65	84	80	72	75	81	71
14	87	89	92	81	88	74	87	92	87	86	87	87
15	70	85	82	81	76	75	88	79	80	68	77	70
16	61	62	89	82	86	83	83	77	69	74	78	75
17	75	82	94	83	80	71	73	82	73	80	83	80
18	65	87	85	75	81	67	86	81	77	79	75	75
19	69	85	91	86	92	83	92	95	82	85	78	84
20	76	73	85	86	77	66	79	84	78	73	87	70
21	73	61	88	75	82	71	81	84	67	66	70	74
22	72	82	87	77	84	51	80	85	68	74	81	78
23	75	80	82	81	73	64	83	78	67	79	79	81
24	79	73	85	86	77	61	85	82	74	83	77	85
25	83	87	91	86	84	81	81	87	82	77	80	73
26	68	84	91	81	90	76	91	89	79	84	78	87
27	70	81	91	86	65	71	90	79	81	81	70	67
28	85	83	89	87	79	63	90	94	80	87	87	83
29	84	82	87	86	83	81	92	89	84	86	87	73
30	64	67	82	77	81	85	86	88	72	79	80	78

首先计算相关系数矩阵（见表 16.4.2）。

表 16.4.2 相关系数矩阵

分量表	分量表											
	短时记忆	长时记忆	常识	阅读	计算	空间想象	逻辑	拼图	译码	注意	装配	动作协调
短时记忆	1.000											
长时记忆	0.461	1.000										
常识	0.175	0.166	1.000									
阅读	0.201	0.196	0.413	1.000								
计算	0.240	0.135	0.238	−0.097	1.000							
空间想象	0.058	−0.005	0.175	0.158	0.419	1.000						
逻辑	0.038	0.230	0.093	0.339	0.127	0.351	1.000					
拼图	0.351	0.268	0.050	0.073	0.458	0.151	0.373	1.000				
译码	0.509	0.629	0.397	0.336	0.327	0.372	0.454	0.288	1.000			
注意	0.305	0.364	0.511	0.405	0.139	0.199	0.296	0.284	0.437	1.000		
装配	0.461	0.208	0.164	0.258	0.210	0.144	0.013	0.368	0.218	0.414	1.000	
动作协调	0.180	0.208	0.291	0.137	0.251	−0.021	0.263	0.480	0.184	0.506	0.285	1.000

未经旋转处理的因素矩阵如表 16.4.3 所示。

表 16.4.3 未经旋转处理的因素矩阵

分量表	因素			
	1	2	3	4
短时记忆	0.604	0.096	−0.436	−0.414
长时记忆	0.598	−0.102	−0.256	−0.507
常识	0.535	−0.411	0.104	0.265
阅读	0.490	−0.628	0.122	0.088
计算	0.475	0.633	0.229	0.030
空间想象	0.393	0.193	0.707	−0.076
逻辑	0.509	−0.035	0.521	0.026
拼图	0.602	0.543	−0.107	0.173
译码	0.772	−0.105	0.179	−0.448
注意	0.731	−0.292	−0.097	0.301
装配	0.546	0.113	−0.410	0.122
动作协调	0.555	0.140	−0.234	0.586

经旋转处理的因素矩阵见表 16.4.4。

表 16.4.4　经旋转处理的因素矩阵

分量表	因素			
	1	2	3	4
短时记忆	0.803	0.041	0.296	−0.037
长时记忆	0.806	0.176	0.068	0.064
常识	0.071	0.696	0.162	0.140
阅读	0.178	0.781	−0.084	0.093
计算	0.138	−0.216	0.523	0.584
空间想象	0.003	0.095	0.008	0.829
逻辑	0.068	0.349	0.068	0.634
拼图	0.231	−0.065	0.741	0.304
译码	0.696	0.333	0.031	0.494
注意	0.226	0.696	0.421	0.084
装配	0.363	0.192	0.561	−0.105
动作协调	0.043	0.359	0.772	−0.007

从上述结果可以看出，有四个共同因素对上述分量表起主要作用：第一个因素与短时记忆、长时记忆和译码密切相关，根据经验估计，这个因素是记忆方面的能力；第二个因素主要与常识、阅读和注意密切相关，可能是学习方面的能力；第三个因素与拼图、装配和动作协调有关，可看作操作方面的能力；第四个因素主要与计算、空间想象和逻辑有关，体现的是数理思维能力。

对因素的解释总是建立在经验和专业知识的基础上，只要言之成理，完全可以见仁见智，不必强求一律。

16.5　结构方程建模

16.5.1　结构方程建模的目的和步骤

16.5.1.1　潜变量

要明白结构方程建模的目的，必须先了解潜变量这一概念。本章之前遇到的大部分随机变量，其观察值都是用某种特定的测量或观察方法得到的直接结果，例如，人的性别、身高、体重、学业考试成绩、心理测验得分和反应时间等。这些由观察的直接结果构成的变量称为显变量。本章之前介绍的统计分析方法都是用来分析显变量之间的关系的。

但是，有些变量是无法直接测量的。例如智力，它是人们为了描述一个人的聪明程度而构建出来的一个变量，在本质上是人类大脑认知功能的强弱水平。但是，这种水平暂时无法直接测量，因为它"看不见摸不着"，我们只能通过一些具体的测验（如言语测验、计算测验、记忆测验、手工操作测验等）间接地推测一个人的智力高低。而且，学者们对"智力"的定义仍众说纷纭，这些测验能否完整地体现智力的全貌，也存在争议。

像"智力"这样，无法直接测量、但能通过观察显变量而间接推测的变量，称为潜变量。在心理学中，潜变量往往是人们主观构建出来的，其定义、成分和测量方法都可能存在争议。类似的潜变量还有情绪智力、心理弹性和创造性等。

16.5.1.2 结构方程建模的目的

虽然学者们对如何测量智力之类的潜变量还争论不休，但这并不妨碍我们进一步探讨这些潜变量之间的关系。例如，我们可以设想，人的智力会不会影响其创造性？情绪智力会不会影响其心理弹性？心理弹性与创造性之间没准也存在相互影响？结构方程建模就是用来探讨潜变量之间关系的多元分析方法。

其实，在前一节介绍探索性因素分析时介绍的假想例子中，12个心理分量表（测验）的成绩就是显变量，因素分析提取出来的4个共同因素（记忆能力、学习能力、操作能力、数理思维能力）就是潜变量。但是，这时的因素分析还仅限于发掘可能存在的潜变量，显变量能否有效地表达潜变量还有待检验，所以又称为探索性因素分析。结构方程建模则是在初步发掘可能存在的潜变量，形成一个假设的模型之后，对显变量与潜变量之间的关系进行进一步验证，故又称为验证性因素分析。当然，它更强大的功能还在于探讨潜变量之间的关系。

说到这里，我们可以大概地描述一下结构方程建模的过程。

步骤1

通过一系列特定的测量或观察，获得显变量的观察值。

步骤2

从这些显变量中推测出若干个潜变量。

步骤3

检验潜变量之间的关系。

图16.5.1体现了一个假想的结构方程模型。图中的X和Y都是显变量（例如，用于智力测验、情绪智力测验、创造性测验和心理弹性测验的分量表），ξ和η都是潜变量（例如，作为自变量的智力ξ_1和情绪智力ξ_2，作为因变量的创造性η_1和心理弹性η_2），各个λ_x表示ξ对X的影响程度，各个λ_y表示η对Y的影响程度，各个γ表示ξ对η的影响程度，

ϕ 表示 ξ 之间的相关程度，β_{21} 表示 η_1 对 η_2 的影响程度，δ、ε、ζ 分别表示所指变量的残差。

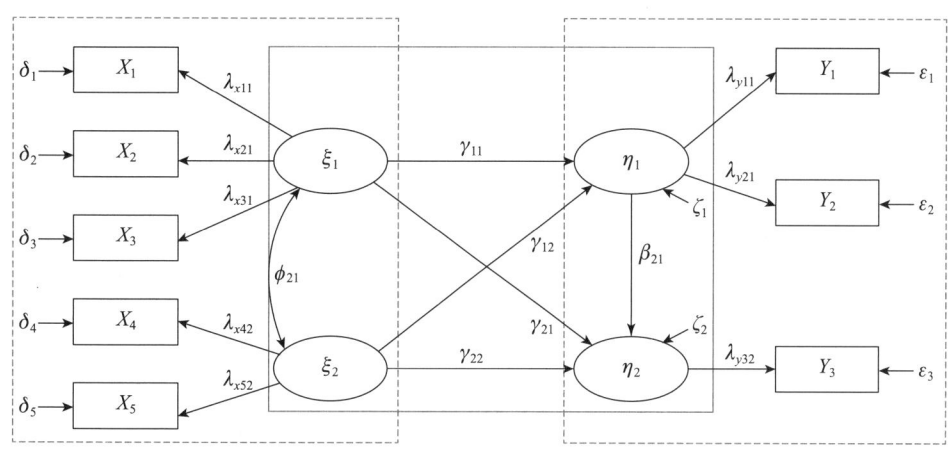

图 16.5.1　一个假想的结构方程模型

结构模型中的每一个箭头都表示变量之间的关系。换言之，所有变量和箭头就构成了我们希望验证的模型。如果我们认为某些变量（例如，X_4、X_5 和 ξ_1）之间没有关系，就不要画它们之间的箭头。

将上述模型用数学形式表示，就是建立以下两类模型。

第一类是测量模型。这类模型描述测量或观察所得到的显变量与潜变量之间的关系，其数学形式是

$$X = \Lambda_x \xi + \delta \quad \text{（公式 16.5.1）}$$

$$Y = \Lambda_y \eta + \varepsilon \quad \text{（公式 16.5.2）}$$

第二类是结构模型。这类模型反映的是潜变量之间的关系，其数学形式是

$$\eta = B\eta + \Gamma\xi + \zeta \quad \text{（公式 16.5.3）}$$

在图 16.5.1 中，用虚线框起来的两个部分分别是两组潜变量及其显变量之间的测量模型，用实线框起来的部分是结构模型。

建立上述模型后，就可以通过计算得到每个关系的强度。如果发现有些关系强度很弱，可以将它们剔除，重新计算其余参数。

16.5.2 结构方程建模的主要工具及模型评价指标

16.5.2.1 结构方程建模的主要工具

建立上述模型需要大量的数学运算，在一般情况下，需要运用统计软件才能完成。进行结构方程建模使用的软件主要有 Lisrel[①]、Mplus 和 Amos 等。Lisrel 出现得较早，有着极高的权威性，但是需编写指令来表达模型。Mplus 功能强大，但也需要编写代码。Amos 则可以让使用者直接画出需要检验的模型，所见即所得，十分适合初学者。

16.5.2.2 结构方程建模的步骤

用软件进行结构方程建模的步骤一般如下所示。

步骤 1

模型的设定。根据专业知识建立假设的模型，设定需要计算的参数。

步骤 2

模型的输入。编写指令或在软件中画出模型。

步骤 3

模型的识别和估计。判断模型中的各个未知参数能否求得唯一的解，如果能识别，就根据显变量的方差和协方差进行参数估计。

步骤 4

模型的评价。将显变量的方差和协方差与模型预测的方差和协方差进行比较，计算两者之间的拟合优度。

步骤 5

模型的修正。如果对拟合优度不够满意，可以对模型做出修改，再回到步骤 2 重新执行上述步骤，如此循环往复，直至得到比较满意的拟合优度。

16.5.2.3 常用的拟合优度指标

在检验模型的合理性时，最常用到的是以下拟合优度指标：

- χ^2/df（该比率小于 2，表示拟合良好）；
- *RMSEA*（该值小于 0.08，表示拟合良好）；
- *CFI*、*TLI*、*NFI* 和 *IFI*（这些值大于 0.9，表示拟合良好）；
- *PGFI*、*PNFI* 和 *PCFI*（这些值大于 0.5，表示拟合良好）。

---

① 是英文 Linear Structural Relations 的缩写，中文为"线性结构关系"。

16.5.3 结构方程建模的例子

我们借用第16.4.2节例子中的数据，建立结构方程模型。该例中的12个分量表可被看作显变量，它们分别对应了记忆能力（此处简称为 KSI1，显变量为短时记忆、长时记忆和译码）、学习能力（此处简称为 KSI2，显变量为常识、阅读和注意）、数理思维能力（此处简称为 H1，显变量为计算、空间想象和逻辑）以及操作能力（H2，显变量为拼图、装配和动作协调）。运用 Lisrel 软件进行计算，得到的参数和拟合优度指标见图 16.5.2。可以看到，$\chi^2/df < 2$，$RMSEA = 0.068 < 0.08$，两个主要的拟合优度指标都令人满意。而且，我们可以看到 H1 与 Y3LOGIC 之间的参数值仅为 0.09，将这个关系剔除，重新计算拟合优度，可以发现上述两个指标变化甚小，由此得出一个更为简洁的模型。

本章的例子主要是给读者一个感性认识，便于理解统计分析方法，要得到真正符合实际的结果，还需选取更大的样本，采用多种途径进行验证。

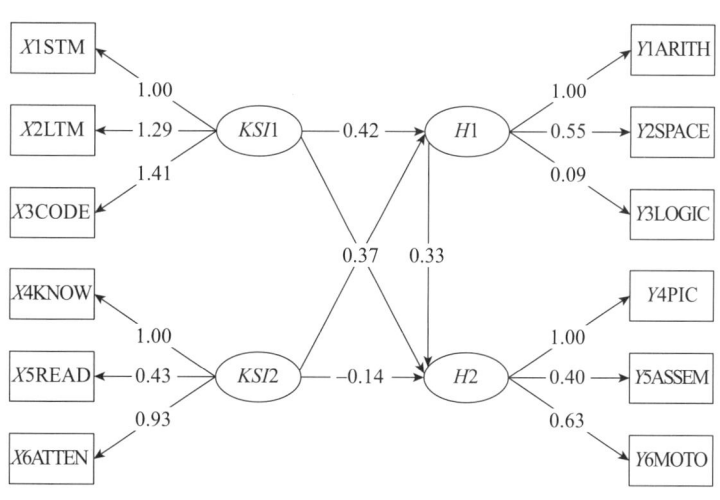

$\chi^2 = 56.62$, $df = 50$, $P = 0.24169$, $RMSEA = 0.068$

图 16.5.2　结构方程建模：各参数与拟合优度

多元分析方法还有很多，这里再列举一些常见的重要方法，有兴趣的读者可以根据需要参阅多元分析方面的教材。

- 路径分析（path analysis）：全面考察变量之间的相互作用，包括直接作用（自变量对因变量施加的影响）和间接作用（自变量通过其他变量对因变量施加的影响）。
- 中介效应（mediating effect）与调节效应（moderating effect）分析：研究第三变量在自

变量与因变量之间所起的作用，是自变量通过第三变量影响因变量（中介效应），还是自变量对因变量的影响受到第三变量的制约（调节效应，相当于方差分析中的交互作用）。

- 典型相关（canonical correlation）：考察两组（而非两个）变量之间的相关。
- 多维标度（multidimensional scaling）：通过计算样品间的距离，在多维空间体现样品间的相似或相异程度。
- 对数线性模型（loglinear model）：用列联表中的次数，检验各个变量的主效应及其交互作用，是 χ^2 检验的"升级版"。
- 多元方差分析（multivariate analysis of variance，简称 MANOVA）：多个因变量情况下的方差分析，是一元方差分析的"升级版"。
- 对应分析（correspondence analysis）：根据定性变量构成的列联表分析变量间的联系。
- 多层线性模型（multi-level linear model）：针对嵌套数据发展出来的线性回归模型。嵌套数据往往出现在多阶段整群抽样的研究中，因为各个群组内的个体可能具有较大的相似性，各群组内部的数据可能是相关的而不是独立的，这就需要同时建立多个层次的回归模型，即总样本的一般的现象回归模型以及分样本的适用于各个群体的回归模型。

现代信息技术使人类可以很方便地搜集、加工和储存海量的数据，从而迎来了一个"大数据"时代。这些数据为我们理解和解释人类的心理和行为提供了丰富的资料。心理学研究者的工作也有望摆脱自己搜集的数据有限、统计分析方法简单的局面。面对空前丰富的数据，各种多元分析方法将大显神通。所以，在本科生阶段了解一些多元分析的方法是十分必要的。

当然，要从那些海量的、令人眼花缭乱的数据中找到能够真正反映心理和行为规律的变量，进而开展合适的多元分析，单靠统计学知识是远远不够的。研究者必须先积累丰富的心理学知识，培养独到的见解与眼光，方能从大数据这座金矿中收获无价之宝。

16.6 贝叶斯检验

16.6.1 统计学中的频次学派和贝叶斯学派

本书在介绍概率的定义时，曾提到统计定义、古典定义和主观概率。统计定义的概率是在完成了大量试验之后估计出来的，所以也称为"后验概率"；与它相反，古典定义的概率是在古典概率模型下通过理论分析得出的,所以也称为"先验概率"。

而在更多的情况下,先验概率和后验概率之间呈现另一种关系:先验概率在某种试验之后,修正为后验概率。

回忆一下在第 4.1.4 节(主观概率)中提到的心理健康教师接待自称抑郁的来访学生的例子。这位教师已经知道当地抑郁症的发病率 $P(H) = 1.52\%$,但是这个发病率是整个人群中患抑郁症个体的比率,可被看作抑郁症概率的统计定义,是一个后验概率。而对面前的特定来访者,教师还要进一步了解其具体症状(相当于医生对患者做医学检验,也是一种试验),然后判断来访者患抑郁症的概率。如果教师了解到来访学生在了解自杀的方法,他就会觉得他患抑郁症的概率远远高于整个人群的发病率(1.52%)。在这里,整个人群的发病率先于对特定来访者的"试验",就成了先验概率,教师得知某种试验结果(D)后估计的该来访学生患抑郁症的概率就是后验概率。显然,这里的后验概率是一种条件概率 $P(H|D)$。

前文还提到,统计定义被称为频率观下的概率。在统计学家中,由一个学派叫作频次学派(或频率主义学派),**主张只用试验得到的结果来估计特定事件的概率**,排斥根据经验估计的先验概率;而贝叶斯学派则**主张在估计特定事件的概率时考虑主观性较强的先验概率**。

传统意义上的假设检验符合频次学派的主张。我们在第 8 章对假设检验的定义是:利用样本信息,根据一定概率,对关于总体参数(或总体分布)的假设成立的可能性进行评价,进而做出拒绝或保留的决断。具体而言,假设检验总是先提出两个相互对立的假设——零假设和备择假设;接着从零假设出发,评价它被拒绝的可能性,然后做出接受或拒绝零假设的决策。

这里要注意的是"从零假设出发,评价它被拒绝的可能性"这一说法。以单样本 t 检验为例,假设零假设和备择假设分别是

$$H_0: \mu = 100$$

$$H_1: \mu \neq 100$$

这时,假设检验"从零假设出发"的意思,就是先假设 H_0 为真,然后计算 t 值,考察该值落入接受域还是拒绝域。正是因为规定了从零假设出发,所以这里的接受域就是

$$\left(\mu - t_{\alpha/2} \cdot S/\sqrt{n},\ \mu + t_{\alpha/2} \cdot S/\sqrt{n}\right)$$

其中的 μ 就是 H_0 中的 $\mu = 100$,t 值的临界值就是 $\pm t_{\alpha/2}$(对应的概率为 α)。如果 t 值超出

临界值进入了拒绝域，就意味着对应的 P 值小于 α，需要拒绝 H_0。

可以看到，传统的假设检验是在 H_0 成立的前提下，计算 $P(D\mid H_0)$，考察当前误差是否超过临界值，或抽样误差大于当前误差的概率。

反之，如果从 H_1 出发，由于 $\mu \neq 100$，$\left(\mu - t_{\alpha/2}\cdot S/\sqrt{n},\ \mu + t_{\alpha/2}\cdot S/\sqrt{n}\right)$ 就成了一个飘忽不定的区间，无法做出统计决断。

16.6.2 贝叶斯学派怎样进行假设检验

16.6.2.1 假设检验中的先验概率和后验概率

与传统假设检验仅仅从零假设出发并计算 $P(D\mid H_0)$ 不同，贝叶斯学派对零假设和备择假设"一视同仁"，将它们都作为出发点。它考察的问题是：基于现有数据 D，更倾向于接受哪一个假设？即同时考察现有数据下的 $P(H_0\mid D)$ 和 $P(H_1\mid D)$：$P(H_0\mid D)$ 是在现有数据结果的前提下，H_0 成立的概率；$P(H_1\mid D)$ 是在现有数据结果的前提下，H_1 成立的概率。

计算上述两种概率的公式，就是贝叶斯公式：

$$P(H_0\mid D) = \frac{P(H_0)P(D\mid H_0)}{P(H_0)P(D\mid H_0)+P(H_1)P(D\mid H_1)} = \frac{P(H_0)P(D\mid H_0)}{P(D)}$$

和

$$P(H_1\mid D) = \frac{P(H_1)P(D\mid H_1)}{P(H_0)P(D\mid H_0)+P(H_1)P(D\mid H_1)} = \frac{P(H_1)P(D\mid H_1)}{P(D)}$$

假设医生接待了一位酸化血清溶血试验（哈姆试验[①]）的检验结果为阳性的患者。已知 HAM 患者占医院患者总数的比例为 1%，HAM 患者进行哈姆试验的阳性率为 80%，非 HAM 患者的阳性率为 10%。这时，医生需要根据"哈姆试验为阳性"判断这位阳性患者是否患上了阵发性睡眠性血红蛋白尿。在这里，医生的零假设 H_0 可以是"该患者是 HAM 患者"，备择检验 H_1 则是"该患者不是 HAM 患者"。根据贝叶斯公式，哈姆试验的总阳性率就是"现有数据结果发生的概率"，即

$$P(D) = P(H_0)P(D\mid H_0) + P(H_1)P(D\mid H_1) = 0.99\times 0.1 + 0.01\times 0.80 = 0.107$$

故哈姆试验阳性的人患阵发性睡眠性血红蛋白尿的概率为

$$P(H_0\mid D) = \frac{P(H_0)P(D\mid H_0)}{P(D)} = \frac{0.01\times 0.80}{0.107} = 0.075$$

[①] 英文为 HAM test，常用于诊断阵发性睡眠性血红蛋白尿，这里将患该病的患者简称为 HAM 患者。

而哈姆试验阳性的人未患阵发性睡眠性血红蛋白尿的概率为

$$P(H_1|D) = \frac{P(H_1)P(D|H_1)}{P(D)} = \frac{0.99 \times 0.10}{0.107} = 0.925$$

在上述问题中，HAM 患者占医院患者总数的比例（1%）是 H_0 成立的概率 $P(H_0)$，HAM 患者进行哈姆试验的阳性率（80%）就是在 H_0 成立的前提下的阳性率 $P(D|H_0)$；非 HAM 患者的人数比例（99%）就是 H_1 成立的概率 $P(H_1)$，非 HAM 患者的阳性率（10%）是在 H_1 成立的前提下的阳性率 $P(D|H_1)$。

在实际应用中，$P(H_0)$ 和 $P(H_1)$ 都是先验概率；$P(H_0|D)$ 和 $P(H_1|D)$ 则是完成"试验"得到数据结果 D 后，先验概率受到校正所得到的后验概率。

先验概率是很难准确估计的。前面例子中的发病率，其实只是一个假设的结果，真正的发病率很难统计出来，这是因为有些患者没有去医院，或者 A 病被当成 B 病在治疗，等等。在心理学研究中，零假设和备择假设成立的先验概率更难以估计，在很多情况下就认为两者相等，即 $P(H_0) = P(H_1) = 0.5$。

16.6.2.2 贝叶斯因子

贝叶斯检验并不要求算出 $P(H_0|D)$ 和 $P(H_1|D)$，而是只需要知道两者孰高孰低，所以统计学上就用两者之比来表示在结果 D 的条件下应该倾向于接受哪个假设：

$$\frac{P(H_1|D)}{P(H_0|D)} = \frac{P(H_1)P(D|H_1)/P(D)}{P(H_0)P(D|H_0)/P(D)} = \frac{P(H_1)P(D|H_1)}{P(H_0)P(D|H_0)} \quad \text{（公式 16.6.1）}$$

令 $BF = \dfrac{P(D|H_1)}{P(D|H_0)}$，则

$$\frac{P(H_1|D)}{P(H_0|D)} = \frac{P(H_1)P(D|H_1)/P(D)}{P(H_0)P(D|H_0)/P(D)} = BF \times \frac{P(H_1)}{P(H_0)} \quad \text{（公式 16.6.2）}$$

如果再假设 $P(H_0) = P(H_1)$，那么

$$BF = \frac{P(H_1|D)}{P(H_0|D)} = \frac{P(D|H_1)}{P(D|H_0)} \quad \text{（公式 16.6.3）}$$

这个 BF 就是贝叶斯因子，它是在备择假设与零假设分别成立的条件下得到数据结果的概率之比。

【例题 16.6.1】一个大盒子里有很多黑色球和白色球。从中随机拿出一个球，记下其颜色，然后放回，再随机拿取下一个球，总共拿取 12 次。结果是在 12 个球中，有 10 个黑色球和 2 个白色球。问：大箱子中的黑色球和白色球是否各占一半？

解：首先要提出以下假设。

H_0：黑色球的比例 $p = 0.5$

H_1：黑色球的比例 $p \neq 0.5$

这是一个二项检验（成数检验）问题。如果从零假设出发，就意味着在 12 次二项试验中，成功的次数为 10，根据二项分布概率公式 $P\{X = x\} = C_n^x p^x q^{n-x}$，可以求出

$$P\{X = 10\} = C_{12}^{10} \times 0.5^{10} \times 0.5^2 = 0.016$$

这就是从零假设出发算出的 P 值，即 $P(D | H_0)$。如果是传统的假设检验，到这一步就可以得出统计决断：因为 $P(D | H_0)$ 小于 0.05，故拒绝零假设。

而贝叶斯检验还需要计算 $P(D | H_1)$。在 H_1 的情况下，$p \neq 0.5$，但问题在于，p 不等于 0.5，那等于几呢？这时，我们可以将 H_1 分解为多个"分假设"，例如 $p = 0.05, 0.15, 0.25, 0.35, 0.45, 0.55, 0.65, 0.75, 0.85, 0.95$，见表 16.6.1 的 C 列。换言之，我们分别从 10 个 H_1 出发点来计算 $P(D | H_1)$，计算公式同样是 $P\{X = x\} = C_n^x p^x q^{n-x}$，只是 p 和 q 的值依次变化，结果见表 16.6.1 的 E 列。

这里还有一个问题：那 10 个"分假设"成立的概率会不会不同？完全有可能。本题为简化起见，假设它们的概率相等，都是 0.1，见表 16.6.1 的 D 列。

将表 16.6.1 的 D 列和 E 列相乘，得到 F 列，该列总和 0.077 就是当前结果下 H_1 成立的后验概率 $P(D | H_1)$。

这样，$BF = \dfrac{P(D | H_1)}{P(D | H_0)} = \dfrac{0.077}{0.016} = 4.81$。这说明，根据现有试验结果，$H_1$ 成立的概率近 5 倍于 H_0 成立的概率。

表 16.6.1　贝叶斯二项检验计算方法示意

A 黑色球 X	B 白色球 $n–X$	C $H_1: p = ?$	D $P(H_1)$	E $P(D|H_1)$	F $P(D|H_1) \times P(H_1)$
10	2	0.05	0.1	0.000000000006	0.00000000
10	2	0.15	0.1	0.000000274976	0.00000003
10	2	0.25	0.1	0.000035405159	0.00000354
10	2	0.35	0.1	0.000769220930	0.00007692
10	2	0.45	0.1	0.006798208063	0.00067982
10	2	0.55	0.1	0.033852898417	0.00338529

续表

A 黑色球 X	B 白色球 n–X	C $H_1: p = ?$	D $P(H_1)$	E $P(D|H_1)$	F $P(D|H_1) \times P(H_1)$
10	2	0.65	0.1	0.108846279941	0.01088463
10	2	0.75	0.1	0.232293248177	0.02322932
10	2	0.85	0.1	0.292358490446	0.02923585
10	2	0.95	0.1	0.098791594974	0.00987916
		$H_0: p = 0.5$		$P(D|H_0)$	$P(D|H_1) \times P(H_1)$ 的总和
		0.5		**0.016** （BF 的分母）	**0.077** （BF 的分子）
					BF: 4.81

为规范起见，统计学上规定了不同 BF 值的含义，见表 16.6.2。

表 16.6.2　不同 BF 值的含义

BF 值	含义
> 100	H_1 成立的证据极强
30 ~ 100	H_1 成立的证据很强
10 ~ 30	H_1 成立的证据较强
3 ~ 10	H_1 成立的证据稍强
1 ~ 3	H_1 成立的证据占微弱优势
1	两个假设的证据势均力敌
0.3333 ~ 1	H_0 成立的证据占微弱优势
0.3333 ~ 0.1	H_0 成立的证据稍强
0.1 ~ 0.0333	H_0 成立的证据较强
0.0333 ~ 0.01	H_0 成立的证据很强
< 0.01	H_0 成立的证据极强

有人在计算 BF 的时候会将 $P(D|H_0)$ 做分子，将 $P(D|H_1)$ 做分母，得出上述 BF 的倒数。为了区别这两种情况，可以将它们分别记为 BF_{10} 和 BF_{01}，下标 0 和 1 的先后顺序用来表示：是 $P(D|H_0)$ 做分子，还是 $P(D|H_1)$ 做分子。

例题 16.6.1 得出的 BF 为 4.81，根据表 16.6.2，这表明 H_1 成立的证据稍强于 H_0。不过，真正 $\dfrac{P(H_1|D)}{P(H_0|D)} = BF \times \dfrac{P(H_1)}{P(H_0)}$ 的，还应考虑 H_1 和 H_0 的先验概率。在前面的例题中，我们令两者相等，这样可以简化计算过程，但也淹没了先验概率的作用。现在假设我们查阅了

前人在同一问题上的大量研究结果，发现在 11 项研究中有 10 项倾向于支持 H_0，仅 1 项支持 H_1，这时 $P(H_1)/P(H_0) = 0.1$，所以 $\dfrac{P(H_1|D)}{P(H_0|D)} = BF \times \dfrac{P(H_1)}{P(H_0)} = 4.81 \times 0.1 = 0.481$。这时只能说 "$H_1$ 成立的概率低于 H_0 成立的概率"。这就是先验概率的作用：当前人研究已经形成了一个倾向性的判断（这里是"倾向于支持 H_0"）后，与例题 16.6.1 相同的数据算出的贝叶斯因子虽然还是 4.81，但最终结论还是倾向于支持 H_0。也就是说，单凭少数几次研究得到的倾向于支持 H_1 的贝叶斯因子，还不足以颠覆前人的倾向性判断。

贝叶斯检验计算量远远大于传统的假设检验，几乎都用软件完成。目前有代表性的软件有 JASP 等。

知识导图

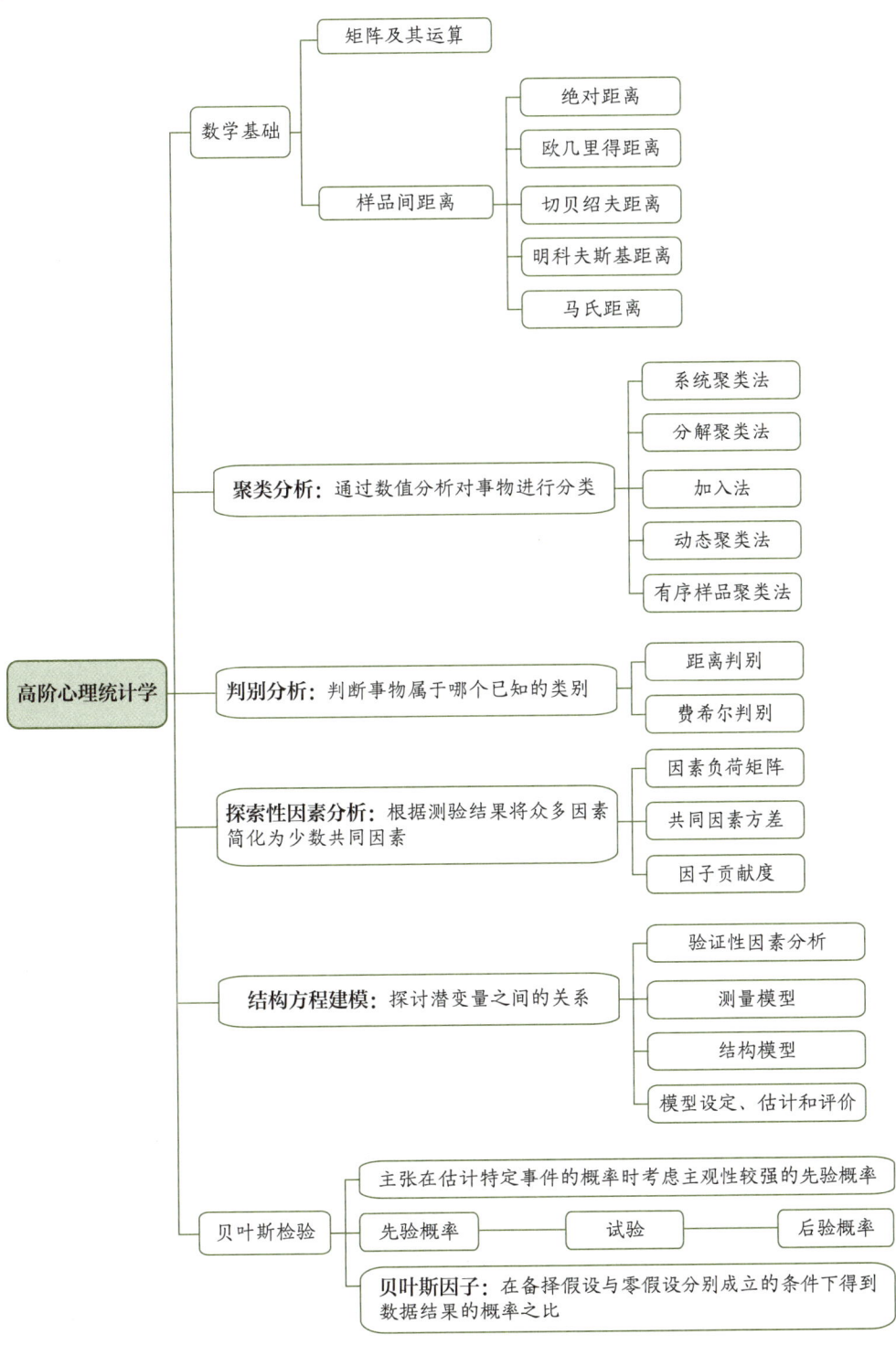

附录一
自测试卷

（注：试卷中可能有题目无解，查表题只需注明"无解"，计算题还应说明理由。各份试卷后附有参考答案和评分标准。）

A 卷

查表题

从附录三的统计用表中查找（或根据查表结果计算）符合以下各小题要求的数值。如果不能直接查到，也无法根据查表结果计算最终数值，请注明"无解"。本题共 15 小题，每小题 1 分，共 15 分。

1. $P(0 < Z < 1.96) =$
2. $P(|Z| > 2.58) =$
3. $t_{0.05, 30} =$
4. $t_{0.01, 26} =$
5. $F_{0.05, 12, 6} =$
6. $F_{0.005, 20, 5} =$
7. $r = 0.66$ 时的 $Z_r =$
8. $F_{0.025, 40, 30} =$
9. $F_{max\, 0.01, 5, 9} =$
10. $\chi^2_{0.1, 12} =$
11. $q_{0.01, 9, 9} =$
12. $U_{0.10, 6, 19} =$

13. $n = 7$ 时，$\chi^2_{r\,0.112,\,3} =$
14. $H_{0.01,\,5,\,4,\,3} =$
15. $\chi^2_{0.01,\,12,\,1} =$

是非题

用 T 表示正确，用 F 表示错误。本大题共 10 小题，每小题 1 分，共 10 分。

1. 总体中的个体数目称为样本容量。
2. 无限总体是指可以从总体中进行无限次抽样。
3. 对顺序量表的数据不能进行加减运算。
4. 四分位距就是全距的 1/4。
5. 方差和标准差的值比较容易受到极端数值的影响。
6. 相关系数反映的是两个变量间的因果关联程度。
7. 相关系数等于确定系数的平方。
8. 方差分析解决的是多个总体平均数是否相等的参数假设检验问题。
9. 在给定样本容量的前提下，减少犯 α 错误的概率必然会增加犯 β 错误的概率。
10. χ^2 检验不涉及总体的平均数和方差，但是与总体间的相关系数有关。

选择题

本大题共 15 小题，每小题 1 分，共 15 分。

1. 某日中午的气温测定值为 10℃，这里的气温数值属于 _____。
   A. 称名量表　　　　B. 顺序量表　　　　C. 等距量表　　　　D. 比率量表
2. 全距是一种 _____。
   A. 地位量　　　　　B. 差异量　　　　　C. 集中量　　　　　D. 峰态量
3. 众数的优点是 _____。
   A. 不容易受极端数值的影响　　　　B. 受抽样变动的影响最小
   C. 反应灵敏，严密确定　　　　　　D. 适合进一步的代数运算
4. 计算平均增长率时应采用 _____。
   A. 算术平均数　　　B. 中位数　　　　　C. 加权平均数　　　D. 几何平均数
5. 在以下各个选项中，属于间断型随机变量的概率分布是 _____。

A. 正态分布　　　　B. 二项分布　　　　C. 指数分布　　　　D. Γ 分布

6. 采用有限总体修正系数的条件是 n/N 大于等于 _____。

　　A. 0.05　　　　　B. 0.01　　　　　C. 0.10　　　　　D. 0.30

7. 式子 $\dfrac{\sum\limits_{i=1}^{n}(X_i-\bar{X})(Y_i-\bar{Y})}{n-1}$ 计算得到的结果称为 _____。

　　A. 积差相关系数　B. 等级相关系数　C. 协方差　　　　D. 回归系数

8. 对一元线性回归方程的回归系数 b_{yx} 进行显著性检验时,其自由度为 _____。

　　A. $n-1$　　　　B. $n-2$　　　　C. $n-3$　　　　D. $n-k$

9. 可以用来检验样本随机性的方法是 _____。

　　A. 单样本游程检验　B. 科克伦 Q 检验　C. χ^2 检验　　D. t 检验

10. 在次数分布是负偏的情况下,平均数、中位数和众数从小到大排列的顺序是 _____。

　　A. 中位数—平均数—众数　　　　　B. 平均数—众数—中位数
　　C. 众数—中位数—平均数　　　　　D. 平均数—中位数—众数

11. 如果将一组观察值的每一个值都加上 10,则稳定不变的是 _____。

　　A. 算术平均数　　B. 众数　　　　　C. 标准差　　　　D. 差异系数

12. 公式 $E_{ij}=\dfrac{m_i n_j}{N}$ 用于 _____。

　　A. 单向方差分析　　　　　　　　　B. 正态分布拟合优度检验
　　C. 独立样本的双向 χ^2 检验　　　D. 相关样本的双向 χ^2 检验

13. 方差分析的基本前提中不包括 _____。

　　A. 同质性　　　　B. 方差齐性　　　C. 独立性　　　　D. 正态性

14. 随机区组设计的方差分析至少有一个因素属于 _____。

　　A. 固定效应模型　B. 随机效应模型
　　C. 交互效应模型　D. 区组效应模型

15. 式子 $\dfrac{\sum\limits_{i=1}^{n}(\hat{Y}_i-\bar{Y})^2/2}{\sum\limits_{i=1}^{n}(Y_i-\hat{Y}_i)^2/(n-3)}$ 用于 _____。

　　A. 计算一元线性回归方程的确定系数

　　B. 检验偏回归系数的显著性

　　C. 检验一元线性回归方程的显著性

　　D. 检验二元线性回归方程的显著性

计算题

计算结果必须用数值形式表示，保留3位小数。本大题共9小题，共25个空，每空2分，共50分。

第1—5题在空格中填写计算结果。

1. 数值3, 5, 7, 8, 12的离差平方和为_____。

2. 在某次考试中，英语的平均分为80分，标准差为10分，若某学生的英语标准分为0.8，则该学生的英语实际测验分数为_____分。

3. 某批产品中优等率为20%，则从该批产品中随机抽取3件，抽到1件优等品的概率为_____。

4. 某批产品中有合格品85%，由工人甲完成的合格品占所有产品的20%。如果抽到一个合格品，则这个合格品由工人甲完成的概率是_____。

5. 若随机变量X对Y的回归方程的回归平方和与残差平方和之比为1:3，则X和Y之间的相关系数为±_____。

第6—9题在答题过程中的空格处填写合适的内容。

6. 假设某研究对于吸烟人群与非吸烟人群的平均寿命的调查结果如下所示（假设人的寿命呈正态分布，且两个总体的方差相等）：

人群	样本人数 n	样本平均数 $\bar{X}$	样本标准差 S
非吸烟者（X_1）	300	78.4	12
吸烟者（X_2）	500	76.8	10

问：非吸烟人群的平均寿命是否显著高于吸烟人群。

> 解：
> （1）提出假设。
> H_0：_____（a）
> H_1：_____（b）
> （2）选择并计算检验统计量。因为是大样本，总体正态，方差未知但相等，故应选择的统计检验方法为 t 检验，其检验统计量的计算公式为

$$Z = \underline{\hspace{6cm}} \quad (c)$$

将相应数值代入公式,计算得该统计量的值为 1.940。

(3) 规定显著性水平和临界值。当 $\alpha = 0.05$ 时,该统计量单侧检验的临界值为 1.64;当 $\alpha = 0.01$ 时,该统计量单侧检验的临界值为 2.33;当 $\alpha = 0.05$ 时,该统计量双侧检验的临界值为 1.96;当 $\alpha = 0.01$ 时,该统计量双侧检验的临界值为 2.58。

(4) 统计决断。将检验统计量的值与临界值相比较,由于 _____ (d),可以认为 _____ (e)。

7. 一项针对不同职业群体的工作压力研究分别调查了医生、公务员和律师的工作压力状况。调查结果如下表所示。

职业	样本人数 n	平均数 $\overline{X}$	标准差 S
医生	12	8.41	0.42
公务员	15	8.12	0.47
律师	13	8.25	0.52

问:三种职业人员的工作压力有无显著差异(假设方差齐性)?

解:
(1) 提出假设。

$$H_0: \mu_1 = \mu_2 = \mu_3$$

$$H_1: \underline{\hspace{5cm}} \quad (a)$$

(2) 选择并计算检验统计量。因为总体正态,方差相等,要比较多组差异,故应选择的统计检验方法为 _____ (b) 检验。将以上数值代入计算,得到结果为:$SSA = 0.561$,$SSE = 8.278$,则可以计算出该检验统计量的值为 _____ (c)。

(3) 规定显著性水平和临界值。查表可知,当 $\alpha = 0.05$ 时,该统计量的临界值为 3.25;当 $\alpha = 0.01$ 时,该统计量的临界值为 5.23。

(4) 统计决断。将检验统计量的值与临界值相比较,由于 _____ (d),可以认为 _____ (e)。

8. 有人研究母亲的受教育程度与她对孩子的教养方式之间的关系，统计结果（家庭数）如下所示。

受教育程度	溺爱型	放任型	民主型	专制型
小学毕业及以下	9	7	2	7
中学毕业	9	7	9	10
大学毕业及以上	7	6	19	8

分析两者之间的关系。

> 解：
>
> （1）提出假设。
>
> $$H_0: \rho = 0$$
>
> $$H_1: \rho \neq 0$$
>
> （2）选择并计算检验统计量。因为分析的是频数数据，故应选择的统计检验方法为_____（a）检验，其检验统计量的计算公式为
>
> _____（b）
>
> 将以上数值代入计算，得到该检验统计量的值为 12.417。
>
> （3）规定显著性水平和临界值。该检验的自由度为_____（c），查表可知，当 $\alpha = 0.05$ 时，该统计量的临界值为 12.59；当 $\alpha = 0.01$ 时，该统计量的临界值为 16.81。
>
> （4）统计决断。将检验统计量的值与临界值相比较，由于_____（d），可以认为_____（e）。

9. 某研究者为了研究三个不同国家不同性别的人对于面孔审美的差异，在三个国家分别随机抽取了10名男性和10名女性（总共60名参试者），对一张无明显性别特征的照片进行好感度打分。下表中的 A 因素表示不同的国家，B 因素表示性别，得到如下方差分析表，请在（a）~（e）中填写合适的数字。

差异来源	平方和	自由度	均方差	F
A 因素	800	2	（c）	
B 因素	200	1	200	
A×B	100	（b）	（d）	（e）
组内差异	（a）	54		
总差异	1640			

问答题

本大题共 1 小题，共 10 分。

比较样本分布和抽样分布的特点。（10 分）

A 卷试题答案

查表题（15×1=15 分）

1. 0.475　2. 0.01　3. 1.697　4. 2.479　5. 4　6. 无解　7. 0.793　8. 2.01
9. 11.1　10. 18.55　11. 7.33　12. 30　13. 4.571　14. 7.4449　15. 无解

是非题（10×1=10 分）

1. F　2. F　3. T　4. F　5. T　6. F　7. F　8. T　9. T　10. F

选择题（15×1=15 分）

1. C　2. B　3. A　4. D　5. B　6. A　7. C　8. B　9. A　10. D　11. C　12. C
13. A　14. B　15. D

计算题（25×2=50 分）

1. 46　2. 88　3. 0.384　4. 0.235　5. 0.5

6. （a）$\mu_1 \leq \mu_2$，或非吸烟人群的平均寿命不高于吸烟人群

（b）$\mu_1 > \mu_2$，或非吸烟人群的平均寿命高于吸烟人群

（c）$Z = \dfrac{\bar{X}_1 - \bar{X}_2}{\sqrt{\dfrac{S_1^2}{n_1} + \dfrac{S_2^2}{n_2}}}$

（d）1.94 > 1.64

（e）非吸烟人群的平均寿命显著高于吸烟人群

7. （a）μ_1, μ_2, μ_3 中至少有两个值不相等（或三种不同职业的人员至少两类工作压力有差异）

（b）F

（c）1.253

（d）1.253 < 3.25

（e）三种职业的人员工作压力差异不显著

8. （a）χ^2

（b）$\chi^2 = \sum\limits_{i=1}^{k} \dfrac{(O_i - E_i)^2}{E_i}$，$\chi^2 = \sum\limits_{i=1}^{r}\sum\limits_{j=1}^{c} \dfrac{(O_{ij} - E_{ij})^2}{E_{ij}}$ 或 $\chi^2 = N\left(\sum\limits_{i=1}^{r}\sum\limits_{j=1}^{c} \dfrac{O_{ij}^2}{m_i n_j} - 1\right)$

（c）6

（d）12.417 < 12.59

（e）母亲受教育程度与她对孩子的教养方式无关

9. （a）540

（b）2

（c）400

（d）50

（e）5

问答题（10分）

答题要点：

（1）样本分布指的是样本内个体观察值的次数分布或概率分布；（2分）

（2）抽样分布指的是根据样本的所有可能的样本观察值计算出来的某个统计量的观察值的分布；（3分）

（3）样本分布只涉及一个样本，而抽样分布涉及所有可能样本；（2分）

（4）关于总体参数的推断统计建立在抽样分布的基础上。（3分）

B卷

查表题

从附录三的统计用表中查找（或根据查表结果计算）符合以下各小题要求的数值。如果不能直接查到，也无法根据查表结果计算最终数值，请注明"无解"。本题共15小题，每小题1分，共15分。

1. $P(-1 < Z < 1) =$

2. $P(|Z| > 2) =$

3. $t_{0.025, 28} =$

4. $t_{0.005, 1000} =$

5. $F_{0.05, 5, 8} =$

6. $F_{0.01, 5, 9} =$

7. $r = 0.5$ 时的 $Z_r =$

8. $F_{0.5, 8, 9} =$
9. $F_{\max 0.01, 6, 7} =$
10. $q_{0.01, 3, 12} =$
11. $\chi^2_{0.5, 10} =$
12. $U_{0.05, 6, 11} =$
13. $n = 8$ 时，$\chi^2_{r\,0.047, 3} =$
14. $H_{0.099, 5, 4, 3} =$
15. 单侧检验时，$T_{0.01, 10} =$

是非题

用 T 表示正确，用 F 表示错误。本大题共 10 小题，每小题 1 分，共 10 分。

1. 对一元线性回归方程，可以仅检验方程有无显著意义，无须检验回归系数的显著性。
2. 只要是称名水平的资料（次数），就可以进行科克伦 Q 检验。
3. 配对成组产生的是独立样本。
4. 当总体内的个体按某个指标的高低顺序排列时，机械抽样估计量的方差介于简单随机抽样和分层随机抽样之间。
5. 柯尔莫哥洛夫－斯米尔诺夫检验的基本思想是，如果两个样本来自同一总体，两个样本的分布函数应该相同，它们的累积次数分布曲线 $S(x)$ 和 $S(y)$ 也应该相同或相似。
6. 质与量的相关包括二列相关和点二列相关两种情况。
7. 协方差也能反映变量之间的变化方向和关联程度，只是还带着原来变量的单位。
8. 最能代表散点图上分布趋势的最优拟合直线称为中心线。
9. 双向秩次方差分析法对应随机区组设计的参数方差分析。
10. χ^2 检验的基本任务是根据样本的次数分布推断总体分布是否服从正态分布。

选择题

本大题共 15 小题，每小题 1 分，共 15 分。

1. 总体上数字特征称为 _____。
   A. 统计　　　B. 参数　　　C. 总体值　　　D. 抽样值

2. 身高和体重都是 _____ 。
   A. 称名量表　　B. 顺序量表　　C. 等距量表　　D. 比率量表

3. 方差不具备的优点是 _____ 。
   A. 反应灵敏，严密确定　　　　B. 受抽样变动的影响较小
   C. 不易受极端数值的影响　　　D. 适合进一步的代数运算

4. 第 65 百分位数指的是 _____ 。
   A. 有 65% 的观察值高于该数　　B. 有 65% 的观察值低于该数
   C. 该数是最大观察值的 65%　　D. 该数比最小观察值大 65%

5. 在次数分布表中，各组次数在总次数中占的比例称为 _____ 。
   A. 相对次数　　B. 绝对次数　　C. 比例次数　　D. 简单次数

6. 样本平均数之标准差（标准误）的计算公式是 _____ 。
   A. $\sigma_{\bar{X}} = \dfrac{\sigma}{n}$　　B. $\sigma_{\bar{X}} = \dfrac{\sigma}{\sqrt{N-1}}$　　C. $\sigma_{\bar{X}} = \dfrac{\sigma}{\sqrt{n-1}}$　　D. $\sigma_{\bar{X}} = \dfrac{\sigma}{\sqrt{n}}$

7. 式子 $\dfrac{\sum_{i=1}^{n}(X_i - \bar{X})(Y_i - \bar{Y})}{(n-1)S_X S_Y}$ 计算得到的结果称为 _____ 。
   A. 协方差　　B. 等级相关系数　　C. 积差相关系数　　D. 回归系数

8. 标准回归方程的作用是 _____ 。
   A. 方便采用标准分数的记分体系建立回归方程
   B. 可以在回归方程之间比较拟合优度
   C. 可以对回归方程的计算结果给出标准化的描述
   D. 根据标准回归系数比较各个自变量所起作用的大小

9. 两个相互独立的 χ^2 分布随机变量之比的分布称为 _____ 。
   A. 正态分布　　B. χ_r^2 分布　　C. t 分布　　D. F 分布

10. 在次数分布是正偏的情况下，以下说法中唯一正确的是 _____ 。
    A. 平均数大于中位数　　B. 中位数小于众数
    C. 平均数小于中位数　　D. 众数大于平均数

11. 假设检验中犯 α 错误的概率和犯 β 错误的概率之间的关系是 _____ 。
    A. α 增大则 β 也增大　　B. α 增大则 β 减小
    C. $\alpha + \beta = 1$　　　　　　D. α 总是小于 β

12. 式子 $\dfrac{\bar{X}_p - \bar{X}_q}{S_t} \times \dfrac{pq}{Y}$ 用来计算 _____。

   A. 二列相关系数　　　　　　　　　B. 点二列相关系数
   C. 等级相关系数　　　　　　　　　D. 品质相关系数

13. 式子 $\dfrac{\sum_{i=1}^{n} R_i^2 - (\sum_{i=1}^{n} R_i)^2 / n}{\dfrac{1}{12} K^2 (n^3 - n)}$ 中的 R 指的是 _____。

   A. 等级　　　B. 秩次　　　C. 秩和　　　D. 行列总和

14. 在进行 $df = 1$ 的单向 χ^2 检验时，有时要对数据做耶茨连续性校正，前提是一个组的理论次数 E 小于 _____。

   A. 2　　　B. 3　　　C. 4　　　D. 5

15. 以下相关系数中，对数据要求最高的是 _____。

   A. 积差相关系数　　　　　　　　　B. 斯皮尔曼等级相关系数
   C. 肯德尔和谐系数　　　　　　　　D. 多列相关系数

计算题

计算结果必须用数值形式表示，保留 3 位小数。本大题共 9 小题，共 25 个空，每空 2 分，共 50 分。

第 1—5 题在空格中填写计算结果。

1. 数值 12, 10, 8, 9, 18, 22 的中位数为 _____。

2. 智商的平均数为 100，标准差为 15，现有一受测者的智商为 130，则其标准分 Z 为 _____。

3. 连抛 4 次硬币，不超过 2 次正面朝上的概率是 _____。

4. 某校学生中有 60% 是男生，其中一年级男生占全校学生总数的 15%。现随机抽到一位男生，则他是一年级学生的概率为 _____。

5. 若随机变量 X 对 Y 的相关系数为 -0.8，则以 X 预测 Y 的回归方程的非确定系数是 _____%。

第 6—9 题在答题过程中的空格处填写合适的内容。

6. 某大学工业广告专业对学生的写作能力进行测试，随机抽取男女各 10 人，结果是：男生 $\bar{X}_1 = 72.52$，$S_1 = 10.0$；女生 $\bar{X}_2 = 78.46$，$S_2 = 9.0$。假设方差齐性。问：男生和女生的写作能力有无显著差异？

> 解：
> （1）提出假设。
>
> $$H_0: \mu_1 = \mu_2$$
> $$H_1: \mu_1 \neq \mu_2$$
>
> （2）选择并计算检验统计量。由于是小样本，正态总体，方差齐性，故应选择 _____（a）检验，检验统计量的计算公式为
> _____（b）
> 自由度为 _____（c），将相应数值代入公式，计算得该统计量的值为 −1.396。
>
> （3）规定显著性水平和临界值。当 $\alpha = 0.05$ 时，该统计量单侧检验的临界值为 1.734，双侧检验的临界值为 2.101；当 $\alpha = 0.01$ 时，单侧检验的临界值为 2.552，双侧检验的临界值为 2.878。
>
> （4）统计决断。将检验统计量的值与临界值相比较，由于 _____（d），故可以认为 _____（e）。

7. 一个盒子中放了两种颜色的球：红色球和白色球。现有人从中每次随机抽取 2 个球，可能产生三种情况：2 个红色球、1 红 1 白、2 个白色球。经过 50 次抽取，结果发现三种情况的出现次数依次分别是 10, 25, 15。问：三种情况的次数之比是否服从 1∶2∶1 的分布？

> 解：
> （1）提出假设。
>
> H_0：三种情况的次数之比服从 1∶2∶1 的分布
> H_1：三种情况的次数之比不服从 1∶2∶1 的分布
>
> （2）选择并计算检验统计量。因为要求判断次数比例是否服从特定分布，故应选择 _____（a）检验，该检验统计量的计算公式为
> _____（b）

将以上数值代入计算，得到该检验统计量的值为 _____（c）。

（3）规定显著性水平和临界值。该检验的自由度为 _____（d），查表可知，当 $\alpha = 0.05$ 时，该统计量的临界值为 5.99；当 $\alpha = 0.01$ 时，其临界值为 9.21。

（4）统计决断。将检验统计量的值与临界值相比较，由于 _____（e），可以认为三种情况的次数之比服从 1∶2∶1 的分布。

8. 某研究者要考察三种不同的排版呈现方式对于单词记忆效果的影响，从大学生中随机抽取了 24 名参试者，8 名参试者为一组，分为 3 组，每组参试者只在一种排版方式下学习单词，学习结束后的记忆测验结果如下表所示。

参试者序号	排版方式 A	排版方式 B	排版方式 C
1	51	48	27
2	24	67	19
3	22	39	10
4	39	24	43
5	19	33	56
6	28	30	49
7	21	19	28
8	17	53	11

问：假设方差齐性，不同的排版方式会不会对单词的记忆造成影响？

解：
（1）提出假设。
$$H_0: \mu_1 = \mu_2 = \mu_3$$
$$H_1: \underline{\qquad\qquad\qquad} \quad (a)$$

（2）选择并计算检验统计量。因为总体正态，方差齐性，要比较多组差异，故应选择的统计检验方法为 _____（b）检验。将以上数值代入计算，得到结果为：$SSA = 577$，$SSE = 4854.625$，则可以计算出该检验统计量的值为 1.248，检验的效应量 η^2 为 _____（c）。

（3）规定显著性水平和临界值。查表可知，当 $\alpha = 0.05$ 时，该统计量的临界值为 3.25；当 $\alpha = 0.01$ 时，该统计量的临界值为 5.23。

（4）统计决断。将检验统计量的值与临界值相比较，由于_____（d），可以认为_____（e）。

9. 请完成检验回归方程 $\hat{Y}=12.48+1.368X$ 有效性的方差分析表（$n=10$）：

误差来源	平方和	自由度	均方差	F值
回归误差	600	____（b）	____（d）	____（e）
残差	____（a）	____（c）	75	
合计	1200	9		

问答题

本大题共1小题，共10分。

相关样本和独立样本有什么区别？统计检验方法有何不同？（各写任意三种）（10分）

B卷试题答案

查表题（15×1=15分）

1. 0.68268 2. 0.0455 3. 2.048 4. 2.581 5. 3.69 6. 6.06 7. 0.549 8. 无解
9. 18.4 10. 5.05 11. 9.34 12. 13 13. 6.25 14. 4.5487 15. 5

是非题（10×1=10分）

1. T 2. T 3. F 4. T 5. T 6. F 7. T 8. F 9. T 10. F

选择题（15×1=15分）

1. B 2. D 3. C 4. B 5. A 6. D 7. C 8. D 9. D 10. A
11. B 12. A 13. C 14. D 15. A

计算题（25×2=50分）

1. 11   2. 2   3. 0.688   4. 0.25   5. 36

6. （a）t

（b）$t = \dfrac{\bar{X}_1 - \bar{X}_2}{\sqrt{\dfrac{(n_1-1)S_1^2 + (n_2-1)S_2^2}{n_1+n_2-2}\left(\dfrac{1}{n_1}+\dfrac{1}{n_2}\right)}}$

（c）18

（d）$|-1.396| = 1.396 < 2.101$

（e）男生和女生的写作能力差异不显著

7.
   (a) χ^2

   (b) $\chi^2 = \sum_{i=1}^{k} \frac{(O_i - E_i)^2}{E_i}$

   (c) 1

   (d) 2

   (e) 1 < 5.99

8. (a) μ_1, μ_2, μ_3 中至少有两个值不相等（或至少有两种排版方式产生的记忆效果有差异）

   (b) F

   (c) 0.106

   (d) 1.248 < 3.25

   (e) 三种排版方式产生的记忆效果没有显著差异

9. (a) 600

   (b) 1

   (c) 8

   (d) 600

   (e) 8

问答题（10分）

答题要点：

（1）根据样本的抽样是否分别独立进行，可以将样本分为相关样本和独立样本。前者样本内的个体之间存在着一一对应的关系，后者样本内的个体之间不存在这样的关系。(4分)

（2）相关样本和独立样本适用的检验方法是不同的。相关样本的检验方法有：两相关样本平均数之差的 t 检验、符号检验、符号秩次检验、随机区组设计的方差分析、相关样本 χ^2 检验、科克伦 Q 检验、双向秩次方差分析等。(3分，写出任意三种方法就可得全分)

（3）独立样本的检验方法有：两独立样本平均数之差的 t 检验、秩和检验、双样本的柯尔莫哥洛夫–斯米尔诺夫检验、完全随机设计的方差分析、独立样本的 χ^2 检验、单向秩次方差分析等。(3分，写出任意三种方法就可得全分)

C 卷

查表题

从附录三的统计用表中查找（或根据查表结果计算）符合以下各小题要求的数值。如果不能直接查到，也无法根据查表结果计算最终数值，请注明"无解"。本题共 15 小题，每小题 1 分，共 15 分。

1. $P(-0.5 < Z < 1.5) =$
2. $P(|Z| = 1.65) =$
3. df 无穷大时，双侧检验，$\alpha = 0.05$，$t =$
4. $H_{0.05, 4, 3, 1} =$
5. $F_{0.04, 10, 8} =$
6. 单侧检验，$\alpha = 0.05$，$df_1 = 20$，$df_2 = 11$，$F =$
7. 双侧检验，$\alpha = 0.02$，$df_1 = 3$，$df_2 = 10$，$F =$
8. $Z_r = 0.517$ 时，$r =$
9. $F_{\max 0.01, 9, 7} =$
10. $q_{0.05, 5, 10} =$
11. 单侧检验，$\alpha = 0.05$，$df = 10$，$\chi^2 =$
12. 单侧检验，$\alpha = 0.05$，$U_{5, 10} =$
13. $k = 3$，$n = 5$，$\chi_r^2 = 6.4$ 时对应的 $P =$
14. 相关样本，双侧检验，$\alpha = 0.10$、$n = 50$ 时，$r =$
15. 相关样本，双侧检验，$\alpha = 0.02$、$n = 10$ 时，$T =$

是非题

用 T 表示正确，用 F 表示错误。本大题共 10 小题，每小题 1 分，共 10 分。

1. 独立性 χ^2 检验和同质性 χ^2 检验是本质上不同的两种统计分析方法。
2. S_n^2 是总体方差的无偏估计量。
3. 一组对象多次测量产生多个独立样本。
4. F 分布的分子自由度为第一自由度。

5. 检验一串数据是否随机（或有无规律性）时，可以采用单样本游程检验。
6. 在方差分析中，各样本平均数之间的差异不包括交互作用产生的差异。
7. 公式 $\sigma_{\bar{X}}^2 = \dfrac{\sigma^2}{n}$ 成立的条件是：总体为任意分布总体。
8. 积差相关系数之间只能进行比较运算。
9. 双向秩次方差分析法具有参数双因素方差分析的所有功能。
10. 给定 B 时 A 的条件概率的数学表示方式是 $P(B|A)$。

选择题

本大题共 15 小题，每小题 1 分，共 15 分。

1. 样本容量指的是 _____。
   A. 样本中包含的个体数目　　　　B. 样本中包含个体数目的上限
   C. 研究中容纳的样本个数　　　　D. 研究中可以容纳样本个数的上限

2. 具有在一个图上比较多组次数分布这一优点的是 _____。
   A. 简单次数多边图　　　　　　　B. 相对次数多边图
   C. 累积次数多边图　　　　　　　D. 绝对次数多边图

3. 某学生智力测验所得智商是 120。这里的智商是一种 _____。
   A. 称名量表　　B. 顺序量表　　C. 等距量表　　D. 比率量表

4. $P(B) = \sum\limits_{i=1}^{n} P(A_i) \times P(B|A_i)$ 被称为 _____。
   A. 贝叶斯公式　　　　　　　　　B. 广义乘法公式
   C. 复合概率公式　　　　　　　　D. 全概率公式

5. 标准正态分布中，$P(-2 < Z < -1.5)$ 与 $P(1 < Z < 1.5)$ 之间的关系是 _____。
   A. 两者相加等于 $P(-1 < Z < 0)$　　B. 两者相等
   C. 前者小于后者　　　　　　　　D. 前者大于后者

6. 一考生将 10 道是非题全部做错，得 0 分。研究者的结论应该是 _____。
   A. 该考生对所考内容一无所知　　B. 该考生对所考内容略知一二
   C. 该考生对所考内容相当了解　　D. 该考生的大脑结构与众不同

7. 四级动差是一种 _____。
   A. 峰态量　　B. 偏态量　　C. 地位量　　D. 集中量

8. 统计量 Md 可以表示为 _____。
   A. X_M　　　　B. PR_{50}　　　　C. $PR_{50\%}$　　　　D. P_{50}

9. 抽自正态分布总体简单随机样本的平均数 $\bar{X}$ 与样本方差 S^2 为相互独立的随机变量，且 $\dfrac{(n-1)S^2}{\sigma^2}$ 服从 χ^2 分布，其自由度为 _____。

   A. $n-1$　　　　B. $n-2$　　　　C. $n-3$　　　　D. $n-k$

10. 有限总体修正系数的计算公式是 _____。

    A. $\dfrac{N-n}{N-1}$　　B. $\dfrac{N-n}{n-1}$　　C. $\sqrt{\dfrac{N-n}{N-1}}$　　D. $\sqrt{\dfrac{N-1}{N-n}}$

11. 斯皮尔曼等级相关系数的检验方法等同于 _____。

    A. 肯德尔和谐系数　　　　　　B. 积差相关系数

    C. 双列相关系数　　　　　　　D. 协方差系数

12. 无偏估计量意味着 _____。

    A. 抽样未产生误差　　　　　　B. 样本离差平方和为最小

    C. 样本平均误差为零　　　　　D. 抽样误差之和为零

13. 一位研究者欲考察采用 A、B 两种产品外观设计的效果，计算得到在 90% 的置信水平上，$\mu_A - \mu_B$ 的置信区间为 $(-3.55, 8.77)$，这说明 _____。

    A. 两种方法效果无显著差异

    B. 两种方法差异显著，A 法优于 B 法

    C. 两种方法差异显著，B 法优于 A 法

    D. 两种方法差异显著，但不能确定何者更优

14. 中位数检验是一种特殊形式的 _____。

    A. 方差分析　　　　　　　　　B. 科克伦 Q 检验

    C. χ^2 检验　　　　　　　　D. 独立样本 t 检验

15. 设 $X \sim b(n, p)$，随着 X 的增加，$P(X)$ 先升后降，其最大值出现在于 _____。

    A. p/n　　　　B. $p(n-1)$　　　　C. np　　　　D. $n(1-p)$

计算题

计算结果必须用数值形式表示，保留 3 位小数。本大题共 9 小题，共 25 个空，每空 2 分，共 50 分。

第 1~5 题在空格中填写计算结果。

1. 样本数据 5, 10, 15, 20, 25 的平均差为 _____。

2. 假设变量 X 服从平均数为 100，标准差为 10 的正态分布。若 $X = 120$，它对应的

标准分 Z 是 _____。

3. 一个样本中有 5 名男生和 5 名女生。如果从中不放回地随机抽取 2 人，抽到 1 名男生和 1 名女生的概率是 _____。

4. 已知某种心理障碍的发生率为每 10 万人中有 20 人。此种障碍患者接受某种心理测验时，有 75% 得高分（高于平均数 2 个标准差）；非此种障碍患者则只有 5% 得高分。现在从人群中随机抽取 1 人，他在该测验上得到高分并且确实是此种障碍患者的概率为 10 万中有 _____ 人。

5. 随机变量 X 和 Y 之间的相关系数为 0.9，则根据 X 估计 Y 的一元回归方程的残差平方和与回归平方和的比值为 _____。

第 6~9 题在答题过程中的空格处填写合适的内容。

6. 为了检验某新式心理疗法的效果，研究者随机抽取了 50 名患者，在治疗前后分别测量其焦虑水平。结果是，治疗前焦虑水平高于治疗后的患者数为 15 人，治疗前焦虑水平低于治疗后的患者数为 35 人。问：新式疗法对患者的焦虑水平有无显著影响？

> 解：
> （1）提出假设。
> 　　　H_0：新式疗法对患者的焦虑水平无显著影响
> 　　　H_1：新式疗法对患者的焦虑水平有显著影响
> （2）选择并计算检验统计量。因为只知道治疗前后焦虑水平改善和未改善的人数，即仅知相关样本前后两次测量值之差的正负，且其中 $r = 15$，故采用 _____（a）检验。由于 $n = 50 > 25$ 为大样本，故其检验统计量的计算公式为
> 　　　$Z = $ _____（b）
> 　　将相应数值代入公式，计算得该统计量的值为（c）。
> （3）规定显著性水平和临界值。当 $\alpha = 0.05$ 时，该统计量单侧检验的临界值为 1.64；当 $\alpha = 0.01$ 时，该统计量单侧检验的临界值为 2.33；当 $\alpha = 0.05$ 时，该统计量双侧检验的临界值为 1.96；当 $\alpha = 0.01$ 时，该统计量

> 双侧检验的临界值为 2.58。
>
> （4）统计决断。将检验统计量的值与临界值相比较，由于 _____
> （d），可以认为 _____（e）。

7. 在一次入学考试中，考生成绩服从正态分布。从中抽取 10 名考生，其中男生 5 人，平均分为 78.5；女生 5 人，平均分为 77.9；全部 10 人的标准差为 10.5。请计算考生性别与其成绩之间的相关系数，并写出用平均数差异检验法对该相关系数做显著性检验的公式。

> 解：
> 本题中的考试成绩是正态分布的连续变量，而性别是一个真正的 _____（a）称名变量，故应当计算 _____（b）相关系数，其计算公式为
>
> _____（c）
>
> 将相应数值代入计算，得到该相关系数的值为 _____（d）。
>
> 平均数差异检验法对该相关系数做显著性检验的公式是
>
> _____（e）。

8. 某研究者抽取 51 名参试者，测定每个人的缪勒－莱尔错觉量，结果发现，如果水平线的长度是 10 厘米，则参试者调整得到的垂直线长度的标准差为 0.5 厘米。假设垂直线的长度服从正态分布，试以 95% 的置信水平估计垂直线长度的方差 σ^2 及标准差 σ 的置信区间。

> 解：
> 用 X 表示垂直线的长度，根据题意，$X \sim N(\mu, \sigma^2)$，且 $S = 0.5$，$n = 51$。样本方差 S^2 与总体方差 σ^2 之比所构造的统计量 $\dfrac{(n-1)S^2}{\sigma^2}$ 服从自由度为 $n-1$ 的 _____（a）分布。
>
> 当 $\alpha = 0.05$ 时，查表得到该分布的两个临界值分别为 71.42 和 32.36。
>
> 给定置信水平 $1-\alpha$ 时，总体方差的置信区间的下限计算公式为
>
> _____（b）

其上限计算公式为

_____（c）

经计算，可知总体方差的置信区间为 _____（d），其标准差的置信区间为 _____（e）。

9. 某研究建立了一个由 3 个自变量预测 1 个因变量的回归方程。其回归平方和为 550，确定系数为 0.78。请完成检验该回归方程有效性的方差分析表（$n=18$）。

误差来源	平方和	自由度	均方差	F 值
回归误差	550	____（b）	____（d）	____（e）
残差	____（a）	____（c）	11.081	
合计		17		

问答题

本大题共 1 小题，共 10 分。

对于一个样本，怎样检验它是否服从正态分布？说明具体步骤。（10 分）

C 卷试题答案

查表题（15×1=15 分）

1. 0.62465　2. 0　3. 1.96　4. 5.2083　5. 无解　6. 2.65　7. 6.55　8. 0.475　9. 13.5
10. 4.65　11. 18.31　12. 11　13. 0.039　14. 17　15. 5

是非题（10×1=10 分）

1. F　2. F　3. F　4. T　5. T　6. F　7. T　8. T　9. F　10. F

选择题（15×1=15 分）

1. A　2. B　3. C　4. D　5. C　6. C　7. A　8. D　9. A　10. A
11. B　12. D　13. A　14. C　15. C

计算题（25×2=50 分）

1. 6　2. 2　3. 0.556　4. 15　5. 0.235

6.（a）符号

（b）$\dfrac{(r+0.5)-n/2}{\dfrac{1}{2}\sqrt{n}}$

（c）–2.687

（d）|–2.6872| = 2.687 > 2.5864

（e）该新式疗法对患者的焦虑水平有极其显著的影响

7.（a）二分

（b）点二列

（c）$r_{pb}=\dfrac{\bar{X}_p-\bar{X}_q}{S_t}\sqrt{pq}$

（d）0.029

（e）$t=\dfrac{\bar{X}_1-\bar{X}_2}{\sqrt{\dfrac{(n_1-1)S_1^2+(n_2-1)S_2^2}{n_1+n_2-2}\left(\dfrac{1}{n_1}+\dfrac{1}{n_2}\right)}}$

8.（a）χ^2

（b）$\dfrac{(n-1)S^2}{\chi^2_{\alpha/2,\,n-1}}$

（c）$\dfrac{(n-1)S^2}{\chi^2_{1-\alpha/2,\,n-1}}$

（d）(0.175，0.386)

（e）(0.418，0.622)

9.（a）155.128

（b）3

（c）14

（d）183.333

（e）16.545

问答题（10分）

答题要点：

（1）可以用 χ^2 检验来检验它是否服从正态分布；（2分）

（2）步骤是

  a. 根据样本平均数 $\bar{X}$ 和样本标准差 S，计算出次数分布表中各组上下限所对应的 Z 分数，并根据 Z 分数查出各组相应的概率；（2分）

  b. 将各组概率乘以样本总次数，得到各组的理论次数；（2分）

c. 如果出现理论次数小于 5 的组，应将该组与它相邻组合并，直到合并后的理论次数大于或等于 5 为止；（1 分）

d. 将观察次数和理论次数代入 χ^2 检验公式，算出 χ^2 值，并与 χ^2 临界值比较（自由度 $df = k - 3$），只要不超过临界值，就说明服从正态分布，否则就是不服从正态分布。（3 分）

附录二
习题答案

第1章

1.1 随机现象：（1）（2）（5）（7）（10）
   确定现象：（3）（4）（6）（8）（9）

1.2~1.4 根据教材内容作答

1.5 n：样本容量；$\bar{X}$：样本平均数；S：样本标准差；r：样本相关系数；μ：总体平均数；σ：总体标准差；ρ：总体相关系数

1.6 总体：全体农村高中生；样本：研究者抽取的6521名农村高中生；研究者做的是描述统计，如果根据样本数据推断全体农村高中生预期从事得最多的职业，才是推断统计

1.7 （1）统计量，（2）参数，（3）观察值，（4）观察值，（5）参数，（6）统计量

1.8 略

第2章

2.1 （1）间断变量，（2）连续变量，（3）间断变量，（4）间断变量，（5）间断变量，（6）连续变量，（7）间断变量，（8）连续变量，（9）连续变量，（10）间断变量，（11）连续变量，（12）间断变量

2.2 （1）比率量表，（2）顺序量表，（3）比率量表，（4）称名量表，（5）比率量表，（6）比率量表，（7）称名量表，（8）等距量表，（9）称名量表，（10）顺序量表，（11）等距量表，（12）顺序量表，（13）称名量表，（14）顺序量表，（15）等距量表，（16）称名量表

2.3 根据教材内容作答

2.4 （1）根据斯特奇斯经验公式并结合分组原则，可以将组距定为5
   （2）简单次数分布表

组别	组值	次数
95—99	97	2
90—94	92	3
85—89	87	2
80—84	82	6
75—79	77	14
70—74	72	11
65—69	67	7
60—64	62	4
55—59	57	1
合计		50

（3）其他类型的次数分布表

组别	组值	相对次数	累积次数	累积相对次数	累积百分数 /%
95—99	97	0.04	50	1.00	100
90—94	92	0.06	48	0.96	96
85—89	87	0.04	45	0.90	90
80—84	82	0.12	43	0.86	86
75—79	77	0.28	37	0.74	74
70—74	72	0.22	23	0.46	46
65—69	67	0.14	12	0.24	24
60—64	62	0.08	5	0.10	10
55—59	57	0.02	1	0.02	2
合计		1.00			

2.5　略

2.6　略

2.7　茎叶图为

6 | 19

7 | 036

8 | 135556699999

9 | 35689
10 | 017

2.8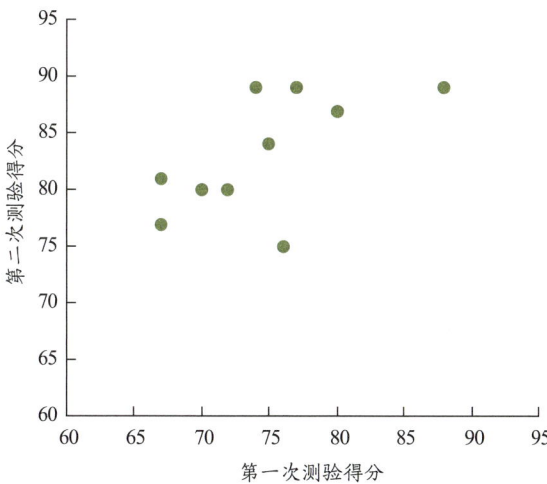

2.9 略

第3章

3.1 （1）82.4；（2）87.4；（3）412；（4）每个观察值增加一个定值 A，则平均数为原值加 A；每个观察值乘以一个定值 B，则平均数为原来的 B 倍

3.2 （1）11，（2）12

3.3 （1）50；（2）37 和 50，一组数据中出现两个众数

3.4 200.089%

3.5 （1）$S_n = 2.601$；（2）$S = 2.915$，由于计算 S 和 S_n 时公式中的分母分别为 $n = 5$ 和 $n - 1 = 4$，故 S 大于 S_n

3.6 3159

3.7 男生 $CV = 10\%$，女生 $CV = 9.17\%$，男生成绩的离散程度较高

3.8 $Q_1 = 60$，$Q_2 = 65$，$Q_3 = 70$

3.9 负偏，$SK = -0.275$

3.10 $Ku = 0.161$

第4章

4.1 根据教材内容作答

4.2 （1）0.077,（2）0.25,（3）0.50,（4）0.192

4.3 根据给出的随机数0和1，分别按照费马和罗贝瓦尔的评判标准统计A胜的比例。

根据费马标准：

1,1(A); 1,0(A); 0,1(A); 0,1(A); 1,1(A); 0,0(B); 1,1(A); 0,1(A); 1,0(A); 1,0(A); 1,1(A); 0,1(A); 0,0(B); 1,1(A); 0,0(B); 1,1(A); 1,1(A); 1,0(A); 1,1(A); 0,1(A); 0,1(A); 1,0(A); 1,0(A); 0,1(A); 0,0(B); 0,0(B); 0,1(A); 1,0(A); 0,0(B); 0,1(A); 0,0(B); 1,0(A); 0,1(A); 0,0(B); 1,0(A); 1,0(A); 0,1(A); 1,1(A); 0,0(B); 1,1(A); 1,1(A); 0,1(A); 1,0(A); 1,1(A); 1,0(A); 0,0(B); 0,0(B); 0,1(A); 0,0(B)

A胜38次，B胜12次，A胜的比率为38/50 = 0.76，接近费马的估计3/4 = 0.75。

根据罗贝瓦尔标准：

1(A); 1(A); 1(A); 0,0(B); 1(A); 0,1(A); 1(A); 1(A); 0,0(B); 1(A); 0,1(A); 1(A); 0,1(A); 0,1(A); 1(A); 0,1(A); 0,0(B); 1(A); 1(A); 0,0(B); 1(A); 1(A); 1(A); 1(A); 0,1(A); 1(A); 0,1(A); 0,1(A); 1(A); 0,1(A); 0,0(B); 1(A); 0,0(B); 0,0(B); 0,1(A); 0,0(B); 0,0(B); 1(A); 0,0(B); 1(A); 0,1(A); 0,0(B); 1(A); 0,0(B); 1(A); 0,1(A); 0,0(B); 1(A); 1(A); 1(A); 0,0(B); 1(A); 1(A); 1(A); 0,1(A); 0,1(A); 1(A); 1(A); 0,0(B); 0,0(B); 0,0(B); 1(A); 0,0(B)

A胜50次，B胜18次，A胜的比率为50/68=0.735，仍接近费马的估计0.75。这说明，罗贝瓦尔的说法是错误的。

4.4 根据教材内容作答

4.5 （1）0.1667,（2）0.5,（3）0.6667,（4）0.3333

4.6 （1）0.0625,（2）0.0625,（3）0.25

4.7 （1）0.0278,（2）0.25,（3）0.1111,（4）0.4444

4.8 （1）0.008,（2）0.128

4.9 0.107

4.10 （1）0.0533,（2）0.16,（3）0.0667,（4）0.8

4.11 0.0748。习题4.9求出的是事件"一个人是阳性"的总概率；本题求出的是事件"检验结果阳性的人患该病"的条件概率，它是"一个人是阳性患者"的概率

（0.008）在"一个人是阳性"的概率（0.107）中占的比例。

第 5 章

5.1 不是二项试验。尽管他们的抽签活动符合（1）一次试验只有两种可能结果,（2）试验在同样的条件下重复进行；但是在各次试验中成功的概率 p 和概率 q 并不相同，各次试验的结果会相互影响，所以不是二项试验。

5.2 （1）1,（2）0.866,（3）0.0469

5.3 也应该算懂，因为完全凭猜测答对 0 题或 1 题的概率也仅为 0.011，是小概率事件。由此看来，零分也不是那么容易得的！

5.4 （1）0.38493,（2）0.30598,（3）0.41924,（4）0.89726,（5）0.66141,（6）0.78193

5.5 （1）1.96,（2）1.64,（3）2.58,（4）1.64,（5）0.6745,（6）–0.0034

5.6 34.134 人，占 68.268%

5.7 （1）0.266；（2）能，在 130 秒内完成任务的参试者占 96.96%

5.8 A 等 18 人，B 等 119 人，C 等 226 人，D 等 119 人，E 等 18 人

5.9 29 分

5.10 （1）0.05,（2）0.25,（3）0.95,（4）0.05

5.11 （1）0.05,（2）0.99,（3）0,（4）0.5,（5）0.5

5.12 （1）2.79,（2）3.43,（3）4.50,（4）0.30

第 6 章

6.1 根据教材内容作答

6.2 $n = 25$ 时，$P = 0.68268$；$n = 100$ 时，$P = 0.9545$

6.3 $n = 25$ 时，无解；$n = 100$ 时，$P = 0.9545$

6.4 如果查 t 分布表，P 约为 0.01（精确值为 0.00862，$df = 35$）；如果查标准正态分布表，$P = 0.00621$

6.5 $\bar{X}_1 - \bar{X}_2 \sim N(-2, 1^2)$

6.6 因为两总体为非正态分布，当两个样本的容量都是 25 时，为小样本，故无解；当两个样本的容量都是 64 时，为大样本，女生的平均成绩高于男生 2~4 分的概率为 0.357

6.7 在理论上可以抽出 2.4 个一等奖，即 $\mu = 2.4$，标准差为 0.8

6.8 0.89667

第 7 章

7.1 当统计量用于参数估计时,统计量就成了估计量,其值就成了估计值

7.2 根据教材内容作答

7.3 每一次区间估计都可被看作一次随机试验。置信水平作为一种概率,它与频率观的统计定义或分析观的古典定义下的概率一样,是针对全部置信区间而言的,而不是针对某次特定的区间估计得出的置信区间而言的

7.4 根据教材内容作答

7.5 95% 的置信区间 (66.08, 73.92),99% 的置信区间 (64.84, 75.16)

7.6 95% 的置信区间 (84.04, 87.96),99% 的置信区间 (83.42, 88.58)

7.7 查正态分布表的结果:(67.31, 75.69);查 t 分布表的结果:(67.14, 75.86)

7.8 (63.48, 77.52)

7.9 因为总体分布不明,且 $n = 25$ 为小样本,无解

7.10 (449.04, 452.96)

7.11 (−11.523, −1.277)

7.12 (−11.705, 10.905),注:SPSS 计算自由度的公式略有差异,最终结果:(−11.823, 11.023)

7.13 (3.475, 10.525),注:SPSS 的 Summary T-Test 计算自由度的公式与教材相同,故结果无差异

第 8 章

8.1 零假设

8.2 根据教材内容作答

8.3 根据教材内容作答

8.4 $Z = 9.09 > Z_{0.005} = 2.58$,有极其显著的差异

8.5 $|Z| = 2.5 > Z_{0.025} = 1.96$,但不大于 $Z_{0.005} = 2.58$,故判定有显著的差异。习题 7.5 的结果是:95% 的置信区间 (66.08, 73.92),99% 的置信区间 (64.84, 75.16),本题总体平均数 75 落在 95% 的置信区间之外,却落在 99% 的置信区间 (64.84, 75.16) 之内,正好对应本题的判定结果:其差异在 0.05 的水平上显著,在 0.01 的水平上不显著

8.6 $|t| = 0.8944 < t_{0.025, 79} = 1.99$,无显著差异

8.7 $t = −6.957 < −t_{0.01, 39} = −2.426$,成绩有极其显著的提高(左侧检验)

8.8 $|t| = 2.624 > t_{0.025, 18} = 2.10$，有显著差异。习题 7.11 计算的是置信区间，结果是 $(-11.523, -1.277)$，其中不包括 0，也说明有显著差异，与本题结果相呼应

8.9 $|t| = 1.1084 < t_{0.025, 119} \approx 1.98$，无显著差异

8.10 $|t| = 0.0779 < t_{0.025, 11} = 2.201$，无显著差异

8.11 $|t| = 5.218 > t_{0.005, 97} = 2.627$，有极其显著的差异

习题 7.12 得到的置信区间是 $(-11.705, 10.905)$，其中包括 0，对应习题 8.10 的答案"无显著差异"；习题 7.13 的 99% 的置信区间是 $(3.475, 10.525)$，其中不包括 0，对应习题 8.11 的答案"有极其显著差异"。

8.12 $|t| = |-1.033| < t_{0.025, 9} = 2.262$，无显著差异

8.13 $|t| = |-2.089| < t_{0.025, 7} = 2.365$，无显著差异

8.14 犯 β 错误的概率：0.8741，统计功效 $= 1 - 0.8741 = 0.1259$

8.15 $d_2 = -0.6198$，$\omega^2 = 0.0752$

第 9 章

9.1 $(5.296, 14.057)$

9.2 $(3.893, 63.104)$

9.3 $\chi^2 = 21.344 > 19.02$，有显著变化

9.4 $F = 15.674 > 3.18$，有显著差异，方差不齐性

9.5 在三种条件下的样本方差分别为 2683.75、10559.611（最大）、2437.5（最小），$F_{max} = 4.332 < F_{max\ 0.05, 3, 9} = 5.34$，无显著差异，方差齐性

9.6 $(0.481, 0.619)$

9.7 $(0.159, 0.439)$

9.8 $Z = 1.421 < Z_{0.025} = 1.96$，置信区间包括 0.5，都表示总体比例与 0.5 无显著差异

9.9 $Z = 4.187 > Z_{0.025} = 1.96$，置信区间不包括 0，都表示有显著差异

第 10 章

10.1 方差分析的三个前提在定理 10.1.1 中的对应关系（下画线和括号）标记如下：
定理 10.1.1 设 $X_1, X_2, \cdots, X_k$ 为 k 个<u>相互独立</u>（独立性，即 k 个独立样本）的随机变量，且 $X_i \sim \underline{N}(\mu_i, \underline{\sigma^2})$（$N$ 表示正态分布总体，σ^2 表示方差齐性，因为 $i = 1, 2, \cdots, k$，但 σ^2 无下标，说明方差相等）……

10.2 方差分析的基本思路是，计算组间差异与组内差异的比值，比值越大，说明各

组平均数的差异越明显。根据定理 10.1.1，最后的比值为 $F = MSA/MSE$，故组间差异为 MSA，组内差异是 MSE，它们都是方差

10.3 $F = 3.208 < F_{0.05, 2, 9} = 4.26$，无显著差异

10.4 $F = 6.136 > F_{0.01, 3, 16} = 5.29$，在 0.01 水平上有显著差异

10.5 $F = 3.983 < F_{0.05, 2, 9} = 4.26$，无显著差异

10.6 $F = 21.636 > F_{0.01, 2, 152} \approx 4.75$，学校之间有极其显著的差异

10.7 $\omega^2 = 0.435$，$\eta^2 = 0.535$；$\mathbf{f} = 1.073$

10.8 习题 10.4 发现了显著差异，可以进行多重比较。结果如下：

第 i 组	第 j 组	D_{ij}	t_{ij}
1	2	−9.2*	−2.774
	3	−7.6*	−2.2914
	4	−14*	−4.2214
2	3	1.6	0.4824
	4	−4.8	−1.4474
3	4	−6.4	−1.930

* 表示差异有显著意义。

10.9 $F_A = 0.803$，$F_B = 0.046$，$F_{A \times B} = 0.046$，均小于 $F_{0.05, 1, 16} = 4.49$

10.10 实验条件造成的效应 $F = 4.495 > F_{0.05, 3, 21} = 3.07$；区组效应 $F = 7.2 > F_{0.01, 7, 21} = 3.64$

10.11 方差分析表填写结果

差异来源	平方和 SS	自由度 df	方差 MS	F
A 因素	180	2	90	10.8**
B 因素	300	3	100	12**
$A \times B$	3000	6	500	60**
组内	100	12	8.33	
总和	3580	23		

** 表示差异有特别显著的意义。

10.12 A 因素的 $\eta^2 = 0.05$；偏 $\eta^2 = 0.643$。两者相差很大，这是因为计算 η^2 时，分母是 $SST = 3580$；而计算偏 η^2 时，分母是 $SSA + SSE = SST - SSB - SS_{A \times B}$，换言之，分母中剔除了其他因素和交互作用产生的差异

10.13 可以看到，两种方法得到的结果相同，而且可以观察到，当 $k = 2$ 时，$F = t^2$，方差分析就是对 t 检验的推广

10.14 本题也是一个数据实验。同样的数据，用相关样本 t 检验，可以发现 54 个个体的后测高于前测 2.778 分，$t(df = 53)$ 值为 2.59，p 值（$Sig.$）为 0.012，差异

显著。

在数据文件中，第 55~108 位个体的 Pre 数据就是前面第 1~54 位个体的 Post 数据。如果采用自变量为组别（G）的单因素方差分析，由于 G 只有 2 个值，所以第二组代码就是对同样的两组数据用完全随机设计的方差分析来处理，其实这就是对独立样本 t 检验的推广。结果是，$SST = 19\,189.667$（SPSS 结果表中的 Corrected Total），$SSA = 208.333$，$SSE = 18\,981.333$，$F(1, 106) = 1.163$，p 值（Sig.）为 0.283，差异不显著了。

但是，如果将 ID 作为区组变量加入方差分析，即执行第三组代码，进行的就是双因素随机区组设计的方差分析，它是相关样本 t 检验的推广。结果是：

$SSA = 208.333$，说明组别 G 造成的差异没有变化；

$SSR = 17\,335.667$，$SS_{A\times B}(G\times ID) = 1645.667$，两者合计为 $18\,981.333$，与单因素方差分析的 SSE 相同。可见，随机区组设计的方差分析将原来的组内平方和分解为两部分，SSR 体现了样本的相关性。$SST = 19\,189.667$，不变。

$F(1, 53) = 6.71$，而且 $F = 6.71 = t^2 = 2.59^2$，再次验证了 $k = 2$ 时，$F = t^2$。p 值（Sig.）为 0.012，与相关样本 t 检验的 p 值相同，都表明差异显著。

以上结果说明，当 SSR 被剔除出 SSE 后，尽管 SSE 对应的分母自由度变成 53，但 MSE 仍很小（仅为 31.5），故 F 值变大，从而更容易发现显著差异。

第 11 章

11.1 在完全相关的情况下，所有的散点都落在一条直线上，相当于正比关系；随着相关程度的减弱，散点分散程度增大，但仍可看出一个变量变化时另一变量的变化趋势；在零相关时看不出明显的趋势

11.2 自行举例

11.3 $r = 0.70$

11.4 协方差除以两个样本方差就是积差相关系数，这说明积差相关系数其实就是两个变量的原始数值转换成标准分数之后的协方差。由于标准分数服从相同的标准正态分布，积差相关系数都介于 –1 和 +1 之间，所以不同的积差相关系数就可以相互比较

11.5 $r = 0$ 时，$Z_r = 0$；随着 r 增大，Z_r 增大，直至 $+\infty$。Z 分数的取值范围正是 $(-\infty, +\infty)$

11.6 $t = 2.7724 > t_{0.025,\,8} = 2.306$

11.7 $\rho = 0.65$, $Z_\rho = 0.775$; $r = 0.75$, $Z_r = 0.973$; $|Z| = 1.95 < Z_{0.025} = 1.96$, 在 0.05 的显著性水平上仍接受零假设

11.8 $r_s = 0.988$

11.9 $r_s = 0.918$

11.10 $r_w = 0.04$

11.11 参与班级活动的积极性得分可视为正态分布的连续变量，但被人为地以 5 分为界划分为两个类别，故应计算二列相关系数

11.12 $|Z| = |-1.2489| < Z_{0.025} = 1.96$

11.13 $r_{pb} = 0.436$，$t = 2.124 > t_{0.025, 18} = 2.101$ 或 $t = 2.055 < t_{0.025, 18} = 2.101$

11.14 这三个公式分别是：点二列相关系数的计算公式（1）及其在小样本和大样本情况下的显著性检验公式（2 和 3）。这说明有显著相关之处，必然有显著差异

11.15 积极性得分可视为正态分布的连续变量，但被人为地划分为多个类别，应计算多列相关系数

11.16 $r_\phi = 0.232$，$\chi^2 = 3.23 < \chi^2_{0.05, 1} = 3.84$，无显著意义

11.17 $C = 0.218$，$V = 0.223$，$\chi^2 = 8.749 > \chi^2_{0.05, 2} = 5.99$，有显著意义

第 12 章

12.1 根据教材内容作答

12.2 在没有其他信息可供参考时，可以利用截距模型 $Y = M + \varepsilon$。可以预测该生成绩最可能为 M

12.3 $\hat{Y} = 37.456 + 0.53X$

12.4 $\hat{X} = 12.536 + 0.747Y$

12.5 根据两题数据算出积差相关系数 r 分别为 0.7 和 0.618，故确定系数 r^2 分别为 0.49 和 0.382

12.6 相关系数应为 +0.8 或 −0.8

12.7 （1）对于习题 12.3 的回归方程，用方差分析检验线性关系，得到 $F = 7.677 > F_{0.05, 1, 8} = 5.32$；用 t 检验考察回归系数的显著性，得到 $t = 2.771 > t_{0.05, 8} = 2.306$；两者均有显著意义

（2）对于习题 12.4 的回归方程，以同样的方式进行检验，得到 $F = 4.948 < F_{0.05, 1, 8} = 5.32$，$t = 2.224 < t_{0.05, 8} = 2.306$，无显著意义

12.8 根据习题 12.3 得出的方程 $\hat{Y}=37.456+0.53X$ 不能根据 Y 估计 X。应先建立根据 Y 估计 X 的方程（$\hat{X}=6.745+0.925Y$），然后将 $Y_0=80$ 代入方程，得到 $\hat{X}=80.745$

12.9 将各个变量转换成标准分数，以标准分数建立的回归方程称为标准回归方程。由于标准分数的平均数为 0，故 $a^*=\bar{Z}_Y-b_1^*\bar{Z}_{X_1}-b_2^*\bar{Z}_{X_2}-\cdots-b_p^*\bar{Z}_{X_p}=0$，所以在标准回归方程中将它略去

12.10 回归方程为 $\hat{Y}=-24.33+0.57X_1+0.904X_2$，标准回归方程为 $\hat{Z}_Y=0.276Z_{X_1}+0.614Z_{X_2}$

12.11 习题 12.10 的方程有显著意义，回归系数 b_2^* 有显著意义

12.12

差异来源	平方和	自由度	均方差	F 值
回归	300	2	150	1.25
残差	1200	10	120	
合计	1500	12		

12.13 对于加法模型，只需建立普通的二元线性方程即可；对于乘法模型，可先令 $X^*=X_1X_2$，建立一元线性方程 $\hat{Y}=a+bX^*$；最后，比较两个方程的确定系数即可知哪个拟合优度更高

12.14 如果用 $female=0$ 表示男性，$female=1$ 表示女性，则回归方程不再是 $\hat{Y}=130.8-10.47male$，因为男性的因变量平均值为 120.33，即低于女性 10.47，故方程应为 $\hat{Y}=120.33+10.47female$

第 13 章

13.1 根据教材内容作答

13.2 优点根据教材内容作答。缺点在于，在可以采用参数检验时，若采用非参数检验，会不能充分利用样本提供的信息

13.3 χ^2 检验公式反映了理论分布和实际分布之间的差异程度，而拟合优度检验正是关于样本次数分布与某种指定的次数分布的吻合程度的假设检验

13.4 $\chi^2=5.31<\chi^2_{0.05,2}=5.99$

13.5 $\chi^2=2.5<\chi^2_{0.05,5}=11.07$

13.6 本题 $df=1$，且内向者理论次数为 $20\times15\%=3<5$，故应进行连续性校正。$\chi^2=0.882<\chi^2_{0.05,1}=3.84$

13.7 $\chi^2=16.5>\chi^2_{0.05,6}=12.59$。本题实际次数分布曲线与正态分布下理论次数分布曲线的对比图似乎显示两者比较吻合，但是本题总次数为较大，导致 χ^2 超过临界值

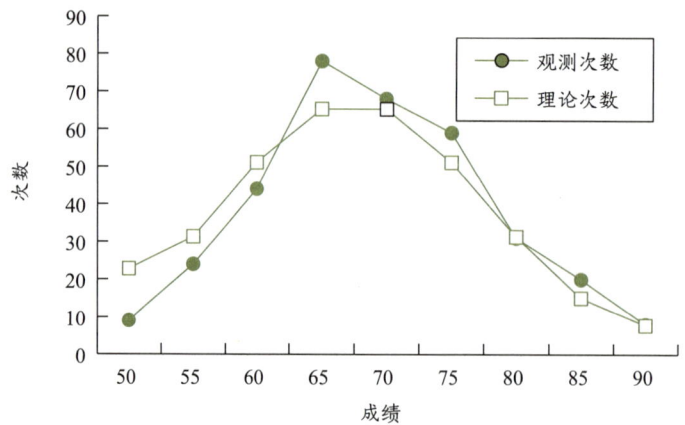

13.8 $\chi^2 = 21.266 > \chi^2_{0.01, 2} = 9.21$

13.9 $\chi^2 = 20.154 > \chi^2_{0.01, 6} = 16.81$

13.10 $\chi^2 = 8.58 > \chi^2_{0.01, 1} = 6.63$

13.11 $\chi^2 = 0.048 < \chi^2_{0.05, 1} = 3.84$

13.12 $\chi^2 = 4.267 > \chi^2_{0.05, 1} = 3.84$

13.13   略

13.14 $Q = 5.2 < \chi^2_{0.05, 3} = 7.81$

13.15 $Kappa = 0.759$

第14章

14.1 $r = 6$，当 $n_1 = 6$，$n_2 = 9$，$\alpha = 0.05$ 时，$r_a = 4$，$r_b = 13$，$4 < r < 13$，故男生和女生到达教室的顺序是随机的

14.2 $r = 19$，$Z = -0.086$，样本符合随机性要求

14.3 $U = 36 > U_{0.025, 10, 10} = 23$

14.4 $U = 10 > U_{0.025, 7, 5} = 5$

14.5 $\chi^2 = 7.48 > \chi^2_{0.05, 2} = 5.99$

14.6 $r = 2 > r_{0.05, 10} = 1$，无显著差异

14.7   符号秩次检验，$T = 4.5 < T_{0.025, 10} = 8$，有显著差异；符号检验无显著差异，可见两种方法的结果并不总是相同的

14.8 $H = 2.419 < \chi^2_{0.05, 2} = 5.99$

14.9   参数方差分析（单因素方差分析）：$F = 4.521 > F_{0.05, 3, 21} = 3.07$；非参数方差分析（单向秩次方差分析）：$H = 7.988 > \chi^2_{0.05, 3} = 7.81$

14.10 双向秩次方差分析结果为 $\chi_r^2 = 8.66 > \chi_{0.05,3}^2 = 7.81$，如果用随机区组设计的方差分析，可以得到实验条件造成的效应 $F = 4.495 > F_{0.05,3,21} = 3.07$，两种方法都得到了显著差异。而随机区组设计的方差分析还可以算出区组效应 $F = 7.2 > F_{0.01,7,21} = 3.64$

14.11 $\chi_r^2 = 0.4 < \chi_{r\,0.039,3,5}^2 = 6.4$

附录三
统计用表

统计用表 1　标准正态分布表 …………………………………………………… 534

统计用表 2　t 分布表 …………………………………………………………… 537

统计用表 3　χ^2 分布表 ………………………………………………………… 540

统计用表 4　F 分布表 …………………………………………………………… 542

统计用表 5　F_{max} 值表 ………………………………………………………… 551

统计用表 6　q 值表 ……………………………………………………………… 552

统计用表 7　r 与 Z_r 转换表 …………………………………………………… 553

统计用表 8　单样本游程检验表 ………………………………………………… 554

统计用表 9　曼－惠特尼 U 检验表 …………………………………………… 555

统计用表 10　双样本柯尔莫哥洛夫－斯米尔诺夫检验表（小样本，K_D 的临界值）
………………………………………………………………………… 556

统计用表 11　双样本柯尔莫哥洛夫－斯米尔诺夫检验表（大样本，双侧；D 的临界值）……………………………………………………………… 557

统计用表 12　符号检验表 ………………………………………………………… 558

统计用表 13　符号秩次检验表 …………………………………………………… 559

统计用表 14　H 检验表 ………………………………………………………… 560

统计用表 15　χ_r^2 表 …………………………………………………………… 564

统计用表 1　标准正态分布表

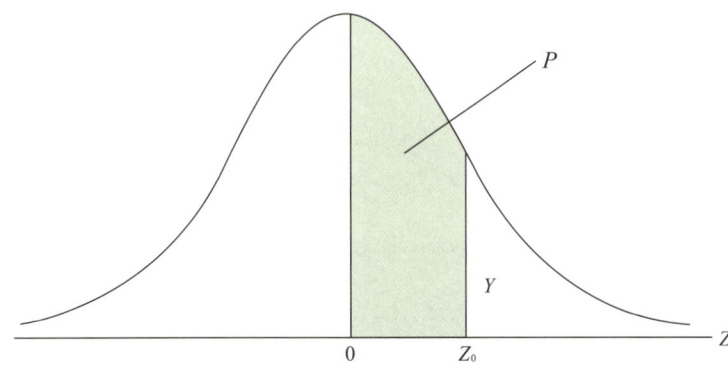

Z	Y	P	Z	Y	P	Z	Y	P	Z	Y	P
0.00	0.39894	0.00000	0.30	0.38139	0.11791	0.60	0.33322	0.22575	0.90	0.26609	0.31594
0.01	0.39892	0.00399	0.31	0.38023	0.12172	0.61	0.33121	0.22907	0.91	0.26369	0.31859
0.02	0.39886	0.00798	0.32	0.37903	0.12552	0.62	0.32918	0.23237	0.92	0.26129	0.32121
0.03	0.39876	0.01197	0.33	0.37780	0.12930	0.63	0.32713	0.23565	0.93	0.25888	0.32381
0.04	0.39862	0.01595	0.34	0.37654	0.13307	0.64	0.32506	0.23891	0.94	0.25647	0.32639
0.05	0.39844	0.01994	0.35	0.37524	0.13683	0.65	0.32297	0.24215	0.95	0.25406	0.32894
0.06	0.39822	0.02392	0.36	0.37391	0.14058	0.66	0.32086	0.24537	0.96	0.25164	0.33147
0.07	0.39797	0.02790	0.37	0.37255	0.14431	0.67	0.31874	0.24857	0.97	0.24923	0.33398
0.08	0.39767	0.03188	0.38	0.37115	0.14803	0.68	0.31659	0.25175	0.98	0.24681	0.33646
0.09	0.39733	0.03586	0.39	0.36973	0.15173	0.69	0.31443	0.25490	0.99	0.24439	0.33891
0.10	0.39695	0.03983	0.40	0.36827	0.15542	0.70	0.31225	0.25804	1.00	0.24197	0.34134
0.11	0.39654	0.04380	0.41	0.36678	0.15910	0.71	0.31006	0.26115	1.01	0.23955	0.34375
0.12	0.39608	0.04776	0.42	0.36526	0.16276	0.72	0.30785	0.26424	1.02	0.23713	0.34614
0.13	0.39559	0.05172	0.43	0.36371	0.16640	0.73	0.30563	0.26730	1.03	0.23471	0.34849
0.14	0.39505	0.05567	0.44	0.36214	0.17003	0.74	0.30339	0.27035	1.04	0.23230	0.35083
0.15	0.39448	0.05962	0.45	0.36053	0.17364	0.75	0.30114	0.27337	1.05	0.22988	0.35314
0.16	0.39387	0.06356	0.46	0.35889	0.17724	0.76	0.29887	0.27637	1.06	0.22747	0.35543
0.17	0.39322	0.06749	0.47	0.35723	0.18082	0.77	0.29659	0.27935	1.07	0.22506	0.35769
0.18	0.39253	0.07142	0.48	0.35553	0.18439	0.78	0.29431	0.28230	1.08	0.22265	0.35993
0.19	0.39181	0.07535	0.49	0.35381	0.18793	0.79	0.29200	0.28524	1.09	0.22025	0.36214
0.20	0.39104	0.07926	0.50	0.35207	0.19146	0.80	0.28969	0.28814	1.10	0.21785	0.36433
0.21	0.39024	0.08317	0.51	0.35029	0.19497	0.81	0.28737	0.29103	1.11	0.21546	0.36650
0.22	0.38940	0.08706	0.52	0.34849	0.19847	0.82	0.28504	0.29389	1.12	0.21307	0.36864
0.23	0.38853	0.09095	0.53	0.34667	0.20194	0.83	0.28269	0.29673	1.13	0.21069	0.37076
0.24	0.38762	0.09483	0.54	0.34482	0.20540	0.84	0.28034	0.29955	1.14	0.20831	0.37286
0.25	0.38667	0.09871	0.55	0.34294	0.20884	0.85	0.27799	0.30234	1.15	0.20594	0.37493
0.26	0.38568	0.10257	0.56	0.34105	0.21226	0.86	0.27562	0.30511	1.16	0.20357	0.37698
0.27	0.38466	0.10642	0.57	0.33912	0.21566	0.87	0.27324	0.30785	1.17	0.20121	0.37900
0.28	0.38361	0.11026	0.58	0.33718	0.21904	0.88	0.27086	0.31057	1.18	0.19886	0.38100
0.29	0.38251	0.11409	0.59	0.33521	0.22240	0.89	0.26848	0.31327	1.19	0.19652	0.38298

续表

Z	Y	P	Z	Y	P	Z	Y	P	Z	Y	P
1.20	0.19419	0.38493	1.66	0.10059	0.45154	2.12	0.04217	0.48300	2.58	0.01431	0.49506
1.21	0.19186	0.38686	1.67	0.09893	0.45254	2.13	0.04128	0.48341	2.59	0.01394	0.49520
1.22	0.18954	0.38877	1.68	0.09728	0.45352	2.14	0.04041	0.48382	2.60	0.01358	0.49534
1.23	0.18724	0.39065	1.69	0.09566	0.45449	2.15	0.03955	0.48422	2.61	0.01323	0.49547
1.24	0.18494	0.39251	1.70	0.09405	0.45543	2.16	0.03871	0.48461	2.62	0.01289	0.49560
1.25	0.18265	0.39435	1.71	0.09246	0.45637	2.17	0.03788	0.48500	2.63	0.01256	0.49573
1.26	0.18037	0.39617	1.72	0.09089	0.45728	2.18	0.03706	0.48537	2.64	0.01223	0.49585
1.27	0.17810	0.39796	1.73	0.08933	0.45818	2.19	0.03626	0.48574	2.65	0.01191	0.49598
1.28	0.17585	0.39973	1.74	0.08780	0.45907	2.20	0.03547	0.48610	2.66	0.01160	0.49609
1.29	0.17360	0.40147	1.75	0.08628	0.45994	2.21	0.03470	0.48645	2.67	0.01130	0.49621
1.30	0.17137	0.40320	1.76	0.08478	0.46080	2.22	0.03394	0.48679	2.68	0.01100	0.49632
1.31	0.16915	0.40490	1.77	0.08329	0.46164	2.23	0.03319	0.48713	2.69	0.01071	0.49643
1.32	0.16694	0.40658	1.78	0.08183	0.46246	2.24	0.03246	0.48745	2.70	0.01042	0.49653
1.33	0.16474	0.40824	1.79	0.08038	0.46327	2.25	0.03174	0.48778	2.71	0.01014	0.49664
1.34	0.16256	0.40988	1.80	0.07895	0.46407	2.26	0.03103	0.48809	2.72	0.00987	0.49674
1.35	0.16038	0.41149	1.81	0.07754	0.46485	2.27	0.03034	0.48840	2.73	0.00961	0.49683
1.36	0.15822	0.41309	1.82	0.07614	0.46562	2.28	0.02965	0.48870	2.74	0.00935	0.49693
1.37	0.15608	0.41466	1.83	0.07477	0.46637	2.29	0.02898	0.48899	2.75	0.00909	0.49702
1.38	0.15395	0.41621	1.84	0.07341	0.46712	2.30	0.02833	0.48928	2.76	0.00885	0.49711
1.39	0.15183	0.41774	1.85	0.07206	0.46784	2.31	0.02768	0.48956	2.77	0.00861	0.49720
1.40	0.14973	0.41924	1.86	0.07074	0.46856	2.32	0.02705	0.48983	2.78	0.00837	0.49728
1.41	0.14764	0.42073	1.87	0.06943	0.46926	2.33	0.02643	0.49010	2.79	0.00814	0.49736
1.42	0.14556	0.42220	1.88	0.06814	0.46995	2.34	0.02582	0.49036	2.80	0.00792	0.49744
1.43	0.14350	0.42364	1.89	0.06687	0.47062	2.35	0.02522	0.49061	2.81	0.00770	0.49752
1.44	0.14146	0.42507	1.90	0.06562	0.47128	2.36	0.02463	0.49086	2.82	0.00748	0.49760
1.45	0.13943	0.42647	1.91	0.06438	0.47193	2.37	0.02406	0.49111	2.83	0.00727	0.49767
1.46	0.13742	0.42786	1.92	0.06316	0.47257	2.38	0.02349	0.49134	2.84	0.00707	0.49774
1.47	0.13542	0.42922	1.93	0.06195	0.47320	2.39	0.02294	0.49158	2.85	0.00687	0.49781
1.48	0.13344	0.43056	1.94	0.06077	0.47381	2.40	0.02239	0.49180	2.86	0.00668	0.49788
1.49	0.13147	0.43189	1.95	0.05959	0.47441	2.41	0.02186	0.49202	2.87	0.00649	0.49795
1.50	0.12952	0.43319	1.96	0.05844	0.47500	2.42	0.02134	0.49224	2.88	0.00631	0.49801
1.51	0.12758	0.43448	1.97	0.05730	0.47558	2.43	0.02083	0.49245	2.89	0.00613	0.49807
1.52	0.12566	0.43574	1.98	0.05618	0.47615	2.44	0.02033	0.49266	2.90	0.00595	0.49813
1.53	0.12376	0.43699	1.99	0.05508	0.47670	2.45	0.01984	0.49286	2.91	0.00578	0.49819
1.54	0.12188	0.43822	2.00	0.05399	0.47725	2.46	0.01936	0.49305	2.92	0.00562	0.49825
1.55	0.12001	0.43943	2.01	0.05292	0.47778	2.47	0.01888	0.49324	2.93	0.00545	0.49831
1.56	0.11816	0.44062	2.02	0.05186	0.47831	2.48	0.01842	0.49343	2.94	0.00530	0.49836
1.57	0.11632	0.44179	2.03	0.05082	0.47882	2.49	0.01797	0.49361	2.95	0.00514	0.49841
1.58	0.11450	0.44295	2.04	0.04980	0.47932	2.50	0.01753	0.49379	2.96	0.00499	0.49846
1.59	0.11270	0.44408	2.05	0.04879	0.47982	2.51	0.01709	0.49396	2.97	0.00485	0.49851
1.60	0.11092	0.44520	2.06	0.04780	0.48030	2.52	0.01667	0.49413	2.98	0.00470	0.49856
1.61	0.10915	0.44630	2.07	0.04682	0.48077	2.53	0.01625	0.49430	2.99	0.00457	0.49861
1.62	0.10741	0.44738	2.08	0.04586	0.48124	2.54	0.01585	0.49446	3.00	0.00443	0.49865
1.63	0.10567	0.44845	2.09	0.04491	0.48169	2.55	0.01545	0.49461	3.01	0.00430	0.49869
1.64	0.10396	0.44950	2.10	0.04398	0.48214	2.56	0.01506	0.49477	3.02	0.00417	0.49874
1.65	0.10226	0.45053	2.11	0.04307	0.48257	2.57	0.01468	0.49492	3.03	0.00405	0.49878

续表

Z	Y	P	Z	Y	P	Z	Y	P	Z	Y	P
3.04	0.00393	0.49882	3.28	0.00184	0.49948	3.52	0.00081	0.49978	3.76	0.00034	0.49991
3.05	0.00381	0.49886	3.29	0.00178	0.49950	3.53	0.00079	0.49979	3.77	0.00033	0.49992
3.06	0.00370	0.49889	3.30	0.00172	0.49952	3.54	0.00076	0.49980	3.78	0.00031	0.49992
3.07	0.00358	0.49893	3.31	0.00167	0.49953	3.55	0.00073	0.49981	3.79	0.00030	0.49992
3.08	0.00348	0.49897	3.32	0.00161	0.49955	3.56	0.00071	0.49981	3.80	0.00029	0.49993
3.09	0.00337	0.49900	3.33	0.00156	0.49957	3.57	0.00068	0.49982	3.81	0.00028	0.49993
3.10	0.00327	0.49903	3.34	0.00151	0.49958	3.58	0.00066	0.49983	3.82	0.00027	0.49993
3.11	0.00317	0.49906	3.35	0.00146	0.49960	3.59	0.00063	0.49983	3.83	0.00026	0.49994
3.12	0.00307	0.49910	3.36	0.00141	0.49961	3.60	0.00061	0.49984	3.84	0.00025	0.49994
3.13	0.00298	0.49913	3.37	0.00136	0.49962	3.61	0.00059	0.49985	3.85	0.00024	0.49994
3.14	0.00288	0.49916	3.38	0.00132	0.49964	3.62	0.00057	0.49985	3.86	0.00023	0.49994
3.15	0.00279	0.49918	3.39	0.00127	0.49965	3.63	0.00055	0.49986	3.87	0.00022	0.49995
3.16	0.00271	0.49921	3.40	0.00123	0.49966	3.64	0.00053	0.49986	3.88	0.00021	0.49995
3.17	0.00262	0.49924	3.41	0.00119	0.49968	3.65	0.00051	0.49987	3.89	0.00021	0.49995
3.18	0.00254	0.49926	3.42	0.00115	0.49969	3.66	0.00049	0.49987	3.90	0.00020	0.49995
3.19	0.00246	0.49929	3.43	0.00111	0.49970	3.67	0.00047	0.49988	3.91	0.00019	0.49995
3.20	0.00238	0.49931	3.44	0.00107	0.49971	3.68	0.00046	0.49988	3.92	0.00018	0.49996
3.21	0.00231	0.49934	3.45	0.00104	0.49972	3.69	0.00044	0.49989	3.93	0.00018	0.49996
3.22	0.00224	0.49936	3.46	0.00100	0.49973	3.70	0.00042	0.49989	3.94	0.00017	0.49996
3.23	0.00216	0.49938	3.47	0.00097	0.49974	3.71	0.00041	0.49990	3.95	0.00016	0.49996
3.24	0.00210	0.49940	3.48	0.00094	0.49975	3.72	0.00039	0.49990	3.96	0.00016	0.49996
3.25	0.00203	0.49942	3.49	0.00090	0.49976	3.73	0.00038	0.49990	3.97	0.00015	0.49996
3.26	0.00196	0.49944	3.50	0.00087	0.49977	3.74	0.00037	0.49991	3.98	0.00014	0.49997
3.27	0.00190	0.49946	3.51	0.00084	0.49978	3.75	0.00035	0.49991	3.99	0.00014	0.49997

统计用表 2 t 分布表

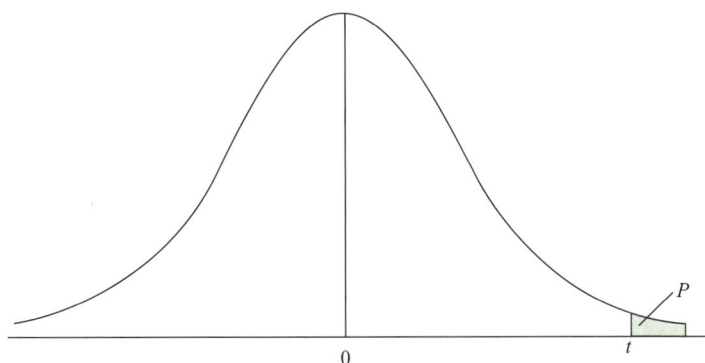

df	P								
	0.25	0.10	0.05	0.025	0.01	0.005	0.0025	0.0010	0.0005
1	1.000	3.078	6.314	12.706	31.821	63.657	127.321	318.309	636.619
2	0.816	1.886	2.920	4.303	6.965	9.925	14.089	22.327	31.599
3	0.765	1.638	2.353	3.182	4.541	5.841	7.453	10.215	12.924
4	0.741	1.533	2.132	2.776	3.747	4.604	5.598	7.173	8.610
5	0.727	1.476	2.015	2.571	3.365	4.032	4.773	5.893	6.869
6	0.718	1.440	1.943	2.447	3.143	3.707	4.317	5.208	5.959
7	0.711	1.415	1.895	2.365	2.998	3.499	4.029	4.785	5.408
8	0.706	1.397	1.860	2.306	2.896	3.355	3.833	4.501	5.041
9	0.703	1.383	1.833	2.262	2.821	3.250	3.690	4.297	4.781
10	0.700	1.372	1.812	2.228	2.764	3.169	3.581	4.144	4.587
11	0.697	1.363	1.796	2.201	2.718	3.106	3.497	4.025	4.437
12	0.695	1.356	1.782	2.179	2.681	3.055	3.428	3.930	4.318
13	0.694	1.350	1.771	2.160	2.650	3.012	3.372	3.852	4.221
14	0.692	1.345	1.761	2.145	2.624	2.977	3.326	3.787	4.140
15	0.691	1.341	1.753	2.131	2.602	2.947	3.286	3.733	4.073
16	0.690	1.337	1.746	2.120	2.583	2.921	3.252	3.686	4.015
17	0.689	1.333	1.740	2.110	2.567	2.898	3.222	3.646	3.965
18	0.688	1.330	1.734	2.101	2.552	2.878	3.197	3.610	3.922
19	0.688	1.328	1.729	2.093	2.539	2.861	3.174	3.579	3.883
20	0.687	1.325	1.725	2.086	2.528	2.845	3.153	3.552	3.850
21	0.686	1.323	1.721	2.080	2.518	2.831	3.135	3.527	3.819
22	0.686	1.321	1.717	2.074	2.508	2.819	3.119	3.505	3.792
23	0.685	1.319	1.714	2.069	2.500	2.807	3.104	3.485	3.768
24	0.685	1.318	1.711	2.064	2.492	2.797	3.091	3.467	3.745
25	0.684	1.316	1.708	2.060	2.485	2.787	3.078	3.450	3.725
26	0.684	1.315	1.706	2.056	2.479	2.779	3.067	3.435	3.707

续表

df	P								
	0.25	0.10	0.05	0.025	0.01	0.005	0.0025	0.0010	0.0005
27	0.684	1.314	1.703	2.052	2.473	2.771	3.057	3.421	3.690
28	0.683	1.313	1.701	2.048	2.467	2.763	3.047	3.408	3.674
29	0.683	1.311	1.699	2.045	2.462	2.756	3.038	3.396	3.659
30	0.683	1.310	1.697	2.042	2.457	2.750	3.030	3.385	3.646
31	0.682	1.309	1.696	2.040	2.453	2.744	3.022	3.375	3.633
32	0.682	1.309	1.694	2.037	2.449	2.738	3.015	3.365	3.622
33	0.682	1.308	1.692	2.035	2.445	2.733	3.008	3.356	3.611
34	0.682	1.307	1.691	2.032	2.441	2.728	3.002	3.348	3.601
35	0.682	1.306	1.690	2.030	2.438	2.724	2.996	3.340	3.591
36	0.681	1.306	1.688	2.028	2.434	2.719	2.990	3.333	3.582
37	0.681	1.305	1.687	2.026	2.431	2.715	2.985	3.326	3.574
38	0.681	1.304	1.686	2.024	2.429	2.712	2.980	3.319	3.566
39	0.681	1.304	1.685	2.023	2.426	2.708	2.976	3.313	3.558
40	0.681	1.303	1.684	2.021	2.423	2.704	2.971	3.307	3.551
41	0.681	1.303	1.683	2.020	2.421	2.701	2.967	3.301	3.544
42	0.680	1.302	1.682	2.018	2.418	2.698	2.963	3.296	3.538
43	0.680	1.302	1.681	2.017	2.416	2.695	2.959	3.291	3.532
44	0.680	1.301	1.680	2.015	2.414	2.692	2.956	3.286	3.526
45	0.680	1.301	1.679	2.014	2.412	2.690	2.952	3.281	3.520
46	0.680	1.300	1.679	2.013	2.410	2.687	2.949	3.277	3.515
47	0.680	1.300	1.678	2.012	2.408	2.685	2.946	3.273	3.510
48	0.680	1.299	1.677	2.011	2.407	2.682	2.943	3.269	3.505
49	0.680	1.299	1.677	2.010	2.405	2.680	2.940	3.265	3.500
50	0.679	1.299	1.676	2.009	2.403	2.678	2.937	3.261	3.496
51	0.679	1.298	1.675	2.008	2.402	2.676	2.934	3.258	3.492
52	0.679	1.298	1.675	2.007	2.400	2.674	2.932	3.255	3.488
53	0.679	1.298	1.674	2.006	2.399	2.672	2.929	3.251	3.484
54	0.679	1.297	1.674	2.005	2.397	2.670	2.927	3.248	3.480
55	0.679	1.297	1.673	2.004	2.396	2.668	2.925	3.245	3.476
56	0.679	1.297	1.673	2.003	2.395	2.667	2.923	3.242	3.473
57	0.679	1.297	1.672	2.002	2.394	2.665	2.920	3.239	3.470
58	0.679	1.296	1.672	2.002	2.392	2.663	2.918	3.237	3.466
59	0.679	1.296	1.671	2.001	2.391	2.662	2.916	3.234	3.463
60	0.679	1.296	1.671	2.000	2.390	2.660	2.915	3.232	3.460
61	0.679	1.296	1.670	2.000	2.389	2.659	2.913	3.229	3.457
62	0.678	1.295	1.670	1.999	2.388	2.657	2.911	3.227	3.454
63	0.678	1.295	1.669	1.998	2.387	2.656	2.909	3.225	3.452
64	0.678	1.295	1.669	1.998	2.386	2.655	2.908	3.223	3.449
65	0.678	1.295	1.669	1.997	2.385	2.654	2.906	3.220	3.447
66	0.678	1.295	1.668	1.997	2.384	2.652	2.904	3.218	3.444

续表

df	P								
	0.25	0.10	0.05	0.025	0.01	0.005	0.0025	0.0010	0.0005
67	0.678	1.294	1.668	1.996	2.383	2.651	2.903	3.216	3.442
68	0.678	1.294	1.668	1.995	2.382	2.650	2.902	3.214	3.439
69	0.678	1.294	1.667	1.995	2.382	2.649	2.900	3.213	3.437
70	0.678	1.294	1.667	1.994	2.381	2.648	2.899	3.211	3.435
71	0.678	1.294	1.667	1.994	2.380	2.647	2.897	3.209	3.433
72	0.678	1.293	1.666	1.993	2.379	2.646	2.896	3.207	3.431
73	0.678	1.293	1.666	1.993	2.379	2.645	2.895	3.206	3.429
74	0.678	1.293	1.666	1.993	2.378	2.644	2.894	3.204	3.427
75	0.678	1.293	1.665	1.992	2.377	2.643	2.892	3.202	3.425
76	0.678	1.293	1.665	1.992	2.376	2.642	2.891	3.201	3.423
77	0.678	1.293	1.665	1.991	2.376	2.641	2.890	3.199	3.421
78	0.678	1.292	1.665	1.991	2.375	2.640	2.889	3.198	3.420
79	0.678	1.292	1.664	1.990	2.374	2.640	2.888	3.197	3.418
80	0.678	1.292	1.664	1.990	2.374	2.639	2.887	3.195	3.416
81	0.678	1.292	1.664	1.990	2.373	2.638	2.886	3.194	3.415
82	0.677	1.292	1.664	1.989	2.373	2.637	2.885	3.193	3.413
83	0.677	1.292	1.663	1.989	2.372	2.636	2.884	3.191	3.412
84	0.677	1.292	1.663	1.989	2.372	2.636	2.883	3.190	3.410
85	0.677	1.292	1.663	1.988	2.371	2.635	2.882	3.189	3.409
86	0.677	1.291	1.663	1.988	2.370	2.634	2.881	3.188	3.407
87	0.677	1.291	1.663	1.988	2.370	2.634	2.880	3.187	3.406
88	0.677	1.291	1.662	1.987	2.369	2.633	2.880	3.185	3.405
89	0.677	1.291	1.662	1.987	2.369	2.632	2.879	3.184	3.403
90	0.677	1.291	1.662	1.987	2.368	2.632	2.878	3.183	3.402
91	0.677	1.291	1.662	1.986	2.368	2.631	2.877	3.182	3.401
92	0.677	1.291	1.662	1.986	2.368	2.630	2.876	3.181	3.399
93	0.677	1.291	1.661	1.986	2.367	2.630	2.876	3.180	3.398
94	0.677	1.291	1.661	1.986	2.367	2.629	2.875	3.179	3.397
95	0.677	1.291	1.661	1.985	2.366	2.629	2.874	3.178	3.396
96	0.677	1.290	1.661	1.985	2.366	2.628	2.873	3.177	3.395
97	0.677	1.290	1.661	1.985	2.365	2.627	2.873	3.176	3.394
98	0.677	1.290	1.661	1.984	2.365	2.627	2.872	3.175	3.393
99	0.677	1.290	1.660	1.984	2.365	2.626	2.871	3.175	3.392
100	0.677	1.290	1.660	1.984	2.364	2.626	2.871	3.174	3.390
200	0.676	1.286	1.653	1.972	2.345	2.601	2.839	3.131	3.340
300	0.675	1.284	1.650	1.968	2.339	2.592	2.828	3.118	3.323
400	0.675	1.284	1.649	1.966	2.336	2.588	2.823	3.111	3.315
500	0.675	1.283	1.648	1.965	2.334	2.586	2.820	3.107	3.310
1000	0.675	1.282	1.646	1.962	2.330	2.581	2.813	3.098	3.300

统计用表 3 χ^2 分布表

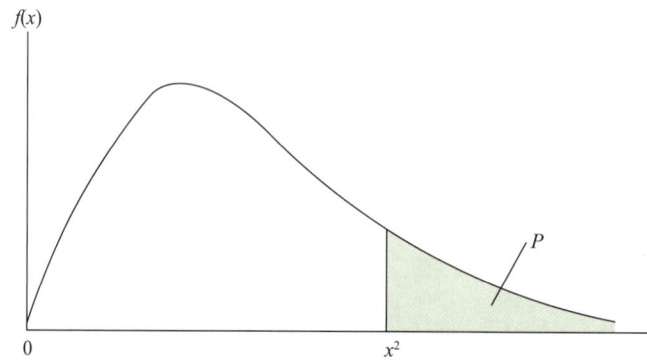

df	P												
	0.995	0.990	0.975	0.950	0.900	0.750	0.500	0.250	0.100	0.050	0.025	0.010	0.005
1	0.00	0.00	0.00	0.00	0.02	0.10	0.45	1.32	2.71	3.84	5.02	6.63	7.88
2	0.01	0.02	0.05	0.10	0.21	0.58	1.39	2.77	4.61	5.99	7.38	9.21	10.60
3	0.07	0.11	0.22	0.35	0.58	1.21	2.37	4.11	6.25	7.81	9.35	11.34	12.84
4	0.21	0.30	0.48	0.71	1.06	1.92	3.36	5.39	7.78	9.49	11.14	13.28	14.86
5	0.41	0.55	0.83	1.15	1.61	2.67	4.35	6.63	9.24	11.07	12.83	15.09	16.75
6	0.68	0.87	1.24	1.64	2.20	3.45	5.35	7.84	10.64	12.59	14.45	16.81	18.55
7	0.99	1.24	1.69	2.17	2.83	4.25	6.35	9.04	12.02	14.07	16.01	18.48	20.28
8	1.34	1.65	2.18	2.73	3.49	5.07	7.34	10.22	13.36	15.51	17.53	20.09	21.95
9	1.73	2.09	2.70	3.33	4.17	5.90	8.34	11.39	14.68	16.92	19.02	21.67	23.59
10	2.16	2.56	3.25	3.94	4.87	6.74	9.34	12.55	15.99	18.31	20.48	23.21	25.19
11	2.60	3.05	3.82	4.57	5.58	7.58	10.34	13.70	17.28	19.68	21.92	24.72	26.76
12	3.07	3.57	4.40	5.23	6.30	8.44	11.34	14.85	18.55	21.03	23.34	26.22	28.30
13	3.57	4.11	5.01	5.89	7.04	9.30	12.34	15.98	19.81	22.36	24.74	27.69	29.82
14	4.07	4.66	5.63	6.57	7.79	10.17	13.34	17.12	21.06	23.68	26.12	29.14	31.32
15	4.60	5.23	6.26	7.26	8.55	11.04	14.34	18.25	22.31	25.00	27.49	30.58	32.80
16	5.14	5.81	6.91	7.96	9.31	11.91	15.34	19.37	23.54	26.30	28.85	32.00	34.27
17	5.70	6.41	7.56	8.67	10.09	12.79	16.34	20.49	24.77	27.59	30.19	33.41	35.72
18	6.26	7.01	8.23	9.39	10.86	13.68	17.34	21.60	25.99	28.87	31.53	34.81	37.16
19	6.84	7.63	8.91	10.12	11.65	14.56	18.34	22.72	27.20	30.14	32.85	36.19	38.58
20	7.43	8.26	9.59	10.85	12.44	15.45	19.34	23.83	28.41	31.41	34.17	37.57	40.00
21	8.03	8.90	10.28	11.59	13.24	16.34	20.34	24.93	29.62	32.67	35.48	38.93	41.40
22	8.64	9.54	10.98	12.34	14.04	17.24	21.34	26.04	30.81	33.92	36.78	40.29	42.80

续表

df	P												
	0.995	0.990	0.975	0.950	0.900	0.750	0.500	0.250	0.100	0.050	0.025	0.010	0.005
23	9.26	10.20	11.69	13.09	14.85	18.14	22.34	27.14	32.01	35.17	38.08	41.64	44.18
24	9.89	10.86	12.40	13.85	15.66	19.04	23.34	28.24	33.20	36.42	39.36	42.98	45.56
25	10.52	11.52	13.12	14.61	16.47	19.94	24.34	29.34	34.38	37.65	40.65	44.31	46.93
26	11.16	12.20	13.84	15.38	17.29	20.84	25.34	30.43	35.56	38.89	41.92	45.64	48.29
27	11.81	12.88	14.57	16.15	18.11	21.75	26.34	31.53	36.74	40.11	43.19	46.96	49.64
28	12.46	13.56	15.31	16.93	18.94	22.66	27.34	32.62	37.92	41.34	44.46	48.28	50.99
29	13.12	14.26	16.05	17.71	19.77	23.57	28.34	33.71	39.09	42.56	45.72	49.59	52.34
30	13.79	14.95	16.79	18.49	20.60	24.48	29.34	34.80	40.26	43.77	46.98	50.89	53.67
31	14.46	15.66	17.54	19.28	21.43	25.39	30.34	35.89	41.42	44.99	48.23	52.19	55.00
32	15.13	16.36	18.29	20.07	22.27	26.30	31.34	36.97	42.58	46.19	49.48	53.49	56.33
33	15.82	17.07	19.05	20.87	23.11	27.22	32.34	38.06	43.75	47.40	50.73	54.78	57.65
34	16.50	17.79	19.81	21.66	23.95	28.14	33.34	39.14	44.90	48.60	51.97	56.06	58.96
35	17.19	18.51	20.57	22.47	24.80	29.05	34.34	40.22	46.06	49.80	53.20	57.34	60.27
36	17.89	19.23	21.34	23.27	25.64	29.97	35.34	41.30	47.21	51.00	54.44	58.62	61.58
37	18.59	19.96	22.11	24.07	26.49	30.89	36.34	42.38	48.36	52.19	55.67	59.89	62.88
38	19.29	20.69	22.88	24.88	27.34	31.81	37.34	43.46	49.51	53.38	56.90	61.16	64.18
39	20.00	21.43	23.65	25.70	28.20	32.74	38.34	44.54	50.66	54.57	58.12	62.43	65.48
40	20.71	22.16	24.43	26.51	29.05	33.66	39.34	45.62	51.81	55.76	59.34	63.69	66.77
41	21.42	22.91	25.21	27.33	29.91	34.58	40.34	46.69	52.95	56.94	60.56	64.95	68.05
42	22.14	23.65	26.00	28.14	30.77	35.51	41.34	47.77	54.09	58.12	61.78	66.21	69.34
43	22.86	24.40	26.79	28.96	31.63	36.44	42.34	48.84	55.23	59.30	62.99	67.46	70.62
44	23.58	25.15	27.57	29.79	32.49	37.36	43.34	49.91	56.37	60.48	64.20	68.71	71.89
45	24.31	25.90	28.37	30.61	33.35	38.29	44.34	50.98	57.51	61.66	65.41	69.96	73.17
46	25.04	26.66	29.16	31.44	34.22	39.22	45.34	52.06	58.64	62.83	66.62	71.20	74.44
47	25.77	27.42	29.96	32.27	35.08	40.15	46.34	53.13	59.77	64.00	67.82	72.44	75.70
48	26.51	28.18	30.75	33.10	35.95	41.08	47.34	54.20	60.91	65.17	69.02	73.68	76.97
49	27.25	28.94	31.55	33.93	36.82	42.01	48.33	55.27	62.04	66.34	70.22	74.92	78.23
50	27.99	29.71	32.36	34.76	37.69	42.94	49.33	56.33	63.17	67.50	71.42	76.15	79.49
60	35.53	37.48	40.48	43.19	46.46	52.29	59.33	66.98	74.40	79.08	83.30	88.38	91.95
70	43.28	45.44	48.76	51.74	55.33	61.70	69.33	77.58	85.53	90.53	95.02	100.4	104.2
80	51.17	53.54	57.15	60.39	64.28	71.14	79.33	88.13	96.58	101.8	106.6	112.3	116.3
90	59.20	61.75	65.65	69.13	73.29	80.62	89.33	98.65	107.5	113.1	118.1	124.1	128.3
100	67.33	70.06	74.22	77.93	82.36	90.13	99.33	109.1	118.5	124.3	129.5	135.8	140.1

统计用表 4　F 分布表

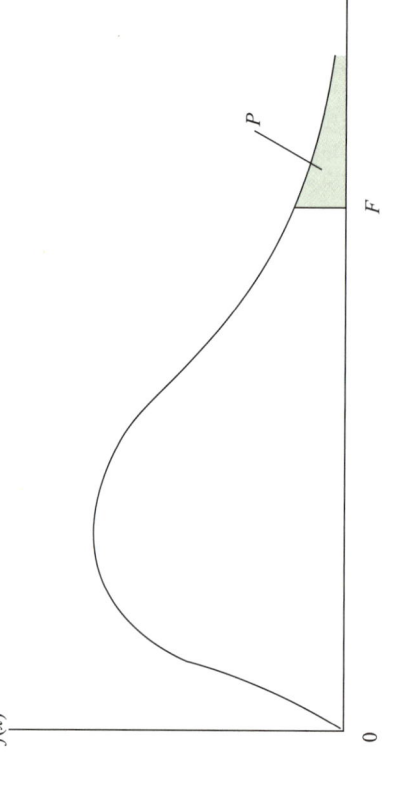

$P = 0.05$

df_2	1	2	3	4	5	6	7	8	9	10	12	14	16	18	20	22	24	26	28	30	35	40	45	50	60	80	100	200
1	161	200	216	225	230	234	237	239	241	242	244	245	246	247	248	249	249	249	250	250	251	251	251	252	252	253	253	254
2	18.5	19.0	19.2	19.2	19.3	19.3	19.4	19.4	19.4	19.4	19.4	19.4	19.4	19.4	19.4	19.5	19.5	19.5	19.5	19.5	19.5	19.5	19.5	19.5	19.5	19.5	19.5	19.5
3	10.1	9.55	9.28	9.12	9.01	8.94	8.89	8.85	8.81	8.79	8.74	8.71	8.69	8.67	8.66	8.65	8.64	8.63	8.62	8.62	8.60	8.59	8.59	8.58	8.57	8.56	8.55	8.54
4	7.71	6.94	6.59	6.39	6.26	6.16	6.09	6.04	6.00	5.96	5.91	5.87	5.84	5.82	5.80	5.79	5.77	5.76	5.75	5.75	5.73	5.72	5.71	5.70	5.69	5.67	5.66	5.65
5	6.61	5.79	5.41	5.19	5.05	4.95	4.88	4.82	4.77	4.74	4.68	4.64	4.60	4.58	4.56	4.54	4.53	4.52	4.50	4.50	4.48	4.46	4.45	4.44	4.43	4.41	4.41	4.39
6	5.99	5.14	4.76	4.53	4.39	4.28	4.21	4.15	4.10	4.06	4.00	3.96	3.92	3.90	3.87	3.86	3.84	3.83	3.82	3.81	3.79	3.77	3.76	3.75	3.74	3.72	3.71	3.69
7	5.59	4.74	4.35	4.12	3.97	3.87	3.79	3.73	3.68	3.64	3.57	3.53	3.49	3.47	3.44	3.43	3.41	3.40	3.39	3.38	3.36	3.34	3.33	3.32	3.30	3.29	3.27	3.25

续表

df_2	\multicolumn{21}{c}{df_1}
	1	2	3	4	5	6	7	8	9	10	12	14	16	18	20	22	24	26	28	30	35	40	45	50	60	80	100	200
8	5.32	4.46	4.07	3.84	3.69	3.58	3.50	3.44	3.39	3.35	3.28	3.24	3.20	3.17	3.15	3.13	3.12	3.10	3.09	3.08	3.06	3.04	3.03	3.02	3.01	2.99	2.97	2.95
9	5.12	4.26	3.86	3.63	3.48	3.37	3.29	3.23	3.18	3.14	3.07	3.03	2.99	2.96	2.94	2.92	2.90	2.89	2.87	2.86	2.84	2.83	2.81	2.80	2.79	2.77	2.76	2.73
10	4.96	4.10	3.71	3.48	3.33	3.22	3.14	3.07	3.02	2.98	2.91	2.86	2.83	2.80	2.77	2.75	2.74	2.72	2.71	2.70	2.68	2.66	2.65	2.64	2.62	2.60	2.59	2.56
11	4.84	3.98	3.59	3.36	3.20	3.09	3.01	2.95	2.90	2.85	2.79	2.74	2.70	2.67	2.65	2.63	2.61	2.59	2.58	2.57	2.55	2.53	2.52	2.51	2.49	2.47	2.46	2.43
12	4.75	3.89	3.49	3.26	3.11	3.00	2.91	2.85	2.80	2.75	2.69	2.64	2.60	2.57	2.54	2.52	2.51	2.49	2.48	2.47	2.44	2.43	2.41	2.40	2.38	2.36	2.35	2.32
13	4.67	3.81	3.41	3.18	3.03	2.92	2.83	2.77	2.71	2.67	2.60	2.55	2.51	2.48	2.46	2.44	2.42	2.41	2.39	2.38	2.36	2.34	2.33	2.31	2.30	2.27	2.26	2.23
14	4.60	3.74	3.34	3.11	2.96	2.85	2.76	2.70	2.65	2.60	2.53	2.48	2.44	2.41	2.39	2.37	2.35	2.33	2.32	2.31	2.28	2.27	2.25	2.24	2.22	2.20	2.19	2.16
15	4.54	3.68	3.29	3.06	2.90	2.79	2.71	2.64	2.59	2.54	2.48	2.42	2.38	2.35	2.33	2.31	2.29	2.27	2.26	2.25	2.22	2.20	2.19	2.18	2.16	2.14	2.12	2.10
16	4.49	3.63	3.24	3.01	2.85	2.74	2.66	2.59	2.54	2.49	2.42	2.37	2.33	2.30	2.28	2.25	2.24	2.22	2.21	2.19	2.17	2.15	2.14	2.12	2.11	2.08	2.07	2.04
17	4.45	3.59	3.20	2.96	2.81	2.70	2.61	2.55	2.49	2.45	2.38	2.33	2.29	2.26	2.23	2.21	2.19	2.17	2.16	2.15	2.12	2.10	2.09	2.08	2.06	2.03	2.02	1.99
18	4.41	3.55	3.16	2.93	2.77	2.66	2.58	2.51	2.46	2.41	2.34	2.29	2.25	2.22	2.19	2.17	2.15	2.13	2.12	2.11	2.08	2.06	2.05	2.04	2.02	1.99	1.98	1.95
19	4.38	3.52	3.13	2.90	2.74	2.63	2.54	2.48	2.42	2.38	2.31	2.26	2.21	2.18	2.16	2.13	2.11	2.10	2.08	2.07	2.05	2.03	2.01	2.00	1.98	1.96	1.94	1.91
20	4.35	3.49	3.10	2.87	2.71	2.60	2.51	2.45	2.39	2.35	2.28	2.22	2.18	2.15	2.12	2.10	2.08	2.07	2.05	2.04	2.01	1.99	1.98	1.97	1.95	1.92	1.91	1.88
21	4.32	3.47	3.07	2.84	2.68	2.57	2.49	2.42	2.37	2.32	2.25	2.20	2.16	2.12	2.10	2.07	2.05	2.04	2.02	2.01	1.98	1.96	1.95	1.94	1.92	1.89	1.88	1.84
22	4.30	3.44	3.05	2.82	2.66	2.55	2.46	2.40	2.34	2.30	2.23	2.17	2.13	2.10	2.07	2.05	2.03	2.01	2.00	1.98	1.96	1.94	1.92	1.91	1.89	1.86	1.85	1.82
23	4.28	3.42	3.03	2.80	2.64	2.53	2.44	2.37	2.32	2.27	2.20	2.15	2.11	2.08	2.05	2.02	2.01	1.99	1.97	1.96	1.93	1.91	1.90	1.88	1.86	1.84	1.82	1.79
24	4.26	3.40	3.01	2.78	2.62	2.51	2.42	2.36	2.30	2.25	2.18	2.13	2.09	2.05	2.03	2.00	1.98	1.97	1.95	1.94	1.91	1.89	1.88	1.86	1.84	1.82	1.80	1.77
25	4.24	3.39	2.99	2.76	2.60	2.49	2.40	2.34	2.28	2.24	2.16	2.11	2.07	2.04	2.01	1.98	1.96	1.95	1.93	1.92	1.89	1.87	1.86	1.84	1.82	1.80	1.78	1.75
26	4.23	3.37	2.98	2.74	2.59	2.47	2.39	2.32	2.27	2.22	2.15	2.09	2.05	2.02	1.99	1.97	1.95	1.93	1.91	1.90	1.87	1.85	1.84	1.82	1.80	1.78	1.76	1.73
27	4.21	3.35	2.96	2.73	2.57	2.46	2.37	2.31	2.25	2.20	2.13	2.08	2.04	2.00	1.97	1.95	1.93	1.91	1.90	1.88	1.86	1.84	1.82	1.81	1.79	1.76	1.74	1.71
28	4.20	3.34	2.95	2.71	2.56	2.45	2.36	2.29	2.24	2.19	2.12	2.06	2.02	1.99	1.96	1.93	1.91	1.90	1.88	1.87	1.84	1.82	1.80	1.79	1.77	1.74	1.73	1.69
29	4.18	3.33	2.93	2.70	2.55	2.43	2.35	2.28	2.22	2.18	2.10	2.05	2.01	1.97	1.94	1.92	1.90	1.88	1.87	1.85	1.83	1.81	1.79	1.77	1.75	1.73	1.71	1.67
30	4.17	3.32	2.92	2.69	2.53	2.42	2.33	2.27	2.21	2.16	2.09	2.04	1.99	1.96	1.93	1.91	1.89	1.87	1.85	1.84	1.81	1.79	1.77	1.76	1.74	1.71	1.70	1.66
31	4.16	3.30	2.91	2.68	2.52	2.41	2.32	2.25	2.20	2.15	2.08	2.03	1.98	1.95	1.92	1.90	1.88	1.86	1.84	1.83	1.80	1.78	1.76	1.75	1.73	1.70	1.68	1.65

续表

df_2	\multicolumn{24}{c}{df_1}
	1	2	3	4	5	6	7	8	9	10	12	14	16	18	20	22	24	26	28	30	35	40	45	50	60	80	100	200
32	4.15	3.29	2.90	2.67	2.51	2.40	2.31	2.24	2.19	2.14	2.07	2.01	1.97	1.94	1.91	1.88	1.86	1.85	1.83	1.82	1.79	1.77	1.75	1.74	1.71	1.69	1.67	1.63
33	4.14	3.28	2.89	2.66	2.50	2.39	2.30	2.23	2.18	2.13	2.06	2.00	1.96	1.93	1.90	1.87	1.85	1.83	1.82	1.81	1.78	1.76	1.74	1.72	1.70	1.67	1.66	1.62
34	4.13	3.28	2.88	2.65	2.49	2.38	2.29	2.23	2.17	2.12	2.05	1.99	1.95	1.92	1.89	1.86	1.84	1.82	1.81	1.80	1.77	1.75	1.73	1.71	1.69	1.66	1.65	1.61
35	4.12	3.27	2.87	2.64	2.49	2.37	2.29	2.22	2.16	2.11	2.04	1.99	1.94	1.91	1.88	1.85	1.83	1.82	1.80	1.79	1.76	1.74	1.72	1.70	1.68	1.65	1.63	1.60
36	4.11	3.26	2.87	2.63	2.48	2.36	2.28	2.21	2.15	2.11	2.03	1.98	1.93	1.90	1.87	1.85	1.82	1.81	1.79	1.78	1.75	1.73	1.71	1.69	1.67	1.64	1.62	1.59
37	4.11	3.25	2.86	2.63	2.47	2.36	2.27	2.20	2.14	2.10	2.02	1.97	1.93	1.89	1.86	1.84	1.82	1.80	1.78	1.77	1.74	1.72	1.70	1.68	1.66	1.63	1.62	1.58
38	4.10	3.24	2.85	2.62	2.46	2.35	2.26	2.19	2.14	2.09	2.02	1.96	1.92	1.88	1.85	1.83	1.81	1.79	1.77	1.76	1.73	1.71	1.69	1.68	1.65	1.62	1.61	1.57
39	4.09	3.24	2.85	2.61	2.46	2.34	2.26	2.19	2.13	2.08	2.01	1.95	1.91	1.88	1.85	1.82	1.80	1.78	1.77	1.75	1.72	1.70	1.68	1.67	1.65	1.62	1.60	1.56
40	4.08	3.23	2.84	2.61	2.45	2.34	2.25	2.18	2.12	2.08	2.00	1.95	1.90	1.87	1.84	1.81	1.79	1.77	1.76	1.74	1.72	1.69	1.67	1.66	1.64	1.61	1.59	1.55
42	4.07	3.22	2.83	2.59	2.44	2.32	2.24	2.17	2.11	2.06	1.99	1.94	1.89	1.86	1.83	1.80	1.78	1.76	1.75	1.73	1.70	1.68	1.66	1.65	1.62	1.59	1.57	1.53
44	4.06	3.21	2.82	2.58	2.43	2.31	2.23	2.16	2.10	2.05	1.98	1.92	1.88	1.84	1.81	1.79	1.77	1.75	1.73	1.72	1.69	1.67	1.65	1.63	1.61	1.58	1.56	1.52
46	4.05	3.20	2.81	2.57	2.42	2.30	2.22	2.15	2.09	2.04	1.97	1.91	1.87	1.83	1.80	1.78	1.76	1.74	1.72	1.71	1.68	1.65	1.64	1.62	1.60	1.57	1.55	1.51
48	4.04	3.19	2.80	2.57	2.41	2.29	2.21	2.14	2.08	2.03	1.96	1.90	1.86	1.82	1.79	1.77	1.75	1.73	1.71	1.70	1.67	1.64	1.62	1.61	1.59	1.56	1.54	1.49
50	4.03	3.18	2.79	2.56	2.40	2.29	2.20	2.13	2.07	2.03	1.95	1.89	1.85	1.81	1.78	1.76	1.74	1.72	1.70	1.69	1.66	1.63	1.61	1.60	1.58	1.54	1.52	1.48
52	4.03	3.18	2.78	2.55	2.39	2.28	2.19	2.12	2.07	2.02	1.94	1.89	1.84	1.81	1.78	1.75	1.73	1.71	1.69	1.68	1.65	1.62	1.61	1.59	1.57	1.53	1.51	1.47
54	4.02	3.17	2.78	2.54	2.39	2.27	2.18	2.12	2.06	2.01	1.94	1.88	1.83	1.80	1.77	1.74	1.72	1.70	1.68	1.67	1.64	1.61	1.60	1.58	1.56	1.53	1.51	1.46
56	4.01	3.16	2.77	2.54	2.38	2.27	2.18	2.11	2.05	2.00	1.93	1.87	1.83	1.79	1.76	1.74	1.71	1.69	1.68	1.66	1.63	1.60	1.59	1.57	1.55	1.52	1.50	1.45
58	4.01	3.16	2.76	2.53	2.37	2.26	2.17	2.10	2.05	2.00	1.92	1.87	1.82	1.78	1.75	1.73	1.71	1.69	1.67	1.66	1.63	1.60	1.58	1.57	1.54	1.51	1.49	1.45
60	4.00	3.15	2.76	2.53	2.37	2.25	2.17	2.10	2.04	1.99	1.92	1.86	1.82	1.78	1.75	1.72	1.70	1.68	1.66	1.65	1.62	1.59	1.57	1.56	1.53	1.50	1.48	1.44
70	3.98	3.13	2.74	2.50	2.35	2.23	2.14	2.07	2.02	1.97	1.89	1.84	1.79	1.75	1.72	1.70	1.67	1.65	1.64	1.62	1.59	1.57	1.55	1.53	1.50	1.47	1.45	1.40
80	3.96	3.11	2.72	2.49	2.33	2.21	2.13	2.06	2.00	1.95	1.88	1.82	1.77	1.73	1.70	1.68	1.65	1.63	1.62	1.60	1.57	1.54	1.52	1.51	1.48	1.45	1.43	1.38
100	3.94	3.09	2.70	2.46	2.31	2.19	2.10	2.03	1.97	1.93	1.85	1.79	1.75	1.71	1.68	1.65	1.63	1.61	1.59	1.57	1.54	1.52	1.49	1.48	1.45	1.41	1.39	1.34
125	3.92	3.07	2.68	2.44	2.29	2.17	2.08	2.01	1.96	1.91	1.83	1.77	1.73	1.69	1.66	1.63	1.60	1.58	1.57	1.55	1.52	1.49	1.47	1.45	1.42	1.39	1.36	1.31
150	3.90	3.06	2.66	2.43	2.27	2.16	2.07	2.00	1.94	1.89	1.82	1.76	1.71	1.67	1.64	1.61	1.59	1.57	1.55	1.54	1.50	1.48	1.45	1.44	1.41	1.37	1.34	1.29
200	3.89	3.04	2.65	2.42	2.26	2.14	2.06	1.98	1.93	1.88	1.80	1.74	1.69	1.66	1.62	1.60	1.57	1.55	1.53	1.52	1.48	1.46	1.43	1.41	1.39	1.35	1.32	1.26
300	3.87	3.03	2.63	2.40	2.24	2.13	2.04	1.97	1.91	1.86	1.78	1.72	1.68	1.64	1.61	1.58	1.55	1.53	1.51	1.50	1.46	1.43	1.41	1.39	1.36	1.32	1.30	1.23
500	3.86	3.01	2.62	2.39	2.23	2.12	2.03	1.96	1.90	1.85	1.77	1.71	1.66	1.62	1.59	1.56	1.54	1.52	1.50	1.48	1.45	1.42	1.40	1.38	1.35	1.30	1.28	1.21

$P = 0.025$

df_2	df_1																							
	1	2	3	4	5	6	7	8	9	10	12	14	16	18	20	22	24	26	28	30	35	40	45	50	60	80	100	200
1	648	800	864	900	922	937	948	957	963	969	977	983	987	990	993	995	997	999	1000	1001	1004	1006	1007	1008	1010	1012	1013	1016
2	38.5	39.0	39.2	39.2	39.3	39.3	39.4	39.4	39.4	39.4	39.4	39.4	39.4	39.4	39.4	39.4	39.5	39.5	39.5	39.5	39.5	39.5	39.5	39.5	39.5	39.5	39.5	39.5
3	17.4	16.0	15.4	15.1	14.9	14.7	14.6	14.5	14.5	14.4	14.3	14.3	14.2	14.2	14.2	14.1	14.1	14.1	14.1	14.1	14.1	14.0	14.0	14.0	14.0	14.0	14.0	13.9
4	12.2	10.6	9.98	9.60	9.36	9.20	9.07	8.98	8.90	8.84	8.75	8.68	8.63	8.59	8.56	8.53	8.51	8.49	8.48	8.46	8.43	8.41	8.39	8.38	8.36	8.33	8.32	8.29
5	10.0	8.43	7.76	7.39	7.15	6.98	6.85	6.76	6.68	6.62	6.52	6.46	6.40	6.36	6.33	6.30	6.28	6.26	6.24	6.23	6.20	6.18	6.16	6.14	6.12	6.10	6.08	6.05
6	8.81	7.26	6.60	6.23	5.99	5.82	5.70	5.60	5.52	5.46	5.37	5.30	5.24	5.20	5.17	5.14	5.12	5.10	5.08	5.07	5.04	5.01	4.99	4.98	4.96	4.93	4.92	4.88
7	8.07	6.54	5.89	5.52	5.29	5.12	4.99	4.90	4.82	4.76	4.67	4.60	4.54	4.50	4.47	4.44	4.41	4.39	4.38	4.36	4.33	4.31	4.29	4.28	4.25	4.23	4.21	4.18
8	7.57	6.06	5.42	5.05	4.82	4.65	4.53	4.43	4.36	4.30	4.20	4.13	4.08	4.03	4.00	3.97	3.95	3.93	3.91	3.89	3.86	3.84	3.82	3.81	3.78	3.76	3.74	3.70
9	7.21	5.71	5.08	4.72	4.48	4.32	4.20	4.10	4.03	3.96	3.87	3.80	3.74	3.70	3.67	3.64	3.61	3.59	3.58	3.56	3.53	3.51	3.49	3.47	3.45	3.42	3.40	3.37
10	6.94	5.46	4.83	4.47	4.24	4.07	3.95	3.85	3.78	3.72	3.62	3.55	3.50	3.45	3.42	3.39	3.37	3.34	3.33	3.31	3.28	3.26	3.24	3.22	3.20	3.17	3.15	3.12
11	6.72	5.26	4.63	4.28	4.04	3.88	3.76	3.66	3.59	3.53	3.43	3.36	3.30	3.26	3.23	3.20	3.17	3.15	3.13	3.12	3.09	3.06	3.04	3.03	3.00	2.97	2.96	2.92
12	6.55	5.10	4.47	4.12	3.89	3.73	3.61	3.51	3.44	3.37	3.28	3.21	3.15	3.11	3.07	3.04	3.02	3.00	2.98	2.96	2.93	2.91	2.89	2.87	2.85	2.82	2.80	2.76
13	6.41	4.97	4.35	4.00	3.77	3.60	3.48	3.39	3.31	3.25	3.15	3.08	3.03	2.98	2.95	2.92	2.89	2.87	2.85	2.84	2.80	2.78	2.76	2.74	2.72	2.69	2.67	2.63
14	6.30	4.86	4.24	3.89	3.66	3.50	3.38	3.29	3.21	3.15	3.05	2.98	2.92	2.88	2.84	2.81	2.79	2.77	2.75	2.73	2.70	2.67	2.65	2.64	2.61	2.58	2.56	2.53
15	6.20	4.77	4.15	3.80	3.58	3.41	3.29	3.20	3.12	3.06	2.96	2.89	2.84	2.79	2.76	2.73	2.70	2.68	2.66	2.64	2.61	2.59	2.56	2.55	2.52	2.49	2.47	2.44
16	6.12	4.69	4.08	3.73	3.50	3.34	3.22	3.12	3.05	2.99	2.89	2.82	2.76	2.72	2.68	2.65	2.63	2.60	2.58	2.57	2.53	2.51	2.49	2.47	2.45	2.42	2.40	2.36
17	6.04	4.62	4.01	3.66	3.44	3.28	3.16	3.06	2.98	2.92	2.82	2.75	2.70	2.65	2.62	2.59	2.56	2.54	2.52	2.50	2.47	2.44	2.42	2.41	2.38	2.35	2.33	2.29
18	5.98	4.56	3.95	3.61	3.38	3.22	3.10	3.01	2.93	2.87	2.77	2.70	2.64	2.60	2.56	2.53	2.50	2.48	2.46	2.44	2.41	2.38	2.36	2.35	2.32	2.29	2.27	2.23
19	5.92	4.51	3.90	3.56	3.33	3.17	3.05	2.96	2.88	2.82	2.72	2.65	2.59	2.55	2.51	2.48	2.45	2.43	2.41	2.39	2.36	2.33	2.31	2.30	2.27	2.24	2.22	2.18
20	5.87	4.46	3.86	3.51	3.29	3.13	3.01	2.91	2.84	2.77	2.68	2.60	2.55	2.50	2.46	2.43	2.41	2.39	2.37	2.35	2.31	2.29	2.27	2.25	2.22	2.19	2.17	2.13
21	5.83	4.42	3.82	3.48	3.25	3.09	2.97	2.87	2.80	2.73	2.64	2.56	2.51	2.46	2.42	2.39	2.37	2.34	2.33	2.31	2.27	2.25	2.23	2.21	2.18	2.15	2.13	2.09
22	5.79	4.38	3.78	3.44	3.22	3.05	2.93	2.84	2.76	2.70	2.60	2.53	2.47	2.43	2.39	2.36	2.33	2.31	2.29	2.27	2.24	2.21	2.19	2.17	2.14	2.11	2.09	2.05
23	5.75	4.35	3.75	3.41	3.18	3.02	2.90	2.81	2.73	2.67	2.57	2.50	2.44	2.39	2.36	2.33	2.30	2.28	2.26	2.24	2.20	2.18	2.15	2.14	2.11	2.08	2.06	2.01

续表

df_2	1	2	3	4	5	6	7	8	9	10	12	14	16	18	20	22	24	26	28	30	35	40	45	50	60	80	100	200
24	5.72	4.32	3.72	3.38	3.15	2.99	2.87	2.78	2.70	2.64	2.54	2.47	2.41	2.36	2.33	2.30	2.27	2.25	2.23	2.21	2.17	2.15	2.12	2.11	2.08	2.05	2.02	1.98
25	5.69	4.29	3.69	3.35	3.13	2.97	2.85	2.75	2.68	2.61	2.51	2.44	2.38	2.34	2.30	2.27	2.24	2.22	2.20	2.18	2.15	2.12	2.10	2.08	2.05	2.02	2.00	1.95
26	5.66	4.27	3.67	3.33	3.10	2.94	2.82	2.73	2.65	2.59	2.49	2.42	2.36	2.31	2.28	2.24	2.22	2.19	2.17	2.16	2.12	2.09	2.07	2.05	2.03	1.99	1.97	1.92
27	5.63	4.24	3.65	3.31	3.08	2.92	2.80	2.71	2.63	2.57	2.47	2.39	2.34	2.29	2.25	2.22	2.19	2.17	2.15	2.13	2.10	2.07	2.05	2.03	2.00	1.97	1.94	1.90
28	5.61	4.22	3.63	3.29	3.06	2.90	2.78	2.69	2.61	2.55	2.45	2.37	2.32	2.27	2.23	2.20	2.17	2.15	2.13	2.11	2.08	2.05	2.03	2.01	1.98	1.94	1.92	1.88
29	5.59	4.20	3.61	3.27	3.04	2.88	2.76	2.67	2.59	2.53	2.43	2.36	2.30	2.25	2.21	2.18	2.15	2.13	2.11	2.09	2.06	2.03	2.01	1.99	1.96	1.92	1.90	1.86
30	5.57	4.18	3.59	3.25	3.03	2.87	2.75	2.65	2.57	2.51	2.41	2.34	2.28	2.23	2.20	2.16	2.14	2.11	2.09	2.07	2.04	2.01	1.99	1.97	1.94	1.90	1.88	1.84
31	5.55	4.16	3.57	3.23	3.01	2.85	2.73	2.64	2.56	2.50	2.40	2.32	2.26	2.22	2.18	2.15	2.12	2.10	2.07	2.06	2.02	1.99	1.97	1.95	1.92	1.89	1.86	1.82
32	5.53	4.15	3.56	3.22	3.00	2.84	2.71	2.62	2.54	2.48	2.38	2.31	2.25	2.20	2.16	2.13	2.10	2.08	2.06	2.04	2.00	1.98	1.95	1.93	1.91	1.87	1.85	1.80
33	5.51	4.13	3.54	3.20	2.98	2.82	2.70	2.61	2.53	2.47	2.37	2.29	2.23	2.19	2.15	2.12	2.09	2.06	2.04	2.03	1.99	1.96	1.94	1.92	1.89	1.85	1.83	1.78
34	5.50	4.12	3.53	3.19	2.97	2.81	2.69	2.59	2.52	2.45	2.35	2.28	2.22	2.17	2.13	2.10	2.07	2.05	2.03	2.01	1.97	1.95	1.92	1.90	1.88	1.84	1.82	1.77
35	5.48	4.11	3.52	3.18	2.96	2.80	2.68	2.58	2.50	2.44	2.34	2.27	2.21	2.16	2.12	2.09	2.06	2.04	2.02	2.00	1.96	1.93	1.91	1.89	1.86	1.82	1.80	1.75
36	5.47	4.09	3.50	3.17	2.94	2.78	2.66	2.57	2.49	2.43	2.33	2.25	2.20	2.15	2.11	2.08	2.05	2.03	2.00	1.99	1.95	1.92	1.90	1.88	1.85	1.81	1.79	1.74
37	5.46	4.08	3.49	3.16	2.93	2.77	2.65	2.56	2.48	2.42	2.32	2.24	2.18	2.14	2.10	2.07	2.04	2.01	1.99	1.97	1.94	1.91	1.88	1.87	1.84	1.80	1.77	1.73
38	5.45	4.07	3.48	3.15	2.92	2.76	2.64	2.55	2.47	2.41	2.31	2.23	2.17	2.13	2.09	2.05	2.03	2.00	1.98	1.96	1.93	1.90	1.87	1.85	1.82	1.79	1.76	1.71
39	5.43	4.06	3.47	3.14	2.91	2.75	2.63	2.54	2.46	2.40	2.30	2.22	2.16	2.12	2.08	2.04	2.02	1.99	1.97	1.95	1.91	1.89	1.86	1.84	1.81	1.78	1.75	1.70
40	5.42	4.05	3.46	3.13	2.90	2.74	2.62	2.53	2.45	2.39	2.29	2.21	2.15	2.11	2.07	2.03	2.01	1.98	1.96	1.94	1.90	1.88	1.85	1.83	1.80	1.76	1.74	1.69
42	5.40	4.03	3.45	3.11	2.89	2.73	2.61	2.51	2.43	2.37	2.27	2.20	2.14	2.09	2.05	2.02	1.99	1.96	1.94	1.92	1.89	1.86	1.83	1.81	1.78	1.74	1.72	1.67
44	5.39	4.02	3.43	3.09	2.87	2.71	2.59	2.50	2.42	2.36	2.26	2.18	2.12	2.07	2.03	2.00	1.97	1.95	1.93	1.91	1.87	1.84	1.82	1.80	1.77	1.73	1.70	1.65
46	5.37	4.00	3.42	3.08	2.86	2.70	2.58	2.48	2.41	2.34	2.24	2.17	2.11	2.06	2.02	1.99	1.96	1.93	1.91	1.89	1.85	1.82	1.80	1.78	1.75	1.71	1.69	1.63
48	5.35	3.99	3.40	3.07	2.84	2.69	2.56	2.47	2.39	2.33	2.23	2.15	2.09	2.05	2.01	1.97	1.94	1.92	1.90	1.88	1.84	1.81	1.79	1.77	1.73	1.69	1.67	1.62
50	5.34	3.97	3.39	3.05	2.83	2.67	2.55	2.46	2.38	2.32	2.22	2.14	2.08	2.03	1.99	1.96	1.93	1.91	1.89	1.87	1.83	1.80	1.77	1.75	1.72	1.68	1.66	1.60

续表

df_2	\multicolumn{25}{c}{df_1}
	1	2	3	4	5	6	7	8	9	10	12	14	16	18	20	22	24	26	28	30	35	40	45	50	60	80	100	200
52	5.33	3.96	3.38	3.04	2.82	2.66	2.54	2.45	2.37	2.31	2.21	2.13	2.07	2.02	1.98	1.95	1.92	1.90	1.87	1.85	1.81	1.78	1.76	1.74	1.71	1.67	1.64	1.59
54	5.32	3.95	3.37	3.03	2.81	2.65	2.53	2.44	2.36	2.30	2.20	2.12	2.06	2.01	1.97	1.94	1.91	1.88	1.86	1.84	1.80	1.77	1.75	1.73	1.70	1.66	1.63	1.58
56	5.31	3.94	3.36	3.02	2.80	2.64	2.52	2.43	2.35	2.29	2.19	2.11	2.05	2.00	1.96	1.93	1.90	1.87	1.85	1.83	1.79	1.76	1.74	1.72	1.69	1.65	1.62	1.56
58	5.29	3.93	3.35	3.02	2.79	2.64	2.51	2.42	2.34	2.28	2.18	2.10	2.04	1.99	1.95	1.92	1.89	1.87	1.84	1.82	1.78	1.75	1.73	1.71	1.68	1.63	1.61	1.55
60	5.29	3.93	3.34	3.01	2.79	2.63	2.51	2.41	2.33	2.27	2.17	2.09	2.03	1.98	1.94	1.91	1.88	1.86	1.83	1.82	1.78	1.74	1.72	1.70	1.67	1.63	1.60	1.54
70	5.25	3.89	3.31	2.97	2.75	2.59	2.47	2.38	2.30	2.24	2.14	2.06	2.00	1.95	1.91	1.88	1.85	1.82	1.80	1.78	1.74	1.71	1.68	1.66	1.63	1.59	1.56	1.50
80	5.22	3.86	3.28	2.95	2.73	2.57	2.45	2.35	2.28	2.21	2.11	2.03	1.97	1.92	1.88	1.85	1.82	1.79	1.77	1.75	1.71	1.68	1.65	1.63	1.60	1.55	1.53	1.47
100	5.18	3.83	3.25	2.92	2.70	2.54	2.42	2.32	2.24	2.18	2.08	2.00	1.94	1.89	1.85	1.81	1.78	1.76	1.74	1.71	1.67	1.64	1.61	1.59	1.56	1.51	1.48	1.42
125	5.15	3.80	3.22	2.89	2.67	2.51	2.39	2.30	2.22	2.15	2.05	1.97	1.91	1.86	1.82	1.79	1.75	1.73	1.71	1.68	1.64	1.61	1.58	1.56	1.52	1.48	1.45	1.38
150	5.13	3.78	3.20	2.87	2.65	2.49	2.37	2.28	2.20	2.13	2.03	1.95	1.89	1.84	1.80	1.77	1.74	1.71	1.69	1.67	1.62	1.59	1.56	1.54	1.50	1.45	1.42	1.35
200	5.10	3.76	3.18	2.85	2.63	2.47	2.35	2.26	2.18	2.11	2.01	1.93	1.87	1.82	1.78	1.74	1.71	1.68	1.66	1.64	1.60	1.56	1.53	1.51	1.47	1.42	1.39	1.32
300	5.07	3.73	3.16	2.83	2.61	2.45	2.33	2.23	2.16	2.09	1.99	1.91	1.85	1.80	1.75	1.72	1.69	1.66	1.64	1.62	1.57	1.54	1.51	1.48	1.45	1.39	1.36	1.28
500	5.05	3.72	3.14	2.81	2.59	2.43	2.31	2.22	2.14	2.07	1.97	1.89	1.83	1.78	1.74	1.70	1.67	1.64	1.62	1.60	1.55	1.52	1.49	1.46	1.42	1.37	1.34	1.25

$P = 0.01$

df_2	df_1																												
	1	2	3	4	5	6	7	8	9	10	12	14	16	18	20	22	24	26	28	30	35	40	45	50	60	80	100	200
1	4052	5000	5403	5625	5764	5859	5928	5981	6022	6056	6106	6143	6170	6192	6209	6223	6235	6245	6253	6261	6276	6287	6296	6303	6313	6326	6334	6350
2	98.5	99.0	99.2	99.2	99.3	99.3	99.4	99.4	99.4	99.4	99.4	99.4	99.4	99.4	99.4	99.5	99.5	99.5	99.5	99.5	99.5	99.5	99.5	99.5	99.5	99.5	99.5	99.5
3	34.1	30.8	29.5	28.7	28.2	27.9	27.7	27.5	27.3	27.2	27.1	26.9	26.8	26.8	26.7	26.6	26.6	26.6	26.5	26.5	26.5	26.4	26.4	26.4	26.3	26.3	26.2	26.2
4	21.2	18.0	16.7	16.0	15.5	15.2	15.0	14.8	14.7	14.5	14.4	14.2	14.2	14.1	14.0	14.0	13.9	13.9	13.9	13.8	13.8	13.7	13.7	13.7	13.7	13.6	13.6	13.5
5	16.3	13.3	12.1	11.4	11.0	10.7	10.5	10.3	10.2	10.1	9.89	9.77	9.68	9.61	9.55	9.51	9.47	9.43	9.40	9.38	9.33	9.29	9.26	9.24	9.20	9.16	9.13	9.08
6	13.7	10.9	9.78	9.15	8.75	8.47	8.26	8.10	7.98	7.87	7.72	7.60	7.52	7.45	7.40	7.35	7.31	7.28	7.25	7.23	7.18	7.14	7.11	7.09	7.06	7.01	6.99	6.93
7	12.2	9.55	8.45	7.85	7.46	7.19	6.99	6.84	6.72	6.62	6.47	6.36	6.28	6.21	6.16	6.11	6.07	6.04	6.02	5.99	5.94	5.91	5.88	5.86	5.82	5.78	5.75	5.70
8	11.3	8.65	7.59	7.01	6.63	6.37	6.18	6.03	5.91	5.81	5.67	5.56	5.48	5.41	5.36	5.32	5.28	5.25	5.22	5.20	5.15	5.12	5.09	5.07	5.03	4.99	4.96	4.91
9	10.6	8.02	6.99	6.42	6.06	5.80	5.61	5.47	5.35	5.26	5.11	5.01	4.92	4.86	4.81	4.77	4.73	4.70	4.67	4.65	4.60	4.57	4.54	4.52	4.48	4.44	4.41	4.36
10	10.0	7.56	6.55	5.99	5.64	5.39	5.20	5.06	4.94	4.85	4.71	4.60	4.52	4.46	4.41	4.36	4.33	4.30	4.27	4.25	4.20	4.17	4.14	4.12	4.08	4.04	4.01	3.96
11	9.65	7.21	6.22	5.67	5.32	5.07	4.89	4.74	4.63	4.54	4.40	4.29	4.21	4.15	4.10	4.06	4.02	3.99	3.96	3.94	3.89	3.86	3.83	3.81	3.78	3.73	3.71	3.66
12	9.33	6.93	5.95	5.41	5.06	4.82	4.64	4.50	4.39	4.30	4.16	4.05	3.97	3.91	3.86	3.82	3.78	3.75	3.72	3.70	3.65	3.62	3.59	3.57	3.54	3.49	3.47	3.41
13	9.07	6.70	5.74	5.21	4.86	4.62	4.44	4.30	4.19	4.10	3.96	3.86	3.78	3.72	3.66	3.62	3.59	3.56	3.53	3.51	3.46	3.43	3.40	3.38	3.34	3.30	3.27	3.22
14	8.86	6.51	5.56	5.04	4.69	4.46	4.28	4.14	4.03	3.94	3.80	3.70	3.62	3.56	3.51	3.46	3.43	3.40	3.37	3.35	3.30	3.27	3.24	3.22	3.18	3.14	3.11	3.06
15	8.68	6.36	5.42	4.89	4.56	4.32	4.14	4.00	3.89	3.80	3.67	3.56	3.49	3.42	3.37	3.33	3.29	3.26	3.24	3.21	3.17	3.13	3.10	3.08	3.05	3.00	2.98	2.92
16	8.53	6.23	5.29	4.77	4.44	4.20	4.03	3.89	3.78	3.69	3.55	3.45	3.37	3.31	3.26	3.22	3.18	3.15	3.12	3.10	3.05	3.02	2.99	2.97	2.93	2.89	2.86	2.81
17	8.40	6.11	5.19	4.67	4.34	4.10	3.93	3.79	3.68	3.59	3.46	3.35	3.27	3.21	3.16	3.12	3.08	3.05	3.03	3.00	2.96	2.92	2.89	2.87	2.83	2.79	2.76	2.71
18	8.29	6.01	5.09	4.58	4.25	4.01	3.84	3.71	3.60	3.51	3.37	3.27	3.19	3.13	3.08	3.03	3.00	2.97	2.94	2.92	2.87	2.84	2.81	2.78	2.75	2.70	2.68	2.62
19	8.18	5.93	5.01	4.50	4.17	3.94	3.77	3.63	3.52	3.43	3.30	3.19	3.12	3.05	3.00	2.96	2.92	2.89	2.87	2.84	2.80	2.76	2.73	2.71	2.67	2.63	2.60	2.55
20	8.10	5.85	4.94	4.43	4.10	3.87	3.70	3.56	3.46	3.37	3.23	3.13	3.05	2.99	2.94	2.90	2.86	2.83	2.80	2.78	2.73	2.69	2.67	2.64	2.61	2.56	2.54	2.48
21	8.02	5.78	4.87	4.37	4.04	3.81	3.64	3.51	3.40	3.31	3.17	3.07	2.99	2.93	2.88	2.84	2.80	2.77	2.74	2.72	2.67	2.64	2.61	2.58	2.55	2.50	2.48	2.42
22	7.95	5.72	4.82	4.31	3.99	3.76	3.59	3.45	3.35	3.26	3.12	3.02	2.94	2.88	2.83	2.78	2.75	2.72	2.69	2.67	2.62	2.58	2.55	2.53	2.50	2.45	2.42	2.36
23	7.88	5.66	4.76	4.26	3.94	3.71	3.54	3.41	3.30	3.21	3.07	2.97	2.89	2.83	2.78	2.74	2.70	2.67	2.64	2.62	2.57	2.54	2.51	2.48	2.45	2.40	2.37	2.32

续表

df_2	1	2	3	4	5	6	7	8	9	10	12	14	16	18	20	22	24	26	28	30	35	40	45	50	60	80	100	200
24	7.82	5.61	4.72	4.22	3.90	3.67	3.50	3.36	3.26	3.17	3.03	2.93	2.85	2.79	2.74	2.70	2.66	2.63	2.60	2.58	2.53	2.49	2.46	2.44	2.40	2.36	2.33	2.27
25	7.77	5.57	4.68	4.18	3.85	3.63	3.46	3.32	3.22	3.13	2.99	2.89	2.81	2.75	2.70	2.66	2.62	2.59	2.56	2.54	2.49	2.45	2.42	2.40	2.36	2.32	2.29	2.23
26	7.72	5.53	4.64	4.14	3.82	3.59	3.42	3.29	3.18	3.09	2.96	2.86	2.78	2.72	2.66	2.62	2.58	2.55	2.53	2.50	2.45	2.42	2.39	2.36	2.33	2.28	2.25	2.19
27	7.68	5.49	4.60	4.11	3.78	3.56	3.39	3.26	3.15	3.06	2.93	2.82	2.75	2.68	2.63	2.59	2.55	2.52	2.49	2.47	2.42	2.38	2.35	2.33	2.29	2.25	2.22	2.16
28	7.64	5.45	4.57	4.07	3.75	3.53	3.36	3.23	3.12	3.03	2.90	2.79	2.72	2.65	2.60	2.56	2.52	2.49	2.46	2.44	2.39	2.35	2.32	2.30	2.26	2.22	2.19	2.13
29	7.60	5.42	4.54	4.04	3.73	3.50	3.33	3.20	3.09	3.00	2.87	2.77	2.69	2.63	2.57	2.53	2.49	2.46	2.44	2.41	2.36	2.33	2.30	2.27	2.23	2.19	2.16	2.10
30	7.56	5.39	4.51	4.02	3.70	3.47	3.30	3.17	3.07	2.98	2.84	2.74	2.66	2.60	2.55	2.51	2.47	2.44	2.41	2.39	2.34	2.30	2.27	2.25	2.21	2.16	2.13	2.07
31	7.53	5.36	4.48	3.99	3.67	3.45	3.28	3.15	3.04	2.96	2.82	2.72	2.64	2.58	2.52	2.48	2.45	2.41	2.39	2.36	2.31	2.27	2.24	2.22	2.18	2.14	2.11	2.04
32	7.50	5.34	4.46	3.97	3.65	3.43	3.26	3.13	3.02	2.93	2.80	2.70	2.62	2.55	2.50	2.46	2.42	2.39	2.36	2.34	2.29	2.25	2.22	2.20	2.16	2.11	2.08	2.02
33	7.47	5.31	4.44	3.95	3.63	3.41	3.24	3.11	3.00	2.91	2.78	2.68	2.60	2.53	2.48	2.44	2.40	2.37	2.34	2.32	2.27	2.23	2.20	2.18	2.14	2.09	2.06	2.00
34	7.44	5.29	4.42	3.93	3.61	3.39	3.22	3.09	2.98	2.89	2.76	2.66	2.58	2.51	2.46	2.42	2.38	2.35	2.32	2.30	2.25	2.21	2.18	2.16	2.12	2.07	2.04	1.98
35	7.42	5.27	4.40	3.91	3.59	3.37	3.20	3.07	2.96	2.88	2.74	2.64	2.56	2.50	2.44	2.40	2.36	2.33	2.30	2.28	2.23	2.19	2.16	2.14	2.10	2.05	2.02	1.96
36	7.40	5.25	4.38	3.89	3.57	3.35	3.18	3.05	2.95	2.86	2.72	2.62	2.54	2.48	2.43	2.38	2.35	2.32	2.29	2.26	2.21	2.18	2.14	2.12	2.08	2.03	2.00	1.94
37	7.37	5.23	4.36	3.87	3.56	3.33	3.17	3.04	2.93	2.84	2.71	2.61	2.53	2.46	2.41	2.37	2.33	2.30	2.27	2.25	2.20	2.16	2.13	2.10	2.06	2.02	1.98	1.92
38	7.35	5.21	4.34	3.86	3.54	3.32	3.15	3.02	2.92	2.83	2.69	2.59	2.51	2.45	2.40	2.35	2.32	2.28	2.26	2.23	2.18	2.14	2.11	2.09	2.05	2.00	1.97	1.90
39	7.33	5.19	4.33	3.84	3.53	3.30	3.14	3.01	2.90	2.81	2.68	2.58	2.50	2.43	2.38	2.34	2.30	2.27	2.24	2.22	2.17	2.13	2.10	2.07	2.03	1.98	1.95	1.89
40	7.31	5.18	4.31	3.83	3.51	3.29	3.12	2.99	2.89	2.80	2.66	2.56	2.48	2.42	2.37	2.33	2.29	2.26	2.23	2.20	2.15	2.11	2.08	2.06	2.02	1.97	1.94	1.87
42	7.28	5.15	4.29	3.80	3.49	3.27	3.10	2.97	2.86	2.78	2.64	2.54	2.46	2.40	2.34	2.30	2.26	2.23	2.20	2.18	2.13	2.09	2.06	2.03	1.99	1.94	1.91	1.85
44	7.25	5.12	4.26	3.78	3.47	3.24	3.08	2.95	2.84	2.75	2.62	2.52	2.44	2.37	2.32	2.28	2.24	2.21	2.18	2.15	2.10	2.07	2.03	2.01	1.97	1.92	1.89	1.82
46	7.22	5.10	4.24	3.76	3.44	3.22	3.06	2.93	2.82	2.73	2.60	2.50	2.42	2.35	2.30	2.26	2.22	2.19	2.16	2.13	2.08	2.04	2.01	1.99	1.95	1.90	1.86	1.80
48	7.19	5.08	4.22	3.74	3.43	3.20	3.04	2.91	2.80	2.71	2.58	2.48	2.40	2.33	2.28	2.24	2.20	2.17	2.14	2.12	2.06	2.02	1.99	1.97	1.93	1.88	1.84	1.78
50	7.17	5.06	4.20	3.72	3.41	3.19	3.02	2.89	2.78	2.70	2.56	2.46	2.38	2.32	2.27	2.22	2.18	2.15	2.12	2.10	2.05	2.01	1.97	1.95	1.91	1.86	1.82	1.76

续表

df_2	\ df_1 1	2	3	4	5	6	7	8	9	10	12	14	16	18	20	22	24	26	28	30	35	40	45	50	60	80	100	200
52	7.15	5.04	4.18	3.70	3.39	3.17	3.00	2.87	2.77	2.68	2.55	2.45	2.37	2.30	2.25	2.21	2.17	2.14	2.11	2.08	2.03	1.99	1.96	1.93	1.89	1.84	1.81	1.74
54	7.13	5.02	4.17	3.69	3.38	3.16	2.99	2.86	2.76	2.67	2.53	2.43	2.35	2.29	2.24	2.19	2.15	2.12	2.09	2.07	2.02	1.98	1.94	1.92	1.88	1.82	1.79	1.72
56	7.11	5.01	4.15	3.67	3.36	3.14	2.98	2.85	2.74	2.66	2.52	2.42	2.34	2.27	2.22	2.18	2.14	2.11	2.08	2.05	2.00	1.96	1.93	1.90	1.86	1.81	1.78	1.71
58	7.09	4.99	4.14	3.66	3.35	3.13	2.96	2.83	2.73	2.64	2.51	2.41	2.33	2.26	2.21	2.16	2.13	2.09	2.07	2.04	1.99	1.95	1.92	1.89	1.85	1.80	1.76	1.69
60	7.08	4.98	4.13	3.65	3.34	3.12	2.95	2.82	2.72	2.63	2.50	2.39	2.31	2.25	2.20	2.15	2.12	2.08	2.05	2.03	1.98	1.94	1.90	1.88	1.84	1.78	1.75	1.68
70	7.01	4.92	4.07	3.60	3.29	3.07	2.91	2.78	2.67	2.59	2.45	2.35	2.27	2.20	2.15	2.11	2.07	2.03	2.01	1.98	1.93	1.89	1.85	1.83	1.78	1.73	1.70	1.62
80	6.96	4.88	4.04	3.56	3.26	3.04	2.87	2.74	2.64	2.55	2.42	2.31	2.23	2.17	2.12	2.07	2.03	2.00	1.97	1.94	1.89	1.85	1.82	1.79	1.75	1.69	1.65	1.58
100	6.90	4.82	3.98	3.51	3.21	2.99	2.82	2.69	2.59	2.50	2.37	2.27	2.19	2.12	2.07	2.02	1.98	1.95	1.92	1.89	1.84	1.80	1.76	1.74	1.69	1.63	1.60	1.52
125	6.84	4.78	3.94	3.47	3.17	2.95	2.79	2.66	2.55	2.47	2.33	2.23	2.15	2.08	2.03	1.98	1.94	1.91	1.88	1.85	1.80	1.76	1.72	1.69	1.65	1.59	1.55	1.47
150	6.81	4.75	3.91	3.45	3.14	2.92	2.76	2.63	2.53	2.44	2.31	2.20	2.12	2.06	2.00	1.96	1.92	1.88	1.85	1.83	1.77	1.73	1.69	1.66	1.62	1.56	1.52	1.43
200	6.76	4.71	3.88	3.41	3.11	2.89	2.73	2.60	2.50	2.41	2.27	2.17	2.09	2.03	1.97	1.93	1.89	1.85	1.82	1.79	1.74	1.69	1.66	1.63	1.58	1.52	1.48	1.39
300	6.72	4.68	3.85	3.38	3.08	2.86	2.70	2.57	2.47	2.38	2.24	2.14	2.06	1.99	1.94	1.89	1.85	1.82	1.79	1.76	1.70	1.66	1.62	1.59	1.55	1.48	1.44	1.35
500	6.69	4.65	3.82	3.36	3.05	2.84	2.68	2.55	2.44	2.36	2.22	2.12	2.04	1.97	1.92	1.87	1.83	1.79	1.76	1.74	1.68	1.63	1.60	1.57	1.52	1.45	1.41	1.31

统计用表 5 F_{max} 值表

上行：$P=0.05$；下行：$P=0.01$

df	k										
	2	3	4	5	6	7	8	9	10	11	12
4	9.60	15.5	20.6	25.2	29.5	33.6	37.5	41.4	44.6	48.0	51.4
	23.2	37.0	49.0	59.0	69.0	79.0	89.0	97.0	106.0	113.0	120.0
5	7.15	10.8	13.7	16.3	18.7	20.8	22.9	24.7	26.5	28.2	29.9
	14.9	22.0	28.0	33.0	38.0	42.0	46.0	50.0	54.0	57.0	60.0
6	5.82	8.38	10.4	12.1	13.7	15.0	16.3	17.5	18.6	19.7	20.7
	11.1	15.5	19.1	22.0	25.0	27.0	30.0	32.0	34.0	36.0	37.0
7	4.99	6.94	8.44	9.70	10.8	11.8	12.7	13.5	14.3	15.1	15.8
	8.89	12.1	14.5	16.5	18.4	20.0	22.0	23.0	24.0	26.0	27.0
8	4.43	6.00	7.18	8.12	9.03	9.78	10.5	11.1	11.7	12.2	12.7
	7.50	9.90	11.7	13.2	14.5	15.8	16.9	17.9	18.9	19.8	21.0
9	4.03	5.34	6.31	7.11	7.80	8.41	8.95	9.45	9.91	10.3	10.7
	6.54	8.50	9.90	11.1	12.1	13.1	13.9	14.7	15.3	16.0	16.6
10	3.72	4.85	5.67	6.34	6.92	7.42	7.87	8.28	8.66	9.01	9.34
	5.85	7.40	8.60	9.60	10.4	11.1	11.8	12.4	12.9	13.4	13.9
12	3.28	4.16	4.79	5.30	5.72	6.09	6.42	6.72	7.00	7.25	7.48
	4.91	6.10	6.90	7.60	8.20	8.70	9.10	9.50	9.90	10.2	10.6
15	2.86	3.54	4.01	4.37	4.68	4.95	5.19	5.40	5.59	5.77	5.93
	4.07	4.90	5.50	6.00	6.40	6.70	7.10	7.30	7.50	7.80	8.00
20	2.46	2.95	3.29	3.54	3.76	3.94	4.10	4.24	4.37	4.49	4.59
	3.32	3.80	4.30	4.60	4.90	5.10	5.30	5.50	5.60	5.80	5.90
30	2.07	2.40	2.61	2.78	2.91	3.02	3.12	3.21	3.29	3.36	3.39
	2.63	3.00	3.30	3.40	3.60	3.70	3.80	3.90	4.00	4.10	4.20
60	1.67	1.85	1.96	2.04	2.11	2.17	2.22	2.26	2.30	2.33	2.36
	1.96	2.20	2.30	2.40	2.40	2.50	2.50	2.60	2.60	2.70	2.70
∞	1.00	1.00	1.00	1.00	1.00	1.00	1.00	1.00	1.00	1.00	1.00
	1.00	1.00	1.00	1.00	1.00	1.00	1.00	1.00	1.00	1.00	1.00

统计用表 6 q 值表

上行：$P = 0.05$；下行：$P = 0.01$

df	\multicolumn{9}{c}{a（等级数）}								
	2	3	4	5	6	7	8	9	10
5	3.64	4.60	5.22	5.67	6.03	6.33	6.58	6.80	6.99
	5.70	6.98	7.80	8.42	8.91	9.32	9.67	9.97	10.24
6	3.46	4.34	4.90	5.30	5.63	5.90	6.12	6.32	6.49
	5.24	6.33	7.03	7.56	7.97	8.32	8.61	8.87	9.10
7	3.34	4.16	4.68	5.06	5.36	5.61	5.82	6.00	6.16
	4.95	5.92	6.54	7.01	7.37	7.68	7.94	8.17	8.37
8	3.26	4.04	4.53	4.89	5.17	5.40	5.60	5.77	5.92
	4.75	5.64	6.20	6.62	6.96	7.24	7.47	7.68	7.86
9	3.20	3.95	4.41	4.76	5.02	5.24	5.43	5.59	5.74
	4.60	5.43	5.96	6.35	6.66	6.91	7.13	7.33	7.49
10	3.15	3.88	4.33	4.65	4.91	5.12	5.30	5.46	5.60
	4.48	5.27	5.77	6.14	6.43	6.67	6.87	7.05	7.21
12	3.08	3.77	4.20	4.51	4.75	4.95	5.12	5.27	5.39
	4.32	5.05	5.50	5.84	6.10	6.32	6.51	6.67	6.81
14	3.03	3.70	4.11	4.41	4.64	4.83	4.99	5.13	5.25
	4.21	4.89	5.32	5.63	5.88	6.08	6.26	6.41	6.54
16	3.00	3.65	4.05	4.33	4.56	4.74	4.90	5.03	5.15
	4.13	4.79	5.19	5.49	5.72	5.92	6.08	6.22	6.35
18	2.97	3.61	4.00	4.28	4.49	4.67	4.82	4.96	5.07
	4.07	4.70	5.09	5.38	5.60	5.79	5.94	6.08	6.20
20	2.95	3.58	3.96	4.23	4.45	4.62	4.77	4.90	5.01
	4.02	4.64	5.02	5.29	5.51	5.69	5.84	5.97	6.09
30	2.89	3.49	3.85	4.10	4.30	4.46	4.60	4.72	4.82
	3.89	4.45	4.80	5.05	5.24	5.40	5.54	5.65	5.76
40	2.86	3.44	3.79	4.04	4.23	4.39	4.52	4.63	4.73
	3.82	4.37	4.70	4.93	5.11	5.26	5.39	5.50	5.60
60	2.83	3.40	3.74	3.98	4.16	4.31	4.44	4.55	4.65
	3.76	4.28	4.59	4.82	4.99	5.13	5.25	5.36	5.45
120	2.80	3.36	3.68	3.92	4.10	4.24	4.36	4.47	4.56
	3.70	4.20	4.50	4.71	4.87	5.01	5.12	5.21	5.30
∞	2.77	3.31	3.63	3.86	4.03	4.17	4.29	4.39	4.47
	3.64	4.12	4.40	4.60	4.76	4.88	4.99	5.08	5.16

统计用表 7　r 与 Z_r 转换表

r	Z_r	r	Z_r	r	Z_r	r	Z_r	r	Z_r
0.000	0.000	0.200	0.203	0.400	0.424	0.600	0.693	0.800	1.099
0.005	0.005	0.205	0.208	0.405	0.430	0.605	0.701	0.805	1.113
0.010	0.010	0.210	0.213	0.410	0.436	0.610	0.709	0.810	1.127
0.015	0.015	0.215	0.218	0.415	0.442	0.615	0.717	0.815	1.142
0.020	0.020	0.220	0.224	0.420	0.448	0.620	0.725	0.820	1.157
0.025	0.025	0.225	0.229	0.425	0.454	0.625	0.733	0.825	1.172
0.030	0.030	0.230	0.234	0.430	0.460	0.630	0.741	0.830	1.188
0.035	0.035	0.235	0.239	0.435	0.466	0.635	0.750	0.835	1.204
0.040	0.040	0.240	0.245	0.440	0.472	0.640	0.758	0.840	1.221
0.045	0.045	0.245	0.250	0.445	0.478	0.645	0.767	0.845	1.238
0.050	0.050	0.250	0.255	0.450	0.485	0.650	0.775	0.850	1.256
0.055	0.055	0.255	0.261	0.455	0.491	0.655	0.784	0.855	1.274
0.060	0.060	0.260	0.266	0.460	0.497	0.660	0.793	0.860	1.293
0.065	0.065	0.265	0.271	0.465	0.504	0.665	0.802	0.865	1.313
0.070	0.070	0.270	0.277	0.470	0.510	0.670	0.811	0.870	1.333
0.075	0.075	0.275	0.282	0.475	0.517	0.675	0.820	0.875	1.354
0.080	0.080	0.280	0.288	0.480	0.523	0.680	0.829	0.880	1.376
0.085	0.085	0.285	0.293	0.485	0.530	0.685	0.838	0.885	1.398
0.090	0.090	0.290	0.299	0.490	0.536	0.690	0.848	0.890	1.422
0.095	0.095	0.295	0.304	0.495	0.543	0.695	0.858	0.895	1.447
0.100	0.100	0.300	0.310	0.500	0.549	0.700	0.867	0.900	1.472
0.105	0.105	0.305	0.315	0.505	0.556	0.705	0.877	0.905	1.499
0.110	0.110	0.310	0.321	0.510	0.563	0.710	0.887	0.910	1.528
0.115	0.116	0.315	0.326	0.515	0.570	0.715	0.897	0.915	1.557
0.120	0.121	0.320	0.332	0.520	0.576	0.720	0.908	0.920	1.589
0.125	0.126	0.325	0.337	0.525	0.583	0.725	0.918	0.925	1.623
0.130	0.131	0.330	0.343	0.530	0.590	0.730	0.929	0.930	1.658
0.135	0.136	0.335	0.348	0.535	0.597	0.735	0.940	0.935	1.697
0.140	0.141	0.340	0.354	0.540	0.604	0.740	0.950	0.940	1.738
0.145	0.146	0.345	0.360	0.545	0.611	0.745	0.962	0.945	1.783
0.150	0.151	0.350	0.365	0.550	0.618	0.750	0.973	0.950	1.832
0.155	0.156	0.355	0.371	0.555	0.626	0.755	0.984	0.955	1.886
0.160	0.161	0.360	0.377	0.560	0.633	0.760	0.996	0.960	1.946
0.165	0.167	0.365	0.383	0.565	0.640	0.765	1.008	0.965	2.014
0.170	0.172	0.370	0.388	0.570	0.648	0.770	1.020	0.970	2.092
0.175	0.177	0.375	0.394	0.575	0.655	0.775	1.033	0.975	2.185
0.180	0.182	0.380	0.400	0.580	0.662	0.780	1.045	0.980	2.298
0.185	0.187	0.385	0.406	0.585	0.670	0.785	1.058	0.985	2.443
0.190	0.192	0.390	0.412	0.590	0.678	0.790	1.071	0.990	2.647
0.195	0.198	0.395	0.418	0.595	0.685	0.795	1.085	0.995	2.994

统计用表 8　单样本游程检验表

r 的临界值。上行为下限，下行为上限，$P = 0.05$。

n_1	\multicolumn{19}{c}{n_2}
	2	3	4	5	6	7	8	9	10	11	12	13	14	15	16	17	18	19	20
2											2	2	2	2	2	2	2	2	2
3					2	2	2	2	2	2	2	2	2	3	3	3	3	3	3
4				2/9	2/9	2	3	3	3	3	3	3	3	3	4	4	4	4	4
5			2/9	2/10	3/10	3/11	3/11	3	3	4	4	4	4	4	4	4	5	5	5
6		2	2/9	3/10	3/11	3/12	3/12	4/13	4/13	4/13	4/13	5	5	5	5	5	5	6	6
7		2	2	3/11	3/12	3/13	4/13	4/14	5/14	5/14	5/14	5/15	5/15	6/15	6	6	6	6	6
8		2	3	3/11	3/12	4/13	4/14	5/14	5/15	5/15	6/16	6/16	6/16	6/16	7/17	7/17	7/17	7/17	7/17
9		2	3	3	4/13	4/14	5/14	5/15	5/16	6/16	6/16	7/17	7/17	7/18	7/18	8/18	8/18	8/18	8/18
10		2	3	3	4/13	5/14	5/15	5/16	6/16	6/17	7/17	7/18	7/18	7/18	8/19	8/19	8/19	8/20	9/20
11		2	3	4	4/13	5/14	5/15	6/16	6/17	7/17	7/18	7/19	8/19	8/19	8/20	9/20	9/20	9/21	9/21
12	2	2	3	4	4/13	5/14	6/16	6/16	7/17	7/18	7/19	8/19	8/20	8/20	9/21	9/21	9/21	10/22	10/22
13	2	2	3	4	5	5/15	6/16	6/17	7/18	7/19	8/19	8/20	9/20	9/21	9/21	10/22	10/22	10/23	10/23
14	2	2	3	4	5	5/15	6/16	7/17	7/18	8/19	8/20	9/20	9/21	9/22	10/22	10/23	10/23	11/23	11/24
15	2	3	3	4	5	6/15	6/16	7/18	7/18	8/19	8/20	9/21	9/22	10/22	10/23	11/23	11/24	11/24	12/25
16	2	3	4	4	5	6/17	6/18	7/19	8/20	8/21	9/21	9/22	10/23	10/23	11/24	11/25	11/25	12/25	12/25
17	2	3	4	4	6	7/17	7/18	8/19	9/20	9/21	10/22	10/23	11/23	11/24	11/25	12/25	12/26	13/26	13/26
18	2	3	4	5	5	7/17	8/18	8/19	9/20	9/21	10/22	10/23	11/24	11/25	12/25	12/26	13/26	13/27	13/27
19	2	3	4	5	6	7/17	8/18	8/20	9/21	10/22	10/23	11/23	11/24	12/25	12/26	13/26	13/27	13/27	14/27
20	2	3	4	5	6	7/17	8/18	9/20	9/21	10/22	10/23	11/24	12/25	12/25	13/26	13/27	13/27	14/28	

统计用表 9　曼－惠特尼 U 检验表

$P = 0.05$（双侧）

n_1	\multicolumn{19}{c}{n_2}
	2	3	4	5	6	7	8	9	10	11	12	13	14	15	16	17	18	19	20
2							0	0	0	0	1	1	1	1	1	2	2	2	2
3				0	1	1	2	2	3	3	4	4	5	5	6	6	7	7	8
4			0	1	2	3	4	4	5	6	7	8	9	10	11	11	12	13	13
5		0	1	2	3	5	6	7	8	9	11	12	13	14	15	17	18	19	20
6		1	2	3	5	6	8	10	11	13	14	16	17	19	21	22	24	25	27
7		1	3	5	6	8	10	12	14	16	18	20	22	24	26	28	30	32	34
8	0	2	4	6	8	10	13	15	17	19	22	24	26	29	31	34	36	38	41
9	0	2	4	7	10	12	15	17	20	23	26	28	31	34	37	39	42	45	48
10	0	3	5	8	11	14	17	20	23	26	29	33	36	39	42	45	48	52	55
11	0	3	6	9	13	16	19	23	26	30	33	37	40	44	47	51	55	58	62
12	1	4	7	11	14	18	22	26	29	33	37	41	45	49	53	57	61	65	69
13	1	4	8	12	16	20	24	28	33	37	41	45	50	54	59	63	67	72	76
14	1	5	9	13	17	22	26	31	36	40	45	50	55	59	64	67	74	78	83
15	1	5	10	14	19	24	29	34	39	44	49	54	59	64	70	75	80	85	90
16	1	6	11	15	21	26	31	37	42	47	53	59	64	70	75	81	86	92	98
17	2	6	11	17	22	28	34	39	45	51	57	63	67	75	81	87	93	99	105
18	2	7	12	18	24	30	36	42	48	55	61	67	74	80	86	93	99	106	112
19	2	7	13	19	25	32	38	45	52	58	65	72	78	85	92	99	106	113	119
20	2	8	13	20	27	34	41	48	55	62	69	76	83	90	98	105	112	119	127

$P = 0.10$（双侧）

n_1	\multicolumn{19}{c}{n_2}
	2	3	4	5	6	7	8	9	10	11	12	13	14	15	16	17	18	19	20
2				0	0	0	1	1	1	1	2	2	2	3	3	3	4	4	4
3		0	0	1	2	2	3	3	4	5	5	6	7	7	8	9	9	10	11
4		0	1	2	3	4	5	6	7	8	9	10	11	12	14	15	16	17	18
5	0	1	2	4	5	6	8	9	11	12	13	15	16	18	19	20	22	23	25
6	0	2	3	5	7	8	10	12	14	16	17	19	21	23	25	26	28	30	32
7	0	2	4	6	8	11	13	15	17	19	21	24	26	28	30	33	35	37	39
8	1	3	5	8	10	13	15	18	20	23	26	28	31	33	36	39	41	44	47
9	1	3	6	9	12	15	18	21	24	27	30	33	36	39	42	45	48	51	54
10	1	4	7	11	14	17	20	24	27	31	34	37	41	44	48	51	55	58	62
11	1	5	8	12	16	19	23	27	31	34	38	42	46	50	54	57	61	65	69
12	2	5	9	13	17	21	26	30	34	38	42	47	51	55	60	64	68	72	77
13	2	6	10	15	19	24	28	33	37	42	47	51	56	61	65	70	75	80	84
14	2	7	11	16	21	26	31	36	41	46	51	56	61	66	71	77	82	87	92
15	3	7	12	18	23	28	33	39	44	50	55	61	66	72	77	83	88	94	100
16	3	8	14	19	25	30	36	42	48	54	60	65	71	77	83	89	95	101	107
17	3	9	15	20	26	33	39	45	51	57	64	70	77	83	89	96	102	109	115
18	4	9	16	22	28	35	41	48	55	61	68	75	82	88	95	102	109	116	123
19	4	10	17	23	30	37	44	51	58	65	72	80	87	94	101	109	116	123	130
20	4	11	18	25	32	39	47	54	62	69	77	84	92	100	107	115	123	130	138

统计用表 10　双样本柯尔莫哥洛夫－斯米尔诺夫检验表（小样本，K_D 的临界值）

n	单侧检验		双侧检验	
	$\alpha = 0.05$	$\alpha = 0.01$	$\alpha = 0.05$	$\alpha = 0.01$
3	3			
4	4		4	
5	4	5	5	5
6	5	6	5	6
7	5	6	6	6
8	5	6	6	7
9	6	7	6	7
10	6	7	7	8
11	6	8	7	8
12	6	8	7	8
13	7	8	7	9
14	7	8	8	9
15	7	9	8	9
16	7	9	8	10
17	8	9	8	10
18	8	10	9	10
19	8	10	9	10
20	8	10	9	11
21	8	10	9	11
22	9	11	9	11
23	9	11	10	11
24	9	11	10	12
25	9	11	10	12
26	9	11	10	12
27	9	12	10	12
28	10	12	11	13
29	10	12	11	13
30	10	12	11	13
35	11	13	12	
40	11	14	13	

统计用表 11 双样本柯尔莫哥洛夫 - 斯米尔诺夫检验表（大样本，双侧；D 的临界值）

显著性水平	使得在指定显著性水平上否定 H_0 的 D 值
0.10	$1.22\sqrt{\dfrac{n_1+n_2}{n_1 n_2}}$
0.05	$1.36\sqrt{\dfrac{n_1+n_2}{n_1 n_2}}$
0.025	$1.48\sqrt{\dfrac{n_1+n_2}{n_1 n_2}}$
0.01	$1.63\sqrt{\dfrac{n_1+n_2}{n_1 n_2}}$
0.005	$1.73\sqrt{\dfrac{n_1+n_2}{n_1 n_2}}$
0.001	$1.95\sqrt{\dfrac{n_1+n_2}{n_1 n_2}}$

统计用表 12　符号检验表

此表为单侧检验，双侧检验的概率应为 0.02, 0.10, 0.20。

n 对子数	α 0.01	0.05	0.10	n 对子数	α 0.01	0.05	0.10	n 对子数	α 0.01	0.05	0.10
1				31	7	9	10	61	20	22	23
2				32	8	9	10	62	20	22	24
3				33	8	10	11	63	20	23	24
4				34	9	10	11	64	21	23	24
5			0	35	9	11	12	65	21	24	25
6		0	0	36	9	11	12	66	22	24	25
7		0	0	37	10	12	13	67	22	25	26
8	0	0	1	38	10	12	13	68	22	25	26
9	0	1	1	39	11	12	13	69	23	25	27
10	0	1	1	40	11	13	14	70	23	26	27
11	0	1	2	41	11	13	14	71	24	26	28
12	1	2	2	42	12	14	15	72	24	27	28
13	1	2	3	43	12	14	15	73	25	27	28
14	1	2	3	44	13	15	16	74	25	28	29
15	2	3	3	45	13	15	16	75	25	28	29
16	2	3	4	46	13	15	16	76	26	28	30
17	2	4	4	47	14	16	17	77	26	29	30
18	3	4	5	48	14	16	17	78	27	29	31
19	3	4	5	49	15	17	18	79	27	30	31
20	3	5	5	50	15	17	18	80	28	30	32
21	4	5	6	51	15	18	19	81	28	31	32
22	4	5	6	52	16	18	19	82	28	31	33
23	4	6	7	53	16	18	20	83	29	32	33
24	5	6	7	54	17	19	20	84	29	32	33
25	5	7	7	55	17	19	20	85	30	32	34
26	6	7	8	56	17	20	21	86	30	33	34
27	6	7	8	57	18	20	21	87	31	33	35
28	6	8	9	58	18	21	22	88	31	34	35
29	7	8	9	59	19	21	22	89	31	34	36
30	7	9	10	60	19	21	23	90	32	35	36

统计用表 13　符号秩次检验表

n	单侧检验显著水平		
	0.025	0.01	0.005
	双侧检验显著水平		
	0.05	0.02	0.01
6	0		
7	2	0	
8	4	2	0
9	6	3	2
10	8	5	3
11	11	7	5
12	14	10	7
13	17	13	10
14	21	16	13
15	25	20	16
16	30	24	20
17	35	28	23
18	40	33	28
19	46	38	32
20	52	43	38
21	59	49	43
22	66	56	49
23	73	62	55
24	81	69	61
25	89	77	68

统计用表 14　H 检验表

n_1 n_2 n_3	H	P
2　1　1	2.7000	0.500
2　2　1	3.6000	0.200
2　2　2	4.5714	0.067
	3.7143	0.200
3　1　1	3.2000	0.300
3　2　1	4.2857	0.100
	3.8571	0.133
3　2　2	5.3572	0.029
	4.7143	0.048
	4.5000	0.067
	4.4643	0.105
3　3　1	5.1429	0.043
	4.5734	0.100
	4.0000	0.129
3　3　2	6.2500	0.011
	5.3611	0.032
	5.1389	0.061
	4.5556	0.100
	4.2500	0.121
3　3　3	7.2000	0.004
	6.4889	0.011
	5.6889	0.029
	5.6000	0.050
	5.0667	0.086
	4.6222	0.100
4　1　1	3.5714	0.200
4　2　1	4.8214	0.057
	4.5000	0.076
	4.0179	0.114
4　2　2	6.0000	0.014
	5.3333	0.033
	5.1250	0.052
	4.4583	0.100
	4.1667	0.105
4　3　1	5.8333	0.021
	5.2083	0.050
	5.0000	0.057
	4.0556	0.093
	3.8880	0.129
4　3　2	6.4444	0.008
	6.3000	0.011

续表

n_1 n_2 n_3	H	P
	5.4444	0.046
	5.4000	0.051
	4.5111	0.098
	4.4444	0.102
4 3 3	6.7455	0.010
	6.7091	0.013
	5.7909	0.046
	5.7273	0.050
	4.7091	0.092
	4.7000	0.101
4 4 1	6.6667	0.010
	6.1667	0.022
	4.9667	0.048
	4.8667	0.054
	4.1667	0.082
	4.0667	0.102
4 4 2	7.0364	0.006
	6.8727	0.011
	5.4545	0.046
	5.2364	0.052
	4.5545	0.098
	4.4455	0.103
4 4 3	7.1439	0.010
	7.1364	0.011
	5.5985	0.049
	5.5758	0.051
	4.5455	0.099
	4.4773	0.102
4 4 4	7.6538	0.008
	7.5385	0.011
	5.6923	0.049
	5.6538	0.054
	4.6539	0.097
	4.5001	0.104
5 1 1	3.8571	0.143
5 2 1	5.2500	0.036
	5.0000	0.048
	4.4500	0.071
	4.2000	0.095
	4.0500	0.119
5 2 2	6.5333	0.008
	6.1333	0.013
	5.1600	0.034

续表

n_1	n_2	n_3	H	P
			5.0400	0.056
			4.3733	0.090
			4.2933	0.122
5	3	1	6.4000	0.012
			4.9600	0.048
			4.8711	0.052
			4.0178	0.095
			3.8400	0.123
5	3	2	6.9091	0.009
			6.8218	0.010
			5.2509	0.049
			5.1055	0.052
			4.6509	0.091
			4.4945	0.101
5	3	3	7.0788	0.009
			6.9818	0.011
			5.6485	0.049
			5.5152	0.051
			4.5333	0.097
			4.4121	0.109
5	4	1	6.9545	0.008
			6.8400	0.011
			4.9855	0.044
			4.8600	0.056
			3.9873	0.098
			3.9600	0.102
5	4	2	7.2045	0.009
			7.1182	0.010
			5.2727	0.049
			5.2682	0.050
			4.5409	0.098
			4.5182	0.101
5	4	3	7.4449	0.010
			7.3949	0.011
			5.6564	0.049
			5.6308	0.050
			4.5487	0.099
			4.5231	0.103
5	4	4	7.7604	0.009
			7.7440	0.011
			5.6571	0.049
			5.6176	0.050
			4.6187	0.100

续表

n_1	n_2	n_3	H	P
			4.5527	0.102
5	5	1	7.3091	0.009
			6.8364	0.011
			5.1273	0.046
			4.9091	0.053
			4.1091	0.086
			4.0364	0.105
5	5	2	7.3385	0.010
			7.2692	0.010
			5.3385	0.047
			5.2462	0.051
			4.6231	0.097
			4.5077	0.100
5	5	3	7.5780	0.010
			7.5429	0.010
			5.7055	0.046
			5.6264	0.051
			4.5451	0.100
			4.5363	0.102
5	5	4	7.8229	0.010
			7.7914	0.010
			5.6657	0.049
			5.6429	0.050
			4.5229	0.099
			4.5200	0.101
5	5	5	8.0000	0.009
			7.9800	0.010
			5.7800	0.049
			5.6600	0.051
			4.5600	0.100
			4.5000	0.102

统计用表 15 χ_r^2 表

$k = 3$

	$n=2$		$n=3$		$n=4$		$n=5$		$n=6$		$n=7$		$n=8$		$n=9$	
χ_r^2	χ_r^2	P	χ_r^2	P	χ_r^2	P	χ_r^2	P	χ_r^2	P	χ_r^2	P	χ_r^2	P	χ_r^2	P
0	0.000	1.000	0.000	1.000	0.00	1.000	0.00	1.000	0.00	1.000	0.000	1.000	0.00	1.000	0.000	1.000
1	0.833	0.667	0.944	0.50	0.931	0.40	0.954	0.33	0.956	0.286	0.964	0.25	0.967	0.222	0.971	
3	0.500	2.000	0.528	1.5	0.653	1.2	0.691	1.00	0.740	0.857	0.768	0.75	0.794	0.667	0.814	
4	0.167	2.667	0.361	2.0	0.431	1.6	0.522	1.33	0.570	1.143	0.620	1.00	0.654	0.889	0.765	
			4.667	0.194	3.5	0.273	2.8	0.367	2.33	0.430	2.000	0.486	1.75	0.531	1.556	0.569
			6.000	0.028	4.5	0.125	3.6	0.182	3.00	0.252	2.571	0.305	2.25	0.355	2.000	0.398
					6.0	0.069	4.8	0.124	4.00	0.184	3.429	0.237	3.00	0.285	2.667	0.328
					6.5	0.042	5.2	0.093	4.33	0.142	3.714	0.192	3.25	0.236	2.889	0.278
					8.0	0.0046	6.4	0.039	5.33	0.072	4.571	0.112	4.00	0.149	3.556	0.187
							7.6	0.024	6.33	0.052	5.429	0.085	4.75	0.120	4.222	0.154
							8.4	0.0085	7.00	0.029	6.000	0.052	5.25	0.079	4.667	0.107
							10.0	0.00077	8.33	0.012	7.143	0.027	6.25	0.047	5.556	0.069
									9.00	0.0081	7.714	0.021	6.75	0.038	6.000	0.057
									9.33	0.0055	8.000	0.016	7.00	0.030	6.222	0.048
									10.33	0.0017	8.857	0.0084	7.75	0.018	6.889	0.031
									12.00	0.00013	10.286	0.0036	9.00	0.0099	8.000	0.019
											10.571	0.0027	9.25	0.0080	8.222	0.016
											11.143	0.0012	9.75	0.0048	8.667	0.010
											12.286	0.00032	10.75	0.0024	9.556	0.006
											14.000	0.000021	12.00	0.0011	10.667	0.0035
													12.25	0.00086	10.889	0.0029
													13.00	0.00026	11.556	0.0013
													14.25	0.000061	12.667	0.00066
													16.00	0.0000036	13.556	0.00035
															14.000	0.00020
															14.222	0.000097
															14.889	0.000054
															16.222	0.000011
															18.000	0.0000006

$k = 4$

$n = 2$		$n = 3$				$n = 4$	
χ_r^2	P	χ_r^2	P	χ_r^2	P	χ_r^2	P
0.00	1.000	0.20	1.000	0.00	1.000	5.7	0.141
0.60	0.958	0.60	0.958	0.30	0.992	6.0	0.105
1.2	0.834	1.0	0.910	0.60	0.928	6.3	0.094
1.8	0.792	1.8	0.727	0.90	0.900	6.6	0.077
2.4	0.625	2.2	0.608	1.2	0.800	6.9	0.068
3.0	0.542	2.6	0.524	1.5	0.754	7.2	0.054
3.6	0.458	3.4	0.446	1.8	0.677	7.5	0.052
4.2	0.375	3.8	0.342	2.1	0.649	7.8	0.036
4.8	0.208	4.2	0.300	2.4	0.524	8.1	0.033
5.4	0.167	5.0	0.207	2.7	0.508	8.4	0.019
6.0	0.042	5.4	0.175	3.0	0.432	8.7	0.014
		5.8	0.148	3.3	0.389	9.3	0.012
		6.6	0.075	3.6	0.355	9.6	0.0069
		7.0	0.054	3.9	0.324	9.9	0.0062
		7.4	0.033	4.5	0.242	10.2	0.0027
		8.2	0.017	4.8	0.200	10.8	0.0016
		9.0	0.0017	5.1	0.190	11.1	0.00094
				5.4	0.158	12.0	0.000072

附录四
统计软件与论文写作

本附录介绍了统计软件使用和在论文写作中报告统计分析结果的方式，但这不是软件使用手册，也不是论文写作教程，这里仅结合本书各章的内容，给出一些关键提示。

统计软件

统计函数

限于篇幅，本书的统计用表不可能将所有的内容都列出来。例如，从 t 分布表开始，由于自由度也需要考虑参数，往往只能列出一些常用的结果。但是，有时候我们确实需要查一些不常用的内容。例如，要查找 $df = 10$，$P(t < t_0) = 0.97$ 时 t_0 的值。这需要查到右侧概率（右侧阴影部分面积）为 0.03 时对应的 t 值，但是在本书的 t 分布表中，没有 0.03 这一概率。这时，可以求助统计软件，例如，在 R 软件中调用函数"qt(0.97,10)"，就可以得到结果：2.120234。又如，在 R 软件中调用函数"pnorm(x, mean, sd)"，就可以根据原始分数查概率 P，例如，"pnorm(90, mean = 85, sd = 5)"，执行结果为 0.8413447。反之，如果要根据概率 P 查 Z 分数，可调用函数"qnorm(p, mean, sd)"，例如，"qnorm(0.975, mean = 0, sd = 1)"，执行结果为 1.959964。在 R 软件中，这样的函数有很多，读者可以自行查找并使用。

Excel 软件也具有初级统计分析功能。例如，在 Excel 软件中依次点击：公式—其他函数—统计，就可以发现许多统计函数。在这些函数中，有些就是可以用来查表的。与 t 分布表相关的函数有 T.DIST、T.DIST.2T、T.DIST.RT、T.INV 和 T.INV.2T 等。打开 T.INV.2T 界面，输入概率（0.06，因为 $2T$ 表示双侧概率之和）和自由度（10），就可以得到 $df = 10$、$P(t < t_0) = 0.97$ 时 t_0 的值 2.1202。很多其他常用的分布表（包括二项分布表、正态分布表、F 分布表和 χ^2 分布表等）也都可以用统计函数查询。有劳读者举一反三，自行探索其他函数的使用方法。

关于抽样

抽样是一件枯燥而繁重的任务，幸好统计软件有这方面的功能，可以按照研究者的要求自动进行抽样。以 SPSS 为例，如果你想从数据总体中随机抽取一个样本，可以点开"data（数据）"；然后点开"select cases（选择个案）"，选择"random sample of cases（随机样本）"，并点击该选项下面的"Sample…（样本）"按钮，在"Sample Size（样本量）"界面中设定样本容量占总体的比例，或直接设定抽取样本个案数 n 和总体个案数 N，运行后即可获得一个容量为 n 的简单随机样本。不过要注意的是，这是不放回的抽样。

关于 t 检验

因为称谓不同，在某些统计软件中，可能找不到"相关样本 t 检验"。例如在 SPSS 中，"相关样本 t 检验"被称为"配对样本 t 检验（paired-samples t-test）"。

在检验两样本平均数之差有无显著差异时，有些统计软件可以自动判断方差是否齐性，进而选择合适的公式计算 t 值和 df。但是也有一些软件将判断方差齐性的工作留给使用者。假设下表中报告了两个 t 检验的结果，你会怎样报告？

检验	F	Sig.	t	df	Sig.
1	0.058	0.811	−5.20	37	0.000
			−5.18	36.54	0.000
2	5.34	0.000	6.19	37	0.000
			6.26	33.36	0.000

在第一个 t 检验中，由于 F 值比较小，相应的 $Sig.$（概率 p）较大，说明方差齐性，这时应报告后面第一行的结果，即 $t = -5.20$，$df = 37$，$Sig.$ 小于 0.01。而在第二个 t 检验中，由于 F 值比较大，相应的 $Sig.$（概率 p）小于 0.01，说明方差不齐性，这时应报告后面第二行的结果，即 $t = 6.26$，$df = 33.36$，$Sig.$ 小于 0.01。尽管这两行的最终结果（$Sig.$）经常相同，但是错误的报告可能会影响后续的分析。

等方差性（方差齐性）问题

在方差分析中，等方差性（方差齐性）这一前提非常重要，但有时难以满足。这时，可以酌情对观察值进行开平方根转换、对数转换或反正弦转换，以满足该前提。或者在使用统计软件时，选择"Tamhane's T2""Dunnett's T3""Games-Howell""Dunnett's C"等方法。在这种情况下，也可以采用本书第 14 章介绍的秩次方差分析和随机化检验。

怎样处理缺失值

在实际工作中，我们经常会遇到部分观察值缺失的情况。有时是个体的全部观察值缺失，有时是其部分观察值缺失；缺失的观察值与其他观察值可能无关，也可能有关联。如果遇到某个个体有缺失值的情况，可以将该个体整个删除，但这样会减少样本容量，浪费大量信息；也可以用平均数、中位数或线性插入法等来代替缺失值，但这要十分谨慎，毕竟替代值不是原始观察值。

论文中报告结果的写法

一般规范

与统计学教材一样，在论文中报告统计分析结果时，也要求使用法定计量单位、符号和标准化、规范化的名词以及术语。例如，长度单位应当用"米""厘米""毫米"等，没有特殊需要不宜用"尺""英尺"之类；质量应当用"千克""克""毫克"等，在一般情况下也不宜用"斤""两""盎司"等。

常用的统计学符号则略有区别：总样本容量为 N，分组样本容量为 n，平均数为 M，标准差为 SD，t 检验为 t，F 检验为 F，卡方检验为 χ^2，相关系数为 r，显著性为 p。变量符号（多为英文字母）都需斜体。常量符号（多为希腊字母 α、β、π、η 等）则不需要斜体。

论文写作推崇的是简洁明了，节省版面。所以，能用文字清楚表达的内容，一概不需要用图或表表示，更不要为了凑篇幅而图表并用，重复表达。例如，像下面表格中的内容，其实完全可以用简短的文字代替：在全部 60 人中，报告"上网得知"的有 20 人（占 33.33%），报告"朋友介绍"的有 30 人（50%），报告"其他"的有 10 人（占 6.67%）；报告全部有效。

途径	频率	比例 /%	有效比例 /%
上网得知	20	33.33	33.33
朋友介绍	30	50.00	50.00
其他	10	6.67	6.67
合计	60	100.0	

在计算平均数和标准差等特征量时，最终报告的结果应精确到小数点后 2 位。例如，如果计量单位是"秒"，其平均数是 6.124876 秒，只需写成 6.12 秒。但是如果计量单位

是毫秒，则应四舍五入后写成 6124.88。另外，在表示一组数据的平均数和标准差时，为了简洁起见，可以用 $M \pm SD$ 的格式，例如 86.12 ± 5.43。

关于小数点前面的零

本书在表示概率时，小数点前面都有 0，但是在心理学论文中，可以按照美国心理学协会的规定将它省略。这样，$p = 0.05$ 就可以写作 $p = .05$。这是因为概率总是介于 0 和 1 之间，只要是随机事件，其概率总是零点几，这个 0 写不写都不会产生误解。比率和相关系数也介于 0 和 1 之间，其小数点之前的 0 也可以省略。

不过，在小数点前的数字可能不为 0 的情况下，就不能省略 0。例如，方差不总是介于 0 和 1 之间，所以不能省略小数点前的 0；又如百分数，0.45% 不写成 ".45%"。

减号或负号的写法

论文的写作有许多严格细致的规定。例如，减号或负号不能用中文一字线"—"，也不能用英文半字线"-"，而要写成中文半字线"–"。所以，像"—2.3""-6.2""8 - 5""1—α"等都是不规范的，应该写成"–2.3""–6.2""8 – 5""1–α"。这些习惯都要在平时逐步养成。

关于平均数的置信区间

学术期刊一般都要求报告样本的容量 n、平均数（M）、标准差（SD）或标准误（SE），很少要求报告平均数的置信区间，因为读者完全可以根据 n、M、SD 或 SE 计算出来。但也有少数刊物有此要求。我们可以用"$(1-\alpha)CI$:（下限，上限）"的方式报告置信区间。在这里，$1-\alpha$ 就是置信水平，一般写成百分比形式；CI 是 confidence interval 的缩写，即置信区间。例如：95%CI: (33.56, 34.28)、90%CI: (153.40, 162.78) 等。同样，两个总体平均数之差的置信区间也可以用这种方式报告，例如：99%CI: (–1.43, 2.87)。

t 检验

在论文中报告 t 检验结果时，应报告 t 值、自由度 df、概率 p 和效应量 d（一般不再写作 d_1 或 d_2）。但如果差异不显著，则可以不报告 d，例如：

$t = 3.32, df = 48, d = 0.94, p < .01$；

$t = 0.68, df = 33, p = 0.25$。

方差分析（F 检验）

在论文中报告 F 检验结果时，应报告 F 值、分子自由度和分母自由度、概率 p 和效应量 f 或 η^2。在心理学论文中则经常能看到偏 η^2（partial η^2），是在 η^2 的计算公式的分母中扣除了其他效应造成的误差后得到的比例，在多因素方差分析时比 η^2 更大。例如：$F(2, 12) = 4.59$, $MSE = 11.03$, $p = .03$, partial $\eta^2 = .43$。

学术期刊一般不会接受方差分析表。但是按照上述报告内容，完全可以将它复原出来。

相关系数

在进行相关分析时，如果变量较少，只有几个相关系数，可直接报告其值，并标明概率即可。如果变量较多，各个变量之间都要计算相关系数，可以列出相关系数矩阵。例如：

	X_1	X_2	X_3	X_4
X_1	1			
X_2	.41**	1		
X_3	.15	.16	1	
X_4	.21*	.19*	.11	1

其中的星号表示有无显著意义，*表示显著（$p < .05$），**表示极其显著（$p < .01$）。在对角线上可以标为 1，也可以列出问卷或测验的内在一致性系数。

回归分析

在报告回归分析结果时，一般不需要列出方程，只要说明自变量、因变量、因变量与所有进入方程的自变量的相关系数（或复相关系数）、方程的确定系数、回归系数或偏回归系数、标准回归系数、各个回归系数的显著性水平等。如果例题 12.4.1 是一项真正的研究，可以这样报告结果：

> 以商品价格和知名度为自变量预测其销量建立回归方程，价格的偏回归系数（b）和标准偏回归系数（β）分别为：$b_1 = -0.622$, $\beta_1 = -.530$, $t(7) = -3.29$, $p = .013$。知名度的 b 和 β 分别为：$b_2 = 0.257$, $\beta_2 = .509$, $t(7) = 3.16$, $p = .016$。两个自变量均有显著意义。回归方程确定系数 $R^2 = .897$，调整后的 $R^2_{adj} = .868$。

参考文献

刁明碧，张霞，饶良臣，1998. 理论统计学［M］. 北京：中国科学技术出版社.

国家统计局，2022. 2021年居民收入和消费支出情况［OL］.（2022-01-17）[2023-01-25]. http：//www.stats.gov.cn/xxgk/sjfb/zxfb2020/202201/t20220117_1826442.html.

李伟明，2001. 多元描述统计方法［M］. 上海：华东师范大学出版社.

鲁尼恩，等，2004. 心理统计［M］. 9版，英文版. 北京：人民邮电出版社.

迈克尔·索恩，马丁·吉森，2013. 心理统计［M］. 4版. 文剑冰，等译. 上海：上海人民出版社.

王孝玲，1993. 教育统计学［M］. 上海：华东师范大学出版社.

袁震东，洪渊，林武忠，等，1997. 数学建模［M］. 上海：华东师范大学出版社.

张敏强，2002. 教育与心理统计学［M］. 北京：人民教育出版社.

周复恭，汪叔夜，黄运城，1987. 应用数理统计［M］. 北京：中央广播电视大学出版社.

周英，卓金武，卞月青，2020. 大数据挖掘：系统方法与实例分析［M］. 北京：机械工业出版社.

COHEN J，1988. Statistical Power Analysis for the Behavioral Sciences［M］. 2nd ed. Hillsdale，New Jersey：Lawrence Erlbaum Associates.

HOWELL D C，2021. 行为科学统计［M］. 9版. 邵志芳，译. 北京：中国轻工业出版社.

KABACOFF R I，2016. R语言实战［M］. 王小宁，刘撷芯，黄俊文，等译. 北京：人民邮电出版社.

LORD F M，1953. On the statistical treatment of football numbers［J］. American Psychologist，8：750–751.

PITUCH K A，STEVENS J P，2016. Applied Multivariate Statistics For The Social Sciences，Analyses with SAS and IBM's SPSS［M］. 6th ed. New York：Routledge.

RUSSO R，2021. Statistics for the behavioral sciences［M］. 2nd ed. Abingdon，Eng.：Routledge.

本书主要统计方法总览图

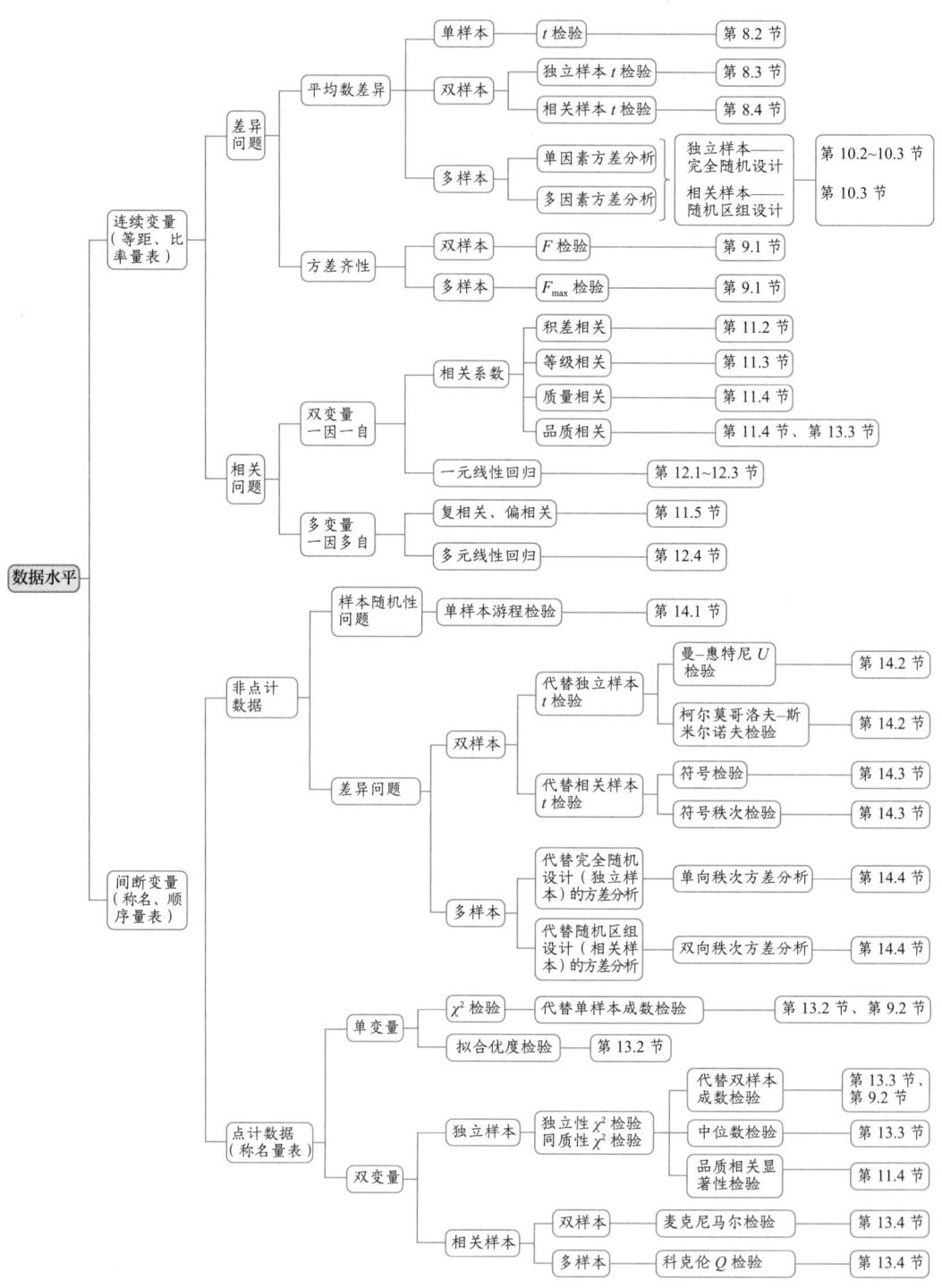